代数不等式证明方法

韩京俊　编著

中国科学技术大学出版社

内 容 简 介

本书介绍代数不等式证明中的有效方法，兼顾经典方法与作者的心得体会，侧重命题与解题的思想. 全书共 11 章，选取 200 多个国内外代数不等式的典型问题，配有不同的证明方法，以解析各类解题方法，并对部分问题加以拓展.

本书可作为数学奥林匹克训练的参考教材，供高中及以上文化程度的学生、教师使用，也可供不等式爱好者和从事初等不等式研究的相关专业人员阅读参考.

图书在版编目(CIP)数据

代数不等式. 证明方法/韩京俊编著. —合肥：中国科学技术大学出版社，2023.3(2024.8 重印)

(学数学丛书)

ISBN 978-7-312-05618-5

Ⅰ. 代…　Ⅱ. 韩…　Ⅲ. 不等式　Ⅳ. O178

中国国家版本馆 CIP 数据核字(2023)第 044314 号

代数不等式：证明方法

DAISHU BUDENGSHI：ZHENGMING FANGFA

出版　中国科学技术大学出版社
安徽省合肥市金寨路 96 号，230026
http://press.ustc.edu.cn
https://zgkxjsdxcbs.tmall.com

印刷　安徽联众印刷有限公司

发行　中国科学技术大学出版社

开本　787 mm×1092 mm　1/16

印张　23

字数　542 千

版次　2023 年 3 月第 1 版

印次　2024 年 8 月第 2 次印刷

定价　68.00 元

前　　言

本书是哈尔滨工业大学出版社出版的《初等不等式的证明方法》一书的修订版. 因原书中关于指数函数、三角函数等的内容甚少, 涉及的主要是代数不等式, 加之修订篇幅颇大, 又更换了出版社, 同时计划出版关于代数不等式的系列丛书, 故将书名改为“代数不等式: 证明方法”.

自原书出版后, 许多读者来信, 就书中的一些内容进行深入探讨. 读者的欣赏是对作者的鼓励, 更是对作者的鞭策. 作者在倍感鼓舞和欣慰的同时也深感要写好一本书的不易.

根据读者的反馈与作者对数学理解的变化, 作者对原书做了一次大“手术”. 这是自原书初稿完成后 (2009 年 8 月) 所做的最大的一次修订. 本次修订删去了原书第 2 版一半左右的篇幅, 同时增加或重写了许多内容. 本次修订的主要目的有三：

1. 为原书“瘦身”, 删去一些原书中过于有技巧性的内容, 尤其是三元不等式, 更好地突出数学的思想.

2. 尽可能做到书的自封闭性, 尽可能少地用到较为高深的数学知识, 尽可能多地普及数学之美.

3. 在尽可能保持原文风格的情况下, 使表述更规范化, 为证明注入严谨性.

为此, 作者删去了原书第 2 版中的基础题、计算机方法初窥、总习题 3 章, 合并了重要不等式与 Schur 不等式 2 章, 将原书的初等多项式法一节扩充后与判定定理整合为一章, 本书现总计 11 章.

本书新增了常用不等式的证明 (第 1 章) 和 Hilbert 1888 定理 (有零点的非负三元齐四次多项式一定能写成三平方和) 的一个初等证明 (第 4 章), 并收录了 Kiran Kedlaya、刘雨晨、Peter Scholze、韦东奕等 (青年) 数学家和林博、牟晓生、吴昊、吴金泽、郑凡、朱庆三等国际数学奥林匹克金牌得主引入的不等式或给出的证明方法. 作者还查阅了不少原始文献, 列在书后的参考文献中, 供有需求的读者作进一步探究. 此外还有其他许多修订,就不再一一列举了.

感谢各位同行与朋友在本书写作中提供的关心、支持与帮助, 感谢中国科学技术大学出版社促成本书的出版, 也感谢哈尔滨工业大学刘培杰数学工作室在原书出版过程中的辛勤付出.

囿于作者水平, 书中难免多有谬误. 请读者发邮件至 hanjingjun@fudan.edu.cn，多多指正.

韩京俊

2023 年 1 月 21 日

复旦大学上海数学中心

目　　录

第 1 章　一些准备

在正式开始我们奇妙的初等不等式旅途之前, 先做一些准备. 这些准备虽是基本的, 却也是必要的.

1.1　几点说明

不等式的证明固然重要, 但正如 Hardy 等人的名著 *Inequalities*(不等式) 强调的那样, 我们希望读者能清楚不等式等号成立条件等方面的普遍原则. 这对提高不等式水平大有裨益. 本书中未给出等号成立条件的例题或定理, 希望读者能自行补上.

为节省篇幅, 在不致引起混淆的情况下, 采用以下常用符号:

$\mathbb{R}$ 表示实数域, $\mathbb{R}^n$ 表示 n 维实向量空间.

$$\mathbb{R}_+^n=[0,+\infty)^n,\quad \mathbb{R}_{++}^n=(0,+\infty)^n.$$

$\sum\limits_{\text{cyc}},\prod$ 分别表示循环和、循环积. 以三元为例, 如 $\sum\limits_{\text{cyc}}a=a+b+c,\sum f(a,b)=f(a,b)+f(b,c)+f(c,a),\prod ab=ab\cdot bc\cdot ca$. 另外在本书中, 不特别说明的情况下, $\sum,\sum\limits_{\text{cyc}}$ 这两个符号代表的意义相同, 都表示循环求和.

$\sum\limits_{\text{sym}}$ 表示对称求和. 仍以三元为例, 即

$$\sum_{\text{sym}}f(a,b)=f(a,b)+f(a,c)+f(b,c)+f(b,a)+f(c,a)+f(c,b).$$

LHS =Left-Hand Side, 意为左式. RHS =Right-Hand Side, 意为右式. 在本书中, RHS,LHS 分别表示不等式的右边和不等式的左边.

$(a,b,c)\sim(0,1,1)$ 表示 $a:b:c=0:1:1$ 及其轮换.

齐次性与对称性是不等式中的基本概念. 下面我们花一些篇幅对此作一番说明.

(1) 齐次性.

设 $f(x_1,x_2,\cdots,x_n)$ 是一个 n 元的函数, 若对任意非零的 t, 都有

$$f(tx_1,tx_2,\cdots,tx_n)=t^m f(x_1,x_2,\cdots,x_n),$$

则称 $f(x_1,x_2,\cdots,x_n)$ 为 m 次齐次式. 特别地, 对于常数 0, 我们定义其次数为任意的. 例如 $\frac{a^2}{bc},xyz$ 都是齐次式.

对于关于正数 $x_i(i=1,2,\cdots,n)$ 的齐次不等式

$$f(x_1,x_2,\cdots,x_n)\geqslant g(x_1,x_2,\cdots,x_n),$$

我们不妨设关于 $x_1,x_2,\cdots,x_n$ 的一个正的非 0 次齐次式的值为一个常数 C, 例如不妨设

$$x_1+x_2+\cdots+x_n=C,\quad x_1x_2\cdots x_n=C,$$

等等. 这需要根据题目的具体情况而定, 哪一个对证明起着更方便的作用则设哪一个. 其证明根据定义即可. 特别值得注意的是, 当题目没有限定各变元均为正数时, 需要分类讨论.

(2) 对称性.

一个式子的对称性通常分为两种：对称 (完全对称) 和轮换对称.

设 $f(x_1,x_2,\cdots,x_n)$ 是一个 n 元函数. 若将 $x_1,x_2,\cdots,x_n$ 中任意两个变元互相交换位置 (也即作置换), 得到的 f 都与原式是恒等的, 则称 $f(x_1,x_2,\cdots,x_n)$ 是对称 (完全对称) 的. 如 $xy+yz+zx,\frac{a}{b+c}+\frac{b}{c+a}+\frac{c}{a+b}$, 等等.

设 $f(x_1,x_2,\cdots,x_n)$ 是一个 n 元函数, 若作置换 $x_1\to x_2,x_2\to x_3,\cdots,x_n\to x_1$, 得到的 f 与原式是恒等的, 则称 $f(x_1,x_2,\cdots,x_n)$ 是轮换对称的. 如 $x^3y+y^3z+z^3x,\frac{a}{a+b}+\frac{b}{b+c}+\frac{c}{c+a}$, 等等.

显然, 对称 (完全对称) 的一定是轮换对称的, 反之则不然.

对于对称 (完全对称) 不等式

$$f(x_1,x_2,\cdots,x_n)\geqslant 0,$$

我们不妨设 $x_1\geqslant x_2\geqslant\cdots\geqslant x_n$, 若此时不等式成立, 则原不等式成立. 由完全对称不等式的定义可知这是显然的. 这是因为对于按任意顺序排列的变元, 我们总可以经过有限次交换使得所有的变元有序, 同时保持与原不等式等价.

对于轮换对称不等式

$$f(x_1,x_2,\cdots,x_n)\geqslant 0,$$

我们不妨设 $x_1=\max\{x_1,x_2,\cdots,x_n\}$, 若此时不等式成立, 则原不等式成立. 但不能设 $x_1\geqslant x_2\geqslant\cdots\geqslant x_n$, 其原因留给读者思考.

在证明不等式时, 我们一定要注意区分以上两种“不妨设”, 否则我们的证明就可能不严谨甚至有误.

1.2 常用不等式

以下是本书中出现的一些常用不等式, 以后我们不加说明就直接使用.

(1) AM-GM(算术几何平均) 不等式. $a_1,a_2,\cdots,a_n$ 为非负实数, 则

$$\frac{1}{n}\sum_{i=1}^{n}a_i \geqslant \sqrt[n]{a_1a_2\cdots a_n},$$

当且仅当 $a_1=a_2=\cdots=a_n$ 时取得等号.

(2) 加权 AM-GM 不等式. $a_1,a_2,\cdots,a_n,\omega_1,\omega_2,\cdots,\omega_n$ 为正实数, 且满足 $\omega_1+\omega_2+\cdots+\omega_n=1$, 则

$$a_1\omega_1+a_2\omega_2+\cdots+a_n\omega_n \geqslant a_1^{\omega_1}a_2^{\omega_2}\cdots a_n^{\omega_n},$$

当且仅当 $a_1=a_2=\cdots=a_n$ 时取得等号.

(3) AM-HM(算术调和平均) 不等式. $a_1,a_2,\cdots,a_n$ 为正实数, 则

$$\frac{1}{n}\sum_{i=1}^{n}a_i \geqslant \frac{n}{\sum\limits_{i=1}^{n}\frac{1}{a_i}},$$

当且仅当 $a_1=a_2=\cdots=a_n$ 时取得等号.

(4) Cauchy(柯西) 不等式. $a_1,a_2,\cdots,a_n$ 和 $b_1,b_2,\cdots,b_n$ 为实数, 则

$$(a_1^2+a_2^2+\cdots+a_n^2)(b_1^2+b_2^2+\cdots+b_n^2) \geqslant (a_1b_1+a_2b_2+\cdots+a_nb_n)^2,$$

当且仅当 a_i 与 b_i 对应成正比例时取得等号 $(i=1,2,\cdots,n)$.

(5) Cauchy(柯西) 不等式的推广形式. 设 $\{\{a_{ij}\}_{i=1}^n\}_{j=1}^m$, $\{\lambda_i\}_{i=1}^n$ 是非负实数且满足 $\sum\lambda_i=1$, 则

$$\sum_j\prod_i a_{ij}^{\lambda_i} \leqslant \prod_i\Big(\sum_j a_{ij}\Big)^{\lambda_i},$$

等号当 $\{a_{ij}\}_{j=1}^m$ 成比例时成立.

(6) Hölder(赫尔德) 不等式. p,q 为正实数, $\dfrac{1}{p}+\dfrac{1}{q}=1$, $a_1,a_2,\cdots,a_n$, $b_1,b_2,\cdots,b_n$ 为正实数, 则

$$\sum_{i=1}^{n}a_ib_i \leqslant \left(\sum_{i=1}^{n}a_i^p\right)^{\frac{1}{p}}\left(\sum_{i=1}^{n}b_i^q\right)^{\frac{1}{q}},$$

当且仅当 a_i 与 b_i 对应成比例时取得等号 $(i=1,2,\cdots,n)$.

当变元均是非负实数时, Hölder 不等式、Cauchy 不等式的推广形式均可看作 Cauchy 不等式的推广. 在之后的证明中, 我们统称它们为 Cauchy 不等式推广, 或简称为 Cauchy 不等式.

(7) Minkowski(闵可夫斯基) 不等式. 实数 $p\geqslant 1, a_1,a_2,\cdots,a_n,b_1,b_2,\cdots,b_n$ 为正实数, 则

$$(\sum_{i=1}^{n}(a_i+b_i)^p)^{\frac{1}{p}}\leqslant(\sum_{i=1}^{n}a_i^p)^{\frac{1}{p}}+(\sum_{i=1}^{n}b_i^p)^{\frac{1}{p}}.$$

当 $p\leqslant 1$ 时, 不等式反向.

等号成立当且仅当 a_i 与 b_i 对应成比例时 $(i=1,2,\cdots,n)$.

(8) 排序不等式. 设 $a_1\leqslant a_2\leqslant\cdots\leqslant a_n, b_1\leqslant b_2\leqslant\cdots\leqslant b_n$ 为两非减序列, 又 π 为 $\{1,2,\cdots,n\}$ 的任意排列, 则

$$a_1b_1+a_2b_2+\cdots+a_nb_n\geqslant a_1b_{\pi(1)}+a_2b_{\pi(2)}+\cdots+a_nb_{\pi(n)}\geqslant a_1b_n+a_2b_{n-1}+\cdots+a_nb_1.$$

(9) Chebyshev(切比雪夫) 不等式. 如果 $a_1\leqslant a_2\leqslant\cdots\leqslant a_n$ 并且 $b_1\leqslant b_2\leqslant\cdots\leqslant b_n$, 则

$$\sum_{i=1}^{n}a_ib_i\geqslant\frac{1}{n}\sum_{i=1}^{n}a_i\sum_{i=1}^{n}b_i\geqslant\sum_{i=1}^{n}a_ib_{n-i+1}.$$

值得注意的是, 排序不等式与 Chebyshev 不等式均是对实数成立的.

(10) Bernoulli(伯努利) 不等式.

① 若 $r>1$ 或 $r<0$, 且 $x>-1$, 则

$$(1+x)^r\geqslant 1+rx;$$

② 若 $0<r<1, x>-1$, 则

$$(1+x)^r\leqslant 1+rx.$$

等号成立均当且仅当 $x=0$ 时.

(11) 广义 Bernoulli(伯努利) 不等式. $a_i\geqslant -1(i=1,2,\cdots,n)$ 且同正负, 有

$$(1+a_1)(1+a_2)\cdots(1+a_n)\geqslant 1+a_1+a_2+\cdots+a_n,$$

等号成立当且仅当 a_i 中有 $n-1$ 个为 0 时.

(12) Schur(舒尔) 不等式. 若 $x,y,z\geqslant 0, \lambda\in\mathbb{R}$, 则

$$x^\lambda(x-y)(x-z)+y^\lambda(y-z)(y-x)+z^\lambda(z-x)(z-y)\geqslant 0,$$

等号成立当且仅当 $(x,y,z)\sim(0,1,1)$(若此时有意义) 或 $x=y=z$ 时.

对于一个给定的 λ, 我们称上述不等式为 $\lambda+2$ 次 Schur 不等式.

Schur 不等式比较常用的是 $\lambda=1$ 的情况, 此时有如下等价形式:

(i) $x^3+y^3+z^3+3xyz\geqslant xy(x+y)+yz(y+z)+zx(z+x)$;

(ii) $xyz \geqslant (x+y-z)(y+z-x)(z+x-y)$;

(iii) 如果 $x+y+z=1$,则 $xy+yz+zx \leqslant \frac{1+9xyz}{4}$.

(13) Newton(牛顿) 不等式. $x_1,x_2,\cdots,x_n$ 为实数, 令 $d_k = \frac{\sigma_{n-k}}{\binom{n}{k}}$ $(k=0,1,\cdots,n)$, 其中 σ_k 是第 k 个关于 x_i 的初等对称多项式, 即 d_i 满足

$$(x+x_1)(x+x_2)\cdots(x+x_n) = \sum_{i=0}^{n} \binom{n}{i} d_i x^i,$$

则对 $i=1,2,\cdots,n$, 有

$$d_i^2 \geqslant d_{i+1}d_{i-1},$$

等号成立当且仅当 $x_1=x_2=\cdots=x_n$ 时.

(14) Maclaurin(麦克劳林) 不等式. d_i 的定义如上, 若 $x_1,x_2,\cdots,x_n>0$, 则

$$d_1 \geqslant \sqrt{d_2} \geqslant \sqrt[3]{d_3} \geqslant \cdots \geqslant \sqrt[n]{d_n},$$

等号成立当且仅当 $x_1=x_2=\cdots=x_n$ 时.

1.3　常用不等式的证明

AM-GM 不等式可以看作最基本的常用不等式, 它的证明方法不计其数, 其中最著名的是 Cauchy 给出的使用逆向归纳法的证明 [17], 这一证明在许多书中都有介绍, 如文献 [47] 等, 本书就省略了. 本书给出的 AM-GM 不等式的证明可见例 2.6、例 4.1、例 5.67 与例 6.2, 加权 AM-GM 不等式的证明可见例 6.13, Schur 不等式的证明可见例 5.52. AM-HM 不等式可由 Cauchy 不等式直接立得. 下面来逐一证明上一节中提到的其余常用不等式.

1.3.1　Cauchy 不等式与 Minkowski 不等式

数学上, Cauchy 不等式又称 Cauchy-Schwarz 不等式或 Cauchy-Bunyakovsky-Schwarz 不等式, 被认为是数学上非常重要的不等式之一. 其在代数、分析、概率论等领域均有广泛应用. 这一不等式最初的形式, 也就是上一节介绍的 Cauchy 不等式由 Augustin-Louis Cauchy(1789~1857) 在 1821 年得到 [17], 积分形式由 Viktor Bunyakovsky(1804~1889) 于 1859 年得到 [12], 更为一般的内积形式由 Hermann Amandus Schwarz(1843~1921) 得到. 我们对这三位数学家作一番简要介绍. Cauchy 是历史上非常有影响力的数学家之一, 他是倡导分析严格化的先驱、复变函数的创立者, 在微分方程、抽象代数等领域也有重大贡献.

Bunyakovsky 是俄罗斯数学家, Cauchy 的学生, 他还因提出过数论中的 Bunyakovsky 猜想而闻名. Schwarz 是德国数学家, 他最初的专业是化学, 后受 Kummer 和 Weierstraß 的影响而改学数学, 他在复变函数、微分几何等领域都有所建树.

Cauchy 不等式可由 Lagrange 恒等式直接得到:

$$0\leqslant \frac{1}{2}\sum_{i=1}^{n}\sum_{j=1}^{n}(a_ib_j-a_jb_i)^2=\sum_{i=1}^{n}a_i^2\sum_{i=1}^{n}b_i^2-\left(\sum_{i=1}^{n}a_ib_i\right)^2.$$

下面我们来证明 Cauchy 不等式的推广形式. 为便于读者理解, 我们先证明三组变量 λ_i 均相等的情形, 即对于非负的实数 $a_i,b_i,c_i\geqslant 0$, 我们有

$$\sum_{i=1}^{n}a_i^3\sum_{i=1}^{n}b_i^3\sum_{i=1}^{n}c_i^3\geqslant(\sum_{i=1}^{n}a_ib_ic_i)^3.$$

证明 由不等式分别关于 a_i,b_i,c_i 的齐次性, 我们不妨设 $\sum\limits_{i=1}^{n}a_i^3=\sum\limits_{i=1}^{n}b_i^3=\sum\limits_{i=1}^{n}c_i^3=1$. 故我们有

$$\sum_{i=1}^{n}a_ib_ic_i\leqslant\sum_{i=1}^{n}\frac{a_i^3+b_i^3+c_i^3}{3}=1,$$

证毕. □

我们再来证明一般情形.

证明 只需考虑 $\{a_{ij}\}_{i=1}^{n}$ 是正实数的情形. 对 $1\leqslant k\leqslant m$, 设

$$\beta_k=\frac{\prod\limits_i a_{ik}^{\lambda_i}}{\sum\limits_j\prod\limits_i a_{ij}^{\lambda_i}}.$$

则 $\sum\beta_j=1$. 对 $1\leqslant i\leqslant n$, 由加权 AM-GM 不等式有

$$\sum_j a_{ij}=\sum_j\beta_j\left(\frac{a_{ij}}{\beta_j}\right)\geqslant\prod_j\left(\frac{a_{ij}}{\beta_j}\right)^{\beta_j},$$

于是

$$\prod_i\left(\sum_j a_{ij}\right)^{\lambda_i}\geqslant\prod_i\prod_j\left(\frac{a_{ij}}{\beta_j}\right)^{\lambda_i\beta_j}.$$

注意到对 $1\leqslant j\leqslant m$, 我们有

$$\prod_i\left(\frac{a_{ij}}{\beta_j}\right)^{\lambda_i}=\frac{\prod\limits_i a_{ij}^{\lambda_i}}{\beta_j}=\sum_j\prod_i a_{ij}^{\lambda_i}.$$

于是

$$\prod_j\left(\prod_i\left(\frac{a_{ij}}{\beta_j}\right)^{\lambda_i}\right)^{\beta_j}=\prod_k\left(\sum_j\prod_i a_{ij}^{\lambda_i}\right)^{\beta_k}=\sum_j\prod_i a_{ij}^{\lambda_i},$$

注意到 β_k 的和为 1, 从而

$$\prod_i\left(\sum_j a_{ij}\right)^{\lambda_i}\geqslant\sum_j\prod_i a_{ij}^{\lambda_i},$$

等号当 $a_{ij}/\beta_j = a_{ij'}/\beta_{j'}$ 时成立, 即 $\{a_{ij}\}_{j=1}^m$ 是成比例的. □

Hölder 不等式最初由 Rogers 于 1888 年发现 [79], Hölder 于一年后独立得到 [52].

证明 设

$$||a||_p = (\sum_{k=1}^n |a_k|^p)^{\frac{1}{p}}, \quad ||b||_q = (\sum_{k=1}^n |b_k|^q)^{\frac{1}{q}}.$$

只需考虑 $||a||_p > 0, ||b||_q > 0$ 的情形. 此时由加权 AM-GM 不等式有

$$\frac{|a_i|}{||a||_p}\frac{|b_i|}{||b||_q} \leqslant \frac{1}{p}\frac{|a_i|^p}{||a||_p^p} + \frac{1}{q}\frac{|b_i|^q}{||b||_q^q}.$$

上式求和后即得 Hölder 不等式. □

Hermann Minkowski(1864~1909), 德国数学家, 数的几何、四维时空理论的创立者, 著名物理学家 Albert Einstein(爱因斯坦) 的老师. Minkowski 不等式可看作欧氏空间中三角不等式的推广.

证明 只证明 $p>1$ 的情形, 取实数 q 使得 $\frac{1}{p}+\frac{1}{q}=1$. 由 Hölder 不等式有

$$\begin{aligned}\sum_{i=1}^n (a_i+b_i)^p &= \sum_{i=1}^n a_i(a_i+b_i)^{p-1} + \sum_{i=1}^n b_i(a_i+b_i)^{p-1} \\ &\leqslant (\sum_{i=1}^n a_i^p)^{\frac{1}{p}}(\sum_{i=1}^n (a_i+b_i)^p)^{\frac{1}{q}} + (\sum_{i=1}^n b_i^p)^{\frac{1}{p}}(\sum_{i=1}^n (a_i+b_i)^p)^{\frac{1}{q}} \\ &= \left((\sum_{i=1}^n a_i^p)^{\frac{1}{p}} + (\sum_{i=1}^n b_i^p)^{\frac{1}{p}}\right)(\sum_{i=1}^n (a_i+b_i)^p)^{\frac{1}{q}}.\end{aligned}$$

化简后即得 Minkowski 不等式. □

1.3.2 排序不等式与 Chebyshev 不等式

排序不等式可看作对于给定的按大小顺序排列的 $a_i(i=1,2,\cdots,n)$, 求 b_i 的一个排序 $b_{\pi(i)}$, 使得 $\sum a_i b_{\pi(i)}$ 取到最大值或最小值, 结论断言当 b_i 分别按顺序和逆序排列时, 能分别取到最大值和最小值.

证明 只证明最大值的部分. 我们用反证法, 假设存在 b_i 的一个排序 $b_{\pi(i)}$, 使得不等号不成立, 且在这个排序下 $\sum a_i b_{\pi(i)}$ 取到最大值. 则存在 i,j,k,l, 使得 $b_{\pi(i)}=b_j$, $b_{\pi(k)}=b_l$, $b_i \neq b_j$, $a_i \neq a_k$. 我们有 $k>j>l>i$. 而此时

$$(a_i-a_k)(b_l-b_j)>0 \quad \Longleftrightarrow \quad a_ib_l+a_kb_j > a_ib_j+a_kb_l,$$

因此如果调换 $b_{\pi(i)}, b_{\pi(k)}$ 的排序, 我们可以得到更大的和, 这与假设矛盾, 原不等式得证.

用相同的思想, 结合一些微积分的知识, 我们还可以证明如下定理:

定理 1.1 $\mathbb{R}^2$ 上的函数 $f(x,y)$ 二阶可导且二阶导数连续, 满足 $\frac{\partial^2 f}{\partial x \partial y} \geqslant 0$. 设

$a_1 \leqslant a_2 \leqslant \cdots \leqslant a_n, b_1 \leqslant b_2 \leqslant \cdots \leqslant b_n$ 为两非减序列, π 为 $\{1,2,\cdots,n\}$ 的任意排列, 则

$$\begin{aligned} &f(a_1,b_1)+f(a_2,b_2)+\cdots+f(a_n,b_n) \\ &\geqslant f(a_1,b_{\pi(1)})+f(a_2,b_{\pi(2)})+\cdots+f(a_n,b_{\pi(n)}) \\ &\geqslant f(a_1,b_n)+f(a_2,b_{n-1})+\cdots+f(a_n,b_1). \end{aligned}$$

特别地, 取 $f(x,y)=xy$ 即得排序不等式.

证明 记号同排序不等式的证明. 由上述证明知, 我们只需说明当 $k>j>l>i$ 时,

$$f(a_i,b_l)+f(a_k,b_j) \geqslant f(a_i,b_j)+f(a_k,b_l)$$

即可. 而这可由下述不等式立得:

$$\begin{aligned} f(a_i,b_l)+f(a_k,b_j)-f(a_i,b_j)-f(a_k,b_l) &= \int_{b_j}^{b_l}\left(\frac{\partial f(a_i,b)}{\partial b}-\frac{\partial f(a_k,b)}{\partial b}\right)\mathrm{d}b \\ &= \int_{b_j}^{b_l}\int_{a_k}^{a_i}\frac{\partial f(a,b)}{\partial b\,\partial a}\mathrm{d}a\mathrm{d}b \geqslant 0, \end{aligned}$$

证毕. □

我们将在例 6.30 中给出排序不等式的另一种证明.

Chebyshev 不等式可由排序不等式直接推得, 实际上将下述不等式相加即可:

$$\begin{aligned} &\sum_{i=1}^{n} a_i b_i \geqslant a_1b_1+a_2b_2+\cdots+a_nb_n \geqslant \sum_{i=1}^{n} a_i b_{n-i}, \\ &\sum_{i=1}^{n} a_i b_i \geqslant a_1b_2+a_2b_3+\cdots+a_nb_1 \geqslant \sum_{i=1}^{n} a_i b_{n-i}, \\ &\cdots, \\ &\sum_{i=1}^{n} a_i b_i \geqslant a_1b_n+a_2b_1+\cdots+a_nb_{n-1} \geqslant \sum_{i=1}^{n} a_i b_{n-i}. \end{aligned}$$

1.3.3 Bernoulli 不等式

Jacob Bernoulli(1655~1705), 瑞士数学家. 他是数学界赫赫有名的 Bernoulli 家族的一员. 他发现了自然对数的底数 e. 他对对数螺线也颇有研究, 他的墓碑上就刻着一条对数螺线以及他的座右铭 Eadem mutata resurgo (纵使变化, 依然故我). 此外他于 1713 年出版的巨著 *Ars Conjectandi*(猜度术) 给出了 Bernoulli 数的很多应用, 还提出了 Bernoulli 定理, 这是大数定律的最早形式. 下面我们证明 Bernoulli 不等式.

证明 (Bernoulli 不等式) 当 $r=0,1$ 时, 不等式显然成立. 在 $(-1,\infty)$ 上定义 $f(x)=(1+x)^r-(1+rx)$, 其中 $r\neq 0,1$, 对 x 求导得 $f'(x)=r(1+x)^{r-1}-r$, 则 $f'(x)=0$ 当且仅当 $x=0$ 时.

若 $0<r<1$, 当 $x>0$ 时, $f'(x)<0$; 当 $-1<x<0$ 时, $f'(x)>0$. 因此 $f(x)$ 在 $x=0$ 时取最大值 0, 故有 $(1+x)^r \leqslant 1+rx$.

若 $r<0$ 或 $r>1$, 当 $x>0$ 时, $f'(x)>0$; 当 $-1<x<0$ 时, $f'(x)<0$. 因此 $f(x)$ 在 $x=0$ 时取最小值 0, 故得 $(1+x)^r \geqslant 1+rx$.

综上, Bernoulli 不等式得证, 等号成立当且仅当 $x=0$ 时. □

证明 (广义 Bernoulli 不等式) 显然只需证明 $0 \geqslant a_i \geqslant -1$ 且 $\sum a_i \geqslant -1$ 的情形. 此时

$$\begin{aligned}\prod_{i=1}^{n}(1+a_i) &\geqslant (1+a_1+a_2)\prod_{i=3}^{n}(1+a_i)\\ &\geqslant (1+a_1+a_2+\cdots+a_{n-1})(1+a_n)\\ &\geqslant 1+a_1+a_2+\cdots+a_n.\end{aligned}$$

广义 Bernoulli 不等式得证. □

1.3.4 Newton 不等式与 Maclaurin 不等式

我们对 Newton 不等式和 Maclaurin 不等式作统一介绍. Newton 不等式是在尝试解决代数方程的虚根个数时得到的一个副产品. 1707 年, Newton 在其著作 *Arithmetica Universalis*(广义算术) 中不加证明地提出了以下论断:

对于实系数多项式 $P(x)$,

$$P(x)=(x+x_1)(x+x_2)\cdots(x+x_n)=\sum_{i=0}^{n}\binom{n}{i}d_i x^i,$$

$P(x)=0$ 的虚根个数不小于下面序列的符号变号数:

$$d_n,\quad d_{n-1}^2-d_n d_{n-2},\quad \cdots,\quad d_1^2-d_2 d_0,\quad d_0^2.$$

作为直接推论, 如果方程的所有根都是实的, 则上面序列中的每一项都是非负的, 此即 Newton 不等式.

Maclaurin① 于 1729 年证明了 Newton 不等式和 Maclaurin 不等式 [62]. Newton 计数问题则直到 1865 年才由 Sylvester 在一系列工作后证明 [84–86].

Maclaurin 不等式可由 Newton 不等式直接证明, 事实上由

$$(d_0 d_2)(d_1 d_3)^2\cdots(d_{k-1}d_{k+1})^k \leqslant d_1^2 d_2^4\cdots d_k^{2k} \quad\Longleftrightarrow\quad d_{k+1}^k \leqslant d_k^{k+1},$$

即知 Maclaurin 不等式成立. 值得指出的是, 由 Maclaurin 不等式我们可以立得 AM-GM 不等式.

① Colin Maclaurin(1698~1746), 苏格兰数学家. 他在几何和代数上有许多建树, Maclaurin 级数就是以他的名字命名的.

下面我们来证明 Newton 不等式, 我们将证明 Newton 不等式对任意实数 x_i 均成立.

证明 不妨设 $x_1 \leqslant x_2 \leqslant \cdots \leqslant x_n$. 考虑多项式

$$P(x)=(x+x_1)(x+x_2)\cdots(x+x_n)=\sum_{i=0}^{n}\binom{n}{i}d_i x^i$$

及其导数

$$P'(x)=\sum(x+x_1)(x+x_2)\cdots(x+x_{n-1})=n\sum_{i=0}^{n-1}\binom{n-1}{i}d_{i+1}x^i,$$

注意到 $-x_i$ 为 $P(x)=0$ 的 n 个实根. 我们断言 $P'(x)$ 有 $n-1$ 个实根. 这可由如下三个事实立得:

(1) 若 $x_i \neq x_{i+1}$, 则 $P'(-x_i)P'(-x_{i+1})<0$, 因此存在 $\xi \in (-x_{i+1},-x_i)$, 使得 $P'(\xi)=0$.

(2) 若实数 y 为 $P(x)=0$ 的 m 重根, 则 y 为 $P'(x)=0$ 的 $m-1$ 重根.

(3) 一个一元 n 次方程至多只有 n 个实根.

我们设 $-y_i$ 为 $P'(x)$ 的 $n-1$ 个实根, 那么

$$(x+y_1)(x+y_2)\cdots(x+y_{n-1})=\sum_{i=0}^{n-1}\binom{n-1}{i}d_{i+1}x^i,$$

即我们说明了存在实数 y_i, 使得 y_i 对应的 d_i 与 x_i 对应的 d_{i+1} 相同. 因此我们只需证明

$$d_1^2 \geqslant d_0 d_2.$$

当存在 $x_i=0$ 时, 不等式显然成立. 故我们不妨设 $x_i \neq 0$, 此时等价于证明

$$(n-1)\left(\sum_{i=1}^{n}\frac{1}{x_i}\right)^2 \geqslant 2n\sum_{0\leqslant i<j\leqslant n}\frac{1}{x_i x_j}.$$

上式展开后, 由 AM-GM 不等式即知成立, 等号成立当且仅当 $x_1=x_2=\cdots=x_n$ 时. □

我们再叙述一个与 Newton 不等式相关的结论:

设 $a_0=1$, 若 $P(x)=0$ 的根都是实的, 则

$$x^n+\binom{n}{1}a_1x^{n-1}+\cdots+\binom{n}{n}a_n=0$$

的根也都是实的 [29]. 作为推论, 我们有 $a_k^2 \geqslant a_{k-1}a_{k+1}$.

第 2 章 调 整 法

调整法是不等式证明的基本方法之一, 其主旨就是将多变元不等式中的某些变元调整至容易处理的"位置". 由于低次对称或轮换对称不等式取等号的条件通常为两数相等或有数为 0, 所以这也是应用调整法时比较理想的"位置".

直接将变元调整至两数相等或有数为 0 无疑是我们最希望看到的. 当然此时给变元加上序的关系也往往是需要的.

例 2.1 (赵斌) 对正实数 a,b,c, 求证:

$$f(a,b,c)=\frac{a}{b+c}+\frac{b}{a+c}+\frac{4c}{a+b}\geqslant 2.$$

证明 注意到 $a=b$, $c=0$ 时等号成立. 我们考虑先证明 $f(a,b,c)\geqslant f\left(\frac{a+b}{2},\frac{a+b}{2},c\right)$. 这等价于

$$\frac{a}{b+c}+\frac{b}{a+c}\geqslant\frac{a+b}{\frac{a+b}{2}+c}.$$

由 Cauchy 不等式有 (也可两边展开后得证)

$$\begin{aligned}\frac{a}{b+c}+\frac{b}{a+c}&\geqslant\frac{(a+b)^2}{ab+ac+ab+bc}\\&\geqslant\frac{(a+b)^2}{\frac{(a+b)^2}{2}+c(a+b)}=\frac{a+b}{\frac{a+b}{2}+c}.\end{aligned}$$

因此我们只需证明

$$\frac{a+b}{\frac{a+b}{2}+c}+\frac{4c}{a+b}\geqslant 2$$

即可. 设 $x=\frac{a+b}{2}$, 那么只需证明

$$\frac{2x}{x+c}+\frac{4c}{2x}\geqslant 2\quad\Longleftrightarrow\quad\frac{c}{x}\geqslant\frac{c}{c+x},$$

上式展开后显然. □

注 本题也可以用 Cauchy 不等式证明. 事实上,

$$f(a,b,c)\geqslant\frac{(a+b+2c)^2}{2(ab+bc+ca)}\geqslant\frac{4(ab+bc+ca)+4c^2}{2(ab+bc+ca)}\geqslant 2.$$

例 2.2 求 $k>0$ 的最小值, 使得对任意 $a+b+c=9$, $a,b,c\geqslant k$, 均有

$$\sqrt{ab+bc+ca}\leqslant\sqrt{a}+\sqrt{b}+\sqrt{c}.$$

解 不妨设 $b,c\geqslant a$. 令

$$f(a,b,c)=\sum ab-(\sum\sqrt{a})^2.$$

下证 $f(a,b,c)\leqslant f\left(a,\frac{b+c}{2},\frac{b+c}{2}\right)$, 这等价于

$$\begin{aligned}
&bc-(\sum\sqrt{a})^2\leqslant\left(\frac{b+c}{2}\right)^2-\left(\sqrt{a}+2\sqrt{\frac{b+c}{2}}\right)^2\\
\iff\ &(\sqrt{2(b+c)}-\sqrt{b}-\sqrt{c})(2\sqrt{a}+\sqrt{b}+\sqrt{c}+\sqrt{2(b+c)})\leqslant\left(\frac{b-c}{2}\right)^2\\
\iff\ &\frac{(\sqrt{b}-\sqrt{c})^2}{\sqrt{2(b+c)}+\sqrt{b}+\sqrt{c}}(2\sqrt{a}+\sqrt{b}+\sqrt{c}+\sqrt{2(b+c)})\leqslant\left(\frac{b-c}{2}\right)^2\\
\iff\ &4(2\sqrt{a}+\sqrt{b}+\sqrt{c}+\sqrt{2(b+c)})\leqslant(\sqrt{b}+\sqrt{c})^2(\sqrt{2(b+c)}+\sqrt{b}+\sqrt{c}).
\end{aligned}$$

注意到 $b,c\geqslant a$, $a+b+c=9$, 故

$$b+c\geqslant 6,\quad(\sqrt{b}+\sqrt{c})^2\geqslant b+c\geqslant 6.$$

因此我们只需证明

$$\begin{aligned}
&2(2\sqrt{a}+\sqrt{b}+\sqrt{c}+\sqrt{2(b+c)})\leqslant 3(\sqrt{2(b+c)}+\sqrt{b}+\sqrt{c})\\
\iff\ &4\sqrt{a}\leqslant\sqrt{b}+\sqrt{c}+\sqrt{2(b+c)}.
\end{aligned}$$

上式当 $b,c\geqslant a$ 时显然成立, 从而 $f(a,b,c)\leqslant f\left(a,\frac{b+c}{2},\frac{b+c}{2}\right)$. 注意, 这里的调整不依赖于 k.

故只需求最小的 k, 使得

$$\begin{aligned}
&f\left(a,\frac{b+c}{2},\frac{b+c}{2}\right)=f\left(a,\frac{9-a}{2},\frac{9-a}{2}\right)\leqslant 0\\
\iff\ &a(9-a)+\left(\frac{9-a}{2}\right)^2\leqslant(\sqrt{a}+\sqrt{18-2a})^2\\
\iff\ &9+22a-3a^2\leqslant 8\sqrt{a(18-2a)}\\
\iff\ &(9a^2-78a+9)(a-3)^2\leqslant 0,
\end{aligned}$$

上式成立当且仅当 $a\geqslant\frac{13-4\sqrt{10}}{3}$ 时. 故 k 的最小值为 $\frac{13-4\sqrt{10}}{3}$. □

例 2.3　n 是正整数, $a_i,b_i(i=1,2,\cdots,n)$ 为非负实数, 满足 $a_1+\cdots+a_n=b_1+\cdots+b_n$, 求最小的实数 $M(n)$, 使得下面的不等式恒成立:

$$\sum_{i=1}^{n}a_i(a_i+b_i)\leqslant M(n)\sum_{i=1}^{n}b_i(a_i+b_i).$$

解　即求最小的 $M(n)$, 使得

$$f(a_1,a_2,\cdots,a_n)=M(n)\sum_{i=1}^{n}b_i^2+(M(n)-1)\sum_{i=1}^{n}a_ib_i-\sum_{i=1}^{n}a_i^2\geqslant 0.$$

显然 $M(1)=1$. 下面讨论 $n\geqslant 2$ 的情形. 不妨设 $b_1=\min\{b_1,\cdots,b_n\}$. 注意到 $M(n)\geqslant 1$, 因此

$$\begin{aligned}&f(a_1,a_2,\cdots,a_n)-f(a_1+a_2+\cdots+a_n,0,\cdots,0)\\&=(M(n)-1)\sum_{i=1}^{n}a_i(b_i-b_1)+(\sum_{i=1}^{n}a_i)^2-\sum_{i=1}^{n}a_i^2\geqslant 0,\end{aligned}$$

且当 $a_2=a_3=\cdots=a_n$ 时等号成立. 因此只需求最小的 $M(n)$, 使得

$$f(a_1+a_2+\cdots+a_n,0,\cdots,0)\geqslant 0.$$

由条件 $a_1+\cdots+a_n=b_1+\cdots+b_n$, 这等价于

$$g(b_1,b_2,\cdots,b_n)=M(n)\sum_{i=1}^{n}b_i^2+(M(n)-1)b_1\sum_{i=1}^{n}b_i-(\sum_{i=1}^{n}b_i)^2\geqslant 0.$$

当 $\sum\limits_{i=2}^{n}b_i=(n-1)b$ 固定时, $g(b_1,b_2,\cdots,b_n)\geqslant g(b_1,b,\cdots,b)$. 故等价于求最小的 $M(n)$, 使得

$$\begin{aligned}h(n)&=M(n)(b_1^2+(n-1)b^2)+(M(n)-1)b_1(b_1+(n-1)b)-(b_1+(n-1)b)^2\\&=(2M(n)-2)b_1^2+(M(n)-3)(n-1)b_1b+(M(n)-(n-1))(n-1)b^2\geqslant 0.\end{aligned}$$

当 $b_1=0$ 时, 知 $M(n)\geqslant n-1$. 而当 $M(n)\geqslant 3$, 且 $M(n)\geqslant n-1$ 时, $h(n)\geqslant 0$ 显然成立. 故当 $n\geqslant 4$ 时, $M(n)=n-1$.

当 $n=2,3$ 时, 由上述讨论知 $n-1\leqslant M(n)\leqslant 3$. 令 $b_1=b$, 知 $M(3)\geqslant 2, M(2)\geqslant\dfrac{3}{2}$. 而当 $b_1=\dfrac{(3-M(n))(n-1)}{4(M(n)-1)}b$ 时, 关于 b_1 的二次函数 $h(n)$ 取最小值. 容易验证 $n=2,3$ 时 $b_1\leqslant b$ 分别等价于 $M(2)\geqslant\dfrac{7}{5}$, $M(3)\geqslant 2$. 因此 $M(3)\geqslant 2, M(2)\geqslant\dfrac{3}{2}$ 时, $b_1=\dfrac{(3-M(n))(n-1)}{4(M(n)-1)}b$ 也是二次函数 $h(2)$, $h(3)$ 当 $b_1\leqslant b$ 时的最小值. 将这个 b_1 值代入 $h(n)$ 可解得 $M(2)\geqslant\dfrac{5}{7}+\dfrac{4\sqrt{2}}{7}$, $M(3)\geqslant 1+\dfrac{2\sqrt{3}}{3}$. 由上述讨论可知, 不等式的等号成立.

综上, $M(1)=1$, $M(2)=\dfrac{5}{7}+\dfrac{4\sqrt{2}}{7}$, $M(3)=1+\dfrac{2\sqrt{3}}{3}$, $M(n)=n-1(n\geqslant 4)$. □

注 $n \geqslant 4$ 的情形为 2011 年 CMO 的第 5 题. 本题有两组变量, 因此我们希望通过调整将变量个数变得尽可能少. 我们先后通过两次调整将问题化归为二元齐次不等式, 而这是容易处理的. 调整的第一步是先控制 $\sum\limits_{i=1}^{n} a_i$ 不变, 将 a_i 调整为 $n-1$ 个为 0 的情形, 将问题化归为一组变量. 这其中比较有技巧性的是需要找出 b_i 中最小的 b_1. 类似的处理技巧可见例 8.9. 调整的第二步是将 $b_2, \cdots, b_n$ 调至全部相等, 这步是平凡的.

例 2.4 设 n 为正整数, $x_i(i=1,2,\cdots,n)$ 为正实数, 满足 $x_1+x_2+\cdots+x_n=n$, 求证:

$$\frac{x_1}{x_2}+\frac{x_2}{x_3}+\cdots+\frac{x_n}{x_1} \leqslant \frac{4}{x_1 x_2 \cdots x_n}+n-4.$$

证明 设 y_i 是 x_i 的一个排列, 且 $y_1 \leqslant y_2 \leqslant \cdots \leqslant y_n$, 则由排序不等式,

$$\sum_{i=1}^{n} \frac{x_i}{x_{i+1}} \leqslant \frac{y_1}{y_n}+\frac{y_2}{y_{n-1}}+\cdots+\frac{y_{n-1}}{y_2}+\frac{y_n}{y_1},$$

其中 $x_{n+1}=x_1$. 故只需证明

$$\sum_{i=1}^{n} \frac{y_i}{y_{n+1-i}}-\frac{4}{\prod\limits_{i=1}^{n} y_i} \leqslant n-4.$$

对每个 i, 我们固定 y_j 不变 $(j \neq i, n+1-i)$, 考虑函数

$$F(y_i, y_{n+1-i})=\frac{y_i}{y_{n+1-i}}+\frac{y_{n+1-i}}{y_i}-\frac{4}{\prod\limits_{i=1}^{n} y_i}.$$

注意到

$$(y_i+y_{n+1-i})^2 \prod_{j \neq i, n+1-i} y_j=4\left(\frac{y_i+y_{n+1-i}}{2}\right)^2 \prod_{j \neq i, n+1-i} y_j \leqslant 4\left(\frac{\sum\limits_{i=1}^{n} y_i}{n}\right)^n=4,$$

因此

$$F(y_i, y_{n+1-i})=\frac{(y_i+y_{n+1-i})^2 \prod\limits_{j \neq i, n+1-i} y_j-4}{\prod\limits_{i=1}^{n} y_i}-2 \leqslant F\left(\frac{y_i+y_{n+1-i}}{2}, \frac{y_i+y_{n+1-i}}{2}\right).$$

故我们只需考虑 $y_i=y_{n+1-i}(i=1,2,\cdots,n)$ 的情形即可, 即

$$n-\frac{4}{\prod\limits_{i=1}^{n} y_i} \leqslant n-4 \quad \Longleftrightarrow \quad \prod_{i=1}^{n} y_i \leqslant 1.$$

上式显然成立. □

例 2.5 (韩京俊) $a, b, c \geqslant 0$, 没有两个同时为 0. 求证:

$$\sum_{\text{cyc}} \frac{a^3}{a^2-ab+b^2} \leqslant\left(1+\frac{\sqrt{3}}{3}-\frac{4}{\sqrt{3}(\sqrt{3}+3+\sqrt{2\sqrt{3}})}\right)(a+b+c).$$

证明 为证明方便, 我们设

$$f(a,b,c)=\sum_{\text{cyc}}\frac{a^3}{a^2-ab+b^2},\quad \lambda=1+\frac{\sqrt{3}}{3}-\frac{4}{\sqrt{3}(\sqrt{3}+3+\sqrt{2\sqrt{3}})}.$$

我们首先证明当 $a=\max\{a,b,c\}$ 时有

$$\begin{aligned}&\frac{f(a,b,c)}{a+b+c}\leqslant\frac{f(a,b,0)}{a+b}\\ \iff\quad&(a+b)\sum_{\text{cyc}}\frac{a^3}{a^2-ab+b^2}\leqslant(a+b+c)\left(\frac{a^3}{a^2-ab+b^2}+\frac{b^3}{b^2}\right)\\ \iff\quad&(a+b)\left(\frac{b^3}{b^2-bc+c^2}+\frac{c^3}{c^2-ac+a^2}\right)\leqslant\frac{ca^3}{a^2-ab+b^2}+(a+b+c)b\\ \iff\quad&(a+b)\left(\frac{b^3}{b^2-bc+c^2}-b\right)+\frac{bc^3}{c^2-ac+a^2}-bc\leqslant\frac{ca^3}{a^2-ab+b^2}-\frac{c^3a}{c^2-ac+a^2}\\ \iff\quad&\frac{bc(a+b)(b-c)}{b^2-bc+c^2}+\frac{abc(c-a)}{c^2-ac+a^2}\leqslant\frac{ac(a^3(a-c)+bc^2(a-b))}{(a^2-ab+b^2)(c^2-ac+a^2)}.\end{aligned}$$

当 $b\leqslant c$ 时, 上式显然成立. 于是我们只需证明 $a\geqslant b\geqslant c$ 的情况.

我们证明此时有

$$\begin{aligned}&\frac{a(a-c)}{b(b-c)}\geqslant\frac{a^2-ac+c^2}{b^2-bc+c^2}\\ \iff\quad&\frac{a(a^2-c^2)}{b(b^2-c^2)}\geqslant\frac{a^3+c^3}{b^3+c^3}\\ \iff\quad&a^3b^3+a^3c^3-ac^2b^3-ac^5\geqslant a^3b^3-a^3bc^2+c^3b^3-bc^5\\ \iff\quad&c^3(a^3-b^3)+abc^2(a^2-b^2)+c^5(b-a)\geqslant0\\ \iff\quad&(a-b)(c^3(a^2+b^2+ab)+abc^2(a+b)-c^5)\geqslant0.\end{aligned}$$

上式显然成立.

下面再证

$$\frac{a^3(a-c)}{(a^2-ab+b^2)(c^2-ac+a^2)}\geqslant\frac{b(b-c)}{b^2-bc+c^2}.$$

利用

$$\frac{a(a-c)}{b(b-c)}\geqslant\frac{a^2-ac+c^2}{b^2-bc+c^2},$$

我们只需证明

$$\frac{a^2}{a^2-ab+b^2}\geqslant1,$$

此式显然成立.

由此我们证明了

$$\frac{f(a,b,c)}{a+b+c}\leqslant\frac{f(a,b,0)}{a+b}.$$

于是只需证明

$$\frac{a^3}{a^2-ab+b^2}+\frac{b^3}{b^2}\leqslant\lambda(a+b)\quad\iff\quad\frac{a^3}{a^3+b^3}+\frac{b}{a+b}\leqslant\lambda.$$

设 $t=\dfrac{a}{b}$, 则 $t\geqslant 1$. 因此

$$\frac{t^3}{1+t^3}+\frac{1}{1+t}\leqslant\lambda \quad\Longleftrightarrow\quad 1+\frac{1}{1+t}-\frac{1}{1+t^3}\leqslant\lambda.$$

下求 $\dfrac{1}{1+t}-\dfrac{1}{1+t^3}$ 的最大值, 记 $g(t)=\dfrac{1}{1+t}-\dfrac{1}{1+t^3}$. 于是

$$g'(t)=\frac{3t^2-(1+t^2-t)^2}{(1+t^3)^2}=\frac{2t+2t^3-1-t^4}{(1+t^3)^2}.$$

所以当 $g(t)$ 最大时有

$$t^4-2t-2t^3+1=0 \quad\Longrightarrow\quad t+\frac{1}{t}=1+\sqrt{3} \quad\Longrightarrow\quad t=\frac{1+\sqrt{3}+\sqrt{2\sqrt{3}}}{2}.$$

此时,

$$1+\frac{1}{1+t}-\frac{1}{t^3}=1+\frac{\sqrt{3}}{3}-\frac{4}{\sqrt{3}(\sqrt{3}+3+\sqrt{2\sqrt{3}})}=\lambda.$$

综上, 命题得证. □

注 本题解答虽长, 但十分自然, 先转化为有一个变元为 0 的情形, 再通过导数解决. 利用类似的方法我们能得到:

$a,b,c\geqslant 0$, 没有两个同时为 0, 有

$$\sum_{\text{cyc}}\frac{a^3}{a^2-ab+b^2}\geqslant\left(1+\frac{\sqrt{3}}{3}-\frac{4}{\sqrt{3}(\sqrt{3}+3-\sqrt{2\sqrt{3}})}\right)(a+b+c).$$

对于多个变元的问题, 也可以考虑逐一将变量调整成它们的算术平均数.

例 2.6 (AM-GM 不等式) $a_1,a_2,\cdots,a_n$ 为非负实数, 则

$$\frac{1}{n}\sum_{i=1}^{n}a_i\geqslant\sqrt[n]{a_1a_2\cdots a_n},$$

当且仅当 $a_1=a_2=\cdots=a_n$ 时等号成立.

证明 不妨设 $a_1\geqslant\cdots\geqslant a_n\geqslant 0$, 设 $A=\dfrac{\sum\limits_{i=1}^{n}a_i}{n}$,

$$f(a_1,a_n)=\sum_{i=1}^{n}a_i-n\sqrt[n]{a_1a_2\cdots a_n}.$$

我们证明 $f(a_1,a_n)\geqslant f(a_1+a_n-A,A)$. 这等价于

$$\begin{aligned}&-n\sqrt[n]{a_1a_2\cdots a_n}\geqslant -n\sqrt[n]{(a_1+a_n-A)Aa_2\cdots a_{n-1}}\\ \Longleftrightarrow\quad &(a_1+a_n-A)A\geqslant a_1a_n.\end{aligned}$$

上式显然.

上述调整可以将两个不为 A 的变量调整为其中一个变量为 A. 注意到除非 a_i 均相等, 否则 A 不可能为 a_i 中的最大数或最小数, 因此可以进行上述调整. 经过 n 次调整后, n 个变量均能调整为 A, 命题得证. □

例 2.7 (2010 国家集训队)　求所有的正实数 λ, 使得对任意正整数 $n\geqslant 2$ 和满足 $\sum\limits_{i=1}^{n}a_i=n$ 的正实数 $a_1,\cdots,a_n$, 总有

$$\sum_{i=1}^{n}\frac{1}{a_i}-\lambda\prod_{i=1}^{n}\frac{1}{a_i}\leqslant n-\lambda.$$

解　所求的 $\lambda\geqslant \mathrm{e}$. 我们先说明当 $\lambda<\mathrm{e}$ 时, 原不等式不成立. 原不等式两边同乘以 $a_1a_2\cdots a_n$, 我们有

$$\sum_{i=1}^{n}\prod_{j\neq i}a_j-\lambda\leqslant (n-\lambda)a_1a_2\cdots a_n.$$

在上面的不等式中令 $a_n\to 0, a_1=a_2=\cdots=a_{n-1}\to \dfrac{n}{n-1}$, 则

$$\left(\frac{n}{n-1}\right)^{n-1}-\lambda\leqslant 0\quad\Longrightarrow\quad \lambda\geqslant\left(\frac{n}{n-1}\right)^{n-1}.$$

令 $n\to\infty$, 我们有 $\lambda\geqslant \mathrm{e}$.

下证当 $\lambda\geqslant\mathrm{e}$ 时不等式成立. 不妨设 $a_1=\max\limits_{1\leqslant i\leqslant n}a_i, a_n=\min\limits_{1\leqslant i\leqslant n}a_i$. 我们考察函数

$$f(a_1,a_n)=\sum_{i=1}^{n}\frac{1}{a_i}-\lambda\prod_{i=1}^{n}\frac{1}{a_i}=\sum_{i=2}^{n-1}\frac{1}{a_i}+\frac{1}{a_1a_n}\left(n-\sum_{i=2}^{n-1}a_i-\frac{\lambda}{\prod\limits_{i=2}^{n-1}a_i}\right).$$

由 AM-GM 不等式,

$$n-\sum_{i=2}^{n-1}a_i-\frac{\lambda}{\prod\limits_{i=2}^{n-1}a_i}\leqslant n-(n-1)\sqrt[n-1]{\lambda}<n-\frac{(n-1)n}{n-1}=0.$$

又

$$(a_1-1)(a_n-1)\leqslant 0\quad\Longrightarrow\quad a_1a_n\leqslant a_1+a_n-1,$$

故

$$f(a_1,a_n)\leqslant f(1,a_1+a_n-1).$$

我们每次调整都可将其中一个 a_i 调整为 1, 因此 $n-1$ 次调整后,

$$\sum_{i=1}^{n}\frac{1}{a_i}-\lambda\prod_{i=1}^{n}\frac{1}{a_i}\leqslant\sum_{i=1}^{n}1-\lambda\prod_{i=1}^{n}1=n-\lambda.$$

□

我们也可考虑将两个变量调整成它们的几何平均数.

例 2.8　$a,b,c\in\left[\dfrac{1}{3},3\right]$, 则

$$f(a,b,c)=\frac{a}{a+b}+\frac{b}{b+c}+\frac{c}{c+a}\geqslant\frac{7}{5}.$$

证明 不妨设 $a=\max\{a,b,c\}$. 注意到等号成立条件为 $(a,b,c)=\left(3,\frac{1}{3},1\right)$, 我们考虑证明

$$f(a,b,c)\geqslant f(a,b,\sqrt{ab})\geqslant\frac{7}{5}.$$

我们有

$$\begin{aligned}f(a,b,c)-f(a,b,\sqrt{ab})&=\frac{b}{b+c}+\frac{c}{a+c}-\frac{2\sqrt{b}}{\sqrt{a}+\sqrt{b}}\\&=\frac{(\sqrt{a}-\sqrt{b})(\sqrt{ab}-c)^2}{(b+c)(a+c)(\sqrt{a}+\sqrt{b})}\geqslant 0.\end{aligned}$$

设 $x=\sqrt{\frac{a}{b}}$, 则 $x\in\left[\frac{1}{3},3\right]$. 因此

$$\begin{aligned}f(a,b,\sqrt{ab})-\frac{7}{5}&=\frac{a}{a+b}+\frac{2\sqrt{b}}{\sqrt{a}+\sqrt{b}}-\frac{7}{5}\\&=\frac{x^2}{x^2+1}+\frac{2}{x+1}-\frac{7}{5}\\&=\frac{3-7x+8x^2-2x^3}{5(x+1)(x^2+1)}\\&=\frac{(3-x)(x^2+(1-x)^2)}{5(x+1)(x^2+1)}\geqslant 0.\end{aligned}$$

综上, 命题得证. □

注 我们再给出一种证明:

证明 不妨设 $c\geqslant b$. 将 $f(a,b,c)$ 看作 a 的函数:

$$\begin{aligned}f(a)&=\frac{a}{a+b}+\frac{b}{b+c}+\frac{c}{c+a}\\&=1-\frac{b}{a+b}+\frac{c}{c+a}+\frac{b}{b+c}\\&=1+\frac{b}{b+c}+\frac{a(c-b)}{(a+b)(a+c)}\\&=1+\frac{b}{b+c}+\frac{c-b}{a+\frac{bc}{a}+b+c}.\end{aligned}$$

故 $f(a)$ 的最小值当 a 在端点处时取到.

若 $a=3$, 则类似地,

$$f(b)=1+\frac{c}{c+a}+\frac{a-c}{b+\frac{ca}{b}+c+a}.$$

$f(b)$ 的最小值当 b 在端点处时取到. 容易验证 $(a,b)=\left(3,\frac{1}{3}\right)$ 或 $(a,b)=(3,3)$ 时原不等式成立.

若 $a=\dfrac{1}{3}$, 则类似地,

$$f(c)=1+\frac{a}{a+b}+\frac{b-a}{c+\dfrac{ab}{c}+b+a}.$$

$f(c)$ 的最小值当 c 在端点处时取到. 容易验证 $(a,c)=\left(\dfrac{1}{3},\dfrac{1}{3}\right)$ 或 $(a,c)=\left(\dfrac{1}{3},3\right)$ 时原不等式成立. □

为使调整成功, 我们还可以考虑分情况讨论.

例 2.9　正实数 a,b,c,d 满足 $abcd=1, a,b,c,d\neq\dfrac{1}{3}$. 证明:

$$\frac{1}{(3a-1)^2}+\frac{1}{(3b-1)^2}+\frac{1}{(3c-1)^2}+\frac{1}{(3d-1)^2}\geqslant 1.$$

证明　设

$$f(a,b,c,d)=\frac{1}{(3a-1)^2}+\frac{1}{(3b-1)^2}+\frac{1}{(3c-1)^2}+\frac{1}{(3d-1)^2}.$$

若 $\min\{a,b,c,d\}>\dfrac{1}{3}$, 则由 AM-GM 不等式有

$$\begin{aligned}f(a,b,c,d)-f(\sqrt{ad},b,c,\sqrt{ad})&\geqslant\frac{2}{(3a-1)(3d-1)}-\frac{2}{(3\sqrt{ad}-1)^2}\\&=\frac{2(3a+3d-6\sqrt{ad})}{(3a-1)(3d-1)(3\sqrt{ad}-1)^2}\geqslant 0.\end{aligned}$$

反复利用上式, 有

$$f(\sqrt{ad},b,c,\sqrt{ad})\geqslant f(\sqrt{ad},\sqrt{bc},\sqrt{bc},\sqrt{ad})\geqslant f(\sqrt[4]{abcd},\sqrt[4]{abcd},\sqrt[4]{abcd},\sqrt[4]{abcd})=1.$$

若 $\min\{a,b,c,d\}<\dfrac{1}{3}$, 不妨设 $a-\min\{a,b,c,d\}$. 注意到

$$\frac{1}{(3a-1)^2}\geqslant 1\iff a(9a-6)\leqslant 0\iff 0\leqslant a\leqslant\frac{2}{3},$$

即此时不等式也成立. 于是原不等式得证. □

注　本题也可用 Jensen 不等式证明.

有时也可以将调整法与数学归纳法结合.

例 2.10　n 为正整数, $x_i>0\ (i=1,2,\cdots,n)$, $\prod\limits_{i=1}^{n}x_i=1$. 求证:

$$f(x_1,x_2,\cdots,x_n):=n+(n-1)\sum_{i=1}^{n}x_i^2-(\sum_{i=1}^{n}x_i)^2\geqslant 0.$$

证明 我们对 n 进行归纳, $n=1$ 时不等式显然成立. 当 $n\geqslant 2$ 时, 假设不等式对 $\leqslant n-1$ 个变元成立. 设 $x_1=\min\{x_1,\cdots,x_n\}$, 我们首先证明

$$f(x_1,x_2,\cdots,x_n)\leqslant f(x_1,G,\cdots,G),$$

其中 $G=\sqrt[n-1]{x_2x_3\cdots x_n}$. 上式等价于

$$\begin{aligned}&(n-1)\sum_{i=2}^{n}x_i^2-2x_1\sum_{i=2}^{n}x_i-(\sum_{i=2}^{n}x_i)^2\geqslant(n-1)^2G^2-2(n-1)x_1G-(n-1)^2G^2\\ \Longleftrightarrow\quad&(n-1)\sum_{i=2}^{n}x_i^2-(\sum_{i=2}^{n}x_i)^2\geqslant 2x_1(\sum_{i=2}^{n}x_i-(n-1)G).\end{aligned}$$

而 $x_1\leqslant G$, $\sum\limits_{i=2}^{n}x_i\geqslant(n-1)G$, 故只需证明

$$(n-1)\sum_{i=2}^{n}x_i^2-(\sum_{i=2}^{n}x_i)^2\geqslant 2G(\sum_{i=2}^{n}x_i-(n-1)G).$$

上面的不等式关于 x_i 齐次, 我们不妨设 $G=1$, 由归纳假设我们有

$$(n-2)\sum_{i=2}^{n}x_i^2-(\sum_{i=2}^{n}x_i)^2\geqslant 1-n.$$

因此, 由 AM-GM 不等式, 有

$$(n-1)\sum_{i=2}^{n}x_i^2-(\sum_{i=2}^{n}x_i)^2\geqslant\sum_{i=2}^{n}x_i^2+1-n\geqslant 2(\sum_{i=2}^{n}x_i-(n-1)).$$

下面我们证明

$$\begin{aligned}f(x_1,G,\cdots,G)\geqslant 0\quad&\Longleftrightarrow\quad(n-1)x_1^2+(n-1)^2G^2\geqslant(x_1+(n-1)G)^2-n\\&\Longleftrightarrow\quad(n-2)x_1^2-2(n-1)x_1G+n\geqslant 0,\end{aligned}$$

注意到 $x_1G^{n-1}=1$, 上式等价于

$$n-2-2(n-1)G^n+nG^{2n-2}\geqslant 0.$$

上式由 AG-GM 不等式立得. □

注 令 $x_i=a_i^{\frac{n}{2}}$, 再结合例 10.22 与 Cauchy 不等式即可证明本题.

逐步将变量都调整成相等的也是一种常用的策略.

例 2.11 (韩京俊, 2017 国家集训队) 对正整数 $m\geqslant 2$, 非负实数 $x_1,\cdots,x_m$, 我们有

$$(m-1)^{m-1}(\sum_{i=1}^{m}x_i^m-m\prod_{i=1}^{m}x_i)\geqslant(\sum_{i=1}^{m}x_i)^m-m^m\prod_{i=1}^{m}x_i.$$

证明　不妨设 $x_1 \geqslant x_2 \geqslant \cdots \geqslant x_m$, 且 $x_1+\cdots+x_m=1$. 记

$$f(x_1,\cdots,x_m)=(m-1)^{m-1}\sum_{i=1}^{m} x_i^m+m(m^{m-1}-(m-1)^{m-1})\prod_{i=1}^{m} x_i.$$

我们先证明当 $k \leqslant m-2$, $a=x_1=x_2=\cdots=x_k \geqslant x_{k+1} \geqslant \cdots \geqslant x_m$ 时,

$$f(a,\cdots,a,x_{k+1},x_{k+2},\cdots,x_m) \geqslant f\left(\frac{ka+x_{k+1}}{k+1},\cdots,\frac{ka+x_{k+1}}{k+1},x_{k+2},\cdots,x_m\right). \qquad (*)$$

令 $ka+x_{k+1}=t$, $g(x)=f(x,\cdots,x,t-kx,x_{k+2},\cdots,x_m)$. 只需证明当 $x \geqslant \dfrac{t}{k+1}$ 时, $g(x)$ 单调递增即可.

$$\begin{aligned} g'(x)=&(m-1)^{m-1}mk(x^{m-1}-(t-kx)^{m-1})\\ &+mk(m^{m-1}-(m-1)^{m-1})((t-kx)-x)x^{k-1}\prod_{i=k+2}^{m} x_i. \end{aligned}$$

故只需证明

$$\begin{aligned} &(m-1)^{m-1}(x^{m-1}-(t-kx)^{m-1})\\ &\quad \geqslant (m^{m-1}-(m-1)^{m-1})(x-(t-kx))x^{k-1}(t-kx)^{m-k-1}, \end{aligned}$$

即

$$(m-1)^{m-1}\sum_{i=0}^{m-2} x^i(t-kx)^{m-2-i} \geqslant (m^{m-1}-(m-1)^{m-1})x^{k-1}(t-kx)^{m-k-1}.$$

注意到当 $k \leqslant m-2$, $(k+1)x \geqslant t$ 时,

$$\sum_{i=0}^{m-2} x^i(t-kx)^{m-2-i} \geqslant x^{m-2}+x^{m-3}(t-kx) \geqslant 2x^{k-1}(t-kx)^{m-k-1},$$

故只需证明

$$2(m-1)^{m-1} \geqslant m^{m-1}-(m-1)^{m-1} \quad\Longleftrightarrow\quad 3 \geqslant \left(1+\frac{1}{m-1}\right)^{m-1}.$$

上式成立是因为 $\left(1+\dfrac{1}{m-1}\right)^{m-1} \leqslant \mathrm{e}<3$. 因此式 $(*)$ 成立, 故只需证明当 $x=x_1=\cdots=x_{m-1}$, $(n-1)x+x_m=1$, $x \geqslant x_m$ 时, 原不等式成立即可, 即证 $\dfrac{1}{m-1} \geqslant x \geqslant \dfrac{1}{m}$ 时, $h(x) \geqslant 0$, 其中

$$\begin{aligned} h(x)=&(m-1)^{m-1}((m-1)x^m+(1-(m-1)x)^m)\\ &+m(m^{m-1}-(m-1)^{m-1})(1-(m-1)x)x^{m-1}-1. \end{aligned}$$

注意到 $h\left(\dfrac{1}{m}\right)=h\left(\dfrac{1}{m-1}\right)=0$, 我们考虑证明 $h(x)$ 是上凸函数.

$$h'(x)=m(m-1)^m(x^{m-1}-(1-(m-1)x)^{m-1})$$

$$\begin{aligned}&+m(m-1)(m^{m-1}-(m-1)^{m-1})x^{m-2}((1-(m-1)x)-x)\\=&m(m-1)(mx-1)x^{m-1}H(x),\end{aligned}$$

其中

$$H(x)=(m-1)^{m-1}\sum_{i=0}^{m-2}\left(\frac{1}{x}-(m-1)\right)^i-(m^{m-1}-(m-1)^{m-1}).$$

$H(x)$ 是关于 x 单调的函数, 且

$$H\left(\frac{1}{m}\right)=m(m-1)^{m-1}-m^{m-1}=m((m-1)^{m-1}-m^{m-2})>0,$$

$$H\left(\frac{1}{m-1}\right)=(m-1)^{m-1}-(m^{m-1}-(m-1)^{m-1})=2(m-1)^{m-1}-m^{m-1}<0.$$

因此 $h(x)$ 在 $\left[\frac{1}{m},\frac{1}{m-1}\right]$ 上先单调递增再单调递减, $h(x)\geqslant 0$, 原不等式得证. □

注 类似处理的方法可见例 10.22 后的注.

我们称 D 为 $\mathbb{R}^n$ 中的一个凸集, 若对任意 $\boldsymbol{x},\boldsymbol{y}\in D$, $\lambda\in[0,1]$, 有 $\lambda\boldsymbol{x}+(1-\lambda)\boldsymbol{y}\in D$. 特别地, $\mathbb{R}^n,\mathbb{R}_+^{+\infty}$ 均为 $\mathbb{R}^n$ 中的凸集. 对于多个变元的问题, 若我们能将其中两个变元调整至两数的算术平均值, 一个自然的想法是能否说明我们可以将所有变量均调整至它们的算术平均值. 我们有如下的定理:

定理 2.1 $n\geqslant 2$ 为正整数, $F(x_1,x_2,\cdots,x_n)$ 是定义在凸集 $D\subseteq\mathbb{R}^n$ 上的连续函数. 对任意 $(x_1,\cdots,x_n)\in D$, 我们有

$$F(x_1,x_2,\cdots,x_n)\geqslant F(y_1,y_2,\cdots,y_n),$$

其中 $y_i=\dfrac{x_i+x_j}{2},y_j=\dfrac{x_i+x_j}{2}$. 若 $x_i=\max\{x_1,\cdots,x_n\},x_j=\min\{x_1,\cdots,x_n\}$, $x_k=y_k$ $(k\neq i,j)$, 则有

$$F(x_1,x_2,\cdots,x_n)\geqslant F(x,x,\cdots,x),$$

其中 $x=\dfrac{x_1+x_2+\cdots+x_n}{n}$.

证明 我们称 $(x_1,\cdots,x_n)\to(y_1,\cdots,y_n)$ 为一次变换, 即这样的变换将 x_k 中最大与最小的数调整为两数的算术平均数, 保持其他数不变. 对于数组 $(x_1,\cdots,x_n)$, 我们考虑

$$S_0=\sum_{k<l}|x_k-x_l|$$

及其经过一次变换后的和

$$S_1=\sum_{k<l}|y_k-y_l|.$$

注意到 $k\neq i,j$ 时, $|y_k-y_i|+|y_k-y_j|\leqslant|x_k-x_i|+|x_k-x_j|=|x_i-x_j|$. 又 $|y_i-y_j|=0$, $|x_i-x_j|=\max\{|x_k-x_l|,1\leqslant k,l\leqslant n\}$, 因此 $S_0\leqslant\dfrac{(n-1)n}{2}|x_i-x_j|$, 且

$$\frac{S_1}{S_0}\leqslant\frac{S_0-|x_i-x_j|}{S_0}=1-\frac{|x_i-x_j|}{S_0}\leqslant 1-\frac{2}{n(n-1)}<1.$$

设 S_m 是经过 m 次变换后对应的和, 对应的数组为 $(x_1^{(m)},\cdots,x_n^{(m)})$. 那么

$$\frac{S_m}{S_0}\leqslant\left(1-\frac{2}{n(n-1)}\right)^m \quad\Longrightarrow\quad S_m\leqslant\left(1-\frac{2}{n(n-1)}\right)^m.$$

故 $\lim\limits_{m\to+\infty}S_m=0$. 特别地,

$$\lim_{m\to+\infty}x_1^{(m)}=\lim_{m\to+\infty}x_2^{(m)}=\cdots=\lim_{m\to+\infty}x_n^{(m)}.$$

又 $\sum\limits_{i=1}^{n}x_k^{(m)}=nx$, 所以 $\lim\limits_{m\to+\infty}x_k^{(m)}=x\ (k=1,2,\cdots,n)$. 由函数的连续性, 我们有

$$\begin{aligned}F(x_1,x_2,\cdots,x_n)\geqslant&\lim_{m\to+\infty}F(x_1^{(m)},x_2^{(m)},\cdots,x_n^{(m)})\\=&F(\lim_{m\to+\infty}x_1^{(m)},\lim_{m\to+\infty}x_2^{(m)},\cdots,\lim_{m\to+\infty}x_n^{(m)})\\=&F(x,x,\cdots,x).\end{aligned}$$

定理得证. □

注 定理 2.1的证明中用到了连续函数的定义: 对于 $\mathbb{R}^n$ 中的点 $\boldsymbol{x}_0$, 我们称 $f(\boldsymbol{x})$ 在 $\boldsymbol{x}_0$ 处连续, 若对任意极限为 $\boldsymbol{x}_0$ 的点列 $\boldsymbol{x}_m$, 我们有

$$\lim_{m\to+\infty}f(\boldsymbol{x}_m)=f(\lim_{m\to+\infty}\boldsymbol{x}_m)=f(\boldsymbol{x}_0),$$

即此时代数运算取极限与计算 f 的值可交换顺序.

由定理 2.1, 我们可证明若能将其中两个变元调整至这两个数的几何平均值, 那么我们也可将这 n 个数调整至它们的几何平均值.

定理 2.2 $n\geqslant2$ 为正整数, $G(x_1,x_2,\cdots,x_n)$ 是定义在 $\mathbb{R}_+^n$ 上的连续函数. 对任意 $(x_1,\cdots,x_n)\in\mathbb{R}_+^n$, 我们有

$$G(x_1,x_2,\cdots,x_n)\geqslant G(y_1,y_2,\cdots,y_n),$$

其中 $y_i=\sqrt{x_ix_j},y_j=\sqrt{x_ix_j}$. 若 $x_i=\max\{x_1,\cdots,x_n\},x_j=\min\{x_1,\cdots,x_n\}$, $x_k=y_k\ (k\neq i,j)$, 则有

$$G(x_1,x_2,\cdots,x_n)\geqslant G(x,x,\cdots,x),$$

其中 $x=\sqrt[n]{x_1x_2\cdots x_n}$.

证明 若 x_k 中有数为 0, 则我们可将所有数都调整至 0. 下面我们设 $x_k>0\ (k=1,2,\cdots,n)$. 令

$$F(x_1,x_2,\cdots,x_n)=G(\mathrm{e}^{x_1},\mathrm{e}^{x_2},\cdots,\mathrm{e}^{x_n}),$$

则

$$F(\ln x_1,\ln x_2,\cdots,\ln x_n)\geqslant G(\ln y_1,\ln y_2,\cdots,\ln y_n).$$

此时由定理 2.1知, 命题成立. □

这两个定理的应用有很多, 例如证明 AM-GM 不等式等, 我们下面举例说明.

例 2.12 (AM-GM 不等式) $a_1,a_2,\cdots,a_n$ 为非负实数, 则

$$\frac{1}{n}\sum_{i=1}^{n}a_i \geqslant \sqrt[n]{a_1a_2\cdots a_n},$$

当且仅当 $a_1=a_2=\cdots=a_n$ 时取得等号.

证明 我们固定 $\sum\limits_{i=1}^{n}a_i$ 不变, 记

$$F(a_1,\cdots,a_n)=\sqrt[n]{a_1a_2\cdots a_n},$$

不妨设 $a_1\geqslant a_2\geqslant\cdots\geqslant a_n$, 则显然

$$F(a_1,a_2,\cdots,a_n)\leqslant F\left(\frac{a_1+a_n}{2},a_2,\cdots,\frac{a_1+a_n}{2}\right),$$

故由定理 2.1知, 欲证不等式成立. □

例 2.13 $n\geqslant 3$ 为正整数, $a_1,a_2,\cdots,a_n>0$. 令 $S=\sum\limits_{i=1}^{n}a_i$, $b_i=S-a_i$ $(1\leqslant i\leqslant n)$, $S'=\sum\limits_{i=1}^{n}b_i=(n-1)S$. 则

$$\prod_{i=1}^{n}\frac{a_i}{S-a_i}\leqslant\prod_{i=1}^{n}\frac{b_i}{S'-b_i}.$$

证明 只需证

$$\frac{\sqrt[n-1]{(S-a_1)\cdots(S-a_{n-1})}}{S'-b_n}\geqslant\frac{\sqrt[n-1]{a_1\cdots a_{n-1}}}{S-a_n}$$

等 n 个式子. 上式等价于

$$\frac{(S-a_1)\cdots(S-a_{n-1})}{((n-1)S-(S-a_n))^{n-1}}\geqslant\frac{a_1\cdots a_{n-1}}{(S-a_n)^{n-1}}. \tag{2.1}$$

令 $A=\sum\limits_{i=1}^{n-1}a_i$, 则上式等价于

$$\frac{\prod\limits_{i=1}^{n-1}(a_n+A-a_i)}{((n-2)A+(n-1)a_n)^{n-1}}\geqslant\frac{a_1\cdots a_{n-1}}{A^{n-1}}.$$

由齐次性, 不妨设 $A=1$. 上式等价于

$$\prod_{i=1}^{n-1}\left(\frac{a_n+1}{a_i}-1\right)\geqslant((n-2)+(n-1)a_n)^{n-1}.$$

设 $f(x)=\ln\left(\frac{t}{x}-1\right)$, 其中 $t=a_n+1\geqslant 1$. 我们证明当 $x+y\leqslant 1$ 时,

$$f(x)+f(y)\geqslant 2f\left(\frac{x+y}{2}\right)$$

$$\begin{aligned}
&\Longleftrightarrow \quad \left(\frac{t}{x}-1\right)\left(\frac{t}{y}-1\right) \geqslant \left(\frac{t}{\frac{x+y}{2}}-1\right)^2 \\
&\Longleftrightarrow \quad \frac{t^2}{xy}-\frac{t}{x}-\frac{t}{y}+1 \geqslant \frac{t^2}{\left(\frac{x+y}{2}\right)^2}-\frac{2t}{\frac{x+y}{2}}+1 \\
&\Longleftrightarrow \quad \frac{t^2(x-y)^2}{xy(x+y)^2} \geqslant t\frac{(x-y)^2}{xy(x+y)} \\
&\Longleftrightarrow \quad t \geqslant x+y.
\end{aligned}$$

上式显然成立. 故由定理 2.1知

$$\prod_{i=1}^{n-1}\left(\frac{t}{a_i}-1\right) \geqslant \left(\frac{t}{\frac{1}{n-1}\sum\limits_{i=1}^{n-1}a_i}-1\right)^{n-1} = ((n-2)+(n-1)a_n)^{n-1},$$

原不等式得证. □

注　本题若考虑 $f(x)$ 的二阶导数, 则 $f''(x)>0$ 当且仅当 $t \geqslant 2x$ 时. $a_1,\cdots,a_{n-1}$ 中至多有一数大于 $\frac{1}{2}$, 故我们可对 $n-2$ 个 a_i 使用 Jensen 不等式. 但我们不能用 Jensen 不等式直接将 $n-1$ 个变量调整为全相等. 经过放缩后, 我们可用 Jensen 不等式证明不等式(2.1).

证明　我们先证明

$$(S-a_1)\cdots(S-a_{n-1}) \geqslant (a_n+(n-2)a_1)\cdots(a_n+(n-2)a_{n-1}). \tag{2.2}$$

由 AM-GM 不等式, 对 $j=1,2,\cdots,n-1$ 有

$$\prod_{1\leqslant i\leqslant n-1,i\neq j}(a_n+(n-2)a_i) \leqslant \left(\frac{(n-2)a_n+(n-2)\left(\sum\limits_{i=1}^{n}a_i-a_j\right)}{n-2}\right)^{n-2} = (S-a_j)^{n-2}.$$

从而有

$$\begin{aligned}
(a_n+(n-2)a_1)^{n-2}\cdots(a_n+(n-2)a_{n-1})^{n-2} &= \prod_{j=1}^{n-1}\prod_{1\leqslant i\leqslant n-1,i\neq j}(a_n+(n-2)a_i) \\
&\leqslant \prod_{j=1}^{n-1}(S-a_j)^{n-2}.
\end{aligned}$$

不等式(2.2)得证. 从而我们只需证明

$$\begin{aligned}
&\frac{(a_n+(n-2)a_1)\cdots(a_n+(n-2)a_{n-1})}{((n-1)S-(S-a_n))^{n-1}} \geqslant \frac{a_1\cdots a_n}{(S-a_n)^{n-1}} \\
\Longleftrightarrow \quad &\frac{a_1\cdots a_n}{(a_n+(n-2)a_1)\cdots(a_n+(n-2)a_{n-1})} \leqslant \frac{(S-a_n)^{n-1}}{((n-1)S-(S-a_n))^{n-1}}.
\end{aligned}$$

令 $f(x)=\ln\dfrac{x}{a_n+(n-2)x}=\ln x-\ln(a_n+(n-2)x)$, 则

$$f'(x)=\frac{1}{x}-\frac{n-2}{a_n+(n-2)x}$$

$$f''(x)=-\frac{1}{x^2}+\frac{(n-2)^2}{(a_n+(n-2)x)^2}\leqslant 0.$$

故 $f(x)$ 是上凸函数, 由 Jensen 不等式, 我们有 $\sum\limits_{i=1}^{n-1}f(a_i)\leqslant(n-1)f\left(\dfrac{1}{n-1}\sum\limits_{i=1}^{n-1}a_i\right)$, 即

$$\frac{a_1\cdots a_n}{(a_n+(n-2)a_1)\cdots(a_n+(n-2)a_{n-1})}\leqslant\frac{(S-a_n)^{n-1}}{((n-1)S-(S-a_n))^{n-1}}.$$

□

例 2.14 正整数 $n\geqslant 4$, 非负实数 $a_1,a_2,\cdots,a_n$ 满足 $a_1a_2\cdots a_n=1$, 证明:

$$\frac{1}{a_1}+\frac{1}{a_2}+\cdots+\frac{1}{a_n}+\frac{3n}{a_1+a_2+\cdots+a_n}\geqslant n+3.$$

证明 不失一般性, 假设 $a_1\geqslant a_2\geqslant\cdots\geqslant a_n$, 并令

$$f(a_1,a_2,\cdots,a_n)=\frac{1}{a_1}+\frac{1}{a_2}+\cdots+\frac{1}{a_n}+\frac{3n}{a_1+a_2+\cdots+a_n}.$$

我们先证明

$$f(a_1,a_2,\cdots,a_n)\geqslant f(a_1,\sqrt{a_2a_n},\sqrt{a_2a_n},a_3,a_4,\cdots,a_{n-1}).$$

事实上,

$$\begin{aligned}&f(a_1,a_2,\cdots,a_n)-f(a_1,\sqrt{a_2a_n},\sqrt{a_2a_n},a_3,a_4,\cdots,a_{n-1})\\&=\left(\frac{1}{\sqrt{a_2}}-\frac{1}{\sqrt{a_n}}\right)^2-\frac{3n(\sqrt{a_2}-\sqrt{a_n})^2}{(a_1+a_2+\cdots+a_n)(a_1+2\sqrt{a_2a_n}+a_3+\cdots+a_{n-1})}.\end{aligned}$$

因此只需证明

$$(a_1+a_2+\cdots+a_n)(a_1+2\sqrt{a_2a_n}+a_3+\cdots+a_{n-1})\geqslant 3na_2a_n.$$

由于 $a_1\geqslant a_2\geqslant\cdots\geqslant a_n$, 因此

$$a_1+a_2+\cdots+a_n\geqslant 2a_2+(n-2)a_n,$$

$$a_1+2\sqrt{a_2a_n}+a_3+\cdots+a_{n-1}\geqslant a_2+2\sqrt{a_2a_n}+(n-3)a_n,$$

故只需证明

$$(2a_2+(n-2)a_n)(a_2+2\sqrt{a_2a_n}+(n-3)a_n)\geqslant 3na_2a_n.$$

由 AM-GM 不等式, 有

$$2a_2+(n-2)a_n\geqslant 2\sqrt{(n-2)a_2a_n},$$

$$a_2+2\sqrt{a_2a_n}+(n-3)a_n \geqslant (2+2\sqrt{n-3})\sqrt{a_2a_n},$$

又由 $n \geqslant 4$ 知

$$2\sqrt{2(n-2)} \geqslant 2\sqrt{n}, \quad 2+2\sqrt{n-3} \geqslant 2\sqrt{n},$$

因此

$$\begin{aligned}&(2a_2+(n-2)a_n)(a_2+2\sqrt{a_2a_n}+(n-3)a_n)\\ &\quad \geqslant (2+2\sqrt{n-3})\cdot 2\sqrt{2(n-2)}a_2a_n \geqslant 3na_2a_n.\end{aligned}$$

由定理 2.2 知

$$f(a_1,a_2,\cdots,a_n) \geqslant f(a_1,t,\cdots,t),$$

其中 $t=\sqrt[n-1]{a_2\cdots a_n}$.

于是我们只需证明

$$g(t)=t^{n-1}+\frac{n-1}{t}+\frac{3n}{(n-1)t+\frac{1}{t^{n-1}}}-(n+3) \geqslant 0$$

对 $t \leqslant 1$ 成立. 我们有

$$g'(t)=(n-1)t^{n-2}-\frac{n-1}{t^2}-\frac{3n(n-1)(1-t^{-n})}{\left((n-1)t+\frac{1}{t^{n-1}}\right)^2}.$$

下面我们证明当 $t \leqslant 1$ 时, $g'(t) \leqslant 0$. 去分母后,

$$g'(t) \leqslant 0 \quad \Longleftrightarrow \quad (t^n-1)(((n-1)t^n+1)^2-3nt^n) \leqslant 0.$$

显然 $t^n-1 \leqslant 0$, 而由 AM-GM 不等式, $((n-1)t^n+1)^2 \geqslant 4(n-1)t^n \geqslant 3nt^n$, 从而 $g'(t) \leqslant 0$. 注意到 $g(1)=0$, 故当 $0 \leqslant t \leqslant 1$ 时, $g(t) \geqslant 0$. 原不等式得证. □

注　对于本题, 最自然的想法是将 (a_1,a_n) 调整成 $(\sqrt{a_1a_n},\sqrt{a_1a_n})$. 然而此时调整不总是可行的, 但在比较中我们发现, 能将 a_2,a_n 调整成 $\sqrt{a_2a_n},\sqrt{a_2a_n}$. 因此我们能将 $n-1$ 个变量 $a_2,\cdots,a_n$ 调整成全相等的, 这是本题证明的关键. 这也提醒我们在处理实际问题时需要学会变通. 有必要指出的是, 2011 年女子数学奥林匹克的一道不等式试题是本题 $n=4$ 时的简单推论:

设正实数 a_1,a_2,a_3,a_4 满足 $a_1a_2a_3a_4=1$, 求证:

$$\frac{1}{a_1}+\frac{1}{a_2}+\frac{1}{a_3}+\frac{1}{a_4}+\frac{9}{a_1+a_2+a_3+a_4} \geqslant \frac{25}{4}.$$

事实上, 由本题 $n=4$ 的情形, 我们有

$$\frac{1}{a_1}+\frac{1}{a_2}+\frac{1}{a_3}+\frac{1}{a_4}+\frac{9}{a_1+a_2+a_3+a_4}$$

$$=\frac{1}{a_1}+\frac{1}{a_2}+\frac{1}{a_3}+\frac{1}{a_4}+\frac{12}{a_1+a_2+a_3+a_4}-\frac{3}{a_1+a_2+a_3+a_4}$$
$$\geqslant 7-\frac{3}{a_1+a_2+a_3+a_4}\geqslant\frac{25}{4}.$$

例 2.15 求证: $\mathbb{R}_+^n$ 上的 n 元三次齐次对称不等式 $F(x_1,x_2,\cdots,x_n)\geqslant 0$ 成立当且仅当

$$F(1,0,0,\cdots,0)\geqslant 0,\quad F(1,1,0,\cdots,0)\geqslant 0,\quad \cdots,\quad F(1,1,1,\cdots,1)\geqslant 0$$

时.

证明 设 $x=x_1,y=x_2,A=\sum\limits_{i=3}^{n}x_j$ 及

$$F=a\sum_{i=1}^{n}x_i^3+b\sum_{i<j}^{n}x_ix_j(x_i+x_j)+c\sum_{i<j<k}x_ix_jx_k,$$

我们有

$$\begin{aligned}
&F(x_1,x_2,\cdots,x_n)-F(x_1+x_2,0,x_3,\cdots,x_n)\\
&\quad=a\left(x^3+y^3-(x+y)^3\right)+bxy(x+y)+b\left(x^2+y^2-(x+y)^2\right)A+cxyA\\
&\quad=xy\left(-3a(x+y)+b(x+y)-2bA+cA\right),\\
&F(x_1,x_2,\cdots,x_n)-F\left(\frac{x_1+x_2}{2},\frac{x_1+x_2}{2},x_3,\cdots,x_n\right)\\
&\quad=a\left(x^3+y^3-\frac{(x+y)^3}{4}\right)+b(x+y)\left(xy-\frac{(x+y)^2}{4}\right)+b\left(x^2+y^2-\frac{(x+y)^2}{2}\right)A\\
&\qquad+cA\left(xy-\frac{(x+y)^2}{4}\right)\\
&\quad=\frac{(x-y)^2}{4}\left(3a(x+y)-b(x+y)+2bA-cA\right).
\end{aligned}$$

由此我们知有

$$F(x_1,x_2,\cdots,x_n)\geqslant F(x_1+x_2,0,x_3,\cdots,x_n),$$

或

$$F(x_1,x_2,\cdots,x_n)\geqslant F\left(\frac{x_1+x_2}{2},\frac{x_1+x_2}{2},x_3,\cdots,x_n\right).$$

注意到对称多项式 F 中若干个变量为零时其仍为对称的, 我们每次取两个取值为正数的变量, 使用上面的不等式进行调整, 特别地, 我们可以选取 x_i 中取值为正的最大与最小的两个数. 注意到至多将 $n-1$ 个数调整至 0, 所以从第 n 步开始, 调整必均由

$$F(x_1,x_2,\cdots,x_n)\geqslant F\left(\frac{x_1+x_2}{2},\frac{x_1+x_2}{2},x_3,\cdots,x_n\right)$$

导出. 此时, 由定理 2.1知 $F(x_1,x_2,\cdots,x_n)\geqslant 0$ 成立当且仅当

$$F(s,0,0,\cdots,0)\geqslant 0,\quad F\left(\frac{s}{2},\frac{s}{2},0,\cdots,0\right)\geqslant 0,\quad \cdots,\quad F\left(\frac{s}{n},\frac{s}{n},\cdots,\frac{s}{n}\right)\geqslant 0$$

时, 其中 $s=x_1+x_2+\cdots+x_n$. 由 F 的齐次性, 命题得证. □

注 本题的结论是由林节玄、蔡文瑞、Reznick 三人于 1987 年首先得到的 [20], 我们这里给出的方法更加简洁初等. 用本题的方法也可以证明如下更为一般的结论:

$\mathbb{R}_+^n$ 上的 n 元三次对称不等式

$$F=a\sum_{i=1}^{n}x_i^3+b\sum_{i<j}x_ix_j(x_i+x_j)+c\sum_{i<j<k}x_ix_jx_k+d\sum_{i=1}^{n}x_i^2+e\sum_{i<j}x_ix_j+f\sum_{i=1}^{n}x_i+g\geqslant 0$$

对任意 $x_1,\cdots,x_n\geqslant 0$ 成立当且仅当对任意 $x\geqslant 0$, 如下不等式都成立:

$$F(x,0,\cdots,0)\geqslant 0,\quad F(x,x,0,\cdots,0)\geqslant 0,\quad \cdots,\quad F(x,x,\cdots,x)\geqslant 0.$$

事实上, 我们也能利用本题结论直接证明这一命题.

证明 我们保持 $x_1+x_2+\cdots+x_n=t$ 不变. 则

$$\begin{aligned}F=&a\sum_{i=1}^{n}x_i^3+b\sum_{i<j}x_ix_j(x_i+x_j)+c\sum_{i<j<k}x_ix_jx_k+\left(\sum_{i=1}^{n}x_i\right)\left(\frac{d}{t}\sum_{i=1}^{n}x_i^2+\frac{e}{t}\sum_{i<j}x_ix_j\right)\\&+\frac{f}{t^2}\left(\sum_{i=1}^{n}x_i\right)^2\left(\sum_{i=1}^{n}x_i\right)+\frac{g}{t^3}\left(\sum_{i=1}^{n}x_i\right)^3.\end{aligned}$$

注意此时 t 是常数, F 是对称齐次的, 由本例的结论即知命题成立. □

在上述证明过程中, 我们实际上还证明了定理 2.1的一个拓展:

定理 2.3 $F(x_1,x_2,\cdots,x_n):\mathbb{R}^n\to\mathbb{R}$ 在 $\mathbb{R}^n$ 上连续, 关于 x_i 是对称的, 若

$$F(x_1,x_2,\cdots,x_n)\geqslant\min\left\{F\left(\frac{x_1+x_2}{2},\frac{x_1+x_2}{2},x_3,\cdots,x_n\right),F(x_1+x_2,0,x_3,\cdots,x_n)\right\},$$

则有

$$F(x_1,x_2,\cdots,x_n)\geqslant\min_{1\leqslant k\leqslant n}F\left(\frac{S}{k},\cdots,\frac{S}{k},0,\cdots,0\right),$$

其中 $S=x_1+x_2+\cdots+x_n$.

注 定理的结论对 x_i 取值为非负实数也成立.

利用上述定理我们可以解决如下困难的问题:

例 2.16 x_i $(i=1,2,\cdots,n)$ 非负, 且 $\sum\limits_{i=1}^{n}x_i=n$, $k\in\mathbb{R}$, $k\geqslant 2$, 设

$$\sigma_{k,p}(x_1,\cdots,x_n)=\sum_{1\leqslant i_1<i_2<\cdots<i_p\leqslant n}x_{i_1}^kx_{i_2}^k\cdots x_{i_p}^k,$$

求证:

$$\sigma_{k,p}\leqslant\max\left\{\sigma_{k,p}(n,0,\cdots,0),\sigma_{k,p}\left(\frac{n}{2},\frac{n}{2},\cdots,0\right),\cdots,\sigma_{k,p}(1,1,\cdots,1)\right\}.$$

证明 由函数连续性, 我们不妨设 $k>2$. 令

$$A=\sum_{3\leqslant i_1<i_2<\cdots<i_p\leqslant n}x_{i_1}^kx_{i_2}^k\cdots x_{i_{p-2}}^k,\quad B=\sum_{3\leqslant i_1<i_2<\cdots<i_p\leqslant n}x_{i_1}^kx_{i_2}^k\cdots x_{i_{p-1}}^k.$$

固定 $x_3,\cdots,x_n$, 将 $\sigma_{k,p}$ 看作关于 x_1,x_2 的函数, 我们证明

$$\sigma_{k,p}(x_1,x_2)\leqslant\max\left\{\sigma_{k,p}\left(\frac{x_1+x_2}{2},\frac{x_1+x_2}{2}\right),\sigma_{k,p}(0,x_1+x_2)\right\}.\tag{2.3}$$

一方面, $\sigma_{k,p}(x_1,x_2)\leqslant\sigma_{k,p}\left(\frac{x_1+x_2}{2},\frac{x_1+x_2}{2}\right)$ 等价于

$$x_1^kx_2^kA+(x_1^k+x_2^k)B-\left(\frac{x_1+x_2}{2}\right)^{2k}A-2\left(\frac{x_1+x_2}{2}\right)^kB\leqslant0$$

$$\Longleftrightarrow\quad\frac{\left(\frac{x_1+x_2}{2}\right)^{2k}-x_1^kx_2^k}{x_1^k+x_2^k-2\left(\frac{x_1+x_2}{2}\right)^k}\geqslant\frac{B}{A}.\tag{2.4}$$

另一方面, $\sigma_{k,p}(x_1,x_2)\leqslant\sigma_{k,p}(0,x_1+x_2)$ 等价于

$$x_1^kx_2^kA+(x_1^k+x_2^k)B-(x_1+x_2)^kB\leqslant0$$

$$\Longleftrightarrow\quad\frac{x_1^kx_2^k}{(x_1+x_2)^k-x_1^k-x_2^k}\leqslant\frac{B}{A}.\tag{2.5}$$

若不等式(2.4)不成立, 则为证不等式(2.5), 我们只需证明

$$\frac{\left(\frac{x_1+x_2}{2}\right)^{2k}-x_1^kx_2^k}{x_1^k+x_2^k-2\left(\frac{x_1+x_2}{2}\right)^k}\geqslant\frac{x_1^kx_2^k}{(x_1+x_2)^k-x_1^k-x_2^k}.\tag{2.6}$$

由齐次性与对称性, 我们不妨设 $x_1=x,x_2=1$, 于是只需证明

$$\frac{(x+1)^{2k}-2^{2k}x^k}{2^kx^k}\geqslant\frac{2^k(x^k+1)-2(x+1)^k}{(x+1)^k-(x^k+1)}.$$

不等式两边同时加上 2^k, 等价于

$$\frac{(x+1)^{2k}}{2^kx^k}\geqslant\frac{(2^k-2)(x+1)^k}{(x+1)^k-(x^k+1)}$$

$$\Longleftrightarrow\quad(x+1)^k((x+1)^k-(x^k+1))\geqslant2^k(2^k-2)x^k.$$

由 AM-GM 不等式知 $(x+1)^k\geqslant2^kx^{\frac{k}{2}}$, 故只需证明

$$f(x)=(x+1)^k-x^k-1-(2^k-2)x^{\frac{k}{2}}\geqslant0.$$

用反证法. 若存在 x_0, 使得 $f(x_0)<0$, 则 $f\left(\frac{1}{x_0}\right)<0$. 不妨设 $x_0\in(0,1)$. 而

$$f'(x)=k((1+x)^{k-1}-x^{k-1}-(2^{k-1}-1)x^{\frac{k}{2}-1}),$$

故 $f'(0)>0$, $f'(1)=0$. 我们再计算 $f''(1)$:

$$f''(1)=k\left((k-1)(2^{k-2}-1)-(2^{k-1}-1)\left(\frac{k}{2}-1\right)\right)=\frac{k}{2}(2^{k-1}-k)>0.$$

因此存在 $0<\epsilon<1$, 使得 $f'(x)<0$ 在 $(1-\epsilon,1)$ 上成立, $f'(x)>0$ 在 $(0,\epsilon)$ 上成立. 注意到 $f(0)=f(1)=0$, 故 $f(x)>0$ 在 $(0,\epsilon)$ 与 $(1-\epsilon,1)$ 上成立, 又 $f(x_0)<0$, 故 $f(x)$ 在 $(0,1)$ 上至少有 2 个零点. 再考虑 $f\left(\dfrac{1}{x}\right)$ 可知 $f(x)$ 在 $(1,+\infty)$ 上还有 2 个零点. 故 $f(x)$ 在 $[0,+\infty)$ 上至少有 6 个零点, 从而 $f'(x)$ 在 $[0,+\infty)$ 上至少有 5 个零点. 故 $g(x)=(1+x)^{k-1}-x^{k-1}-(2^{k-1}-1)x^{\frac{k}{2}-1}$ 至少有 5 个零点, 作代换 $x\to\dfrac{1}{x}$ 后知 $h(x)=(1+x)^{k-1}-1-(2^{k-1}-1)x^{\frac{k}{2}}$ 至少有 5 个零点. 从而

$$h'(x)=(k-1)(x+1)^{k-2}-(2^{k-1}-1)\frac{k}{2}x^{\frac{k}{2}-1}$$

在 $[0,+\infty)$ 上至少有 4 个零点. 而 $h'(x)=0$ 等价于 $l(x)=(1+x)^2-Ax=0$, 其中 $A=\left(\dfrac{(2^{k-1}-1)k}{2(k-1)}\right)^{\frac{2}{k-2}}$ 是关于 k 的函数. 而 $l(x)$ 在 $[0,+\infty)$ 上为下凸函数, 故由凹凸性知 $l(x)$ 至多有 2 个零点, 矛盾. 故不等式(2.3)成立, 由定理 2.3知结论成立. □

注 我们猜测本题结论对任意正实数 k 均成立. 事实上, 当 $p=1$ 时, 结论显然成立, 当 $p=n-1$ 时, 例 9.13 告诉我们结论成立, 当 $k\leqslant 1$ 时, 由 AM-GM 不等式可证明 $\sigma_{1,p}(x_1,\cdots,x_n)\leqslant\sigma_{1,p}(1,\cdots,1)$, 此时结论也成立. 注意到当 $1<k<2$ 时, 不等式(2.6)反号, 故此时本例的方法失效.

利用连续函数在有界闭集 (紧集) 上必能取到最值这一事实, 可以证明定理 2.1, 这样的处理手法可参见定理 6.9后的注或定理 9.6的证明. 注意到这一事实并不平凡, 例如将有界闭集改为 $\mathbb{R}^n$ 结论就未必成立, 一个著名的例子是 $f=(1-xy)^2+y^2$, 可以证明 $f\geqslant 0$, 且 0 不能改为任意正数, 容易看出 $f=0$ 没有实数解. 另一个值得注意的点是有理系数的多项式的最小值未必是有理数, 例如可以求出 $f(x,y)=x^3+x^2y+y^3$ 在 $x+y=1,x\geqslant 0,y\geqslant 0$ 上的最小值为 $\dfrac{47}{27}-\dfrac{14}{27}\sqrt{7}$. 这涉及实数所谓的完备化性质, 与从有理数出发如何构造实数密切相关. 下面我们举一个例子来说明如何应用这一事实来证明不等式.

例 2.17 实数 $x_i\in[0,1](i=1,2,\cdots,n)$, 且 $x_1\geqslant x_2\geqslant\cdots\geqslant x_n$. 设 $\overline{x}=\dfrac{x_1+\cdots+x_n}{n}$, 那么

$$f(x_1,\cdots,x_n)=\sum_{i=1}^{n}\prod_{j=1}^{i}x_j\geqslant\sum_{i=1}^{n}\overline{x}^i.$$

证明 固定 $\overline{x}$, 我们断言 f 在有界闭集 $x_i\in[0,1]$, 且 $\sum\limits_{i=1}^{n}x_i=n\overline{x}$ 上取到最小值时必有 $x_1=x_2=\cdots=x_n=\overline{x}$, 此时结论显然成立. 否则存在 i, 使得 $x_i\neq x_{i+1}$, 且 $f(x_1,\cdots,x_n)$ 取到最小值, 设 $x_j'=x_j$ $(j\neq i,i+1)$, $x_i'=x_{i+1}'=\dfrac{x_i+x_{i+1}}{2}$. 我们证明此时必有

$$f(x_1,\cdots,x_n)>f(x_1',\cdots,x_n'),\tag{$*$}$$

进而导出矛盾.

易知式 (*) 等价于

$$\begin{aligned}&(\prod_{j=1}^{i-1}x_j)(x_i+x_ix_{i+1}+\cdots+x_i\cdots x_n)>(\prod_{j=1}^{i-1}x'_j)(x'_i+x'_ix'_{i+1}+\cdots+x'_i\cdots x'_n)\\ \iff\quad & x_i+x_ix_{i+1}+\cdots+x_i\cdots x_n>x'_i+x'_ix'_{i+1}+\cdots+x'_i\cdots x'_n\\ \iff\quad & \frac{x_i-x_{i+1}}{2}>\left(\frac{x_i-x_{i+1}}{2}\right)^2(1+x'_{i+2}+\cdots+x'_{i+2}\cdots x'_n).\end{aligned}$$

注意到

$$\frac{1}{1-x_{i+1}}>1+x'_{i+2}+\cdots+x'_{i+2}\cdots x'_n,$$

因此只需要证明

$$\frac{x_i-x_{i+1}}{2}>\frac{(x_i-x_{i+1})^2}{4(1-x_{i+1})}\quad\iff\quad 1>\frac{x_i-x_{i+1}}{2(1-x_{i+1})}.$$

上式乘以分母后, 注意到 $x_{i+1}\leqslant x_i\leqslant 1$ 即知成立. □

注 本题的变形被选为 2021 年全国高中数学联赛 A2 卷二试第 3 题. 本题也可以用定理 2.1的如下变形证明:

定理 2.4 $F(x_1,x_2,\cdots,x_n):\mathbb{R}^n\to\mathbb{R}$ 在 $\mathbb{R}^n$ 上连续, 满足 $x_1\geqslant\cdots\geqslant x_n$, 且对于任意 i, 若将 F 看作关于 x_i,x_{i+1} 的函数, 我们均有

$$F(x_i,x_{i+1})\geqslant(\leqslant)F\left(\frac{x_i+x_{i+1}}{2},\frac{x_i+x_{i+1}}{2}\right),$$

则有

$$F(x_1,x_2,\cdots,x_n)\geqslant(\leqslant)F(x,x,\cdots,x),$$

其中 $x=\dfrac{x_1+x_2+\cdots+x_n}{n}$.

读者可仿照定理 2.1的证明过程来给出这一结论的证明. 类似地, 对于几何平均值也有类似结论.

关于本题, 我们有如下公开问题, $n=3$ 时可证明结论成立:

对于数组 $Y=[y_1,\cdots,y_m]$, 不妨设 $y_1\geqslant y_2\geqslant\cdots\geqslant y_m$, 定义映射 $f(Y)=y_1+y_1y_2+\cdots+y_1\cdots y_m$. 设 $a=\dfrac{1}{m}\sum\limits_{i=1}^{m}y_i$, 定义 m 元数组 $\overline{Y}=[a,a,\cdots,a]$. 对数组 $X=[x_1,\cdots,x_n]$, 将 X 分拆为 l 个不同的数组, 即

$$X=X_1\bigcup X_2\bigcup\cdots\bigcup X_l,$$

求证:

$$\frac{\sum\limits_{i=1}^{l}f(X_i)}{f(X)}\leqslant\frac{\sum\limits_{i=1}^{l}f(\overline{X_i})}{f(\overline{X})}.$$

第 3 章　局部不等式法

对于对称型和式类的不等式, 有时从整体考虑较难入手, 故比较惯用的方法是从局部入手, 从局部导出一些性质为整体服务, 这里的局部可以是某一单项, 也可以是其中的若干项.

例 3.1 (黄晨笛 (2008 国家集训队队员))　实数 $a,b,c\in[0,1]$. 求证:

$$(a+b+c)\left(\frac{1}{bc+1}+\frac{1}{ca+1}+\frac{1}{ab+1}\right)\leqslant 5.$$

证明　注意到 $0\leqslant a,b,c\leqslant 1$, 我们有 $ab+1\geqslant ab$, $bc+1\geqslant b+c$, $ac+1\geqslant a+c$. 因此

$$\begin{aligned}
&(a+b+c)\left(\frac{1}{bc+1}+\frac{1}{ca+1}+\frac{1}{ab+1}\right)\\
&=\frac{a}{bc+1}+\frac{b}{ca+1}+\frac{c}{ab+1}+\frac{b+c}{bc+1}+\frac{c+a}{ca+1}+\frac{a+b}{ab+1}\\
&\leqslant\frac{a}{bc+1}+\frac{b}{ca+b}+\frac{c}{ab+c}+3\\
&=\frac{a}{bc+1}-\frac{ca}{ca+b}-\frac{ab}{ab+c}+5\\
&=a\left(\frac{1}{bc+1}-\frac{c}{ca+b}-\frac{b}{ab+c}\right)+5\\
&\leqslant a\left(1-\frac{c}{c+b}-\frac{b}{b+c}\right)+5=5,
\end{aligned}$$

等号成立当且仅当 $a=0,b=c=1$ 及其轮换时. 命题得证. □

注　证明中

$$\frac{a}{bc+1}+\frac{b}{ca+b}+\frac{c}{ab+c}\leqslant 2$$

也可由如下局部不等式得到:

$$\frac{a}{bc+1}=\frac{2a}{(bc+1)+(bc+1)}\leqslant\frac{2a}{b+c+a}.$$

对于四元的不等式问题, 一种常用的处理手法是将它们两两分组. 一个简单的例子是证明 4 个变元的 AM-GM 不等式. 下面让我们来看一些不那么显然的例子.

例 3.2 (2006 国家集训队测试) $a,b,c,d\in\mathbb{R}^+,abcd=1$. 求证:

$$\frac{1}{(1+a)^2}+\frac{1}{(1+b)^2}+\frac{1}{(1+c)^2}+\frac{1}{(1+d)^2}\geqslant 1.$$

证明 注意到当 $xy=1$ 时, 我们有

$$\frac{1}{1+x}+\frac{1}{1+y}=1.$$

于是我们有

$$1=\frac{1}{1+ab}+\frac{1}{1+cd}.$$

故我们考虑证明局部不等式

$$\frac{1}{(1+a)^2}+\frac{1}{(1+b)^2}\geqslant\frac{1}{1+ab},$$

上式成立是因为

$$\frac{1}{(1+a)^2}+\frac{1}{(1+b)^2}-\frac{1}{1+ab}=\frac{ab(a-b)^2+(ab-1)^2}{(1+a)^2(1+b)^2(ab+1)}\geqslant 0.$$

同理我们有

$$\frac{1}{(1+c)^2}+\frac{1}{(1+d)^2}\geqslant\frac{1}{1+cd}.$$

两式相加即得欲证不等式, 故命题得证. □

注 由于当 $xy=1$ 时, 有恒等式 $\frac{1}{1+x}+\frac{1}{1+y}=1$, 因此很自然地想到了证明局部不等式. 在平时记住一些有用的不等式其实是有好处的. 对于

$$\frac{1}{(1+a)^2}+\frac{1}{(1+b)^2}\geqslant\frac{1}{1+ab},$$

我们可用 Cauchy 不等式证明:

$$(b+a)(1+ab)\geqslant(\sqrt{b}+\sqrt{a^2b})^2=b(1+a)^2.$$

同理有

$$(a+b)(1+ab)\geqslant a(1+b)^2.$$

于是

$$\frac{1}{(1+a)^2}+\frac{1}{(1+b)^2}\geqslant\frac{b}{(b+a)(1+ab)}+\frac{a}{(a+b)(1+ab)}=\frac{1}{1+ab}.$$

利用数学归纳法, 本题可推广为当 $a_1a_2\cdots a_n=1,a_1,a_2,\cdots,a_n>0$ 时, 有

$$\sum_{i=1}^{n}\frac{1}{(1+a_i)^k}\geqslant\min\left\{1,\frac{n}{2^k}\right\}.$$

例 3.3　$a,b,c,d>0, a+b+c+d=1$. 求证:

$$4(1-\sqrt{a})(1-\sqrt{b})(1-\sqrt{c})(1-\sqrt{d})\geqslant(a+b)(c+d).$$

证明　受到上题的启发, 我们考虑将其中的两个视为一组, 尝试证明

$$2(1-\sqrt{a})(1-\sqrt{b})\geqslant c+d.$$

事实上,

$$\begin{aligned}2(1-\sqrt{a})(1-\sqrt{b})&=2+2\sqrt{ab}-2\sqrt{a}-2\sqrt{b}\\&=(\sqrt{a}+\sqrt{b}-1)^2+1-a-b\\&\geqslant c+d.\end{aligned}$$

同理,

$$2(1-\sqrt{c})(1-\sqrt{d})\geqslant a+b.$$

于是将上述两式相乘, 即证明了原不等式. □

注　对于四元的不等式, 将其两两分组再证明局部不等式是一种很常用的方法. 用相同的方法我们还可以证明 *Mathematical Reflections* 中的一道题: $a,b,c,d>0, a^2+b^2+c^2+d^2=1$, 则有

$$\sqrt{1-a}+\sqrt{1-b}+\sqrt{1-c}+\sqrt{1-d}\geqslant\sqrt{a}+\sqrt{b}+\sqrt{c}+\sqrt{d}.$$

我们只需证明局部不等式

$$\sqrt{1-a}+\sqrt{1-b}\geqslant\sqrt{c}+\sqrt{d}$$

即可. 我们也可证明如下局部不等式:

$$\sqrt{1-a}-\sqrt{a}\geqslant\frac{1}{2\sqrt{2}}(1-4a^2).$$

具体证明就省略了. 此题两边平方之后有 12 项根式, 难以下手, 虽可以用 Jensen 不等式和分类讨论解决, 但是较为繁琐 (读者可自行尝试).

有时直接构造局部不等式比较困难, 我们也可考虑结合反证法与局部不等式.

例 3.4　$a,b,c,d\geqslant 0$, 没有两个同时为 0. 求证:

$$\sqrt{\frac{a}{a+b}}+\sqrt{\frac{b}{b+c}}+\sqrt{\frac{c}{c+d}}+\sqrt{\frac{d}{d+a}}\leqslant 3.$$

证明　令 $x_1=\sqrt{\frac{a}{a+b}}, x_2=\sqrt{\frac{b}{b+c}}, x_3=\sqrt{\frac{c}{c+d}}, x_4=\sqrt{\frac{d}{d+a}}$. 则 $x_i\leqslant 1(i=1,2,3,4)$, $x_1^2x_2^2x_3^2x_4^2=(1-x_1^2)(1-x_2^2)(1-x_3^2)(1-x_4^2)$. 我们用反证法: 若否, 则 $4\geqslant x_1+x_2+x_3+x_4>3$. 我们尝试证明

$$(1-x_3^2)(1-x_4^2)\leqslant x_1^2x_2^2.\tag{3.1}$$

我们有

$$\begin{aligned}(1-x_3^2)(1-x_4^2) &= -(x_3+x_4)^2+(x_3x_4+1)^2\\ &\leqslant -(x_3+x_4)^2+\left(\left(\frac{x_3+x_4}{2}\right)^2+1\right)^2\\ &= \left(1-\left(\frac{x_3+x_4}{2}\right)^2\right)^2.\end{aligned}$$

故只需证明

$$1-\left(\frac{x_3+x_4}{2}\right)^2 \leqslant x_1x_2.$$

注意到 $x_1+x_2+x_3+x_4>3$, 我们有

$$x_1x_2+\left(\frac{x_3+x_4}{2}\right)^2 \geqslant 1\cdot(2-x_3-x_4)+\left(\frac{x_3+x_4}{2}\right)^2 = 1+\left(\frac{x_3+x_4}{2}-1\right)^2 \geqslant 1.$$

因此不等式 (3.1) 得证. 同理,

$$(1-x_1^2)(1-x_2^2) < x_3^2x_4^2.$$

相乘得

$$x_1^2x_2^2x_3^2x_4^2 > (1-x_1^2)(1-x_2^2)(1-x_3^2)(1-x_4^2),$$

这与条件矛盾. 故假设不成立, 原不等式得证. □

对于 n 个变元的不等式, 可以先探究其中若干个局部之间的关系, 进而应用至 n 元.

例 3.5 设正整数 $n\geqslant 3$. 求证: 对正实数 $x_1\leqslant x_2\leqslant\cdots\leqslant x_n$, 有

$$\frac{x_nx_1}{x_2}+\frac{x_1x_2}{x_3}+\cdots+\frac{x_{n-1}x_n}{x_1} \geqslant x_1+x_2+\cdots+x_n.$$

证明 先证明一个引理: 若 $0<x\leqslant y, 0<a<1$, 则

$$x+y\leqslant ax+\frac{y}{a}.$$

事实上, 由 $ax\leqslant x\leqslant y$ 得到 $(1-a)(y-ax)\geqslant 0$, 即 $a^2x+y\geqslant ax+ay$. 因此

$$x+y\leqslant ax+\frac{y}{a}.$$

现在令 $(x,y,a)=\left(x_i,\dfrac{x_{i+1}x_{n-1}}{x_2},\dfrac{x_{i+1}}{x_{i+2}}\right)(i=1,2,\cdots,n-2)$, 代入得

$$x_i+\frac{x_{n-1}x_{i+1}}{x_2} \leqslant \frac{x_ix_{i+1}}{x_{i+2}}+\frac{x_{i+2}x_{n-1}}{x_2}.$$

上式对 $i=1,2,\cdots,n-2$ 求和, 即得到

$$x_1+x_2+\cdots+x_{n-2}+\frac{x_{n-1}}{x_2}(x_2+x_3+\cdots+x_{n-1})$$

$$\leqslant \frac{x_1x_2}{x_3}+\frac{x_2x_3}{x_4}+\cdots+\frac{x_{n-2}x_{n-1}}{x_n}+\frac{x_{n-1}}{x_2}(x_3+x_4+\cdots+x_n).$$

所以

$$x_1+x_2+\cdots+x_{n-2}+x_{n-1}\leqslant \frac{x_1x_2}{x_3}+\cdots+\frac{x_{n-2}x_{n-1}}{x_n}+\frac{x_{n-1}x_n}{x_2}. \tag{3.2}$$

另外, 令 $(x,y,a)=\left(x_n,\dfrac{x_{n-1}x_n}{x_2},\dfrac{x_1}{x_2}\right)$, 又有

$$x_n+\frac{x_nx_{n-1}}{x_2}\leqslant \frac{x_nx_1}{x_2}+\frac{x_{n-1}x_n}{x_1}. \tag{3.3}$$

不等式 (3.2) 与不等式 (3.3) 相加即得欲证不等式. □

让我们来看一些根式的例子.

例 3.6 (杨学枝)　$x,y,z,w>0,\alpha,\beta,\gamma,\theta$ 满足 $\alpha+\beta+\gamma+\theta=(2k+1)\pi(k\in\mathbb{Z})$, 则有

$$x\sin\alpha+y\sin\beta+z\sin\gamma+w\sin\theta\leqslant\sqrt{\frac{(xy+zw)(xz+yw)(xw+yz)}{xyzw}}.$$

证明　设 $u=x\sin\alpha+y\sin\beta,v=z\sin\gamma+w\sin\theta$, 则

$$\begin{aligned}u^2&=(x\sin\alpha+y\sin\beta)^2\\&\leqslant(x\sin\alpha+y\sin\beta)^2+(x\cos\alpha-y\cos\beta)^2\\&=x^2+y^2-2xy\cos(\alpha+\beta),\end{aligned}$$

于是

$$\cos(\alpha+\beta)\leqslant\frac{x^2+y^2-u^2}{2xy}.$$

同理可得

$$\cos(\gamma+\theta)\leqslant\frac{z^2+w^2-v^2}{2zw}.$$

由 $\alpha+\beta+\gamma+\theta=(2k+1)\pi$, 知 $\cos(\alpha+\beta)+\cos(\gamma+\theta)=0$. 故

$$\frac{x^2+y^2-u^2}{2xy}+\frac{z^2+w^2-v^2}{2zw}\geqslant 0,$$

即

$$\frac{u^2}{xy}+\frac{v^2}{zw}\leqslant\frac{x^2+y^2}{xy}+\frac{z^2+w^2}{zw}.$$

由 Cauchy 不等式有

$$\begin{aligned}&\frac{(xz+yw)(xw+yz)}{xyzw}\geqslant\frac{u^2}{xy}+\frac{v^2}{zw}\geqslant\frac{(u+v)^2}{xy+zw}\\\Longrightarrow\quad &x\sin\alpha+y\sin\beta+z\sin\gamma+w\sin\theta\leqslant\sqrt{\frac{(xy+zw)(xz+yw)(xw+yz)}{xyzw}}.\end{aligned}$$

命题得证. □

例 3.7 $x,y,z>0$. 求证:

$$\sum\sqrt{\frac{(y+z)^2yz}{(x+y)(x+z)}}\geqslant\sum x.$$

证明 (韩京俊) 注意本题当 $x=y=z$ 或 $x=y,z=0$ 及其轮换时等号成立. 因此我们需要在去根号的同时保持等号成立. 考察函数

$$f(y,z)=\frac{(y+z)^2}{yz}=\frac{y}{z}+\frac{z}{y}+2.$$

则

$$\begin{aligned}f(y+x,z+x)-f(y,z)&=\frac{x+y}{x+z}+\frac{x+z}{x+y}-\frac{y}{z}-\frac{z}{y}\\&=-(y-z)^2\left(\frac{1}{yz}-\frac{1}{(x+y)(x+z)}\right)\leqslant 0.\end{aligned}$$

于是

$$\frac{(y+z)^2}{yz}\geqslant\frac{(2x+y+z)^2}{(x+y)(x+z)}\quad\Longrightarrow\quad\sqrt{\frac{yz}{(x+y)(x+z)}}\leqslant\frac{y+z}{2x+y+z}.$$

所以

$$\begin{aligned}\sum\sqrt{\frac{(y+z)^2yz}{(x+y)(x+z)}}&=\sum\frac{\dfrac{yz(y+z)}{(x+y)(x+z)}}{\sqrt{\dfrac{yz}{(x+y)(x+z)}}}\geqslant\sum\frac{\dfrac{yz(y+z)}{(x+y)(x+z)}}{\dfrac{y+z}{2x+y+z}}\\&=\sum\frac{yz(2x+y+z)}{(x+y)(x+z)}=\sum x.\end{aligned}$$

不等式获证. □

注 本题的局部不等式构造想法源自之后介绍的有理化技巧. 本题有如下的几何背景: (2006 摩尔多瓦) a,b,c 为三角形三边长, 则

$$\sum a\sin\frac{A}{2}\geqslant\frac{a+b+c}{2}.$$

有时对于一些根式型不等式无法直接构造局部不等式, 可以考虑平方后再尝试.

例 3.8 已知 $a,b,c>0$, $a+b+c=3$. 求证:

$$\sqrt{3-bc}+\sqrt{3-ca}+\sqrt{3-ab}\geqslant 3\sqrt{2}.$$

证明 原不等式齐次化后为

$$\sqrt{(a+b+c)^2-3bc}+\sqrt{(a+b+c)^2-3ca}+\sqrt{(a+b+c)^2-3ab}\geqslant\sqrt{6}(a+b+c).$$

两边平方后等价于

$$2\sum\sqrt{(a+b+c)^2-3ca}\cdot\sqrt{(a+b+c)^2-3ab}\geqslant 3(a+b+c)^2+3\sum ab.$$

故我们只需证明如下局部不等式:

$$2\sqrt{(a+b+c)^2-3ca}\cdot\sqrt{(a+b+c)^2-3ab}\geqslant(a+b+c)^2+3bc.$$

上式两边平方后等价于

$$\begin{aligned}&a^4-2(b^2+c^2-3bc)a^2-4bc(b+c)a+b^4+c^4+2bc(b^2+c^2)-b^2c^2\geqslant 0\\ \Longleftrightarrow\quad &(a^2-b^2-c^2+bc)^2+2bc((b-c)^2+(c-a)^2+(a-b)^2)\geqslant 0,\end{aligned}$$

上式显然成立. □

注　对于根式型不等式, 两边平方后证明是一个常用的办法, 之后我们还会用到这一方法.

有时对于根式型不等式需要对其中的一些单项作局部处理.

例 3.9　$a,b,c\geqslant 0$. 求证:

$$\sum\sqrt{a^2+bc}\leqslant\frac{3}{2}(a+b+c).$$

证明　不妨设 $a\geqslant b\geqslant c$, 则

$$2a+c\geqslant 2\sqrt{a^2+bc}.$$

于是只需证明

$$a+3b+2c\geqslant 2\left(\sqrt{b^2+ac}+\sqrt{c^2+ab}\right).$$

两边平方化简后等价于

$$a^2+5b^2+2ab+12bc\geqslant 8\sqrt{(b^2+ac)(c^2+ab)}.$$

而

$$b^2+ac+c^2+ab\geqslant 2\sqrt{(b^2+ac)(c^2+ab)},$$

故我们只需证明

$$\begin{aligned}&a^2+5b^2+2ab+12bc\geqslant 4b^2+4ac+4c^2+4ab\\ \Longleftrightarrow\quad &f(a)=a^2+b^2+12bc-4ac-4c^2-2ab\geqslant 0.\end{aligned}$$

又 $f'(a)=2a-4c-2b$, 所以

$$f(a)\geqslant f(2c+b)=8bc-8c^2\geqslant 0,$$

故命题得证. □

注　我们这里再提供一种证明 $a+3b+2c\geqslant 2\left(\sqrt{b^2+ac}+\sqrt{c^2+ab}\right)$ 的方法: 注意到

$$\sqrt{b^2+ac}+\sqrt{c^2+ab}\leqslant\sqrt{2(b^2+c^2+ab+ac)},$$

故只需证明

$$\sqrt{2(b^2+c^2+ab+ac)} \leqslant \frac{a+3b+2c}{2}.$$

平方整理后, 等价于

$$a^2+b^2-4c^2+12bc-2ab-4ac \geqslant 0 \quad \Longleftrightarrow \quad (a-b-2c)^2+8c(b-c) \geqslant 0.$$

例 3.10 $x,y,z \geqslant 0$, 满足 $x+y+z=1$. 求证:

$$\sqrt{x+y^2}+\sqrt{y+z^2}+\sqrt{z+x^2} \geqslant 2.$$

证明 我们先证明这样一个引理:

引理 若 $a,b,c,d \geqslant 0$ 且 $a+b=c+d,(a-b)^2 \leqslant (c-d)^2$, 则我们有

$$\sqrt{a}+\sqrt{b} \geqslant \sqrt{c}+\sqrt{d}.$$

引理的证明 两边平方化简后等价于

$$\sqrt{ab} \geqslant \sqrt{cd} \quad \Longleftrightarrow \quad ab \geqslant cd \quad \Longleftrightarrow \quad (c-d)^2 \geqslant (a-b)^2.$$

引理的条件 $(a-b)^2 \leqslant (c-d)^2 \Longleftrightarrow \max\{a,b\} \leqslant \max\{c,d\}$. 引理也可由函数 $f(x)=\sqrt{x}$ 的上凸性直接得到.

回到原题. 注意到 $x+y^2+y+z^2=(x+y)^2+z+y^2$. 当 $x \geqslant y \geqslant z$ 或 $z \geqslant y \geqslant x$ 时,

$$\max\{x+y^2,y+z^2\} \leqslant \max\{(x+y)^2,z+y^2\}.$$

于是我们有

$$\begin{aligned}
\sqrt{x+y^2}+\sqrt{y+z^2}+\sqrt{z+x^2} &\geqslant (x+y)+\sqrt{z+y^2}+\sqrt{z+x^2} \\
&\geqslant x+y+\sqrt{(\sqrt{z}+\sqrt{z})^2+(x+y)^2} \\
&= 1-z+\sqrt{4z+(1-z)^2}=2.
\end{aligned}$$

原不等式得证. □

注 本题颇具难度, 证明中的引理在处理根式不等式时有不少应用. 例如, 用这一引理还可以证明:

$a,b,c \geqslant 0$, 则

$$\sqrt{a^2+b^2+2bc}+\sqrt{b^2+c^2+2ac}+\sqrt{c^2+a^2+2ab} \geqslant 2(a+b+c).$$

事实上, 设 $a=\max\{a,b,c\}$, 我们有

$$\begin{aligned}
&\sqrt{a^2+b^2+2bc}+\sqrt{b^2+c^2+2ac} \geqslant \sqrt{a^2+b^2+2ac}+b+c, \\
&\sqrt{c^2+a^2+2ab}+\sqrt{a^2+b^2+2ac} \geqslant 2a+b+c.
\end{aligned}$$

下面这道 2009 年国家集训队的测试题也可应用引理得证, 我们把证明留给读者作为练习:

非负实数 a_1,a_2,a_3,a_4 满足 $a_1+a_2+a_3+a_4=1$. 则

$$\max\left\{\sum_{i=1}^{4}\sqrt{a_i^2+a_ia_{i-1}+a_{i-1}^2+a_{i-1}a_{i-2}},\sum_{i=1}^{4}\sqrt{a_i^2+a_ia_{i+1}+a_{i+1}^2+a_{i+1}a_{i+2}}\right\}\geqslant 2$$

(其中 $a_{i+4}=a_i$) 对所有整数 i 成立.

当然, 更多的乘积类不等式不会有上题那样良好的"性质", 不过我们也可以尝试构造局部不等式证明, 当然这需要较高的技巧和良好的不等式感觉.

例 3.11 (2006 国家队培训) 不全为正数的 x,y,z 满足

$$k(x^2-x+1)(y^2-y+1)(z^2-z+1)\geqslant (xyz)^2-xyz+1.$$

求实数 k 的最小值.

解 对于三元六次对称不等式, 以两数相等或有数为 0 时等号成立居多. 经试验, 当 $x=y=\dfrac{1}{2},z=0$ 时 k 最小, 此时 $k=\dfrac{16}{9}$. 下证 $k=\dfrac{16}{9}$ 时不等式成立.

考虑到直接证明难度较大, 我们尝试构造局部不等式, 考察二元的情形.

我们证明: 当 x,y 中至少有一个 $\leqslant 0$ 时, 有

$$\begin{aligned}&\frac{4}{3}(x^2-x+1)(y^2-y+1)\geqslant (xy)^2-xy+1\\ \iff\quad &(x^2y^2-4x^2y+4x^2)-(4xy^2-7xy+4x)+(4y^2-4y+1)\geqslant 0.\end{aligned}\tag{$*$}$$

当 x,y 中恰有一个 $\leqslant 0$ 时, 不妨设 $x\leqslant 0,y>0$, 则式 $(*)$ 等价于

$$x^2(y-2)^2-4x(y-1)^2-xy+(2y-1)^2\geqslant 0,$$

上式显然成立.

当 $x\leqslant 0,y\leqslant 0$ 时, 式 $(*)$ 等价于

$$x^2(y-2)^2-4xy^2+7xy-4x+(2y-1)^2\geqslant 0,$$

也成立.

于是

$$\begin{aligned}&\frac{16}{9}(x^2-x+1)(y^2-y+1)(z^2-z+1)\\ &\quad\geqslant \frac{4}{3}(z^2-z+1)((xy)^2-xy+1)\geqslant (xyz)^2-xyz+1.\end{aligned}$$

故 k 的最小值为 $\dfrac{16}{9}$. □

例 3.12 $a,b,c \geqslant 0$. 求证:

$$2(1+a^3)(1+b^3)(1+c^3) \geqslant (1+a^2)(1+b^2)(1+c^2)(1+abc).$$

证明 考察局部不等式

$$2(1+a^3)^3-(1+a^2)^3(1+a^3)=(a-1)^2(1+a^3)(a^4+2a^3+2a+1) \geqslant 0.$$

上述局部不等式也能由 AM-GM 不等式得到. 事实上,

$$\begin{aligned} 2(1+a^3)^3 \geqslant (1+a^2)^3(1+a^3) \quad &\Longleftrightarrow \quad 2(1+a^3)^2 \geqslant (1+a^2)^3 \\ &\Longleftrightarrow \quad a^6-3a^4+4a^3-3a^2+1 \geqslant 0. \end{aligned}$$

而由 AM-GM 不等式, 有

$$a^6+a^3+a^3 \geqslant 3a^4, \quad a^3+a^3+1 \geqslant 3a^2.$$

类似地, 有

$$2(1+b^3)^3-(1+b^2)^3(1+b^3) \geqslant 0, \quad 2(1+c^3)^3-(1+c^2)^3(1+c^3) \geqslant 0.$$

于是我们只需证明

$$\begin{aligned} &(1+a^2)^3(1+a^3)(1+b^2)^3(1+b^3)(1+c^2)^3(1+c^3) \\ &\geqslant (1+a^2)^3(1+b^2)^3(1+c^2)^3(1+abc)^3 \\ &\Longleftrightarrow \quad (1+a^3)(1+b^3)(1+c^3) \geqslant (1+abc)^3. \end{aligned}$$

上式由 Cauchy 不等式立得, 故命题得证. □

注 利用类似的局部不等式, 我们可证明例 6.11 .

例 3.13 (2007 女子数学奥林匹克) 设整数 $n>3$, 非负实数 $a_1,a_2,\cdots,a_n$ 满足 $a_1+a_2+\cdots+a_n=2$. 求

$$\frac{a_1}{a_2^2+1}+\frac{a_2}{a_3^2+1}+\cdots+\frac{a_n}{a_1^2+1}$$

的最小值.

思路 本题更早出现在杂志 *Mathematical Reflections* 中, 是一道 2003 年保加利亚竞赛题的推广 (原题是三元, 等号成立条件为 3 个变元均相等), 后被选为 2007 年女子数学奥林匹克试题. 据说当年做出本题的人寥寥无几, 可见本题难度颇大. 本题的难点在于无论是用 Cauchy 不等式、调整法或直接用局部不等式进行放缩皆难以奏效. 首先我们不难猜出答案为 $\frac{3}{2}$, 等号成立当且仅当 $a_1=a_2=1, a_3=a_4=\cdots=a_n=0$ 及其轮换时, 而此时 $\frac{a_1}{a_2^2+1}=\frac{1}{2}, \frac{a_2}{a_3^2+1}=1$, 它们的地位不均等, 故我们考虑将这两个单项拆项. 对于形如 $\frac{x}{y+1}$

的单项, 较为常用的方法是将其写为 $x-\dfrac{xy}{y+1}$ 的形式.

解　我们有

$$\begin{aligned}&\frac{a_1}{a_2^2+1}+\frac{a_2}{a_3^2+1}+\cdots+\frac{a_n}{a_1^2+1}\\&=a_1+a_2+\cdots+a_n-\left(\frac{a_1a_2^2}{a_2^2+1}+\frac{a_2a_3^2}{a_3^2+1}+\cdots+\frac{a_na_1^2}{a_1^2+1}\right)\\&\geqslant 2-\frac{1}{2}(a_1a_2+a_2a_3+\cdots+a_na_1).\end{aligned}$$

于是我们只需证明

$$4(a_1a_2+a_2a_3+\cdots+a_na_1)\leqslant(a_1+a_2+\cdots+a_n)^2.$$

这是一个常见的不等式, 在许多竞赛书籍中都出现过, 而这些书中的方法无外乎数学归纳法, 我们在这里给出一种巧妙的证明. 不妨设 $a_1=\max\{a_1,a_2,\cdots,a_n\}$, 则

$$\begin{aligned}4(a_1a_2+a_2a_3+\cdots+a_na_1)&\leqslant 4a_1(a_2+a_4+\cdots+a_n)+4a_2a_3+4a_3a_4\\&\leqslant 4(a_1+a_3)(a_2+a_4+\cdots+a_n)\\&\leqslant(a_1+a_2+\cdots+a_n)^2,\end{aligned}$$

所以

$$\frac{a_1}{a_2^2+1}+\frac{a_2}{a_3^2+1}+\cdots+\frac{a_n}{a_1^2+1}\geqslant\frac{3}{2},$$

等号成立当且仅当 $a_1=a_2=1,a_3=a_4=\cdots=a_n=0$ 及其轮换时. □

注　用同样的方法可以证明 2017 年 USAMO 的一道试题:

$a,b,c,d\geqslant 0$, $a+b+c+d=4$, 则

$$\frac{a}{b^3+4}+\frac{b}{c^3+4}+\frac{c}{d^3+4}+\frac{d}{a^3+4}\geqslant\frac{2}{3}.$$

当 $n=3m+2$ 时, 我们在最后证明的 n 元不等式可加强为

$$(\sum_{i=1}^{3m+2}a_i)^2-2\sum_{i=1}^{3m+2}a_i\sum_{j=0}^{m}a_{i+3j+1}\geqslant 0,$$

只需注意到

$$LHS\cdot(\sum_{i=1}^{n}a_i)=\sum_{i=1}^{n}a_i(\sum_{j=1}^{n}a_j-2\sum_{j=0}^{m}a_{i+3j+1})^2+4\sum_{i=1}^{n}a_i\sum_{k=1}^{m}a_{i+3k-2}\sum_{j=k}^{m}a_{i+3j}\geqslant 0.$$

$\mathbb{R}_+^n$ 上二次型的不等式问题通常被称为矩阵的偕正性 (copositive matrices) 问题. 一个著名的结果是: 判定给定二次型对应的矩阵不是偕正的是一个 NP 完全 (non-deterministic polynomial-time complete) 问题 [69]. 与此对应, 确定其是偕正的则是一个 co-NP 完全问题. NP 问题即是多项式复杂程度的非确定性问题, 通俗地说这类问题至今仍未找到多项

式时间算法, 但却可用多项式时间算法验证其准确性. 与之对应的 P 是所有可在多项式时间内用确定算法求解的判定问题的集合. 在 NP 问题中有一个子类, 被称为 NP 完全问题. NP 完全问题有重要的性质: 它可以在多项式时间内求解, 当且仅当所有的 NP 问题可以在多项式时间内求解时. 1971 年, Stephen A. Cook 和 Leonid Levin 相对独立地提出了下面的问题, 即是否两个复杂度类 P 和 NP 是恒等的 ($\mathrm{P}=\mathrm{NP}$?). 2000 年初, 美国克雷数学研究所的科学顾问委员会选定了 7 个 "千年大奖问题", 克雷数学研究所的董事会决定建立 700 万美元的大奖基金, 解决每个 "千年大奖问题" 都可获得 100 万美元的奖励. P=NP? 正是其中的第 3 个问题. 这一问题若能得到肯定的回答, 那么 RSA 型密码的解密将能在多项式时间完成, 对现有的互联网安全体系是一个不小的考验.

用到上题的拆分方法的题还有很多, 我们再举一例:

例 3.14 $a,b,c>0,a+b+c=2$. 求证:

$$\frac{ab}{1+c^2}+\frac{bc}{1+a^2}+\frac{ca}{1+b^2}\leqslant 1.$$

证明 证法 1 注意到

$$\frac{ab}{1+c^2}=ab-\frac{abc^2}{1+c^2},$$

移项后, 不等式等价于

$$abc\sum\frac{a}{a^2+1}+1-\sum bc\geqslant 0.$$

此时若将分母 a^2+1 放缩为 $2a$, 则我们只能得到相应的上界, 与预期不符. 故我们考虑再次拆分. 对于 $x\geqslant 0$, 由 AM-GM 不等式, 我们有

$$\frac{1}{x^2+1}=1-\frac{x^2}{x^2+1}\geqslant 1-\frac{x}{2}.$$

利用上式, 我们只需证明

$$abc\sum a\left(1-\frac{a}{2}\right)+1-\sum bc\geqslant 0 \iff abc\sum bc+1-\sum bc\geqslant 0.$$

设 $r=abc,q=ab+bc+ca$, 由四次 Schur 不等式, 我们有 $r\geqslant\dfrac{(q-1)(4-q)}{3}$. 由此

$$\begin{aligned}abc\sum bc+1-\sum bc=qr+1-q&\geqslant\frac{q(q-1)(4-q)}{3}+1-q\\&=\frac{1}{3}(3-q)(1-q)^2\geqslant 0.\end{aligned}$$

命题得证, 等号成立当且仅当 $a=b=1,c=0$ 或其轮换时. □

在上述证明中, 我们用三次 Schur 不等式不成功, 因此考虑使用四次 Schur 不等式.

当然有时不一定需要对每一个分项都采用相同的局部不等式, 打破对称性同样能使问题迎刃而解, 下述证法 2 就是一个例子, 它来自马腾宇 (2007 年 IMO 银牌得主).

证法 2　不妨设 $a \leqslant b \leqslant c$, 则

$$\frac{1}{1+a^2} \leqslant \frac{1+c^2-a^2}{1+c^2}, \quad \frac{1}{1+b^2} \leqslant \frac{1+c^2-b^2}{1+c^2},$$

故只需证明

$$\frac{(1+c^2-a^2)bc+(1+c^2-b^2)ac+ab}{1+c^2} \leqslant 1.$$

上式化简后等价于

$$(c(a+b)-1)(1+c^2-ab) \leqslant 0.$$

由于

$$1+c^2-ab \geqslant 0, \quad c(a+b)-1 \leqslant \left(\frac{a+b+c}{2}\right)^2-1=0,$$

因此命题得证. □

证法 2 打破对称性是为了使各项化至相同的分母, 便于之后的证明, 这与下面要介绍的证法 3 的思想是一样的.

证法 3　注意到等号成立条件为 $(a,b,c)=(0,1,1)$ 及其轮换. 因此我们无法证明形如

$$\frac{bc}{a^2+1} \leqslant \frac{a^\alpha}{a^\alpha+b^\alpha+c^\alpha}$$

的不等式, 因为当 $(a,b,c)=(0,1,1)$ 时, 不等式左边为 1, 右边为 0.

这也提示我们, 欲构造的局部不等式的分子应该出现 bc. 此时最自然的可能是证明

$$\frac{bc}{a^2+1} \leqslant \frac{bc}{ab+bc+ca},$$

上式等价于

$$ab+bc+ca \leqslant a^2+1 \quad \Longleftrightarrow \quad ab+bc+ca \leqslant a^2+\frac{1}{4}(a+b+c)^2.$$

上式当 $(a,b,c)=\left(\frac{1}{3},\frac{2}{3},1\right)$ 时不成立. 我们可通过计算二次函数的判别式得到这个反例.

为此, 我们考虑分子为三次的情形, 此时最简单的形式应当为

$$\frac{bc}{a^2+1} \leqslant \frac{(b+c)bc}{ab(a+b)+bc(b+c)+ca(c+a)},$$

上式等价于

$$ab^2+b^2c+bc^2+c^2a \leqslant b+c.$$

将 $a=2-b-c$ 代入得

$$b^3+b-2b^2+c^3-2c^2+c \geqslant 0.$$

上式由 AM-GM 不等式立得. 类似地有其余两式, 相加即得原不等式. □

注 若 $a^2+b^2+c^2=1$, 我们有类似的不等式:

$$\frac{bc}{a^2+1}+\frac{ac}{b^2+1}+\frac{ab}{c^2+1}\leqslant\frac{3}{4}.$$

证明 由 AM-GM 不等式与 Cauchy 不等式, 我们有

$$\frac{bc}{a^2+1}\leqslant\frac{(b+c)^2}{4(a^2+1)}\leqslant\frac{1}{4}\left(\frac{b^2}{a^2+b^2}+\frac{c^2}{c^2+a^2}\right).$$

与其他类似两式相加, 即知原不等式成立. □

证法 3 与证法 2 都是将各个单项化至相同的分母, 以便于之后的证明, 将分母变为相同的往往能化繁为简, 当然证法 3 有一种神来之笔的感觉. 让我们再来看几个类似的例子.

例 3.15 (2009 塞尔维亚) $x,y,z>0$, $xy+yz+zx=x+y+z$. 求证:

$$\frac{1}{x^2+y+1}+\frac{1}{y^2+z+1}+\frac{1}{z^2+x+1}\leqslant 1.$$

证明 由 Cauchy 不等式, 有

$$\sum\frac{1}{x^2+y+1}\leqslant\sum\frac{1+y+z^2}{(x+y+z)^2}.$$

故只需证明

$$(x+y+z)^2\geqslant\sum(1+y+z^2)=3+(x+y+z)+x^2+y^2+z^2.$$

上式等价于

$$xy+yz+zx\geqslant 3.$$

由 $xy+yz+zx=x+y+z$, 知

$$(xy+yz+zx)^2=(x+y+z)^2\geqslant 3(xy+yz+zx),$$

即 $xy+yz+zx\geqslant 3$. 原不等式得证. □

注 用同样的方法可以证明 2013 年北大金秋营的一道考题:

$x,y,z>0$, $x+y+z=3$, 则

$$\sum\frac{x}{x^3+y^2+z}\leqslant 1.$$

例 3.16 (2005 国家集训队) $a,b,c>0, ab+bc+ca=\frac{1}{3}$. 求证:

$$\frac{1}{a^2-bc+1}+\frac{1}{b^2-ca+1}+\frac{1}{c^2-ab+1}\leqslant 3.$$

证明 (韩京俊) 原不等式等价于

$$\frac{1}{a(a+b+c)+\frac{2}{3}}+\frac{1}{b(a+b+c)+\frac{2}{3}}+\frac{1}{c(a+b+c)+\frac{2}{3}}\leqslant 3.$$

由 Cauchy 不等式有

$$\frac{1}{a(a+b+c)+\frac{2}{3}} \leqslant \frac{a(a+b+c)+\frac{3}{2}(b+c)^2(a+b+c)^2}{(a+b+c)^4}.$$

类似地有其余两式, 故只需证明

$$(a+b+c)^2+\frac{3(a+b+c)^2((a+b)^2+(b+c)^2+(c+a)^2)}{2} \leqslant 3(a+b+c)^4$$

$$\Longleftrightarrow \quad (a+b+c)^2+3(a+b+c)^4-3\sum ab(a+b+c)^2 \leqslant 3(a+b+c)^4.$$

上式为等式, 不等式得证. □

注　本题也可用 Cauchy 不等式证明:

证明　齐次化后等价于证明

$$\sum \frac{\sum ab}{a^2+ac+ab+2\sum ab} \leqslant 1,$$

移项后等价于

$$1 \leqslant \sum \frac{a(a+b+c)}{a(a+b+c)+2\sum ab}.$$

由 Cauchy 不等式, 有

$$\sum \frac{a(a+b+c)}{a(a+b+c)+2\sum ab} \geqslant \frac{(a+b+c)^3}{\sum a^2 \sum a+2\sum a \sum ab}=1.$$

证毕. □

例 3.17 (2005 IMO)　正数 $x,y,z>0$, 满足 $xyz \geqslant 1$. 求证:

$$\frac{x^5-x^2}{x^5+y^2+z^2}+\frac{y^5-y^2}{y^5+z^2+x^2}+\frac{z^5-z^2}{z^5+x^2+y^2} \geqslant 0.$$

证明　原不等式等价于

$$\sum \frac{x^2+y^2+z^2}{x^5+y^2+z^2} \leqslant 3.$$

而由 Cauchy 不等式有

$$(x^5+y^2+z^2)(yz+y^2+z^2) \geqslant (\sqrt{x^5yz}+y^2+z^2)^2 \geqslant (x^2+y^2+z^2)^2,$$

即

$$\frac{x^2+y^2+z^2}{x^5+y^2+z^2} \leqslant \frac{yz+y^2+z^2}{x^2+y^2+z^2}.$$

同理有

$$\frac{x^2+y^2+z^2}{y^5+z^2+x^2} \leqslant \frac{zx+z^2+x^2}{x^2+y^2+z^2}, \quad \frac{x^2+y^2+z^2}{z^5+x^2+y^2} \leqslant \frac{xy+x^2+y^2}{x^2+y^2+z^2}.$$

把上述三个不等式相加并利用 $x^2+y^2+z^2 \geqslant xy+yz+zx$, 得

$$\sum \frac{x^2+y^2+z^2}{x^5+y^2+z^2} \leqslant \frac{2\sum x^2+\sum xy}{x^2+y^2+z^2} \leqslant 3.$$

故原不等式得证. □

注 本题条件还可增强为 $x,y,z\geqslant 0,x^2+y^2+z^2\leqslant 3$. 这样的话上面的方法失效了, 难度有所增加, 其证明我们留给读者.

在那年的 IMO 上, 摩尔多瓦选手 Boreico Iurie 凭借下面的方法获得特别奖:

因为

$$\frac{x^5-x^2}{x^5+y^2+z^2}-\frac{x^5-x^2}{x^3(x^2+y^2+z^2)}=\frac{x^2(x^3-1)^2(y^2+z^2)}{x^3(x^5+y^2+z^2)(x^2+y^2+z^2)}\geqslant 0,$$

所以

$$\begin{aligned}\sum\frac{x^5-x^2}{x^5+y^2+z^2}&\geqslant\sum\frac{x^5-x^2}{x^3(x^2+y^2+z^2)}\\&=\frac{1}{x^2+y^2+z^2}\sum\left(x^2-\frac{1}{x}\right)\\&\geqslant\frac{1}{x^2+y^2+z^2}\sum(x^2-yz)\geqslant 0.\end{aligned}$$

这一方法看似神奇, 其实它是用到了局部不等式 $\frac{x}{y}\geqslant\frac{x}{z}$, 其中 $x(z-y)\geqslant 0,y,z\geqslant 0$. 运用这一方法的证明往往极具观赏性. 如:

$a,b,c\in\left[\frac{1}{\sqrt{2}},\sqrt{2}\right]$. 求证:

$$\frac{3}{a+2b}+\frac{3}{b+2c}+\frac{3}{c+2a}\geqslant\frac{2}{a+b}+\frac{2}{b+c}+\frac{2}{c+a}.$$

证明 (马腾宇 (2007 国家队队员))

$$\begin{aligned}&\frac{3}{a+2b}-\frac{2}{a+b}=\frac{a-b}{(a+b)(a+2b)}=\frac{a-b}{6ab-(a-b)(2b-a)}\geqslant\frac{a-b}{6ab}=\frac{ac-bc}{6abc}\\&\Longrightarrow\quad\sum\left(\frac{3}{a+2b}-\frac{2}{a+b}\right)\geqslant\sum\frac{ac-bc}{6abc}=0.\end{aligned}$$

□

有时欲放缩至相同的分母, 我们使用待定系数法.

例 3.18 (2001 IMO) $a,b,c>0$. 求证:

$$\frac{a}{\sqrt{a^2+8bc}}+\frac{b}{\sqrt{b^2+8ca}}+\frac{c}{\sqrt{c^2+8ab}}\geqslant 1.$$

证明 本题各个分式的分母各不相同, 对每一个分项直接利用重要不等式放缩很难成功, 由于带有根号, 我们也无法使用之前介绍的分拆法, 为此我们利用待定系数法, 尝试找到使

$$\frac{a}{\sqrt{a^2+8bc}}\geqslant\frac{a^r}{a^r+b^r+c^r}$$

恒成立的实数 r. 上式等价于

$$a^r+b^r+c^r\geqslant a^{r-1}\sqrt{a^2+8bc}.$$

注意到原不等式等号成立当且仅当 $a=b=c$ 时, 即 a,b,c 的地位是等价的, 故局部不等式等号成立时必有 $b=c$, 而上式是齐次的, 故我们令 $b=c=1$, 则这样的 r 必满足

$$f(a)=a^r+2-a^{r-1}\sqrt{a^2+8}\geqslant 0,$$

且此时 $f(a)$ 取最小值 0 时必有 $a=1$, 于是

$$f^{'}(1)=r-3(r-1)-\frac{1}{3}=0.$$

由此解得 $r=\frac{4}{3}$. 我们再验证 $r=\frac{4}{3}$ 时, 确实有

$$\frac{a}{\sqrt{a^2+8bc}}\geqslant\frac{a^{\frac{4}{3}}}{a^{\frac{4}{3}}+b^{\frac{4}{3}}+c^{\frac{4}{3}}}\quad\Longleftrightarrow\quad(a^{\frac{4}{3}}+b^{\frac{4}{3}}+c^{\frac{4}{3}})^2\geqslant a^{\frac{2}{3}}(a^2+8bc).$$

而由 AM-GM 不等式有

$$\begin{aligned}(a^{\frac{4}{3}}+b^{\frac{4}{3}}+c^{\frac{4}{3}})^2-\left(a^{\frac{4}{3}}\right)^2&=(b^{\frac{4}{3}}+c^{\frac{4}{3}})(a^{\frac{4}{3}}+a^{\frac{4}{3}}+b^{\frac{4}{3}}+c^{\frac{4}{3}})\\&\geqslant 2b^{\frac{2}{3}}c^{\frac{2}{3}}\cdot 4a^{\frac{2}{3}}b^{\frac{1}{3}}c^{\frac{1}{3}}=8a^{\frac{2}{3}}bc.\end{aligned}$$

故有

$$\frac{a}{\sqrt{a^2+8bc}}\geqslant\frac{a^{\frac{4}{3}}}{a^{\frac{4}{3}}+b^{\frac{4}{3}}+c^{\frac{4}{3}}}.$$

同理可得

$$\frac{b}{\sqrt{b^2+8ca}}\geqslant\frac{b^{\frac{4}{3}}}{a^{\frac{4}{3}}+b^{\frac{4}{3}}+c^{\frac{4}{3}}},\quad\frac{c}{\sqrt{c^2+8ab}}\geqslant\frac{c^{\frac{4}{3}}}{a^{\frac{4}{3}}+b^{\frac{4}{3}}+c^{\frac{4}{3}}}.$$

上述三式相加即知原不等式成立. □

注　设参法是证明局部不等式的重要方法, 本题中将分母化至 $a^r+b^r+c^r$ 是比较常用的. 例如例 2.9 也能这样证明, 事实上我们有

$$\frac{1}{(3a-1)^2}\geqslant\frac{a^{-3}}{a^{-3}+b^{-3}+c^{-3}+d^{-3}}.$$

例 3.19　a,b,c,d 是非负实数. 证明:

$$\sqrt{1+\frac{7a}{b+c+d}}+\sqrt{1+\frac{7b}{c+d+a}}+\sqrt{1+\frac{7c}{d+a+b}}+\sqrt{1+\frac{7d}{a+b+c}}\geqslant 4\sqrt{\frac{10}{3}}.$$

证明　由不等式的齐次性, 不妨设 $a+b+c+d=4$. 令 $f(x)=\sqrt{1+\frac{7x}{4-x}}$. 则我们有

$$f(x)\geqslant\frac{1}{3}\sqrt{\frac{2}{15}}(8+7x).$$

上式成立是因为

$$\frac{14(x-1)^2(2+7x)}{135(4-x)}\geqslant 0.$$

用 a,b,c,d 分别代入 $f(x)$ 并相加, 即得欲证不等式. □

注 利用同样的方法, 我们能得到

$$\sum_{i=1}^{n}\sqrt{1+\frac{7x_i}{\sum\limits_{j\neq i}x_j}}\geqslant n\sqrt{\frac{n+6}{n-1}}.$$

本题的局部不等式看似很神奇, 但其实并不高深, 它的构造原理被称作切线法, 即对于

$$f(x)=\sqrt{1+\frac{7x}{4-x}},$$

$g(x)=\frac{1}{3}\sqrt{\frac{2}{15}}(8+7x)$ 为 $f(x)$ 在 $x=1$ 处的切线, 由 $g(x)\leqslant f(x)$ 知道当 $x\geqslant 0$ 时, $f(x)$ 的图像位于其在 $x=1$ 处的切线的上方, 而等号成立条件为 $a=b=c=d=1$, 故取 $x=1$ 能保证 $x=1$ 时等号成立. 有时用求导来求其切线较繁且不知道是否恒有 $g(x)\leqslant f(x)$, 故可用待定系数法解不等式 $f(x)\geqslant Ax+B$, 且 $f(1)=A+B$, 其中 $A=f'(1)$. 切线法由来已久, 最初起源无法考证, 作者猜想切线法由 Lagrange 乘数法演变而来. 切线法是处理 $\sum\limits_{i=1}^{n}f(x_i)\geqslant(\leqslant)F(x_1,x_2,\cdots,x_n)$ 这类问题的一种常见而有力的方法. 注意到切线法可以将每一个单项配出平方, 我们称其为切线法配方原理. 对于一些单项式中含有两个变元的, 可以考虑将其中一个变元看作常数, 再使用切线法.

例 3.20 $a,b,c>0$. 求证:

$$\frac{a^2}{\sqrt{a^2+\frac{1}{4}ab+b^2}}+\frac{b^2}{\sqrt{b^2+\frac{1}{4}bc+c^2}}+\frac{c^2}{\sqrt{c^2+\frac{1}{4}ca+a^2}}\geqslant\frac{2}{3}(a+b+c).$$

证明 注意到等号成立当且仅当 $a=b=c$ 时, 我们尝试用切线法证明局部不等式

$$f(x)=\frac{x^2}{\sqrt{x^2+\frac{1}{4}x+1}}\geqslant Ax+B,$$

其中 $A,B\in\mathbb{R}$. 则 $A+B=f(1)=\frac{2}{3}$, $A=f'(1)=1$, $B=-\frac{1}{3}$.

故转而证明

$$\frac{x^2}{\sqrt{x^2+\frac{1}{4}x+1}}\geqslant x-\frac{1}{3}.$$

上式当 $x\leqslant\frac{1}{3}$ 时显然成立. 当 $x\geqslant\frac{1}{3}$ 时, 上式等价于

$$4x^4-(4x^2+x+4)\left(x-\frac{1}{3}\right)^2\geqslant 0 \iff \frac{1}{9}(15x-4)(x-1)^2\geqslant 0.$$

此时上式成立. 令 $x=\frac{a}{b}$, 我们有

$$\frac{a^2}{\sqrt{a^2+\frac{1}{4}ab+b^2}}\geqslant a-\frac{b}{3}.$$

于是将类似的三式相加即得结论. □

例 3.21　n 为正整数, $a_i \geqslant 0(i=1,2,\cdots,n)$ 且 $a_1a_2\cdots a_n=1$. 求证:

$$\sum_{i=1}^{n}\frac{a_i}{1+a_i}\leqslant\frac{1}{2}\sum_{i=1}^{n}\frac{1}{a_i}.$$

证明　注意到 $a_1=a_2=\cdots=a_n=1$ 时等号成立, 我们尝试用切线法证明局部不等式

$$f(x)=\frac{2x}{1+x}-\frac{1}{x}-a\ln x\leqslant 0,$$

其中 a 满足 $f'(1)=0$. 由于

$$f'(x)=\frac{2}{1+x}-\frac{2x}{(1+x)^2}+\frac{1}{x^2}-\frac{a}{x}=\frac{2}{(1+x)^2}+\frac{1}{x^2}-\frac{a}{x},$$

$f'(1)=1-\frac{1}{2}+1-a=0$, 因此 $a=\frac{3}{2}$,

$$f'(x)=\frac{4x^2+2(1+x)^2-3x(1+x)^2}{2x^2(1+x)^2}=\frac{-3x^3+x+2}{2x^2(1+x)^2}=\frac{(1-x)(3x^2+3x+2)}{2x^2(1+x)^2}.$$

故 $f(x)$ 在 $(0,1)$ 上单调递增, 在 $(1,+\infty)$ 上单调递减, $f(x)\leqslant f(1)=0$. 从而

$$\sum_{i=1}^{n}\left(\frac{a_i}{1+a_i}-\frac{1}{2a_i}\right)=\sum_{i=1}^{n}\left(\frac{a_i}{1+a_i}-\frac{1}{2a_i}-\frac{3}{4}\ln a_i\right)\leqslant 0.$$

□

当然切线法不仅仅对变元全相等取等号时适用, 让我们再看一个例子.

例 3.22　若 $x,y,z\geqslant 0, x+y+z=1$. 求证:

$$\frac{5}{2}\leqslant\frac{1}{1+x^2}+\frac{1}{1+y^2}+\frac{1}{1+z^2}\leqslant\frac{27}{10}.$$

证明　对于不等式的右边, 首先证明

$$\begin{aligned}\frac{1}{1+x^2}\leqslant-\frac{27}{50}(x-2)\quad&\Longleftrightarrow\quad 27x^3-54x^2+27x-4\leqslant 0\\&\Longleftrightarrow\quad (3x-1)^2(3x-4)\leqslant 0.\end{aligned}$$

于是

$$\sum\frac{1}{1+x^2}\leqslant-\frac{27}{50}\sum x+\frac{54}{50}\cdot 3=\frac{27}{10},$$

且当 $x=y=z=\frac{1}{3}$ 时, 等号成立.

对不等式的左边, 我们有

$$\frac{1}{1+x^2}\geqslant-\frac{x}{2}+1\quad\Longleftrightarrow\quad x(x-1)^2\geqslant 0.$$

于是

$$\sum\frac{1}{1+x^2}\geqslant-\frac{1}{2}\sum x+3=\frac{5}{2},$$

当 $x=1,y=z=0$ 时, 等号成立.

综上, 命题得证. □

若 $f(x)$ 的图像不恒位于其在 $x=1$ 处的切线的上方, 此时似乎切线法失效了, 不过有时可以通过分类讨论来处理.

例 3.23 (2007 中国西部数学奥林匹克) 设 a,b,c 是实数, 满足 $a+b+c=3$. 证明:

$$\frac{1}{5a^2-4a+11}+\frac{1}{5b^2-4b+11}+\frac{1}{5c^2-4c+11}\leqslant\frac{1}{4}.$$

证明 不妨设 $a=\max\{a,b,c\}$. 我们先证明当 $x\leqslant\frac{9}{5}$ 时有

$$f(x)=\frac{1}{5x^2-4x+11}\leqslant\frac{1}{24}(3-x)\quad\Longleftrightarrow\quad(9-5x)(x-1)^2\geqslant 0.$$

下面我们分情况来讨论.

(1) 若 $a\leqslant\frac{9}{5}$, 则

$$\sum\frac{1}{5a^2-4a+11}\leqslant\sum\frac{1}{24}(3-a)=\frac{1}{4}.$$

(2) 若 $a>\frac{9}{5}$, 则

$$\frac{1}{5a^2-4a+11}<\frac{1}{20}.$$

又因

$$5t^2-4t+11=5\left(t-\frac{2}{5}\right)^2+\frac{51}{5}\geqslant\frac{51}{5},$$

故

$$\frac{1}{5b^2-4b+11}+\frac{1}{5c^2-4c+11}\leqslant\frac{10}{51}.$$

于是

$$\sum\frac{1}{5a^2-4a+11}<\frac{1}{20}+\frac{10}{51}<\frac{1}{4}.$$

综上, 命题得证. □

注 当 $a>\frac{9}{5}$ 或 $b+c<\frac{6}{5}$ 时, 估计 $f(b)+f(c)$ 上界更自然的办法是尝试证明 $f(b)+f(c)\leqslant 2f\left(\frac{b+c}{2}\right)$. 我们可通过通分证明这一不等式, 也可利用当 $x<\frac{6}{5}$ 时 $f(x)$ 的上凸性, 即此时 $f''(x)\leqslant 0$.

例 3.24 (Crux 1528, 陈计) $a,b,c,d>0$, $a+b+c+d=2$. 求证:

$$\frac{a^2}{(a^2+1)^2}+\frac{b^2}{(b^2+1)^2}+\frac{c^2}{(c^2+1)^2}+\frac{d^2}{(d^2+1)^2}\leqslant\frac{16}{25}.$$

证明 设 $f(x)=\frac{x^2}{(x^2+1)^2}$, 则 $f'(x)=\frac{-2x(x^2-1)}{(x^2+1)^3}$, $f'\left(\frac{1}{2}\right)=\frac{48}{125}$. 注意到等号成立条件为 $a=b=c=d=\frac{1}{2}$, 则若用切线法, 我们希望证明

$$\begin{aligned} f(x) \leqslant \frac{48x-4}{125} &\iff (48x-4)(x^2+1)^2-125x^2 \geqslant 0 \\ &\iff (2x-1)^2(12x^3+11x^2+32x-4) \geqslant 0. \end{aligned}$$

上式当 $x \geqslant \frac{1}{8}$ 时成立. 从而当 $a,b,c,d \geqslant \frac{1}{8}$ 时原不等式成立.

我们不妨设 $a \geqslant b \geqslant c \geqslant d$. 若 $d \leqslant \frac{1}{8}$, 此时不等式等号不成立, 故我们可以通过放缩来证明原不等式, 而不必保持等号成立. 我们将 a,b,c 作为一个整体, 尝试对这 3 个变元用切线法, 因 $a+b+c \leqslant 2$, 我们考虑 $f(x)$ 在 $x=\frac{2}{3}$ 处的切线, $f'\left(\frac{2}{3}\right)=\frac{540}{2197}$, 则

$$\begin{aligned} f(x) \leqslant \frac{540x+108}{2197} &\iff (540x+108)(x^2+1)^2-2197x^2 \geqslant 0 \\ &\iff (3x-2)^2(60x^3+92x^2+216x+27) \geqslant 0. \end{aligned}$$

上式显然成立. 故我们有

$$\begin{aligned} f(a)+f(b)+f(c)+f(d) &\leqslant \frac{540(a+b+c)+324}{2197}+d^2 \\ &\leqslant \frac{540(a+b+c)+324}{2197}+\frac{540d}{2197} \\ &= \frac{108}{169} < \frac{16}{25}. \end{aligned}$$

综上, 原不等式得证. □

注 对于 $d \leqslant \frac{1}{8}$ 的情形, 我们也可以考虑用调整法. $f(x)+f(y) \leqslant 2f\left(\frac{x+y}{2}\right)$ 等价于

$$\begin{aligned} &(8-8x^2-8y^2-32xy-4x^2y^4-30y^2x^2-4y^2x^4-26yx^3-26y^3x-8y^3x^3 \\ &+10y^4x^4+x^6y^2+6y^3x^5+6y^5x^3+y^6x^2-7y^4-7x^4)(x-y)^2 \leqslant 0. \end{aligned}$$

可验证上式当

$$x+y \geqslant \frac{2-\frac{1}{8}}{2}=\frac{15}{16}$$

时成立. 注意到 $a+c \geqslant \frac{a+b+c}{2} \geqslant \frac{15}{16}$, $\frac{a+c}{2}+b \geqslant \frac{a+b+c}{2} \geqslant \frac{15}{16}$. 因此由定理 2.1, 我们有

$$f(a)+f(b)+f(c) \leqslant 2f\left(\frac{a+c}{2}\right)+f(b) \leqslant 3f\left(\frac{a+b+c}{3}\right).$$

从而可将问题转化为 $3x+y=2$, $3f(x)+f(y) \leqslant \frac{16}{25}$. 剩下的证明已没有本质困难, 不过计算量较大, 我们留给感兴趣的读者作为练习.

对于本题, 一个自然的想法是用 Jensen 不等式. 注意到 $f''(x) \leqslant 0 \iff 6x^4-16x^2+2 \leqslant 0$, 当 $x \leqslant 2$ 时不成立. 事实上, $6x^4-16x^2+2=0$ 在区间 $[0,2]$ 内有 2 个零点, 故仅用 Jensen 不等式难以证明. 注意到若 f 为上凸函数, 则必有 $f(x)+f(y) \leqslant 2f\left(\frac{x+y}{2}\right)$, 而上述调整法需要进行讨论, 因此我们也能看到这一点.

有时对于有多个等号成立条件的问题, 我们可以多次使用切线法.

例 3.25 $a,b,c\geqslant 0$, 没有两个同时为 0. 求证:

$$\sqrt{1+\frac{48a}{b+c}}+\sqrt{1+\frac{48b}{a+c}}+\sqrt{1+\frac{48c}{a+b}}\geqslant 15.$$

证明 不妨设 $a+b+c=1$, $a\geqslant b\geqslant c$. 我们考虑用切线法. 当 $a=b=c=\frac{1}{3}$ 或 $a=b=\frac{1}{2},c=0$ 时等号成立. 首先考虑 $x=\frac{1}{3}$ 处的切线:

$$\frac{1+47x}{1-x}-\left(\frac{54x+7}{5}\right)^2=\frac{12(27x-2)(3x-1)^2}{25(1-x)}.$$

因此, 若 $c\geqslant\frac{2}{27}$, 则

$$\sum\sqrt{\frac{1+47a}{1-a}}\geqslant\sum\frac{54a+7}{5}=15.$$

若 $b\leqslant\frac{2}{27}$, 则 $a\geqslant\frac{23}{27}$, 此时

$$\sum\sqrt{\frac{1+47a}{1-a}}\geqslant\sqrt{\frac{1+47a}{1-a}}=\sqrt{277}>15.$$

若 $c\leqslant\frac{2}{27}$, 我们考虑在 $x=\frac{1}{2}$ 处的切线:

$$\frac{1+47x}{1-x}-\left(\frac{96x+1}{7}\right)^2=\frac{48(48x+1)(2x-1)^2}{49(1-x)}\geqslant 0.$$

当 $x\leqslant\frac{2}{27}$ 时,

$$\frac{1+47x}{1-x}=1+48x+\frac{48x^2}{1-x}\geqslant 1+48x+48x^2\geqslant(1+14x)^2.$$

因此,

$$\sum\sqrt{\frac{1+47a}{1-a}}\geqslant\frac{96(a+b)+2}{7}+1+14c\geqslant\frac{96(a+b+c)+2}{7}+1=15.$$

综上, 原不等式得证. □

例 3.26 $p,q,r\geqslant 0$ 且 $p+q+r=1$, 则

$$\sum_{\text{cyc}}\sqrt{\frac{p(1+p)}{1-p}}\geqslant\sqrt{6}.$$

证明 当 $p=q=r=\frac{1}{3}$ 或 $p=q=\frac{1}{2},r=0$ 及其轮换时等号成立.

我们考虑用切线法. 不妨设 $p\geqslant q\geqslant r$. 首先考虑 $x=\frac{1}{3}$ 处的切线, 则

$$\sqrt{\frac{x(1+x)}{1-x}}\geqslant\frac{7\sqrt{6}x}{8}+\frac{\sqrt{6}}{24}\quad\Longleftrightarrow\quad\frac{(3x-1)^2(49x-1)}{96(1-x)}\geqslant 0.$$

因此, 当 $p,q,r\geqslant\frac{1}{49}$ 时,

$$\sum_{\text{cyc}}\sqrt{\frac{p(1+p)}{1-p}}\geqslant\sum\frac{7\sqrt{6}p}{8}+\frac{\sqrt{6}}{8}=\sqrt{6}.$$

当 $q\leqslant\frac{1}{49}$ 时, $p\geqslant\frac{47}{49}$, 此时

$$\sum_{\text{cyc}}\sqrt{\frac{p(1+p)}{1-p}}\geqslant\sqrt{\frac{p(1+p)}{1-p}}\geqslant\sqrt{\frac{\frac{47\cdot 96}{49^2}}{\frac{2}{49}}}=\sqrt{\frac{48\cdot 47}{49}}>\sqrt{6}.$$

当 $q\geqslant\frac{1}{49}$ 时, 我们考虑在 $x=\frac{1}{2}$ 处的切线:

$$\sqrt{\frac{x(x+1)}{1-x}}\geqslant\frac{7\sqrt{6}x}{6}-\frac{\sqrt{6}}{12}\quad\Longleftrightarrow\quad\frac{(2x-1)^2(49x-1)}{24(1-x)}\geqslant 0.$$

因此当 $r\leqslant\frac{1}{49}$ 时, 我们有

$$\begin{aligned}\sum_{\text{cyc}}\sqrt{\frac{p(1+p)}{1-p}}&\geqslant\sqrt{\frac{r(1+r)}{1-r}}+\frac{7\sqrt{6}}{6}(p+q)-\frac{\sqrt{6}}{6}\\&\geqslant\sqrt{r(1+r)}-\frac{7\sqrt{6}r}{6}+\sqrt{6}\\&=\left(\sqrt{1+\frac{1}{r}}-\frac{7\sqrt{6}}{6}\right)r+\sqrt{6}\\&\geqslant\sqrt{6}.\end{aligned}$$

综上, 原不等式得证. □

切线法等价于证明 $f(x)\geqslant Ax+B=g(x)$ 这样一个局部不等式, 这给了我们一个启示: 我们不应该局限于构造一个线性函数 $g(x)$, $g(x)$ 同样可以含有二次项甚至更高次项.

例 3.27　$x,y,z\geqslant 0$, $x+y+z=2$, 则

$$\sum\sqrt{1-xy}\geqslant 2.$$

证明　注意到等号成立条件为 $x=y=1$, $z=0$ 及其轮换. 我们考虑证明局部不等式

$$\sqrt{1-xy}\geqslant 1-(1-a)xy-ax^2y^2.$$

设 $xy=t(0\leqslant t\leqslant 1)$, 则上式等价于

$$t(1-t)(a^2t^2-(a^2-2a)t+1-2a)\geqslant 0.$$

令 $t=0$, 我们知 $a\leqslant\frac{1}{2}$. 当 $a=\frac{1}{2}$ 时, 上式等价于

$$t^2(1-t)(t+3)\geqslant 0,$$

显然成立. 故我们只需证明

$$\begin{aligned}\sum\left(1-\frac{1}{2}xy-\frac{1}{2}x^2y^2\right)\geqslant 2 &\iff 2\geqslant\sum xy+\sum x^2y^2\\ &\iff (\sum xy)^2+\sum xy\leqslant 2+4xyz.\end{aligned}$$

由三次 Schur 不等式, 有

$$4\sum x\sum xy\leqslant(\sum x)^3+9xyz \implies \sum xy\leqslant 1+\frac{9}{8}xyz.$$

故只需证明

$$\left(1+\frac{9}{8}xyz\right)^2+1+\frac{9}{8}xyz\leqslant 2+4xyz \iff xyz\leqslant\frac{40}{81}.$$

上式显然成立. □

注 事实上, 我们有下述不等式:

正整数 $n\geqslant 3$, 非负实数 $a_1,a_2,\cdots,a_n$ 满足 $\sum\limits_{i=1}^{n}a_i=2$, 则

$$n-1\leqslant\sum_{i=1}^{n}\sqrt{1-a_ia_{i+1}}\leqslant n,$$

其中 $a_{n+1}=a_1$.

证明 上界是显然的, 只需证明下界成立. 由例题的结论, 我们只需证 $n\geqslant 4$ 时成立即可, 此时有

$$\sum_{i=1}^{n}\sqrt{1-a_ia_{i+1}}\geqslant\sum_{i=1}^{n}(1-a_ia_{i+1})\geqslant n-1.$$

□

例 3.28 (Crux) $a,b,c>0, a^2+b^2+c^2=1$. 求证:

$$\frac{1}{1-ab}+\frac{1}{1-bc}+\frac{1}{1-ca}\leqslant\frac{9}{2}.$$

证明 本题无法用切线法, 我们尝试将 $g(x)$ 设为二次型.

不妨设 $a\geqslant b\geqslant c$, 显然 $2ab\leqslant a^2+b^2+c^2=1$, 于是 $\max\{ab,bc,ca\}\leqslant\frac{1}{2}$.

将 ab 看作 x, 我们设

$$\begin{aligned}&\frac{1}{1-x}\leqslant A\left(x^2-\frac{1}{9}\right)+B\left(x-\frac{1}{3}\right)+\frac{3}{2}\\ \iff &\left(x-\frac{1}{3}\right)\left(\frac{2}{3}A\left(x+\frac{1}{3}\right)+\frac{2}{3}B-\frac{1}{1-x}\right)\geqslant 0.\end{aligned}$$

再设

$$f(x)=\frac{2}{3}A\left(x+\frac{1}{3}\right)+\frac{2}{3}B-\frac{1}{1-x},$$

则 $x=\dfrac{1}{3}$ 是方程 $f(x)=0$ 的根, 解得 $B=\dfrac{9}{4}-\dfrac{2}{3}A$, 代入 $f(x)$ 得

$$\begin{aligned}f(x)&=\frac{2}{3}A\left(x-\frac{1}{3}\right)+\frac{1-3x}{2(1-x)}\\&=(3x-1)\left(\frac{2}{9}A-\frac{1}{2(1-x)}\right).\end{aligned}$$

又因 $x\leqslant\dfrac{1}{2}$, 故当 $A=\dfrac{9}{2}$, $B=-\dfrac{1}{4}$ 时, $\dfrac{2}{9}A-\dfrac{1}{2(1-x)}\geqslant 0$, 即此时有

$$\frac{1}{1-x}\leqslant\frac{9}{2}\left(x^2-\frac{1}{9}\right)-\frac{1}{4}\left(x-\frac{1}{3}\right)+\frac{3}{2},$$

化简得

$$\frac{1}{1-x}\leqslant\frac{9}{2}x^2-\frac{1}{4}x+\frac{13}{12}\quad\left(\text{当}0\leqslant x\leqslant\frac{1}{2}\text{时成立}\right).$$

将 ab,bc,ca 分别代入并相加, 化简之后只需证明

$$18(a^2b^2+b^2c^2+c^2a^2)-(ab+bc+ca)\leqslant 5.$$

而 $a^2+b^2+c^2=1$, 于是上式等价于

$$18(a^2b^2+b^2c^2+c^2a^2)\leqslant 5(a^2+b^2+c^2)^2+(ab+bc+ca)(a^2+b^2+c^2),$$

展开化简之后为

$$5(a^4+b^4+c^4)+\sum a^3(b+c)+abc(a+b+c)\geqslant 8(a^2b^2+b^2c^2+c^2a^2).$$

另一方面, 四次 Schur 不等式为

$$a^4+b^4+c^4+abc(a+b+c)\geqslant 2(a^2b^2+b^2c^2+c^2a^2),$$

代入并利用 AM-GM 不等式, 命题即得证. □

注　利用相同的方法可证明当 $a,b,c,d>0,a^2+b^2+c^2+d^2=1$ 时, 有

$$\frac{1}{1-ab}+\frac{1}{1-bc}+\frac{1}{1-cd}+\frac{1}{1-da}\leqslant\frac{16}{3}$$

等一系列类似问题.

第4章　配　方　法

让我们再来回顾一下不等式的证明. 什么是不等式证明的核心? 不等式证明的本质是什么? 其实在证明不等式中我们用到的最简单的性质就是若 $a \geqslant b$, 则 $a-b \geqslant 0$. 一般地, 对 $x \in \mathbb{R}$, 有 $x^2 \geqslant 0$. 那么任意一个给定的不等式能否写成若干个平方和的形式, 即对不等式进行配方是否一定是万能的呢?

1900 年, 著名数学家 Hilbert 在巴黎召开的第二届世界数学家大会上, 作了题为“数学问题”的著名演讲, 提出了 23 个数学问题 [51]. 这 23 个数学问题对今后 1 个多世纪的数学界产生了重大影响, 其中第 17 个问题是关于平方和的, 即实系数半正定多项式能否表示为若干个实系数有理函数的平方和 (sum of squares, 简称 SOS). 1927 年, Artin 在后人称为 Artin-Schreier 理论的基础上解决了 Hilbert 的第 17 个问题, 他证明了实系数半正定多项式一定可以表示为若干个实系数有理函数的平方和 [3]. 然而 Artin 的证明不是构造性的, 所以如何构造半正定多项式的有理函数平方和表示仍然是困难而有趣的问题.

4.1　差分配方法

配方法的形式有千万种, 未知元的个数也不固定. 这一节我们着重讨论三元轮换对称时的差分配方法, 它基于差分思想. 主要原理是将不等式写为如下基本形式:

$$S_c(a-b)^2+S_b(a-c)^2+S_a(b-c)^2 \geqslant 0.$$

哪些形式的三元轮换对称不等式能写成这种形式呢? 在多项式方面有如下结论:

定理 4.1　若 $\alpha_1+\alpha_2+\alpha_3=\beta_1+\beta_2+\beta_3=k$, 则

$$\sum_{\text{cyc}} a^{\alpha_1}b^{\alpha_2}c^{\alpha_3}-\sum_{\text{cyc}} a^{\beta_1}b^{\beta_2}c^{\beta_3}$$

能写成基本形式.

证明　若多项式 f_1-f_2 能写成基本形式, 我们称 $f_1 \backsim f_2$, 显然 $\backsim$ 具有对称性和传递性, 即若 $A \backsim B$, 则 $B \backsim A$; 若 $A \backsim B, B \backsim C$, 则 $A \backsim C$.

先证明对称形式的情形. 首先

$$\sum_{\text{sym}} a^{m+n} - \sum_{\text{sym}} a^m b^n = \sum_{\text{cyc}} (a-b)^2 \left(\frac{a^m-b^m}{a-b}\frac{a^n-b^n}{a-b}\right),$$

即

$$\sum_{\text{sym}} a^{m+n} \backsim \sum_{\text{sym}} a^m b^n,$$

于是

$$\begin{aligned}&\sum_{\text{sym}} a^{p+q+r}b^{p+q}c^p = (abc)^p \sum_{\text{sym}} a^{q+r}b^q \backsim \sum_{\text{sym}} a^{p+2q+r}(bc)^p \backsim \sum_{\text{sym}} a^{p+2q+r}b^{2p} \backsim \sum_{\text{sym}} a^{3p+2q+r} \\ &\quad\Longrightarrow \quad \sum_{\text{sym}} a^{\alpha_1}b^{\alpha_2}c^{\alpha_3} \backsim \sum_{\text{sym}} a^k \backsim \sum_{\text{sym}} a^{\beta_1}b^{\beta_2}c^{\beta_3}.\end{aligned}$$

下面证明轮换对称的情形. 先用数学归纳法证明

$$\sum_{\text{cyc}} a^{\alpha_1}b^{\alpha_2}c^{\alpha_3} \backsim \sum_{\text{cyc}} a^{\alpha_1}b^{\alpha_3}c^{\alpha_2}.$$

当 $\alpha_1+\alpha_2+\alpha_3=k=3$ 时,

$$\sum_{\text{cyc}} a^2b - \sum_{\text{cyc}} ab^2 = \frac{\sum(a-b)^3}{3}.$$

结论成立. 若结论当 $k \leqslant n$ 时成立, 则当 $k=n+1$ 时, 若 $\min\{\alpha_1,\alpha_2,\alpha_3\} \geqslant 1$, 则

$$\sum_{\text{cyc}} a^{\alpha_1}b^{\alpha_2}c^{\alpha_3} \backsim \sum_{\text{cyc}} a^{\alpha_1}b^{\alpha_3}c^{\alpha_2} \quad (\text{可提出公因子}abc).$$

再证明

$$\sum_{\text{cyc}} a^n b \backsim \sum_{\text{cyc}} ab^n.$$

若 $n=2m-1(m \geqslant 2)$, 则

$$\sum(a^{2m-1}b-ab^{2m-1}) = \sum(a^m b - ab^m)\sum a^{m-1} - abc\sum(a^{m-1}c^{m-2}-a^{m-2}c^{m-1}).$$

而

$$\sum_{\text{cyc}} a^m b \backsim \sum_{\text{cyc}} ab^m, \quad \sum_{\text{cyc}} a^{m-1}c^{m-2} \backsim \sum_{\text{cyc}} a^{m-2}c^{m-1},$$

于是

$$\sum_{\text{cyc}} a^{2m-1}b \backsim \sum_{\text{cyc}} ab^{2m-1}.$$

若 $n=2m(m\geqslant 2)$, 则

$$2\sum_{\text{cyc}}a^{2m}b-2\sum_{\text{cyc}}ab^{2m}=(\sum_{\text{cyc}}a^m b-\sum_{\text{cyc}}ab^m)\sum a^m+(\sum_{\text{cyc}}a^{m+1}b-\sum_{\text{cyc}}ab^{m+1})\sum a^{m-1}$$
$$-abc(\sum_{\text{cyc}}a^m c^{m-2}-\sum_{\text{cyc}}a^{m-2}c^m).$$

而由归纳假设知

$$\sum_{\text{cyc}}a^m b\backsim\sum_{\text{cyc}}ab^m,\quad \sum_{\text{cyc}}a^{m+1}b\backsim\sum_{\text{cyc}}ab^{m+1},\quad \sum_{\text{cyc}}a^m c^{m-2}\backsim\sum_{\text{cyc}}a^{m-2}c^m,$$

故有

$$\sum_{\text{cyc}}a^{2m}b\backsim\sum_{\text{cyc}}ab^{2m}.$$

于是总有

$$\sum_{\text{cyc}}a^n b\backsim\sum_{\text{cyc}}ab^n.$$

注意到

$$\sum_{\text{cyc}}a^p b^q-\sum_{\text{cyc}}a^q b^p=\sum a(\sum_{\text{cyc}}a^{p-1}b^q-\sum_{\text{cyc}}a^{q-1}b^p)+(\sum_{\text{cyc}}a^{q+1}b^{p-1}-\sum_{\text{cyc}}b^{p+1}a^{q-1})$$
$$+\sum abc(a^{q-1}b^{p-2}-b^{q-1}a^{p-2})\quad (q\geqslant p+1\geqslant 3),$$

由归纳假设知

$$\sum_{\text{cyc}}a^{p-1}b^q\backsim\sum_{\text{cyc}}a^{q-1}b^p,\quad \sum_{\text{cyc}}a^{q-1}b^{p-2}\backsim\sum_{\text{cyc}}b^{q-1}a^{p-2},$$

且我们已经证明

$$\sum_{\text{cyc}}a^n b\backsim\sum_{\text{cyc}}ab^n,$$

令 $(q,p)=(n-1,2),(n-2,2),\cdots$, 我们能得到

$$\sum_{\text{cyc}}a^p b^q\backsim\sum_{\text{cyc}}a^q b^p\quad (p+q=n+1).$$

于是当 $k=n+1$ 时命题也成立, 故我们完成了归纳.

所以当 $\alpha_1+\alpha_2+\alpha_3=\beta_1+\beta_2+\beta_3=k$ 时,

$$2\sum_{\text{cyc}}a^{\alpha_1}b^{\alpha_2}c^{\alpha_3}-2\sum_{\text{cyc}}a^{\beta_1}b^{\beta_2}c^{\beta_3}=\sum_{\text{sym}}a^{\alpha_1}b^{\alpha_2}c^{\alpha_3}-\sum_{\text{sym}}a^{\beta_1}b^{\beta_2}c^{\beta_3}+\sum_{\text{cyc}}a^{\alpha_1}b^{\alpha_2}c^{\alpha_3}$$
$$-\sum_{\text{cyc}}a^{\alpha_1}b^{\alpha_3}c^{\alpha_2}+\sum_{\text{cyc}}a^{\beta_1}b^{\beta_2}c^{\beta_3}-\sum_{\text{cyc}}a^{\beta_1}b^{\beta_3}c^{\beta_2},$$

故

$$\sum_{\text{cyc}}a^{\alpha_1}b^{\alpha_2}c^{\alpha_3}\backsim\sum_{\text{cyc}}a^{\beta_1}b^{\beta_2}c^{\beta_3}.$$

综上, 定理得证. □

事实上，以上定理的证明已经给出了一般多项式的配方技巧. 将多项式配成基本形式对于初学者来说可能并不太容易，经过一段时间的操练或许会找到一些诀窍.

下面我们列出三元二、三、四次多项式时的情况，读者也可将其作为练习:

$$a^2+b^2+c^2-ab-ac-bc=\frac{(a-b)^2+(b-c)^2+(c-a)^2}{2},$$

$$a^3+b^3+c^3-3abc=\frac{1}{2}(a+b+c)\left((a-b)^2+(b-c)^2+(c-a)^2\right),$$

$$a^2b+b^2c+c^2a-ab^2-bc^2-ca^2=\frac{(a-b)^3+(b-c)^3+(c-a)^3}{3},$$

$$a^3+b^3+c^3-a^2b-b^2c-c^2a=\frac{(2a+b)(a-b)^2+(2b+c)(b-c)^2+(2c+a)(c-a)^2}{3},$$

$$a^4+b^4+c^4-a^3b-b^3c-c^3a$$
$$=\frac{(3a^2+2ab+b^2)(a-b)^2+(3b^2+2bc+c^2)(b-c)^2+(3c^2+2ca+a^2)(c-a)^2}{4},$$

$$b^3a+a^3c+c^3b-a^3b-b^3c-c^3a=\frac{a+b+c}{3}((a-b)^3+(b-c)^3+(c-a)^3),$$

$$a^4+b^4+c^4-a^2b^2-b^2c^2-c^2a^2=\frac{(a+b)^2(a-b)^2+(b+c)^2(b-c)^2+(c+a)^2(c-a)^2}{2}.$$

用完全类似的方法，我们可以将定理 4.1推广到 n 个变量的情形:

定理 4.2　若自然数 $\alpha_i,\beta_i(i=1,2,\cdots,n)$ 满足 $\sum\limits_{i=1}^{n}\alpha_i=\sum\limits_{i=1}^{n}\beta_i$，则存在多项式 f_{ij}，使得

$$\sum_{\text{cyc}}\prod_{i=1}^{n}x_i^{\alpha_i}-\sum_{\text{cyc}}\prod_{i=1}^{n}x_i^{\beta_i}=\sum_{1\leqslant i<j\leqslant n}f_{ij}(x_i-x_j)^2.$$

Hurwitz 恒等式可看作上述定理的一个特例.

例 4.1 (Hurwitz 恒等式，文献 [56])　我们有如下恒等式:

$$2\cdot n!\left(\frac{1}{n}\sum_{i=1}^{n}x_i^n-\prod_{i=1}^{n}x_i\right)=\sum{}^{!}(x_1^{n-1}-x_2^{n-1})(x_1-x_2)+\sum{}^{!}(x_1^{n-2}-x_2^{n-2})(x_1-x_2)x_3$$
$$+\sum{}^{!}(x_1^{n-3}-x_2^{n-3})(x_1-x_2)x_3x_4+\cdots,$$

其中 $\sum^{!}$ 表示经 x_i 的各种排列而得到的 $n!$ 项之和.

注意到对任意自然数 α，我们有

$$(x^\alpha-y^\alpha)(x-y)=(x-y)^2(x^{\alpha-1}+x^{\alpha-2}y+\cdots+y^{\alpha-1}),$$

因此由 Hurwitz 恒等式，我们知存在多项式 f_{ij}，使得

$$\frac{1}{n}\sum_{i=1}^{n}x_i^n-\prod_{i=1}^{n}x_i=\sum_{1\leqslant i<j\leqslant n}f_{ij}(x_i-x_j)^2,$$

并且 f_{ij} 中的每个单项前的系数均非负，由此也给出了 AM-GM 不等式的一种“明证”.

对于根式等其他类型的情况, 往往也可以化至基本形式. 在一些较为复杂的式子中配方可以利用以下几点: 若 $P(a,b,c)\backsim Q(a,b,c), A(a,b,c)\backsim B(a,b,c)$, 则:

(1) $P(a,b,c)A(a,b,c)\backsim Q(a,b,c)B(a,b,c)$(只需注意到 $P(a,b,c)A(a,b,c)-Q(a,b,c)B(a,b,c)=P(a,b,c)(A(a,b,c)-B(a,b,c))+B(a,b,c)(P(a,b,c)-Q(a,b,c))$).

(2) $\dfrac{P(a,b,c)}{A(a,b,c)}\backsim\dfrac{Q(a,b,c)}{B(a,b,c)}$.

(3) $\sqrt{P(a,b,c)A(a,b,c)}\backsim\sqrt{Q(a,b,c)B(a,b,c)}$.

我们把 (2) 与 (3) 的证明留给读者.

当然 $\backsim$ 的对称性和传递性这两个基本性质也是值得注意的.

由上面的讨论知, 能表示成基本形式的三元轮换对称多项式还是非常广泛的, 那么化至基本形式之后下一步又该如何处理呢?

如果在基本形式中系数 S_a,S_b,S_c 是非负的, 那么不等式显然得证. 下面我们来讨论 S_a,S_b,S_c 中有负数的情形.

一般地, 在对称形式下, 我们不妨设 $a\geqslant b\geqslant c$. 对于轮换对称的问题, 我们还需要多考虑一种情况: $c\geqslant b\geqslant a$. 对于 $a\geqslant b\geqslant c$, 我们能得到下述结论:

若 $S_b\geqslant 0$, 由于 $(a-c)^2\geqslant(a-b)^2+(b-c)^2$, 故

$$S_c(a-b)^2+S_b(a-c)^2+S_a(b-c)^2\geqslant(S_c+S_b)(a-b)^2+(S_b+S_a)(b-c)^2.$$

所以剩下只需证明 $S_a+S_b\geqslant 0, S_c+S_b\geqslant 0$. 通常这两个不等式能够很容易地证明, 这是因为它们没有诸如 $(a-b)^2,(b-c)^2,(c-a)^2$ 的平方项.

若 $S_b\leqslant 0$, 由于 $(a-c)^2\leqslant 2(a-b)^2+2(b-c)^2$, 故

$$S_c(a-b)^2+S_b(a-c)^2+S_a(b-c)^2\geqslant(S_c+2S_b)(a-b)^2+(2S_b+S_a)(b-c)^2.$$

同理, 只需证明 $S_c+2S_b\geqslant 0$, $2S_b+S_a\geqslant 0$. 它们的证明同样是容易的.

有时我们需要作更精确的放缩. 比如较为常用的

$$\frac{a-c}{b-c}\geqslant\frac{a}{b}\quad(a\geqslant b\geqslant c).$$

由此, 如果 $S_b,S_c\geqslant 0$, 则

$$S_b(a-c)^2+S_a(b-c)^2=(b-c)^2\left(S_b\left(\frac{a-c}{b-c}\right)^2+S_a\right)\geqslant(b-c)^2\left(\frac{a^2S_b}{b^2}+S_a\right).$$

故如果我们证明了 $a^2S_b+b^2S_a\geqslant 0$, 那么原命题就得证了.

总结上面的讨论, 我们不难得到如下定理:

定理 4.3 对于如下形式的函数:

$$S=f(a,b,c)=S_a(b-c)^2+S_b(a-c)^2+S_c(a-b)^2,$$

其中 S_a,S_b,S_c 是 a,b,c 的函数, 以下 5 种情况中任意一种成立时, $S\geqslant 0$:

(1) $S_a, S_b, S_c \geqslant 0$.

(2) $a \geqslant b \geqslant c$ 且 $S_b, S_b + S_c, S_b + S_a \geqslant 0$.

(3) $a \geqslant b \geqslant c$ 且 $S_a, S_c, S_a + 2S_b, S_c + 2S_b \geqslant 0$.

(4) $a \geqslant b \geqslant c$ 且 $S_b, S_c \geqslant 0, a^2S_b + b^2S_a \geqslant 0$.

(5) $S_a + S_b + S_c \geqslant 0$ 且 $S_aS_b + S_bS_c + S_cS_a \geqslant 0$.

注　事实上, 如果 $S \geqslant 0$ 对所有的 a, b, c 成立, 我们必须有 $S_a + S_b|_{a=b} \geqslant 0, S_b + S_c|_{b=c} \geqslant 0, S_c + S_a|_{c=a} \geqslant 0$($S_a + S_b|_{a=b}$ 为当 $a = b$ 时的 $S_a + S_b$). 对于对称不等式, 我们有 $S_a = S_b$. 当 $a = b$ 时,S_a 必须是非负的. 这通常有助于我们去处理一些求最佳系数的题.

我们注意到化成 (1) 之后只需证明 S_a, S_b, S_c 的一些简单关系就可证明原题, 这与直接证明相比多数情况下应该会变得更为方便. 当然还要视具体情形而定, 这里罗列出的 5 条性质是比较常见的, 一旦失效, 我们还可以通过增加一些分类讨论予以解决. 下面来看一些例子.

例 4.2　$a, b, c > 0$. 求证:

$$\sum \frac{a^3}{a^2 + 2b^2} \geqslant \sum \frac{a^3}{2a^2 + b^2}.$$

证明　原不等式等价于

$$\sum_{\text{cyc}} \frac{a^3(a^2 - b^2)}{(a^2 + 2b^2)(2a^2 + b^2)} \geqslant 0.$$

利用切线法配方技巧 (或待定系数法), 我们有

$$\begin{aligned} &\sum_{\text{cyc}} \left(\frac{a^3(a+b)(a-b)}{(a^2 + 2b^2)(2a^2 + b^2)} - \frac{2}{9}(a-b) \right) \geqslant 0 \\ \iff \quad &\sum_{\text{cyc}} \frac{(a-b)^2(5a^3 + 14a^2b + 4ab^2 + 4b^3)}{(a^2 + 2b^2)(2a^2 + b^2)} \geqslant 0, \end{aligned}$$

上式显然. □

例 4.3 (2004 Mosp)　$a, b, c \geqslant 0$. 求证:

$$a^3 + b^3 + c^3 + 3abc \geqslant ab\sqrt{2a^2 + 2b^2} + bc\sqrt{2b^2 + 2c^2} + ca\sqrt{2c^2 + 2a^2}.$$

证明　这是另一种形式的三次 Schur 不等式加强.

我们知道 $\sqrt{2a^2 + 2b^2} \backsim a + b, \sqrt{2b^2 + 2c^2} \backsim b + c, \sqrt{2c^2 + 2a^2} \backsim c + a$.

为了配方, 两边同时减去 $\sum\limits_{\text{sym}} a^2b$, 原不等式等价于

$$\sum_{\text{cyc}} (a^3 + abc - a^2b - a^2c) \geqslant \sum_{\text{cyc}} (ab\sqrt{2a^2 + 2b^2} - a^2b - ab^2).$$

此时不等式两边都能写成三元的基本形式:

$$LHS=\sum_{\text{cyc}}(a-b)^2\frac{a+b-c}{2},$$
$$RHS=\sum(a-b)^2\frac{ab}{\sqrt{2(a^2+b^2)}+a+b}.$$

于是原不等式等价于

$$\sum_{\text{cyc}}(a-b)^2\left(\frac{a+b-c}{2}-\frac{ab}{\sqrt{2(a^2+b^2)}+a+b}\right)\geqslant 0.$$

注意到有 $\sqrt{2(a^2+b^2)}\geqslant a+b$, 则只需证明

$$\sum_{\text{cyc}}(a-b)^2\left(\frac{a+b-c}{2}-\frac{ab}{2(a+b)}\right)\geqslant 0.$$

设 $S_c=\dfrac{a+b-c}{2}-\dfrac{ab}{2(a+b)}$ 及类似两式. 不妨设 $a\geqslant b\geqslant c$, 则容易验证 $S_b,S_c\geqslant 0$. 又因 $(a-c)^2\geqslant(b-c)^2$, 故我们有

$$(a-b)^2S_c+(b-c)^2S_a+(c-a)^2S_b\geqslant(b-c)^2(S_a+S_b)\geqslant 0.$$

于是只需证明 $S_a+S_b\geqslant 0$. 我们有

$$\begin{aligned}S_a+S_b&=\frac{b+c-a}{2}-\frac{bc}{2(b+c)}+\frac{c+a-b}{2}-\frac{ac}{2(a+c)}\\&=\left(1-\frac{b}{2(b+c)}-\frac{a}{2(a+c)}\right)c\geqslant 0.\end{aligned}$$

命题得证. □

例 4.4 $a,b,c\geqslant 1,a+b+c=9$. 证明:

$$\sqrt{ab+bc+ca}\leqslant\sqrt{a}+\sqrt{b}+\sqrt{c}.$$

证明 不等式两边平方后得

$$ab+bc+ca\leqslant 9+2(\sqrt{ab}+\sqrt{bc}+\sqrt{ca}).$$

下面实施配方. 上式等价于

$$\begin{aligned}&2(a+b+c)-2(\sqrt{ab}+\sqrt{bc}+\sqrt{ca})\leqslant 27-(ab+bc+ca)\\\Longleftrightarrow\quad&\sum(\sqrt{a}-\sqrt{b})^2\leqslant\frac{(a+b+c)^2}{3}-(ab+bc+ca)=\sum\frac{1}{6}(a-b)^2\\\Longleftrightarrow\quad&\sum\left(\frac{1}{6}(\sqrt{a}+\sqrt{b})^2-1\right)(\sqrt{a}-\sqrt{b})^2\geqslant 0.\end{aligned}$$

下设 $a\geqslant b\geqslant c$, 则 $a\geqslant 3,b,c\geqslant 1$. 显然有

$$\frac{1}{6}(\sqrt{a}+\sqrt{b})^2\geqslant 1,\quad \frac{1}{6}(\sqrt{a}+\sqrt{c})^2\geqslant 1.$$

于是

$$\begin{aligned}&\sum\left(\frac{1}{6}(\sqrt{a}+\sqrt{b})^2-1\right)(\sqrt{a}-\sqrt{b})^2\\ \geqslant&\left(\frac{1}{6}(\sqrt{c}+\sqrt{b})^2+\frac{1}{6}(\sqrt{a}+\sqrt{c})^2-2\right)(\sqrt{b}-\sqrt{c})^2\\ &+\left(\frac{1}{6}(\sqrt{a}+\sqrt{b})^2-1\right)(\sqrt{a}-\sqrt{b})^2.\end{aligned}$$

又因为

$$\begin{aligned}\frac{1}{6}(\sqrt{c}+\sqrt{b})^2+\frac{1}{6}(\sqrt{a}+\sqrt{c})^2&=\frac{1}{6}(a+b+2c)+\frac{1}{3}(\sqrt{bc}+\sqrt{ac})\\&\geqslant\frac{10}{6}+\frac{1}{3}(1+\sqrt{3})>2,\end{aligned}$$

命题得证. □

例 4.5　$a,b,c\geqslant 0,a+b+c=3$, 则

$$\sum\sqrt{(3-ab)(3-ac)}\geqslant 6.$$

证明　欲证不等式等价于

$$\begin{aligned}&\sum(\sqrt{3-ab}-\sqrt{3-ac})^2\leqslant 6-2\sum ab\\ \Longleftrightarrow\quad&\sum\frac{3a^2(b-c)^2}{(\sqrt{3-ab}+\sqrt{3-ac})^2}\leqslant\sum(a-b)^2.\end{aligned}$$

注意到 $a(b+c)\leqslant\dfrac{9}{4}$, 我们有

$$\begin{aligned}(\sqrt{3-ab}+\sqrt{3-ac})^2&=6-a(b+c)+2\sqrt{(3-ab)(3-ac)}\\&\geqslant 6-a(b+c)+2\sqrt{9-a(b+c)}\\&\geqslant 6-\frac{9}{4}+2\sqrt{9-\frac{9}{4}}\geqslant\frac{27}{4}.\end{aligned}$$

故我们只需证明

$$\sum(9-4a^2)(b-c)^2\geqslant 0.$$

不妨设 $a\geqslant b\geqslant c$, 显然 $9-4c^2\geqslant 0$. 故我们有

$$\begin{aligned}\sum(9-4a^2)(b-c)^2&\geqslant(9-4a^2)(b-c)^2+(9-4b^2)(a-c)^2\\&\geqslant\left((9-4a^2)+(9-4b^2)\frac{a}{b}\right)(b-c)^2\\&=(9-4ab)\frac{(a+b)(b-c)^2}{b}\geqslant 0.\end{aligned}$$

证毕. □

注 本题是例 3.8 的加强.

例 4.6 是经典的 "伊朗 96 不等式".

例 4.6 (伊朗 96 不等式) 对所有的 $x,y,z>0$, 求证:

$$\frac{1}{(x+y)^2}+\frac{1}{(y+z)^2}+\frac{1}{(z+x)^2}\geqslant\frac{9}{4(xy+yz+zx)}.$$

证明 欲证不等式等价于

$$\begin{aligned}&((x+y)z+xy)\sum\frac{1}{(x+y)^2}\geqslant\frac{9}{4}\\ \Longleftrightarrow\quad&\left(\sum\frac{z}{x+y}-\frac{3}{2}\right)+\left(\sum\frac{xy}{(x+y)^2}-\frac{3}{4}\right)\geqslant 0.\end{aligned}$$

注意到

$$\sum\frac{2x}{y+z}=3+\sum\left(\frac{x+y}{y+z}+\frac{y+z}{x+y}-2\right)=3+\sum\frac{(x-y)^2}{(y+z)(z+x)},$$

故我们只需证明

$$\begin{aligned}&\sum\frac{(y-z)^2}{(x+y)(x+z)}\geqslant\frac{1}{2}\sum\frac{(y-z)^2}{(y+z)^2}\\ \Longleftrightarrow\quad&\sum\left(\frac{2}{(x+y)(x+z)}-\frac{1}{(y+z)^2}\right)(y-z)^2\geqslant 0.\end{aligned}$$

不妨设 $x\geqslant y\geqslant z$, 则

$$\frac{2}{(x+y)(x+z)}-\frac{1}{(y+z)^2}\geqslant 0,\quad \frac{2}{(y+z)(y+x)}-\frac{1}{(z+x)^2}\geqslant 0.$$

于是只需证明

$$\left(\frac{2}{(y+z)(y+x)}-\frac{1}{(z+x)^2}\right)(z-x)^2+\left(\frac{2}{(z+x)(z+y)}-\frac{1}{(x+y)^2}\right)(x-y)^2\geqslant 0.$$

利用 $\dfrac{x-z}{y-z}\geqslant\dfrac{x+z}{y+z}$, 有

$$\begin{aligned}\text{上式}\quad\Longleftarrow\quad&\frac{1}{(x+y)(x+z)}-\frac{1}{(y+z)^2}+\frac{(x+z)^2}{(x+y)(y+z)^3}\geqslant 0\\ \Longleftrightarrow\quad&(x+z)^3+(y+z)^3\geqslant(x+y)(x+z)(y+z).\end{aligned}$$

而事实上我们有

$$(x+z)^3+(y+z)^3\geqslant(x+z)(y+z)(x+y+2z)\geqslant(x+y)(x+z)(y+z).$$

不等式得证. □

注 "伊朗 96 不等式" 有其几何背景:

a,b,c 是三角形的三边长, r_a,r_b,r_c 是三角形相应的旁切圆的半径, 则

$$\frac{r_a^2}{a^2}+\frac{r_b^2}{b^2}+\frac{r_c^2}{c^2}\geqslant\frac{9}{4}.$$

据西安交通大学刘健介绍, 这个不等式最早可能是英国人 J. F. Bigby 发现的, 之后在 1994 年被刘健与陈计重新发现, 在 1996 年作为伊朗的国家队选拔考试题. 证明可见《数学通讯》 1994 年第 3 期第 34 页. “伊朗 96 不等式” 的代数等价式就是 *Crux Mathematicorum* 1994 年的问题 1940.

“伊朗 96 不等式” 可以推广到 n 个变量:

设 $a_i \geqslant 0$ $(i=1,2,\cdots,n,\ n\geqslant 3)$. 求证:

$$\sum_{i<j} a_i a_j \sum_{i<j} \frac{1}{(a_i+a_j)^2} \geqslant \frac{n^2(n-1)^2}{16}.$$

以四元为例,

$$\frac{1}{(a+b)^2}+\frac{1}{(b+c)^2}+\frac{1}{(c+a)^2} \geqslant \frac{9}{4(ab+bc+ca)},$$
$$\frac{1}{(b+c)^2}+\frac{1}{(c+d)^2}+\frac{1}{(d+b)^2} \geqslant \frac{9}{4(bc+cd+db)},$$
$$\frac{1}{(c+d)^2}+\frac{1}{(d+a)^2}+\frac{1}{(a+c)^2} \geqslant \frac{9}{4(cd+da+ac)},$$
$$\frac{1}{(d+a)^2}+\frac{1}{(a+b)^2}+\frac{1}{(b+d)^2} \geqslant \frac{9}{4(da+ab+bd)},$$

将上述四个不等式相加, 再由 Cauchy 不等式知

$$\sum \frac{1}{(a+b)^2} \geqslant \sum \frac{9}{8(ab+bc+ca)} \geqslant \frac{9}{\sum ab}.$$

n 元的情况完全类似.

对于上述推广的四元的情形, 作者曾得到了更强的结论:

$a,b,c,d \geqslant 0$, 则

$$\frac{1}{(a+b)^2}+\frac{1}{(b+c)^2}+\frac{1}{(c+d)^2}+\frac{1}{(d+a)^2} \geqslant \frac{2}{ac+bd}.$$

证明　由 Cauchy 不等式, 有

$$(ac+bd)\left(\frac{a}{c}+\frac{b}{d}\right) \geqslant (a+b)^2 \quad \Longrightarrow \quad \frac{ac+bd}{(a+b)^2} \geqslant \frac{1}{\frac{a}{c}+\frac{b}{d}} = \frac{cd}{ad+bc}.$$

同理, 我们能得到其余类似的三式, 故

$$\begin{aligned}\sum \frac{ac+bd}{(a+b)^2} &\geqslant \frac{cd}{ad+bc}+\frac{ab}{ad+bc}+\frac{ad}{ab+cd}+\frac{bc}{ab+cd}\\ &= \frac{ab+cd}{ad+bc}+\frac{ad+bc}{ab+cd} \geqslant 2.\end{aligned}$$

综上, 原不等式得证. □

我们下面再分别给出 “伊朗 96 不等式” 的一个多元推广与一个三元加强.

例 4.7 $a,b,c,x,y,z>0$. 求证:

$$\sum\frac{1}{(b+c)(y+z)}\geqslant\frac{9}{2\sum(b+c)x}.$$

证明 欲证不等式等价于

$$\begin{aligned}&\sum\frac{\sum(b+c)x}{(b+c)(y+z)}\geqslant\frac{9}{2}\\ \iff\quad&\left(\sum\frac{x}{y+z}-\frac{3}{2}\right)+\left(\sum\frac{a}{b+c}-\frac{3}{2}\right)+\left(\sum\frac{yc+zb}{(b+c)(y+z)}-\frac{3}{2}\right)\geqslant 0.\end{aligned}$$

注意到

$$\sum\frac{2x}{y+z}=3+\sum\left(\frac{x+y}{y+z}+\frac{y+z}{x+y}-2\right)=3+\sum\frac{(x-y)^2}{(y+z)(z+x)},$$

所以等价于

$$\sum\frac{(x-y)^2}{(y+z)(z+x)}+\sum\frac{(a-b)^2}{(a+c)(b+c)}+\sum\frac{(y-z)(b-c)}{(b+c)(y+z)}\geqslant 0.$$

由 AM-GM 不等式有

$$\sum\frac{(y-z)^2}{(y+z)^2}+\sum\frac{(a-b)^2}{(a+b)^2}\geqslant 2\sum\frac{(y-z)(b-c)}{(b+c)(y+z)}.$$

故只需证明

$$\sum\frac{(y-z)^2}{(x+y)(x+z)}\geqslant\frac{1}{2}\sum\frac{(y-z)^2}{(y+z)^2},\quad\sum\frac{(b-c)^2}{(a+b)(a+c)}\geqslant\frac{1}{2}\sum\frac{(b-c)^2}{(b+c)^2}.$$

上面两式皆等价于 "伊朗 96 不等式". □

注 我们再给出一种证明:

证明 由齐次性, 我们不妨设 $a+b+c=x+y+z=1$. 原不等式等价于

$$\begin{aligned}&\frac{2}{(1-c)(1-z)}+\frac{2}{(1-a)(1-x)}+\frac{2}{(1-b)(1-y)}\geqslant\frac{9}{1-ax-by-cz}\\ \iff\quad&\frac{2}{1-(a+x)+ax}+\frac{2}{1-(b+y)+by}+\frac{2}{1-(c+z)+cz}\geqslant\frac{9}{1-ax-by-cz}.\end{aligned}$$

设 $p=\dfrac{a+x}{2}$, $q=\dfrac{b+y}{2}$, $r=\dfrac{c+z}{2}$. 则 $p+q+r=1$, $ax\leqslant p^2$, $by\leqslant q^2$, $cz\leqslant r^2$. 故只需证明

$$\frac{2}{1-2p+p^2}+\frac{2}{1-2q+q^2}+\frac{2}{1-2r+r^2}\geqslant\frac{9}{1-p^2-q^2-r^2}.$$

上式即为 "伊朗 96 不等式". □

例 4.8 (Vasile Cirtoaje) $a,b,c>0$, $ab+bc+ca=1$. 求证:

$$\sum\frac{1+a^2b^2}{(a+b)^2}\geqslant\frac{5}{2}.$$

证明 先完成配方:

$$\begin{aligned}\sum\frac{1+a^2b^2}{(a+b)^2}-\frac{5}{2}&=\sum\frac{(1-ab)^2}{(a+b)^2}+\sum\frac{2ab}{(a+b)^2}-\frac{5}{2}\\&=\sum\frac{c^2(a+b)^2}{(a+b)^2}-\sum\frac{(a-b)^2}{2(a+b)^2}-1\\&=\sum a^2-\sum ab-\sum\frac{(a-b)^2}{2(a+b)^2}\\&=\frac{1}{2}\sum\left(1-\frac{1}{(a+b)^2}\right)(a-b)^2.\end{aligned}$$

下面我们证明

$$\sum\left(1-\frac{1}{(a+b)^2}\right)(a-b)^2\geqslant 0.$$

不妨设 $a\geqslant b\geqslant c$. 注意到此时

$$\begin{aligned}&1-\frac{1}{(a+b)^2}=\frac{a^2+2ab+b^2-ab-bc-ca}{(a+b)^2}\geqslant\frac{a^2+2ab+b^2-ab-b^2-ba}{(a+b)^2}\geqslant 0,\\&1-\frac{1}{(a+c)^2}=\frac{a^2+c^2+2ac-ab-bc-ca}{(a+c)^2}\geqslant\frac{a^2+c^2-ab}{(a+b)^2}\geqslant 0,\\&\left(\frac{a-c}{b-c}\right)^2\geqslant\frac{a^2}{b^2}\geqslant\frac{(c+a)^2}{(b+c)^2},\end{aligned}$$

于是只需证明

$$\begin{aligned}&\frac{(a+c)^2}{(b+c)^2}\left(1-\frac{1}{(a+c)^2}\right)+1-\frac{1}{(b+c)^2}\geqslant 0\\\Longleftrightarrow\quad&\frac{(a+c)^2}{(b+c)^2}+1-\frac{2}{(b+c)^2}\geqslant 0\\\Longleftrightarrow\quad&a^2+c^2+2ac+b^2+c^2+2bc-2ab-2ac-2bc\geqslant 0.\end{aligned}$$

上式显然, 故原不等式成立. □

差分配方法在证明 n 元不等式中也有应用.

例 4.9 n 为正整数, $a_i>0(i=1,2,\cdots,n)$, $\sum\limits_{i=1}^{n}a_i=n$. 求证:

$$\sum_{i=1}^{n}\frac{1}{a_i}+\frac{2\sqrt{2}n}{a_1^2+a_2^2+\cdots+a_n^2}\geqslant n+2\sqrt{2}.$$

证明 注意到

$$\sum_{i=1}^{n}\frac{1}{a_i}-n=\frac{1}{n}\left(\sum_{i=1}^{n}a_i\sum_{i=1}^{n}\frac{1}{a_i}-n^2\right)=\frac{1}{n}\sum_{1\leqslant i<j\leqslant n}\frac{(a_i-a_j)^2}{a_ia_j},$$

故原不等式等价于

$$\frac{1}{n}\sum_{1\leqslant i<j\leqslant n}\frac{(a_i-a_j)^2}{a_ia_j}\geqslant 2\sqrt{2}-\frac{2\sqrt{2}n}{a_1^2+a_2^2+\cdots+a_n^2}$$

$$\iff \frac{1}{n}\sum_{1\leqslant i<j\leqslant n}\frac{(a_i-a_j)^2}{a_ia_j}\geqslant\sum_{1\leqslant i<j\leqslant n}\frac{2\sqrt{2}(a_i-a_j)^2}{n(a_1^2+a_2^2+\cdots+a_n^2)}$$

$$\iff \sum_{1\leqslant i<j\leqslant n}\left(\frac{1}{a_ia_j}-\frac{2\sqrt{2}}{a_1^2+a_2^2+\cdots+a_n^2}\right)(a_i-a_j)^2\geqslant 0.$$

将 $a_1,a_2,\cdots,a_n$ 以每三个变量 a_i,a_j,a_k 为一组. 由

$$\frac{2\sqrt{2}}{a_1^2+a_2^2+\cdots+a_n^2}\leqslant\frac{2\sqrt{2}}{a_i^2+a_j^2+a_k^2},$$

我们只需证明, 对正实数 a,b,c, 如下不等式成立:

$$\sum\left(\frac{1}{bc}-\frac{2\sqrt{2}}{a^2+b^2+c^2}\right)(b-c)^2\geqslant 0.$$

不妨设 $a\geqslant b\geqslant c$, 则

$$\begin{aligned}
&\sum\left(\frac{1}{bc}-\frac{2\sqrt{2}}{a^2+b^2+c^2}\right)(b-c)^2\\
\geqslant&\left(\frac{1}{ac}-\frac{2\sqrt{2}}{a^2+b^2+c^2}\right)(a-c)^2+\left(\frac{1}{ab}-\frac{2\sqrt{2}}{a^2+b^2+c^2}\right)(a-b)^2\\
\geqslant&\left(\frac{1}{ac}+\frac{1}{ab}-\frac{4\sqrt{2}}{a^2+b^2+c^2}\right)(a-b)^2\\
\geqslant&\left(\frac{4}{a(b+c)}-\frac{8\sqrt{2}}{2a^2+(b+c)^2}\right)(a-b)^2\\
=&\frac{4(b+c-\sqrt{2}a)^2}{a(b+c)(2a^2+(b+c)^2)}(a-b)^2\geqslant 0.
\end{aligned}$$

综上, 原不等式得证. □

注 当 $n=3$ 时, 本题的系数 $2\sqrt{2}$ 是最佳的, 此时等号成立当且仅当 $a=b=c=1$ 或 $(a,b,c)=\left(3-\frac{3}{2}\sqrt{2},3-\frac{3}{2}\sqrt{2},3\sqrt{2}-3\right)$ 及其轮换时.

4.2 其他配方法

例 4.10 (Crux 1998;Mohammed Aassila,Komal) $a,b,c>0$. 求证:

$$\frac{1}{a\,(b+1)}+\frac{1}{b\,(c+1)}+\frac{1}{c\,(a+1)}\geqslant\frac{3}{1+abc}.$$

证明 注意到

$$\sum\frac{1+abc}{a(1+b)}-3=\sum\frac{1-ab+(bc-1)a}{a+ab}$$

$$=\sum\left(\frac{1-ab}{a+ab}+\frac{ab-1}{1+a}\right)$$
$$=\sum\frac{(ab-1)^2}{(a+ab)(1+a)}.$$

上式显然成立, 命题得证. □

注　我们能证明如下更强的不等式:

$$\frac{1}{a(b+1)}+\frac{1}{b(c+1)}+\frac{1}{c(a+1)}\geqslant\frac{3}{\sqrt[3]{abc}\left(\sqrt[3]{abc}+1\right)}.$$

证明　证法 1　由 AM-GM 不等式, 我们有

$$\begin{aligned}&(1+abc)\left(\frac{1}{a(b+1)}+\frac{1}{b(c+1)}+\frac{1}{c(a+1)}\right)+3\\&=\frac{1+abc+a+ab}{a+ab}+\frac{1+abc+b+bc}{b+bc}+\frac{1+abc+c+ca}{c+ca}\\&=\frac{1+a}{a(b+1)}+\frac{b+1}{b(c+1)}+\frac{c+1}{c(a+1)}+\frac{b(c+1)}{b+1}+\frac{c(a+1)}{c+1}+\frac{a(b+1)}{a+1}\\&\geqslant\frac{3}{\sqrt[3]{abc}}+3\sqrt[3]{abc}.\end{aligned}$$

设 $x=\sqrt[3]{abc}$, 则

$$\sum\frac{1}{a(b+1)}\geqslant\frac{\frac{3}{x}+3x-3}{1+x^3}=\frac{3}{x(1+x)}.$$

欲证不等式得证. □

证法 2　设 $a=\frac{\lambda x}{y},\ b=\frac{\lambda y}{z},c=\frac{\lambda z}{x}$, 其中 $x,y,z,\lambda>0$. 我们只需证明

$$\frac{yz}{\lambda xy+zx}+\frac{zx}{\lambda yz+xy}+\frac{xy}{\lambda zx+yz}\geqslant\frac{3}{\lambda+1}.$$

再设 $u=yz,\ v=zx,\ w=xy$, 则

$$\frac{u}{\lambda w+v}+\frac{v}{\lambda u+w}+\frac{w}{\lambda v+u}\geqslant\frac{3}{\lambda+1}.$$

由 Cauchy 不等式有

$$\begin{aligned}\frac{u}{\lambda w+v}+\frac{v}{\lambda u+w}+\frac{w}{\lambda v+u}&\geqslant\frac{(u+v+w)^2}{u(\lambda w+v)+v(\lambda u+w)+w(\lambda v+u)}\\&=\frac{(u+v+w)^2}{(1+\lambda)\sum uv}\\&\geqslant\frac{3}{\lambda+1}.\end{aligned}$$

原不等式得证. □

例 4.11　$x,y,z\geqslant 0$. 求证:

$$\frac{x}{1+x+xy}+\frac{y}{1+y+yz}+\frac{z}{1+z+zx}\leqslant 1.$$

证明 原不等式等价于

$$\begin{aligned}
&\frac{1}{yz+1+y}-\frac{1}{\frac{1}{x}+1+y}+\frac{1}{1+\frac{1}{yz}+\frac{1}{z}}-\frac{1}{x+1+\frac{1}{z}}\geqslant 0\\
\iff\quad &\frac{1-xyz}{(yz+1+y)(1+x+xy)}+\frac{(xyz-1)z}{(yz+1+y)(xz+z+1)}\geqslant 0\\
\iff\quad &\frac{(1-xyz)^2}{(yz+1+y)(1+x+xy)(xz+z+1)}\geqslant 0,
\end{aligned}$$

于是命题得证. □

例 4.12 $a,b,c\in\mathbb{R}$. 求证:

$$3(a^4+b^4+c^4)+4a^3b+4b^3c+4c^3a\geqslant 0.$$

证明 注意到有

$$3(a^4+b^4+c^4)+4a^3b+4b^3c+4c^3a=\frac{1}{7}\sum_{\text{cyc}}(4a^2-2b^2-c^2+2ac+4ab)^2\geqslant 0,$$

等号成立当且仅当 $a=b=c=0$ 时. □

例 4.13 (Crux,Vasile Cirtoaje) $a,b,c\in\mathbb{R}$. 求证:

$$(a^2+b^2+c^2)^2\geqslant 3\left(a^3b+b^3c+c^3a\right).$$

证明 本题十分有名, 凡之后提到的 Vasile 不等式均是指此. 本题利用差分配方法难以证明, Vasile 曾给出了如下解答:

$$\begin{aligned}
&4\left((a^2+b^2+c^2)-(bc+ca+ab)\right)\left(\left(a^2+b^2+c^2\right)^2-3\left(a^3b+b^3c+c^3a\right)\right)\\
&=\left((a^3+b^3+c^3)-5\left(a^2b+b^2c+c^2a\right)+4\left(b^2a+c^2b+a^2c\right)\right)^2\\
&\quad+3\left((a^3+b^3+c^3)-\left(a^2b+b^2c+c^2a\right)-2\left(b^2a+c^2b+a^2c\right)+6abc\right)^2\geqslant 0,
\end{aligned}$$

不等式成立当且仅当 $a=b=c$, $a:b:c=\sin^2\frac{4\pi}{7}:\sin^2\frac{2\pi}{7}:\sin^2\frac{\pi}{7}$ 及其轮换时. □

注 这里再提供一种本题的证明方法: 令 $x=a^2+bc-ab$, $y=b^2+ac-bc$, $z=c^2+ab-ac$. 由 $(x+y+z)^2\geqslant 3(xy+yz+zx)$, 我们有

$$\begin{aligned}
(a^2+b^2+c^2)^2&=\left(\sum_{\text{cyc}}(a^2+bc-ab)\right)^2\\
&\geqslant 3\sum_{\text{cyc}}(a^2+bc-ab)(b^2+ac-bc)\\
&=3\sum_{\text{cyc}}a^3b.
\end{aligned}$$

一般地, 以 $(1,1,1)$ 为零点且 $\sum a^4$ 的系数非零的三元四次齐次轮换对称不等式能写成 $(p,q,r,a,b,c\in\mathbb{R})$

$$\sum a^4+r\sum a^2b^2+(p+q-r-1)abc\sum a\geqslant p\sum a^3b+q\sum ab^3$$

的形式, 此时可证明不等式成立的充要条件为 $3(1+r)\geqslant p^2+pq+q^2$. 充分性是较为容易证明的, 显然只需证明当 $3(1+r)=p^2+pq+q^2$ 时不等式成立即可. 此时,

$$\begin{aligned}&12(\sum a^4+r\sum a^2b^2+(p+q-r-1)abc\sum a-p\sum a^3b-q\sum ab^3)\\&=3(2a^2-b^2-c^2-pab+(p+q)bc-qca)^2+(3b^2-3c^2-(p+2q)ab\\&\quad-(p-q)bc+(2p+q)ca)^2-4(\sum a^2b^2-\sum a^2bc)(p^2+pq+q^2-3r-3)\geqslant 0.\end{aligned}$$

取上述结论的一个特例, 对于 $a,b,c\in\mathbb{R}$, 我们有

$$13\sum a^4+36\sum a^2b^2\geqslant 3abc(a+b+c)+5\sum a^3b+41\sum a^3c,$$

等号成立当且仅当 $(a,b,c)=(1,1,1)$ 或 $(a,b,c)=(1,2,3)$ 及其轮换时. 可以证明, 以 $(1,1,1)$, $(1,2,3)$ 为零点的三元四次轮换对称不等式只能为上述形式.

作者曾得到了一般形式的三元四次轮换对称不等式成立的充要条件, 其表达式较为复杂 (定理 9.15), 详细证明可参见文献 [41].

这些三元四次齐次轮换对称不等式能用配方法证明绝非偶然, 实际上 Hilbert 早在 1888 年就证明了更为一般的结果 [49], 即刻画了能写为平方和的非负多项式, 特别地, 所有三元四次齐次不等式都可以用配成多项式平方和的方法证明.

定理 4.4(文献 [49],Hilbert 1888 定理)　*当且仅当 $n\leqslant 2$ 或 $d=2$ 或 $(n,d)=(3,4)$ 时任意 n 元 d 次齐次非负多项式均能写成多项式的平方和.*

此后 Hilbert 继续对这一问题进行了更为深入的研究 [50], 这也是他提出 Hilbert 第 17 个问题的背景. 在本节的最后, 我们将给出 Hilbert 1888 定理的证明, 其中 $(n,d)=(3,4)$ 时的证明是新颖的, 这是 Hilbert 1888 定理中最难的部分. 值得指出的是, Hilbert 最初给出的证明中用到了许多那时还没有严格证明的代数几何方面的结论.

定理 4.5　*非负的 n 元二次齐次多项式 $f(x_1,\cdots,x_n)=\sum\limits_{i\leqslant j}a_{ij}x_ix_j$ 一定能写成 n 平方和.*

证明　用归纳法证明. $n=1$ 时是显然的. 假设 $n-1$ 时命题成立, 若对任意的 i, 均有 $a_{ii}=0$, 则 $f(x_1,x_2,0,\cdots,0)=a_{12}x_1x_2$, 由于 f 非负, 必有 $a_{12}=0$. 同理, 我们可知 $a_{ij}=0$, 此时 $f=0$, 命题显然成立. 下面不妨设 $a_{11}>0$, 那么存在多项式 g, 使得

$$f=a_{11}\left(x_1+\sum_{j=2}^{n}\frac{a_{1j}}{2a_{11}}x_j\right)^2+g(x_2,\cdots,x_n).$$

因 $f\left(-\sum\limits_{j=2}^{n}\frac{a_{1j}}{2a_{11}}x_j,x_2,\cdots,x_n\right)\geqslant 0$, 故 g 也是非负的. 由归纳法知 g 能写成 $n-1$ 平方和, 进而 f 能写成 n 平方和. □

定理 4.6 有非平凡零点 (不为 (0,0,0)) 的非负三元齐四次多项式 f 一定能写成三平方和.

由这个定理立知非负三元齐四次多项式 f 一定能写成四平方和. 这只需注意到没有零点的非负齐次多项式 $f(x,y,z)$ 在 $x^2+y^2+z^2=1$ 上存在最小值且是正的, 即存在 $\epsilon>0$, 使得 $f-\epsilon(x^2+y^2+z^2)^2\geqslant 0$, 且 $f-\epsilon(x^2+y^2+z^2)^2=0$ 有实数解. 因此由定理知 $f-\epsilon(x^2+y^2+z^2)^2$ 能写成三平方和, 故 f 能写成四平方和.

为证明定理 4.6, 我们需要先证明两个引理:

引理 4.7 非负的二元齐次多项式 $f(x,y)$ 一定能写为两个二元齐次多项式的平方和.

证明 由条件有 $\forall x\in\mathbb{R}, f(x,1)\geqslant 0$. 注意到实系数单变元多项式的虚根都是成对共轭出现的, 因此 $f(x,1)$ 在 $\mathbb{R}[x]$ 中能因式分解为

$$f(x,1)=d\prod_i(x-a_i)^{k_i}\prod_j((x-b_j)^2+c_j^2)^{l_j},$$

其中 a_i,b_j,c_j 都是实数. 显然此时 $d>0$ 且 k_i 都是偶数. 由二平方和等式

$$(a^2+b^2)(c^2+d^2)=(ac-bd)^2+(ad+bc)^2$$

知存在 $g,h\in\mathbb{R}[x]$, 使得 $f(x,1)=g^2+h^2$, 齐次化后即知引理成立. □

引理 4.8 $q\in\mathbb{R}[x]$ 是一个取值为正的二次多项式. 则对于任意取值非负的多项式 $f\in\mathbb{R}[x]$, 存在多项式 $r,s\in\mathbb{R}[x]$, 使得

$$f=r^2+qs^2.$$

证明 作线性变换后, 我们不妨设 $q=x^2+1$.

先考虑 f 是首一二次多项式的情形, 即 $f=(x+a)^2+b^2$. 则

$$f-\lambda q=(1-\lambda)x^2+2ax+(a^2+b^2-\lambda).$$

若 $a=0$, 取 $\lambda=\min\{1,b^2\}$, 即知此时 $f-\lambda q$ 为多项式的平方.

若 $a\neq 0$, 则对于 $f-\lambda q$ 的判别式

$$\Delta(\lambda)=4a^2-4(1-\lambda)(a^2+b^2-\lambda),$$

有 $\Delta(0)=-4b^2\leqslant 0$, $\Delta(1)=4a^2>0$. 故必存在唯一的 $0\leqslant\lambda<1$ 使得 $\Delta(\lambda)=0$, 此时 $f-\lambda q$ 也为多项式的平方.

对于一般的情形, f 可以写成若干非负二次多项式的乘积. 注意到有等式

$$(a^2+b^2q)(c^2+d^2q)=(ac+bdq)^2+(ad-bc)^2q,$$

此时命题也成立. □

现在我们可以证明定理 4.6了.

证明　由齐次性, 设 f 有零点为 $(x,y,z)=(x_0,y_0,1)$, 经过可逆的线性变换 $(x,y,z)\to(x+x_0z,y+y_0z,z)$ 后, 我们不妨设 f 有零点 $(0,0,1)$, 即

$$f=f_0z^4+f_1z^3+f_2z^2+2f_3z+f_4.$$

其中 $f_i(x,y)$ 是关于 (x,y) 的齐次 i 次多项式. 特别地, 对于 $i>0$, $f_i(0,0)=0$. 由于 $f(0,0,1)=0$, 我们知 $f_0=0$. 由于对于任意实数 $x,y,z\in\mathbb{R}$, $f(x,y,z)\geqslant0$, 故 $f_1(x,y)\equiv0$.

注意到 f_2, f_4, $f_2f_4-f_3^2$ 都是两变元非负齐次多项式, 故能写为两平方和.

若 $f_2=0$, 则 $f_3=0$, 此时 $f=f_4$ 可写成两平方和.

若 $0\neq f_2=l^2$ 是一个一次多项式的平方, 由 $4l^2f_4\geqslant4f_3^2$, 得 $l|f_3$, 设 $f_3=lg_2$. 注意到

$$l^2(f_4-g_2^2)=f_2f_4-f_3^2\geqslant0,$$

故 $f_4-g_2^2$ 可写成两平方和, 此时 $f=(lz+g_2)^2+(f_4-g_2^2)$ 是三平方和.

如果 f_2 是严格正的, 设 $f_2=l_1^2+l_2^2$. 我们只需说明存在多项式 h_1,h_2,t, 使得

$$f=(l_1z+h_1)^2+(l_2z+h_2)^2+t^2$$

即可. 而这等价于

$$\begin{aligned}&l_1h_1+l_2h_2=f_3,\quad h_1^2+h_2^2+t^2=f_4\\&\qquad\Longrightarrow\quad f_2(f_4-t^2)=(l_1^2+l_2^2)(h_1^2+h_2^2)=f_3^2+(l_1h_2-l_2h_1)^2\\&\qquad\Longleftrightarrow\quad f_2f_4-f_3^2=(l_1h_2-l_2h_1)^2+f_2t^2.\end{aligned}$$

而由引理 4.8 知, 存在 $r,t\in\mathbb{R}[x]$, 使得

$$r^2+t^2f_2=f_2f_4-f_3^2,\tag{$*$}$$

我们只需证明关于 h_1,h_2 的方程组

$$\begin{cases}r=l_1h_2-l_2h_1,\\l_1h_1+l_2h_2=f_3\end{cases}\quad\text{或}\quad\begin{cases}-r=l_1h_2-l_2h_1,\\l_1h_1+l_2h_2=f_3\end{cases}$$

有多项式解即可. 此时必有

$$\begin{cases}h_1=\dfrac{f_3l_1-rl_2}{f_2},\\h_2=\dfrac{rl_1+f_3l_2}{f_2}\end{cases}\quad\text{或}\quad\begin{cases}h_1=\dfrac{f_3l_1+rl_2}{f_2},\\h_2=\dfrac{-rl_1+f_3l_2}{f_2}.\end{cases}\tag{$**$}$$

由式 $(*)$ 知 $l_1^2+l_2^2=f_2|f_3^2+r^2$. 故

$$l_1^2+l_2^2|(f_3^2+r^2)l_1^2-f_3^2(l_1^2+l_2^2)=(l_1r+l_2f_3)(l_1r-l_2f_3),$$

而 f_2 无零点, 故为不可约多项式, 因此必有 $f_2|l_1r+l_2f_3$ 或 $f_2|l_1r-l_2f_3$, 即式 $(**)$ 的两组解中必有一组使得 h_2 为多项式. 注意到两种情形下均有

$$h_1^2+h_2^2=\frac{(l_1^2+l_2^2)(f_3^2+r^2)}{f_2^2}=\frac{f_3^2+r^2}{f_2}$$

为多项式. 若 h_2 为多项式, 则 h_1^2 为多项式, 故 h_1 也为多项式. 因此式 $(**)$ 中必有一组解为多项式解.

综上, 命题得证. □

注 上述证明中观察到可将三元齐四次不等式转化为 $f=f_2z^2+2f_3z+f_4$ 的非负性, 这一步非常关键. 事实上, 若我们只想判断一个已知零点的三元齐四次不等式是否成立, 可先将其化归为 f 的这种形式, 然后利用二次函数的判别式, 我们知不等式成立当且仅当 $f_3^2\leqslant f_4f_2$. 注意到这一不等式关于 x,y 是齐次的, 不妨设 $y=1$, 这样我们就将问题化归为判断一个一元六次不等式是否成立, 通常来说, 这是不难的.

若我们知道非负三元齐四次多项式的一个实零点, 上述证明实际给出了一种配方的构造性方法.

从证明中可以看出若 $f_2f_4-f_3^2$ 是多项式的完全平方, 则 f 能写为两个多项式的平方和. 事实上, 我们可以证明以 $(1,1,1)$ 为零点的三元轮换齐四次不等式化归为 f 后, $f_2f_4-f_3^2$ 一定是多项式的完全平方.

下面以 Vasile 不等式为例来说明我们的方法.

证明 注意到

$$g(a,b,c)=(a^2+b^2+c^2)^2-3\left(a^3b+b^3c+c^3a\right)$$

有零点 $(1,1,1)$, 我们作代换 $a=c+x,b=c+y$, 则

$$f(x,y,c)=g(a,b,c)=f_2c^2+2f_3c+f_4,$$

其中 $f_2=x^2-xy+y^2,2f_3=x^3-5x^2y+4xy^2+y^3,f_4=x^4-3x^3y+2x^2y^2+y^4$. 那么

$$\begin{aligned}
4f_2f_4-4f_3^2&=(\sqrt{3}(x^3-x^2y-2xy^2+y^3))^2=(2r)^2,\\
f_2&=\left(x-\frac{1}{2}y-\frac{\sqrt{3}}{2}y\mathrm{i}\right)\left(x-\frac{1}{2}y+\frac{\sqrt{3}}{2}y\mathrm{i}\right)=(l_1+l_2\mathrm{i})(l_1-l_2\mathrm{i}),
\end{aligned}$$

其中 $l_1=x-\dfrac{1}{2}y,l_2=-\dfrac{\sqrt{3}}{2}y$. 由 $4f_2f_4-4f_3^2\geqslant 0$, 我们知 Vasile 不等式成立. 此时

$$h_1=\frac{f_3l_1-rl_2}{f_2}=\frac{1}{2}x^2-\frac{3}{2}xy+\frac{1}{2}y^2,$$

$$h_2 = \frac{rl_1 + f_3 l_2}{f_2} = \frac{\sqrt{3}}{2}(x^2 - xy - y^2).$$

因此 $f = (l_1 z + h_1)^2 + (l_2 z + h_2)^2$, 将 $x = a - c, y = b - c$ 代入后即知

$$g(a,b,c) = \frac{1}{4}(a^2 + 3ac - 2c^2 - 3ab + b^2)^2 + \frac{3}{4}(a^2 - ab - ac - b^2 + 2bc)^2,$$

即 g 为两平方和, 显然非负. □

注 用同样的方法可以说明当 $3(1+r) = p^2 + pq + q^2$ 时,

$$\sum a^4 + r\sum a^2b^2 + (p+q-r-1)abc\sum a - p\sum a^3 b - q\sum ab^3$$

能写为两个多项式的平方和.

为完成 Hilbert 1888 定理的证明, 我们还需要构造一些是正半定型但不能表示为平方和的例子. 下面这个 Motzkin 多项式是第一个被发现具有这种性质的例子.

引理 4.9(文献 [68]) Motzkin 多项式 f_{M} 是非负的, 但不能表示为多项式的平方和, 其中

$$f_{\mathrm{M}}(x,y,z) = z^6 + x^4y^2 + x^2y^4 - 3x^2y^2z^2.$$

证明 由 AM-GM 不等式立知 f_{M} 是非负的, 下证 $f_{\mathrm{M}}(x,y,z)$ 不能表示为多项式的平方和. 我们用反证法. 若存在多项式 $f_i \in \mathbb{R}[x,y]$, 使得

$$\sum f_i^2 = s(x,y) := 1 + x^4y^2 + x^2y^4 - 3x^2y^2,$$

则 f_i 是次数小于或等于 3 的多项式, 故 f_i 是如下项的线性组合:

$$1,\quad x,\quad y,\quad x^2,\quad xy,\quad y^2,\quad x^3,\quad x^2y,\quad xy^2,\quad y^3.$$

注意到 s 中不含项 x^6, 易知 f_i 不含项 x^3. 同理, f_i 不含项 y^3. 类似地, 比较 x^4 与 y^4 的系数知 f_i 不含项 x^2 与项 y^2. 进一步比较 x^2 与 y^2 的系数知 f_i 不含项 x 与项 y. 故 f_i 能表示为

$$f_i = a_i + b_i xy + c_i x^2 y + d_i xy^2.$$

比较 x^2y^2 的系数知 $\sum b_i^2 = -3$, 矛盾. □

注 $(x^2+y^2+z^2)f_{\mathrm{M}}$ 能表示为多项式的平方和:

$$\begin{aligned}(x^2+y^2+z^2)f_{\mathrm{M}}(x,y,z) &= (x^2yz - yz^3)^2 + (xy^2z - xz^3)^2 + (x^2y^2 - z^4)^2 \\ &\quad + \frac{1}{4}(xy^3 - x^3y)^2 + \frac{3}{4}(xy^3 + x^3y - 2xyz^2)^2.\end{aligned}$$

f_{M} 还能表示为四个有理函数的平方和:

$$f_{\mathrm{M}} = \frac{x^2y^2(x^2+y^2-2z^2)^2(x^2+y^2+z^2) + (x^2-y^2)^2z^6}{(x^2+y^2)^2}.$$

事实上, 由 1893 年 Hilbert 的一个结论 [50] 可推知, 非负的三元齐次多项式一定能写成四个有理函数的平方和. 另一方面, Cassels 等人 [16] 利用椭圆曲线理论证明了 f_{M} 不是三个有理函数的平方和, 因此四平方和是最佳的. 当变元个数 $n \geqslant 4$ 时, 确定最小的 $h(n)$, 使得 n 元 (实系数) 齐次非负多项式都能表示为 $h(n)$ 个有理函数平方和, 这仍然是一个公开问题. 1967 年, Pfister 证明了 $n \leqslant h(n) \leqslant 2^{n-1}$ [72]. 与之相关的一个结论是: Pourchet 证明了一元有理系数非负多项式一定能写为 $\mathbb{Q}(x)$ 中的五平方和, 且 5 是最佳的 [76].

用同样的方法可证明非负多项式 f_{CL} 不能表示为多项式的平方和.

引理 4.10(文献 [19]) 蔡文瑞–林节玄多项式 f_{CL} 是非负的, 但不能表示为多项式的平方和, 其中

$$f_{\mathrm{CL}} = w^4 + x^2y^2 + y^2z^2 + z^2x^2 - 4xyzw.$$

证明 由 AM-GM 不等式, 得 $f_{\mathrm{CL}} \geqslant 0$. 同样, 我们用反证法. 若存在多项式 $f_i \in \mathbb{R}[x,y,z]$, 使得

$$1 + x^2y^2 + y^2z^2 + z^2x^2 - 4xyz = \sum f_i^2,$$

则 f_i 是次数小于或等于 2 的多项式. 依次比较等式两边 $x^4, y^4, z^4, x^2, y^2, z^2$ 的系数, 我们知 f_i 中不含有项 x^2, y^2, z^2, x, y, z. 再比较等式两边 xyz 的系数, 可得矛盾. □

注 我们可进一步证明

$$Q_\alpha := w^4 + x^2y^2 + y^2z^2 + z^2x^2 - 4xyzw + \alpha x^2w^2$$

能表示成多项式的平方和, 当且仅当 $\alpha \geqslant 4$ 时.

当 $\alpha \geqslant 4$ 时,

$$Q_\alpha = w^4 + x^2y^2 + (yz - 2xw)^2 + (\alpha - 4)x^2w^2$$

为多项式平方和.

下面我们说明, 若 Q_α 能写为多项式的平方和, 则 $\alpha \geqslant 4$. 假设存在齐次多项式 $f_i \in \mathbb{R}[x,y,z,w]$, 使得 $w^4 + x^2y^2 + y^2z^2 + z^2x^2 - 4xyzw + \alpha x^2w^2 = \sum\limits_i f_i^2$, 则 f_i 是二次齐次多项式. 依次比较等式 $Q_\alpha = \sum\limits_i f_i^2$ 两边 $x^4, y^4, z^4, y^2w^2, z^2w^2$ 的系数, 我们知 f_i 中不含有项 x^2, y^2, z^2, yw, zw. 故存在多项式 $g_i = a_ixy + c_ixz + e_iw^2$, $h_i = b_iyz + d_ixw$, 使得 $f_i = g_i + h_i$, 其中 $a_i, b_i, c_i, d_i, e_i \in \mathbb{R}$. 注意到 g_i^2, h_i^2, g_ih_i 中的单项式互不相同, 因此我们有

$$\sum_i h_i^2 = y^2z^2 - 4xyzw + \alpha x^2w^2 \geqslant 0,$$

故 $\alpha \geqslant 4$.

现在我们可以证明完整的 Hilbert 1888 定理 (定理 4.4) 了.

证明 充分性由定理 4.5、引理 4.7、定理 4.6知成立.

下证必要性. 由引理 4.9与引理 4.10知 Motzkin 多项式 f_{M}、蔡文瑞–林节玄多项式 f_{CL} 都是非负的, 但不能表示为平方和.

若 $d \geqslant 6$ 且 $n \geqslant 3$, 则 $x^{d-6} f_{\mathrm{M}}$ 不能表示为平方和. 若 $d \geqslant 4$ 且 $n \geqslant 4$, 则 $w^{d-4} f_{\mathrm{CL}}$ 不能表示为平方和. 因此必要性得证. □

一般来说, 要将能写成多项式平方和的多项式显式地表示为平方和并不是一件容易的事, 即使借助于计算机也是困难重重. 事实上, 目前还没有高效率的符号算法 (精确计算). 通常的方法是将它归结为半定规划问题, 再用相应的数值方法解决. 基于数值方法的软件有 SOSTOOLS [77] 等. 但对于一般的问题, 这些数值方法的误差并不可控, 不能总是返回准确或近似的解.

一个有趣的问题是: 非负齐次多项式与平方和多项式从数量上看有多大差距? Blekherman 曾证明了非负齐次多项式比平方和多项式要多得多, 也就是说当 n 固定时, 随着 d 的增加, 非负多项式能写成多项式平方和的概率趋于 0 [9].

4.3 有理化技巧

在遇到根式不等式的时候, 根式往往难以处理, 即使用配方法也很难完成证明. 此时将不等式有理化就显得非常重要, 在本节中我们来谈谈有理化的常用技巧.

直接利用基本不等式或者切线法去根号是比较基本的方法.

例 4.14 $a,b,c>0$. 求证:

$$\sqrt{\frac{a^4+2b^2c^2}{a^2+2bc}}+\sqrt{\frac{b^4+2c^2a^2}{b^2+2ca}}+\sqrt{\frac{c^4+2a^2b^2}{c^2+2ab}} \geqslant a+b+c.$$

证明 利用 Cauchy 不等式有

$$(a^4+b^2c^2+b^2c^2)(a+b+c)(a+c+b) \geqslant (a^2+2bc)^3.$$

类似地, 有其他两式. 于是

$$\sum\sqrt{\frac{a^4+2b^2c^2}{a^2+2bc}} \geqslant \sum\frac{a^2+2bc}{a+b+c}=a+b+c.$$

得证. □

寻找一些近似量, 再用重要不等式作一些放缩也是常用的方法.

举一些例子, 若 $A \approx B$, 且 $A \geqslant B$, 则

$$\frac{\sqrt{A}}{\sqrt{B}}=\frac{A}{\sqrt{AB}} \geqslant \frac{2A}{A+B}, \quad \frac{\sqrt{A}}{\sqrt{B}}=\frac{\sqrt{AB}}{B} \leqslant \frac{A+B}{2B}.$$

其中 $A\approx B$ 表示当变元取到不等式等号成立条件时有 $A=B$. 我们不仅仅局限于对 A,B 使用 AM-GM 不等式, 还可以考虑 Cauchy 不等式等重要不等式.

例 4.15 $a,b,c>0,abc=1$. 求证:

$$\frac{1}{\sqrt{2a+2ab+1}}+\frac{1}{\sqrt{2b+2bc+1}}+\frac{1}{\sqrt{2c+2ca+1}}\geqslant 1.$$

证明 证法 1 由于

$$(x+1)^2-(2x+1)=x^2\geqslant 0,$$

于是

$$\frac{1}{\sqrt{2x+1}}\geqslant\frac{1}{x+1}\quad\Longrightarrow\quad\sum_{\text{cyc}}\frac{1}{\sqrt{2a+2ab+1}}\geqslant\sum_{\text{cyc}}\frac{1}{a+ab+1}=1.$$

得证. □

证法 2 存在 $x,y,z>0$, 使得 $a=\dfrac{x}{y},b=\dfrac{z}{x},c=\dfrac{y}{z}$, 于是不等式变为

$$\sqrt{\frac{x}{x+2y+2z}}+\sqrt{\frac{y}{y+2z+2x}}+\sqrt{\frac{z}{z+2x+2y}}\geqslant 1,$$

而

$$\sqrt{\frac{x}{x+2y+2z}}=\frac{x}{\sqrt{x(x+2y+2z)}}\geqslant\frac{2x}{x+(x+2y+2z)}=\frac{x}{x+y+z},$$

将类似三式相加, 即知原不等式成立. □

例 4.16 $a,b,c>0$. 求证:

$$\sum\sqrt{\frac{a(b+c)}{a^2+bc}}\geqslant 2.$$

证明 我们设 $A=a(b+c),B=a^2+bc$, 则 $\dfrac{\sqrt{A}}{\sqrt{B}}=\dfrac{A}{\sqrt{AB}}\geqslant\dfrac{2A}{A+B}$, 故

$$\sum\sqrt{\frac{a(b+c)}{a^2+bc}}=\sum\frac{a(b+c)}{\sqrt{(ab+ac)(a^2+bc)}}\geqslant\sum\frac{2a(b+c)}{(a+b)(a+c)}=2.$$

欲证不等式得证. □

这一方法对非根式不等式也有效.

例 4.17 $a,b,c>0,a+b+c\geqslant 3$. 求证:

$$\frac{1}{a^2+b+c}+\frac{1}{b^2+c+a}+\frac{1}{c^2+a+b}\leqslant 1.$$

证明 注意到 $1+b+c\approx a^2+b+c$, 可考虑分子、分母同时乘以 $1+b+c$, 再进行放缩:

$$\sum\frac{1+b+c}{(a^2+b+c)(1+b+c)}\leqslant\sum\frac{1+b+c}{(a+b+c)^2}=\frac{3+2\sum a}{(\sum a)^2}\leqslant 1.$$

得证. □

注　本题进行放缩后各个分母归一了, 这种证明的思想在局部不等式中已有过介绍.

对于一些较为困难的问题, 利用简单的不等式直接放缩往往就失效了, 而利用我们之前所说的近似量常常能使问题迎刃而解. 对于根式 A 和有理式 B, 若 $A \approx B$, 且 $A \geqslant (\leqslant) B$, 则有

$$\pm A \mp B = \frac{\pm A^2 \mp B^2}{A+B} \leqslant (\geqslant) \frac{\pm A^2 \mp B^2}{2B}.$$

概括地讲, 就是先差分再放缩. 下面我们来看几个例子.

例 4.18　$a,b,c \geqslant 0$, 且至多有 1 个数为 0. 求证:

$$\sum \frac{\sqrt{ab+4bc+4ac}}{a+b} \geqslant \frac{9}{2}.$$

证明　本题难度较大, 直接放缩难以起效, 故考虑先将不等式两边平方, 于是不等式等价于

$$\sum \frac{bc+4ac+4ab}{(b+c)^2} + 2\sum \frac{\sqrt{(4ab+c(4a+b))(4ab+c(a+4b))}}{(a+c)(b+c)} \geqslant \frac{81}{4}.$$

利用 Cauchy 不等式有

$$\sqrt{(4ab+c(4a+b))(4ab+c(a+4b))} \geqslant 4ab + c\sqrt{(4a+b)(a+4b)}.$$

然而这依旧有根式. 解决根式不等式的钥匙就是有理化, 去根号. 故我们需要寻找与 $\sqrt{(4a+b)(a+4b)}$ 近似的量, 与之进行差分, 去根号. 注意到

$$\begin{aligned} \sqrt{(4x+y)(x+4y)} - 2(x+y) &= \frac{9xy}{\sqrt{(4x+y)(x+4y)} + 2(x+y)} \\ &\geqslant \frac{9xy}{\dfrac{(4x+y)+(x+4y)}{2} + 2(x+y)} \\ &= \frac{2xy}{x+y}, \end{aligned}$$

故我们有

$$\sqrt{(4x+y)(x+4y)} \geqslant \frac{2(x^2+3xy+y^2)}{x+y}.$$

于是只需证明

$$\sum ab \frac{1}{(a+b)^2} + 3\sum \frac{a}{b+c} + 2\sum \frac{4ab(a+b)+2c(a+b)^2+2abc}{(a+b)(b+c)(c+a)} \geqslant \frac{81}{4}.$$

注意到由 "伊朗 96 不等式" 有

$$\sum ab \sum \frac{1}{(a+b)^2} \geqslant \frac{9}{4}.$$

又

$$\sum \frac{4ab(a+b)+2c(a+b)^2+2abc}{(a+b)(b+c)(c+a)} = \frac{6\sum\limits_{\text{sym}} a^2b + 18abc}{\sum\limits_{\text{sym}} a^2b + 2abc} = 6 + \frac{6abc}{\sum\limits_{\text{sym}} a^2b + 2abc}.$$

于是只需证明

$$3\frac{\sum a(a+b)(a+c)}{\sum\limits_{\text{sym}} a^2b+2abc}+\frac{12abc}{\sum\limits_{\text{sym}} a^2b+2abc}\geqslant 6.$$

去分母后, 等价于证明

$$\sum a^3+3abc\geqslant \sum_{\text{sym}} a^2b.$$

此即为三次 Schur 不等式, 于是原不等式得证. □

注 本题是著名的 "伊朗 96 不等式" 的加强. 事实上,

$$\begin{aligned}9\sum ab\sum\frac{1}{(a+b)^2}&=\sum(ab+4bc+4ac)\sum\frac{1}{(a+b)^2}\\&\geqslant\left(\sum\frac{\sqrt{ab+4bc+4ac}}{a+b}\right)^2\geqslant\frac{81}{4}.\end{aligned}$$

关于不等式右边式子的上界估计, 我们能得到如下结果:

$a,b,c>0$, 有

$$\sum\frac{\sqrt{ab+4bc+4ac}}{a+b}\leqslant\frac{3}{2\sqrt{2}}\left(\sqrt{\frac{b+c}{a}}+\sqrt{\frac{c+a}{b}}+\sqrt{\frac{a+b}{c}}\right).$$

证明 由于

$$\frac{\sqrt{4(bc+4ab+4ac)}}{b+c}=\sqrt{\frac{16a}{b+c}+\frac{4bc}{(b+c)^2}}\leqslant\sqrt{\frac{16a+b+c}{b+c}},$$

于是只需证明

$$\frac{3}{\sqrt{2}}\sum\sqrt{\frac{b+c}{a}}\geqslant\sum\sqrt{\frac{16a+b+c}{b+c}}.$$

两边平方, 我们有

$$\begin{aligned}\left(\sum\sqrt{\frac{b+c}{a}}\right)^2&=\sum\frac{b+c}{a}+2\sum\sqrt{\frac{(a+b)(a+c)}{bc}}\\&\geqslant\sum\frac{b+c}{a}+2\sum\frac{a+\sqrt{bc}}{\sqrt{bc}}\\&=\sum\frac{b+c}{a}+2\sum\frac{a}{\sqrt{bc}}+6\\&\geqslant\sum\frac{b+c}{a}+4\sum\frac{a}{b+c}+6\\&=\sum a\left(\frac{1}{b}+\frac{1}{c}\right)+4\sum\frac{a}{b+c}+6\\&\geqslant 8\sum\frac{a}{b+c}+6,\end{aligned}$$

$$\left(\sum\sqrt{\frac{16a+b+c}{b+c}}\right)^2=\sum\frac{16a+b+c}{b+c}+2\sum\sqrt{\frac{(16a+b+c)(16b+c+a)}{(a+c)(b+c)}}$$
$$\leqslant\sum\frac{16a+b+c}{b+c}+\sum\left(\frac{16a+b+c}{a+c}+\frac{16b+c+a}{b+c}\right)$$
$$=18\sum\frac{a}{b+c}+54.$$

只需证明

$$\frac{9}{2}\left(8\sum\frac{a}{b+c}+6\right)\geqslant 18\sum\frac{a}{b+c}+54 \iff \sum\frac{a}{b+c}\geqslant\frac{3}{2}.$$

上式为 Nesbitt 不等式. 欲证不等式等号成立当且仅当 $a=b=c$ 时. □

下面这个例题在例 3.8 中已给出一种证明, 这里我们用有理化技巧处理这个问题.

例 4.19　$a,b,c\geqslant 0,a+b+c=3$. 求证:

$$\sqrt{3-ab}+\sqrt{3-bc}+\sqrt{3-ca}\geqslant 3\sqrt{2}.$$

证明 (刘雨晨 (2007 国家集训队队员))　我们的目标是要去掉形如 $\sqrt{3-ab}$ 的根式. 注意到等号成立条件为 $(a,b,c)=(1,1,1)$. 我们有 $3-ab\approx 3-\frac{(a+b)^2}{4}=3-\frac{(3-c)^2}{4}$. 注意到

$$\sum\sqrt{\frac{1}{2}(tc+2-t)^2}=\frac{1}{\sqrt{2}}\left(t\sum a+6-3t\right)=3\sqrt{2},$$

故我们希望能找到 $\frac{1}{2}(tc+2-t)^2$, 使得

$$3-\frac{(3-c)^2}{4}\leqslant\frac{1}{2}(tc+2-t)^2.$$

这样我们可以在不等式左右两边同时减去相似量 $\sum\sqrt{3-\frac{(a+b)^2}{4}}$, 分别作差分. 利用二次函数的判别式, 可解得 $t=\frac{1}{2}$ 时, 上式成立. 此时, 原不等式等价于

$$\sum\left(\sqrt{3-ab}-\sqrt{3-\frac{(a+b)^2}{4}}\right)\geqslant\sum\left(\sqrt{\frac{(3+c)^2}{8}}-\sqrt{3-\frac{(a+b)^2}{4}}\right)$$
$$\iff \sum\frac{\left(\frac{a-b}{2}\right)^2}{\sqrt{3-ab}+\sqrt{3-\frac{(a+b)^2}{4}}}\geqslant\sum\frac{\frac{3}{8}(c-1)^2}{\sqrt{\frac{(3+c)^2}{8}}+\sqrt{3-\frac{(a+b)^2}{4}}}.$$

我们下面的目标是去掉分母中的根式, 注意到

$$2\sqrt{3}\geqslant 2\sqrt{3-ab}\geqslant\sqrt{3-ab}+\sqrt{3-\frac{(a+b)^2}{4}},$$

$$\sqrt{\frac{(3+c)^2}{8}}+\sqrt{3-\frac{(a+b)^2}{4}}=\sqrt{\frac{(3+c)^2}{8}}+\sqrt{3-\frac{(3-c)^2}{4}}$$
$$\geqslant \frac{3}{2\sqrt{2}}+\frac{\sqrt{3}}{2}>\sqrt{3}.$$

于是只需证明

$$\begin{aligned}&\sum\frac{(a-b)^2}{8\sqrt{3}}\geqslant\sum\frac{3(1-c)^2}{8\sqrt{3}}\\ \Longleftrightarrow\quad & 3\sum(a-b)^2\geqslant\sum(a+b-2c)^2\\ \Longleftrightarrow\quad & \sum(a-b)^2\geqslant 2\sum(a-c)(b-c),\end{aligned}$$

上式为等式. □

注 上述证明中寻找适当的 $A\approx B$ 是关键.

例 4.20 (李黎) 在圆内接四边形 $ABCD$(逆时针排列) 中, 设 $AB=b,BC=a,AC=c,AD=d,CD=e,BD=f$. 求证:

$$a\sqrt{d^2+x}+b\sqrt{e^2+x}=c\sqrt{f^2+x}$$

的非负实数解为 $x=0$.

证明 由托勒密定理知 $ad+be=cf$, 显然 $x=0$ 为解. 下证当 $x\neq 0$ 时方程无解.

$$\begin{aligned}&a\sqrt{d^2+x}+b\sqrt{e^2+x}=c\sqrt{f^2+x}\\ \Longleftrightarrow\quad & a(\sqrt{d^2+x}-d)+b(\sqrt{e^2+x}-e)=c(\sqrt{f^2+x}-f)\\ \Longleftrightarrow\quad & \frac{a}{\sqrt{d^2+x}+d}+\frac{b}{\sqrt{e^2+x}+e}=\frac{c}{\sqrt{f^2+x}+f}.\end{aligned}$$

而由 Cauchy 不等式有

$$\begin{aligned}&\frac{a}{\sqrt{d^2+x}+d}+\frac{b}{\sqrt{e^2+x}+e}\geqslant\frac{(a+b)^2}{a\sqrt{d^2+x}+ad+b\sqrt{e^2+x}+be}\\ &\qquad=\frac{(a+b)^2}{c\left(\sqrt{f^2+x}+f\right)}\\ \Longrightarrow\quad & \frac{c}{\sqrt{f^2+x}+f}\geqslant\frac{\frac{(a+b)^2}{c}}{\sqrt{f^2+x}+f}\\ \Longrightarrow\quad & c\geqslant a+b.\end{aligned}$$

这与在三角形中 $c<a+b$ 矛盾. 故方程的非负实数解为 $x=0$. □

有时不需要将分母中的 A 放缩至 B, 可以寻找一个较为简单的 C 代替.

例 4.21 a,b,c 为非负实数, 满足 $a+b+c=1$. 求证:

$$\sum a\sqrt{8b^2+c^2}\leqslant 1.$$

证明　注意到由 Cauchy 不等式, 有

$$(8+1)(8b^2+c^2) \geqslant (8b+c)^2 \quad \Longrightarrow \quad \sqrt{8b^2+c^2} \approx \frac{8b}{3}+\frac{c}{3}.$$

则

$$\sqrt{8b^2+c^2}-\left(\frac{8b}{3}+\frac{c}{3}\right)=\frac{\frac{8}{9}(b-c)^2}{\sqrt{8b^2+c^2}+\frac{8b}{3}+\frac{c}{3}} \leqslant \frac{4(b-c)^2}{3(8b+c)}.$$

故只需证

$$\sum a\left(\frac{8b}{3}+\frac{c}{3}+\frac{4(b-c)^2}{3(8b+c)}\right) \leqslant 1.$$

然而上式不成立, 例如 $a=c=\dfrac{1}{2}$, $b=0$ 即为一个反例.

注意到 $\sqrt{8b^2+c^2} \geqslant c$, 因此我们考虑将分母放缩时做一些改变. 我们有

$$\sqrt{8b^2+c^2}-\left(\frac{8b}{3}+\frac{c}{3}\right)=\frac{\frac{8}{9}(b-c)^2}{\sqrt{8b^2+c^2}+\frac{8b}{3}+\frac{c}{3}} \leqslant \frac{8(b-c)^2}{9\left(c+\frac{8b}{3}+\frac{c}{3}\right)}=\frac{2(b-c)^2}{3(2b+c)}.$$

注意到

$$\frac{2(b-c)^2}{3(2b+c)}=\frac{(2b+c)(b+2c)-9bc}{3(2b+c)}=\frac{b+2c}{3}-\frac{3bc}{2b+c},$$

我们有

$$3b+c-\frac{3bc}{2b+c} \geqslant \sqrt{8b^2+c^2}.$$

于是只需证明

$$\begin{aligned} &\left(\sum a\right)^2 \geqslant \sum a\left(3b+c-\frac{3bc}{2b+c}\right) \\ \Longleftrightarrow \quad & 3abc\sum \frac{1}{2b+c}+\sum a^2-2\sum ab \geqslant 0. \end{aligned}$$

由 Cauchy 不等式, 有

$$\sum \frac{1}{2b+c} \geqslant \frac{3}{a+b+c}.$$

故只需证明

$$\frac{9abc}{a+b+c}+\sum a^2-2\sum ab \geqslant 0 \quad \Longleftrightarrow \quad \sum a^3+3abc \geqslant \sum bc(b+c).$$

上式即为三次 Schur 不等式. □

注　与本题类似的还有: $a,b,c>0, a+b+c=1$, 则

$$\sum a\sqrt{4b^2+c^2} \leqslant \frac{3}{4}.$$

可证明如下局部不等式:

$$2b+c-\frac{2bc(2b+c)}{4b^2+3bc+c^2} \geqslant \sqrt{4b^2+c^2},$$

其构造原理及之后的证明留给读者完成.

关于这一类型的放缩, 比较常用的结果有

$$\frac{3a^2+2ab+3b^2}{2(a+b)} \geqslant \sqrt{2a^2+2b^2} \geqslant \frac{\sqrt{2}(a^2+b^2)+2(2-\sqrt{2})ab}{a+b},$$

上式为左右两边分母均为 $a+b$, 分子均为多项式时的最佳值. 若分母不要求为 $a+b$, 类似地, 我们有

$$\sqrt{2a^2+2b^2}-a-b=\frac{(a-b)^2}{\sqrt{2a^2+2b^2}+a+b} \leqslant \frac{(a-b)^2}{\sqrt{2}b+a+b},$$

等等. 放缩的形式主要视等号成立条件 (上式放缩的等号成立条件为 $a=b$ 或 $a=0$) 及之后证明的繁简程度而定. 若利用一次放缩难以奏效, 则可尝试作二次放缩, 如

$$\sqrt{2(a^2+b^2)}-(a+b)=\frac{(a-b)^2}{\sqrt{2(a^2+b^2)}+(a+b)} \geqslant \frac{2(a-b)^2(a+b)}{5a^2+6ab+5b^2}+a+b.$$

虽然各种放缩可能形式上有所不同, 但随着放缩次数的增加, 事实上得到的有理式也越来越接近原根式, 当然式子也越来越复杂.

若将 $\sqrt{a^2+b^2}$ 改为 $\sqrt[k]{a^k+b^k}$, 我们也能得到一个其上界估计, 可见例 10.30 .

有时我们不能墨守成规, 而需要灵活应变地使用有理化技巧.

例 4.22 $a,b,c \geqslant 0$. 求证:

$$3\sum a \geqslant 2\sum \sqrt{a^2+bc}.$$

证明 注意到不等式等号成立条件为 $(a,b,c)=(1,1,0)$ 及其轮换. 为了作差分之后保持原各个根式非负, 考虑两边同时减去 $2a+2b+2c$. 则原不等式等价于

$$\sum \frac{bc}{\sqrt{a^2+bc}+a} \leqslant \frac{1}{2}\sum a.$$

利用等号成立条件我们知道

$$\frac{bc}{\sqrt{a^2+bc}+a} \approx \frac{2bc}{2a+b+c},$$

但此时这两者之间没有大小关系, 注意到

$$\frac{2bc}{2a+b+c} \approx \frac{bc}{2}\left(\frac{1}{a+b}+\frac{1}{a+c}\right),$$

$$\sum \frac{bc}{2}\left(\frac{1}{a+b}+\frac{1}{a+c}\right)=\frac{1}{2}\sum \frac{bc+ac}{a+b}=\frac{1}{2}\sum a,$$

故我们考虑证明

$$\frac{bc}{\sqrt{a^2+bc}+a} \leqslant \frac{bc}{2}\left(\frac{1}{a+b}+\frac{1}{a+c}\right)$$

$$\iff \quad \sqrt{a^2+bc} \geqslant \frac{2bc+ca+ab}{2a+b+c}$$

$$\iff \quad (a^2+bc)(2a+b+c)^2-(2bc+ca+ab)^2 \geqslant 0$$

$$\iff \quad 4a^4+4a^3(b+c)+4a^2bc+bc(b-c)^2 \geqslant 0.$$

上式显然成立, 结合之前讨论知原不等式得证. □

例 4.23 (孙世宝)　设 $x,y,z \geqslant 0$. 证明:

$$1 \leqslant \sum \frac{x^2}{\sqrt{(x^2+y^2+xy)(x^2+z^2+zx)}} \leqslant \frac{2\sqrt{3}}{3}.$$

证明　先证明不等式的右边. 由 Cauchy 不等式有

$$\begin{aligned}
&(x^2+xy+y^2)(x^2+xz+z^2)\\
&=\left(\left(y+\frac{x}{2}\right)^2+\left(\frac{\sqrt{3}}{2}x\right)^2\right)\left(\left(z+\frac{x}{2}\right)^2+\left(\frac{\sqrt{3}}{2}x\right)^2\right)\\
&\geqslant\left(\left(y+\frac{x}{2}\right)\cdot\frac{\sqrt{3}}{2}x+\left(z+\frac{x}{2}\right)\cdot\frac{\sqrt{3}}{2}x\right)^2\\
&=\frac{3}{4}x^2(x+y+z)^2.
\end{aligned}$$

于是,

$$\sum \frac{x^2}{\sqrt{(x^2+y^2+xy)(x^2+z^2+zx)}} \leqslant \frac{2}{\sqrt{3}}\sum\frac{x}{x+y+z}=\frac{2}{\sqrt{3}}.$$

不等式右边得证.

对于不等式的左边, 困扰我们的是如何去根号. 注意到此时等号成立条件为 $(x,y,z)\sim(1,1,1)$, 而我们有

$$\sqrt{(x^2+y^2+xy)(x^2+z^2+zx)} \approx x^2+yz+x\sqrt{yz} \approx x^2+yz+\frac{(y^2+z^2)x}{y+z},$$

故我们猜想有

$$\sqrt{(x^2+y^2+xy)(x^2+z^2+zx)} \leqslant x^2+yz+\frac{(y^2+z^2)x}{y+z}$$

$$\iff \quad \frac{\frac{3}{4}x^2(y-z)^2}{\sqrt{(x^2+y^2+xy)(x^2+z^2+zx)}+x^2+yz+\dfrac{xy+xz}{2}} \leqslant \frac{(y-z)^2x}{2(y+z)}$$

$$\iff \quad \sqrt{(x^2+y^2+xy)(x^2+z^2+zx)}+x^2+yz+\frac{xy+xz}{2} \geqslant \frac{3}{2}x(y+z).$$

上式由

$$\sqrt{(x^2+y^2+xy)(x^2+z^2+zx)} \geqslant xz+xy+x\sqrt{yz} \geqslant xz+xy$$

知成立. 于是我们有

$$\sqrt{(x^2+y^2+xy)(x^2+z^2+zx)} \leqslant x^2+yz+\frac{(y^2+z^2)x}{y+z},$$

即

$$\frac{x^2}{\sqrt{(x^2+y^2+xy)(x^2+z^2+zx)}} \geqslant \frac{x^2(y+z)}{\sum x^2(y+z)}.$$

将类似三式相加即得欲证不等式. □

第 5 章　重要不等式法

5.1　AM-GM 不等式

本节主要介绍 AM-GM 不等式及其相关不等式的应用.

例 5.1　$a,b,c,d\in\mathbb{R}$. 求证:

$$\sqrt{\frac{a^2+b^2+c^2+d^2}{4}}\geqslant\sqrt[3]{\frac{abc+bcd+bda+cda}{4}}.$$

证明　设 $x=a^2+d^2,y=b^2+c^2$. 由 AM-GM 不等式有

$$\begin{aligned}\sqrt[3]{\frac{abc+bcd+bda+cda}{4}}&=\sqrt[3]{\frac{(a+d)bc+(b+c)ad}{4}}\\&\leqslant\sqrt[3]{\frac{\sqrt{2(a^2+d^2)}\dfrac{b^2+c^2}{2}+\sqrt{2(b^2+c^2)}\dfrac{a^2+d^2}{2}}{4}}\\&=\sqrt[3]{\frac{\sqrt{2xy}(\sqrt{x}+\sqrt{y})}{8}}\\&\leqslant\sqrt{\frac{x+y}{4}}.\end{aligned}$$

得证. □

例 5.2　已知 a,b,c 为正数. 求证:

$$(a^2+ab+b^2)(b^2+bc+c^2)(c^2+ca+a^2)\geqslant(ab+bc+ca)^3.$$

证明　设 $k=\sqrt[3]{(a^2+ab+b^2)(b^2+bc+c^2)(c^2+ca+a^2)}$, 则结论转化为 $k\geqslant ab+bc+ca$. 由 AM-GM 不等式有

$$\frac{a^2}{a^2+ab+b^2}+\frac{c^2}{b^2+bc+c^2}+\frac{ca}{c^2+ca+a^2}\geqslant3\frac{ca}{k},$$

$$\frac{b^2}{a^2+ab+b^2}+\frac{bc}{b^2+bc+c^2}+\frac{c^2}{c^2+ca+a^2}\geqslant3\frac{bc}{k},$$

$$\frac{ab}{a^2+ab+b^2}+\frac{b^2}{b^2+bc+c^2}+\frac{a^2}{c^2+ca+a^2}\geqslant 3\frac{ab}{k}.$$

以上三式相加即得

$$3\geqslant 3\frac{ab+bc+ca}{k},$$

整理后即知原不等式成立. 证毕. □

注 本题是如下更强的不等式的简单推论: $a,b,c\in\mathbb{R}$, 则

$$(a^2+ab+b^2)(b^2+bc+c^2)(c^2+ca+a^2)\geqslant 3(a^2b+b^2c+c^2a)(ab^2+bc^2+ca^2). \qquad (*)$$

事实上,

$$\prod_{\text{cyc}}(a^2+ab+b^2)-3(a^2b+b^2c+c^2a)(ab^2+bc^2+ca^2)=(a-b)^2(b-c)^2(c-a)^2\geqslant 0,$$

由 Cauchy 不等式有

$$3(a^2b+b^2c+c^2a)(ab^2+bc^2+ca^2)\geqslant(ab+bc+ca)^3.$$

式 $(*)$ 也可由 Cauchy 不等式证明:

$$\begin{aligned}
&(a^2+ab+b^2)(b^2+bc+c^2)(c^2+ca+a^2)\\
&=\frac{1}{16}(3(a+b)^2+(a-b)^2)((2ab+ac+bc+2c^2)^2+3c^2(a-b)^2)\\
&\geqslant\frac{1}{16}\left(\sqrt{3}(a+b)(2ab+ac+bc+2c^2)+\sqrt{3}c(a-b)^2\right)^2\\
&=\frac{3}{4}(a^2b+b^2c+c^2a+ab^2+bc^2+ca^2)^2\\
&\geqslant 3(a^2b+b^2c+c^2a)(ab^2+bc^2+ca^2).
\end{aligned}$$

例 5.3 $a,b,c>0$, 则

$$\frac{a}{a+b}+\frac{b}{b+c}+\frac{c}{c+a}\geqslant\frac{a+b+c}{a+b+c-\sqrt[3]{abc}}.$$

证明 注意到由 AM-GM 不等式有

$$1+\frac{3\sqrt[3]{abc}}{2(a+b+c)}\geqslant 1+\frac{\sqrt[3]{abc}}{a+b+c-\sqrt[3]{abc}}=\frac{a+b+c}{a+b+c-\sqrt[3]{abc}}.$$

我们证明更强的结论:

$$\begin{aligned}
&\frac{a}{a+b}+\frac{b}{b+c}+\frac{c}{c+a}\geqslant 1+\frac{3\sqrt[3]{abc}}{2(a+b+c)}\\
\iff\quad&\sum\left(\frac{a}{a+b}-\frac{a}{a+b+c}\right)\geqslant\frac{3\sqrt[3]{abc}}{2(a+b+c)}\\
\iff\quad&\sum\frac{ac}{a+b}\geqslant\frac{3\sqrt[3]{abc}}{2},
\end{aligned}$$

两边同乘以 $a+b+c$, 等价于

$$\sum ac+\sum\frac{ac^2}{a+b}\geqslant\frac{3(a+b+c)\sqrt[3]{abc}}{2}.$$

由 AM-GM 不等式, 有

$$\begin{aligned}\sum ac+\sum\frac{ac^2}{a+b}&=\sum\frac{bc}{2}+\sum\frac{(a+b)c}{4}+\sum\frac{ac^2}{a+b}\\&\geqslant 3\sum\sqrt[3]{\frac{abc^4}{8}}=\frac{3(a+b+c)\sqrt[3]{abc}}{2}.\end{aligned}$$

命题得证. □

注　我们再提供一种不等式

$$\sum\frac{ac}{a+b}\geqslant\frac{3\sqrt[3]{abc}}{2}$$

的证明方法: 存在 $x,y,z>0$, 使得 $a=\frac{x}{y}$, $b=\frac{y}{z}$, $c=\frac{z}{x}$, 则欲证不等式等价于

$$\sum\frac{\frac{z}{y}}{\frac{x}{y}+\frac{y}{z}}\geqslant\frac{3}{2}\quad\Longleftrightarrow\quad\sum\frac{z^2}{xz+y^2}\geqslant\frac{3}{2}.$$

由 Cauchy 不等式, 我们只需证明

$$\frac{(\sum z^2)^2}{\sum xz^3+\sum y^2z^2}\geqslant\frac{3}{2}\quad\Longleftrightarrow\quad 2\sum z^4+\sum z^2x^2\geqslant 3\sum xz^3.$$

上式由 AM-GM 不等式知成立.

在我们证明的更强结论中, 令 $(a,b,c)=(ac,ab,bc)$, 我们有: $a,b,c>0$, 则

$$\frac{a}{a+b}+\frac{b}{b+c}+\frac{c}{c+a}\geqslant 1+\frac{3\sqrt[3]{a^2b^2c^2}}{2(ab+ac+bc)}.$$

令 $(a,b,c)=(a^2c,b^2a,c^2b)$, 我们有: $a,b,c>0$, 则

$$\frac{ac}{ac+b^2}+\frac{ba}{ba+c^2}+\frac{cb}{cb+a^2}\geqslant 1+\frac{3abc}{2(a^2c+b^2a+c^2b)}.$$

例 5.4 (2007 罗马尼亚)　$a_1,a_2,\cdots,a_n,b_1,b_2,\cdots,b_n\in\mathbb{R}$, 满足

$$\sum_{i=1}^n a_i^2=\sum_{i=1}^n b_i^2=1,\quad\sum_{i=1}^n a_ib_i=0.$$

求证:

$$(\sum_{i=1}^n a_i)^2+(\sum_{i=1}^n b_i)^2\leqslant n.$$

证明　设

$$A=\sum_{i=1}^n a_i,\quad c_i=a_iA,\quad B=\sum_{i=1}^n b_i,\quad d_i=b_iB,$$

则由 AM-GM 不等式有

$$A^2+B^2=\sum_{i=1}^{n}(c_i+d_i)=\sum_{i=1}^{n}(c_i^2+d_i^2)=\sum_{i=1}^{n}(c_i+d_i)^2\geqslant\frac{(\sum\limits_{i=1}^{n}(c_i+d_i))^2}{n}.$$

命题得证. □

例 5.5 (2008 IMO 预选) 设 a,b,c,d 是正实数, 满足 $abcd=1$ 及

$$a+b+c+d>\frac{a}{b}+\frac{b}{c}+\frac{c}{d}+\frac{d}{a}.$$

求证:

$$a+b+c+d<\frac{b}{a}+\frac{c}{b}+\frac{d}{c}+\frac{a}{d}.$$

证明 由条件与 Cauchy 不等式, 我们知道

$$\begin{aligned}(a+b+c+d)(ab+bc+cd+da)&>\left(\frac{a}{b}+\frac{b}{c}+\frac{c}{d}+\frac{d}{a}\right)(ab+bc+cd+da)\\&\geqslant(a+b+c+d)^2\\ \Longrightarrow\quad ab+bc+cd+da>a+b+c+d.&\end{aligned}$$

只需证明

$$\frac{b}{a}+\frac{c}{b}+\frac{d}{c}+\frac{a}{d}\geqslant ab+bc+cd+da.$$

利用 AM-GM 不等式, 有

$$\begin{aligned}\left(\frac{b}{a}+\frac{c}{d}\right)+\left(\frac{c}{b}+\frac{d}{a}\right)+\left(\frac{d}{c}+\frac{a}{b}\right)+\left(\frac{a}{d}+\frac{b}{c}\right)&\geqslant 2(ab+bc+cd+da)\\&>(ab+bc+cd+da)+(a+b+c+d)\\&>(ab+bc+cd+da)+\frac{a}{b}+\frac{b}{c}+\frac{c}{d}+\frac{d}{a}.\end{aligned}$$

命题得证. □

例 5.6 $a,b,c\in\mathbb{R}^+$, $a^2+b^2+c^2=1$. 求证 :

$$\sum\frac{1}{1-\left(\dfrac{a+b}{2}\right)^2}\leqslant\frac{9}{2}.$$

证明 (李超 (2009 国家集训队队员)) 对于条件出现二次的, 比较自然的想法是要把不等式左边的分子、分母同时向二次靠. 由 AM-GM 不等式有

$$\sum\frac{1}{1-\left(\dfrac{a+b}{2}\right)^2}-3=\sum\frac{\left(\dfrac{a+b}{2}\right)^2}{1-\left(\dfrac{a+b}{2}\right)^2}=\sum\frac{(a+b)^2}{3a^2+3b^2+4c^2-2ab}\leqslant\sum\frac{(a+b)^2}{2(a^2+b^2+2c^2)},$$

故只需证明

$$\sum \frac{(a+b)^2}{a^2+b^2+2c^2} \leqslant 3.$$

由 Cauchy 不等式, 有

$$\begin{aligned} \text{上式} \quad &\Longleftarrow \quad \sum \frac{a^2}{a^2+c^2} + \sum \frac{b^2}{b^2+c^2} \leqslant 3 \\ &\Longleftrightarrow \quad \sum \frac{a^2}{a^2+c^2} + \sum \frac{c^2}{a^2+c^2} \leqslant 3. \end{aligned}$$

上式为等式, 命题得证. □

注　本题系 $a,b,c \in \mathbb{R}^+$, $a^2+b^2+c^2=1$, 则

$$\sum \frac{1}{1-ab} \leqslant \frac{9}{2}$$

的加强. 容易看到本题的方法可以用于证明如下 n 个变量的问题:

$n \geqslant 2$ 为正整数, $x_1,\cdots,x_n$ 为正实数, 且 $\sum\limits_{i=1}^{n} x_i^2 = 1$, 则

$$\sum_{1 \leqslant i<j \leqslant n} \frac{1}{1-x_ix_j} \leqslant \frac{n^2}{2}.$$

例 5.7　$a,b,c,d \geqslant 0$. 求证:

$$(a+b+c+d)^{\frac{3}{2}} \geqslant (a+b)\sqrt{c}+(b+c)\sqrt{d}+(c+d)\sqrt{a}+(d+a)\sqrt{b}.$$

证明　不妨设 $a+b+c+d=4$, 命题变为

$$(a+b)\sqrt{c}+(b+c)\sqrt{d}+(c+d)\sqrt{a}+(d+a)\sqrt{b} \leqslant 8.$$

由 AM-GM 不等式有

$$\begin{aligned} 2LHS &\leqslant (a+b)(c+1)+(b+c)(d+1)+(c+d)(a+1)+(d+a)(b+1) \\ &= 8+2ac+2bd+(a+c)(b+d) \\ &\leqslant 8+\frac{(a+c)^2}{2}+\frac{(b+d)^2}{2}+(a+c)(b+d) \\ &= 8+\frac{1}{2}(a+b+c+d)^2 = 16. \end{aligned}$$

命题得证. □

例 5.8　$x_i \geqslant 0 (i=1,2,\cdots,n, n \geqslant 2)$, 求最小的 C, 使得

$$C\left(\sum_{i=1}^{n} x_i\right)^4 \geqslant \sum_{1 \leqslant i<j \leqslant n} x_ix_j(x_i^2+x_j^2).$$

解　一方面, 取 $x_1=x_2=1, x_3=x_4=\cdots=x_n=0$, 得 $C \geqslant \frac{1}{8}$.

另一方面, 由 AM-GM 不等式有

$$\begin{aligned}(\sum_{i=1}^{n}x_i)^4&=(\sum_{i=1}^{n}x_i^2+2\sum_{1\leqslant i<j\leqslant n}x_ix_j)^2\\&\geqslant 4\sum_{i=1}^{n}x_i^2(2\sum_{1\leqslant i<j\leqslant n}x_ix_j)\\&=8\sum_{i=1}^{n}x_i^2\sum_{1\leqslant i<j\leqslant n}x_ix_j\\&\geqslant 8\sum_{1\leqslant i<j\leqslant n}x_ix_j(x_i^2+x_j^2).\end{aligned}$$

故 $C_{\min}=\frac{1}{8}$. □

注 本题也可用调整法求解, 上述求解比较简单流畅.

例 5.9 (Turkevici) 设 a,b,c,d 是非负实数. 求证:

$$a^4+b^4+c^4+d^4+2abcd\geqslant a^2b^2+a^2c^2+a^2d^2+b^2c^2+b^2d^2+c^2d^2.$$

证明 不妨设 $a\geqslant b\geqslant c\geqslant d$, 原不等式等价于

$$(a^2-c^2)^2+(b^2-c^2)^2+(a^2-d^2)^2+(b^2-d^2)^2\geqslant 2(ab-cd)^2.$$

由 AM-GM 不等式和 Cauchy 不等式有

$$(a^2-d^2)^2+(b^2-d^2)^2\geqslant\frac{1}{2}(a^2+b^2-2d^2)^2\geqslant\frac{1}{2}(2ab-2d^2)^2\geqslant\frac{1}{2}(2ab-2cd)^2=2(ab-cd)^2.$$

命题得证. □

例 5.10 (韩京俊) $a,b,c>0$, 则

$$\frac{1}{(a+b)^2}+\frac{1}{(a+c)^2}+\frac{16}{(b+c)^2}\geqslant\frac{6}{ab+bc+ca}.$$

证明 原不等式等价于

$$\left(\frac{1}{a+b}+\frac{1}{a+c}\right)^2+\frac{16}{(b+c)^2}\geqslant\frac{6}{ab+bc+ca}+\frac{2}{(a+b)(a+c)}.$$

由 AM-GM 不等式, 有

$$\left(\frac{1}{a+b}+\frac{1}{a+c}\right)^2+\frac{16}{(b+c)^2}\geqslant\frac{8}{b+c}\left(\frac{1}{a+b}+\frac{1}{a+c}\right).$$

故只需证明

$$\frac{8}{b+c}\left(\frac{1}{a+b}+\frac{1}{a+c}\right)\geqslant\frac{6}{ab+bc+ca}+\frac{2}{(a+b)(a+c)}.$$

注意到 $(a+b)(a+c) \geqslant ab+bc+ca$, 故只需证明

$$\begin{aligned}
&\frac{8}{b+c}\left(\frac{1}{a+b}+\frac{1}{a+c}\right) \geqslant \frac{8}{ab+bc+ca} \\
\Longleftrightarrow \quad &(2a+b+c)(ab+bc+ca) \geqslant (a+b)(b+c)(c+a).
\end{aligned}$$

上式展开后知显然成立. □

注　本题等价于证明

$$\begin{aligned}
&(ab+bc+ca)\left(\frac{1}{(a+b)^2}+\frac{1}{(a+c)^2}+\frac{16}{(b+c)^2}\right) \geqslant 6 \\
\Longleftrightarrow \quad &\frac{ab}{(a+b)^2}+\frac{c}{a+b}+\frac{ac}{(a+c)^2}+\frac{b}{a+c}+\frac{16a}{b+c}+\frac{16bc}{(b+c)^2} \geqslant 6.
\end{aligned}$$

例 5.34、例 6.4、例 6.38 可看作本题的加强.

例 5.11 (韩京俊, 2017 国家集训队)　设正整数 $n \geqslant 4$, $x_i (i=1,2,\cdots,n)$ 是非负实数, 满足 $x_1+x_2+\cdots+x_n=1$. 求 $x_1x_2x_3+x_2x_3x_4+\cdots+x_nx_1x_2$ 的最大值.

解　当 $n=4$ 时, 由 AM-GM 不等式, 我们有

$$\begin{aligned}
&x_1x_2x_3+x_2x_3x_4+x_3x_4x_1+x_4x_1x_2 \\
&= x_1x_2(x_3+x_4)+x_3x_4(x_1+x_2) \\
&\leqslant \frac{1}{4}(x_1+x_2)^2(x_3+x_4)+\frac{1}{4}(x_3+x_4)^2(x_1+x_2) \\
&= \frac{1}{4}(x_1+x_2)(x_3+x_4) \\
&\leqslant \frac{1}{16},
\end{aligned}$$

等号成立当且仅当 $x_1=x_2=x_3=x_4=\dfrac{1}{4}$ 时.

当 $n=5$ 时, 不妨设 $x_1=\min\{x_1,x_2,x_3,x_4,x_5\}$. 由 AM-GM 不等式, 我们有

$$\begin{aligned}
&x_1x_2x_3+x_2x_3x_4+x_3x_4x_5+x_4x_5x_1+x_5x_1x_2 \\
&= x_1(x_2+x_4)(x_3+x_5)+x_3x_4(x_2+x_5-x_1) \\
&\leqslant x_1\left(\frac{x_2+x_3+x_4+x_5}{2}\right)^2+\left(\frac{x_2+x_3+x_4+x_5-x_1}{3}\right)^3 \\
&= x_1\left(\frac{1-x_1}{2}\right)^2+\left(\frac{1-2x_1}{3}\right)^3 \\
&\leqslant \frac{1}{25},
\end{aligned}$$

等号成立当且仅当 $x_1=x_2=x_3=x_4=x_5=\dfrac{1}{5}$ 时.

当 $n \geqslant 6$ 时, 对所有 k, 我们固定 x_{3k+1}, x_{3k+2} 均不变, 则 $\sum x_{3k}=r$ 也不变. 此时 $\sum\limits_{\text{cyc}} x_1x_2x_3$ 是关于 x_{3k} 的多元线性函数, 故最大值必在某个 $x_{3j}=r$, 其余 $x_{3k}=0$ 时取到.

此时, 再次利用函数的线性性质, 我们只需考虑 x_{3j+1}, x_{3j+2} 非 0 的情形. 因此我们只需求 $x_1+x_2+x_3=1$ 时, $x_1x_2x_3$ 的最大值即可, 此时由 AM-GM 不等式知 $x_1x_2x_3 \leqslant \frac{1}{27}$. 故 $\sum\limits_{\text{cyc}} x_1x_2x_3 \leqslant \frac{1}{27}$, 等号成立当且仅当 $x_1=x_2=x_3=\frac{1}{3}, x_4=x_5=\cdots=x_n=0$ 及其轮换时. □

注 本题最困难的部分是 $n=5$ 的情形, 此时也可由 Lagrange 乘数法证明 (参见定理 10.1). 吴金泽 (2017 年 IMO 金牌得主) 在考场上曾给出了如下的恒等式配方证明:

证明 当 $n=5$ 时, 注意到

$$
\begin{aligned}
&(\sum_{i=1}^{5} x_i)^3 - 25\sum_{i=1}^{5} x_ix_{i+1}x_{i+2} \\
&= (\sum_{i=1}^{5} x_i^3 - \sum_{i=1}^{5} x_ix_{i+1}x_{i+2}) + \sum_{i=1}^{5} 3x_i(x_{i+1}-x_{i+2}+x_{i+3}-x_{i+4})^2 \geqslant 0,
\end{aligned}
$$

上式每个部分都是非负的, 证毕. □

$n=4$ 时的证明方法也可用于证明下面的不等式:

(2016 俄罗斯数学奥林匹克) 正数 a,b,c,d 满足 $a+b+c+d=3$. 求证:

$$\frac{1}{a^2}+\frac{1}{b^2}+\frac{1}{c^2}+\frac{1}{d^2} \leqslant \frac{1}{(abcd)^2}.$$

证明 只需证明

$$a^2b^2c^2+a^2b^2d^2+a^2c^2d^2+b^2c^2d^2 \leqslant 1.$$

不妨设 $a \geqslant b \geqslant c \geqslant d$, 则

$$ab(c+d) \leqslant \left(\frac{a+b+c+d}{3}\right)^3 = 1.$$

故

$$a^2b^2c^2+a^2b^2d^2+a^2c^2d^2+b^2c^2d^2 \leqslant a^2b^2(c+d)^2 \leqslant 1.$$

□

我们可将例 5.11 推广至如下情形:

例 5.12 $x_i \geqslant 0 (i=1,2,\cdots,n)$, 满足 $x_1+\cdots+x_n=1$. 求

$$F(x_1,\cdots,x_n) = x_1x_2x_3x_4+x_2x_3x_4x_5+\cdots+x_nx_1x_2x_3$$

的最大值.

解 当 $n=5$ 时, 由 AM-GM 不等式知

$$x_1x_2x_3x_4+x_2x_3x_4x_5+x_3x_4x_5x_1+x_4x_5x_1x_2+x_5x_1x_2x_3 \leqslant \frac{1}{5^3}.$$

当 $n=6$ 时, 不妨设 x_6 是最小的, 则由例 5.11 知

$$\sum_{\text{cyc}} x_1x_2x_3x_4 = x_6(x_1x_2x_3+x_2x_3x_4+x_3x_4x_5+x_4x_5x_1+x_5x_1x_2)$$

$$
\begin{aligned}
&+x_1x_2x_3x_4+x_2x_3x_4x_5-x_6x_2x_3x_4\\
\leqslant & x_6\frac{(x_1+x_2+x_3+x_4+x_5)^3}{25}+x_2x_3x_4(x_1+x_5-x_6)\\
\leqslant & x_6\frac{(1-x_6)^3}{25}+\left(\frac{1-2x_6}{4}\right)^4\\
= & \frac{1}{216}+\frac{(6x_6-1)^2(108x_6^2+12x_6-125)}{172800}\leqslant\frac{1}{216},
\end{aligned}
$$

等号成立当且仅当 $x_1=x_2=\cdots=x_6=\dfrac{1}{6}$ 时.

当 $n=7$ 时, 不妨设 $x_4=\max\{x_1,\cdots,x_7\}$, 则

$$
\begin{aligned}
&(x_1+x_5)(x_2+x_6)(x_3+x_7)x_4-\sum_{\text{cyc}}x_1x_2x_3x_4\\
&=x_1x_2x_4x_7+x_1x_6x_3x_4+x_1x_6x_4x_7+x_2x_4x_5x_7\\
&\quad -(x_5x_6x_7x_1+x_1x_2x_6x_7+x_1x_2x_3x_7).
\end{aligned}
$$

注意到 $x_1x_6x_4x_7\geqslant x_5x_6x_7x_1$, $x_1x_2x_4x_7\geqslant x_1x_2x_6x_7$. 当 $x_5\geqslant x_3$ 时, $x_2x_4x_5x_7\geqslant x_7x_1x_2x_3$. 故此时

$$
(x_1+x_5)(x_2+x_6)(x_3+x_7)x_4\geqslant\sum_{\text{cyc}}x_1x_2x_3x_4.
$$

当 $x_3\geqslant x_5$ 时, $x_1x_6x_3x_4\geqslant x_5x_6x_7x_1$. 而 $x_1x_2x_4x_7\geqslant x_7x_1x_2x_3$, $x_1x_6x_7x_4\geqslant x_1x_2x_6x_7$, 故此时也有

$$
(x_1+x_5)(x_2+x_6)(x_3+x_7)x_4\geqslant\sum_{\text{cyc}}x_1x_2x_3x_4.
$$

因此, 由 AM-GM 不等式, 有

$$
\sum_{\text{cyc}}x_1x_2x_3x_4\leqslant(x_1+x_5)(x_2+x_6)(x_3+x_7)x_4\leqslant\frac{1}{4^4}.
$$

当 $x_1=x_2=x_3=x_4=\dfrac{1}{4}$ 时等号成立.

当 $n\geqslant 8$ 时, 不妨设 $x_n=\min\{x_1,\cdots,x_n\}$, 我们有

$$
\begin{aligned}
&F(x_1+x_n,x_2,\cdots,x_{n-1})-F(x_1,\cdots,x_n)\\
&\quad=x_{n-3}x_{n-2}x_{n-1}x_1+x_{n-2}x_{n-1}(x_1+x_n)x_2+x_{n-1}(x_1+x_n)x_2x_3\\
&\qquad+x_nx_2x_3x_4-x_{n-2}x_{n-1}x_nx_1-x_{n-1}x_nx_1x_2-x_nx_1x_2x_3.
\end{aligned}
$$

注意到 $x_{n-3}x_{n-2}x_{n-1}x_1\geqslant x_{n-2}x_{n-1}x_nx_1$, $x_{n-2}x_{n-1}x_1x_2\geqslant x_{n-1}x_nx_1x_2$, $x_{n-1}x_1x_2x_3\geqslant x_nx_1x_2x_3$, 因此由归纳假设, 我们有

$$
F(x_1,\cdots,x_n)\leqslant F(x_1+x_n,x_2,\cdots,x_{n-1})\leqslant\frac{1}{4^4}.
$$

当 $x_1=x_2=x_3=x_4=\dfrac{1}{4}$ 时等号成立. □

例 5.13 $a,b,c,d>0$. 求证:

$$\prod_{\text{cyc}}(a+b+nc)a^2b^2c^2d^2 \leqslant \frac{(2+n)^4}{2^{12}}\left(\prod_{\text{cyc}}(a+b)\right)^3.$$

证明 由 AM-GM 不等式有

$$\prod_{\text{cyc}}(a+b+nc) \leqslant \left(\frac{(n+2)(a+b+c+d)}{4}\right)^4,$$

于是只需证明

$$(a+b+c+d)^4a^2b^2c^2d^2 \leqslant \frac{1}{16}\left(\prod_{\text{cyc}}(a+b)\right)^3.$$

两边同除 $a^6b^6c^6d^d$ 后等价于

$$16\left(\frac{1}{abc}+\frac{1}{bcd}+\frac{1}{cda}+\frac{1}{dab}\right)^4 \leqslant \left(\left(\frac{1}{a}+\frac{1}{b}\right)\left(\frac{1}{b}+\frac{1}{c}\right)\left(\frac{1}{c}+\frac{1}{d}\right)\left(\frac{1}{d}+\frac{1}{a}\right)\right)^3.$$

设 $x=\dfrac{1}{a},y=\dfrac{1}{b},z=\dfrac{1}{c},w=\dfrac{1}{d}$, 则上式等价于

$$16(xyz+yzw+zwx+wxy)^4 \leqslant (x+y)^3(y+z)^3(z+w)^3(w+x)^3.$$

注意到

$$\begin{aligned}
4(xyz+yzw+zwx+wxy)^2 &= 4\left(xy(z+w)+zw(x+y)\right)^2 \\
&\leqslant 4\left(\frac{x+y}{2}\sqrt{xy}(z+w)+\frac{z+w}{2}\sqrt{zw}(x+y)\right)^2 \\
&= (z+w)^2(x+y)^2(xy+zw+2\sqrt{xyzw}) \\
&\leqslant (z+w)^2(x+y)^2(x+w)(y+z).
\end{aligned}$$

同理有

$$4(xyz+yzw+zwx+wxy)^2 \leqslant (z+w)(x+y)(x+w)^2(y+z)^2.$$

将两式相乘即证. □

注 特别地, 取 $n=2$, 我们有: $a,b,c,d>0$, 则

$$16\prod_{\text{cyc}}(a+b+2c)a^2b^2c^2d^2 \leqslant \prod_{\text{cyc}}(a+b)^3.$$

当无法直接用 AM-GM 不等式完成放缩时, 可考虑引入参数.

例 5.14 λ_i 是正实数, x_i 是非负实数 $(i=1,2,\cdots,n)$, 满足 $x_1+x_2+\cdots+x_n=1$, $\lambda_1 \leqslant \lambda_2 \leqslant \cdots \leqslant \lambda_n$. 求证:

$$\sum_{i=1}^{n}\lambda_i x_i \sum_{i=1}^{n}\frac{1}{\lambda_i}x_i \leqslant \frac{(\lambda_1+\lambda_n)^2}{4\lambda_1\lambda_n}.$$

证明　引入待定的参数 $\lambda>0$, 由 AM-GM 不等式, 有

$$\begin{aligned}\sum_{i=1}^{n}\lambda_i x_i\sum_{i=1}^{n}\frac{1}{\lambda_i}x_i&=\frac{1}{\lambda}\sum_{i=1}^{n}\lambda_i x_i\sum_{i=1}^{n}\frac{\lambda}{\lambda_i}x_i\\&\leqslant\frac{1}{4\lambda}\left(\sum_{i=1}^{n}\left(\lambda_i+\frac{\lambda}{\lambda_i}\right)x_i\right)^2\\&\leqslant\frac{1}{4\lambda}(M\sum_{i=1}^{n}x_i)^2,\end{aligned}\tag{5.1}$$

其中 $M=\max\left\{\lambda_i+\dfrac{\lambda}{\lambda_i}\right\}$. 注意到 $\lambda_i+\dfrac{\lambda}{\lambda_i}$ 是关于 λ_i 的下凸函数, 最大值在端点处取到. 欲使上述放缩中等号能成立, 我们考虑令

$$\lambda_1+\frac{\lambda}{\lambda_1}=\lambda_n+\frac{\lambda}{\lambda_n}\quad\Longrightarrow\quad\lambda=\lambda_1\lambda_n.$$

此时, 当 $x_1=x_n=\dfrac{1}{2}, x_i=0(i\neq1,n)$ 时, 式 (5.1) 中的等号能成立. □

注　特别地, 令 $n=3$, $\lambda_1=1,\lambda_2=3,\lambda_3=5$, 即得 2017 年全国高中数学联赛一试的一道解答题. 本题的另一种证明可见例 6.18.

例 5.15　给定 $a\in\mathbb{R}$, 求当 $x\in\mathbb{R}$ 时, 下面函数的最大值:

$$f(x)=|\sin x(a+\cos x)|.$$

解　若 $a<0$, 我们令 $y=\pi-x$. 故我们不妨设 $a\geqslant0$. 由 Cauchy 不等式和 AM-GM 不等式有

$$\begin{aligned}f^2(x)&=\frac{1}{\lambda^2}\sin^2x(a\lambda+\lambda\cos x)^2\\&\leqslant\frac{1}{\lambda^2}\sin^2x(\lambda^2+\cos^2x)(a^2+\lambda^2)\\&\leqslant\frac{1}{\lambda^2}\left(\frac{\sin^2x+\lambda^2+\cos^2x}{2}\right)^2(a^2+\lambda^2)\\&=\frac{1}{\lambda^2}\left(\frac{1+\lambda^2}{2}\right)^2(a^2+\lambda^2),\end{aligned}$$

等号成立当且仅当 $\lambda^2=a\cos x,\sin^2x=\lambda^2+\cos^2x$ 时. 消去 x 得

$$2\lambda^4+a^2\lambda^2-a^2=0,$$

解得

$$\lambda^2=\frac{1}{4}(\sqrt{a^4+8a^2}-a^2),\quad -1\leqslant\cos x=\frac{1}{4}(\sqrt{a^2+8}-a)\leqslant1.$$

于是当 $x=2k\pi\pm\arccos\left(\dfrac{1}{4}(\sqrt{a^2+8}-a)\right)(k\in\mathbb{Z})$ 时, $f(x)$ 取最大值, 为

$$f(x)_{\max}=\frac{\sqrt{a^4+8a^2}-a^2+4}{8}\cdot\sqrt{\frac{\sqrt{a^4+8a^2}+a^2+2}{2}}.$$ □

注 用这个方法可以解决在 $\triangle ABC$ 中 $\sin A+\sin B+k\sin C$ 的最大值问题.

例如, 在 $\triangle ABC$ 中有

$$\sin A+\sin B+5\sin C\leqslant\frac{\sqrt{198+2\sqrt{201}}(\sqrt{201}+3)}{40}.$$

下面我们来讨论一个有趣的问题.

当 $x+y+z=p+q+r$, 且 $x,y,z,p,q,r\geqslant 0$ 时, 下式何时成立:

$$\sum_{\text{cyc}}a^xb^yc^z\geqslant\sum a^pb^qc^r.$$

首先不妨设 $z=\min\{x,y,z\}$, 显然 $z\leqslant\min\{p,q,r\}$. 否则, 令 c 趋于零, 不等式不成立. 我们在不等式两边同除以 $a^zb^zc^z$. 于是只需讨论当 $x+y=p+q+r$, $x,y,p,q,r\geqslant 0$ 时, $\sum a^xb^y\geqslant\sum a^pb^qc^r$ 成立的充要条件. x,y 中有数为 0 的情况显然, 故只需讨论 x,y 为正实数的情况. 我们可以得到如下结论:

例 5.16 (韩京俊) x,y 是正实数, p,q,r 是非负实数, 满足 $x+y=p+q+r$. 则不等式

$$\sum_{\text{cyc}}a^xb^y\geqslant\sum_{\text{cyc}}a^pb^qc^r\quad(\forall a,b,c\geqslant 0)$$

成立的充要条件是

$$\left(\frac{q}{x}+\frac{p}{y}-1\right)\left(\frac{r}{x}+\frac{q}{y}-1\right)\left(\frac{p}{x}+\frac{r}{y}-1\right)\geqslant 0.$$

思路 我们希望求出非负实数 α,β,γ, 使得 AM-GM 不等式

$$\alpha a^xb^y+\beta b^xc^y+\gamma c^xa^y\geqslant a^pb^qc^r$$

等三式成立. 这等价于 $\alpha+\beta+\gamma=1$, 且 $\alpha x+\gamma y=p,\alpha y+\beta x=q,\beta y+\gamma x=r$. 故

$$\alpha x+\left(1-\alpha-\frac{q-\alpha y}{x}\right)y=p\quad\Longrightarrow\quad\alpha=\frac{p-\left(1-\dfrac{q}{x}\right)y}{x-y+\dfrac{y^2}{x}}=\frac{px+qy-xy}{x^2-xy+y^2}.$$

证明 充分性. 若 $\dfrac{q}{x}+\dfrac{p}{y}-1,\ \dfrac{r}{x}+\dfrac{q}{y}-1,\ \dfrac{p}{x}+\dfrac{r}{y}-1$ 中有两数非正, 我们不妨设

$$\frac{q}{x}+\frac{p}{y}\leqslant 1,\quad\frac{r}{x}+\frac{q}{y}\leqslant 1.$$

注意到 $x+y=p+q+r$, 故我们有

$$\begin{aligned}\frac{q}{x}+\frac{p}{y}\leqslant 1\quad&\Longleftrightarrow\quad qy+px\leqslant xy\\&\Longleftrightarrow\quad(qy+px)(x+y)\leqslant xy(p+q+r)\\&\Longleftrightarrow\quad px^2+qy^2\leqslant rxy.\end{aligned}$$

同理,

$$qx^2+ry^2\leqslant pxy \quad\Longleftrightarrow\quad p\geqslant \frac{qx}{y}+\frac{ry}{x}.$$

故

$$p\geqslant \frac{qx}{y}+\frac{ry}{x}\geqslant \frac{qx}{y}+\left(p\frac{x}{y}+q\frac{y}{x}\right)\frac{y}{x}=p+\frac{qx}{y}+\frac{qx^2}{y^2}>p,$$

矛盾. 所以

$$\frac{q}{x}+\frac{p}{y}\geqslant 1,\quad \frac{r}{x}+\frac{q}{y}\geqslant 1,\quad \frac{p}{x}+\frac{r}{y}\geqslant 1.$$

欲证明原不等式, 我们取

$$\alpha=\frac{px+qy-xy}{x^2-xy+y^2},\quad \beta=\frac{qx+ry-xy}{x^2-xy+y^2},\quad \gamma=\frac{rx+py-xy}{x^2-xy+y^2}.$$

则 $\alpha,\beta,\gamma\geqslant 0$, 且 $\alpha+\gamma+\beta=1$. 由 AM-GM 不等式我们有

$$\alpha a^x b^y+\beta b^x c^y+\gamma c^x a^y\geqslant a^p b^q c^r,$$

$$\alpha b^x c^y+\beta c^x a^y+\gamma a^x b^y\geqslant b^p c^q a^r,$$

$$\alpha c^x a^y+\beta a^x b^y+\gamma b^x c^y\geqslant c^p a^q b^r.$$

将上述三式相加即得欲证不等式.

必要性. 用反证法, 由充分性证明知若命题不成立, 则 $(u-1)(v-1)(w-1)<0$, 其中 $u=\frac{q}{x}+\frac{p}{y}$, $v=\frac{r}{x}+\frac{q}{y}$, $w=\frac{p}{x}+\frac{r}{y}$, 因此 $\min\{u,v,w\}<1$. 我们取 $a=t^{\frac{1}{y}},b=t^{\frac{1}{x}},c=1$, 此时原不等式为

$$t^w+2t\geqslant t^u+t^v+t^w,$$

其中 $w=\frac{x}{y}+\frac{y}{x}\geqslant 2$. 故不等式左边关于 t 的次数大于或等于 1, 右边关于 t 的次数小于 1, 令 $t\to 0$, 即知不等式不成立, 矛盾.

综上所述, 命题得证. □

例 5.17 (文献 [14], Carleman 不等式①)　$a_i>0(i=1,2,\cdots,n)$. 求证:

$$\sum_{k=1}^{n}\sqrt[k]{\prod_{i=1}^{k}a_i}<\mathrm{e}\sum_{i=1}^{n}a_i.$$

这里 e 为自然对数的底数, 可定义为 $\lim\limits_{k\to+\infty}\left(1+\frac{1}{k}\right)^k=\mathrm{e}$, 可证明 $\left(1+\frac{1}{k}\right)^k<\mathrm{e}$.

证明　我们尝试用 AM-GM 不等式去根号. 直接用 AM-GM 不等式难以奏效, 这提示我们需要给 a_i 加权. 我们希望存在 $b_1,\cdots,b_n\geqslant 0$, 使得 $a_1b_1=a_2b_2=\cdots=a_nb_n$, 此时由

① Torsten Carleman (1892~1949) 是瑞典非常有影响力的数学家之一, 他生前曾担任著名的 Mittag-Leffler 研究所所长超过 20 年. Carleman 不等式是他在证明分析学中所谓的 Denjoy-Carleman 定理时用到的一个结论.

AM-GM 不等式有

$$\sum_{k=1}^{n}\sqrt[k]{\prod_{i=1}^{k}a_i}=\sum_{k=1}^{n}\frac{1}{\sqrt[k]{\prod\limits_{i=1}^{k}b_i}}\sqrt[k]{\prod_{i=1}^{k}(a_ib_i)}$$

$$\leqslant\sum_{k=1}^{n}\frac{1}{\sqrt[k]{\prod\limits_{i=1}^{k}b_i}}\frac{\sum\limits_{i=1}^{k}a_ib_i}{k}$$

$$=\sum_{i=1}^{n}a_ib_i\sum_{k=i}^{n}\frac{1}{k\sqrt[k]{\prod\limits_{j=1}^{k}b_j}}.$$

对于上面这一类型的和式, 常规的处理方法是裂项. 为此令 $\sqrt[k]{\prod\limits_{i=1}^{k}b_i}=k+1(k=1,2,\cdots,n)$. 则 $b_i=\dfrac{(i+1)^i}{i^{i-1}}(i=1,2,\cdots,n)$, 且

$$\sum_{k=i}^{n}\frac{1}{k\sqrt[k]{\prod\limits_{j=1}^{k}b_j}}=\frac{1}{i}-\frac{1}{n+1}<\frac{1}{i}.$$

于是

$$\sum_{i=1}^{n}a_ib_i\sum_{k=i}^{n}\frac{1}{k\sqrt[k]{\prod\limits_{j=1}^{k}b_j}}\leqslant\sum_{i=1}^{n}a_i\left(\frac{i+1}{i}\right)^i<\mathrm{e}\sum_{i=1}^{n}a_i.$$

□

注 本题可看作著名的 Hardy 不等式的推广. 因此也有人称之为 Carleman-Hardy-Pólya 不等式.

我们能用数学归纳法证明更强的命题:

$$\sum_{k=1}^{n}\sqrt[k]{\prod_{i=1}^{k}a_i}+n\sqrt[n]{\prod_{i=1}^{n}a_i}<\mathrm{e}\sum_{i=1}^{n}a_i.$$

证明 $n=1$ 时, 欲证不等式显然成立. 假设不等式对于 n 个 a_i 的情形成立, 下面考虑 $n+1$ 个 a_i 的情形. 由归纳假设, 我们只需证明

$$(n+2)\sqrt[n+1]{\prod_{i=1}^{n+1}a_i}\leqslant n\sqrt[n]{\prod_{i=1}^{n}a_i}+\mathrm{e}a_{n+1}.$$

由 AM-GM 不等式并注意到 $\mathrm{e}\geqslant\left(\dfrac{n+2}{n+1}\right)^{n+1}$, 我们有

$$n\sqrt[n]{\prod_{i=1}^{n}a_i}+\mathrm{e}a_{n+1}\geqslant(n+1)\sqrt[n+1]{\mathrm{e}\prod_{i=1}^{n+1}a_i}$$

$$\geqslant (n+2)\sqrt[n+1]{\prod_{i=1}^{n+1} a_i}.$$

证毕. □

例 5.18 (文献 [59,60], K. Kedlaya, 1994 美国数学月刊, 混合算术–几何平均不等式) n 是正整数, $x_i \geqslant 0\ (i=1,2,\cdots,n)$. 对 $k=1,\cdots,n$, 记

$$A_k = \frac{1}{k}\sum_{i=1}^{k} x_i, \quad G_k = \sqrt[k]{\prod_{i=1}^{k} x_i},$$

则有

$$\sqrt[n]{\prod_{i=1}^{n} A_i} \geqslant \frac{1}{n}\sum_{i=1}^{n} G_i,$$

当且仅当 $x_1 = x_2 = \cdots = x_n$ 时等号成立.

证明　我们先证明

$$n\sqrt[n]{\prod_{k=1}^{n} A_k} \geqslant G_n + (n-1)\sqrt[n-1]{\prod_{k=1}^{n-1} A_k}. \tag{5.2}$$

对 $k=2,3,\cdots,n-1$, 由 AM-GM 不等式, 有

$$(n-k)A_k + (k-1)A_{k-1} \geqslant (n-1)\sqrt[n-1]{A_k^{n-k} A_{k-1}^{k-1}},$$

等号成立当且仅当 $A_{k-1} = A_k$ 时. 补充定义 $A_0 = 0$, $A_0^0 = 1$, 则上式对 $k=1,n$ 也成立. 于是

$$\begin{aligned}\prod_{k=1}^{n}\sqrt[n]{(n-k)A_k + (k-1)A_{k-1}} &\geqslant (n-1)\sqrt[n(n-1)]{\prod_{k=1}^{n}(A_k^{n-k}A_{k-1}^{k-1})} \\ &= (n-1)\sqrt[n-1]{\prod_{k=1}^{n-1} A_k},\end{aligned}$$

等号成立当且仅当 $x_1 = \cdots = x_n$ 时.

注意到当 $k=1,2,\cdots,n$ 时,

$$nA_k = x_k + (n-k)A_k + (k-1)A_{k-1}.$$

由 Cauchy 不等式, 我们有

$$\begin{aligned} n\sqrt[n]{\prod_{k=1}^{n} A_k} &= \sqrt[n]{\prod_{k=1}^{n}(x_k + (n-k)A_k + (k-1)A_{k-1})} \\ &\geqslant \sqrt[n]{\prod_{k=1}^{n} x_k} + \sqrt[n]{\prod_{k=1}^{n}((n-k)A_k + (k-1)A_{k-1})}\end{aligned}$$

$$\geqslant \sqrt[n]{\prod_{k=1}^{n} x_k} + (n-1)\sqrt[n-1]{\prod_{k=1}^{n-1} A_k}$$
$$= G_n + (n-1)\sqrt[n-1]{\prod_{k=1}^{n-1} A_k}.$$

反复利用式 (5.2) 知原不等式成立. □

注 (1) 证明中的式 (5.2) 可用来证明一道 2004 年 IMO 预选题.

在相同题设条件与记号下, 我们有

$$n\sqrt[n^2]{\frac{\prod\limits_{i=1}^{n} A_i}{A_n^n}} + \frac{G_n}{\sqrt[n]{\prod\limits_{i=1}^{n} A_i}} \leqslant n+1.$$

事实上由式 (5.2), 我们知

$$(n-1)\sqrt[n(n-1)]{\frac{\prod\limits_{i=1}^{n} A_i}{A_n^n}} + \frac{G_n}{\sqrt[n]{\prod\limits_{i=1}^{n} A_i}} \leqslant n. \tag{$*$}$$

令 $T = \frac{\prod\limits_{i=1}^{n} A_i}{A_n^n}$, 由 AM-GM 不等式有

$$(n-1)\sqrt[n(n-1)]{T} + 1 \geqslant n\sqrt[n^2]{T},$$

即知命题得证.

(2) 我们再给出不等式(5.2)的一种证明: 设 $t_i = \frac{x_i}{A_i}(i=1,2,\cdots,n)$, 则 $t_1 = 1$, $\frac{A_{i-1}}{A_i} = \frac{i-t_i}{i-1}(i=2,\cdots,n)$. 由 AM-GM 不等式与 Bernoulli 不等式, 有

$$\begin{aligned}
&(n-1)\sqrt[n(n-1)]{\frac{\prod\limits_{i=1}^{n} A_i}{A_n^n}} + \frac{G_n}{\sqrt[n]{\prod\limits_{i=1}^{n} A_i}} \\
&= (n-1)\sqrt[n(n-1)]{\prod_{i=2}^{n}\left(\frac{A_{i-1}}{A_i}\right)^{i-1}} + \sqrt[n]{\prod_{i=1}^{n} t_i} \\
&= (n-1)\sqrt[n(n-1)]{\prod_{i=2}^{n}\left(\frac{i-t_i}{i-1}\right)^{i-1}} + \sqrt[n]{\prod_{i=1}^{n} t_i} \\
&\leqslant \sum_{i=2}^{n}\sqrt[n]{\left(1+\frac{1-t_i}{i-1}\right)^{i-1}} + \frac{1}{n}\sum_{i=1}^{n} t_i
\end{aligned}$$

$$\leqslant \sum_{i=2}^{n}\left(1+(i-1)\cdot\frac{1-t_i}{(i-1)n}\right)+\frac{1}{n}\sum_{i=1}^{n}t_i=n.$$

我们也可不用 Bernoulli 不等式证明

$$(n-1)\sqrt[n(n-1)]{\prod_{i=2}^{n}\left(\frac{i-t_i}{i-1}\right)^{i-1}}\leqslant n-\frac{1}{n}\sum_{i=1}^{n}t_i.$$

由 AM-GM 不等式, 我们有

$$\prod_{i=2}^{n}\left(\frac{i-t_i}{i-1}\right)^{i-1}\leqslant\left(\sum_{i=2}^{n}\frac{\sum\limits_{i=2}^{n}(i-t_i)}{\sum\limits_{i=2}^{n}(i-1)}\right)^{\sum\limits_{i=2}^{n}(i-1)}.$$

令 $t=\dfrac{1}{n}\sum\limits_{i=1}^{n}t_i$, 故只需证明

$$(n-1)\sqrt{\frac{\frac{n(n+1)}{2}-nt}{\frac{n(n-1)}{2}}}\leqslant n-t\iff n+1-2t\leqslant\frac{(n-t)^2}{n-1}\iff (t-1)^2\geqslant 0.$$

(3) $n=3$ 时, 我们可证明更强的结论: $a,b,c>0$, 则

$$\left(8+\frac{2\sqrt{ab}}{a+b}\right)\sqrt[3]{a\cdot\frac{a+b}{2}\cdot\frac{a+b+c}{3}}\geqslant 3(a+\sqrt{ab}+\sqrt[3]{abc}).$$

证明　由 Cauchy 不等式, 有

$$\begin{aligned}(a+\sqrt{ab}+\sqrt[3]{abc})&\leqslant\sqrt[3]{a+a+a}\cdot\sqrt[3]{a+\sqrt{ab}+b}\cdot\sqrt[3]{a+b+c}\\&=\sqrt[3]{9}\cdot\sqrt[3]{a+\sqrt{ab}+b}\cdot\sqrt[3]{\frac{2}{a+b}}\cdot\sqrt[3]{a\cdot\frac{a+b}{2}\cdot\frac{a+b+c}{3}}.\end{aligned}$$

故只需证明

$$\sqrt[3]{3^5}\cdot\sqrt[3]{\frac{2(a+\sqrt{ab}+b)}{a+b}}\leqslant 8+\frac{2\sqrt{ab}}{a+b}.$$

由 AM-GM 不等式, 我们有

$$3^5\cdot\left(2+\frac{2\sqrt{ab}}{a+b}\right)\leqslant 3^3\cdot\frac{1}{3^3}\cdot\left(3+3+2+\frac{2\sqrt{ab}}{a+b}\right)^3=\left(8+\frac{2\sqrt{ab}}{a+b}\right)^3.$$

证毕. □

这里对本题的作者作一番介绍. Kiran Sridhara Kedlaya 是印度裔的美国数学家, 现在是美国加州大学圣地亚哥分校 (UCSD) 的教授. 他 16 岁时就获得过 IMO 金牌, 之后又收获了一金一银, 在大学中三次成为 Putnam 竞赛的会员 (Fellow), 被誉为美国大学数学专业学生中的翘楚. 他对不等式颇有见解, 本题的证明及之后的加权推广正是他的代表作之一. 他目前的研究领域是 p 进理论 (p-adic). 说起来他和中国的 IMO 金牌选手颇有缘分, 肖梁、刘若川都是他的博士研究生, 此外刁晗生、邵烜程也曾得到过他的指点.

在 2015 年国家集训队测试中, 出现了一道与混合算术–几何平均不等式相似的问题.

例 5.19 (2015 国家集训队) 正整数 $n \geqslant 2$, $a_i(i=1,2,\cdots,n)$ 为正实数. 求证:

$$\left(\frac{\sum\limits_{j=1}^{n}\sqrt[j]{a_1\cdots a_j}}{\sum\limits_{j=1}^{n}a_j}\right)^{\frac{1}{n}}+\frac{\sqrt[n]{a_1\cdots a_n}}{\sum\limits_{j=1}^{n}\sqrt[j]{a_1\cdots a_j}}\leqslant\frac{n+1}{n}.$$

分析与证明 设 $G_k=\sqrt[k]{\prod\limits_{i=1}^{k}a_i}$, 本题中 G_k 同时出现在分子与分母中, 恐难利用混合算术–几何平均不等式来证明.

为更好地观察本题, 我们先作代换去根号, 设

$$G_k=x_k \quad\Longrightarrow\quad a_{k+1}=\frac{x_{k+1}^{k+1}}{x_k^k},$$

为统一记号, 我们这里约定 $x_0=1$.

此时原题等价于证明

$$\left(\frac{\sum\limits_{j=1}^{n}x_j}{\sum\limits_{k=0}^{n-1}\frac{x_{k+1}^{k+1}}{x_k^k}}\right)^{\frac{1}{n}}+\frac{x_n}{\sum\limits_{j=1}^{n}x_j}\leqslant\frac{n+1}{n}.$$

上式分母中的项 $\sum\limits_{k=0}^{n-1}\frac{x_{k+1}^{k+1}}{x_k^k}$ 是解题的障碍, 如果我们直接使用 AM-GM 不等式, 则推得只需证明

$$\left(\frac{\sum\limits_{j=1}^{n}x_j}{nx_n}\right)^{\frac{1}{n}}+\frac{x_n}{\sum\limits_{j=1}^{n}x_j}\leqslant\frac{n+1}{n}.$$

遗憾的是, 这个时候不等式是反号的.

本题若采用调整法或求导法, 则容易因变量 x_i 出现在分子、分母中还带有根式而受阻.

从特殊到一般是数学中一种重要的思想. 因此我们考虑从最简单的情形 $n=2$ 入手, 看看低维的方法能不能推广到高维. 此时即为

$$\sqrt{\frac{x_1+x_2}{x_1+\frac{x_2^2}{x_1}}}+\frac{x_2}{x_1+x_2}\leqslant\frac{3}{2}.$$

注意到

$$1-\frac{x_2}{x_1+x_2}=\frac{x_1}{x_1+x_2}\geqslant 0,$$

我们移项并平方, 只需证明

$$\frac{x_1+x_2}{x_1+\dfrac{x_2^2}{x_1}} \leqslant \left(\frac{1}{2}+\frac{x_1}{x_1+x_2}\right)^2.$$

我们希望能将 $n=2$ 时的方法推广到一般的情形, 因此证明上面的不等式尽量不要用到调整法等不易于推广的方法. 注意到不等式右边的分母有因子 x_1+x_2, 我们希望将左边的分母也放缩至这一项, 由 Cauchy 不等式有

$$\left(x_1+\frac{x_2^2}{x_1}\right)(x_1+x_1) \geqslant (x_1+x_2)^2,$$

我们只需证明

$$\frac{2x_1}{x_1+x_2} \leqslant \left(\frac{1}{2}+\frac{x_1}{x_1+x_2}\right)^2,$$

而由 AM-GM 不等式有

$$\left(\frac{1}{2}+\frac{x_1}{x_1+x_2}\right)^2 \geqslant 4\cdot\frac{1}{2}\cdot\frac{x_1}{x_1+x_2},$$

立得.

当 $n=3$ 时, 仿照 $n=2$ 的情形, 只需证明

$$\left(\frac{\sum\limits_{j=1}^{3} x_j}{\sum\limits_{k=0}^{2}\dfrac{x_{k+1}^{k+1}}{x_k^k}}\right)^{\frac{1}{3}} \leqslant \frac{1}{3}+\frac{\sum\limits_{j=1}^{2} x_j}{\sum\limits_{j=1}^{3} x_j}.$$

由 Cauchy 不等式有

$$\begin{aligned}\sum_{k=0}^{2}\frac{x_{k+1}^{k+1}}{x_k^k}\prod_{i=1}^{2}\left(x_i+\sum_{j=1}^{2}x_j\right) &= \left(x_1+\frac{x_2^2}{x_1}+\frac{x_3^3}{x_2^2}\right)(x_1+x_1+x_2)(x_1+x_2+x_2) \\ &\geqslant (x_1+x_2+x_3)^3,\end{aligned}$$

再由 AM-GM 不等式知

$$\left(\frac{\prod\limits_{i=1}^{2}(x_i+\sum\limits_{j=1}^{2}x_j)}{(\sum\limits_{j=1}^{3}x_j)^2}\right)^{\frac{1}{3}} \leqslant \frac{1}{3}+\frac{1}{3}\sum_{i=1}^{2}\frac{x_i+\sum\limits_{j=1}^{2}x_j}{\sum\limits_{j=1}^{3}x_j},$$

此时命题也成立.

现在对于一般的 n, 完全类似地, 移项并平方, 只需证明

$$\left(\frac{\sum\limits_{j=1}^{n} x_j}{\sum\limits_{k=0}^{n-1}\dfrac{x_{k+1}^{k+1}}{x_k^k}}\right)^{\frac{1}{n}} \leqslant \frac{1}{n}+\frac{\sum\limits_{j=1}^{n-1} x_j}{\sum\limits_{j=1}^{n} x_j}.$$

由 n 项的 Cauchy 不等式有

$$\sum_{k=0}^{n-1}\frac{x_{k+1}^{k+1}}{x_k^k}\prod_{i=1}^{n-1}(x_i+\sum_{j=1}^{n-1}x_j)\geqslant(\sum_{j=1}^{n}x_j)^n,$$

只需证明

$$\left(\frac{\prod\limits_{i=1}^{n-1}(x_i+\sum\limits_{j=1}^{n-1}x_j)}{(\sum\limits_{j=1}^{n}x_j)^{n-1}}\right)^{\frac{1}{n}}\leqslant\frac{1}{n}+\frac{1}{n}\sum_{i=1}^{n-1}\frac{x_i+\sum\limits_{j=1}^{n-1}x_j}{\sum\limits_{j=1}^{n}x_j},$$

上式由 AM-GM 不等式立得. □

注 我们再给出本题的一种证明: 同上面的证法, 只需证

$$\left(\frac{\sum\limits_{j=1}^{n}x_j}{\sum\limits_{k=0}^{n-1}\frac{x_{k+1}^{k+1}}{x_k^k}}\right)^{\frac{1}{n}}\leqslant\frac{1}{n}+\frac{\sum\limits_{j=1}^{n-1}x_j}{\sum\limits_{j=1}^{n}x_j}.$$

由齐次性, 我们不妨设 $\sum\limits_{j=1}^{n}x_j=1$, 上式移项后等价于

$$\left(\sum_{k=0}^{n-1}\frac{x_{k+1}^{k+1}}{x_k^k}\right)^{-\frac{1}{n}}\leqslant\frac{n+1}{n}-x_n.$$

注意到 $f(x)=x^{-\frac{1}{n}}$ 是下凸函数, 则由 Jensen 不等式与 AM-GM 不等式知

$$\begin{aligned}\left(\sum_{k=0}^{n-1}\frac{x_{k+1}^{k+1}}{x_k^k}\right)^{-\frac{1}{n}}&=\left(\sum_{k=0}^{n-1}x_{k+1}\frac{x_{k+1}^{k}}{x_k^k}\right)^{-\frac{1}{n}}\leqslant\sum_{k=0}^{n-1}x_k\left(\sum_{k=0}^{n-1}\frac{x_{k+1}^{k}}{x_k^k}\right)^{-\frac{1}{n}}\\&=\sum_{k=0}^{n-1}x_k^{\frac{k}{n}}x_{k+1}^{1-\frac{k}{n}}\leqslant\sum_{k=0}^{n-1}\left(\frac{k}{n}x_k+\left(1-\frac{k}{n}\right)x_{k+1}\right)=\frac{n+1}{n}-x_n.\end{aligned}$$

事实上, 上述两例均与 Carleman 不等式有密切联系. 对于本例, 我们有

$$\left(\frac{\sum\limits_{j=1}^{n}\sqrt[j]{a_1\cdots a_j}}{\sum\limits_{j=1}^{n}a_j}\right)^{\frac{1}{n}}\leqslant\frac{n+1}{n}.$$

两边 n 次方后, 由 $\left(\frac{n+1}{n}\right)^n<\mathrm{e}$ 即知 Carleman 不等式成立.

上述两例之间也确有联系, 详情可见文献 [53], 本题也是文献 [53] 的主要结果.

由本例、上例及其注中的结果, 我们可得到: 若 x 满足 $\sqrt[n]{\prod\limits_{i=1}^{n}A_i}\geqslant x\geqslant\frac{1}{n}\sum\limits_{i=1}^{n}G_i$, 则

$$\sqrt[n]{\frac{x}{A_n}}+\frac{G_n}{nx}\leqslant\frac{n+1}{n}.$$

下面我们介绍一个经典的问题: Shapiro 型不等式.

例 5.20　$x_i>0(i=1,2,\cdots,n)$. 求证:

$$\sum_{i=1}^{n}\frac{x_i}{x_{i+1}+x_{i+2}}>\frac{5n}{12},$$

其中 $x_{n+1}=x_1,x_{n+2}=x_2$.

证明　引入参数 $a>0$, 设 $b=\dfrac{a}{1+a}$, 则 $b+ab=a$. 我们有

$$\frac{x_i}{x_{i+1}+x_{i+2}}+a=\frac{x_i+bx_{i+1}}{x_{i+1}+x_{i+2}}+\frac{a(bx_{i+1}+x_{i+2})}{x_{i+1}+x_{i+2}}.$$

利用 AM-GM 不等式有

$$\begin{aligned}\sum_{i=1}^{n}\frac{x_i}{x_{i+1}+x_{i+2}}&=\sum_{i=1}^{n}\frac{x_i+bx_{i+1}}{x_{i+1}+x_{i+2}}+\sum_{i=1}^{n}\frac{a(bx_{i+1}+x_{i+2})}{x_{i+1}+x_{i+2}}-an\\&=\sum_{i=1}^{n}\frac{x_i+bx_{i+1}}{x_{i+1}+x_{i+2}}+\sum_{i=1}^{n}\frac{a(bx_i+x_{i+1})}{x_i+x_{i+1}}-an\\&\geqslant2\sum_{i=1}^{n}\sqrt{a\cdot\frac{(x_i+bx_{i+1})(bx_i+x_{i+1})}{(x_{i+1}+x_{i+2})(x_i+x_{i+1})}}-an\\&=2\sum_{i=1}^{n}\sqrt{a\cdot\frac{b(x_i+x_{i+1})^2+(b-1)^2x_ix_{i+1}}{(x_{i+1}+x_{i+2})(x_i+x_{i+1})}}-an\\&>2\sum_{i=1}^{n}\sqrt{ab\cdot\frac{x_i+x_{i+1}}{x_{i+1}+x_{i+2}}}-an\\&=\frac{2a}{\sqrt{1+a}}\sum_{i=1}^{n}\sqrt{\frac{x_i+x_{i+1}}{x_{i+1}+x_{i+2}}}-an\\&\geqslant\left(\frac{2a}{\sqrt{1+a}}-a\right)n.\end{aligned}$$

当 $a=\dfrac{5}{4}$ 时, $\dfrac{2a}{\sqrt{1+a}}-a=\dfrac{5}{12}$. 此时

$$\sum_{i=1}^{n}\frac{x_i}{x_{i+1}+x_{i+2}}>\frac{5n}{12},$$

故命题得证. □

注　事实上我们可以求得 $\max\left\{\dfrac{2a}{\sqrt{1+a}}-a\right\}=k$ 的值, 此时

$$\begin{aligned}a&=-1+\frac{(x^2+4+2x)^2}{36x^2}\approx1.147899036,\\k&=-\frac{y}{6}+\frac{106}{3y}+\frac{4}{3}\approx0.4185878204>\frac{5}{12},\end{aligned}$$

其中 $x=\sqrt[3]{116+12\sqrt{93}}$, $y=\sqrt[3]{1828+372\sqrt{93}}$. a,k 分别是下面代数方程的非负实根:

$$a^3+2a^2-a-3=0,\quad 23k-4k^2+k^3-9=0.$$

再来介绍一下本题的背景. 1954 年, 美国数学家 H. S. Shapiro(夏皮诺) 在《美国数学月刊》上提出了如下 n 元轮换对称不等式的问题:

设 $x_1,x_2,\cdots,x_n>0$, 其中 $x_{n+1}=x_1,x_{n+2}=x_2$, 则

$$\sum_{i=1}^{n}\frac{x_i}{x_{i+1}+x_{i+2}}\geqslant\frac{n}{2}$$

对所有正整数 $n\geqslant2$ 都成立.

上面的问题有反例, 现在证明了对 $n=2,3,4,5,6,7,8,9,10,11,12,13,15,17,19,21,23$ 成立, 对其余的正整数 n 不成立. 而由于循环不等式 $S_n\geqslant0.5n$ 不总是成立, 于是就有人去研究 $S_n\geqslant rn$, 现在求得 $r\approx0.4945$. 当 n 趋向于无穷大时, 有人证明了 $r<1/2-7\times10^{-8}$. 我们所给出的 k 据作者所知目前是初等方法中最佳的.

尽管对类似于 $\sum\limits_{i=1}^{n}\dfrac{x_i}{x_{i+1}+x_{i+2}}$ 的循环和, 我们无法证明其不小于 $\dfrac{n}{2}$, 但我们能证明如下不等式:

例 5.21 正整数 $n\geqslant2$, $a_i>0(i=1,2,\cdots,n)$, 则

$$\frac{a_1}{a_1+a_2}+\frac{a_2}{a_2+a_3}+\cdots+\frac{a_n}{a_n+a_1}\geqslant\frac{a_1+a_2+\cdots+a_n}{a_1+a_2+\cdots+a_n-(n-2)\sqrt[n]{a_1a_2\cdots a_n}}.$$

证明 (韩京俊) $n=2$ 时为等式, $n=3$ 时即为例 5.3. 我们只需证明 $n\geqslant4$ 时的情形.

本题难度颇大, 无法直接使用 Cauchy 不等式证明. 原因在于不等式右边的分子 $a_1+a_2+\cdots+a_n$ 相较于 $\sqrt[n]{a_1a_2\cdots a_n}$ 而言比较强. 为此我们考虑不等式两边同时减 1, 这样右边的分子为 $(n-2)\sqrt[n]{a_1a_2\cdots a_n}$, 便于放缩. 原不等式等价于

$$\sum_{\text{cyc}}\left(\frac{a_1}{a_1+a_2}-\frac{a_1}{\sum\limits_{i=1}^{n}a_i}\right)\geqslant\frac{(n-2)\sqrt[n]{a_1a_2\cdots a_n}}{a_1+a_2+\cdots+a_n-(n-2)\sqrt[n]{a_1a_2\cdots a_n}}.$$

注意到 $\sqrt[n]{a_1a_2\cdots a_n}\leqslant\dfrac{1}{n}(a_1+a_2+\cdots+a_n)$, 我们只需证明

$$\sum_{\text{cyc}}\frac{a_1(a_3+\cdots+a_n)}{(a_1+a_2)\sum\limits_{i=1}^{n}a_i}\geqslant\frac{n(n-2)\sqrt[n]{a_1a_2\cdots a_n}}{2(a_1+a_2+\cdots+a_n)}.$$

由 AM-GM 不等式, 有

$$\sum_{\text{cyc}}\frac{a_1(a_3+\cdots+a_n)}{(a_1+a_2)\sum\limits_{i=1}^{n}a_i}\geqslant n\sqrt[n]{\prod_{\text{cyc}}\frac{a_1(a_3+\cdots+a_n)}{(a_1+a_2)\sum\limits_{i=1}^{n}a_i}}.$$

故只需证明

$$\prod_{\text{cyc}}\frac{a_3+\cdots+a_n}{a_1+a_2}\geqslant\left(\frac{n-2}{2}\right)^n.$$

上式即为例 6.26, 证毕. □

注　用同样的方法, 我们可以证明下面的不等式:

正整数 $n \geqslant 2$, $a_i > 0\ (i=1,2,\cdots,n)$, $1 \leqslant j \leqslant n$, 则

$$\sum_{i=1}^{n} \frac{a_i}{a_{i+j}+a_{i+j+1}} \geqslant \frac{\sum\limits_{i=1}^{n} a_i}{\sum\limits_{i=1}^{n} a_i-(n-2)\sqrt[n]{a_1\cdots a_n}},$$

其中 $a_{n+l}=a_l$.

这里我们再给出一种证明.

证明　由 AM-GM 不等式, 有

$$1+\frac{n(n-2)\sqrt[n]{a_1a_2\cdots a_n}}{2\sum\limits_{i=1}^{n} a_i} \geqslant \frac{\sum\limits_{i=1}^{n} a_i}{\sum\limits_{i=1}^{n} a_i-(n-2)\sqrt[n]{a_1a_2\cdots a_n}}.$$

故我们只需证明

$$\sum_{\text{cyc}} \frac{a_i}{a_i+a_{i+1}} \geqslant 1+\frac{n(n-2)\sqrt[n]{a_1a_2\cdots a_n}}{2\sum\limits_{i=1}^{n} a_i}.$$

$$\Longleftrightarrow \quad n-2-\frac{n(n-2)\sqrt[n]{a_1a_2\cdots a_n}}{\sum\limits_{i=1}^{n} a_i} \geqslant \sum_{\text{cyc}} \frac{a_{i+1}-a_i}{a_i+a_{i+1}}.$$

注意到

$$\begin{aligned}\sum_{\text{cyc}} \frac{-a_i+a_{i+1}}{a_i+a_{i+1}} =& \left(\frac{a_2-a_1}{a_2+a_1}+\frac{a_3-a_2}{a_3+a_2}+\frac{a_1-a_3}{a_1+a_3}\right)+\left(\frac{a_3-a_1}{a_3+a_1}+\frac{a_4-a_3}{a_4+a_3}+\frac{a_1-a_4}{a_1+a_4}\right) \\ &+\cdots+\left(\frac{a_{n-1}-a_1}{a_{n-1}+a_1}+\frac{a_n-a_{n-1}}{a_n+a_{n-1}}+\frac{a_1-a_n}{a_1+a_n}\right),\end{aligned}$$

故我们有

$$\begin{aligned}n\sum_{\text{cyc}} \frac{-a_i+a_{i+1}}{a_i+a_{i+1}} =& \sum\left(\frac{a_2-a_1}{a_2+a_1}+\frac{a_3-a_2}{a_3+a_2}+\frac{a_1-a_3}{a_1+a_3}\right)+\sum_{\text{cyc}}\left(\frac{a_3-a_1}{a_3+a_1}+\frac{a_4-a_3}{a_4+a_3}+\frac{a_1-a_4}{a_1+a_4}\right) \\ &+\cdots+\sum_{\text{cyc}}\left(\frac{a_{n-1}-a_1}{a_{n-1}+a_1}+\frac{a_n-a_{n-1}}{a_n+a_{n-1}}+\frac{a_1-a_n}{a_1+a_n}\right).\end{aligned}$$

故对每一项用例 5.3 中证明的结论, 我们只需证明

$$\begin{aligned}&\sum_{\text{cyc}}\left(1-\frac{3\sqrt[3]{a_1a_2a_3}}{a_1+a_2+a_3}\right)+\sum_{\text{cyc}}\left(1-\frac{3\sqrt[3]{a_1a_3a_4}}{a_1+a_3+a_4}\right)+\cdots+\sum_{\text{cyc}}\left(1-\frac{3\sqrt[3]{a_1a_{n-1}a_n}}{a_1+a_{n-1}+a_n}\right) \\ &\leqslant n(n-2)\left(1-\frac{n\sqrt[n]{a_1a_2\cdots a_n}}{a_1+\cdots+a_n}\right).\end{aligned}$$

移项后, 上式等价于

$$\sum_{\text{cyc}} \frac{3\sqrt[3]{a_1a_2a_3}}{a_1+a_2+a_3}+\sum_{\text{cyc}} \frac{3\sqrt[3]{a_1a_3a_4}}{a_1+a_3+a_4}+\cdots+\sum_{\text{cyc}} \frac{3\sqrt[3]{a_1a_{n-1}a_n}}{a_1+a_{n-1}+a_n} \geqslant \frac{n^2(n-2)\sqrt[n]{a_1a_2\cdots a_n}}{a_1+\cdots+a_n}.$$

由 Cauchy 不等式, 我们只需证明

$$\frac{3(\sum\limits_{\text{cyc}}\sqrt[6]{a_1a_2a_3})^2}{3\sum\limits_{i=1}^{n}a_i}+\frac{3(\sum\limits_{\text{cyc}}\sqrt[6]{a_1a_3a_4})^2}{3\sum\limits_{i=1}^{n}a_i}+\cdots+\frac{3(\sum\limits_{\text{cyc}}\sqrt[6]{a_1a_{n-1}a_n})^2}{3\sum\limits_{i=1}^{n}a_i}$$
$$\geqslant\frac{n^2(n-2)\sqrt[n]{a_1a_2\cdots a_n}}{\sum\limits_{i=1}^{n}a_i}.$$

上式等价于

$$(\sum_{\text{cyc}}\sqrt[6]{a_1a_2a_3})^2+(\sum_{\text{cyc}}\sqrt[6]{a_1a_3a_4})^2+\cdots+(\sum_{\text{cyc}}\sqrt[6]{a_1a_{n-1}a_n})^2\geqslant n^2(n-2)\sqrt[n]{a_1a_2\cdots a_n},$$

最后一式由 AM-GM 不等式即知成立. □

5.2 Cauchy 不等式

Cauchy 不等式是一个非常重要的不等式, 灵活巧妙地应用它, 可以使一些较为困难的问题迎刃而解. 它在证明不等式、解三角形相关问题、求函数最值、解方程等问题中均有应用. 在本节中我们将介绍 Cauchy 不等式在证明不等式中的应用.

例 5.22 (1999 乌克兰) $x,y,z\geqslant 0, x+y+z=1$. 求证:

$$ax+by+cz+2\sqrt{(ab+bc+ca)(xy+yz+zx)}\leqslant a+b+c.$$

证明 利用两次 Cauchy 不等式:

$$\begin{aligned}&ax+by+cz+\sqrt{2(ab+bc+ca)\cdot 2(xy+yz+zx)}\\ \leqslant&\sqrt{x^2+y^2+z^2}\sqrt{a^2+b^2+c^2}+\sqrt{2(ab+bc+ca)\cdot 2(xy+yz+zx)}\\ \leqslant&\sqrt{x^2+y^2+z^2+2xy+2yz+2zx}\sqrt{a^2+b^2+c^2+2ab+2bc+2ca}\\ =&a+b+c.\end{aligned}$$

故原不等式成立. □

注 容易看出本题的证明可以推广到两组 n 个变量的情形: $x_i,y_i(i=1,2,\cdots,n)$ 非负, 则有

$$\sum_{i=1}^{n}x_iy_i+2\sqrt{\sum_{1\leqslant i<j\leqslant n}x_ix_j\sum_{1\leqslant i<j\leqslant n}y_iy_j}\leqslant\sum_{1\leqslant i\leqslant n}x_i\sum_{1\leqslant i\leqslant n}y_i.$$

例 5.23　$a,b,c\in\mathbb{R}$. 求证:

$$2(1+abc)+\sqrt{2(1+a^2)(1+b^2)(1+c^2)}\geqslant(1+a)(1+b)(1+c).$$

证明　由 Cauchy 不等式, 有

$$\begin{aligned}\sqrt{2(1+a^2)(1+b^2)(1+c^2)}&=\sqrt{((1+a)^2+(1-a)^2)((b+c)^2+(1-bc)^2)}\\&\geqslant(1+a)(b+c)+(1-a)(bc-1)\\&=(1+a)(1+b)(1+c)-2(1+abc),\end{aligned}$$

移项即得欲证不等式. □

例 5.24　正整数 $n\geqslant 2$, $a_i>0$ $(i=1,2,\cdots,n)$, $a_{n+1}=a_1$, $d\geqslant 0$, 则

$$\sum_{i=1}^{n}\frac{a_i^{1+d}}{a_{i+1}^{1+d}}\geqslant\sum_{i=1}^{n}\frac{a_i}{a_{i+1}}.$$

证明　由 Cauchy 不等式, 有

$$(1+1+\cdots+1)^d\sum_{i=1}^{n}\frac{a_i^{1+d}}{a_{i+1}^{1+d}}\geqslant\left(\sum_{i=1}^{n}\frac{a_i}{a_{i+1}}\right)^{1+d}.$$

故再由 AM-GM 不等式知

$$\sum_{i=1}^{n}\frac{a_i^{1+d}}{a_{i+1}^{1+d}}\geqslant\frac{1}{n^d}\cdot\left(\sum_{i=1}^{n}\frac{a_i}{a_{i+1}}\right)^{1+d}\geqslant\sum_{i=1}^{n}\frac{a_i}{a_{i+1}}.$$

□

例 5.25　$a,b,c\in[-1,1]$, 且 $1+2abc\geqslant a^2+b^2+c^2$. 求证: 对所有正整数 n, 有

$$1+2(abc)^n\geqslant a^{2n}+b^{2n}+c^{2n}.$$

证明　ab, bc, ca 中至少一个非负, 不妨设 ab 非负. 由 Cauchy 不等式有

$$L:=\left(\sum_{k=0}^{n-1}(ab)^{n-1-k}c^k\right)^2\leqslant\left(\sum_{k=0}^{n-1}(ab)^k\right)^2\leqslant\sum_{k=0}^{n-1}a^{2k}\sum_{k=0}^{n-1}b^{2k}\triangleq R.$$

注意到由条件有 $(ab-c)^2\leqslant(1-a^2)(1-b^2)$, 因此

$$((ab)^n-c^n)^2=(ab-c)^2L\leqslant(1-a^2)(1-b^2)R=(1-a^{2n})(1-b^{2n}),$$

即 $1+2(abc)^n\geqslant a^{2n}+b^{2n}+c^{2n}$, 等号成立当且仅当 $a=b,c=1$ 及其轮换时. □

例 5.26 是例 5.25 的推广.

例 5.26　$a,b,c,x,y,z\in[-1,1]$, 且 $1+2abc\geqslant a^2+b^2+c^2$, $1+2xyz\geqslant x^2+y^2+z^2$, 则

$$1+2abcxyz\geqslant a^2x^2+b^2y^2+c^2z^2.$$

证明 若 a,b,c,x,y,z 中有数为 0, 不妨设 $a=0$, 则由条件知 $1+2abcxyz\geqslant b^2+c^2$. 故

$$a^2x^2+b^2y^2+c^2z^2=b^2y^2+c^2z^2\leqslant b^2+c^2\leqslant 1+2abcxyz.$$

从而我们只需考虑 a,b,c,x,y,z 均不为 0 的情形. 欲证不等式等价于

$$(1-(ax)^2)(1-(by)^2)\geqslant(cz-abxy)^2.$$

设 $a^2=\dfrac{1}{u^2+1},b^2=\dfrac{1}{v^2+1},c=(w+1)ab,\ u,v\geqslant 0$. 则条件 $1+2abc\geqslant a^2+b^2+c^2$ 等价于

$$(1-a^2)(1-b^2)\geqslant(c-ab)^2\quad\Longleftrightarrow\quad |w|\leqslant uv.$$

同理, 设 $x^2=\dfrac{1}{p^2+1},y^2=\dfrac{1}{q^2+1},\ z=(1+r)xy,\ p,q\geqslant 0$. 我们有 $|r|\leqslant pq$.

代入欲证不等式, 得

$$\begin{aligned}&\frac{u^2p^2+u^2+p^2}{(1+u^2)(1+p^2)}\cdot\frac{v^2+q^2+v^2q^2}{(1+v^2)(1+q^2)}\geqslant(wr+w+r)^2(abxy)^2\\ \Longleftrightarrow\quad &(u^2p^2+u^2+p^2)(v^2+q^2+v^2q^2)\geqslant(wr+w+r)^2.\end{aligned}$$

上式由 Cauchy 不等式知, 当 $|r|\leqslant pq,|w|\leqslant uv$ 时成立. □

注 注意到 $a,b,c,x,y,z\in[-1,1]$, $1+2abc\geqslant a^2+b^2+c^2$, $1+2xyz\geqslant x^2+y^2+z^2$ 等价于

$$\boldsymbol{A}=\begin{pmatrix}1&a&b\\a&1&c\\b&c&1\end{pmatrix},\quad \boldsymbol{B}=\begin{pmatrix}1&x&y\\x&1&z\\y&z&1\end{pmatrix}$$

为半正定矩阵. 本题是 Schur 乘积定理 (Schur Product Theorem) 的一个特殊形式.

定理 5.1(文献 [80], Schur 乘积定理) n 是正整数, 对于 $n\times n$ 的半正定矩阵 $\boldsymbol{A}=(a_{ij})_{1\leqslant i,j\leqslant n}$, $\boldsymbol{B}=(b_{ij})_{1\leqslant i,j\leqslant n}$, $\boldsymbol{A}$ 与 $\boldsymbol{B}$ 的 Hadamard 积 $\boldsymbol{A}\circ\boldsymbol{B}=(a_{ij}b_{ij})_{1\leqslant i,j\leqslant n}$ 也是半正定的.

Schur 乘积定理的证明可见例 10.23. 我们还有如下的分数阶 Hadamard 幂定理:

定理 5.2(文献 [31], 定理 2.2) n 是正整数, 实数 $\alpha\geqslant n-2$. 对于 $n\times n$ 的半正定矩阵 $\boldsymbol{A}=(a_{ij})_{1\leqslant i,j\leqslant n}$, 若 a_{ij} 均是非负实数, 则矩阵 $\boldsymbol{A}^{(\alpha)}=(a_{ij}^{\alpha})_{1\leqslant i,j\leqslant n}$ 也是半正定的. 若实数 $0<\alpha<n-2$ 且 α 不是整数, 则存在 $n\times n$ 的半正定矩阵 $\boldsymbol{A}$, 使得 $\boldsymbol{A}^{(\alpha)}$ 不是半正定的.

例 5.27 (2008 IMO) $a,b,c\in\mathbb{R}$. 求证:

$$\left(\frac{a}{a-b}\right)^2+\left(\frac{b}{b-c}\right)^2+\left(\frac{c}{c-a}\right)^2\geqslant 1.$$

证明 由 Cauchy 不等式, 有

$$\sum_{\text{cyc}}\left(\frac{a}{a-b}\right)^2\sum_{\text{cyc}}(a-b)^2(a-c)^2\geqslant\left(\sum_{\text{cyc}}|a||a-c|\right)^2\geqslant\left(\sum_{\text{cyc}}a^2-\sum_{\text{cyc}}ab\right)^2.$$

而又有恒等式

$$\sum_{\text{cyc}}(a-b)^2(a-c)^2=\sum_{\text{cyc}}(a-b)^2(a-c)^2+2\sum(a-b)(a-c)(b-c)(b-a)$$
$$=(\sum(a-b)(a-c))^2=(\sum a^2-\sum ab)^2,$$

故命题得证. □

注　本题的证明方法有许多, 例如本题实际是如下恒等式的简单推论:

$$\sum_{\text{cyc}}\left(\frac{a}{a-b}\right)^2-1=\frac{(a^2b+b^2c+c^2a-3abc)^2}{(a-b)^2(b-c)^2(c-a)^2}\geqslant 0.$$

我们也可以通过变量替换法证明: 设 $x=\dfrac{a}{a-b}$, $y=\dfrac{b}{b-c}$, $z=\dfrac{c}{c-a}$, 则 $xyz=(x-1)(y-1)(z-1)$, 即 $1+\sum xy=\sum x$. 我们有

$$\sum x^2=(\sum x)^2-2\sum xy=(\sum x)^2+2-2\sum x=(\sum x-1)^2+1\geqslant 1.$$

本题的结论还可以推广到 n 个变量: 当 $n\geqslant 3$, $x_i\in\mathbb{R}$, $x_i\neq 1(i=1,2,\cdots,n)$, $\prod\limits_{i=1}^{n}x_i=1$ 时, 有

$$S_n=\sum_{i=1}^{n}\frac{1}{(1-x_i)^2}\geqslant 1.$$

证明　$n=3$ 时, 即为例题的结论.

$n=4$ 时, 由例 3.2 知

$$\sum_{i=1}^{4}\frac{1}{(1-x_i)^2}\geqslant\sum_{i=1}^{4}\frac{1}{(1+|x_i|)^2}\geqslant 1.$$

$n\geqslant 5$ 时, 由归纳知

$$\sum_{i=1}^{n}\frac{1}{(1-x_i)^2}\geqslant\sum_{i=1}^{n}\frac{1}{(1+|x_i|)^2}$$
$$\geqslant\frac{1}{1+|x_1x_2|}+\sum_{i=3}^{n}\frac{1}{(1+|x_i|)^2}$$
$$\geqslant\frac{1}{(1+|x_1x_2|)^2}+\sum_{i=3}^{n}\frac{1}{(1+|x_i|)^2}\geqslant 1.$$

$x_1=\dfrac{1}{j^{n-1}}, x_2=\cdots=x_n=j$, $j\to+\infty$ 时, $S_n\to 1$, 即不等式右边的 1 是最佳的. □

例 5.28 (2002 越南)　$a,b,c\in\mathbb{R}$, 且 $a^2+b^2+c^2=9$. 求证:

$$2(a+b+c)-abc\leqslant 10.$$

证明　不妨设 $a\leqslant b\leqslant c\Longrightarrow 9\geqslant\frac{3}{2}(a^2+b^2)\geqslant 3ab\Longleftrightarrow 3\geqslant ab$. 于是我们有

$$2(a+b+c)-abc=2(a+b)+c(2-ab)$$

$$\begin{aligned}&\leqslant \sqrt{(a^2+b^2+2ab+c^2)(8-4ab+a^2b^2)}\\&=\sqrt{(9+2ab)(a^2b^2-4ab+8)}\\ \iff\quad &(9+2ab)(a^2b^2-4ab+8)\leqslant 100\\ \iff\quad &(7-2ab)(ab+2)^2\geqslant 0.\end{aligned}$$

上式显然. 等号成立当且仅当 $a=2,b=2,c=-1$ 及其轮换时. □

注 利用相同的方法可以证明一道波兰的试题: $x,y,z>0,x^2+y^2+z^2=2$, 有

$$x+y+z\leqslant xyz+2.$$

对于根式不等式, 先两边平方再用 Cauchy 不等式去根号是一种常用的手段.

例 5.29 非负实数 a,b,c 满足 $a+b+c=2$. 证明:

$$\sqrt{a+b-2ab}+\sqrt{b+c-2bc}+\sqrt{c+a-2ca}\geqslant 2.$$

证明 原不等式等价于

$$\begin{aligned}&\sum\sqrt{(a+b)(a+b+c)-4ab}\geqslant 2\sqrt{2}\\ \iff\quad &\sum\sqrt{c(a+b)+(a-b)^2}\geqslant 2\sqrt{2}.\end{aligned}$$

两边平方后, 等价于

$$\sum a^2+\sum\sqrt{c(a+b)+(a-b)^2}\sqrt{b(a+c)+(a-c)^2}\geqslant 4.$$

由 Cauchy 不等式, 有

$$\begin{aligned}&\sqrt{c(a+b)+(a-b)^2}\sqrt{b(a+c)+(a-c)^2}\\ \geqslant\ &\sqrt{bc(a+b)(a+c)}+(a-b)(a-c)\\ \geqslant\ &\sqrt{bc}(a+\sqrt{bc})+(a-b)(a-c),\end{aligned}$$

故我们只需证明

$$\begin{aligned}&\sum a^2+\sum bc+\sum a\sqrt{bc}+\sum(a-b)(a-c)\geqslant(a+b+c)^2\\ \iff\quad &\sum a^2+\sum a\sqrt{bc}\geqslant 2\sum ab.\end{aligned}$$

令 $\sqrt{a}=x,\sqrt{b}=y,\sqrt{c}=z$, 上式等价于

$$\sum x^4+\sum xyz^2\geqslant 2\sum x^2y^2.$$

由四次 Schur 不等式与 AM-GM 不等式, 我们有

$$\sum x^4+\sum xyz^2\geqslant\sum x^3(y+z)\geqslant 2\sum x^2y^2.$$

证毕. 原不等式等号成立当且仅当 $a=b=c=\dfrac{2}{3}$ 或 $a=b=1,c=0$ 及其轮换时. □

注 用同样的方法可证明例 3.27.

例 5.30　$a,b,c,d\geqslant 0$, 没有两个同时为 0. 求证:

$$\sqrt{\frac{a}{a+b}}+\sqrt{\frac{b}{b+c}}+\sqrt{\frac{c}{c+d}}+\sqrt{\frac{d}{d+a}}\leqslant 3.$$

证明　为方便起见, 我们用 a^2,b^2,c^2,d^2 代替 a,b,c,d. 不妨设 $a=\min\{a,b,c,d\}$. 则

$$\sum\frac{a^2}{a^2+b^2}\leqslant\frac{a^2}{a^2+b^2}+\frac{b^2}{b^2+c^2}+1+1\leqslant 3.$$

我们有

$$\begin{aligned}\left(\sum\frac{a}{\sqrt{a^2+b^2}}\right)^2=&\sum\frac{a^2}{a^2+b^2}+2\sum\frac{ab}{\sqrt{(a^2+b^2)(b^2+c^2)}}\\&+\frac{2ac}{\sqrt{(a^2+b^2)(c^2+d^2)}}+\frac{2bd}{\sqrt{(b^2+c^2)(d^2+a^2)}}\\\leqslant&3+2\sum\frac{ab}{ab+bc}+\frac{2ac}{ac+bd}+\frac{2bd}{bd+ac}\\=&3+2\sum\frac{a}{a+c}+2=9.\end{aligned}$$

原不等式得证. □

注　证明中的 $\sum\dfrac{a^2}{a^2+b^2}\leqslant 3$ 也可以这样证明:

$$\sum\frac{a^2}{a^2+b^2}\leqslant\sum\frac{a^2+c^2+d^2}{a^2+b^2+c^2+d^2}=3.$$

例 5.31 (Joel Zinn, 美国数学月刊)　$a_1,a_2,\cdots,a_n$ 是正实数. 求证:

$$\frac{1}{a_1}+\frac{2}{a_1+a_2}+\cdots+\frac{n}{a_1+a_2+\cdots+a_n}<\frac{2}{a_1}+\frac{2}{a_2}+\cdots+\frac{2}{a_n}.$$

证明　由 Cauchy 不等式, 我们有

$$\sum_{i=1}^{k}a_i\sum_{i=1}^{k}\frac{i^2}{a_i}\geqslant\left(\sum_{i=1}^{k}i\right)^2=\frac{k^2(k+1)^2}{4}.$$

于是

$$\begin{aligned}\sum_{k=1}^{n}\frac{k}{\sum\limits_{i=1}^{k}a_i}&\leqslant\sum_{k=1}^{n}\frac{4}{k(k+1)^2}\sum_{i=1}^{k}\frac{i^2}{a_i}\\&<2\sum_{i=1}^{n}\frac{i^2}{a_i}\sum_{k=i}^{n}\frac{2k+1}{k^2(k+1)^2}\\&=2\sum_{i=1}^{n}\frac{i^2}{a_i}\sum_{k=i}^{n}\left(\frac{1}{k^2}-\frac{1}{(k+1)^2}\right)\\&=2\sum_{i=1}^{n}\frac{i^2}{a_i}\left(\frac{1}{i^2}-\frac{1}{(n+1)^2}\right)\\&<2\cdot\sum_{i=1}^{n}\frac{i^2}{a_i}\cdot\frac{1}{i^2}=2\sum_{i=1}^{n}\frac{1}{a_i}.\end{aligned}$$

原不等式得证. □

注 题目中的系数 2 不能再改为更小的常数, 证明中的 Cauchy 不等式设参后确定. 本题可看作著名的 Hardy 不等式的推广 ($p=-1$), Hardy 不等式为

$$\sum_{k=1}^{n}\left(\frac{1}{k}\sum_{i=1}^{k}a_i\right)^p<\left(\frac{p}{p-1}\right)^p\sum_{i=1}^{n}a_i^p,$$

其中 $a_i>0(i=0,1,\cdots,n)$, $p>1$. Hardy 不等式的证明可参见文献 [47].

例 5.32 (Milne 不等式) $a_i,b_i>0(i=1,2,\cdots,n)$. 求证:

$$\sum_{i=1}^{n}(a_i+b_i)\sum_{i=1}^{n}\frac{a_ib_i}{a_i+b_i}\leqslant\sum_{i=1}^{n}a_i\sum_{i=1}^{n}b_i.$$

证明 欲证不等式等价于

$$\begin{aligned}&\sum_{i=1}^{n}\frac{4a_ib_i}{a_i+b_i}\leqslant\frac{4\sum\limits_{i=1}^{n}a_i\sum\limits_{i=1}^{n}b_i}{\sum\limits_{i=1}^{n}a_i+\sum\limits_{i=1}^{n}b_i}\\ \iff\quad&\sum_{i=1}^{n}\left(a_i+b_i-\frac{4a_ib_i}{a_i+b_i}\right)\geqslant\sum_{i=1}^{n}a_i+\sum_{i=1}^{n}b_i-\frac{4\sum\limits_{i=1}^{n}a_i\sum\limits_{i=1}^{n}b_i}{\sum\limits_{i=1}^{n}a_i+\sum\limits_{i=1}^{n}b_i}\\ \iff\quad&\sum_{i=1}^{n}\frac{(a_i-b_i)^2}{a_i+b_i}\geqslant\frac{\left(\sum\limits_{i=1}^{n}a_i-\sum\limits_{i=1}^{n}b_i\right)^2}{\sum\limits_{i=1}^{n}a_i+\sum\limits_{i=1}^{n}b_i}.\end{aligned}$$

由 Cauchy 不等式, 有

$$\sum_{i=1}^{n}\frac{(a_i-b_i)^2}{a_i+b_i}\geqslant\frac{\left(\sum\limits_{i=1}^{n}(a_i-b_i)\right)^2}{\sum\limits_{i=1}^{n}(a_i+b_i)}=\frac{\left(\sum\limits_{i=1}^{n}a_i-\sum\limits_{i=1}^{n}b_i\right)^2}{\sum\limits_{i=1}^{n}a_i+\sum\limits_{i=1}^{n}b_i}.$$

证毕. □

注 本题可用数学归纳法证明, 这里我们再给出一种基于 Cauchy 不等式的证明:

$$\begin{aligned}\sum_{i=1}^{n}\frac{a_ib_i}{a_i+b_i}\sum_{i=1}^{n}(a_i+b_i)&=\sum_{i=1}^{n}\left(a_i-\frac{a_i^2}{a_i+b_i}\right)\sum_{i=1}^{n}(a_i+b_i)\\&=\sum_{i=1}^{n}a_i\sum_{i=1}^{n}b_i+(\sum_{i=1}^{n}a_i)^2-\sum_{i=1}^{n}(a_i+b_i)\sum_{i=1}^{n}\frac{a_i^2}{a_i+b_i}\\&\leqslant\sum_{i=1}^{n}a_i\sum_{i=1}^{n}b_i.\end{aligned}$$

例 5.32 可推广至三组变元.

例 5.33　$a_i,b_i,c_i>0(i=1,2,\cdots,n)$. 求证:

$$\sum_{i=1}^{n}(a_i+b_i+c_i)\sum_{i=1}^{n}\frac{b_ic_i+c_ia_i+a_ib_i}{a_i+b_i+c_i}\sum_{i=1}^{n}\frac{a_ib_ic_i}{b_ic_i+c_ia_i+a_ib_i}\leqslant\sum_{i=1}^{n}a_i\sum_{i=1}^{n}b_i\sum_{i=1}^{n}c_i.$$

证明　我们只需证明

$$\begin{aligned}&\sum_{i=1}^{n}(a_i+b_i+c_i)\sum_{i=1}^{n}\frac{b_ic_i+c_ia_i+a_ib_i}{a_i+b_i+c_i}\\&\quad\leqslant\sum_{i=1}^{n}a_i\sum_{i=1}^{n}b_i+\sum_{i=1}^{n}c_i\sum_{i=1}^{n}b_i+\sum_{i=1}^{n}a_i\sum_{i=1}^{n}c_i,\end{aligned}\tag{5.3}$$

$$\begin{aligned}&(\sum_{i=1}^{n}a_i\sum_{i=1}^{n}b_i+\sum_{i=1}^{n}c_i\sum_{i=1}^{n}b_i+\sum_{i=1}^{n}a_i\sum_{i=1}^{n}c_i)\sum_{i=1}^{n}\frac{a_ib_ic_i}{b_ic_i+c_ia_i+a_ib_i}\\&\quad\leqslant\sum_{i=1}^{n}a_i\sum_{i=1}^{n}b_i\sum_{i=1}^{n}c_i.\end{aligned}\tag{5.4}$$

将式 (5.3) 与式 (5.4) 相乘即得欲证不等式.

我们先证明式 (5.3). 由例 5.32, 我们有

$$\sum_{i=1}^{n}((a_i+b_i)+c_i)\sum_{i=1}^{n}\frac{(a_i+b_i)c_i}{a_i+b_i+c_i}\leqslant(\sum_{i=1}^{n}a_i+\sum_{i=1}^{n}b_i)\sum_{i=1}^{n}c_i.$$

我们有其他两个类似的不等式, 将这三个式子相加即得式 (5.3).

下面再证明式 (5.4). 由例 5.32, 我们有

$$\sum_{i=1}^{n}(a_i+t_i)\sum_{i=1}^{n}\frac{a_it_i}{a_i+t_i}\leqslant\sum_{i=1}^{n}a_i\sum_{i=1}^{n}t_i,$$

令 $t_i=\dfrac{c_ib_i}{b_i+c_i}$, 则

$$\sum_{i=1}^{n}\left(a_i+\frac{c_ib_i}{b_i+c_i}\right)\sum_{i=1}^{n}\frac{a_ib_ic_i}{a_ib_i+b_ic_i+a_ic_i}\leqslant\sum_{i=1}^{n}a_i\sum_{i=1}^{n}\frac{c_ib_i}{b_i+c_i}.$$

故只需证明

$$\begin{aligned}&(\sum_{i=1}^{n}a_i\sum_{i=1}^{n}b_i+\sum_{i=1}^{n}c_i\sum_{i=1}^{n}b_i+\sum_{i=1}^{n}a_i\sum_{i=1}^{n}c_i)\sum_{i=1}^{n}\frac{c_ib_i}{b_i+c_i}\\&\quad\leqslant\sum_{i=1}^{n}b_i\sum_{i=1}^{n}c_i\sum_{1=1}^{n}\left(a_i+\frac{b_ic_i}{b_i+c_i}\right).\end{aligned}$$

上式等价于

$$\sum_{i=1}^{n}a_i(\sum_{i=1}^{n}b_i+\sum_{i=1}^{n}c_i)\sum_{i=1}^{n}\frac{c_ib_i}{b_i+c_i}\leqslant\sum_{i=1}^{n}a_i\sum_{i=1}^{n}b_i\sum_{i=1}^{n}c_i.$$

而这由例 5.32 知成立, 式 (5.4) 得证. □

注　关于本题, 我们提出如下猜想:

$x_{ij}>0(i=1,\cdots,n;j=1,\cdots,n)$. 设 $\sigma_{i,k}$ 为 x_{ij} $(j=1,2,\cdots,n)$ 的第 k 个初等对称多项式, 例如

$$\sigma_{i,1}=\sum_{j=1}^{n}x_{ij},\quad \sigma_{i,2}=\sum_{j,l}x_{ij}x_{il}.$$

$\sigma_j=\sum\limits_{i=1}^{n}x_{ij}$. 补充定义 $\sigma_{i,0}=1$. 我们猜测有

$$\prod_{j=1}^{m}\sum_{i=1}^{n}\frac{\sigma_{i,j}}{\sigma_{i,j-1}}\leqslant\prod_{j=1}^{m}\sigma_j.$$

特别地, 取 $m=2,3$, 即得例 5.32 与本例. 当 $m=4$ 时, 猜想为

$$\begin{aligned}&\sum_{i=1}^{n}(a_i+b_i+c_i+d_i)\sum_{i=1}^{n}\frac{b_ic_i+c_ia_i+a_ib_i+d_ia_i+d_ib_i+d_ic_i}{a_i+b_i+c_i+d_i}\\&\cdot\sum_{i=1}^{n}\frac{a_ib_ic_i+b_ic_id_i+c_id_ia_i+d_ia_ib_i}{b_ic_i+c_ia_i+a_ib_i+d_ia_i+d_ib_i+d_ic_i}\sum_{i=1}^{n}\frac{a_ib_ic_id_i}{a_ib_ic_i+b_ic_id_i+c_id_ia_i+d_ia_ib_i}\\&\quad\leqslant\sum_{i=1}^{n}a_i\sum_{i=1}^{n}b_i\sum_{i=1}^{n}c_i\sum_{i=1}^{n}d_i,\end{aligned}$$

其中所有的变量都取正数.

例 5.34 (韩京俊) $a,b,c>0$, 则

$$\frac{b}{a+c}+\frac{c}{a+b}+\frac{9a}{b+c}+\frac{16bc}{(b+c)^2}\geqslant 6.$$

证明 由 Cauchy 不等式, 有

$$\begin{aligned}&\frac{b}{a+c}+\frac{c}{a+b}+\frac{9a}{b+c}+\frac{16bc}{(b+c)^2}\\&\quad\geqslant\frac{(b^2+c^2+3a(b+c)+4bc)^2}{b^3(a+c)+c^3(a+b)+a(b+c)^3+bc(b+c)^2}.\end{aligned}$$

故只需证明

$$\left(3a(b+c)+b^2+c^2+4bc\right)^2\geqslant 6\left(a(b+c)^3+b^3(a+c)+c^3(a+b)+bc(b+c)^2\right).$$

展开后, 根据 a 的次数整理为

$$\begin{aligned}&9a^2(b+c)^2+6a(b+c)(b^2+c^2+4bc)+(b^2+c^2+4bc)^2\\&\quad-6a(b+c)^3-6a(b^3+c^3)-6bc(b+c)^2-6bc(b^2+c^2)\geqslant 0.\end{aligned}$$

注意到

$$\begin{aligned}&(b^2+c^2+4bc)^2-6bc(b+c)^2-6bc(b^2+c^2)\\&\quad=(b^2+c^2)^2+16b^2c^2+2bc(b^2+c^2)-6bc(b+c)^2\end{aligned}$$

$$= (b^2+c^2)(b+c)^2 + 16b^2c^2 - 6bc(b+c)^2$$
$$= (b+c)^2(b-c)^2 - 4bc(b-c)^2 = (b-c)^4,$$

故我们只需证明

$$6abc(b+c) + 9a^2(b+c)^2 - 6a(b+c)(b-c)^2 + (b-c)^4 \geqslant 0$$
$$\iff \quad 6abc(b+c) + \left(3a(b+c) - (b-c)^2\right)^2 \geqslant 0.$$

上式显然成立, 故原不等式得证. □

下面的例子利用 Cauchy 不等式去根号.

例 5.35　$a,b,c \geqslant 0, k \geqslant -2$. 求证:

$$\sqrt{\frac{a^2}{a^2+kab+b^2}} + \sqrt{\frac{b^2}{b^2+kbc+c^2}} + \sqrt{\frac{c^2}{c^2+kca+a^2}} \geqslant \min\left\{1, \frac{3}{\sqrt{k+2}}\right\}.$$

证明　设 $x = \frac{b}{a}, y = \frac{c}{b}, z = \frac{a}{c}$ 且 $xyz = 1$, 我们需要证明

$$\sum \frac{1}{\sqrt{x^2+kx+1}} \geqslant \min\left\{1, \frac{3}{\sqrt{k+2}}\right\}.$$

当 $k \geqslant 7$ 时, 由于 $x,y,z > 0$ 且 $xyz = 1$, 故存在 $m,n,p > 0$, 满足 $x = \frac{n^2p^2}{m^4}, y = \frac{p^2m^2}{n^4}, z = \frac{m^2n^2}{p^4}$, 不等式变为

$$\sum \frac{m^4}{\sqrt{m^8+km^4n^2p^2+n^4p^4}} \geqslant \frac{3}{\sqrt{k+2}}.$$

由 Cauchy 不等式推广得

$$LHS^2 \cdot \sum m(m^8+km^4n^2p^2+n^4p^4) \geqslant (m^3+n^3+p^3)^3.$$

于是只需证明

$$(k+2)(m^3+n^3+p^3)^3 \geqslant 9\sum m(m^8+km^4n^2p^2+n^4p^4)$$
$$\iff \quad k\sum m^3((\sum m^3)^2 - 9m^2n^2p^2) + 2(\sum m^3)^3 - 9\sum m(m^8+n^4p^4) \geqslant 0.$$

又因为 $k \geqslant 7$ 且 $(m^3+n^3+p^3)^2 - 9m^2n^2p^2 \geqslant 0$, 于是只需证明 $k = 7$ 的情况:

$$\text{上式} \quad \Longleftarrow \quad (m^3+n^3+p^3)^3 \geqslant \sum m(m^8+7m^4n^2p^2+n^4p^4)$$
$$\iff \quad \sum_{\text{sym}}(5m^6n^3 + 2m^3n^3p^3 - 7m^5n^2p^2) + \sum_{\text{sym}}(m^6n^3 - m^4n^4p) \geqslant 0.$$

上式由 AM-GM 不等式可得.

当 $-2 < k < 7$ 时, 有

$$\sum \frac{1}{\sqrt{x^2+kx+1}} \geqslant \sum \frac{1}{\sqrt{x^2+7x+1}} \geqslant 1.$$

综上, 命题得证. □

例 5.36 (2006 国家集训队) 设 $x_1,x_2,\cdots,x_n\geqslant 0$, 且 $\sum\limits_{i=1}^n x_i=1$. 求证:

$$\sum_{i=1}^n\sqrt{x_i}\sum_{i=1}^n\frac{1}{\sqrt{1+x_i}}\leqslant\frac{n^2}{\sqrt{n+1}}.$$

证明 由 Cauchy 不等式有

$$\begin{aligned}\sum_{i=1}^n\sqrt{x_i}\sum_{i=1}^n\frac{1}{\sqrt{1+x_i}}&=\sum_{i=1}^n\sqrt{x_i}\left(\sum_{i=1}^n\sqrt{1+x_i}-\sum_{i=1}^n\frac{x_i}{\sqrt{1+x_i}}\right)\\&\leqslant\sum_{i=1}^n\sqrt{x_i}\left(\sum_{i=1}^n\sqrt{1+x_i}-\frac{(\sum\limits_{i=1}^n\sqrt{x_i})^2}{\sum\limits_{i=1}^n\sqrt{1+x_i}}\right)\\&\leqslant\sum_{i=1}^n\sqrt{x_i}\left(\sqrt{n(n+1)}-\frac{(\sum\limits_{i=1}^n\sqrt{x_i})^2}{\sqrt{n(n+1)}}\right).\end{aligned}$$

令 $\sum\limits_{i=1}^n\sqrt{x_i}=y$, 则 $0<y\leqslant\sqrt{n}$. 只需证明

$$\begin{aligned}&y\left(\sqrt{n(n+1)}-\frac{y^2}{\sqrt{n(n+1)}}\right)\leqslant\frac{n^2}{\sqrt{n+1}}\\\Longleftrightarrow\quad&y^3-(n+1)ny+n^2\sqrt{n}\geqslant 0\\\Longleftrightarrow\quad&(y-\sqrt{n})(y^2+\sqrt{n}y-n^2)\geqslant 0.\end{aligned}$$

上式显然. 命题得证. 等号成立当且仅当 $x_1=x_2=\cdots=x_n$ 时. □

注 《走向 IMO 2006》中的三角证法十分繁琐. 而我们利用 Cauchy 不等式得到了简证. 本题的证法还可以用于证明更强的命题:

设 $x_1,x_2,\cdots,x_n\geqslant 0$, $0\leqslant\lambda\leqslant n$ 且 $\sum\limits_{i=1}^n x_i=1$. 求证:

$$\sum_{i=1}^n\sqrt{x_i}\sum_{i=1}^n\frac{1}{\sqrt{1+\lambda x_i}}\leqslant\frac{n^2}{\sqrt{n+\lambda}}.$$

证明 由 Cauchy 不等式有

$$\begin{aligned}(\sum_{i=1}^n\sqrt{x_i})^2&\leqslant\sum_{i=1}^n(1+\lambda x_i)\sum_{i=1}^n\frac{x_i}{1+\lambda x_i}\\&=\frac{n+\lambda}{\lambda}\sum_{i=1}^n\frac{\lambda x_i}{1+\lambda x_i}\\&=\frac{n+\lambda}{\lambda}\left(n-\sum_{i=1}^n\frac{1}{1+\lambda x_i}\right),\end{aligned}$$

$$\sum_{i=1}^n\frac{1}{\sqrt{1+\lambda x_i}}\leqslant\sqrt{n\sum_{i=1}^n\frac{1}{1+\lambda x_i}}.$$

设 $x=\sum\limits_{i=1}^{n}\frac{1}{1+\lambda x_i}$, 则

$$\begin{aligned}LHS&\leqslant\sqrt{\frac{n+\lambda}{\lambda}\left(n-\sum_{i=1}^{n}\frac{1}{1+\lambda x_i}\right)}\cdot\sqrt{n\sum_{i=1}^{n}\frac{1}{1+\lambda x_i}}\\&=\sqrt{\frac{n(n+\lambda)}{\lambda}}\sqrt{(n-x)x},\end{aligned}$$

注意到

$$x=\sum_{i=1}^{n}\frac{1}{1+\lambda x_i}\geqslant\frac{n^2}{\sum\limits_{i=1}^{n}(1+\lambda x_i)}=\frac{n^2}{n+\lambda}\geqslant\frac{n}{2},$$

所以

$$\sqrt{\frac{n(n+\lambda)}{\lambda}}\sqrt{(n-x)x}\leqslant\sqrt{\frac{n(n+\lambda)}{\lambda}}\sqrt{\frac{n^2}{n+\lambda}\left(n-\frac{n^2}{n+\lambda}\right)}=\frac{n^2}{\sqrt{n+\lambda}},$$

于是原不等式得证. □

例 5.37　$a,b,c\geqslant 0$. 求证:

$$\sum_{\text{cyc}}\sqrt{a^2+ab+b^2}\leqslant\sqrt{\sum_{\text{cyc}}(5a^2+4ab)}.$$

证明　由 Cauchy 不等式, 我们有

$$\begin{aligned}LHS^2&\leqslant 2(a+b+c)\sum\frac{a^2+ab+b^2}{a+b}\\&=2\sum(a^2+ab+b^2)+2\sum\frac{c(a^2+ab+b^2)}{a+b}\\&=4\sum a^2+6\sum ab-2abc\sum\frac{1}{a+b}.\end{aligned}$$

于是只需证明

$$\begin{aligned}&\sum a^2+2abc\sum\frac{1}{a+b}\geqslant 2\sum ab\\\Longrightarrow\quad&\sum a^2+\frac{9abc}{a+b+c}\geqslant 2\sum ab\\\Longleftrightarrow\quad&\sum a(a-b)(a-c)\geqslant 0.\end{aligned}$$

上式即为三次 Schur 不等式. □

注　本例向我们展现了使用 Cauchy 不等式的新途径. 利用类似的方法, 我们能证明: 当 $a,b,c\geqslant 0$ 时, 有

$$\sum_{\text{cyc}}\sqrt{4a^2+ab+4b^2}\leqslant\sqrt{\sum_{\text{cyc}}(22a^2+5ab)},$$

$$\sum_{\text{cyc}}\sqrt{9a^2-2ab+9b^2}\leqslant 2\sqrt{\sum_{\text{cyc}}(13a^2-ab)}.$$

对于一些复数不等式, 我们也可考虑用 Cauchy 不等式去根式.

例 5.38 (2015 CMO) 给定实数 $r\in(0,1)$, 若 n 个复数 $z_1,\cdots,z_n$ 满足 $|z_k-1|\leqslant r$ $(k=1,2,\cdots,n)$, 求证:

$$\Big|\sum_{i=1}^{n}z_i\sum_{i=1}^{n}\frac{1}{z_i}\Big|\geqslant n^2(1-r^2).$$

证明 设 $z_i=a_i+\mathrm{i}b_i$, 其中 $a_i,b_i\in\mathbb{R}(i=1,2,\cdots,n)$. 则

$$\begin{aligned}\Big|\sum_{i=1}^{n}z_i\sum_{i=1}^{n}\frac{1}{z_i}\Big|&=\sqrt{(\sum_{i=1}^{n}a_i)^2+(\sum_{i=1}^{n}b_i)^2}\sqrt{\left(\sum_{i=1}^{n}\frac{a_i}{a_i^2+b_i^2}\right)^2+\left(\sum_{i=1}^{n}\frac{b_i}{a_i^2+b_i^2}\right)^2}\\&\geqslant\Big|\sum_{i=1}^{n}a_i\Big|\Big|\sum_{i=1}^{n}\frac{a_i}{a_i^2+b_i^2}\Big|\\&\geqslant\Big(\sum_{i=1}^{n}\frac{|a_i|}{\sqrt{a_i^2+b_i^2}}\Big)^2.\end{aligned}$$

只需证明

$$\sum_{i=1}^{n}\frac{|a_i|}{\sqrt{a_i^2+b_i^2}}\geqslant n\sqrt{1-r^2}$$

即可, 故只需证明对任意 $1\leqslant i\leqslant n$, 有

$$\frac{|a_i|}{\sqrt{a_i^2+b_i^2}}\geqslant\sqrt{1-r^2}.$$

由条件 $(a_i-1)^2+b_i^2\leqslant r^2$, 知

$$r^2(a_i^2+b_i^2)\geqslant(a_i^2+b_i^2)((a_i-1)^2+b_i^2)\geqslant b_i^2\quad\Longrightarrow\quad\frac{a_i^2}{a_i^2+b_i^2}\geqslant1-r^2.$$

□

注 当 n 为偶数时, 上述不等式能取到等号, n 为奇数时则未必. 如何求得相应的最小值是一个值得探讨的问题.

当直接用 Cauchy 不等式难以证明时, 可以尝试分情况讨论.

例 5.39 $a,b,c>0$, 则

$$\frac{a}{a+b}+\frac{b}{b+c}+\frac{c}{c+a}\geqslant\frac{a+b+c}{a+b+c-\sqrt[3]{abc}}.$$

证明 我们尝试用 Cauchy 不等式证明

$$\sum\frac{a}{a+b}\geqslant\frac{(\sum a)^2}{\sum a(a+b)},$$

故只需证明

$$\frac{(\sum a)^2}{\sum a(a+b)}\geqslant\frac{a+b+c}{a+b+c-\sqrt[3]{abc}},$$

通分后等价于

$$ab+bc+ca \geqslant \sqrt[3]{abc}(a+b+c),$$

即此时原不等式成立. 下面我们考虑 $ab+bc+ca<\sqrt[3]{abc}(a+b+c)$ 的情形. 此时由 Cauchy 不等式有

$$\sum \frac{a}{a+b} \geqslant \frac{(\sum ac)^2}{\sum ac^2(a+b)} = \frac{(\sum ab)^2}{(\sum ab)^2 - abc\sum a},$$

故只需证明

$$\frac{(\sum ab)^2}{(\sum ab)^2 - abc\sum a} \geqslant \frac{a+b+c}{a+b+c-\sqrt[3]{abc}},$$

通分化简后等价于

$$\sqrt[3]{(a+b+c)^2} \geqslant (ab+bc+ca)^2,$$

上式即为我们分类讨论的条件. 综上, 命题得证. □

例 5.40 a,b,c 是非负实数, 至多有一数为 0. 证明:

$$\frac{1}{(a+2b)^2}+\frac{1}{(b+2c)^2}+\frac{1}{(c+2a)^2} \geqslant \frac{1}{ab+bc+ca}.$$

证明 我们分两种情况讨论.

(1) 若 $4(ab+bc+ca) \geqslant a^2+b^2+c^2$, 则由 Cauchy 不等式, 我们有

$$\sum \frac{1}{(a+2b)^2} \sum (a+2b)^2(a+2c)^2 \geqslant 9\left(\sum a\right)^2.$$

于是只需证明

$$\begin{aligned} & 9\left(\sum a\right)^2 \sum ab \geqslant \sum (a+2b)^2(a+2c)^2 \\ \Longleftrightarrow \quad & 9\left(\sum a\right)^2 \sum ab \geqslant \left(\sum a\right)^4 + 18\left(\sum ab\right)^2 \\ \Longleftrightarrow \quad & \left(\sum a^2 - \sum ab\right)\left(4\sum ab - \sum a^2\right) \geqslant 0 \end{aligned}$$

成立.

(2) 若 $a^2+b^2+c^2>4(ab+bc+ca)$, 不妨设 $a=\max\{a,b,c\}$. 下证 $a \geqslant 2(b+c)$, 事实上如果 $a<2(b+c)$, 则我们有

$$a^2+b^2+c^2-4(ab+bc+ca) = a(a-2b-2c)+b(b-a)+c(c-a)-4bc \leqslant 0,$$

矛盾. 故 $a \geqslant 2(b+c)$. 由 AM-GM 不等式, 我们有

$$\frac{1}{(a+2b)^2}+\frac{1}{(b+2c)^2} \geqslant \frac{2}{(a+2b)(b+2c)},$$

于是只需证明

$$\frac{2}{(a+2b)(b+2c)} \geqslant \frac{1}{ab+bc+ca} \quad \Longleftrightarrow \quad b(a-2b-2c) \geqslant 0,$$

上式显然成立.

故命题得证. 等号成立当且仅当 $a=b=c$ 时. □

注 我们再提出一个本例的推广供读者思考:

$a,b,c\geqslant 0$, 至多有一个为 0, $k>0$, 有

$$\sum_{\text{cyc}}\frac{1}{(a+kb)^2}\geqslant\frac{9}{(k+1)^2\sum ab}.$$

例 5.41 $a,b,c>0,x,y,z>0$. 求证:

$$\frac{b+c}{a(y+z)}+\frac{a+c}{b(x+z)}+\frac{a+b}{c(x+y)}\geqslant\frac{3(a+b+c)}{ax+by+cz}.$$

证明 不妨设 $a\geqslant b\geqslant c$. 若 $b+c-a\geqslant 0$, 则由 Cauchy 不等式, 有

$$\sum\frac{b+c}{a(y+z)}\geqslant\frac{\left(\sum\sqrt{\dfrac{(b+c)(b+c-a)}{2a}}\right)^2}{\sum\dfrac{(b+c-a)(y+z)}{2}}=\frac{\left(\sum\sqrt{\dfrac{(b+c)(b+c-a)}{2a}}\right)^2}{ax+by+cz}.$$

故只需证明

$$\sum\sqrt{\frac{(b+c)(b+c-a)}{2a}}\geqslant\sqrt{3\sum a}.$$

设 $2p=b+c-a,2q=c+a-b,2r=a+b-c$, 不妨设 $p+q+r=1$, 上式等价于

$$\sum\sqrt{\frac{p(1+p)}{1-p}}\geqslant\sqrt{6}.$$

若 $b+c-a<0$, 则由 Cauchy 不等式, 有

$$\begin{aligned}\sum\frac{b+c}{a(y+z)}&>\frac{c+a}{b(x+z)}+\frac{a+b}{c(x+y)}\\&\geqslant\frac{\left(\sqrt{\dfrac{c(c+a)}{b}}+\sqrt{\dfrac{b(a+b)}{c}}\right)^2}{c(x+z)+b(x+y)}\\&\geqslant\frac{\left(\sqrt{\dfrac{c(c+a)}{b}}+\sqrt{\dfrac{b(a+b)}{c}}\right)^2}{ax+by+cz}.\end{aligned}$$

故只需证明

$$\begin{aligned}&\left(\sqrt{\frac{c(c+a)}{b}}+\sqrt{\frac{b(a+b)}{c}}\right)^2\geqslant 3(a+b+c)\\\Longleftrightarrow\quad&(c\sqrt{a+c}+b\sqrt{a+b})^2\geqslant 3bc(a+b+c)\\\Longleftrightarrow\quad&(a+c)c^2+(a+b)b^2+2bc\sqrt{(a+c)(a+b)}\geqslant 3bc(a+b+c).\end{aligned}$$

注意到

$$\sqrt{(a+c)(a+b)} \geqslant a+\sqrt{bc},$$

故只需证明

$$f(a):=a(b^2+c^2-bc)+c^3+b^3+2bc\sqrt{bc}-3bc(b+c)\geqslant 0.$$

显然 f 关于 a 单调递增, 故

$$f(a)\geqslant f(b+c)=2(b+c)(b-c)^2-bc(\sqrt{b}-\sqrt{c})^2\geqslant 0.$$

综上, 原不等式得证. □

对于多变元的不等式, 也可以打破对称, 在局部用 Cauchy 不等式进行放缩.

例 5.42 (2007 中国西部数学奥林匹克) 设 a,b,c 是实数, 满足 $a+b+c=3$. 证明:

$$\frac{1}{5a^2-4a+11}+\frac{1}{5b^2-4b+11}+\frac{1}{5c^2-4c+11}\leqslant\frac{1}{4}.$$

证明 本题在第 3 章局部不等式法中已经有过介绍, 这里我们给出一种基于 Cauchy 不等式的证明.

显然存在 a,b 满足

$$(a-1)(b-1)\geqslant 0 \quad\Longrightarrow\quad a^2+b^2\leqslant 1+(a+b-1)^2=c^2-4c+5.$$

原不等式等价于

$$\left(5-\frac{51}{5a^2-4a+11}\right)+\left(5-\frac{51}{5b^2-4b+11}\right)\geqslant\frac{51}{5c^2-4c+11}-\frac{11}{4},$$

即

$$\frac{(5a-2)^2}{5a^2-4a+11}+\frac{(5b-2)^2}{5b^2-4b+11}\geqslant\frac{83+44c-55c^2}{4(5c^2-4c+11)}.$$

由 Cauchy 不等式, 我们有

$$\frac{(5a-2)^2}{5a^2-4a+11}+\frac{(5b-2)^2}{5b^2-4b+11}\geqslant\frac{(5(a+b)-4)^2}{5(a^2+b^2)-4(a+b)+22}\geqslant\frac{(5c-11)^2}{5c^2-16c+35}.$$

于是只需证明

$$\frac{(5c-11)^2}{5c^2-16c+35}\geqslant\frac{83+44c-55c^2}{4(5c^2-4c+11)}$$

$$\iff\quad (c-1)^2(775c^2-2150c+2419)\geqslant 0.$$

上式显然成立. □

之后我们举的几个例子都有一定难度.

例 5.43 非负实数 $a_1,a_2,\cdots,a_{100}$ 满足 $a_1^2+a_2^2+\cdots+a_{100}^2=1$. 证明:

$$a_1^2a_2+a_2^2a_3+\cdots+a_{100}^2a_1<\frac{12}{25}.$$

证明 令 $S=\sum_{k=1}^{100}a_k^2a_{k+1}$, 其中 $a_{101}=a_1$, 则由 Cauchy 不等式和 AM-GM 不等式有

$$\begin{aligned}(3S)^2&=\left(\sum_{k=1}^{100}a_{k+1}(a_k^2+2a_{k+1}a_{k+2})\right)^2\\&\leqslant\sum_{k=1}^{100}a_{k+1}^2\sum_{k=1}^{100}(a_k^2+2a_{k+1}a_{k+2})^2\\&=\sum_{k=1}^{100}(a_k^4+4a_k^2a_{k+1}a_{k+2}+4a_{k+1}^2a_{k+2}^2)\\&\leqslant\sum_{k=1}^{100}(a_k^4+2a_k^2(a_{k+1}^2+a_{k+2}^2)+4a_{k+1}^2a_{k+2}^2)\\&=\sum_{k=1}^{100}(a_k^4+6a_k^2a_{k+1}^2+2a_k^2a_{k+2}^2).\end{aligned}$$

而我们又有

$$\sum_{k=1}^{100}(a_k^4+2a_k^2a_{k+1}^2+2a_k^2a_{k+2}^2)\leqslant\left(\sum_{k=1}^{100}a_k^2\right)^2\quad 和\quad\sum_{k=1}^{100}a_k^2a_{k+1}^2\leqslant\sum_{i=1}^{50}a_{2i-1}^2\sum_{j=1}^{50}a_{2j}^2.$$

由此, 我们可以得到

$$(3S)^2\leqslant\left(\sum_{k=1}^{100}a_k^2\right)^2+4\sum_{i=1}^{50}a_{2i-1}^2\sum_{j=1}^{50}a_{2j}^2\leqslant1+\left(\sum_{i=1}^{50}a_{2i-1}^2+\sum_{j=1}^{50}a_{2j}^2\right)^2=2.$$

因此

$$S\leqslant\frac{\sqrt2}{3}<\frac{12}{25}.$$

□

例 5.44 $a,b,c,d\geqslant0$, 没有 3 个同时为 0. 求证:

$$\sqrt{\frac{a}{a+b+c}}+\sqrt{\frac{b}{b+c+d}}+\sqrt{\frac{c}{c+d+a}}+\sqrt{\frac{d}{d+a+b}}\leqslant\frac{4}{\sqrt3}.$$

证明 本题为轮换对称不等式, 为方便计算, 我们希望用 Cauchy 不等式去根号之后, 乘积中的一项是对称的. 注意到

$$\sum_{\text{cyc}}(a+b+d)(a+c+d)=2(a+b+c+d)^2+(a+c)(b+d),$$

$$\sum_{\text{cyc}} a(b+c+d)=2\left((a+c)(b+d)+ac+bd\right),$$

由 Cauchy 不等式有

$$\begin{aligned}&\left(\sum_{\text{cyc}}\sqrt{\frac{a}{a+b+c}}\right)^2\\ \leqslant&\sum_{\text{cyc}}(a+b+d)(a+c+d)\sum_{\text{cyc}}\frac{a}{(a+b+c)(a+b+d)(a+c+d)}\\ =&\frac{2(2(a+b+c+d)^2+(a+c)(b+d))((a+c)(b+d)+ac+bd)}{(a+b+c)(b+c+d)(c+d+a)(d+a+b)}.\end{aligned}$$

于是我们只需证明 $F(a,b,c,d)\geqslant 0$, 其中

$$\begin{aligned}F(a,b,c,d)=&8\prod(a+b+c)-3\left(2(\sum a)^2+(a+c)(b+d)\right)\\ &\cdot((a+c)(b+d)+ac+bd).\end{aligned}$$

我们固定 a,c 与 $b+d$ 的值, 则 F 是关于 bd 的线性函数, 即 F 关于 bd 是单调的, 所以

$$F(a,b,c,d)\geqslant\min\left\{F(a,b+d,c,0),F\left(a,\frac{b+d}{2},c,\frac{b+d}{2}\right)\right\}.$$

同理, 若我们固定 b,d 与 $a+c$ 的值, 则 F 关于 ac 是单调的. 再注意到 F 关于 a,c 是对称的, 关于 b,d 也是对称的, 故

$$\begin{aligned}F(a,b,c,d)\geqslant&\min\left\{F(a,b+d,c,0),F\left(a,\frac{b+d}{2},c,\frac{b+d}{2}\right)\right\}\\ \geqslant&\min\left\{F(a+c,b+d,0,0),F\left(\frac{a+c}{2},b+d,\frac{a+c}{2},0\right),\right.\\ &\left.F\left(a+c,\frac{b+d}{2},0,\frac{b+d}{2}\right),F\left(\frac{a+c}{2},\frac{b+d}{2},\frac{a+c}{2},\frac{b+d}{2}\right)\right\}\end{aligned}$$

令 $x=\dfrac{a+c}{2},y=\dfrac{b+d}{2}$, 则

$$2(\sum a)^2+(a+c)(b+d)=2(2x+2y)^2+4xy=4(2x+y)(x+2y).$$

我们有

$$\begin{aligned}&F(a+c,b+d,0,0)\\ &\quad=32(2x+2y)^2xy-12(2(2x+2y)^2+4xy)xy\\ &\quad=4\left(2(2x+2y)^2-12xy\right)xy\geqslant 0,\\ &F\left(\frac{a+c}{2},b+d,\frac{a+c}{2},0\right)\\ &\quad=16x(2x+2y)(x+2y)^2-12x(x+4y)(x+2y)(2x+y)\end{aligned}$$

$$= 4x(x+2y)(2x^2-3xy+4y^2) \geqslant 0.$$

利用 F 关于 a,c 的对称性与关于 b,d 的对称性, 我们知

$$F\left(a+c, \frac{b+d}{2}, 0, \frac{b+d}{2}\right) \geqslant 0,$$

$$F\left(\frac{a+c}{2}, \frac{b+d}{2}, \frac{a+c}{2}, \frac{b+d}{2}\right)$$

$$= 8(2x+y)^2(x+2y)^2 - 12(2x+y)(2y+x)(x^2+4xy+y^2)$$

$$= 4(2x+y)(x+2y)(x-y)^2 \geqslant 0.$$

综上, 命题得证, 等号成立当且仅当 $a=b=c=d$ 时. □

例 5.45 (马腾宇, 黄晨笛) $x_i > 0(i=1,2,\cdots,n)$, 且满足 $\sum\limits_{i=1}^{n} x_i = 1$. 求证:

$$\sum_{i=1}^{n} \sqrt{x_i^2 + x_{i+1}^2} \leqslant 2 - \frac{1}{\frac{\sqrt{2}}{2} + \sum\limits_{i=1}^{n} \frac{x_i^2}{x_{i+1}}}.$$

本题难度较大, 原题由马腾宇提供, 由黄晨笛加强并给出了下面这个漂亮的证明.

证明 欲证不等式等价于

$$\sum_{i=1}^{n}\left(x_i + x_{i+1} - \sqrt{x_i^2 + x_{i+1}^2}\right) \geqslant \frac{1}{\frac{\sqrt{2}}{2} + \sum\limits_{i=1}^{n} \frac{x_i^2}{x_{i+1}}}$$

$$\Longleftrightarrow \quad \sum_{i=1}^{n} \frac{x_i^2}{\frac{x_i^2}{x_{i+1}} + x_i + \frac{x_i}{x_{i+1}}\sqrt{x_i^2+x_{i+1}^2}} \geqslant \frac{1}{\sqrt{2} + 2\sum\limits_{i=1}^{n} \frac{x_i^2}{x_{i+1}}}.$$

由 Cauchy 不等式, 我们有

$$\sum_{i=1}^{n} \frac{x_i^2}{\frac{x_i^2}{x_{i+1}} + x_i + \frac{x_i}{x_{i+1}}\sqrt{x_i^2+x_{i+1}^2}} \sum_{i=1}^{n}\left(\frac{x_i^2}{x_{i+1}} + x_i + \frac{x_i}{x_{i+1}}\sqrt{x_i^2+x_{i+1}^2}\right)$$

$$\geqslant (\sum_{i=1}^{n} x_i)^2 = 1.$$

于是我们只需证明

$$\sum_{i=1}^{n}\left(\frac{x_i^2}{x_{i+1}} + x_i + \frac{x_i}{x_{i+1}}\sqrt{x_i^2+x_{i+1}^2}\right) \leqslant \sqrt{2} + 2\sum_{i=1}^{n} \frac{x_i^2}{x_{i+1}}$$

$$\Longleftrightarrow \quad \sum_{i=1}^{n}\left(\frac{x_i}{x_{i+1}}\sqrt{x_i^2+x_{i+1}^2} - \frac{x_i^2}{x_{i+1}}\right) \leqslant \sqrt{2} - 1$$

$$\Longleftrightarrow \quad \sum_{i=1}^{n} \frac{x_i x_{i+1}}{\sqrt{x_i^2+x_{i+1}^2}+x_i} \leqslant \sqrt{2}-1.$$

又因为

$$\sqrt{x_i^2+x_{i+1}^2} \geqslant \frac{x_i+x_{i+1}}{\sqrt{2}},$$

于是只需证明

$$\sum_{i=1}^{n} \frac{x_i x_{i+1}}{(1+\sqrt{2})x_i+x_{i+1}} \leqslant 1-\frac{\sqrt{2}}{2}$$

$$\Longleftrightarrow \quad \sum_{i=1}^{n} \frac{x_i x_{i+1}}{(1+\sqrt{2})x_i+x_{i+1}} \leqslant \sum_{i=1}^{n}\left(\frac{3-2\sqrt{2}}{2}x_i+\frac{\sqrt{2}-1}{2}x_{i+1}\right)$$

$$\Longleftrightarrow \quad \sum_{i=1}^{n} \frac{(\sqrt{2}-1)(x_i-x_{i+1})^2}{2((1+\sqrt{2})x_i+x_{i+1})} \geqslant 0.$$

故我们证明了原不等式. □

注 我们再提供一种不等式

$$\sum_{i=1}^{n} \frac{x_i x_{i+1}}{(1+\sqrt{2})x_i+x_{i+1}} \leqslant 1-\frac{\sqrt{2}}{2}$$

的证明方法:

证明 欲证不等式等价于

$$\sum_{i=1}^{n}\left(x_i-\frac{(1+\sqrt{2})x_i^2}{(1+\sqrt{2})x_i+x_{i+1}}\right) \leqslant 1-\frac{\sqrt{2}}{2}$$

$$\Longleftrightarrow \quad \frac{\sqrt{2}}{2} \leqslant \sum_{i=1}^{n} \frac{(1+\sqrt{2})x_i^2}{(1+\sqrt{2})x_i+x_{i+1}}.$$

上式由 Cauchy 不等式知成立. □

例 5.46 n 为正整数, $a_1,\cdots,a_n>0$, 满足 $\sum\limits_{i=1}^{n}\frac{1}{a_i}=n$. 证明:

$$\sum_{1\leqslant i<j\leqslant n}\left(\frac{a_i-a_j}{a_i+a_j}\right)^2 \leqslant \frac{n^2}{2}\left(1-\frac{n}{\sum\limits_{i=1}^{n}a_i}\right).$$

证明 证法 1 设 $s=\sum\limits_{i=1}^{n}a_i$, 则 $s\geqslant n$. 原不等式等价于

$$\sum_{1\leqslant i<j\leqslant n}\left(1-\frac{4a_ia_j}{(a_i+a_j)^2}\right) \leqslant \frac{n^2}{2}\left(1-\frac{n}{s}\right)$$

$$\Longleftrightarrow \quad \frac{n}{2}+\sum_{1\leqslant i<j\leqslant n}\frac{4a_ia_j}{(a_i+a_j)^2} \geqslant \frac{n^3}{2s}.$$

由 Cauchy 不等式, 有

$$\begin{aligned}
\sum_{1\leqslant i<j\leqslant n}\frac{4a_ia_j}{(a_i+a_j)^2}&=\sum_{1\leqslant i<j\leqslant n}\frac{4}{\dfrac{a_i}{a_j}+\dfrac{a_j}{a_i}+2}\\
&\geqslant\frac{\left(2\cdot\dfrac{(n-1)n}{2}\right)^2}{\sum\limits_{1\leqslant i<j\leqslant n}\left(\dfrac{a_i}{a_j}+\dfrac{a_j}{a_i}\right)+n(n-1)}\\
&=\frac{(n-1)^2n^2}{sn-n+n(n-1)}=\frac{n(n-1)^2}{s+n-2}.
\end{aligned}$$

故只需证明

$$\begin{aligned}
&\frac{(n-1)^2}{s+n-2}\geqslant\frac{n^2}{2s}-\frac{1}{2}=\frac{n^2-s}{2s}\\
&\iff\quad 2s(n-1)^2-(n^2-s)(s+n-2)\\
&\iff\quad (s-n)(s+n(n-2))\geqslant 0.
\end{aligned}$$

上式显然成立. □

证法 2 我们首先证明

$$\left(\frac{x-y}{x+y}\right)^2\leqslant\left(\frac{k-1}{k}\right)^2+\frac{1}{4k^2}\frac{(x-y)^2}{xy}. \tag{5.5}$$

设 $t:=\dfrac{(x-y)^2}{xy}=\dfrac{x}{y}+\dfrac{y}{x}-2\geqslant 0$, 则式 (5.5) 等价于

$$\begin{aligned}
&\frac{t}{t+4}\leqslant\left(\frac{k-1}{k}\right)^2+\frac{1}{4k^2}t\\
&\iff\quad \frac{2}{k}=1-\left(\frac{k-1}{k}\right)^2+\frac{1}{k^2}\leqslant\frac{4}{t+4}+\frac{1}{4k^2}(t+4).
\end{aligned}$$

上式由 AM-GM 不等式立得.

回到原题, 设 $kn=\sum\limits_{i=1}^n a_i$. 则由 Cauchy 不等式知 $k\geqslant 1$. 我们有

$$\begin{aligned}
\frac{n^2}{2}\left(1-\frac{n}{\sum\limits_{i=1}^n a_i}\right)&=\frac{n^2}{2}\cdot\frac{k-1}{k}\\
&=\frac{n^2}{2}\cdot\frac{(k-1)^2}{k^2}+\frac{1}{2k^2}\left(\sum_{i=1}^n a_i\sum_{i=1}^n\frac{1}{a_i}-n^2\right)\\
&=\frac{n^2}{2}\cdot\frac{(k-1)^2}{k^2}+\frac{1}{2k^2}\sum_{1\leqslant i<j\leqslant n}\frac{(a_i-a_j)^2}{a_ia_j}
\end{aligned}$$

$$\geqslant \sum_{1\leqslant i<j\leqslant n}\left(\frac{(k-1)^2}{k^2}+\frac{1}{4k^2}\frac{(a_i-a_j)^2}{a_ia_j}\right)$$

$$\geqslant \sum_{1\leqslant i<j\leqslant n}\left(\frac{a_i-a_j}{a_i+a_j}\right)^2.$$

最后一步使用了式 (5.5). □

注　由证法 1 知, 下面更强的不等式成立:

$$\sum_{1\leqslant i<j\leqslant n}\left(\frac{a_i-a_j}{a_i+a_j}\right)^2\leqslant \frac{n(n-1)}{2}\left(1-\frac{n}{\sum\limits_{i=1}^n a_i}\right).$$

证法 1 中转化为

$$\frac{n}{2}+\sum_{1\leqslant i<j\leqslant n}\frac{4a_ia_j}{(a_i+a_j)^2}\geqslant \frac{n^3}{2s}$$

后, 也可证明如下:

$$\text{上式}\iff \sum_{i=1}^n\frac{1}{a_i}\sum_{i=1}^n a_i\left(n+\sum_{1\leqslant i<j\leqslant n}\frac{8a_ia_j}{(a_i+a_j)^2}\right)\geqslant n^4$$

$$\iff \left(n+\sum_{i\neq j}\frac{a_j}{a_i}\right)\left(n+\sum_{i\neq j}\frac{4a_ia_j}{(a_i+a_j)^2}\right)\geqslant n^4.$$

由 Cauchy 不等式, 有

$$\left(n+\sum_{i\neq j}\frac{a_j}{a_i}\right)\left(n+\sum_{i\neq j}\frac{4a_ia_j}{(a_i+a_j)^2}\right)\geqslant\left(n+\sum_{i\neq j}\frac{2a_i}{a_i+a_j}\right)^2=(n+\sum_{i\neq j}2)^2=n^4.$$

例 5.47　(1) $a,b,c\geqslant 0$. 求证:

$$\sqrt[3]{\frac{a+b}{2}\cdot\frac{a+c}{2}\cdot\frac{b+c}{2}}\geqslant\frac{\sqrt{ab}+\sqrt{ac}+\sqrt{bc}}{3}.$$

(2) $x_1,\cdots,x_n\geqslant 0$. 求证:

$$\sqrt[n]{\prod_{\text{cyc}}\frac{x_1+x_2+\cdots+x_{n-1}}{n-1}}\geqslant\frac{1}{n}\sum_{\text{cyc}}\sqrt[n-1]{x_1x_2\cdots x_{n-1}}.$$

证明　(1) 由 Cauchy 不等式与 AM-GM 不等式, 有

$$\begin{aligned}(\sqrt{ab}+\sqrt{ac}+\sqrt{bc})^3&\leqslant(a+\sqrt{ac}+c)(b+c+\sqrt{bc})(\sqrt{ab}+a+b)\\&\leqslant\left(a+c+\frac{a+c}{2}\right)\left(b+c+\frac{b+c}{2}\right)\left(a+b+\frac{a+b}{2}\right)\\&=\frac{27}{8}(a+b)(b+c)(c+a).\end{aligned}$$

证毕. □

(2) 证法 1　仿照上述证明, 如果我们能构造一个 $n \times n$ 的矩阵, 使得第 i 行第 i 列为 i, 每一行每一列均为 $1,2,\cdots,n$ 的排列, 则原不等式可由 Cauchy 不等式与 AM-GM 不等式得证:

$$\begin{aligned}(\sum_{\text{cyc}} \sqrt[n-1]{x_1x_2\cdots x_{n-1}})^n \leqslant & (\sqrt[n-1]{x_1^{n-1}}+\cdots+\sqrt[n-1]{x_{n-1}^{n-1}}+\sqrt[n-1]{x_1\cdots x_{n-1}})\cdots \\ & \cdot(\sqrt[n-1]{x_n^{n-1}}+\cdots+\sqrt[n-1]{x_{n-2}^{n-1}}+\sqrt[n-1]{x_n\cdots x_{n-2}}) \\ \leqslant & \frac{n}{n-1}\prod_{\text{cyc}}(x_1+\cdots+x_{n-1}).\end{aligned}$$

Cauchy 不等式的放缩与矩阵的关系如下. 我们先以 $n=3$ 的矩阵为例, 此时容易构造矩阵.

由图 5.1 右图的矩阵, 我们构造 Cauchy 不等式:

$$\begin{aligned}&(\sqrt{x_2x_3}+\sqrt{x_1x_3}+\sqrt{x_1x_2})^3 \\ &\quad\leqslant(\sqrt{x_2x_3}+x_3+x_2)(x_3+\sqrt{x_1x_3}+x_1)(x_2+x_1+\sqrt{x_1x_2}).\end{aligned}$$

对于一般的 n, 由构造出的矩阵, 我们将第 i 行第 i 列元素换为 $\sqrt{\prod_{j\neq i} x_j}$, 对于其余元素 k, 将其换为 x_k. 配得的 Cauchy 不等式中第 i 个因子即为第 i 行的元素之和.

1	3	2
3	2	1
2	1	3

$\Longrightarrow$

$\sqrt{x_2x_3}$	x_3	x_2
x_3	$\sqrt{x_1x_3}$	x_1
x_2	x_1	$\sqrt{x_1x_2}$

图 5.1　$n=3$ 时矩阵与 Cauchy 不等式的转换

下面介绍矩阵的构造方案 (图 5.2). 当 n 为奇数时, 令第 i 行第 j 列为

$$a_{i,j}:=1+(n-1)(i-1)+2(j-1) \bmod n.$$

1	3	5	2	4
5	2	4	1	3
4	1	3	5	2
3	5	2	4	1
2	4	1	3	5

$\Longrightarrow$

1	6	5	2	4	3
5	2	6	1	3	4
4	1	3	6	2	5
3	5	2	4	6	1
6	4	1	3	5	2
2	3	4	5	1	6

图 5.2　由 $n=5$ 推 $n=6$

由于 $(n-1,n)=1$, $(2,n)=1$, 故每一行每一列均为 $1,2,\cdots,n$ 的排列. 又由于在模 n 下,

$a_{i,i}=1+(n+1)(i-1)=1+i-1=i$, 故此时满足要求. 进一步, $a_{i,i+1}=i-2 \bmod n$ 也为 $1,2,\cdots,n$ 的排列.

当 n 为偶数时, 在 $(n-1)\times(n-1)$ 的表格中, 当 $i\leqslant n-2$ 时, 将第 i 行第 $i+1$ 列的数换为 n, 再在第 i 行第 n 列和第 n 行第 $i+1$ 列的位置添上这个被换掉的数; 将 $n-1$ 行第 1 列的数换为 n, 再在第 $n-1$ 行第 n 列和第 n 行第 1 列的位置添上这个被换掉的数; 最后在第 n 行第 n 列添上 n. 由构造, 前 $n-1$ 行都是 $1,2,\cdots,n$ 的排列. 由 $(n-1)\times(n-1)$ 的情形知, 第 i 行第 $i+1$ 列为 $1,2,\cdots,n-1$ 的排列, 因此第 n 行也为 $1,2,\cdots,n$ 的排列. 同理, 每一列也都为 $1,2,\cdots,n$ 的排列. □

证法 2　我们考虑 $(n-1)\times n$ 矩阵 (图 5.3). 这个矩阵第 i 行第 i 列为 x_n $(1\leqslant i\leqslant n-1)$, 其余第 i 行第 j 列元素为 x_j. 由矩阵的构造, 第 i 行不含 x_i 这一元素. 由这一矩阵, 可构造如下 Cauchy 不等式:

x_n	x_2	x_3	$\cdots$	x_{n-1}
x_1	x_n	x_3	$\cdots$	x_{n-1}
x_1	x_2	x_n	$\cdots$	x_{n-1}
$\vdots$	$\vdots$	$\vdots$	$\ddots$	$\vdots$
x_1	x_2	x_3	$\cdots$	x_{n-1}

图 5.3　$(n-1)\times n$ 矩阵

$$\sqrt[n]{\prod_{\text{cyc}}(x_1+x_2+\cdots+x_{n-1})}\geqslant\sum_{i=1}^{n-1}\sqrt[n]{x_i^{n-1}x_n}.$$

类似地可得其余 $n-1$ 个不等式, 相加后有

$$n\sqrt[n]{\prod_{\text{cyc}}(x_1+x_2+\cdots+x_{n-1})}\geqslant\sum_{j=1}^{n}\sum_{i\neq j}\sqrt[n]{x_i^{n-1}x_j}.$$

故只需证明

$$\sum_{j=1}^{n}\sum_{i\neq j}\sqrt[n]{x_i^{n-1}x_j}\geqslant(n-1)\sum_{\text{cyc}}\sqrt[n-1]{x_1x_2\cdots x_{n-1}}.$$

考虑 $(1,2,\cdots,n-1)$ 的全排列, 对于每一个排列, 比如 $(i_1,i_2,\cdots,i_{n-1})$, 由 AM-GM 不等式, 有

$$\sqrt[n]{x_{i_1}^{n-1}x_{i_2}}+\sqrt[n]{x_{i_2}^{n-1}x_{i_3}}+\cdots+\sqrt[n]{x_{i_{n-1}}^{n-1}x_{i_1}}\geqslant(n-1)\sqrt[n-1]{x_1\cdots x_{n-1}}.$$

将这 $n-1$ 个数的所有全排列对应的不等式相加. 再将所有 n 个数中取出 $n-1$ 个数得到这样的不等式相加, 我们有

$$(n-2)!\sum_{j=1}^{n}\sum_{i\neq j}\sqrt[n]{x_i^{n-1}x_j}\geqslant(n-1)!\sum_{\text{cyc}}\sqrt[n-1]{x_1x_2\cdots x_{n-1}}$$

$$\iff \sum_{j=1}^{n}\sum_{i\neq j}\sqrt[n]{x_i^{n-1}x_j}\geqslant (n-1)\sum_{\text{cyc}}\sqrt[n-1]{x_1x_2\cdots x_{n-1}}.$$

证毕. □

注 最后的 AM-GM 不等式能否不乘系数, 直接通过 AM-GM 不等式证得? $n=3,4$ 时皆可.

例 5.47 还可进一步推广.

例 5.48 (文献 [61]) 对于 $S\subset X=\{x_1,\cdots,x_n|x_i\geqslant 0,i=1,2,\cdots,n\}$, 定义 A_S, G_S 分别为 S 的所有元素的算术平均与几何平均. 则对整数 $k\in\left(\dfrac{n}{2},n\right]$, 我们有

$$\Big(\prod_{|S|=k,S\subset X}A_S\Big)^{\frac{1}{m}}\geqslant\frac{1}{m}\sum_{|S|=k,S\subset X}G_S,$$

其中 $m=\dbinom{n}{k}$.

证明 设 $I=\{1,2,\cdots,m\}$, $\mathcal{X}_k=\{S\subset X\mid |S|=k\}$, 则存在一一映射 $f:I\to\mathcal{X}_k$. 我们断言

$$A_{f(i)}=\frac{1}{m}(A_{f(i)\cap f(1)}+A_{f(i)\cap f(2)}+\cdots+A_{f(i)\cap f(m)}).\tag{5.6}$$

设 $f(i)=\{x_{i_1},\cdots,x_{i_k}\}$, 式 (5.6) 的左边为 $\dfrac{1}{k}(x_{i_1}+x_{i_2}+\cdots+x_{i_k})$, 式 (5.6) 的右边能写成 $b_1x_{i_1}+b_2x_{i_2}+\cdots+b_kx_{i_k}$ 的形式, 其中 $b_1=b_2=\cdots=b_k$. 由于对任何 $1\leqslant j\leqslant m$, $f(i)\cap f(j)\neq\varnothing$, 因此 $A_{f(i)\cap f(j)}$ 的系数和为 1, 故

$$b_1+b_2+\cdots+b_k=\frac{1}{m}(\underbrace{1+1+\cdots+1}_{m})=1.$$

因此 $b_1=b_2=\cdots=b_k=\dfrac{1}{k}$, 式 (5.6) 得证.

同理, 我们有

$$G_{f(i)}=\Big(\prod_{j=1}^{m}G_{f(i)\cap f(j)}\Big)^{\frac{1}{m}}.\tag{5.7}$$

由 AM-GM 不等式, 有

$$A_{f(i)\cap f(j)}\geqslant G_{f(i)\cap f(j)}.$$

结合式 (5.6) 知

$$A_{f(i)}\geqslant\frac{1}{m}\sum_{j=1}^{m}G_{f(i)\cap f(j)}.\tag{5.8}$$

由式 (5.7), 式 (5.8) 以及 Cauchy 不等式知

$$\Big(\prod_{S\in\mathcal{X}_k}A_S\Big)^{\frac{1}{m}}=\Big(\prod_{i=1}^{m}A_{f(i)}\Big)^{\frac{1}{m}}$$

$$
\begin{aligned}
&\geqslant \frac{1}{m}\left(\prod_{i=1}^{m}\sum_{j=1}^{m} G_{f(i)\cap f(j)}\right)^{\frac{1}{m}}\\
&\geqslant \frac{1}{m}\sum_{i=1}^{m}\left(\prod_{j=1}^{m} G_{f(i)\cap f(j)}\right)^{\frac{1}{m}}\\
&= \frac{1}{m}\sum_{i=1}^{m} G_{f(i)} = \frac{1}{m}\sum_{S\in\mathcal{X}_k} G_S.
\end{aligned}
$$

证毕. □

注　特别地, 本例中令 $k=n-1$, 即得例 5.47 (2). 当 $k\leqslant \frac{n}{2}$ 时, 不等式不成立. 事实上, 令 $x_1=x_2=\cdots=x_k=1, x_{k+1}=\cdots=x_n=0$, 不等式左边为 0, 而不等式右边为 $\frac{1}{m}$.

例 5.49　设 a,b,c 为非负实数, 且没有两个同时为 0. 证明:

$$
\frac{a^3}{a^2+b^2}+\frac{b^3}{b^2+c^2}+\frac{c^3}{c^2+a^2}\geqslant \frac{\sqrt{3(a^2+b^2+c^2)}}{2}.
$$

证明　考虑到不等式两边中只有分母是奇数次的, 故考虑用 Cauchy 不等式将其化为偶数次, 之后可作代换, 达到降次的目的.

由 Cauchy 不等式推广得

$$
\left(\sum_{\text{cyc}}\frac{a^3}{a^2+b^2}\right)^2\sum_{\text{cyc}}(a^2+b^2)^2(a^2+c^2)^3\geqslant \left(\sum_{\text{cyc}}a^2(a^2+c^2)\right)^3=\frac{1}{8}\left(\sum_{\text{cyc}}(a^2+b^2)^2\right)^3.
$$

所以只需证明

$$
\frac{1}{8}\left(\sum_{\text{cyc}}(a^2+b^2)^2\right)^3\geqslant \frac{3}{4}\sum_{\text{cyc}}a^2\sum_{\text{cyc}}(a^2+b^2)^2(a^2+c^2)^3.
$$

设 $\sqrt{x}=a^2+b^2, \sqrt{y}=b^2+c^2, \sqrt{z}=c^2+a^2$, 不妨设 $x+y+z=3$. 欲证不等式变为

$$
9\geqslant (\sqrt{x}+\sqrt{y}+\sqrt{z})(xy\sqrt{x}+yz\sqrt{y}+zx\sqrt{z}).
$$

而由 Cauchy 不等式有

$$
3=\sqrt{3(x+y+z)}\geqslant \sqrt{x}+\sqrt{y}+\sqrt{z},
$$

故只需证明

$$
xy\sqrt{x}+yz\sqrt{y}+zx\sqrt{z}\leqslant 3.
$$

再次由 Cauchy 不等式有

$$
(xy\sqrt{x}+yz\sqrt{y}+zx\sqrt{z})^2\leqslant \sum xy\sum_{\text{cyc}}x^2y.
$$

下面证明

$$
\sum xy\sum_{\text{cyc}}x^2y\leqslant 9 \quad\Longleftrightarrow\quad \sum xy\sum x\sum_{\text{cyc}}x^2y\leqslant 27
$$

$$\iff \quad \sum xy(\sum_{\text{cyc}} x^3y+(\sum xy)^2-3xyz)\leqslant 27.$$

利用 Vasile 不等式, 只需证明

$$\sum xy\left(\sum_{\text{cyc}}\frac{1}{3}(\sum x^2)^2+(\sum xy)^2-3xyz\right)\leqslant 27.$$

设 $t=xy+yz+zx$. 上式等价于

$$t((9-2t)^2+3t^2-9xyz)\leqslant 81 \quad \iff \quad t(7t^2-36t+81-9xyz)\leqslant 81.$$

利用三次 Schur 不等式, 有

$$3xyz\geqslant 4t-9.$$

所以我们有

$$\begin{aligned} t(7t^2-36t+81-9xyz)-81 &\leqslant t(7t^2-36t+81-12t+27)-81\\ &=t(7t^2-48t+108)-81\\ &=(t-3)(7t^2-27t+27)\leqslant 0. \end{aligned}$$

从而我们证明了原命题. □

注 本题证明的不等式 $xy\sqrt{x}+yz\sqrt{y}+zx\sqrt{z}\leqslant 3$ 为例 6.37 的特殊形式.

当一些常规的放缩法失效时, 可考虑待定系数, 可以尝试利用题目与 Cauchy 不等式的取等条件加以解决.

例 5.50 (伊朗 96) 对所有的 $a,b,c>0$, 证明:

$$\frac{1}{(a+b)^2}+\frac{1}{(b+c)^2}+\frac{1}{(c+a)^2}\geqslant \frac{9}{4(ab+bc+ca)}.$$

证明 引入参数 $x,y,z\geqslant 0$, 由 Cauchy 不等式, 我们有

$$\sum(xa+yb+zc)^2\sum\frac{1}{(b+c)^2}\geqslant\left(\sum\frac{xa+yb+zc}{b+c}\right)^2.$$

由等号成立条件, 有

$$(xa+yb+zc)(b+c)=(xb+yc+za)(a+c)=(xc+ya+zb)(a+b).$$

将等号成立条件 $a=b=1,c=0$ 代入上式得 $x+y=x+z=2(y+z)$, 即 $y=z,x=3y$. 令 $y=z=1$, 此时我们有

$$\begin{aligned} (11\sum a^2+14\sum ab)\sum\frac{1}{(b+c)^2} &=\sum(3a+b+c)^2\sum\frac{1}{(b+c)^2}\\ &\geqslant\left(\sum\frac{3a+b+c}{b+c}\right)^2 \end{aligned}$$

$$=9\left(1+\sum\frac{a}{b+c}\right)^2.$$

故我们只需证明

$$4\left(1+\sum\frac{a}{b+c}\right)^2\geqslant\frac{11\sum a^2+14\sum ab}{\sum ab}.$$

不妨设 $a+b+c=1$, $q=\sum ab$, $r=abc$, 则上式等价于

$$f(r)=4\left(\frac{1+q}{q-r}-2\right)^2-\frac{11-8q}{q}\geqslant 0.$$

若 $q\leqslant\frac{1}{4}$, 则

$$f(r)\geqslant f(0)=\frac{(4-3q)(1-4q)}{q^2}\geqslant 0.$$

若 $q\geqslant\frac{1}{4}$, 利用三次 Schur 不等式 $r\geqslant\frac{4q-1}{9}$, 则

$$f(r)\geqslant f\left(\frac{4q-1}{9}\right)=\frac{(1-3q)(4q-1)(11-17q)}{q(5q+1)^2}\geqslant 0.$$

综上, 原不等式得证. □

让我们再看一个方法类似的例子.

例 5.51　$a,b,c\geqslant 0$, 没有两个同时为 0, 满足 $a+b+c=1$. 求证:

$$a\sqrt{4b^2+c^2}+b\sqrt{4c^2+a^2}+c\sqrt{4a^2+b^2}\leqslant\frac{3}{4}.$$

证明　由 Cauchy 不等式有

$$\left(\sum a\sqrt{4b^2+c^2}\right)^2\leqslant\sum a(xa+yb+zc)\sum\frac{a(4b^2+c^2)}{xa+yb+zc},$$

其中 x,y,z 非负, 为待定系数. 由取等条件, 我们有

$$\frac{(xa+yb+zc)^2}{4b^2+c^2}=\frac{(xb+yc+za)^2}{4c^2+a^2}.$$

令 $a=b=\frac{1}{2}$, 我们得 $y=x+2z$. 若令

$$a+b+c\mid\sum a(xa+yb+zc)=x\sum a^2+(y+z)\sum ab,$$

则 $2x=y+z$, 故 $z=1,y=5,x=3$. 于是只需证明

$$3(a+b+c)^2\sum_{\text{cyc}}\frac{a(4b^2+c^2)}{3a+5b+c}\leqslant\frac{9(a+b+c)^4}{16}$$

$$\iff\quad\sum_{\text{cyc}}\frac{a(4b^2+c^2)}{3a+5b+c}\leqslant\frac{3(a+b+c)^2}{16}.$$

然而可惜的是上面的不等式不恒成立 $\left(\text{如 } a=8,b=\frac{1}{44},c=\frac{1}{123}\right)$, 我们不得不再另辟蹊径.

为了简化之后的运算, 我们想到令 $x=0$. 这可以使分母中少掉 a 这一项, 而且

$$\sum a(xa+yb+zc)=(y+z)ab$$

形式简单, 有利于使用初等不等式法. 此时解得 $y=2,z=1$, 即由 Cauchy 不等式得

$$\begin{aligned}(\sum a\sqrt{4b^2+c^2})^2 &\leqslant \sum a(2b+c)\sum \frac{a(4b^2+c^2)}{2b+c}\\ &=3\sum ab\sum \frac{a(4b^2+c^2)}{2b+c}.\end{aligned}$$

于是只需证明

$$\begin{aligned}&\frac{3}{16(ab+bc+ca)}\geqslant \frac{a(4b^2+c^2)}{2b+c}+\frac{b(4c^2+a^2)}{2c+a}+\frac{c(4a^2+b^2)}{2a+b}\\ \Longleftrightarrow\quad &\frac{3}{16(ab+bc+ca)}+4abc\left(\frac{1}{2b+c}+\frac{1}{2c+a}+\frac{1}{2a+b}\right)\geqslant 3(ab+bc+ca).\end{aligned}$$

由 Cauchy 不等式有

$$\frac{1}{2b+c}+\frac{1}{2c+a}+\frac{1}{2a+b}\geqslant \frac{3}{a+b+c}=3,$$

只需证明

$$\frac{1}{16(ab+bc+ca)}+4abc\geqslant ab+bc+ca.$$

设 $x=ab+bc+ca$, 则 $0\leqslant x\leqslant \frac{1}{3}$. 由四次 Schur 不等式有

$$abc\geqslant \frac{(4x-1)(1-x)}{6},$$

所以

$$\begin{aligned}\frac{1}{16(ab+bc+ca)}+4abc-ab-ac-bc&=\frac{1}{16x}-x+4abc\\ &\geqslant \frac{1}{16x}-x+\frac{2}{3}(4x-1)(1-x)\\ &=\frac{(3-8x)(1-4x)^2}{48x},\end{aligned}$$

等号成立当且仅当 $a=\frac{1}{2},b=\frac{1}{2},c=0$ 及其轮换时. □

注 用类似的方法, 我们能证明在相同的条件下有

$$a\sqrt{k^2b^2+c^2}+b\sqrt{k^2c^2+a^2}+c\sqrt{k^2a^2+b^2}\leqslant \max\left\{\frac{\sqrt{k^2+1}}{3},\frac{k+1}{4}\right\}.$$

我们将它的证明留给读者.

5.3 Schur 不等式及其拓展

5.3.1 Schur 不等式

Issai Schur(伊赛 · 舒尔) (1875~1941) 于 1875 年 1 月 10 日出生于俄国的第聂伯河岸的莫吉廖夫 (现属白俄罗斯). Schur 一生大部分时间在德国度过. Schur 1894 年进入柏林大学攻读数学与物理专业, 1901 年取得博士学位, 1903 年成为柏林大学讲师, 1911 年成为波恩大学教授, 1916 年返回柏林, 1919 年被提升为正教授. 1929 年成为苏联科学院外籍院士. 1941 年 1 月 10 日在其 66 岁生日时逝于巴勒斯坦的特拉维夫 (现属以色列). 他是著名数学家 Frobenius 的学生, 他的主要成就是在群表示论方面的奠基性工作, 研究领域也涉及数论、分析等. Schur 不等式在证明对称不等式中有广泛应用.

作为本节的开始, 我们证明 Schur 不等式.

例 5.52 (Schur 不等式)　若 $x,y,z\geqslant 0,\lambda\in\mathbb{R}$, 则

$$x^{\lambda}(x-y)(x-z)+y^{\lambda}(y-z)(y-x)+z^{\lambda}(z-x)(z-y)\geqslant 0.$$

证明　不妨设 $x\geqslant y\geqslant z$. 若 $\lambda>0$, 则

$$x^{\lambda}(x-y)(x-z)+y^{\lambda}(y-z)(y-x)\geqslant 0,$$

因此此时 Schur 不等式成立.

若 $\lambda<0$, 则

$$y^{\lambda}(y-z)(y-x)+z^{\lambda}(z-x)(z-y)\geqslant 0,$$

此时 Schur 不等式也成立. □

例 5.53　$a,b,c\geqslant 0$. 求证:

$$\sum_{\text{cyc}} a\sqrt{b^2-bc+c^2}\leqslant\sum a^2.$$

证明　注意到本题的取等条件为 $a=b=c$ 或 $a=b,c=0$ 及其轮换. 考虑先用 Cauchy 不等式去根号:

$$\begin{aligned}\sum_{\text{cyc}} a\sqrt{b^2-bc+c^2}&=\sum_{\text{cyc}}\sqrt{a}\sqrt{ab^2-abc+ac^2}\\&\leqslant\sqrt{\sum a}\sqrt{\sum(ab^2-abc+ac^2)}.\end{aligned}$$

于是我们只需证明

$$\sqrt{\sum a}\sqrt{\sum(ab^2-abc+ac^2)}\leqslant\sum a^2.$$

上式两边平方化简之后即为四次 Schur 不等式, 故命题得证. □

注 本题为林博 (2009 IMO 金牌得主) 提出的问题.

例 5.54 (2006 IMO 预选题) a,b,c 为三角形三边长. 求证:

$$\sum\frac{\sqrt{b+c-a}}{\sqrt{b}+\sqrt{c}-\sqrt{a}}\leqslant 3.$$

证明 由 a,b,c 为三角形三边长知存在 $x,y,z>0$, 满足 $\sqrt{b}+\sqrt{c}-\sqrt{a}=x,\sqrt{c}+\sqrt{a}-\sqrt{b}=y,\sqrt{a}+\sqrt{b}-\sqrt{c}=z$. 原不等式等价于

$$\sum\frac{\sqrt{x^2+xy+xz-yz}}{x}\leqslant 3\sqrt{2}\quad\Longleftrightarrow\quad\sum\sqrt{1-\frac{(x-y)(x-z)}{2x^2}}\leqslant 3.$$

由 $\sqrt{1-m}\leqslant 1-\dfrac{m}{2}(m\leqslant 1)$, 知有

$$\sqrt{1-\frac{(x-y)(x-z)}{2x^2}}\leqslant 1-\frac{(x-y)(x-z)}{4x^2}.$$

代入化简后知只需证明

$$\sum x^{-2}(x-y)(x-z)\geqslant 0,$$

上式即为 0 次 Schur 不等式. □

例 5.55 (韩京俊) 证明: 对非负实数 a,b,c, 我们有

$$a\sqrt{a^2+bc}+b\sqrt{b^2+ca}+c\sqrt{c^2+ab}\geqslant\sqrt{2}(ab+bc+ca).$$

证明 (郑凡 (2009 IMO 金牌得主)) 由四次 Schur 不等式, 我们有

$$\begin{aligned}&a\sqrt{a^2+bc}+b\sqrt{b^2+ca}+c\sqrt{c^2+ab}\\&\geqslant\frac{1}{\sqrt{2}}(a(a+\sqrt{bc})+b(b+\sqrt{ca})+c(c+\sqrt{ab}))\\&\geqslant\frac{1}{\sqrt{2}}(\sqrt{ab}(a+b)+\sqrt{bc}(b+c)+\sqrt{ca}(c+a))\geqslant\sqrt{2}(ab+bc+ca).\end{aligned}$$

得证. □

注 郑凡的证明让人欣赏到了不等式的证明之美. 我们会在例 11.18 介绍本题的命制背景.

例 5.56 (伊朗 96) 对所有的 $x,y,z\geqslant 0$, 至多有一数为 0. 求证:

$$\frac{1}{(x+y)^2}+\frac{1}{(y+z)^2}+\frac{1}{(z+x)^2}\geqslant\frac{9}{4(xy+yz+zx)}.$$

证明　注意到

$$\begin{aligned}&(xy+yz+zx)\left(\frac{1}{(x+y)^2}+\frac{1}{(y+z)^2}+\frac{1}{(z+x)^2}\right)\\&\quad=(xy+yz+xz)\frac{(x+y)^2(y+z)^2+(y+z)^2(z+x)^2+(z+x)^2(x+y)^2}{(x+y)^2(y+z)^2(z+x)^2},\end{aligned}$$

我们有

$$\begin{aligned}&(xy+yz+zx)((x+y)^2(y+z)^2+(y+z)^2(z+x)^2+(z+x)^2(x+y)^2)\\&\quad=\sum\left(x^5y+2x^4y^2+\frac{5}{2}x^4yz+13x^3y^2z+4x^2y^2z^2\right),\\&(x+y)^2(y+z)^2(z+x)^2=\sum_{\text{sym}}\left(x^4y^2+x^4yz+x^3y^3+6x^3y^2z+\frac{5}{3}x^2y^2z^2\right),\end{aligned}$$

移项、合并同类项后, 只需证明

$$\sum_{\text{sym}}(4x^5y-x^4y^2-3x^3y^3+x^4yz-2x^3y^2z+x^2y^2z^2)\geqslant 0.$$

由三次 Schur 不等式有

$$\sum_{\text{sym}}(x^3-2x^2y+xyz)\geqslant 0,$$

两边同乘 xyz 得

$$\sum_{\text{sym}}(x^4yz-2x^3y^2z+x^2y^2z^2)\geqslant 0. \tag{1}$$

由 AM-GM 不等式有

$$\sum_{\text{sym}}((x^5y-x^4y^2)+3(x^5y-x^3y^3))\geqslant 0. \tag{2}$$

利用 (1),(2) 两式知命题得证. □

注　记不等式左边减右边为 $f(x,y,z)$, $z=\min\{x,y,z\}$. 我们可以证明 $f(x,y,z)\geqslant f(\sqrt{xy},\sqrt{xy},z)$, 从而给出本例的又一个证法.

例 5.57　$a,b,c\geqslant 0$, $a^3+b^3+c^3=3$. 求证:

$$a^4b^4+b^4c^4+c^4a^4\leqslant 3.$$

证明　本题若直接齐次化, 次数太高, 较难处理, 考虑利用条件逐步“升次”. 由 AM-GM 不等式与三次 Schur 不等式, 我们有

$$\begin{aligned}9\sum b^4c^4&=9\sum b^3c^3\cdot bc\\&\leqslant 3\sum b^3c^3(b^3+c^3+1)\end{aligned}$$

$$
\begin{aligned}
&=3\sum b^3c^3(b^3+c^3)+3\sum b^3c^3\\
&=\sum b^3c^3(b^3+c^3)+2\sum b^3c^3(b^3+c^3)+3\sum b^3c^3\\
&\leqslant\sum a^9+3a^3b^3c^3+2\sum b^3c^3(b^3+c^3)+3\sum b^3c^3\\
&=3(\sum a^3)^2=27.
\end{aligned}
$$

故命题得证. □

例 5.58 $x,y,z>0$. 求证:

$$\frac{y^3}{x^3}+\frac{z^3}{y^3}+\frac{x^3}{z^3}\geqslant\sum\sqrt{\frac{y(z^2+xy)}{2x^2z}}.$$

证明 (韩京俊) 令 $a=\frac{y}{x},b=\frac{z}{y},c=\frac{x}{z}$, 则 $abc=1$.

于是不等式等价于

$$\sum a^3\geqslant\sum a\sqrt{\frac{b+c}{2}}.$$

一方面, 利用三次 Schur 不等式, 我们有

$$\sum a^3\geqslant\sum a^2(b+c)-3abc=\sum a^2(b+c)-3.$$

另一方面, 由 AM-GM 不等式有

$$\sum a\sqrt{\frac{b+c}{2}}\leqslant\sum(\sqrt{(b+c)a^2+2}-1).$$

故只需证明

$$\sum a^2(b+c)\geqslant\sum\sqrt{(b+c)a^2+2}.$$

又因为

$$\sum\sqrt{(b+c)a^2+2}\leqslant\sum\frac{(a^2(b+c)+2)+4}{4}\leqslant\sum a^2(b+c),$$

从而命题得证. □

5.3.2 Schur 不等式的拓展

由于 Schur 不等式在证明不等式时很有效, 因此 Schur 不等式的不少拓展应运而生. 可以将 Schur 不等式的形式与差分配方法结合起来, 即将不等式写成

$$f(a,b,c)=M(a-b)^2+N(a-c)(b-c),$$

显然当 $M,N\geqslant 0$ 时, $f(a,b,c)\geqslant 0$. 这一方法也被称为 SOS-Schur 法.

例 5.59　已知 a,b,c 为正数. 证明:

$$\frac{a+b}{b+c}+\frac{b+c}{c+a}+\frac{c+a}{a+b}+\frac{3(ab+bc+ca)}{(a+b+c)^2}\geqslant 4.$$

证明　不失一般性, 设 $c=\min\{a,b,c\}$, 我们有

$$\frac{a+b}{b+c}+\frac{b+c}{c+a}+\frac{c+a}{a+b}-3=\frac{1}{(a+c)(b+c)}(a-b)^2+\frac{1}{(a+b)(b+c)}(a-c)(b-c),$$
$$\frac{3(ab+bc+ca)}{(a+b+c)^2}-1=-\frac{1}{(a+b+c)^2}(a-b)^2-\frac{1}{(a+b+c)^2}(a-c)(b-c).$$

因此

$$f(a,b,c)=M(a-b)^2+N(a-c)(b-c),$$

其中

$$M=\frac{1}{(a+c)(b+c)}-\frac{1}{(a+b+c)^2},\quad N=\frac{1}{(a+b)(b+c)}-\frac{1}{(a+b+c)^2}.$$

显然 $M,N\geqslant 0$. 因此原不等式得证. □

下面这个结论的形式与 Schur 不等式较为相似.

定理 5.3　a,b,c,x,y,z 为非负实数且满足 $a\geqslant b\geqslant c$, $ax\geqslant by$ 或者 $cz\geqslant by$. 则有

$$x(a-b)(a-c)+y(b-c)(b-a)+z(c-a)(c-b)\geqslant 0.$$

证明　若 $ax\geqslant by$, 则

$$\frac{x}{y}\geqslant\frac{b}{a}\geqslant\frac{b-c}{a-c}\quad\Longrightarrow\quad x(a-c)-y(b-c)\geqslant 0.$$

又注意到 $z(c-a)(c-b)\geqslant 0$, 从而

$$x(a-b)(a-c)+y(b-c)(b-a)+z(c-a)(c-b)\geqslant(a-b)(x(a-c)-y(b-c))\geqslant 0.$$

若 $cz\geqslant by$, 则

$$\frac{z}{y}\geqslant\frac{b}{c}\geqslant\frac{a-b}{a-c}\quad\Longrightarrow\quad z(a-c)\geqslant y(a-b).$$

又注意到 $x(a-b)(a-c)\geqslant 0$, 从而

$$x(a-b)(a-c)+y(b-c)(b-a)+z(c-a)(c-b)\geqslant(b-c)(-y(a-b)+z(a-c))\geqslant 0.$$

综上, 定理得证. □

注　显然 $x\geqslant y$ 或者 $z\geqslant y$ 时, 定理中的不等式也成立.

例 5.60　$a,b,c>0$. 求证:

$$\sum a^3+3abc\geqslant\sum ab\sqrt{2(a^2+b^2)}.$$

证明 由 Cauchy 不等式, 我们有

$$\left(\sum ab\sqrt{2(a^2+b^2)}\right)^2 \leqslant \sum ab(a+b)\sum\frac{2ab(a^2+b^2)}{a+b},$$

只需证明

$$\frac{\left(\sum a^3+3abc\right)^2}{\sum ab(a+b)} \geqslant 2\sum\frac{ab(a^2+b^2)}{a+b}.$$

利用 AM-GM 不等式有

$$\begin{aligned}
&\frac{\left(\sum a^3+3abc\right)^2}{\sum ab(a+b)} \geqslant 2\left(\sum a^3+3abc\right)-\sum ab(a+b)\\
\iff\quad & 2\left(\sum a^3+3abc\right)-\sum ab(a+b) \geqslant 2\sum\frac{ab(a^2+b^2)}{a+b}\\
\iff\quad & 2\sum a(a-b)(a-c) \geqslant \sum\frac{ab(a-b)^2}{a+b}\\
\iff\quad & \sum\left(\frac{a^2}{a+b}+\frac{a^2}{a+c}\right)(a-b)(a-c) \geqslant 0.
\end{aligned}$$

上式符合定理 5.3 的形式. 于是我们只需验证上式满足所需的条件即可. 由于原不等式是对称的, 显然可设 $a \geqslant b \geqslant c$. 只需验证 $x \geqslant y$ 或者 $z \geqslant y$. 而 $x \geqslant y$ 等价于

$$\begin{aligned}
&\frac{a^2}{a+b}+\frac{a^2}{a+c} \geqslant \frac{b^2}{b+c}+\frac{b^2}{b+a}\\
\iff\quad & (a-b)\left(1+\frac{ab+bc+ca}{(a+c)(b+c)}\right) \geqslant 0.
\end{aligned}$$

这是显然成立的. 于是上式满足定理 5.3 的两个条件. 故原不等式得证. □

例 5.61 设 $a,b,c>1$ 且满足 $a+b+c=9$. 证明:

$$\sqrt{ab+bc+ca} \leqslant \sqrt{a}+\sqrt{b}+\sqrt{c}.$$

证明 设 $x=\sqrt{a}, y=\sqrt{b}, z=\sqrt{c}$, 我们有

$$x^2+y^2+z^2=9, \quad 9\min\{x^2,y^2,z^2\} \geqslant x^2+y^2+z^2.$$

则原不等式等价于

$$\begin{aligned}
&x+y+z \geqslant \sqrt{x^2y^2+y^2z^2+z^2x^2}\\
\iff\quad & (x+y+z)^2(x^2+y^2+z^2) \geqslant 9(x^2y^2+y^2z^2+z^2x^2)\\
\iff\quad & 3(x^2+y^2+z^2)^2-9(x^2y^2+y^2z^2+z^2x^2)\\
&\quad \geqslant 3(x^2+y^2+z^2)^2-(x+y+z)^2(x^2+y^2+z^2)\\
\iff\quad & 3\sum(x^2-y^2)(x^2-z^2) \geqslant 2(x^2+y^2+z^2)\sum(x-y)(x-z)\\
\iff\quad & \sum(x-y)(x-z)\left(3(x+y)(x+z)-2(x^2+y^2+z^2)\right) \geqslant 0
\end{aligned}$$

$$\iff \sum(x-y)(x-z)\left(x^2+3x(y+z)+3yz-2y^2-2z^2\right)\geqslant 0$$
$$\iff \sum(x-y)(x-z)\left(x^2+3x(y+z)-yz\right)-2\sum(x-y)(x-z)(y-z)^2\geqslant 0$$
$$\iff \sum(x-y)(x-z)\left(x^2+3x(y+z)-yz\right)\geqslant 0,$$

所以不等式等价于

$$X(x-y)(x-z)+Y(y-z)(y-x)+Z(z-x)(z-y)\geqslant 0,$$

其中 $X=x^2+3x(y+z)-yz$, $Y=y^2+3y(x+z)-xz, Z=z^2+3z(x+y)-xy$.

因为 $9x^2\geqslant x^2+y^2+z^2$, 我们有

$$x^2\geqslant \frac{y^2+z^2}{8}\geqslant \frac{(y+z)^2}{16},$$

所以

$$X\geqslant \frac{y^2+z^2}{8}+\frac{3(y+z)^2}{4}-yz\geqslant \frac{yz}{4}+3yz-yz>0.$$

同理, $Y,Z\geqslant 0$. 不妨设 $x\geqslant y\geqslant z$, 则

$$X-Y=(x^2-y^2)+4z(x-y)\geqslant 0,$$

因此由定理 5.3 知原不等式成立, 等号成立当且仅当 $a=b=c=3$ 时. □

例 5.62 (Tigran Sloyan)　$a,b,c\geqslant 0$, 且没有两数同时为 0. 求证:

$$\frac{a^2}{(2a+b)(2a+c)}+\frac{b^2}{(2b+c)(2b+a)}+\frac{c^2}{(2c+a)(2c+b)}\leqslant \frac{1}{3}.$$

证明　我们有

$$\begin{aligned}&\frac{1}{3}-\sum\frac{a^2}{(2a+b)(2a+c)}\\&=\sum\left(\frac{a}{3(a+b+c)}-\frac{a^2}{(2a+b)(2a+c)}\right)\\&=\sum\frac{1}{3(a+b+c)}\cdot\frac{a}{(2a+b)(2a+c)}(a-b)(a-c)\\&=\frac{1}{3(a+b+c)}\sum\frac{a}{(2a+b)(2a+c)}(a-b)(a-c).\end{aligned}$$

所以只需证明

$$x(a-b)(a-c)+y(b-c)(b-a)+z(c-a)(c-b)\geqslant 0,$$

其中 $x=\dfrac{a}{(2a+b)(2a+c)},y=\dfrac{b}{(2b+c)(2b+a)},z=\dfrac{c}{(2c+a)(2c+b)}$. 不妨设 $a\geqslant b\geqslant c$, 我们证明 $ax\geqslant by$:

$$ax\geqslant by\quad\iff\quad a\cdot\frac{a}{(2a+b)(2a+c)}\geqslant b\cdot\frac{b}{(2b+c)(2b+a)}$$

$$\iff \quad a(2b+a)\cdot a(2b+c) \geqslant b(2a+b)\cdot b(2a+c).$$

而又有

$$a(2b+a) \geqslant b(2a+b), \quad a(2b+c) \geqslant b(2a+c),$$

因此 $ax \geqslant by$ 成立, 故由定理 5.3 知原不等式成立, 等号成立当且仅当 $a=b=c$ 或 $a=0$, $b=c$ 及其轮换时. □

注 我们再给出一种基于 Cauchy 不等式的证明:

证明 由 Cauchy 不等式, 有

$$\frac{a^2}{(2a+b)(2a+c)} = \frac{a^2}{(2a^2+bc)+2a(a+b+c)} \leqslant \frac{1}{9}\left(\frac{2a}{a+b+c}+\frac{a^2}{2a^2+bc}\right).$$

故我们只需证明

$$\frac{1}{9}\left(2+\sum\frac{a^2}{2a^2+bc}\right) \leqslant \frac{1}{3}.$$

上式等价于

$$\sum\frac{a^2}{2a^2+bc} \leqslant 1,$$

移项后, 等价于

$$\sum\frac{bc}{bc+2a^2} \geqslant 1.$$

由 AM-GM 不等式, 我们有

$$\sum\frac{bc}{bc+2a^2} \geqslant \sum\frac{b^2c^2}{b^2c^2+a^2(b^2+c^2)} = 1.$$

原不等式得证. □

对于定理 5.3 的形式, 有更为一般的结论, 我们将它们罗列如下, 限于篇幅, 就不再一一介绍了:

定理 5.4 $a,b,c \in \mathbb{R}, x,y,z \geqslant 0$. 则

$$x(a-b)(a-c)+y(b-c)(b-a)+z(c-a)(c-b) \geqslant 0$$

成立, 当满足下面条件中的任意一个时:

(a) $a \geqslant b \geqslant c, x \geqslant y$.

(b) $a \geqslant b \geqslant c, z \geqslant y$.

(c) $a \geqslant b \geqslant c, x+z \geqslant y$.

(d) $a,b,c \geqslant 0, a \geqslant b \geqslant c, ax \geqslant by$.

(e) $a,b,c \geqslant 0, a \geqslant b \geqslant c, cz \geqslant by$.

(f) $a,b,c \geqslant 0, a \geqslant b \geqslant c, ax+cz \geqslant by$.

(g) x,y,z 是三角形三边长.

(h) x,y,z 是锐角三角形三边长.

(i) ax,by,cz 是三角形三边长.

(j) ax,by,cz 是锐角三角形三边长.

(k) 存在一个下凸函数 $t:I\to\mathbb{R}_+$, 其中 I 是一个包含实数 a,b,c 的区间, 满足 $x=t(a),y=t(b),z=t(c)$.

注　(h) 等价于: a,b,c 是三角形的三条边, $x,y,z\in\mathbb{R}$, 则

$$a^2(x-y)(x-z)+b^2(y-x)(y-z)+c^2(z-y)(z-x)\geqslant 0.$$

证明　令 $t_1=x-y,t_2=y-z$. 则

$$\begin{aligned}
&a^2(x-y)(x-z)+b^2(y-x)(y-z)+c^2(z-y)(z-x)\\
&\quad=a^2t_1(t_1+t_2)-b^2t_1t_2+c^2t_2(t_1+t_2)\\
&\quad=a^2t_1^2+(a^2-b^2+c^2)t_1t_2+c^2t_2^2\\
&\quad=t_2^2\left(a^2\left(\frac{t_1}{t_2}\right)^2+(a^2-b^2+c^2)\frac{t_1}{t_2}+c^2\right),\\
&\Delta=(a^2-b^2+c^2)^2-4a^2c^2=(a+b+c)(a-b+c)(a-b-c)(a+b-c)\leqslant 0,
\end{aligned}$$

于是不等式成立. □

这一结论被称为三角形边的嵌入不等式 (Wolstenholme's inequality of Schur's type), 出现在 J. Wolstenholme 1867 年的一本书中. 1964 年,Oppenheim 和 Davies 曾用配方法证明了这一结果.

我们这里有必要指出的是, 存在如下恒等式:

$$\sum x(a-b)(a-c)=\frac{1}{2}\sum(y+z-x)(b-c)^2.$$

等式右边为差分配方的基本形式, 由此我们可以较为方便地使用差分配方中的一些结论, 如 (g) 可由此直接推出. 然而其他的结论并不能容易地由差分配方的结论推得. 能写成差分配方基本形式的轮换对称多项式是一般的, 但是上面的这些例题用差分配方并不容易证明, 故这两个方法是可以互补的.

5.4　其他的不等式

其他的重要不等式还有 Minkovski 不等式、排序不等式、Chebyshev 不等式、Bernoulli 不等式等.

例 5.63 (韩京俊) 证明: 对非负实数 a,b,c, 我们有

$$a\sqrt{a^2+bc}+b\sqrt{b^2+ca}+c\sqrt{c^2+ab}\geqslant\sqrt{2}(ab+bc+ca).$$

证明 证法 1 由 Minkowski 不等式, 我们有

$$\begin{aligned}&a\sqrt{a^2+bc}+b\sqrt{b^2+ca}+c\sqrt{c^2+ab}\\&=\sqrt{(a^2)^2+\left(a\sqrt{bc}\right)^2}+\sqrt{(b^2)^2+\left(b\sqrt{ca}\right)^2}+\sqrt{(c^2)^2+\left(c\sqrt{ab}\right)^2}\\&\geqslant\sqrt{\left(a^2+b^2+c^2\right)^2+\left(a\sqrt{bc}+b\sqrt{ca}+c\sqrt{ab}\right)^2},\end{aligned}$$

于是我们只需证明

$$\begin{aligned}&\left(a^2+b^2+c^2\right)^2+\left(a\sqrt{bc}+b\sqrt{ca}+c\sqrt{ab}\right)^2\geqslant 2(ab+bc+ca)^2\\\iff\quad& a^4+b^4+c^4+2abc\left(\sqrt{ab}+\sqrt{bc}+\sqrt{ca}\right)\geqslant 3abc(a+b+c).\end{aligned}$$

由四次 Schur 不等式有

$$a^4+b^4+c^4\geqslant a^3(b+c)+b^3(c+a)+c^3(a+b)-abc(a+b+c),$$

故只需证明

$$a^3(b+c)+b^3(c+a)+c^3(a+b)+2abc\left(\sqrt{ab}+\sqrt{bc}+\sqrt{ca}\right)\geqslant 4abc(a+b+c).$$

由 AM-GM 不等式有

$$a^3b+a^3c+abc\sqrt{bc}+abc\sqrt{bc}\geqslant 4a^2bc,$$

$$b^3c+b^3a+abc\sqrt{ca}+abc\sqrt{ca}\geqslant 4b^2ca,$$

$$c^3a+c^3b+abc\sqrt{ab}+abc\sqrt{ab}\geqslant 4c^2ab,$$

将上面的 3 个不等式相加, 就得到了我们想证明的结论. □

证法 2 欲证不等式等价于

$$\sum\sqrt{\left(\frac{a}{bc}\right)^2+\frac{1}{bc}}\geqslant\sqrt{2}\sum\frac{1}{a}.$$

由 Minkowski 不等式有

$$\sum\sqrt{\left(\frac{a}{bc}\right)^2+\frac{1}{bc}}\geqslant\sqrt{\left(\sum\frac{a}{bc}\right)^2+\left(\sum\frac{1}{\sqrt{bc}}\right)^2}.$$

我们有

$$\left(\sum\frac{a}{bc}\right)^2+\left(\sum\frac{1}{\sqrt{bc}}\right)^2=\sum\frac{a^2}{b^2c^2}+2\sum\frac{1}{a\sqrt{bc}}+2\sum\frac{1}{a^2}+\sum\frac{1}{ab}.$$

由 AM-GM 不等式有

$$\frac{a^2}{b^2c^2}+\frac{2}{a\sqrt{bc}}\geqslant\frac{3}{bc}\quad\Longrightarrow\quad\sum\frac{a^2}{b^2c^2}+2\sum\frac{1}{a\sqrt{bc}}\geqslant 3\sum\frac{1}{bc}.$$

所以

$$\sqrt{\left(\sum\frac{a}{bc}\right)^2+\left(\sum\frac{1}{\sqrt{bc}}\right)^2}\geqslant\sqrt{2\left(\sum\frac{1}{a}\right)^2}=\sqrt{2}\sum\frac{1}{a}.$$

我们完成了证明. □

注 本题用了两种不同的 Minkowski 不等式法证明, 第一种方法容易想到, 第二种方法简洁.

例 5.64 (李黎) 在圆内接四边形 $ABCD$(逆时针排列)中, 设 $AB=b,BC=a,AC=c,AD=d,CD=e,BD=f$. 求证:

$$a\sqrt{d^2+x}+b\sqrt{e^2+x}=c\sqrt{f^2+x}$$

的非负实数解为 $x=0$.

证明 由托勒密定理知 $ad+be=cf$, 显然 $x=0$ 为解. 下证当 $x>0$ 时方程无解. 由 Minkowski 不等式, 我们有

$$\begin{aligned}\sqrt{a^2d^2+a^2x}+\sqrt{b^2e^2+b^2x}&\geqslant\sqrt{(ad+be)^2+(a+b)^2x}\\&>\sqrt{c^2f^2+c^2x}=c\sqrt{f^2+x}.\end{aligned}$$

命题得证. □

注 用同样的方法可以证明: 当 $n\geqslant 1$ 时,

$$a\sqrt[n]{d^n+x}+b\sqrt[n]{e^n+x}=c\sqrt[n]{f^n+x}$$

的非负实数解为 $x=0$. 特别地, 取 $n=3$, 即为 2018 年北方之星数学邀请赛的一道试题.

例 5.65 实数 $x,y,z\in[-1,1]$, 且满足 $x+y+z=0$. 求证:

$$\sqrt{1+x+y^2}+\sqrt{1+y+z^2}+\sqrt{1+z+x^2}\geqslant 3.$$

证明 我们先证明当实数 $ab\geqslant 0$ 时, 有

$$\sqrt{1+a}+\sqrt{1+b}\geqslant 1+\sqrt{1+a+b}. \tag{5.9}$$

两边平方后, 不等式 (5.9) 等价于

$$\begin{aligned}&2+a+b+2\sqrt{(1+a)(1+b)}\geqslant 2+a+b+2\sqrt{1+a+b}\\&\Longleftrightarrow\quad(1+a)(1+b)\geqslant 1+a+b\quad\Longleftrightarrow\quad ab\geqslant 0.\end{aligned}$$

故不等式 (5.9) 得证.

注意到 $x+y^2, y+z^2, z+x^2$ 中至少有两个数同号, 我们不妨设 $(x+y^2)(y+z^2)\geqslant 0$. 则由不等式 (5.9) 与 Minkowski 不等式知

$$\begin{aligned}&\sqrt{1+x+y^2}+\sqrt{1+y+z^2}+\sqrt{1+z+x^2}\\&\geqslant 1+\sqrt{1+x+y^2+y+z^2}+\sqrt{1+z+x^2}\\&=1+\sqrt{(\sqrt{1-z+z^2})^2+y^2}+\sqrt{(\sqrt{1+z})^2+x^2}\\&\geqslant 1+\sqrt{(\sqrt{1-z+z^2}+\sqrt{1+z})^2+(x+y)^2}.\end{aligned}$$

故只需证明

$$\begin{aligned}&(\sqrt{1-z+z^2}+\sqrt{1+z})^2+(x+y)^2\geqslant 4\\ \iff\quad & 1-z+z^2+1+z+2\sqrt{(1-z+z^2)(1+z)}+z^2\geqslant 4\\ \iff\quad & 2z^2+2\sqrt{1+z^3}\geqslant 2\\ \iff\quad & z^2(2-z)(z+1)\geqslant 0.\end{aligned}$$

上式显然成立. 故欲证不等式得证. □

注 用类似的方法, 我们可证明如下不等式:

实数 $x,y,z,w\in[-1,1]$, 且满足 $x+y+z+w=0$. 则

$$\sqrt{1+x+y^2}+\sqrt{1+y+z^2}+\sqrt{1+z+w^2}+\sqrt{1+w+x^2}\geqslant 4.$$

有时用 Minkowski 不等式不能直接证得, 可考虑再继续分类讨论.

例 5.66 (2011 国家集训队) 给定正整数 n, 求最大的常数 λ, 使得对所有满足

$$\frac{1}{2n}\sum_{i=1}^{2n}(x_i+2)^n\geqslant\prod_{i=1}^{n}x_i$$

的正实数 x_i, 都有

$$\frac{1}{2n}\sum_{i=1}^{2n}(x_i+1)^n\geqslant\lambda\prod_{i=1}^{2n}x_i.$$

解 当 $x_1=x_2=\cdots=x_{2n}=2$ 时, $\lambda\leqslant\frac{3^n}{4^n}$. 下面证明 $\lambda=\frac{3^n}{4^n}$ 时不等式成立, 即我们需证明由 $A\geqslant C$ 可推出 $B\geqslant\frac{3}{4}C$, 其中

$$A=\left(\frac{1}{2n}\sum_{i=1}^{2n}(x_i+2)^n\right)^{1/n},\quad B=\left(\frac{1}{2n}\sum_{i=1}^{2n}(x_i+1)^n\right)^{1/n},\quad C=\left(\prod_{i=1}^{2n}x_i\right)^{1/n}.$$

若 $C\geqslant 4$, 由 Minkowski 不等式, 有

$$B+1=\left(\frac{1}{2n}\sum_{i=1}^{2n}(x_i+1)^n\right)^{1/n}+\left(\frac{1}{2n}\sum_{i=1}^{2n}1^n\right)^{1/n}$$

$$\geqslant \left(\frac{1}{2n}\sum_{i=1}^{2n}(x_i+2)^n\right)^{1/n} = A \geqslant C \geqslant \frac{3}{4}C+1.$$

若 $0 \leqslant C \leqslant 4$, 由 AM-GM 不等式与 Cauchy 不等式, 有

$$B \geqslant \left(\prod_{i=1}^{2n}(x_i+1)\right)^{1/(2n)} = \left(\prod_{i=1}^{2n}\left(\frac{x_i}{2}+\frac{x_i}{2}+1\right)\right)^{1/(2n)} \geqslant \frac{3C^{1/3}}{2^{2/3}} \geqslant \frac{3}{4}C.$$

故 $B \geqslant \frac{3}{4}C$. □

下面我们介绍排序不等式的应用.

例 5.67 (AM-GM 不等式)　$a_1, a_2, \cdots, a_n$ 为非负实数, 则

$$\frac{1}{n}\sum_{i=1}^{n}a_i \geqslant \sqrt[n]{a_1a_2\cdots a_n}.$$

证明　不妨设 $a_1\cdots a_n=1$, 则存在 $x_1,\cdots,x_n>0$, 使得 $a_i=\frac{x_i}{x_{i+1}}(i=1,2,\cdots,n)$, 其中 $x_{n+1}=x_1$. 则不等式等价于

$$\sum_{i=1}^{n}\frac{x_i}{x_{i+1}} \geqslant n.$$

注意到 $x_i \geqslant x_j \Longleftrightarrow \frac{1}{x_i} \leqslant \frac{1}{x_j}$, 因此由排序不等式, 有

$$\sum_{i=1}^{n}\frac{x_i}{x_{i+1}} \geqslant \sum_{i=1}^{n}\left(x_i\cdot\frac{1}{x_i}\right) = n.$$

□

例 5.68　$a,b,c>0, c\geqslant b\geqslant a$ 且 $a+b+c=\frac{1}{a}+\frac{1}{b}+\frac{1}{c}$. 求证:

$$ab^2c^3 \geqslant 1.$$

证明 (汪野 (2008 国家集训队队员))　由条件有

$$\left(\sum ab\right)^2 \geqslant 3\sum a\cdot abc = 3\sum ab \quad\Longrightarrow\quad ab+bc+ca \geqslant 3.$$

由排序不等式知

$$\begin{aligned}
ab^2c^3 &= a^2b^2c^2\cdot\frac{c}{a} \\
&\geqslant \frac{1}{3}a^2b^2c^2\cdot\left(\frac{c}{a}+\frac{b}{b}+\frac{a}{c}\right) \\
&\geqslant \frac{1}{3}a^2b^2c^2\cdot\frac{1}{3}(a+b+c)\cdot\left(\frac{1}{a}+\frac{1}{b}+\frac{1}{c}\right) \\
&= \frac{1}{9}a^2b^2c^2\left(\frac{1}{a}+\frac{1}{b}+\frac{1}{c}\right)^2 \\
&= \frac{1}{9}(ab+bc+ca)^2 \geqslant 1,
\end{aligned}$$

从而原不等式得证. □

注 本题也可由分类讨论证明, 不过显然上面的证明更佳, 再次让我们体会到了不等式的证明之美.

例 5.69 (2015 国家集训队测试) $\{x_i>0\}_{i=1}^n$ 为单调不减的数列, $x_1,\frac{x_2}{2},\cdots,\frac{x_n}{n}$ 为单调不增的数列. 证明:

$$\frac{A_n}{G_n}\leqslant\frac{n+1}{2\sqrt[n]{n!}},$$

其中 A_n, G_n 分别为 x_i 的算术平均与几何平均.

证明 由条件 $x_1\leqslant x_2\leqslant\cdots\leqslant x_n$ 和 $x_1\geqslant\frac{x_2}{2}\geqslant\cdots\geqslant\frac{x_n}{n}$ 知

$$\frac{1}{x_1}\leqslant\frac{2}{x_2}\leqslant\cdots\leqslant\frac{n}{x_n}.$$

由 AM-GM 不等式, 有

$$\frac{\sqrt[n]{n!}}{G_n}=\sqrt[n]{\prod_{i=1}^n\frac{i}{x_i}}\leqslant\frac{1}{n}\sum_{i=1}^n\frac{i}{x_i}.$$

故由上式与 Chebyshev 不等式, 有

$$\frac{\sqrt[n]{n!}A_n}{G_n}\leqslant\frac{1}{n}\sum_{i=1}^n\frac{i}{x_i}\cdot\frac{1}{n}\sum_{i=1}^n x_i\leqslant\frac{1}{n}\sum_{i=1}^n\left(x_i\cdot\frac{i}{x_i}\right)=\frac{n+1}{2}.$$

原不等式得证. □

注 本题也可以用数学归纳法证明:

证明 设 $u_k=\sum\limits_{i=1}^k x_i$, $v_k=x_1\cdots x_k$. 我们用数学归纳法证明. 当 $n=2$ 时, 结论显然成立. 假设当 $n=k$ 时结论成立, 即有

$$\frac{u_k^k}{k^kv_k}\leqslant\frac{(k+1)^k}{2^k\cdot k!}.$$

于是

$$\begin{aligned}\frac{u_{k+1}^{k+1}}{(k+1)^{k+1}v_{k+1}}&=\frac{u_{k+1}^{k+1}}{(k+1)^{k+1}x_{k+1}v_k}\\&\leqslant\frac{u_{k+1}^{k+1}}{(k+1)^{k+1}x_{k+1}}\cdot\frac{k^k(k+1)^k}{2^kk!u_k^k}\\&=\frac{u_{k+1}^{k+1}k^k}{2^k(k+1)!x_{k+1}u_k^k}.\end{aligned}$$

故只需证明

$$\frac{u_{k+1}^{k+1}k^k}{2^k(k+1)!x_{k+1}u_k^k}\leqslant\frac{(k+2)^{k+1}}{2^{k+1}(k+1)!}\quad\Longleftrightarrow\quad\frac{(u_k+x_{k+1})^{k+1}}{x_{k+1}u_k^k}\leqslant\frac{(k+2)^{k+1}}{2k^k}.$$

设 $a=\dfrac{u_k}{x_{k+1}}$, 我们只需证明

$$\left(1+\frac{1}{a}\right)^{k+1}a\leqslant\frac{(k+2)^{k+1}}{2k^k}\quad\Longleftrightarrow\quad\sum_{i=0}^{k+1}aC_{k+1}^i\frac{1}{a^i}\leqslant\frac{(k+2)^{k+1}}{2k^k}.$$

根据条件 $k\geqslant a\geqslant\dfrac{k}{2}$, 故

$$\begin{aligned}(a-k)\left(a-\frac{k}{2}\right)\leqslant 0\quad&\Longleftrightarrow\quad a+\frac{k^2}{2a}\leqslant\frac{3k}{2}\\&\Longrightarrow\quad a+C_{k+1}^2\frac{1}{a}\leqslant\frac{3k}{2}+\frac{k}{2a}\leqslant\frac{3k}{2}+1.\end{aligned}$$

从而

$$\sum_{i=0}^{n}aC_{k+1}^i\frac{1}{a^i}\leqslant\frac{(k+2)^{k+1}}{2k^k}.$$

等号成立当且仅当 $a=\dfrac{k}{2}$ 时. 命题得证. □

例 5.70 (韩京俊)　正整数 $n\geqslant 2,k\geqslant 0$, $a_i>0(i=1,2,\cdots,n)$, $a_{n+1}=a_1$, 则

$$\sum_{i=1}^{n}\frac{a_i}{a_{i+1}}\geqslant\sum_{i=1}^{n}\frac{a_i+k}{a_{i+1}+k}.$$

证明　注意到 $a_1,\cdots,a_n$ 与 $\dfrac{1}{a_1(a_1+k)},\cdots,\dfrac{1}{a_n(a_n+k)}$ 的大小顺序恰好相反, 从而由排序不等式, 我们有

$$\sum_{i=1}^{n}\frac{a_i}{a_{i+1}}-\sum_{i=1}^{n}\frac{a_i+k}{a_{i+1}+k}=k\left(\sum_{i=1}^{n}\frac{a_i}{a_{i+1}(a_{i+1}+k)}-\sum_{i=1}^{n}\frac{a_{i+1}}{a_{i+1}(a_{i+1}+k)}\right)\geqslant 0.$$

原不等式得证. □

注　用类似的方法, 我们还能证明如下不等式:

(1) 正整数 $n\geqslant 2$, $a_i>0(i=1,2,\cdots,n)$, $a_{n+1}=a_1$, $d\geqslant 0$, 则

$$\sum_{i=1}^{n}\frac{a_i^{1+d}}{a_{i+1}^{1+d}}\geqslant\sum_{i=1}^{n}\frac{a_i}{a_{i+1}}.$$

证明　令 $b_i=\dfrac{a_i}{a_{i+1}}(i=1,2,\cdots,n)$, 则 $\prod\limits_{i=1}^{n}b_i=1$. 由排序不等式, 我们有

$$\sum_{i=1}^{n}\frac{a_i^{1+d}}{a_{i+1}^{1+d}}-\sum_{i=1}^{n}\frac{a_i}{a_{i+1}}=\sum_{i=1}^{n}b_i(b_i^d-1)\geqslant\frac{1}{n}\sum_{i=1}^{n}b_i\sum_{i=1}^{n}(b_i^d-1)\geqslant 0.$$

证毕. □

(2) 正整数 $n\geqslant 2$, $a_i>0(i=1,2,\cdots,n)$, $a_{n+1}=a_1$, 则

$$\sum_{i=1}^{n}\frac{a_{i+1}}{a_i}\geqslant\sum_{i=1}^{n}\sqrt{\frac{a_{i+1}^2+1}{a_i^2+1}}.$$

证明 记 $x_i=\dfrac{a_{i+1}}{a_i}$, $y_i=\sqrt{\dfrac{a_{i+1}^2+1}{a_i^2+1}}$, 则 $x_1x_2\cdots x_n=y_1y_2\cdots y_n=1$, 故

$$\sum_{i=1}^{n}\frac{x_i}{y_i}\geqslant n\sqrt[n]{\frac{x_1x_2\cdots x_n}{y_1y_2\cdots y_n}}=n.$$

我们需要证明 $\sum\limits_{i=1}^{n}x_i\geqslant\sum\limits_{i=1}^{n}y_i$, 因此希望得到 x_i-y_i 的下界估计. 我们有

$$x_i^2-y_i^2=\frac{a_{i+1}^2}{a_i^2}-\frac{a_{i+1}^2+1}{a_i^2+1}=\frac{a_{i+1}^2-a_i^2}{a_i^2(a_i^2+1)}.$$

因此

$$\left(\frac{x_i}{y_i}-1\right)(y_i-1)\geqslant 0\quad\Longleftrightarrow\quad x_i-y_i\geqslant\frac{x_i}{y_i}-1.$$

从而我们有

$$\sum_{i=1}^{n}(x_i-y_i)\geqslant\sum_{i=1}^{n}\left(\frac{x_i}{y_i}-1\right)\geqslant 0.$$

□

例 5.71 (Crux 1988,Walther Janous) 设 $a,b,c\geqslant 0$. 求证:

$$\frac{a}{\sqrt{a+b}}+\frac{b}{\sqrt{b+c}}+\frac{c}{\sqrt{c+a}}\geqslant\frac{\sqrt{a}+\sqrt{b}+\sqrt{c}}{\sqrt{2}}.$$

证明 (Peter Scholze) 设 $x=\sqrt{a},y=\sqrt{b},z=\sqrt{c}$, 则

$$\begin{aligned}
&4\left(\frac{x^2}{\sqrt{x^2+y^2}}+\frac{y^2}{\sqrt{y^2+z^2}}+\frac{z^2}{\sqrt{z^2+x^2}}\right)^2\geqslant 2(x+y+z)^2\\
\Longleftrightarrow\quad&\sum\frac{4x^4}{x^2+y^2}+\sum\frac{8x^2y^2}{\sqrt{(x^2+y^2)(y^2+z^2)}}\geqslant 2\sum x^2+4\sum xy\\
\Longleftrightarrow\quad&\sum\frac{2x^4+2y^4}{x^2+y^2}+\sum\frac{2x^4-2y^4}{x^2+y^2}+\sum\frac{8x^2y^2}{\sqrt{(x^2+y^2)(y^2+z^2)}}\geqslant 2\sum x^2+4\sum xy\\
\Longleftrightarrow\quad&\sum\frac{2x^4+2y^4}{x^2+y^2}+2\sum(x^2-y^2)+\sum\frac{8x^2y^2}{\sqrt{(x^2+y^2)(y^2+z^2)}}\geqslant\sum(x^2+y^2+4xy)\\
\Longleftrightarrow\quad&\sum\frac{8x^2y^2}{\sqrt{(x^2+y^2)(y^2+z^2)}}\geqslant\sum\frac{(x^2+y^2+4xy)(x^2+y^2)-2x^4-2y^4}{x^2+y^2}\\
\Longleftrightarrow\quad&\sum\frac{8x^2y^2}{\sqrt{(x^2+y^2)(y^2+z^2)}}\geqslant\sum\frac{-x^4+4x^3y+2x^2y^2+4xy^3-y^4}{x^2+y^2}\\
\Longleftrightarrow\quad&\sum\frac{8x^2y^2}{\sqrt{(x^2+y^2)(y^2+z^2)}}\geqslant\sum\frac{8x^2y^2-(x-y)^4}{x^2+y^2}.
\end{aligned}$$

而 $\sqrt{x^2+y^2},\sqrt{y^2+z^2},\sqrt{z^2+x^2}$ 与 $\dfrac{x^2y^2}{\sqrt{x^2+y^2}},\dfrac{y^2z^2}{\sqrt{y^2+z^2}},\dfrac{z^2x^2}{\sqrt{z^2+x^2}}$ 大小顺序相同. 由排序不等式有

$$\sum\frac{8x^2y^2}{\sqrt{(x^2+y^2)(y^2+z^2)}}\geqslant\sum\frac{8x^2y^2}{\sqrt{(x^2+y^2)(x^2+y^2)}}$$

$$
\begin{aligned}
&=\sum \frac{8x^2y^2}{x^2+y^2}\\
&\geqslant \sum \frac{8x^2y^2-(x-y)^4}{x^2+y^2}.
\end{aligned}
$$

命题得证. □

注　本题两边平方后化至

$$\sum \frac{4x^4}{x^2+y^2}+\sum \frac{8x^2y^2}{\sqrt{(x^2+y^2)(y^2+z^2)}}\geqslant 2\sum x^2+4\sum xy,$$

也可不用排序不等式证明. 事实上, 由 Cauchy 不等式和 AM-GM 不等式, 有

$$\sum \frac{x^2y^2}{\sqrt{(x^2+y^2)(y^2+z^2)}}\geqslant \frac{(\sum xy)^2}{\sum\sqrt{(x^2+y^2)(y^2+z^2)}}\geqslant \frac{(\sum xy)^2}{2\sum x^2}.$$

只需证明

$$
\begin{aligned}
&\sum \frac{2x^4+2y^4}{x^2+y^2}+\frac{4(\sum xy)^2}{\sum x^2}\geqslant \sum (x^2+y^2)+4\sum xy\\
\Longleftrightarrow\quad &\sum \frac{(x^2-y^2)^2}{x^2+y^2}\geqslant 2\sum xy\frac{(x-y)^2+(y-z)^2+(z-x)^2}{\sum x^2}\\
\Longleftrightarrow\quad &\sum \left(\frac{(x+y)^2}{x^2+y^2}-2\frac{xy+yz+zx}{x^2+y^2+z^2}\right)(x-y)^2\geqslant 0.
\end{aligned}
$$

我们证明

$$
\begin{aligned}
&\frac{(x+y)^2}{x^2+y^2}\geqslant 2\frac{xy+yz+zx}{x^2+y^2+z^2}\\
\Longleftrightarrow\quad &(x+y)^2(x^2+y^2)+(x+y)^2z^2\geqslant 2(x^2+y^2)(xy+yz+zx)\\
\Longleftrightarrow\quad &(x^2+y^2)^2+(x+y)^2z^2\geqslant 2(x^2+y^2)(x+y)z.
\end{aligned}
$$

上式由 AM-GM 不等式知成立, 因此原不等式得证.

本题可看作 Jack Garfunkel 不等式 (例 6.41) 的一个下界. 我们还可以得到如下的下界:

a,b,c 为正实数, 则

$$\frac{a}{\sqrt{a+b}}+\frac{b}{\sqrt{b+c}}+\frac{c}{\sqrt{c+a}}\geqslant \sqrt[4]{\frac{27(ab+bc+ca)}{4}}.$$

证明　利用 Cauchy 不等式推广有

$$
\begin{aligned}
&\sum \frac{a}{\sqrt{a+b}}\sum \frac{a}{\sqrt{a+b}}\sum a(a+b)\geqslant (a+b+c)^3\\
\Longleftrightarrow\quad &\sum \frac{a}{\sqrt{a+b}}\geqslant \sqrt{\frac{(a+b+c)^3}{a^2+b^2+c^2+ab+bc+ca}},
\end{aligned}
$$

所以我们只需要证明

$$\left(\frac{(a+b+c)^3}{a^2+b^2+c^2+ab+bc+ca}\right)^2 \geqslant \frac{27}{4}(ab+bc+ca).$$

不妨设 $a+b+c=1$, 令 $ab+bc+ca=q$. 我们只需证明

$$\left(\frac{1}{1-q}\right)^2 \geqslant \frac{27q}{4} \quad \Longleftrightarrow \quad 2q(1-q)^2 \leqslant \frac{8}{27}.$$

注意到 $q \leqslant \frac{1}{3}$, 由 AM-GM 不等式知上式成立, 等号成立当且仅当 $a=b=c$ 时. □

用类似本题的方法还可以得到 Jack Garfunkel 不等式的一个上界.

例 5.72 a,b,c 为正实数, 则

$$\frac{a}{\sqrt{a+b}}+\frac{b}{\sqrt{b+c}}+\frac{c}{\sqrt{c+a}} \leqslant \frac{3\sqrt{3}}{4}\sqrt{\frac{(a+b)(b+c)(c+a)}{ab+bc+ca}}.$$

证明 欲证不等式等价于

$$\sum_{\text{cyc}} \frac{a}{\sqrt{(a+b)(a+c)}}\sqrt{\frac{ab+bc+ca}{(a+b)(b+c)}} \leqslant \frac{3\sqrt{3}}{4}.$$

设 (x,y,z) 为 (a,b,c) 的一个轮换, 其中 $x \geqslant y \geqslant z$. 则

$$\frac{x}{\sqrt{(x+y)(x+z)}} \geqslant \frac{y}{\sqrt{(y+z)(y+x)}} \geqslant \frac{z}{\sqrt{(z+x)(z+y)}},$$

$$\sqrt{\frac{xy+yz+zx}{(x+y)(x+z)}} \leqslant \sqrt{\frac{xy+yz+zx}{(y+z)(y+x)}} \leqslant \sqrt{\frac{xy+yz+zx}{(z+y)(z+x)}}.$$

故由排序不等式, 我们有

$$\begin{aligned}
&\sum_{\text{cyc}} \frac{a}{\sqrt{(a+b)(a+c)}}\sqrt{\frac{ab+bc+ca}{(a+b)(b+c)}} \\
&\leqslant \frac{x}{\sqrt{(x+y)(x+z)}}\sqrt{\frac{xy+yz+zx}{(z+y)(z+x)}}+\frac{y}{\sqrt{(y+z)(y+x)}}\sqrt{\frac{xy+yz+zx}{(y+z)(y+x)}} \\
&\quad +\frac{z}{\sqrt{(z+x)(z+y)}}\sqrt{\frac{xy+yz+zx}{(x+y)(x+z)}} \\
&=\left(1+\frac{y}{\sqrt{(y+z)(y+x)}}\right)\sqrt{\frac{xy+yz+zx}{(y+z)(y+x)}}=(1+u)\sqrt{1-u^2},
\end{aligned}$$

其中 $u=\frac{y}{\sqrt{(y+z)(y+x)}}$. 由 AM-GM 不等式, 有

$$(1+u)\sqrt{1-u^2}=\sqrt{\frac{(1+u)^3\cdot 3(1-u)}{3}} \leqslant \frac{3\sqrt{3}}{4}.$$

因此原不等式得证. □

注　本题也可由 Cauchy 不等式

$$\left(\sum \frac{a}{\sqrt{a+b}}\right)^2 \leqslant \sum \frac{a}{4a+4b+c} \sum \frac{a(4a+4b+c)}{a+b}$$

结合不等式

$$\sum \frac{a}{4a+4b+c} \leqslant \frac{1}{3}$$

证明.

本题有几何背景, 事实上本题等价于如下命题:

三角形的三边长为 a,b,c, 外接圆半径为 R, 则

$$1+\frac{|(a-b)(b-c)(c-a)|}{abc} \leqslant \frac{3\sqrt{3}R}{\sum a},$$

等号成立当且仅当 $a=b=c$ 时.

由本题可推出 2006 年国家集训队的一道测试题:

x,y,z 为正实数, 则

$$\frac{xy}{\sqrt{xy+yz}}+\frac{yz}{\sqrt{yz+zx}}+\frac{zx}{\sqrt{zx+xy}} \leqslant \frac{\sqrt{2}}{2}(x+y+z).$$

事实上, 在本题中作代换 $(a,b,c)=(yz,zx,xy)$, 我们有

$$\frac{xy}{\sqrt{xy+yz}}+\frac{yz}{\sqrt{yz+zx}}+\frac{zx}{\sqrt{zx+xy}} \leqslant \frac{3\sqrt{3}}{4}\sqrt{\frac{(y+z)(z+x)(x+y)}{x+y+z}}.$$

而由 AM-GM 不等式, 有

$$\frac{3\sqrt{3}}{4}\sqrt{\frac{(y+z)(z+x)(x+y)}{x+y+z}} \leqslant \frac{\sqrt{2}}{2}(x+y+z).$$

由上述两式, 立知不等式成立.

例 5.73　设 $a,b,c>0$. 证明:

$$\sum \sqrt{\frac{a^3}{a^2+ab+b^2}} \geqslant \frac{\sqrt{a}+\sqrt{b}+\sqrt{c}}{\sqrt{3}}.$$

证明　本例与例 5.71 相似, 两边平方后, 原不等式等价于

$$\sum \frac{a^3}{a^2+ab+b^2}+2\sum \sqrt{\frac{a^3b^3}{(a^2+ab+b^2)(b^2+bc+c^2)}} \geqslant \frac{1}{3}\left(\sum a+2\sum \sqrt{ab}\right).$$

而由排序不等式, 我们可以得到

$$2\sum \sqrt{\frac{a^3b^3}{(a^2+ab+b^2)(b^2+bc+c^2)}} \geqslant 2\sum \frac{\sqrt{a^3b^3}}{a^2+ab+b^2}.$$

于是我们只需要证明

$$\sum\frac{a^3}{a^2+ab+b^2}+2\sum\frac{\sqrt{a^3b^3}}{a^2+ab+b^2}\geqslant\frac{1}{3}\left(\sum a+2\sum\sqrt{ab}\right).$$

注意到

$$\sum\frac{a^3}{a^2+ab+b^2}=\sum\frac{b^3}{a^2+ab+b^2},$$

则

$$\begin{aligned}\text{原不等式}\quad&\Longleftrightarrow\quad\sum\frac{6\sqrt{a^3b^3}}{a^2+ab+b^2}\geqslant\sum a+2\sum\sqrt{ab}-\sum\frac{3a^3}{a^2+ab+b^2}\\&\Longleftrightarrow\quad\sum\frac{6\sqrt{a^3b^3}}{a^2+ab+b^2}\geqslant\frac{1}{2}\sum\left(a+b+4\sqrt{ab}-\frac{3a^3+3b^3}{a^2+ab+b^2}\right)\\&\Longleftarrow\quad\frac{12\sqrt{a^3b^3}}{a^2+ab+b^2}\geqslant a+b+4\sqrt{ab}-\frac{3a^3+3b^3}{a^2+ab+b^2}.\end{aligned}$$

去分母, 化简后等价于

$$2(\sqrt{a}+\sqrt{b})^2(\sqrt{a}-\sqrt{b})^4\geqslant 0.$$

故原不等式成立, 当且仅当 $a=b=c$ 时取得等号. □

注 我们猜测如下不等式成立:

n 为正整数, $a,b,c>0$, 则

$$\sum_{\text{cyc}}\sqrt{\frac{a^{n+1}}{a^n+a^{n-1}b+\cdots+b^n}}\geqslant\frac{1}{\sqrt{n+1}}(\sqrt{a}+\sqrt{b}+\sqrt{c}).$$

当 $n=1$ 时, 即为例 5.71. 当 $n=2$ 时, 即为例 5.73. 若采用例 5.71 与例 5.73 的证明, 则我们需要证明当 $a,b>0$ 时, 有

$$\frac{a^{n+1}+b^{n+1}+4\sqrt{a^{n+1}b^{n+1}}}{a^n+a^{n-1}b+\cdots+b^n}\geqslant\frac{1}{n+1}(a+b+4\sqrt{ab}).$$

例 5.74 (2007 塞尔维亚) $x,y,z>0, x+y+z=1$. 求证:

$$\frac{x^{k+2}}{x^{k+1}+y^k+z^k}+\frac{y^{k+2}}{y^{k+1}+z^k+x^k}+\frac{z^{k+2}}{z^{k+1}+x^k+y^k}\geqslant\frac{1}{7}.$$

证明 不妨设 $x\geqslant y\geqslant z$, 易知

$$\frac{x^{k+1}}{x^{k+1}+y^k+z^k}\geqslant\frac{y^{k+1}}{y^{k+1}+z^k+x^k}\geqslant\frac{z^{k+1}}{z^{k+1}+x^k+y^k},$$

$$z^{k+1}+x^k+y^k\geqslant y^{k+1}+z^k+x^k\geqslant x^{k+1}+y^k+z^k.$$

利用 Chebyshev 不等式有

$$
\begin{aligned}
&\frac{x^{k+2}}{x^{k+1}+y^k+z^k}+\frac{y^{k+2}}{y^{k+1}+z^k+x^k}+\frac{z^{k+2}}{z^{k+1}+x^k+y^k}\\
&\geqslant \frac{x+y+z}{3}\cdot\left(\frac{x^{k+1}}{x^{k+1}+y^k+z^k}+\frac{y^{k+1}}{y^{k+1}+z^k+x^k}+\frac{z^{k+1}}{z^{k+1}+x^k+y^k}\right)\\
&=\frac{1}{3}\sum\frac{x^{k+1}}{x^{k+1}+y^k+z^k}\cdot\frac{\sum(x^{k+1}+y^k+z^k)}{\sum(x^{k+1}+y^k+z^k)}\\
&\geqslant \frac{1}{3}(3\sum x^{k+1})\frac{1}{\sum x^{k+1}+2\sum x^k}\\
&\geqslant \sum x^{k+1}\frac{1}{\sum x^{k+1}+6\sum x^{k+1}}=\frac{1}{7}.
\end{aligned}
$$

命题获证. □

例 5.75 (2015 中国西部数学奥林匹克)　$x_1,x_2,\cdots,x_n\in\mathbb{R}_+$. 求证:

$$
\sum_{i=1}^{n}\frac{1}{\sum\limits_{j\neq i}x_j}\sum_{1\leqslant i<j\leqslant n}x_ix_j\leqslant\frac{n}{2}\sum_{i=1}^{n}x_i.
$$

证明　设 $S=\sum\limits_{i=1}^{n}x_i$, 则原不等式等价于

$$
\sum_{i=1}^{n}\frac{1}{S-x_i}\sum_{i=1}^{n}(Sx_i-x_i^2)\leqslant nS.
$$

不妨设 $x_1\geqslant x_2\geqslant\cdots\geqslant x_n$, 那么

$$
\begin{gathered}
Sx_1-x_1^2\geqslant Sx_2-x_2^2\geqslant\cdots\geqslant Sx_n-x_n^2,\\
\frac{1}{S-x_1}\geqslant\frac{1}{S-x_2}\geqslant\cdots\geqslant\frac{1}{S-x_n}.
\end{gathered}
$$

由 Chebyshev 不等式有

$$
\sum_{i=1}^{n}\frac{1}{S-x_i}\sum_{i=1}^{n}(Sx_i-x_i^2)\leqslant n\sum_{i=1}^{n}\frac{1}{S-x_i}(Sx_i-x_i^2)=nS.
$$

得证. □

注　本题等价于本书前两版第 1 章中的如下例题:

$x_1,x_2,\cdots,x_n\geqslant 0$. 求证:

$$
\sum_{i=1}^{n}\frac{x_i}{\sum\limits_{j\neq i}x_j}\sum_{1\leqslant i<j\leqslant n}x_ix_j\leqslant\frac{n}{2}\sum_{i=1}^{n}x_i^2.
$$

为完整起见, 我们给出当时书上的证明. 读者可根据下面的证明尝试建立这两个问题的等价性.

证明 设 $S=\sum\limits_{i=1}^{n}x_i$, 则

$$\begin{aligned}\text{原不等式} \iff & \sum_{i=1}^{n}\frac{x_i}{S-x_i}\left(S^2-\sum_{i=1}^{n}x_i^2\right)\leqslant n\sum_{i=1}^{n}x_i^2\\ \iff & S^2\sum_{i=1}^{n}\frac{x_i}{S-x_i}\leqslant\sum_{i=1}^{n}x_i^2\sum_{i=1}^{n}\left(\frac{x_i}{S-x_i}+1\right)\\ \iff & S\sum_{i=1}^{n}\frac{x_i}{S-x_i}\leqslant\sum_{i=1}^{n}x_i^2\sum_{i=1}^{n}\frac{1}{S-x_i}\\ \iff & S\leqslant\sum_{i=1}^{n}\frac{1}{S-x_i}\sum_{j\neq i}x_j^2.\end{aligned}$$

而利用 Cauchy 不等式, 我们有

$$(n-1)\sum_{j\neq i}x_j^2\geqslant(\sum_{j\neq i}x_j)^2\quad(i=1,2,\cdots,n).$$

将这 n 个式子相加即可. □

下面我们介绍 Bernoulli 不等式在证明不等式中的应用.

例 5.76 $a,b,c\geqslant 1$. 求证:

$$\frac{(a+b)^{2c-1}}{(a+b+1)^{2c}}+\frac{(b+c)^{2a-1}}{(b+c+1)^{2a}}+\frac{(c+a)^{2b-1}}{(c+a+1)^{2b}}\leqslant\frac{2}{a+b+c}.$$

证明 由 Bernoulli 不等式得

$$\left(\frac{a+b+1}{a+b}\right)^c=\left(1+\frac{1}{a+b}\right)^c\geqslant 1+\frac{c}{a+b}=\frac{a+b+c}{a+b}.$$

所以

$$\begin{aligned}\sum\frac{(a+b)^{2c-1}}{(a+b+1)^{2c}}&=\sum\frac{1}{a+b}\cdot\left(\frac{a+b}{a+b+1}\right)^{2c}\\&\leqslant\sum\frac{1}{a+b}\cdot\frac{(a+b)^2}{(a+b+c)^2}\\&=\sum\frac{a+b}{(a+b+c)^2}=\frac{2}{a+b+c}.\end{aligned}$$

原不等式得证. □

例 5.77 $1>a\geqslant b\geqslant c>0$. 求证:

$$a^b+b^c+c^a\geqslant\frac{3}{2}.$$

证明　由 Bernoulli 不等式有

$$\sum a^b=\sum\frac{a}{(1+(a-1))^{1-b}}\geqslant\sum\frac{a}{1-(1-b)(1-a)}=\sum\frac{a}{a+b-ab}\geqslant\sum\frac{a}{a+b},$$

故只需证明

$$\frac{a}{a+b}+\frac{b}{b+c}+\frac{c}{c+a}\geqslant\frac{3}{2}.$$

事实上,

$$\begin{aligned}&\left(\frac{a}{a+b}+\frac{b}{b+c}+\frac{c}{c+a}\right)-\left(\frac{b}{a+b}+\frac{c}{b+c}+\frac{a}{c+a}\right)\\&=\frac{(a-b)(b+c)(c+a)+(b-c)(a+b)(c+a)+(c-a)(a+b)(b+c)}{(a+b)(b+c)(c+a)}\\&=\frac{(c+a)(ab+ac-b^2-bc+ab+b^2-ca-cb)+(c-a)(a+b)(b+c)}{(a+b)(b+c)(c+a)}\\&=\frac{(a-c)(2bc+2ab-ab-ac-b^2-bc)}{(a+b)(b+c)(c+a)}\\&=\frac{(a-c)(a-b)(b-c)}{(a+b)(b+c)(c+a)}\geqslant 0,\end{aligned}$$

$$\left(\frac{a}{a+b}+\frac{b}{b+c}+\frac{c}{c+a}\right)+\left(\frac{b}{a+b}+\frac{c}{b+c}+\frac{a}{c+a}\right)=3,$$

所以

$$\frac{a}{a+b}+\frac{b}{b+c}+\frac{c}{c+a}\geqslant\frac{3}{2},$$

原不等式的等号不成立. 证毕.　□

例 5.78　设 $a,b,c>0$. 证明:

$$a^{b+c}+b^{c+a}+c^{a+b}\geqslant 1.$$

证明　若 a,b,c 中至少有一个大于或等于 1, 则不等式显然成立. 下面证明当 $a,b,c\leqslant 1$ 时的情形. 若 $\max\{a+b,b+c,c+a\}\leqslant 1$, 则由 Bernoulli 不等式有

$$\begin{aligned}\sum a^{b+c}&=\sum\frac{a}{(1+(a-1))^{1-b-c}}\\&\geqslant\sum\frac{a}{1+(1-b-c)(a-1)}\geqslant\sum\frac{a}{a+b+c}=1.\end{aligned}$$

若 $\max\{a+b,b+c,c+a\}\geqslant 1$, 则 $a+b+c\geqslant 1$. 由 Bernoulli 不等式有

$$a^b=\frac{a}{(1+(a-1))^{1-b}}\geqslant\frac{a}{a+b(1-a)}.$$

同理, $a^c \geqslant \dfrac{a}{a+c(1-a)}$. 则

$$a^{b+c} \geqslant \frac{a^2}{(a+b(1-a))(a+c(1-a))}.$$

故我们只需证明

$$\sum \frac{a^2}{(a+b(1-a))(a+c(1-a))} \geqslant 1.$$

由 Cauchy 不等式, 我们只需证明

$$(a+b+c)^2 \geqslant \sum (a+b(1-a))(a+c(1-a))$$

$$\iff \quad (ab+bc+ca)(a+b+c-1)+abc(3-a-b-c) \geqslant 0.$$

上式成立. 证毕. □

注 我们再给出本题当 $0<a,b,c<1$ 且 $\max\{a+b,b+c,c+a\} \geqslant 1$ 时的一种证法.

证明 不妨设 $a \geqslant b \geqslant c \geqslant 0$. 则 $a+b \geqslant 1$, $a \leqslant 1$. 由 Bernoulli 不等式有

$$(1+(a-1))^{a+b} \geqslant 1+(a+b)(a-1), \quad (1+(b-1))^{a+b} \geqslant 1+(a+b)(b-1).$$

因此

$$\begin{aligned} a^{b+c}+b^{a+c}+c^{a+b} &\geqslant a^{b+c}+b^{a+c} \geqslant a^{a+b}+b^{a+b} \\ &\geqslant 2+(a+b)(a+b-2)=1+(a+b-1)^2 \geqslant 1. \end{aligned}$$

□

用类似的方法, 我们还能证明如下命题:

$n \geqslant 2$ 是正整数, $a_i(i=1,2,\cdots,n)$ 是正数, $S=\sum\limits_{i=1}^{n} a_i$, 则

$$\sum_{i=1}^{n} (S-a_i)^{a_i} \geqslant n-1; \quad \sum_{i=1}^{n} a_i^{a_{i+1}} \geqslant 1.$$

事实上, 若存在 i, 使得 $a_i \geqslant 1$, 则欲证的两个不等式显然成立.

当 $0<a_i<1$ 时, 由 Bernoulli 不等式有

$$\sum_{i=1}^{n} (S-a_i)^{a_i} \geqslant \sum_{i=1}^{n} \frac{S-a_i}{S-a_i+a_i}=n-1; \quad \sum_{i=1}^{n} a_i^{a_{i+1}} \geqslant \sum_{i=1}^{n} \frac{a_i}{a_i+a_{i+1}} \geqslant 1.$$

不仅 Bernoulli 不等式对指数型不等式有效, 而且广义 Bernoulli 不等式也是证明多项式型不等式问题的有效方法之一.

例 5.79 n 是正整数, 实数 $a_i \geqslant -1(i=1,2,\cdots,n)$, 且满足 $\sum\limits_{i=1}^{n} a_i \geqslant 0$. 求证:

$$\prod_{i=1}^{n} (a_i+1) \geqslant 1-\frac{n}{4}\sum_{i=1}^{n} a_i^2.$$

证明　由广义 Bernoulli 不等式和 AM-GM 不等式有

$$\begin{aligned}\prod_{i=1}^{n}(a_i+1)&=\prod_{a_i\geqslant 0}(a_i+1)\prod_{a_j\leqslant 0}(a_j+1)\\&\geqslant(1+\sum_{a_i\geqslant 0}a_i)(1+\sum_{a_j\leqslant 0}a_j)\\&=1+\sum_{a_i\geqslant 0}a_i+\sum_{a_j\leqslant 0}a_j+\sum_{a_i\geqslant 0}a_i\sum_{a_j\leqslant 0}a_j\\&\geqslant 1-\frac{1}{4}(\sum_{a_i\geqslant 0}a_i-\sum_{a_j\leqslant 0}a_j)^2\\&=1-\frac{1}{4}(\sum_{i=1}^{n}|a_i|)^2\\&\geqslant 1-\frac{n}{4}\sum_{i=1}^{n}a_i^2.\end{aligned}$$

原不等式得证. □

例 5.80　对任意 $a_1,a_2,\cdots,a_n,b_1,b_2,\cdots,b_n\in\mathbb{R}$, 求证:

$$\begin{aligned}&(b_1^2+a_2^2+\cdots+a_n^2)(a_1^2+b_2^2+\cdots+a_n^2)\cdots(a_1^2+a_2^2+\cdots+b_n^2)\\&\geqslant(a_1^2+a_2^2+\cdots+a_n^2)^{n-2}(a_1b_1+a_2b_2+\cdots+a_nb_n)^2.\end{aligned}$$

证明　a_i 全为 0 的情况显然, 下证 a_i 不全为 0 的情况.

不妨设 $a_1^2+a_2^2+\cdots+a_n^2=1$. 按照 $c_i:=b_i^2-a_i^2\geqslant 0$ 或 $c_i:=b_i^2-a_i^2<0$, 把 $1,2,\cdots,n$ 分为两个集合 A,B. 则由广义 Bernoulli 不等式可得

$$\prod_{A}(1+c_i)\geqslant 1+\sum_{A}c_i,\quad \prod_{B}(1+c_i)\geqslant 1+\sum_{B}c_i.$$

因此由上式, 我们有

$$LHS\geqslant(\sum_{A}a_i^2+\sum_{B}b_i^2)(\sum_{B}a_i^2+\sum_{A}b_i^2)\geqslant RHS,$$

其中最后一步中我们用到了 Cauchy 不等式. 命题得证. □

注　本题可看作 Crux 2214 问题的推广:

求最小的 $C(n)$, 使得对 $x_i\geqslant 0(i=1,2,\cdots,n,n\geqslant 2)$, 下式均成立:

$$\sum_{i=1}^{n}\sqrt{x_i}\leqslant\sqrt{\prod_{i=1}^{n}(x_i+C(n))}.$$

事实上, $C(n)=(n-1)\sqrt[n-1]{n^{2-n}}$. 我们令 $y_i=\sqrt{x_i},b_i=\dfrac{\sqrt{n-1}y_i}{\sqrt{C(n)}}$, 此时即为本例题 $a_i=1(i=1,2,\cdots,n)$ 的情形.

最后, 让我们来看 Bernoulli 不等式在证明数列不等式中的应用.

例 5.81 (韩京俊) $a_1,a_2,\cdots,a_n(n\geqslant 2)$ 满足 $a_1=0,(2a-a_i)a_{i+1}=1(i=1,2,\cdots,n-1),a_n=2a,a>0$. 求证:

$$\frac{2n^2}{(n+1)^2}<a_n<\frac{2n^2+4n-6}{(n+1)^2}.$$

证明 由 $(2a-a_1)a_2=1,(2a-a_2)a_3=1,\cdots,(2a-a_{n-1})a_n=1$, 知

$$4a^2\cdot a^{2n-4}\geqslant(2a-a_1)a_2\cdot(2a-a_2)a_3\cdots(2a-a_{n-1})a_n=1.$$

进而 $a\geqslant 4^{\frac{-1}{2n-2}}=2^{-\frac{1}{n-1}}$. 故由 Bernoulli 不等式得

$$a_n=2a\geqslant\frac{2}{2^{\frac{1}{n-1}}}=\frac{2}{(1+1)^{\frac{1}{n-1}}}\geqslant\frac{2}{1+\dfrac{1}{n-1}}=\frac{2(n-1)}{n}>\frac{2n^2}{(n+1)^2}.$$

不等式左边得证.

下证不等式右边. 我们令 $b_1=1,(2a-a_i)b_i^2=a_{i+1}b_{i+1}^2,b_i\geqslant 0(i=1,2,\cdots,n-1)$. 一方面, 由于 $(2a-a_i)a_{i+1}=1$, 故我们有

$$(2a-a_i)b_i^2+a_{i+1}b_{i+1}^2=2b_ib_{i+1}.$$

对 i 求和后知

$$a\sum_{i=1}^{n}b_i^2=2\sum_{i=1}^{n-1}b_ib_{i+1}.$$

另一方面, 由 AM-GM 不等式有

$$\sum_{i=1}^{n-1}\frac{(i+1)(n-i)}{2i(n+1-i)}b_i^2+\sum_{i=1}^{n-1}\frac{i(n+1-i)}{2(i+1)(n-i)}b_{i+1}^2\geqslant\sum_{i=1}^{n-1}b_ib_{i+1}.$$

注意到有

$$\begin{aligned}&\frac{i(n+1-i)}{2(i+1)(n-i)}+\frac{(i+2)(n-i-1)}{2(i+1)(n-1)}=\frac{(i+1)(n-i)-1}{(i+1)(n-i)}\\ \Longrightarrow\quad&\frac{2(n-1)}{2n}b_1^2+\frac{2(n-1)}{2n}b_n^2+\sum_{i=2}^{n-1}\frac{i(n-i+1)-1}{i(n-i+1)}b_i^2\geqslant\sum_{i=1}^{n-1}b_ib_{i+1}.\end{aligned}$$

又

$$\frac{2(n-1)}{2n}\leqslant 1-\frac{4}{(n+1)^2},\quad\frac{i(n-i+1)-1}{i(n-i+1)}=1-\frac{1}{i(n+1-i)}\leqslant 1-\frac{4}{(n+1)^2},$$

所以

$$\left(1-\frac{4}{(n+1)^2}\right)\sum_{i=1}^{n}b_i^2\geqslant\sum_{i=1}^{n-1}b_ib_{i+1}=\frac{2a}{2}\sum_{i=1}^{n}b_i^2.$$

从而

$$a_n=2a\leqslant 2-\frac{8}{(n+1)^2}=\frac{2n^2+4n-6}{(n+1)^2}.$$

不等式右边得证.

综上, 原命题得证. □

注　事实上, 本题可以通过数列的性质求得 $a=\cos\dfrac{\pi}{n+1}$, 之后再利用 Talyor 展开证明. 我们这里给出的证明是初等的.

例 5.82 (韩京俊)　$n\geqslant 3$ 是正整数, $x_i\geqslant 0(i=1,2,\cdots,n)$. 设 $f_k=\sum\limits_{i=1}^{n}x_i^k\sum\limits_{i=1}^{n}\dfrac{1}{x_i^k}(k=1,2)$, 则有

$$\sqrt{f_2}\leqslant\sqrt{f_1}(\sqrt{f_1}-n+1).$$

证明　原不等式等价于

$$f_1\geqslant\sqrt{f_2}+(n-1)\sqrt{f_1}.$$

由 Cauchy 不等式, 有

$$\begin{aligned}f_1=\sqrt{f_1^2}&=\sqrt{\sum_{i=1}^{n}x_i^2+n(n-1)d_{n-2}}\cdot\sqrt{\sum_{i=1}^{n}\frac{1}{x_i^2}+n(n-1)\frac{d_2}{x_1x_2\cdots x_n}}\\&\geqslant\sqrt{f_2}+n(n-1)\sqrt{\frac{d_2d_{n-2}}{x_1x_2\cdots x_n}},\end{aligned}$$

其中

$$d_k=\frac{\sum\limits_{\text{sym}}x_1x_2\cdots x_{n-k}}{\dbinom{n}{k}}\quad(k=0,1,\cdots,n-1).$$

由 Newton 不等式 $\dfrac{d_i}{d_{i+1}}\geqslant\dfrac{d_{i-1}}{d_i}$ 知 $\dfrac{d_{n-2}}{d_{n-1}}\geqslant\dfrac{d_1}{d_2}$, 即 $d_2d_{n-2}\geqslant d_1d_{n-1}$. 因此

$$\begin{aligned}f_1&\geqslant\sqrt{f_2}+n(n-1)\sqrt{\frac{d_2d_{n-2}}{x_1x_2\cdots x_n}}\\&\geqslant\sqrt{f_2}+n(n-1)\sqrt{\frac{d_1d_{n-1}}{x_1x_2\cdots x_n}}\\&=\sqrt{f_2}+(n-1)\sqrt{f_1}.\end{aligned}$$

故原不等式得证. 当 $n\geqslant 4$ 时, 等号在 x_i 全相等时取到; 当 $n=3$ 时, 等号在 $x_1^2=x_2x_3$ 及其轮换时取到. □

第 6 章　求　导　法

6.1　一阶导数

一阶导数的性质始终是处理函数极值问题的强有力“武器”. 求导还能起到降维消元的作用. 虽然求导法很难让我们欣赏到优美的证明, 但其作用不应该被我们忽视.

一阶导数最简单的应用是一次函数的最值一定在端点处取到.

例 6.1 (2015 北大中学生数学奖)　设实数 $a_1 \leqslant a_2 \leqslant a_4$, $a_1 \leqslant a_3 \leqslant a_4$, $b_1 \leqslant b_2 \leqslant b_4$, $b_1 \leqslant b_3 \leqslant b_4$, $0 < p < 1$. 求证:

$$
\begin{aligned}
&a_1b_1(1-p)^2+(a_2b_2+a_3b_3)p(1-p)+a_4b_4p^2\\
&\quad\geqslant (a_1(1-p)^2+(a_2+a_3)p(1-p)+a_4p^2)(b_1(1-p)^2+(b_2+b_3)p(1-p)+b_4p^2).
\end{aligned}
$$

证明　本题变元很多, 这是证明的一大障碍. 不过经过观察, 我们发现不等式的次数并不高, 特别是对于 a_i, b_i 都是一次函数. 我们可以利用一次函数的单调性将 a_i 调整至它们取值范围的端点处, 起到消元降维的作用. 注意到不等式左边减不等式右边是关于 a_1 单调递减、关于 a_4 单调递增 (不依赖于其他变元的取值) 的, 所以我们先调整 a_1, a_4. 不妨设 $a_2 \leqslant a_3$, 我们只需考虑 $a_1 = a_2$, $a_3 = a_4$ 的情形. 此时不等式转化为

$$
\begin{aligned}
&a_2b_1(1-p)^2+(a_2b_2+a_3b_3)p(1-p)+a_3b_4p^2\\
&\quad\geqslant (a_2(1-p)+a_3p)(b_1(1-p)^2+(b_2+b_3)p(1-p)+b_4p^2).
\end{aligned}
$$

此时不等式左边减不等式右边是关于 b_2 单调递减、关于 b_3 单调递增的, 因此只需考虑 $b_2 = b_4, b_3 = b_1$ 的情形, 即

$$
\begin{aligned}
&a_2b_1(1-p)^2+(a_2b_4+a_3b_1)p(1-p)+a_3b_4p^2\\
&\quad\geqslant (a_2(1-p)+a_3p)(b_1(1-p)+b_4p),
\end{aligned}
$$

此时为等式. □

注　我们再给出本题的一种证明:

证明　注意到 $p^2+2p(1-p)+(1-p)^2=1$, 我们有

$$
\begin{aligned}
&(a_1b_1(1-p)^2+(a_2b_2+a_3b_3)p(1-p)+a_4b_4p^2)(p^2+2p(1-p)+(1-p)^2)\\
&-(a_1(1-p)^2+(a_2+a_3)p(1-p)+a_4p^2)(b_1(1-p)^2+(b_2+b_3)p(1-p)+b_4p^2)\\
&\quad=((a_2-a_4)(b_2-b_4)+(a_3-a_4)(b_3-b_4))p^3(1-p)\\
&\qquad+((a_2-a_3)(b_2-b_3)+(a_1-a_4)(b_1-b_4))p^2(1-p)^2\\
&\qquad+((a_1-a_2)(b_1-b_2)+(a_1-a_3)(b_1-b_3))(1-p)^3p\geqslant 0.
\end{aligned}
$$

最后一步成立是因为 $p^3(1-p)$, $p^2(1-p)^2$, $(1-p)^3p$ 前的系数都非负.　□

例 6.2 (AM-GM 不等式)　$a_1,a_2,\cdots,a_n$ 为非负实数, 则

$$
\frac{1}{n}\sum_{i=1}^{n}a_i\geqslant\sqrt[n]{a_1a_2\cdots a_n},
$$

当且仅当 $a_1=a_2=\cdots=a_n$ 时取得等号.

证明　只需证明 a_i 都是正的情形. 设 $f(x)=\mathrm{e}^{x-1}-x$, 则 $f'(x)=\mathrm{e}^{x-1}-1$, $f'(x)=0$ 只有一个实根 $x=1$, 且 $f'(x)$ 是单调递增的. 故 $f(x)$ 在 $x=1$ 处取最小值, 因此 $f(x)\geqslant 0$, 即 $\mathrm{e}^{x-1}\geqslant x$, 等号成立当且仅当 $x=1$ 时.

设 $\alpha=\dfrac{1}{n}\sum\limits_{i=1}^{n}a_i$. 因此我们有

$$
\frac{a_1}{\alpha}\frac{a_2}{\alpha}\cdots\frac{a_n}{\alpha}\leqslant\mathrm{e}^{\frac{a_1}{\alpha}-1}\mathrm{e}^{\frac{a_2}{\alpha}-1}\cdots\mathrm{e}^{\frac{a_n}{\alpha}-1}=\mathrm{e}^0=1,
$$

等号成立当且仅当 $a_1=a_2=\cdots=a_n$ 时.　□

注　证明中的 $\mathrm{e}^{x-1}\geqslant x$ 也可以这样证明: 注意到由定义有 $\mathrm{e}>\left(1+\dfrac{1}{n}\right)^n$, 因此只需证明存在 n, 使得

$$
\left(1+\frac{1}{n}\right)^{n(x-1)}\geqslant x
$$

成立即可. 对于给定的 x, 注意到当 n 足够大时, 有 $n(x-1)>1$ 或 $n(x-1)<0$. 因此由 Bernoulli 不等式有

$$
\left(1+\frac{1}{n}\right)^{n(x-1)}\geqslant 1+\frac{n(x-1)}{n}=x,
$$

知结论成立.

例 6.3　a,b,c 是正实数. 求证: 对非负实数 $s\geqslant t\geqslant 0$, 有

$$
\sum_{\text{cyc}}\frac{a^s}{b^s+c^s}\geqslant\sum_{\text{cyc}}\frac{a^t}{b^t+c^t}.
$$

证明 只需证明 $f(x)$ 是关于 x 的单调递增函数, 其中

$$f(x)=\sum_{\text{cyc}}\frac{a^x}{b^x+c^x}.$$

我们有

$$\begin{aligned}f'(x)&=\sum\frac{a^x(b^x+c^x)\ln a-a^x(b^x\ln b+c^x\ln c)}{(b^x+c^x)^2}\\&=\sum\frac{a^xb^x(\ln a-\ln b)}{(b^x+c^x)^2}+\sum\frac{a^xb^x(\ln b-\ln a)}{(c^x+a^x)^2}\\&=\sum\frac{a^xb^x(a^x+b^x+2c^x)(\ln a-\ln b)(a^x-b^x)}{(b^x+c^x)^2(c^x+a^x)^2}\geqslant 0.\end{aligned}$$

证毕. □

注 用同样的方法可证明本题的 n 元形式:

$a_1,\cdots,a_n$ 为正实数, 则对任意非负实数 $s\geqslant t\geqslant 0$, 有

$$\sum_{i=1}^{n}\frac{a_i^s}{\sum\limits_{j=1}^{n}a_j^s-a_i^s}\geqslant\sum_{i=1}^{n}\frac{a_i^t}{\sum\limits_{j=1}^{n}a_j^t-a_i^t}.$$

例 6.4 (韩京俊) $a,b,c>0$, 则

$$\frac{b}{a+c}+\frac{c}{a+b}+\frac{9a}{b+c}+\frac{16bc}{(b+c)^2}\geqslant 6.$$

证明 由齐次性, 我们不妨设 $b+c=1$, 则 $bc\leqslant\frac{1}{4}$. 原不等式等价于

$$\begin{aligned}&\frac{b(a+b)+c(a+c)}{a^2+bc+ab+ac}+9a+16bc\geqslant 6\\\iff\quad&\frac{1-2bc+a}{a^2+bc+a}+16(a^2+bc+a)\geqslant 6+16a^2+7a\\\iff\quad&\frac{2a^2+3a+1}{a^2+bc+a}+16(a^2+bc+a)\geqslant 16a^2+7a+8.\end{aligned}$$

若 $16(a^2+a)^2\geqslant 2a^2+3a+1$, 则不等式左边关于 bc 单调递增, 此时只需证明 $bc=0$ 的情形. 当 $c=0$ 时, 原不等式等价于

$$\frac{b}{a}+\frac{9a}{b}\geqslant 6.$$

上式由 AM-GM 不等式知成立.

若 $16(a^2+a)^2\leqslant 2a^2+3a+1$, 即 $16(a+1)a^2\leqslant 2a+1$, 也即 $16a^3+16a^2-2a-1\leqslant 0$. 设 $a=\frac{1}{x}$, 则

$$f(x):=x^3+2x^2-16x-16\geqslant 0,$$

$f'(x)=3x^2+4x-16$. 设 x_0 为 $f(x)=0$ 的正根, 则 $x_0=\frac{-4+\sqrt{16+16\times 12}}{6}<\frac{7}{2}$, 且当

$x\in\left[x_0,\dfrac{7}{2}\right]$ 时, $f'(x)\geqslant 0$, 即 $f(x)$ 在 $[0,x_0]$ 上单调递减, 在 $\left[x_0,\dfrac{7}{2}\right]$ 上单调递增. 显然 $f(0)<0$, 注意到

$$f\left(\frac{7}{2}\right)=\frac{343+196-448-128}{8}<0,$$

从而 $x\geqslant\dfrac{7}{2}$, 或等价地, $a\leqslant\dfrac{2}{7}$. 由 AM-GM 不等式, 我们有

$$\frac{2a^2+3a+1}{a^2+bc+a}+16(a^2+bc+a)\geqslant 8\sqrt{(a+1)(2a+1)}.$$

故我们只需证明

$$\begin{aligned}&8\sqrt{(a+1)(2a+1)}\geqslant 16a^2+7a+8\\ \iff\quad &2a^2+3a+1\geqslant 4a^4+\frac{7}{2}a^3+\frac{305}{64}a^2+\frac{7}{4}a+1.\end{aligned}$$

当 $a\leqslant\dfrac{2}{7}$ 时, 我们有

$$4a^3+\frac{7}{2}a^2+3a\leqslant\frac{424}{343}<\frac{5}{4}.$$

因此

$$\begin{aligned}4a^4+\frac{7}{2}a^3+\frac{305}{64}a^2+\frac{7}{4}a+1&\leqslant 4a^4+\frac{7}{2}a^3+5a^2+\frac{7}{4}a+1\\&=4a^4+\frac{7}{2}a^3+3a^2+2a^2+\frac{7}{4}a+1\\&\leqslant\frac{5}{4}a+2a^2+\frac{7}{4}a+1=2a^2+3a+1.\end{aligned}$$

综上, 命题得证. □

例 6.5 (2008 国家队培训) $0\leqslant a,b\leqslant 1$. 求证:

$$a^a+b^b\geqslant a^b+b^a.$$

证明 (韩京俊) 不妨设 $a\geqslant b$. 考察函数

$$f(x)=x^{ya}-x^{yb}\quad(a\geqslant x\geqslant b,1\geqslant ya-yb\geqslant 0),$$

求关于 x 的导数, 有

$$(x^{y(a-b)})'=\frac{y(a-b)}{x}\cdot x^{y(a-b)}>0\quad\Longrightarrow\quad x^{y(a-b)}\geqslant b^{y(a-b)}.$$

由 AM-GM 不等式有

$$b^{1+b-a}1^{a+ab-b^2-b}\leqslant\left(\frac{b+b^2-ab+a+ab-b^2-b}{1+ab-b^2}\right)^{1+ab-b^2}=\left(\frac{a}{1+ab-b^2}\right)^{1+ab-b^2}\leqslant a,$$

其中最后一步是因为 $1+ab-b^2\geqslant 1$. 注意到

$$\begin{aligned}f'(x)&=\frac{ya}{x}\cdot x^{ya}-\frac{yb}{x}\cdot x^{yb}\\&=\frac{yx^{yb}}{x}(ax^{y(a-b)}-b)\\&\geqslant yx^{yb-1}(ab^{y(a-b)}-b)\\&=yx^{yb-1}b^{y(a-b)}(a-b^{1-y(a-b)})\geqslant 0,\end{aligned}$$

于是

$$f(a)\geqslant f(b)\quad\Longrightarrow\quad a^{ya}+b^{yb}\geqslant a^{yb}+b^{ya}.$$

特别地, 令 $y=1$, 即得本题中的不等式. □

注 当 $0<a,b\leqslant 1$ 时, 我们猜测

$$a^{ka}+b^{kb}\geqslant a^{kb}+b^{ka}$$

成立的非负实数 k 的范围为 $[0,\mathrm{e}]$, 且 e 是最佳的.

本题是下面的《美国数学月刊》E3116 问题的特例, 证明可见该刊 1990 年第 1 期:

$$x_1^{x_1}+x_2^{x_2}+\cdots+x_n^{x_n}\geqslant x_1^{x_2}+x_2^{x_3}+\cdots+x_n^{x_1}.$$

事实上, 由该刊的证明, 我们可证明更为一般的结论:

$x_i>0$ $(i=1,2,\cdots,n)$. 则当 $0\leqslant k\leqslant 1$ 时, 有

$$\sum_{i=1}^{n}x_i^{kx_i}\geqslant\sum_{i=1}^{n}x_i^{kx_{i+1}},\tag{6.1}$$

其中 $x_{n+1}=x_1$.

证明 用数学归纳法. $n=1$ 时命题显然成立.

假设命题对 $n-1\geqslant 1$ 成立, 下证对 n 也成立. 记

$$\sum_{i=1}^{n}x_i^{kx_i}-\sum_{i=1}^{n}x_i^{kx_{i+1}}=A+B,$$

其中

$$\begin{aligned}A&=\sum_{i=1}^{n-1}x_i^{kx_i}-\sum_{i=1}^{n-2}x_i^{kx_{i+1}}-x_{n-1}^{kx_1},\\B&=x_n^{kx_n}+x_{n-1}^{kx_1}-x_n^{kx_1}-x_{n-1}^{kx_n}.\end{aligned}$$

由归纳假设知 $A\geqslant 0$. 于是只需证明 $B\geqslant 0$ 即可. 记 $x_1=x,x_{n-1}=y,x_n=z$, 则

$$B=z^{kz}+y^{kx}-z^{kx}-y^{kz}.$$

当 $z=x$ 或 $z=y$ 时, $B=0$. 下设 $z\neq x$ 且 $z\neq y$.

若存在 i, 使得 $x_i \geqslant 1$, 不妨设 $x_n = \max\limits_{1\leqslant i\leqslant n} x_i$, 则

$$\begin{aligned} z^{kz} - z^{kx} &= z^{kx}(z^{kz-kx} - 1) \\ &\geqslant y^{kx}(z^{kz-kx} - 1) \\ &> y^{kx}(y^{kz-kx} - 1) \\ &= y^{kz} - y^{kx}, \end{aligned}$$

即 $B > 0$.

若对任意 i, $x_i < 1$, 不妨设 $x_n = \min\limits_{1\leqslant i\leqslant n} x_i$, 令 $f(t) = t^{kx}$, $g(t) = t^{kz}$, 其中 $z \leqslant t \leqslant y$. 由 Cauchy 中值定理, 存在 $\zeta \in (z, y)$, 使得

$$\begin{aligned} \frac{y^{kx} - z^{kx}}{y^{kz} - z^{kz}} &= \frac{f(y) - f(z)}{g(y) - g(z)} = \frac{f'(\zeta)}{g'(\zeta)} \\ &= \frac{kx\zeta^{kx-1}}{kz\zeta^{kz-1}} = \frac{x}{z}\zeta^{k(x-z)} > \frac{x}{z} z^{x-z}. \end{aligned}$$

从而只需证明

$$\frac{x}{z} z^{x-z} > 1$$

即可, 即

$$\ln x - \ln z + (x - z)\ln z > 0 \quad \Longleftrightarrow \quad 1 + \frac{x - z}{\ln x - \ln z} \ln z > 0.$$

由例 6.12 知

$$1 + \frac{x - z}{\ln x - \ln z} \ln z > 1 + \frac{1 - z}{\ln 1 - \ln z} \ln z > 0.$$

由归纳法, 原命题对任意自然数 n 都成立. □

求出使不等式 (6.1) 成立的最大的 k 仍是一个公开问题. 当 $n = 2$ 时, 我们猜测最大的 $k = \mathrm{e}$. 文献 [24] 中曾给出了一个 $n = 3, k = \mathrm{e}$ 时式 (6.1) 成立的 "伪证". 我们只需注意到当 $x_1 = \dfrac{1}{3}$, $x_2 = \dfrac{1}{9}$, $x_3 = \dfrac{2}{3}, k = \dfrac{5}{2}$ 时结论不成立即可. 当 $n = 2$ 时, 我们猜测有如下更强的不等式:

$a, b \in (0, 1]$, $k \in [0, \mathrm{e}]$, 则

$$2\sqrt{a^{ka}b^{kb}} \geqslant a^{kb} + b^{ka}.$$

相关讨论可参见文献 [63].

与本题类似的还有如下所谓的双指数问题: $a \geqslant 0, b \geqslant 0, x \geqslant 1$, 且 $a + b = 1$, 则

$$a^{(2b)^x} + b^{(2a)^x} \leqslant 1.$$

证明可参见文献 [67].

例 6.6 x, y, z 为非负实数, 且满足 $xy + yz + xz = 1$. 证明:

$$\frac{1}{\sqrt{x+y}} + \frac{1}{\sqrt{y+z}} + \frac{1}{\sqrt{z+x}} \geqslant 2 + \frac{1}{\sqrt{2}}.$$

思路 注意到不等式的等号成立当且仅当 $x=y=1,z=0$ 及其轮换时, 我们希望将最小的变量调整为 0.

证明 不失一般性, 设 $x=\max\{x,y,z\}$, 令 $a=y+z>0$, 显然, $ax=1-yz\leqslant 1$. 考虑函数

$$\begin{aligned}f(x)&=\frac{1}{\sqrt{x+y}}+\frac{1}{\sqrt{y+z}}+\frac{1}{\sqrt{z+x}}\\&=\frac{1}{\sqrt{y+z}}+\sqrt{\frac{2x+y+z+2\sqrt{x^2+1}}{x^2+1}}\\&=\frac{1}{\sqrt{a}}+\sqrt{\frac{2x+a+2\sqrt{x^2+1}}{x^2+1}}.\end{aligned}$$

固定 a, 将 x 看作关于 yz 的函数, 我们有

$$\begin{aligned}f'(x)&=\frac{1-ax-x^2-x\sqrt{x^2+1}}{\sqrt{(x^2+1)^3(2x+a+2\sqrt{x^2+1})}}\\&\leqslant\frac{1-ax-x^2}{\sqrt{(x^2+1)^3(2x+a+2\sqrt{x^2+1})}}.\end{aligned}$$

故当 $1-ax-x^2\leqslant 0$ 时, $f(x)$ 为关于 x 的减函数. 又 $ax\leqslant 1$, 因此 $f(x)\geqslant f\left(\frac{1}{a}\right)$. 我们只需证明

$$\sqrt{a}+\frac{1}{\sqrt{a}}+\sqrt{\frac{a}{a^2+1}}\geqslant 2+\frac{1}{\sqrt{2}}.$$

令 $t=\sqrt{a}+\dfrac{1}{\sqrt{a}}\geqslant 2$, 则上式等价于

$$\begin{aligned}&t+\frac{1}{\sqrt{t^2-2}}\geqslant 2+\frac{1}{\sqrt{2}}\\\Longleftrightarrow\quad& t-2\geqslant\frac{1}{\sqrt{2}}-\frac{1}{\sqrt{t^2-2}}=\frac{t^2-4}{\sqrt{2(t^2-2)}(\sqrt{2}+\sqrt{t^2-2})}\\\Longleftrightarrow\quad& 2\sqrt{t^2-2}+\sqrt{2}(t^2-2)\geqslant t+2.\end{aligned}$$

上式由

$$\begin{aligned}&2\sqrt{t^2-2}\geqslant 2\sqrt{2},\\&\sqrt{2}(t^2-2)=\sqrt{2}\cdot\frac{1}{2\sqrt{2}}t^2+\sqrt{2}\left(1-\frac{1}{2\sqrt{2}}\right)t^2-2\sqrt{2}\\&\qquad\geqslant t+4\sqrt{2}\left(1-\frac{1}{2\sqrt{2}}\right)-2\sqrt{2}>t+2-2\sqrt{2}\end{aligned}$$

知成立. 故原不等式得证, 等号成立当且仅当 $x=y=1,z=0$ 及其轮换时. □

注 我们也可不通过求导将变量 z 调整为 0. 注意到

$$\frac{1}{\sqrt{x+y}}+\frac{1}{\sqrt{x+z}}=\sqrt{y+z}\left(\frac{1}{\sqrt{(y+z)(x+y)}}+\frac{1}{\sqrt{(z+x)(z+y)}}\right)$$

$$=\sqrt{y+z}\left(\frac{1}{\sqrt{y^2+1}}+\frac{1}{\sqrt{z^2+1}}\right),$$

故只需证明

$$\frac{1}{\sqrt{y^2+1}}+\frac{1}{\sqrt{z^2+1}}\geqslant 1+\frac{1}{\sqrt{(y+z)^2+1}}.$$

上式两边平方后等价于

$$\frac{1}{y^2+1}+\frac{1}{z^2+1}+\frac{2}{\sqrt{(y^2+1)(z^2+1)}}\geqslant 1+\frac{1}{(y+z)^2+1}+\frac{2}{\sqrt{(y+z)^2+1}}.$$

而

$$\frac{2}{\sqrt{(y^2+1)(z^2+1)}}=\frac{2}{\sqrt{(y+z)^2+1+y^2z^2-2yz}}\geqslant\frac{2}{\sqrt{(y+z)^2+1}},$$

故只需证明

$$\frac{1}{y^2+1}+\frac{1}{z^2+1}\geqslant 1+\frac{1}{(y+z)^2+1}$$
$$\iff\quad \frac{yz\left(2-2yz-yz(y+z)^2\right)}{(y^2+1)(z^2+1)\left((y+z)^2+1\right)}\geqslant 0.$$

上式由

$$\begin{aligned}2-2yz-yz(y+z)^2=&2x(y+z)-yz(y+z)^2=(y+z)(2x-yz(y+z))\\ \geqslant&(y+z)(2x-x^2(y+z))=x(y+z)(2-xy-xz)\geqslant 0\end{aligned}$$

知成立.

例 6.7 (2006 国家队培训)　$a\geqslant b\geqslant c\geqslant d>0$. 求证:

$$\left(1+\frac{c}{a+b}\right)\left(1+\frac{d}{b+c}\right)\left(1+\frac{a}{c+d}\right)\left(1+\frac{b}{d+a}\right)\geqslant\left(\frac{3}{2}\right)^4.$$

证明　考虑到等号成立条件为 $a=b=c=d$, 我们想办法降维, 把 a 向 b 靠拢, c 向 d 靠拢.

$$\text{原不等式}\quad\iff\quad\frac{(a+b+c)(a+c+d)(a+b+d)}{(a+b)(a+d)}\cdot\frac{b+c+d}{(b+c)(c+d)}\geqslant\left(\frac{3}{2}\right)^4.$$

固定 b,c,d, 令 $f(a)=\dfrac{(a+b+c)(a+c+d)(a+b+d)}{(a+b)(a+d)}$. 则

$$\begin{aligned}f'(a)=&\frac{\left(\sum_{\text{cyc}}(a+b+c)(a+b+d)(c+d)\right)(a+b)(a+d)}{((a+b)(a+d))^2}\\ &-\frac{(b(a+d)+d(a+b))(a+b+c)(a+c+d)(a+b+d)}{((a+b)(a+d))^2}\\ =&\frac{g(a)}{((a+b)(a+d))^2},\end{aligned}$$

其中

$$\begin{aligned}g(a)=&(a+b)(a+c+d)(a+b+d)\left((a+d)(b+c)-d(a+b+c)\right)\\&+(a+d)(a+b+c)(a+c+d)\left((a+b)(a+d)-b(a+b+d)\right)\\&+(a+b)(a+d)(c+d)(a+b+c)(a+b+d)>0,\end{aligned}$$

即 $f'(a)>0$, 故 $f(a)_{\min}=f(b)$.

同理可得 $f(c)_{\min}=f(d)$.

于是只需证明

$$\begin{aligned}&\frac{2b+d}{2b}\cdot\frac{b+2d}{b+d}\cdot\frac{b+2d}{2d}\cdot\frac{2b+d}{b+d}\geqslant\left(\frac{3}{2}\right)^4\\\iff\quad&\frac{(2b+d)(b+2d)}{\sqrt{bd}(b+d)}\geqslant\frac{9}{2}\\\iff\quad&4b^2+4d^2+10bd\geqslant 9b^{\frac{3}{2}}d^{\frac{1}{2}}+9d^{\frac{3}{2}}b^{\frac{1}{2}}.\end{aligned}$$

又因

$$\begin{aligned}(b^{\frac{1}{2}}-d^{\frac{1}{2}})^4\geqslant 0\quad\iff\quad&b^2+d^2+6bd\geqslant 4(b^{\frac{3}{2}}d^{\frac{1}{2}}+d^{\frac{3}{2}}b^{\frac{1}{2}})\\\implies\quad&4b^2+4d^2+10bd\geqslant 16(b^{\frac{3}{2}}d^{\frac{1}{2}}+d^{\frac{3}{2}}b^{\frac{1}{2}})-14bd\\&\geqslant 9b^{\frac{3}{2}}d^{\frac{1}{2}}+9d^{\frac{3}{2}}b^{\frac{1}{2}},\end{aligned}$$

故命题得证. □

注 若去掉本题中的约束条件 $a\geqslant b\geqslant c\geqslant d$, 则我们有如下不等式:

若 $a,b,c,d>0$, 则

$$\left(1+\frac{c}{a+b}\right)\left(1+\frac{d}{b+c}\right)\left(1+\frac{a}{c+d}\right)\left(1+\frac{b}{d+a}\right)\geqslant 4.$$

证明 两边同乘以 $(a+b)(b+c)(c+d)(d+a)$ 后等价于

$$(a+b+c)(b+c+d)(c+d+a)(d+a+b)\geqslant 4(a+b)(b+c)(c+d)(d+a).$$

注意到有

$$(2a+b+b+2c)^2\geqslant 4(2a+b)(b+2c)\quad\implies\quad(a+b+c)^2\geqslant(2a+b)(2c+b),$$

因此

$$\begin{aligned}&\prod_{\text{cyc}}(a+b+c)^2\geqslant\prod_{\text{cyc}}(2a+b)(2b+a)\geqslant\prod_{\text{cyc}}2(a+b)^2=16\prod_{\text{cyc}}(a+b)^2\\\implies\quad&(a+b+c)(b+c+d)(c+d+a)(d+a+b)\geqslant 4(a+b)(b+c)(c+d)(d+a).\end{aligned}$$

于是我们证明了欲证不等式. □

利用相同的方法, 我们能得到 n 元时的结论.

其系数还可以改进如下:

当 $a,b,c,d,k>0$ 时, 有

$$\left(1+\frac{kc}{a+b}\right)\left(1+\frac{kd}{b+c}\right)\left(1+\frac{ka}{c+d}\right)\left(1+\frac{kb}{d+a}\right)\geqslant(k+1)^2.$$

证明　我们不妨设 $(a-c)(b-d)\geqslant 0$, 否则令 $(a',b',c',d')=(b,c,d,a)$. 此时

$$P(a',b',c',d')=\left(1+\frac{kc}{a+b}\right)\left(1+\frac{kd}{b+c}\right)\left(1+\frac{ka}{c+d}\right)\left(1+\frac{kb}{d+a}\right)=P(a,b,c,d).$$

注意到

$$\left(1+\frac{kc}{a+b}\right)\left(1+\frac{kd}{b+c}\right)\geqslant 1+k\left(\frac{c}{a+d}+\frac{d}{a+b}\right)\geqslant 1+\frac{k(a+b)^2}{ab+bc+ac+bd},$$

$$\left(1+\frac{ka}{c+d}\right)\left(1+\frac{kb}{d+a}\right)\geqslant 1+k\left(\frac{c}{a+d}+\frac{d}{a+b}\right)\geqslant 1+\frac{k(c+d)^2}{cd+ad+ac+bd},$$

所以

$$\begin{aligned}P(a,b,c,d)&\geqslant\left(1+\frac{k(a+b)^2}{ab+bc+ac+bd}\right)\left(1+\frac{k(c+d)^2}{cd+ad+ac+bd}\right)\\&\geqslant\left(1+\frac{k(a+b)(c+d)}{\sqrt{(ab+bc+ac+bd)(cd+ad+ac+bd)}}\right)^2.\end{aligned}$$

而

$$\frac{(a+b)(c+d)}{\sqrt{(ab+bc+ac+bd)(cd+ad+ac+bd)}}\geqslant\frac{2(a+b)(c+d)}{(ab+bc+ac+bd)+(cd+ad+ac+bd)},$$

$$2(a+b)(c+d)-(ab+bc+cd+da+2ac+2bd)=(a-c)(d-b)\geqslant 0,$$

于是命题得证, 等号成立当且仅当 $a=c,b=d=0$ 或 $a=c=0,b=d$ 时. □

例 6.8 (Michael Rozenberg)　$a,b,c,d,e>0$ 满足

$$abc+abd+abe+acd+ace+ade+bcd+bce+bde+cde=10.$$

求证:

$$1+\frac{13}{a+b+c+d+e}\geqslant\frac{36}{ab+bc+cd+da+ac+bd+ae+be+ce+de}.$$

证明　令 $A=a+b+c+d+e$, $B=ab+bc+cd+da+ac+bd+ae+be+ce+de$. 考虑函数

$$\begin{aligned}f(x)&=(x-a)(x-b)(x-c)(x-d)(x-e)\\&=x^5-Ax^4+Bx^3-10x^2+x\sum abcd-abcde.\end{aligned}$$

显然 $f(x)=0$ 有 5 个正实根 a,b,c,d,e, 因此 $f''(x)=20x^3-12Ax^2+6Bx-20=0$ 有 3 个正实根, 不妨设为 u,v,w, 由韦达定理有 $uvw=1,\alpha=u+v+w=\dfrac{3A}{5},\beta=uv+vw+uw=\dfrac{3B}{10}$. 我们需要证明的是

$$5+\frac{39}{\alpha}\geqslant\frac{54}{\beta}.$$

由三次 Schur 不等式有

$$(U+V+W)^3+9UVW\geqslant 4(U+V+W)(UV+VW+UW).$$

我们令 $W=uv,U=vw,V=wu$, 上式即 $\beta^3+9\geqslant 4\alpha\beta$, 也即

$$9\geqslant\beta(4\alpha-\beta^2).\tag{1}$$

假设 $5+\dfrac{39}{\alpha}<\dfrac{54}{\beta}$, 则

$$\alpha>\frac{39\beta}{54-5\beta}>0,$$

代入式 (1) 并计算可得到

$$\begin{aligned}&(\beta-3)(5\beta^3-39\beta^2+39\beta+162)<0\\ \Longrightarrow\quad &5\beta^3-39\beta^2+39\beta+162<0.\end{aligned}\tag{2}$$

而由于 $\beta\leqslant 3$, 于是式 (2) 不成立. 故假设不成立, 原不等式得证. □

注 本题利用到了若一个单变元多项式 $f(x)$ 有 n 个正实根, 则 $f'(x)$ 有 $n-1$ 个正实根这一事实, 可由 Rolle 定理直接推得.《完全对称不等式的取等判定》[①]中的定理 1 就是作者利用这一方法得到的.

例 6.9 (吴昊 (2012 IMO 金牌得主)) 给定正整数 n, 正实数 $\alpha_1,\alpha_2,\cdots,\alpha_n\geqslant 1$, 集合 $T=\{1,2,\cdots,n\}$. 对非空的集合 $I\subseteq S$, 定义 $h(I)=\prod\limits_{i\in I}\alpha_i$, 当 I 为空集时, 定义 $h(I)=1$. 求证: 当 $x\geqslant 1$ 时,

$$\sum_{I\subseteq T}(-1)^{|T|-|I|}x^{h(I)}\geqslant 0.$$

证明 对正整数 m, 定义 $T_m=\{1,2,\cdots,m\}$. 考虑定义在 $x>0$ 上的函数

$$g_{m,k}(x)=\sum_{I\subseteq T_m}(-1)^{|T_m|-|I|}h(I)^kx^{h(I)},$$

其中 m 是正整数, k 是非负整数. 我们有如下关于 $g_{m+1,k}$ 与 $g_{m,k}$ 的递推关系:

$$\begin{aligned}&g_{m+1,k}(x)\\ &=\sum_{I\subseteq T_m}\left((-1)^{|T_{m+1}|-|I|}h(I)^kx^{h(I)}+(-1)^{|T_{m+1}|-|I\bigcup\{m+1\}|}h(I\bigcup\{m+1\})^kx^{h(I\bigcup\{m+1\})}\right)\end{aligned}$$

① http://www.yau-awards.org/paper/E/5-复旦大学附属中学 - 完全对称不等式的取等判定.pdf.

$$
\begin{aligned}
&= -\sum_{I\subseteq T_m}(-1)^{|T_m|-|I|}h(I)^k x^{h(I)} + \sum_{I\subseteq T_m}(-1)^{|T_m|-|I|}h(I)\alpha_{m+1}^k x^{h(I)\alpha_{m+1}}\\
&= -g_{m,k}(x) + \alpha_{m+1}^k \sum_{I\subseteq T_m}(-1)^{|T_m|-|I|}h(I)^k (x^{\alpha_{m+1}})^{h(I)}\\
&= \alpha_{m+1}^k g_{m,k}(x^{\alpha_{m+1}}) - g_{m,k}(x).
\end{aligned}
$$

下面我们对正整数 m 归纳证明, 当 $x\geqslant 1$ 时, 有 $g_{m,k}(x)\geqslant 0$. 当 $m=1$, $x\geqslant 1$ 时, 显然

$$g_{1,k}(x) = {\alpha_1}^k x^{\alpha_1} - x \geqslant 0.$$

假设命题对 m 成立, 则当 $m+1$ 时,

$$\frac{\partial g_{m,k}(x)}{\partial x} = \sum_{I\subseteq T_m}(-1)^{|T_m|-|I|}h(I)^{k+1}x^{h(I)-1} = \frac{g_{m,k+1}(x)}{x} \geqslant 0,$$

故 $g_{m,k}(x)$ 在 $x\geqslant 0$ 上单调递增. 我们有

$$g_{m+1,k}(x) = \alpha_{m+1}^k g_{m,k}(x^{\alpha_{m+1}}) - g_{m,k}(x) \geqslant g_{m,k}(x^{\alpha_{m+1}}) - g_{m,k}(x) \geqslant 0.$$

故命题对任意正整数 m 成立. 特别地, 取 $k=0$ 即为原命题. □

注 这里我们介绍一下本题的命题背景. 我们知道 $\alpha_i\geqslant 0 (i=1,2,\cdots,n)$, $x\geqslant 1$ 时,

$$
\begin{aligned}
&x^{\alpha_1+\cdots+\alpha_n} - \sum_{1\leqslant i_1<i_2<\cdots<i_{n-1}\leqslant n} x^{\alpha_{i_1}+\cdots+\alpha_{i_{n-1}}} + \sum_{1\leqslant i_1<i_2<\cdots<i_{n-2}\leqslant n} x^{\alpha_{i_1}+\cdots+\alpha_{i_{n-2}}}\\
&+\cdots+(-1)^{n-1}\sum_{i=1}^n x^{\alpha_i} + (-1)^n = (x^{\alpha_1}-1)(x^{\alpha_2}-1)\cdots(x^{\alpha_n}-1) \geqslant 0.
\end{aligned}
$$

命题人考虑将指数 α_i 相加改为相乘, 再对条件略作调整, 发现命题仍然成立, 即得此题.

例 6.10 $a,b,c,d\geqslant 0$, 没有两个同时为 0, 且 $a+b+c+d=1$. 求证:

$$E(a,b,c,d) = \frac{a}{\sqrt{a+b}} + \frac{b}{\sqrt{b+c}} + \frac{c}{\sqrt{c+d}} + \frac{d}{\sqrt{d+a}} \leqslant \frac{3}{2}.$$

证明 不妨设 (a,b,c,d) 为 E 的极值点. 若 a,b,c,d 均为正数, 令 $f(t)=E(a,b+t,c-t,d)$. 则必有 $f'(0)=0$. 注意到

$$f'(0) = \frac{-c-2d}{2(c+d)^{\frac{3}{2}}} + \frac{1}{\sqrt{b+c}} - \frac{a}{2(a+b)^{\frac{3}{2}}},$$

于是

$$\frac{-c-2d}{2(c+d)^{\frac{3}{2}}} + \frac{1}{\sqrt{b+c}} - \frac{a}{2(a+b)^{\frac{3}{2}}} = 0.$$

同样地, 对于 $g(t)=E(a+t,b,c,d-t)$, 有 $g'(0)=0$, 即

$$\frac{-a-2b}{2(a+b)^{\frac{3}{2}}} + \frac{1}{\sqrt{a+d}} - \frac{c}{2(c+d)^{\frac{3}{2}}} = 0.$$

所以我们有

$$\frac{1}{\sqrt{a+b}}+\frac{1}{\sqrt{c+d}}=\frac{1}{\sqrt{b+c}}+\frac{1}{\sqrt{a+d}}.$$

由 $\frac{1}{\sqrt{x}}+\frac{1}{1-\sqrt{x}}$ 的单调性知 $a+b=b+c$ 或 $a+b=a+d$, 即 $a=c$ 或 $b=d$. 由对称性, 不妨设 $a=c$, 条件变为 $a+2b+c=1$. 此时

$$\begin{aligned}E(a,b,a,d)&=\frac{a}{\sqrt{a+b}}+\frac{b}{\sqrt{a+b}}+\frac{a}{\sqrt{a+d}}+\frac{d}{\sqrt{d+a}}=\sqrt{a+b}+\sqrt{a+d}\\&\leqslant\sqrt{2(a+b+a+d)}=\sqrt{2}<\frac{3}{2}.\end{aligned}$$

若 a,b,c,d 中存在 0, 我们不妨设 $d=0$. 于是

$$\begin{aligned}E(a,b,c,0)&=\frac{a}{\sqrt{a+b}}+\frac{b}{\sqrt{b+c}}+\sqrt{c}\\&\leqslant\frac{a}{\sqrt{a+b}}+\sqrt{(b+c)\left(\frac{b}{b+c}+1\right)}\\&=\frac{a}{\sqrt{a+b}}+\sqrt{1-a+b}\\&\leqslant\sqrt{(a+(1-a+b))\left(\frac{a}{a+b}+1\right)}\\&\leqslant\sqrt{(1+b)(2-b)}\\&\leqslant\frac{(1+b)+(2-b)}{2}=\frac{3}{2}.\end{aligned}$$

综上, 命题得证. □

注 本题曾作为征解题 88 刊登在《数学通讯》1992 年第 3 期上 (浙江丁义明提供).《数学通讯》1994 年第 5 期登出了浙江石世昌长达 4 个多版面的证明. 借助于计算机, 我们能得到 $\sup|E(a,b,c,d)|=k=1.4352668092582209310763\cdots$, 其中 k 是下面不可约多项式的根:

$$\begin{aligned}&16k^{16}+215k^{14}-6520k^{12}-119315k^{10}+2624314k^{8}-13071319k^{6}\\&+47083212k^{4}-63453437k^{2}+2805634.\end{aligned}$$

此时 $d=\min\{a,b,c,d\}=0$,a,b,c 分别是某个不可约 8 次多项式的根.

例 6.11 n 是正整数, $a_1,\cdots,a_{2n-1}\geqslant 0$. 求证:

$$2\prod_{i=1}^{2n-1}(1+a_i^n)\geqslant\prod_{i=1}^{2n-1}(1+a_i^{n-1})(1+\prod_{i=1}^{2n-1}a_i).$$

证明 我们只需证明, 当 $a\geqslant 0$ 时, 有

$$2(1+a^n)^{2n-1}\geqslant(1+a^{n-1})^{2n-1}(1+a^{2n-1}).\tag{6.2}$$

事实上, 若不等式 (6.2) 成立, 则由 Cauchy 不等式, 我们有

$$\begin{aligned}2^{2n-1}\prod_{i=1}^{2n-1}(1+a_i^n) &\geqslant \prod_{i=1}^{2n-1}(1+a^{n-1})^{2n-1}\prod_{i=1}^{2n-1}(1+a^{2n-1})\\ &\geqslant \prod_{i=1}^{2n-1}(1+a^{n-1})^{2n-1}(1+\prod_{i=1}^{2n-1}a_i)^{2n-1}.\end{aligned}$$

下面我们证明不等式 (6.2). 注意到当 $a<1$ 时, 可作代换 $a=\dfrac{1}{x}$, 故我们不妨设 $a\geqslant 1$. 令

$$f(a)=\ln 2+(2n-1)\ln(1+a^n)-(2n-1)\ln(1+a^{n-1})-\ln(1+a^{2n-1}).$$

则

$$\begin{aligned}f'(a)=&(2n-1)a^{n-2}\left(\frac{na}{1+a^n}-\frac{n-1}{1+a^{n-1}}-\frac{a^n}{1+a^{2n-1}}\right)\\ =&(2n-1)a^{n-2}\left(\frac{(n-1)(a-1)}{(1+a^n)(1+a^{n-1})}+\frac{a(1-a^{n-1})}{(1+a^n)(1+a^{2n-1})}\right)\\ =&\frac{(2n-1)a^{n-2}((n-1)(a^{2n}-1)-na(a^{2n-2}-1))}{(1+a^n)(1+a^{n-1})(a+a^{2n})}.\end{aligned}$$

由于当 $a=1$ 时, 不等式 (6.2) 成立, 故我们只需证明当 $a>1$ 时, $f'(a)\geqslant 0$, 即

$$\begin{aligned}&(n-1)(a^2-1)\sum_{i=1}^{n}a^{2i-2}\geqslant na(a^2-1)\sum_{i=1}^{n-1}a^{2i-2}\\ \iff\quad &(n-1)\sum_{i=1}^{n}a^{2i-2}\geqslant na\sum_{i=1}^{n-1}a^{2i-2}\\ \iff\quad &\frac{1+a^2+\cdots+a^{2n-2}}{a+a^3+\cdots+a^{2n-3}}\geqslant\frac{n}{n-1}.\end{aligned}\tag{6.3}$$

我们对 n 用归纳法来证明不等式 (6.3). 当 $n=1$ 时, 不等式 (6.3) 显然成立. 假设当 $n=k$ 时, 不等式 (6.3) 成立. 当 $n=k+1$ 时, 令

$$A=\frac{1+a^2+\cdots+a^{2k}}{a+a^3+\cdots+a^{2k-2}},\quad B=\frac{1+a^2+\cdots+a^{2k+2}}{a+a^3+\cdots+a^{2k-1}}.$$

则

$$\begin{aligned}\frac{1}{A}+B=&\frac{a+a^3+\cdots+a^{2k-1}}{1+a^2+\cdots+a^{2k}}+\frac{1+a+\cdots+a^{2k+2}}{a+a^3+\cdots+a^{2k+1}}\\ =&\frac{a^2+a^4+\cdots+a^{2k}+1+\cdots+a^{2k+2}}{a+\cdots+a^{2k+1}}\\ =&\frac{(1+a)^2+(a^2+a^4)+\cdots+(a^{2k}+a^{2k+2})}{a+a^3+\cdots+a^{2k+1}}\geqslant 2.\end{aligned}$$

而由归纳假设, $\dfrac{1}{A} \leqslant \dfrac{k}{k+1}$, 因此

$$B \geqslant 2 - \frac{1}{A} = \frac{k+2}{k+1}.$$

我们完成了归纳, 故不等式 (6.3) 成立. □

6.2 凹凸函数

有些函数图像是向下凸出的, 而有些函数图像是向上凸出的. 以下凸函数 $y = f(x)$ 为例, 通过其图像就不难发现, 在曲线上任意取两个不同的点 $(x_1, f(x_1))$ 和 $(x_2, f(x_2))$, 以它们为端点的直线段总是位于对应曲线段的上方. 由此我们有如下的下凸函数的定义:

定义 6.1 设 $f(x)$ 为定义在区间 $I \subseteq \mathbb{R}$ 上的函数, 若对于 I 中的任意两点 x_1, x_2 和任意 $\lambda \in (0,1)$, 都有

$$f(\lambda x_1 + (1-\lambda)x_2) \leqslant \lambda f(x_1) + (1-\lambda) f(x_2),$$

则称 $f(x)$ 是 I 上的下凸函数. 若不等式严格成立, 则称 $f(x)$ 在 I 上是严格下凸函数.

若 $-f$ 是下凸 (严格下凸) 的, 我们称 f 是上凸 (严格上凸) 的.

请读者仔细体会凹凸函数的定义, 这对之后更好地掌握其进一步的性质大有帮助.

凹凸函数有一个重要的性质.

定理 6.2 设 $f(x)$ 是区间 $I \subseteq \mathbb{R}$ 上的函数, $R(x_1, x_2)$ 的定义如下:

$$R(x_1, x_2) = \frac{f(x_1) - f(x_2)}{x_1 - x_2}.$$

当 x_2 固定时, $R(x_1, x_2)$ 是关于 x_1 的函数 $(x_1 \neq x_2)$, 则其在 I 上关于 x_1 是单调递增 (单调递减) 的, 当且仅当 $f(x)$ 是 I 上的下凸 (上凸) 函数时.

定理结论的几何意义是明显的, 这可从下凸 (上凸) 函数的函数图像以及 $R(x_1, x_2)$ 对应的斜率观察出来.

证明 我们只证下凸函数时定理中的论断. $R(x_1, x_2)$ 是单调递增的等价于对于 $a, b, c \in \mathbb{R}$, 且 $b < c$, $a \neq b$, $a \neq c$ 时有

$$\frac{f(a) - f(b)}{a - b} \leqslant \frac{f(a) - f(c)}{a - c}. \tag{6.4}$$

设 $z = \lambda x + (1-\lambda) y$, 则我们有

$$f(z) \leqslant \lambda f(x) + (1-\lambda) f(y) \quad \Longleftrightarrow \quad (1-\lambda)(f(z) - f(y)) \leqslant \lambda (f(x) - f(z))$$

$$\iff \quad f(z)-f(y)\leqslant \lambda(f(x)-f(y))$$
$$\iff \quad f(z)-f(x)\leqslant (1-\lambda)(f(y)-f(x)).$$

若 $x\geqslant y$, 则 $x\geqslant z\geqslant y$. 于是我们有

$$\frac{f(z)-f(y)}{z-y}=\frac{1-\lambda}{\lambda}\frac{f(z)-f(y)}{x-z}\leqslant\frac{f(x)-f(z)}{x-z},$$
$$\frac{f(z)-f(y)}{z-y}=\frac{1}{\lambda}\frac{f(z)-f(y)}{x-y}\leqslant\frac{f(x)-f(y)}{x-y},$$
$$\frac{f(z)-f(x)}{z-x}=\frac{1}{1-\lambda}\frac{f(z)-f(x)}{y-x}\geqslant\frac{f(y)-f(x)}{y-x}.$$

由上面三式知, 不等式 (6.4) 与函数 $f(x)$ 的下凸性等价. □

下面这个定理也非常重要, 对于二阶可导的函数, 其为我们提供了一种切实可行的下凸 (上凸) 函数判别方法.

定理 6.3　设函数 $f(x)$ 在区间 $I\subseteq\mathbb{R}$ 上二阶可导, 则 $f(x)$ 在区间 I 上是下凸 (上凸) 函数的充要条件是: 对于任意 $x\in I$, 有 $f''(x)\geqslant 0(f''(x)\leqslant 0)$.

特别地, 若对于任意 $x\in I$, 有 $f''(x)>0(f''(x)<0)$, 则 $f(x)$ 在 I 上是严格下凸 (上凸) 函数.

证明　我们只证下凸函数时定理中的论断. 若 $f(x)$ 是下凸函数, 对于 I 中的任意两点 $x_1<x_2$, 取 $a>0$, 使得 $x_2-a>x_1+a$, 由定理 6.2知

$$\frac{f(x_2-a)-f(x_2)}{x_2-a-x_2}\geqslant\frac{f(x_1+a)-f(x_2)}{x_1+a-x_2}\geqslant\frac{f(x_1+a)-f(x_1)}{x_1+a-x_1}.$$

在上式中令 $a\to 0$, 则有

$$f'(x_2)\geqslant f'(x_1).$$

由 x_1,x_2 的任意性即知 $f'(x)$ 是单调递增的, 即 $f''(x)\geqslant 0$.

若 $f''(x)\geqslant 0$, 对于 I 中的任意两点 $x_1<x_2$, 设 $x_0=\lambda x_1+(1-\lambda)x_2$. 由 Lagrange 中值定理并结合 $f'(x)$ 的单调性有

$$\frac{f(x_1)-f(x_0)}{(1-\lambda)(x_1-x_2)}=\frac{f(x_1)-f(x_0)}{x_1-x_0}=f'(\eta_1)\leqslant f'(x_0),$$
$$\frac{f(x_2)-f(x_0)}{\lambda(x_2-x_1)}=\frac{f(x_2)-f(x_0)}{x_2-x_0}=f'(\eta_2)\geqslant f'(x_0),$$

其中 $\eta_1\in(x_1,x_0)$, $\eta_2\in(x_1,x_2)$.

由此, 我们有

$$\begin{aligned}&\lambda(f(x_1)-f(x_0))+(1-\lambda)(f(x_2)-f(x_0))\\&\quad\geqslant\lambda(1-\lambda)(x_1-x_2)f'(x_0)+(1-\lambda)\lambda(x_2-x_1)f'(x_0)=0,\end{aligned}$$

移项后即知 $f(x)$ 是下凸函数. □

当 $f(x,y)$ 为两个变元的函数时, 作者曾得到如下的性质:

定理 6.4 设函数 $f(x,y)$ 在 $\mathbb{R}^2$ 上二阶可导, 且二阶偏导数连续. 若对于任意 $(x,y)\in\mathbb{R}^2$, 有 $\dfrac{\partial^2 f(x,y)}{\partial x^2}\geqslant 0$, $\dfrac{\partial^2 f(x,y)}{\partial y^2}\geqslant 0$, $\dfrac{\partial^2 f(x,y)}{\partial x^2}\dfrac{\partial^2 f(x,y)}{\partial y^2}\geqslant\left(\dfrac{\partial^2 f(x,y)}{\partial x\,\partial y}\right)^2$, 则对任意 $0\leqslant\lambda\leqslant 1$, 有

$$f(\lambda x_1+(1-\lambda)x_2)\leqslant\lambda f(x_1)+(1-\lambda)f(x_2),$$

其中 $x_1=(a,b)\in\mathbb{R}^2, x_2=(c,d)\in\mathbb{R}^2$.

证明 考察关于 λ 的函数

$$F(\lambda)=\lambda f(x_1)+(1-\lambda)f(x_2)-f(\lambda x_1+(1-\lambda)x_2),$$

则 $F(0)=F(1)=0$. 我们考察 F 的二阶导数, 则

$$F'=f(x_1)-f(x_2)-\left((a-c)\frac{\partial f(\lambda x_1+(1-\lambda)x_2)}{\partial x}+(b-d)\frac{\partial f(\lambda x_1+(1-\lambda)x_2)}{\partial y}\right),$$

$$F''=-(a-c)^2\frac{\partial^2 f}{\partial x^2}-2(a-c)(b-d)\frac{\partial^2 f}{\partial x\,\partial y}-(b-d)^2\frac{\partial^2 f}{\partial y^2}.$$

由条件知 $F''\leqslant 0$, 即 F 为关于 λ 的上凸函数, 故 $F(\lambda)\geqslant 0$ $(\lambda\in[0,1])$. □

注 设 $I\subseteq\mathbb{R}^2$, I 为凸集, 即 I 中任意两点连成的线段属于 I, 则通过证明过程知, 上述定理的结论对于凸集 I 也成立. 一般地, 对于满足定理中不等式的函数 f, 我们称之为下凸函数, 可以看出其是实数上的下凸函数的自然推广. 定理中的条件 $\dfrac{\partial^2 f(x,y)}{\partial x^2}\geqslant 0, \dfrac{\partial^2 f(x,y)}{\partial y^2}\geqslant 0$, $\dfrac{\partial^2 f(x,y)}{\partial x^2}\dfrac{\partial^2 f(x,y)}{\partial y^2}\geqslant\left(\dfrac{\partial^2 f(x,y)}{\partial x\,\partial y}\right)^2$ 对应所谓的 $f(x,y)$ 的 Hessian 矩阵 $H(f)$ 正半定, 即矩阵

$$H(f)=\begin{pmatrix}\dfrac{\partial^2 f(x,y)}{\partial x^2} & \dfrac{\partial^2 f(x,y)}{\partial x\,\partial y}\\[2ex] \dfrac{\partial^2 f(x,y)}{\partial x\,\partial y} & \dfrac{\partial^2 f(x,y)}{\partial y^2}\end{pmatrix}$$

对应的所有顺序主子式均大于或等于 0. 用同样的方法, 定理可推广至定义的凸集 I 上的 n 元函数 $f(x_1,\cdots,x_n)$, 此时条件仍然为 f 的 Hessian 矩阵 $H(f)$ 正半定.

Jensen 不等式是凹凸函数方面的基本结论之一.

定理 6.5(Jensen 不等式) 若 $f(x)$ 为区间 I 上的下凸 (上凸) 函数, 则对于任意 $x_i\in I$ 和满足 $\displaystyle\sum_{i=1}^n\lambda_i=1$ 的 $\lambda_i>0(i=1,2,\cdots,n)$, 成立

$$f\left(\sum_{i=1}^n\lambda_i x_i\right)\leqslant\sum_{i=1}^n\lambda_i f(x_i)\quad\left(f\left(\sum_{i=1}^n\lambda_i x_i\right)\geqslant\sum_{i=1}^n\lambda_i f(x_i)\right).$$

特别地, 取 $\lambda_i=\dfrac{1}{n}(i=1,2,\cdots,n)$, 就有

$$f\left(\sum_{i=1}^n\frac{1}{n}x_i\right)\leqslant\frac{1}{n}\sum_{i=1}^n f(x_i)\quad\left(f\left(\sum_{i=1}^n\frac{1}{n}x_i\right)\geqslant\frac{1}{n}\sum_{i=1}^n f(x_i)\right).$$

证明 我们只证下凸函数时定理中的论断. 用数学归纳法证明. 当 $n=2$ 时, 定理的结论为下凸函数的定义. 不妨设定理对于小于或等于 $n-1$ 的自然数均成立, 那么利用归纳假设以及下凸函数的定义, 我们有

$$f\left(\lambda_1 x_1+\sum_{i=2}^{n}\lambda_i x_i\right)\leqslant \lambda_1 f(x_1)+(1-\lambda_1)f\left(\sum_{i=2}^{n}\frac{\lambda_i}{1-\lambda_1}x_i\right)\leqslant \lambda_1 f(x_1)+\sum_{i=2}^{n}\lambda_i f(x_i),$$

由归纳法知, 定理得证. □

注 从定理的证明中可以看出, Jensen 不等式对于定义在 $\mathbb{R}^n$ 中的下凸 (上凸) 函数也成立. 面对形如 $\sum\limits_{i=1}^{n} f(x_i)\geqslant 0$ 的问题, Jensen 不等式应首先出现在我们的脑海.

下面我们来介绍上述定理的一些应用.

例 6.12 非负实数 $x,z<1$, 则

$$\frac{x-z}{\ln x-\ln z}<\frac{1-z}{\ln 1-\ln z}.$$

证明 考虑函数 $f(x)=\ln x$, 由于 $f''(x)<0$, 故 $f(x)$ 是上凸函数. 因此当 z 固定时, 由定理 6.2知

$$R(x,z)=\frac{x-z}{\ln x-\ln z}$$

关于 x 单调递增, 从而命题得证. □

例 6.13 (加权 AM-GM 不等式) $a_1,a_2,\cdots,a_n,\omega_1,\omega_2,\cdots,\omega_n$ 为非负实数, 且满足 $\omega_1+\omega_2+\cdots+\omega_n=1$, 则

$$a_1\omega_1+a_2\omega_2+\cdots+a_n\omega_n\geqslant a_1^{\omega_1}a_2^{\omega_2}\cdots a_n^{\omega_n}.$$

证明 只需证明 a_i, ω_i 均是正实数的情形. 与上例一样, 因为 $f(x)=\ln x$ 是上凸函数, 由 Jensen 不等式, 我们有

$$\ln(\omega_1 a_1+\cdots+\omega_n a_n)\geqslant \omega_1\ln a_1+\cdots+\omega_n\ln a_n,$$

命题得证. □

注 Young 不等式 [102] 是加权 AM-GM 不等式的特例, Young 不等式为:
设 p,q 是正实数, 满足 $\frac{1}{p}+\frac{1}{q}=1$, 则

$$ab\leqslant\frac{a^p}{p}+\frac{b^q}{q}.$$

用相同的方法还可以证明 Ky Fan 不等式①:

① 樊畿 (1914~2010), 出生于浙江杭州, 美籍华人数学家, 曾先后在美国普林斯顿大学高等研究院、圣母大学、维恩州立大学、西北大学、加州大学圣芭芭拉分校任教, 在学术界享有盛誉. 1964 年当选中国台湾省“中央研究院”的院士, 并于 1978~1984 年担任数学研究所所长.

如果实数 $x_1,\cdots,x_n$ 满足 $0<x_i\leqslant\dfrac{1}{2}$, 那么

$$\frac{\left(\prod\limits_{i=1}^{n}x_i\right)^{1/n}}{\left(\prod\limits_{i=1}^{n}(1-x_i)\right)^{1/n}}\leqslant\frac{\frac{1}{n}\sum\limits_{i=1}^{n}x_i}{\frac{1}{n}\sum\limits_{i=1}^{n}(1-x_i)},$$

等号成立当且仅当 $x_1=x_2=\cdots=x_n$ 时.

事实上, 只需注意到 $f(x):=\ln x-\ln(1-x)=\ln\dfrac{x}{1-x}$ 在 $\left(0,\dfrac{1}{2}\right]$ 上是上凸的, 再使用 Jensen 不等式即可.

Ky Fan 不等式最早出现在 Beckenbach 和 Bellman 的著作 *Inequalities*(不等式) 中 [7], 他们将这一结论归于 Ky Fan 一未发表的结论. 这一不等式涉及几何均值与算术均值, 同时由 Cauchy 给出的 AM-GM 不等式的反向数学归纳法的经典证明也可用于 Ky Fan 不等式, 因此有学者认为这是类 AM-GM 不等式. 值得指出的是, 由 Ky Fan 不等式可直接证明 AM-GM 不等式.

证明 设 $t\geqslant 2\max\limits_{1\leqslant i\leqslant n}x_i$, 则由 Ky Fan 不等式有

$$\frac{\left(\prod\limits_{i=1}^{n}x_i\right)^{1/n}}{\left(\prod\limits_{i=1}^{n}\left(1-\dfrac{x_i}{t}\right)\right)^{1/n}}\leqslant\frac{\frac{1}{n}\sum\limits_{i=1}^{n}x_i}{\frac{1}{n}\sum\limits_{i=1}^{n}\left(1-\dfrac{x_i}{t}\right)}.$$

令 $t\to+\infty$, 即得 AM-GM 不等式. □

例 6.14 n 是正整数, $a_i>0(i=1,2,\cdots,n)$. 求证:

$$\prod_{i=1}^{n}a_i^{a_i}\geqslant(a_1a_2\cdots a_n)^{\frac{1}{n}(a_1+a_2+\cdots+a_n)}.$$

证明 考察函数 $f(x)=x\ln x$, $f''(x)=\dfrac{1}{x}>0$, 故 $f(x)$ 是下凸函数.

利用 Jensen 不等式, 我们有

$$\ln\prod_{i=1}^{n}a_i^{a_i}\geqslant\ln\left(\frac{a_1+a_2+\cdots+a_n}{n}\right)^{a_1+a_2+\cdots+a_n}.$$

而由 AM-GM 不等式, 我们有

$$\left(\frac{a_1+a_2+\cdots+a_n}{n}\right)^{a_1+a_2+\cdots+a_n}\geqslant(a_1a_2\cdots a_n)^{\frac{1}{n}(a_1+a_2+\cdots+a_n)}.$$

于是

$$\prod_{i=1}^{n}a_i^{a_i}\geqslant\left(\frac{a_1+a_2+\cdots+a_n}{n}\right)^{a_1+a_2+\cdots+a_n}\geqslant(a_1a_2\cdots a_n)^{\frac{1}{n}(a_1+a_2+\cdots+a_n)}.$$

命题得证. □

例 6.15 (2004 中国西部数学奥林匹克)　$a,b,c>0$. 求证:

$$\sqrt{\frac{a}{a+b}}+\sqrt{\frac{b}{b+c}}+\sqrt{\frac{c}{c+a}}\leqslant\frac{3\sqrt{2}}{2}.$$

证明　设 $f(x)=\sqrt{x}$, 则 $f(x)$ 是上凸函数, 由加权 Jensen 不等式, 我们有

$$\begin{aligned}\sqrt{\frac{a}{a+b}}+\sqrt{\frac{b}{b+c}}+\sqrt{\frac{c}{c+a}}&=\sum(a+c)f\left(\frac{a}{(a+b)(a+c)^2}\right)\\&\leqslant\sum(a+c)f\left(\sum\frac{a}{(a+b)(a+c)\sum(a+c)}\right)\\&=\sqrt{2\sum a\sum\frac{a}{(a+b)(a+c)}}.\end{aligned}$$

故只需证明

$$\begin{aligned}&\sqrt{2\sum a\sum\frac{a}{(a+b)(a+c)}}\leqslant\frac{3\sqrt{2}}{2}\\\iff\quad&4\sum a\sum a(b+c)\leqslant 9(a+b)(b+c)(c+a)\\\iff\quad&9abc\leqslant\sum a\sum ab.\end{aligned}$$

上式由 AM-GM 不等式立得.　□

注　本题利用 Jensen 不等式作的放缩也可以由 Cauchy 不等式得到:

$$\sum\sqrt{\frac{a}{a+b}}\leqslant\sqrt{\sum(a+c)\sum\frac{a}{(a+b)(a+c)}}\leqslant\frac{3}{\sqrt{2}}.$$

从中我们可以看到, 对于函数 $f(x)=x^m$, m 为常数 $\left(\text{本例为 }\frac{1}{2}\right)$, Jensen 不等式与 Cauchy 不等式的作用十分相似. 本题的处理方法能将较紧的轮换对称不等式转化为容易处理的对称不等式, 值得注意.

本题也可由 AM-GM 不等式证明:

证明　由 AM-GM 不等式, 我们有

$$2\sum\sqrt{\frac{2a}{a+b}}\leqslant\sum\left(\frac{4a(a+b+c)}{3(a+b)(a+c)}+\frac{3(a+c)}{2(a+b+c)}\right).$$

故我们只需证明

$$\begin{aligned}&\sum\frac{4a(a+b+c)}{3(a+b)(a+c)}+\sum\frac{3(a+c)}{2(a+b+c)}\leqslant 6\\\iff\quad&\sum\frac{4a(a+b+c)}{3(a+b)(a+c)}\leqslant 3\\\iff\quad&4\sum a\sum a(b+c)\leqslant 9(a+b)(b+c)(c+a).\end{aligned}$$

上式我们已证明成立.　□

例 6.16 (Crux 1449) 若 $x \geqslant y \geqslant z > 0$, 证明:

$$\frac{x}{\sqrt{x+y}}+\frac{y}{\sqrt{y+z}}+\frac{z}{\sqrt{x+z}} \geqslant \frac{y}{\sqrt{x+y}}+\frac{x}{\sqrt{x+z}}+\frac{z}{\sqrt{y+z}}.$$

证明 移项整理后, 即证明

$$\frac{x-y}{\sqrt{x+y}}+\frac{y-z}{\sqrt{y+z}} \geqslant \frac{x-z}{\sqrt{z+x}}.$$

考虑函数 $f(x)=\dfrac{1}{\sqrt{x}}$, 则 $f''(x)=\dfrac{3}{4\sqrt{x^5}}>0$, 于是由 Jensen 不等式有

$$(x-y)f(x+y)+(y-z)f(y+z) \geqslant (x-z)f\left(\frac{x^2-y^2+y^2-z^2}{x-y+y-z}\right)=(x-z)f(x+z).$$

证毕. □

注 用本题的方法可以证明如下 n 元推广:

$x_1 \geqslant x_2 \geqslant \cdots \geqslant x_n > 0$, $n \geqslant 2$, 有

$$\sum_{i=1}^{n} \frac{x_i}{\sqrt{x_i+x_{i+1}}} \geqslant \frac{1}{\sqrt{2}} \sum_{i=1}^{n} \sqrt{x_i},$$

其中 $x_{n+1}=x_1$.

下凸 (上凸) 函数一个明显的特征就是若其二阶可导, 则函数的最大值 (最小值) 必在区间 I 的端点处取到, 这是解题中不容忽视的, 例如对于下面的反向 Cauchy 不等式问题.

例 6.17 n 是正整数, $x_i>0, m=\min\{x_i\}, M=\max\{x_i\}(i=1,2,3,\cdots,n)$. 求证:

$$\sum_{i=1}^{n} x_i \sum_{i=1}^{n} \frac{1}{x_i} \leqslant n^2+\left\lfloor\frac{n^2}{4}\right\rfloor\left(\sqrt{\frac{m}{M}}-\sqrt{\frac{M}{m}}\right)^2.$$

证明 我们将不等式左边看作 x_1 为变元的函数, 此时

$$\sum_{i=1}^{n} x_i \sum_{i=1}^{n} \frac{1}{x_i}=a x_1+\frac{b}{x_1}+c=f(x_1),$$

$f''(x_1)=\dfrac{2b}{x_1^3}>0, f(x_1)$ 为下凸函数, 故 $f(x_1)$ 取到最大值时必有 $x_1=m$ 或 $x_1=M$.

同理, 当不等式左边最大时必有 $x_i=m$ 或 $x_i=M$.

于是我们只需证明当正整数 x,y 满足 $x+y=n$ 时, 有

$$\begin{aligned}
&(xm+yM)\left(\frac{x}{m}+\frac{y}{M}\right) \leqslant n^2+\left\lfloor\frac{n^2}{4}\right\rfloor\left(\sqrt{\frac{m}{M}}-\sqrt{\frac{M}{m}}\right)^2 \\
\Longleftrightarrow\quad & (x+y)^2+\frac{(m-M)^2 xy}{Mm} \leqslant n^2+\left\lfloor\frac{n^2}{4}\right\rfloor\left(\sqrt{\frac{m}{M}}-\sqrt{\frac{M}{m}}\right)^2 \\
\Longleftrightarrow\quad & xy \leqslant \left\lfloor\frac{n^2}{4}\right\rfloor,
\end{aligned}$$

上式显然成立. □

注 用相同的方法可以证明 2011 年 CMO 的第 1 题:

设 $a_i(i=1,2,\cdots,n,\ n\geqslant 3)$ 是实数. 证明:

$$\sum_{i=1}^{n}a_i^2-\sum_{i=1}^{n}a_ia_{i+1}\leqslant\left\lfloor\frac{n}{2}\right\rfloor(M-m)^2,$$

其中 $a_{n+1}=a_1$, $M=\max\limits_{1\leqslant i\leqslant n}a_i$, $m=\min\limits_{1\leqslant i\leqslant n}a_i$.

关于反向 Cauchy 不等式, 我们还有如下结论, 例 10.7 中给出了另一个反向 Cauchy 不等式:

例 6.18 n 是正整数, λ_i 是正实数, x_i 是非负实数, 满足 $x_1+x_2+\cdots+x_n=1$, $\lambda_1\leqslant\lambda_2\leqslant\cdots\leqslant\lambda_n$. 求证:

$$\sum_{i=1}^{n}\lambda_ix_i\sum_{i=1}^{n}\frac{1}{\lambda_i}x_i\leqslant\frac{(\lambda_1+\lambda_n)^2}{4\lambda_1\lambda_n}.$$

证明 我们考虑函数

$$f=\sum_{i=1}^{n}\lambda_ix_i\sum_{i=1}^{n}\frac{1}{\lambda_i}x_i.$$

对于 $2\leqslant k\leqslant n-1$, 我们将 f 按 λ_k 的次数展开, 知存在关于 $\lambda_i,x_i(\lambda_i\neq\lambda_k)$ 的多项式 A,B,C, 使得

$$f(\lambda_k)=A\lambda_k+B+\frac{C}{\lambda_k}.$$

故 $f(\lambda_k)$ 为关于 λ_k 的下凸函数, 当 λ_k 在端点时取到最大值. 我们不妨设当 $\lambda_1=\cdots=\lambda_s$, $\lambda_{s+1}=\cdots=\lambda_n$ 时 f 取最大值. 设 $x_1+\cdots+x_s=a$, 则 $x_{s+1}+\cdots+x_n=1-a$. 我们有

$$\begin{aligned}
f\leqslant&(\lambda_1a+\lambda_n(1-a))\left(\frac{a}{\lambda_1}+\frac{1-a}{\lambda_n}\right)\\
=&a^2+(1-a)^2+a(1-a)\left(\frac{\lambda_1}{\lambda_n}+\frac{\lambda_n}{\lambda_1}\right)\\
=&1+a(1-a)\left(\frac{\lambda_1}{\lambda_n}+\frac{\lambda_n}{\lambda_1}-2\right)\\
\leqslant&1+\frac{1}{4}\left(\frac{\lambda_1}{\lambda_n}+\frac{\lambda_n}{\lambda_1}-2\right)\\
=&\frac{(\lambda_1+\lambda_n)^2}{4\lambda_1\lambda_n}.
\end{aligned}$$

□

当一个函数在区间上不恒为下凸函数或上凸函数时, 虽然 Jensen 不等式失效, 但如下的半凹半凸定理却有广泛应用:

定理 6.6 设 C 是一个常数, n 是正整数, $x_1,x_2,\cdots,x_n$ 是 n 个实数, 满足:

(1) $x_1\leqslant x_2\leqslant\cdots\leqslant x_n$,

(2) $x_1+x_2+\cdots+x_n=C$.

$f(x)$ 是一个定义在 $(-\infty,+\infty)$ 上的函数, 如果 f 在 $(-\infty,c]$ 上是上凸的 (凹的), 在 $[c,+\infty)$ 上是下凸的 (凸的), 设 $F=f(x_1)+f(x_2)+\cdots+f(x_n)$, 则 F 在 $x_2=x_3=\cdots=x_n$ 时取极小值, 在 $x_1=x_2=\cdots=x_{n-1}$ 时取极大值.

证明 只证极小值情形, 极大值情形的证明是类似的.

设 i 是最大的下标, 使得 $x_i\leqslant c$. 因为 f 在 $(-\infty,c]$ 上是上凸的, 我们有

$$f(x_1)+f(x_2)+\cdots+f(x_i)\geqslant(i-1)f(c)+f(x_1+x_2+\cdots+x_i-(i-1)c).$$

因为 f 在 $[c,+\infty)$ 上是下凸的, 我们有

$$(i-1)f(c)+f(x_{i+1})+f(x_{i+2})+\cdots+f(x_n)\geqslant(n-1)f\left(\frac{(i-1)c+x_{i+1}+\cdots+x_n}{n-1}\right).$$

将上述两不等式相加, 有

$$\sum_{j=1}^{n}f(x_j)\geqslant(n-1)f\left(\frac{(i-1)c+\sum\limits_{j=i+1}^{n}x_j}{n-1}\right)+f\left(\sum_{j=1}^{i}x_j-(i-1)c\right).$$

定理得证. □

对于有界闭区间, 我们有如下结果:

定理 6.7 $x_1,x_2,\cdots,x_n$ 是 n 个实数, 满足:

(i) $x_1\leqslant x_2\leqslant\cdots\leqslant x_n$;

(ii) $x_1,x_2,\cdots,x_n\in[a,b]$;

(iii) $x_1+x_2+\cdots+x_n=C$ (C 是一个常数).

f 是一个定义在 $[a,b]$ 上的函数, 如果 f 在 $[a,c]$ 上是上凸的 (凹的), 在 $[c,b]$ 上是下凸的 (凸的), 设 $F=f(x_1)+f(x_2)+\cdots+f(x_n)$, 则存在整数 $k_1,k_2\in[1,n]$, 使得 F 在 $x_1=x_2=\cdots=x_{k_1-1}=a,x_{k_1+1}=\cdots=x_n$ 时取极小值, 在 $x_1=x_2=\cdots=x_{k_2-1},x_{k_2+1}=\cdots=x_n=b$ 时取极大值.

证明 只证取极小值的情况 (极大值的情况类似可证).

设 $x_1,x_2,\cdots,x_i\in[a,c)$, $x_{i+1}\geqslant c$. 我们对 i 用数学归纳法证明.

$i=0$ 时, 由 Jensen 不等式知结论显然成立. 若 $i=1$, 则 $x_2,x_3,\cdots,x_n\in[c,b]$, 此时

$$f(x_1)+f(x_2)+\cdots+f(x_n)\geqslant f(x_1)+(n-1)f\left(\frac{x_2+x_3+\cdots+x_n}{n-1}\right),$$

结论成立.

设结论对 $i-1$ 成立, 若 $x_1+x_2+\cdots+x_i-(i-1)a<c$, 则我们有

$$f(x_1)+f(x_2)+\cdots+f(x_i)\geqslant(i-1)f(a)+f(x_1+x_2+\cdots+x_i-(i-1)a).$$

再由 $i=1$ 的情形知结论成立.

否则, 不妨设 $m(2\leqslant m\leqslant i)$ 是最小的整数, 使得 $x_1+x_2+\cdots+x_m-(m-1)a\geqslant c$, 即 $x_1+x_2+\cdots+x_{m-1}-(m-2)a<c$, 则

$$\begin{aligned}
&f(x_1)+f(x_2)+\cdots+f(x_m)\\
&\quad\geqslant(m-2)f(a)+f(x_1+x_2+\cdots+x_{m-1}-(m-2)a)+f(x_m)\\
&\quad\geqslant(m-2)f(a)+f(x_1+x_2+\cdots+x_{m-1}+x_m-c-(m-2)a)+f(c),
\end{aligned}$$

即我们化归为 $i-1$ 的情形, 由归纳假设知定理得证. □

我们可以得到 f 在 $[a,c]$ 上是下凸的, 在 $[c,b]$ 上是上凸的时上述定理相应的结论, 实际上这只需对 $g=-f$ 应用上述定理即可.

让我们来看一些例子. 我们仅说明如何应用半凹半凸定理 (定理 6.7, 定理 6.6) 调整变元.

例 6.19　$a,b,c\geqslant 0,a+b+c=1$, 求下式的最大值:

$$F(a,b,c)=\sqrt{\frac{1-a}{1+a}}+\sqrt{\frac{1-b}{1+b}}+\sqrt{\frac{1-c}{1+c}}.$$

解　设 $f(x)=\sqrt{\dfrac{1-x}{1+x}}$, 注意到

$$f''(x)=\frac{1-2x}{\sqrt{(1+x)^5(1-x)^3}},$$

故 $f(x)$ 在 $\left[0,\dfrac{1}{2}\right]$ 上下凸, 在 $\left[\dfrac{1}{2},1\right]$ 上上凸. 则由定理 6.7知, 我们只需考虑 $a=0$ 或 $b=c$ 的情形. □

注　用相同的方法我们能求得 F 取到最小值时为 $F(1,0,0)$.

例 6.20　$a,b,c\geqslant 0$. 求证:

$$\sqrt{1+\frac{48a}{b+c}}+\sqrt{1+\frac{48b}{c+a}}+\sqrt{1+\frac{48c}{a+b}}\geqslant 15.$$

证明　由于不等式是齐次的, 我们不妨设 $a+b+c=1$. 设

$$f(a)=\sqrt{1+\frac{48a}{b+c}}=\sqrt{\frac{48}{1-a}-47},$$

则

$$f''(x)=\frac{48(47x-11)}{\sqrt{(1-x)^5(1+47x)^3}},$$

f 在 $\left[0,\dfrac{11}{47}\right]$ 上上凸, 在 $\left[\dfrac{11}{47},1\right)$ 上下凸. 因此由定理 6.7知, 我们只需考虑 $x=0$ 或 $x\leqslant y=z$ 的情形. □

例 6.21 $x,y,z \geqslant 0$, $xyz=1$, 求下式的最大值:

$$\frac{1}{(1+x)^k}+\frac{1}{(1+y)^k}+\frac{1}{(1+z)^k}.$$

解 设 $f(t)=\dfrac{1}{(1+\mathrm{e}^t)^k}$. 则

$$f''(t)=\frac{\mathrm{e}^x(k(k+1)\mathrm{e}^x-k)}{(1+\mathrm{e}^x)^{k+2}}.$$

由定理 6.6 知, 我们只需考察 $x\leqslant y=z$ 的情形. □

例 6.22 $a,b,c,d\geqslant 0$, 没有两个同时为 0. 求证:

$$\sqrt{\frac{a}{a+b}}+\sqrt{\frac{b}{b+c}}+\sqrt{\frac{c}{c+d}}+\sqrt{\frac{d}{d+a}}\leqslant 3.$$

证明 令 $\sqrt{\dfrac{a}{a+b}}=x_1$, $\sqrt{\dfrac{b}{b+c}}=x_2$, $\sqrt{\dfrac{c}{c+d}}=x_3$, $\sqrt{\dfrac{d}{d+a}}=x_4$. 则 $x_i\leqslant 1$, $x_1^2x_2^2x_3^2x_4^2=(1-x_1^2)(1-x_2^2)(1-x_3^2)(1-x_4^2)$. 我们用反证法. 若否, 则 $4\geqslant x_1+x_2+x_3+x_4>3$. 我们尝试证明

$$x_1^2x_2^2x_3^2x_4^2>(1-x_1^2)(1-x_2^2)(1-x_3^2)(1-x_4^2),$$

从而导出矛盾. 设 $f(x)=\ln\left(\dfrac{1}{x^2}-1\right)$. 则 $f''(x)=\dfrac{2(1-3x^2)}{x^2(x^2-1)^2}$. 故函数当 $x\in\left(0,\dfrac{\sqrt{3}}{3}\right)$ 时是下凸的, 当 $x\in\left(\dfrac{\sqrt{3}}{3},1\right)$ 时是上凸的. 若 $x_1,x_2\in\left(0,\dfrac{\sqrt{3}}{3}\right)$, 则 $f(x_1)+f(x_2)\leqslant f(0)+f(x_1+x_2)$ 或 $f(x_1)+f(x_2)\leqslant f\left(x_1+x_2-\dfrac{\sqrt{3}}{3}\right)+f\left(\dfrac{\sqrt{3}}{3}\right)$. 注意到 $x_i\leqslant 1$, $x_1+x_2+x_3+x_4>3$, 第一种情况不可能. 因此由定理 6.7 知, 我们只需考虑 $x_1=w\leqslant x_2=x_3=x_4=x$ 的情形. 此时 $x\geqslant\dfrac{2}{3}$. 我们只需证明

$$\begin{aligned}\left(\frac{1}{x^2}-1\right)^3\left(\frac{1}{w^2}-1\right)<1 \quad&\Longleftrightarrow\quad \left(\frac{1}{x^2}-1\right)^3\left(\frac{1}{(3-3x)^2}-1\right)\leqslant 1\\ &\Longleftrightarrow\quad (28x^4+2x^3-27x^2-2x+8)(x-1)^2\geqslant 0.\end{aligned}$$

上式由

$$2x^3+\frac{1}{2}+\frac{1}{2}\geqslant 2x,\quad 28x^4+7\geqslant 27x^2$$

知成立. □

例 6.22 可推广至 n 个变元.

例 6.23 $n\geqslant 4$, $a_i>0(i=1,2,\cdots,n)$, $a_{n+1}=a_1$. 求证:

$$\sum_{i=1}^n\sqrt{\frac{a_i}{a_i+a_{i+1}}}\leqslant n-1.$$

证明　令 $x_i=\dfrac{a_{i+1}}{a_i}$, 则 $x_1x_2\cdots x_n=1$. 令 $\mathrm{e}^{y_i}=x_i$, $f(x)=\dfrac{1}{\sqrt{1+\mathrm{e}^x}}$. 原不等式等价于

$$f(y_1)+f(y_2)+\cdots+f(y_n)\leqslant n-1.$$

我们有

$$f'(x)=-\frac{1}{2}\mathrm{e}^x(1+\mathrm{e}^x)^{-\frac{3}{2}},\quad f''(x)=\frac{1}{4}\mathrm{e}^x(\mathrm{e}^x-2)(1+\mathrm{e}^x)^{-\frac{5}{2}}.$$

$f''(x)$ 在 $[0,+\infty)$ 上有一个零点 x_0, 且 $f(x)$ 在 $[0,x_0]$ 上上凸, 在 $[x_0,+\infty)$ 上下凸. 由定理6.7知, 我们只需考虑 $y_1=y_2=\cdots=y_{n-1}\leqslant y_n$, 即 $x=x_1=x_2=\cdots=x_{n-1}\leqslant x_n=y$ 的情形即可, 其中 $x^{n-1}y=1$, $x\leqslant 1$. 此时原不等式等价于

$$(n-1)\sqrt{\frac{1}{1+x}}+\sqrt{\frac{x^{n-1}}{1+x^{n-1}}}\leqslant n-1.$$

移项后, 上式等价于

$$\sqrt{\frac{x^{n-1}}{1+x^{n-1}}}\leqslant (n-1)\frac{1-\dfrac{1}{1+x}}{1+\sqrt{\dfrac{1}{1+x}}}.$$

注意到 $1+\sqrt{\dfrac{1}{1+x}}\leqslant 2$, 故我们只需证明

$$\begin{aligned}\sqrt{\frac{x^{n-1}}{1+x^{n-1}}}\leqslant\frac{(n-1)x}{2(1+x)}\quad &\Longleftrightarrow\quad \frac{x^{n-1}}{1+x^{n-1}}\leqslant\left(\frac{n-1}{2}\right)^2\left(\frac{x}{1+x}\right)^2\\ &\Longleftrightarrow\quad x^{n-3}(1+x)^2\leqslant\left(\frac{n-1}{2}\right)^2(1+x^{n-1})\\ &\Longleftrightarrow\quad x^{n-3}+2x^{n-2}\leqslant\left(\frac{(n-1)^2}{4}-1\right)x^{n-1}+\frac{(n-1)^2}{4}.\end{aligned}$$

注意到 $x\leqslant 1$, 我们只需证明

$$\begin{aligned}&x^{n-3}+2x^{n-2}\leqslant\left(\frac{(n-1)^2}{4}-1\right)x^{n-1}+\frac{(n-1)^2}{4}x^{n-3}\\ \Longleftrightarrow\quad &2x\leqslant\left(\frac{(n-1)^2}{4}-1\right)x^2+\frac{(n-1)^2}{4}-1.\end{aligned}$$

当 $n\geqslant 4$ 时, 由 AM-GM 不等式有

$$\left(\frac{(n-1)^2}{4}-1\right)x^2+\frac{(n-1)^2}{4}-1\geqslant\frac{5}{4}(x^2+1)\geqslant 2x.$$

综上, 原不等式得证. □

注　我们给出

$$(n-1)\sqrt{\frac{1}{1+x}}+\sqrt{\frac{x^{n-1}}{1+x^{n-1}}}\leqslant n-1$$

的另证:

证明

$$\begin{aligned}\text{上式} \quad &\Longleftrightarrow \quad (n-1)\left(1-\sqrt{\frac{1}{1+x}}\right) \geqslant \sqrt{\frac{x^{n-1}}{1+x^{n-1}}}\\ &\Longleftrightarrow \quad f(x)=(n-1)^2\left(1+\frac{1}{1+x}-\frac{2}{\sqrt{1+x}}\right)-1+\frac{1}{1+x^{n-1}}.\end{aligned}$$

注意到 $x=0$ 时, $f(x)=0$. 下面我们证明当 $0 \leqslant x \leqslant 1$ 时, $f'(x) \geqslant 0$.

$$f'(x)=(n-1)^2\left(-\frac{1}{(1+x)^2}+\frac{1}{\sqrt{(1+x)^3}}\right)-\frac{(n-1)x^{n-2}}{(1+x^{n-1})^2},$$

故只需证明

$$(n-1)\frac{-1+\sqrt{1+x}}{(1+x)^2} \geqslant \frac{x^{n-2}}{(1+x^{n-1})^2}. \tag{6.5}$$

我们对 n 用归纳法证明不等式 (6.5). 当 $n=4$ 时,

$$\frac{3(-1+\sqrt{1+x})}{(1+x)^2} \geqslant \frac{x^2}{(1+x^3)^2}.$$

当 $x \geqslant \frac{7}{9}$ 时,

$$3(\sqrt{1+x}-1)\cdot\frac{(1+x^3)^2}{x^2(1+x)^2} \geqslant \left(\frac{1}{x}+x-1\right)^2 \geqslant 1.$$

当 $x \leqslant \frac{7}{9}$ 时,

$$\begin{aligned}\text{不等式 (6.5)} \quad &\Longleftrightarrow \quad \frac{3x}{(1+x)^2(1+\sqrt{1+x})} \geqslant \frac{x^2}{(1+x^3)^2}\\ &\Longleftrightarrow \quad 3(1-x+x^2)^2 \geqslant (1+\sqrt{1+x})x.\end{aligned}$$

注意到

$$x^2-x+1=\left(x-\frac{1}{2}\right)^2+\frac{3}{4} \geqslant \frac{3}{4},$$

我们有

$$\frac{3(1-x+x^2)^2}{(1+\sqrt{1+x})x} \geqslant \frac{9}{4(1+\sqrt{1+x})}\left(\frac{1}{x}+x-1\right) \geqslant \frac{27}{28}\left(\frac{7}{9}+\frac{9}{7}-1\right)>1.$$

故当 $n=4$ 时, 不等式 (6.5) 成立.

假设当 $\leqslant n$ 时, 不等式 (6.5) 成立, 则当 $n+1$ 时, 我们只需证明

$$\begin{aligned}&\frac{x^{n-2}}{(n-1)(1+x^{n-1})^2} \geqslant \frac{x^{n-1}}{n(1+x^n)^2}\\ &\Longleftrightarrow \quad (n-1)(1+x^{n-1})^2x \leqslant n(1+x^n)^2\\ &\Longleftrightarrow \quad nx^{2n}+2x^n+n \geqslant (n-1)x^{2n-1}+(n-1)x.\end{aligned}$$

由 AM-GM 不等式, 有

$$nx^{2n}+2x^n+n \geqslant ((n-1)x^n+1)x^n+(x^n+n-1)$$

$$\geqslant nx^{2n-1}+nx$$
$$\geqslant (n-1)x^{2n-1}+(n-1)x.$$

因此由归纳假设, 不等式 (6.5) 成立. □

由本例可推出 2003 年 CMO 第 3 题 $n\geqslant 4$ 时的情形:

$n\geqslant 4$, $\theta_i\in\left(0,\frac{\pi}{2}\right)(i=1,2,\cdots,n)$, $\prod\limits_{i=1}^{n}\tan\theta_i=\sqrt{2^n}$. 则

$$\cos\theta_1+\cos\theta_2+\cdots+\cos\theta_n\leqslant n-1.$$

事实上, 令 $x_i=\tan\theta_i$, 则条件为 $x_1x_2\cdots x_n=\sqrt{2^n}$, 欲证不等式为

$$\sum_{i=1}^{n}\frac{1}{\sqrt{1+x_i^2}}\leqslant n-1.$$

上式显然为本例的推论.

例 6.24 (2015 北大中学生数学奖)　正整数 $n\geqslant 2$, 求正实数 t 的范围, 使得对于所有的 $x_i\geqslant 0(i=1,2,\cdots,n)$, $x_1+\cdots+x_n=n$, 下述不等式成立:

$$\sum_{i=1}^{n}\frac{x_i}{x_i^2+t}\leqslant\frac{n}{1+t}.$$

解　设 $f(x)=\frac{x}{x^2+t}$, 那么

$$f''(x)=\frac{2x(x^2-3t)}{(x^2+t)^3}.$$

注意到 $f(x)$ 在 $[0,\sqrt{3t}]$ 上上凸, 在 $[\sqrt{3t},+\infty)$ 上下凸.

因此由定理 6.6知, $f(x)$ 取到最大值时有 $n-1$ 个变量相等, 且为 $x_1=x_2=\cdots=x_{n-1}=x\leqslant x_n=n-(n-1)x$. 原不等式变为

$$\frac{(n-1)x}{x^2+t}+\frac{n-(n-1)x}{(n-(n-1)x)^2+t}\leqslant\frac{n}{1+t},$$

上式等价于

$$(x-1)^2((n-1)x^2-(n+t(n-2))x+(n+1)t)\geqslant 0,$$

因此

$$t\geqslant g(x)=\frac{nx-(n-1)x^2}{n+1-(n-2)x},$$

其中 $x\in\left[0,\frac{n}{n-1}\right]$. 此时可求得 $\max g(x)=\left(\frac{n}{\sqrt{n^2-1}+\sqrt{2n-1}}\right)^2$. 从而原不等式成立当且仅当 $t\geqslant\left(\frac{n}{\sqrt{n^2-1}+\sqrt{2n-1}}\right)^2$ 时. □

注　在当年考场上解出此题的考生寥寥无几, 且没有学生给出其他的解法.

我们再列出一些应用半凹半凸定理的例子供读者练习:

1. (韩京俊)$a_i \geqslant 0 (i=1,2,\cdots,n)$, 则

$$\prod_{i=1}^{n}(a_i^2+n-1) \geqslant n^{n-2}(\sum_{i=1}^{n} a_i)^2.$$

2. 对所有的 $a,b,c \geqslant 0$,k 为任意实数, 设

$$S_k(a,b,c)=\left(\frac{a}{b+c}\right)^k+\left(\frac{b}{c+a}\right)^k+\left(\frac{a}{b+c}\right)^k,$$

$S_k=\inf S(a,b,c)$, 则

$$S_k=\begin{cases}\dfrac{3}{2^k} & (k\in(-\infty,0]),\\ 2 & (k\in(0,\log_2 3-1]),\\ \dfrac{3}{2^k} & (k\in(\log_2 3-1,+\infty)).\end{cases}$$

注意到我们之前判断一个函数 $f(x)$ 是否为下凸函数是为了证明不等式 $f(x)+f(y)\geqslant 2f\left(\dfrac{x+y}{2}\right)$. 值得注意的是, 这并不是不等式成立的必要条件. 当函数 $f(x)$ 不总是下凸的时候, 我们可以转而直接去证明这一不等式成立.

例 6.25 (韩京俊, "学数学" 吧征解题) 设 $x,y,z,w>0$, $x^2+y^2+z^2+w^2\leqslant 4$. 证明:

$$(x^2+2)(y^2+2)(z^2+2)(w^2+2)\geqslant \frac{81}{8}(x+y+z+w-2)^3.$$

证明 我们先尝试证明

$$(x^2+2)(y^2+2)(z^2+2)(w^2+2)\geqslant \left(\left(\frac{x+y+z+w}{4}\right)^2+2\right)^4. \tag{6.6}$$

若考虑函数 $f(x)=\ln(x^2+2)$, 则 $f''(x)=\dfrac{4-2x^2}{(x^2+2)^2}$, $f''(x)=0$ 有一个正根, 因此 f 不总是下凸的. 此时我们可以应用半凹半凸定理, 将其中三个变量调为相等的, 再去证明不等式 (6.6), 这样较为繁琐. 我们转而考虑证明当 $x^2+y^2\leqslant 4$ 时有

$$(x^2+2)(y^2+2)\geqslant \left(\left(\frac{x+y}{2}\right)^2+2\right)^2 \tag{6.7}$$

$$\iff \quad (x-y)^2\left(\left(\frac{x+y}{2}\right)^2+xy-4\right)\leqslant 0.$$

又

$$\left(\frac{x+y}{2}\right)^2+xy\leqslant \frac{x^2+y^2}{2}+\frac{x^2+y^2}{2}\leqslant 4,$$

故不等式 (6.7) 成立.

从而

$$(x^2+2)(y^2+2)(z^2+2)(w^2+2)\geqslant \left(\left(\frac{x+y}{2}\right)^2+2\right)^2\left(\left(\frac{z+w}{2}\right)^2+2\right)^2$$

$$\geqslant \left(\left(\frac{x+y+z+w}{4}\right)^2+2\right)^4.$$

令 $x+y+z+w=4t$, 只需证明

$$(t^2+2)^4 \geqslant 81(2t-1)^3.$$

由条件知

$$(4t)^2 \leqslant (1+1+1+1)(x^2+y^2+z^2+w^2) \leqslant 16,$$

即 $t \leqslant 1$, 故由 AM-GM 不等式, 有

$$(t^2+2)^4 = (t^2+1+1)^4 \geqslant 81t^3 \geqslant 81(2t-1)^3.$$

结论成立. □

注　本题也可以这样证明:

证明　我们需要如下引理:

$$(x^2+2)(y^2+2)(z^2+2) \geqslant 3(x+y+z)^2.$$

欲证明上述不等式, 由抽屉原理, 不妨设 x^2-1, y^2-1 同号, 即

$$(x^2-1)(y^2-1) \geqslant 0 \quad \Longleftrightarrow \quad x^2y^2+1 \geqslant x^2+y^2.$$

则

$$\begin{aligned}(x^2+2)(y^2+2)(z^2+2) &= (x^2y^2+2x^2+2y^2+4)(z^2+2)\\ &\geqslant 3(x^2+y^2+1)(1+1+z^2)\\ &= 3(x+y+z)^2.\end{aligned}$$

回到原题, 设 $3a=x+y+z$, 不妨设 $x \geqslant y \geqslant z \geqslant w$, 则 $a \geqslant w$,

$$(3a+w)^2 \leqslant 4(3a^2+w^2) \leqslant 16 \quad \Longrightarrow \quad 3a+w \leqslant 4.$$

当 $3a+w<2$ 时, 原不等式显然成立. 只需考虑 $3a+w \geqslant 2$ 的情形. 由引理, 我们只需证明当 $2 \leqslant 3a+w \leqslant 4$ 时,

$$3(3a)^2(w^2+2) \geqslant \frac{81}{8}(3a+w-2)^3 \tag{6.8}$$

$$\Longleftrightarrow \quad f(a) := \sqrt[3]{a^2(w^2+2)} - \frac{\sqrt[3]{3}}{2}(3a+w-2) \geqslant 0.$$

$$f'(a) \leqslant 0 \quad \Longleftrightarrow \quad \left(\frac{2}{3}\right)^3(w^2+2) - \left(\frac{3\sqrt[3]{3}}{2}\right)^3 a \leqslant 0$$

$$\Longleftrightarrow \quad (w^2+2) \leqslant \frac{3^7}{2^6}a,$$

上式当 $w\leqslant 1,\ a\geqslant\dfrac{1}{2}$ 时成立.

将 $3a+w\leqslant 4$ 代入不等式 (6.8), 我们只需证明

$$3(4-w)^2(w^2+2)\geqslant 81\quad\Longleftrightarrow\quad 3(w-5)(w-1)^3\geqslant 0.$$

上式当 $w\leqslant 1$ 时显然成立. 综上, 不等式得证. □

若对任意非负实数 x,y, 当 $x+y\leqslant 2$ 时, 我们均有 $f(x)+f(y)\geqslant 2f\left(\dfrac{x+y}{2}\right)$, 则由定理 2.1及其注知, 对任意非负实数 x_i, 且 $x_i+x_j\leqslant 2$, 我们有 $\sum\limits_{i=1}^{n}f(x_i)\geqslant nf\left(\dfrac{x_1+\cdots+x_n}{n}\right)$.

例 6.26 (韩京俊) 正整数 $n\geqslant 4,\ a_1,a_2,\cdots,a_n>0$, 则

$$\prod_{\text{cyc}}\frac{a_3+\cdots+a_n}{a_1+a_2}\geqslant\left(\frac{n-2}{2}\right)^n.$$

证明 不妨设 $\sum\limits_{i=1}^{n}a_i=1$. 我们优先考虑对 $f(x)=\ln\left(\dfrac{1}{x}-1\right)$ 使用 Jensen 不等式, 此时 $f''(x)\geqslant 0$ 不恒成立. 为此, 我们转而考虑直接证明如下的二元局部不等式: 当 $x,y\geqslant 0$, $x+y\leqslant 1$ 时,

$$\begin{aligned}&\left(\frac{1}{x}-1\right)\left(\frac{1}{y}-1\right)\geqslant\left(\frac{2}{x+y}-1\right)^2 &(6.9)\\ \Longleftrightarrow\quad&\frac{1}{xy}-\frac{1}{x}-\frac{1}{y}\geqslant\frac{4}{(x+y)^2}-\frac{4}{x+y}\\ \Longleftrightarrow\quad&\frac{(x-y)^2}{xy(x+y)^2}\geqslant\frac{(x-y)^2}{xy(x+y)},\end{aligned}$$

上式当 $x+y\leqslant 1$ 时成立.

当 $n=2k$ 为偶数时, 由局部不等式(6.9)与定理 2.1可知

$$\prod_{i=1}^{k}\left(\frac{1}{a_{2i-1}+a_{2i}}-1\right)\prod_{i=1}^{k}\left(\frac{1}{a_{2i}+a_{2i+1}}-1\right)\geqslant\left(\frac{k}{\sum\limits_{i=1}^{2k}a_i}-1\right)^k\cdot\left(\frac{k}{\sum\limits_{i=1}^{2k}a_i}-1\right)^k=\left(\frac{n-2}{2}\right)^n,$$

其中 $a_{2k+1}=a_1$.

当 $n=2k+1$ 为奇数, 且 $k\geqslant 2$ 时, 由局部不等式(6.9)与定理 2.1知

$$\prod_{i=1}^{2k+1}\left(\frac{1}{a_i+a_{i+1}}-1\right)\geqslant\prod_{i=1}^{2k+1}\left(\frac{k}{1-a_i}-1\right)=\prod_{i=1}^{2k+1}\frac{k-1+a_i}{1-a_i}.$$

令 $g(x)=\ln(x+k-1)-\ln(1-x)$, 则 $g''(x)=\dfrac{-1}{(x+k-1)^2}+\dfrac{1}{(1-x)^2}\geqslant 0$. 故由 Jensen 不等式, 有

$$\prod_{i=1}^{2k+1}\frac{k-1+a_i}{1-a_i}\geqslant\left(\frac{2k-1}{2}\right)^{2k+1}=\left(\frac{n-2}{2}\right)^n.$$

综上, 原不等式得证. □

利用 Karamata 不等式 (定理 6.9) 或调整法, 我们可以证明半凹半凸定理 (定理 6.7) 的进一步推广, 即增加一些合理的条件后, 我们可得到函数仅在其中一边下凸 (或上凸) 时相应的结论.

定理 6.8(右下凸 (左上凸) 定理) $f(x)$ 是定义在区间 $[a,b]$ 上的函数, 且 f 在 $[c,b]$ 上下凸 ($[a,c]$ 上上凸)$(a\leqslant c\leqslant b)$. $n\geqslant 2$ 为正整数, C 为一给定的常数, 满足 $C\geqslant nc(C\leqslant nc)$. 若不等式

$$f(x_1)+\cdots+f(x_n)\geqslant(\leqslant)nf\left(\frac{\sum\limits_{i=1}^{n}x_i}{n}\right)$$

对任意 $a\leqslant x_1\leqslant x_2=\cdots=x_n\leqslant b(a\leqslant x_1=\cdots=x_{n-1}\leqslant x_n\leqslant b),\sum\limits_{i=1}^{n}x_i=C$ 都成立, 则不等式对任意 $a\leqslant x_i\leqslant b,\sum\limits_{i=1}^{n}x_i=C$ 均成立.

证明 只需证右下凸定理, 即 f 在 $[c,b]$ 上下凸的情形. 对于另一种情形, 只需令 $f(x)=-g(-x)$, 并对 $g(x)$ 应用右下凸定理的情形即可.

若 x_j 均大于或等于 c, 则由 Jensen 不等式知命题成立. 下面我们设 $x_1\leqslant\cdots\leqslant x_i<c\leqslant x_{i+1}\leqslant\cdots\leqslant x_n$, $y_j=\dfrac{C-x_j}{n-1}$ $(1\leqslant j\leqslant i)$. 注意到 $(n-1)y_j+x_j=C$, 且由条件 $C\geqslant nc$ 知我们有 $y_j\geqslant x_j$. 则根据假设有

$$\sum_{j=1}^{i}f(x_j)\geqslant\sum_{j=1}^{i}\left(nf\left(\frac{C}{n}\right)-(n-1)f(y_j)\right)=nif\left(\frac{C}{n}\right)-(n-1)\sum_{j=1}^{i}f(y_j).$$

为此我们只需证明

$$nif\left(\frac{C}{n}\right)-(n-1)\sum_{j=1}^{i}f(y_j)+\sum_{j=i+1}^{n}f(x_j)\geqslant nf\left(\frac{\sum\limits_{i=1}^{n}x_i}{n}\right).$$

记 $x=\sum\limits_{j=1}^{i}x_j$, 则由 Jensen 不等式知

$$\sum_{j=i+1}^{n}f(x_j)\geqslant(n-i)f\left(\frac{C-x}{n-i}\right).$$

于是我们只需证明

$$n(i-1)f\left(\frac{C}{n}\right)+(n-i)f\left(\frac{C-x}{n-i}\right)\geqslant(n-1)\sum_{j=1}^{i}f(y_j).\tag{6.10}$$

注意到

$$\frac{C-x}{n-i}\geqslant y_j\quad\Longleftrightarrow\quad\frac{C-x}{n-i}\geqslant\frac{C-x_j}{n-1}$$

$$\Longleftrightarrow \quad (i-1)C \geqslant (n-1)x-(n-i)x_j,$$

由 $C \geqslant nc$ 知上面的不等式成立. 另一方面,

$$\frac{C}{n} \leqslant y_j \quad \Longleftrightarrow \quad \frac{C}{n} \leqslant \frac{C-x_j}{n-1} \quad \Longleftrightarrow \quad nx_j \leqslant C \quad (j \leqslant i).$$

故由 Karamata 不等式 (定理 6.9) 知不等式 (6.10) 成立. □

注 不等式 (6.10) 也可以通过调整法证明.

定理 6.8与定理 6.7的区别在于我们需要条件 $C \geqslant nc$. 注意到定理 6.8并不要求知道 f 在 $[a,c]$ 上的性质, 因此其能处理 f'' 有多个零点的问题. 同时, 应用定理 6.8时, 我们不需要考虑变元在边界的情形, 这在实际应用中十分便捷. 例如在例 6.20 中, 我们知道 $f(x)=\sqrt{\dfrac{48}{1-x}-47}$ 在 $\left[0,\dfrac{11}{47}\right]$ 上上凸, 在 $\left[\dfrac{11}{47},1\right)$ 上下凸, 且 $1 \geqslant 3\times\dfrac{11}{47}$, 因此由定理 6.8知, 我们只需考虑 $x \leqslant y = z$ 的情形即可.

当然这几个定理还有更广的应用. 关于凹凸函数的结论还有很多, 建议读者不要死记这些结论, 而是掌握这些定理的证明思想, 尝试调整变元, 尽量使它们变为相等的, 达到降维的目的. 对于在 I 上二阶导数只有一个零点的函数, 一般我们都能成功降维. 当然我们也可以对一些函数凹凸不定的题采取分类讨论的方法.

例 6.27 正整数 $n \geqslant 2$, $a_i(i=1,2,\cdots,n)$ 是非负实数, 且 $a_1+\cdots+a_n=n$, 则

$$\sum_{i=1}^{n} a_i^2 - n \leqslant \left(n-2+\frac{1}{n-1}\right)\sum_{i=1}^{n}(a_i^2-a_i)^2.$$

证明 设 $A=n-2+\dfrac{1}{n-1} \geqslant 1$, 记 $f(x)=A(x^2-x)^2-x^2+1\ (x \geqslant 0)$. 则

$$f''(x)=12A(x^2-x)+2(A-1).$$

当 $x \geqslant 1$ 时, $f''(x) \geqslant 0$. 故由右下凸定理 (定理 6.8), 我们只需证明当 $x+(n-1)y=n$ 时, $f(x)+(n-1)f(y) \geqslant nf(1)$, 或

$$\frac{f(x)-f(1)}{x-1} \leqslant (n-1)\frac{f(1)-f(y)}{x-1} = \frac{f(y)-f(1)}{y-1}.$$

令 $g(x)=\dfrac{f(x)-f(1)}{x-1}=A(x^3-x^2)-x-1$. 我们有

$$\begin{aligned} g(x)-g(y) =&(x-y)(A(x^2+xy+y^2)-A(x+y)-1) \\ =&n(n-1)(1-y)(Ay-n+1)^2 \leqslant 0. \end{aligned}$$

原不等式得证, 等号成立当且仅当 $a_1=\dfrac{1}{n^2-3n+3}$, $a_2=\cdots=a_n=1+\dfrac{n-2}{n^2-3n+3}$ 及其轮换时. □

例 6.28　$n\geqslant 3$ 是正整数, $x_1,\cdots,x_n>0$, 且满足 $x_1+x_2+\cdots+x_n=1$. 求证:

$$\prod_{i=1}^{n}\left(\frac{1}{\sqrt{x_i}}-1\right)\prod_{i=1}^{n}(1+\sqrt{x_i})\geqslant\left(\sqrt{n}-\frac{1}{\sqrt{n}}\right)^n.$$

证明　欲证不等式等价于

$$-n\ln\left(\sqrt{n}-\frac{1}{\sqrt{n}}\right)\geqslant-\sum_{i=1}^{n}\left(\ln\left(\frac{1}{\sqrt{x_i}}-1\right)+\ln(1+\sqrt{x_i})\right).$$

令 $f(x)=-\left(\ln\left(\frac{1}{\sqrt{x}}-1\right)+\ln(1+\sqrt{x})\right)=-\ln(1-x)+\frac{1}{2}\ln x$. 则

$$f'(x)=\frac{1}{1-x}+\frac{1}{2x},\quad f''(x)=\frac{x^2+2x-1}{2x^2(1-x)^2}.$$

因此 f 在 $(0,\sqrt{2}-1]$ 上上凸, 且由于 $n\geqslant 3$, $x_1+x_2+\cdots+x_n\leqslant n(\sqrt{2}-1)$. 由左上凸定理 (定理 6.8), 我们只需证明当 $0<x\leqslant\frac{1}{n}\leqslant y$ 且 $(n-1)x+y=1$ 时, $f(n-1)(x)+f(y)\leqslant nf\left(\frac{1}{n}\right)$, 即

$$\sqrt{n^n}(1-x)^{n-1}(1-y)\geqslant(n-1)^n\sqrt{x^{n-1}y}$$
$$\iff\quad\sqrt{n^n}(1-x)^{n-1}\geqslant(n-1)^{n-1}\sqrt{x^{n-3}y}.$$

上式两边平方后, 等价于

$$n^n(2-2x)^{2n-2}\geqslant(2n-2)^{2n-2}x^{n-3}y.$$

上式由

$$(2-2x)^{2n-2}=\left(n\cdot\frac{1}{n}+(n-3)x+y\right)^{2n-2}\geqslant(2n-2)^{2n-2}x^{n-3}y$$

知成立, 等号成立当且仅当 $x_1=x_2=\cdots=x_n=\frac{1}{n}$ 时.　□

注　注意到在本例中, $f''(x)=0$ 只有一个正零点 $\sqrt{2}-1$, 故本例也可由定理 6.7证明.

下面这个例题需要对右下凸定理 (定理 6.8) 做一些变通.

例 6.29　$a_1,a_2,\cdots,a_8\geqslant 0$, 且 $a_1a_2\cdots a_8\leqslant 1$, 则

$$\frac{1-a_1}{(1+a_1)^2}+\cdots+\frac{1-a_8}{(1+a_8)^2}\geqslant 0.$$

证明　我们先证明当 $a_i\leqslant 3(i=1,2,\cdots,8)$, $a_1a_2\cdots a_8=1$ 时原不等式成立. 令 $x_i=\ln a_i$, 原不等式等价于当 $x_i\leqslant\ln 3$, $x_1+\cdots+x_8=0$ 时,

$$f(x_1)+\cdots+f(x_8)\leqslant 8f\left(\frac{x_1+x_2+\cdots+x_8}{8}\right),$$

其中 $f(x)=\frac{1-\mathrm{e}^x}{(1+\mathrm{e}^x)^2}$. 当 $0\leqslant x\leqslant\ln 3$ 时, 我们有

$$f''(x)=\frac{\mathrm{e}^x(8\mathrm{e}^x-\mathrm{e}^{2x}-3)}{(1+\mathrm{e}^x)^4}\geqslant\frac{\mathrm{e}^x(5\mathrm{e}^x-3)}{(1+\mathrm{e}^x)^4}>0.$$

故根据右下凸定理, 我们只需证明当 $0 \leqslant x_2 = x_3 = \cdots = x_8 \leqslant \ln 3$, $x_1 + x_2 + \cdots + x_8 = 0$ 时的情形, 即当 $a_1 = a$, $1 \leqslant b = a_2 = \cdots = a_8 \leqslant 3$, $a_1a_2\cdots a_8 = 1$ 时,

$$\frac{1-a}{(1+a)^2} + \frac{7(1-b)}{(1+b)^2} \geqslant 0.$$

注意到 $\dfrac{1-a}{(1+a)^2} = \dfrac{b^7(b^7-1)}{(b^7+1)^2}$, 故只需证明

$$\frac{b^7(b^6+b^5+b^4+b^3+b^2+b+1)}{(b^6-b^5+b^4-b^3+b^2-b+1)^2} \geqslant 7.$$

而

$$b^6-b^5+b^4-b^3+b^2-b+1 = b^4(b^2-b+1)-(b-1)(b^2+1) \leqslant b^4(b^2-b+1),$$

故只需证明

$$\frac{b^6+b^5+b^4+b^3+b^2+b+1}{b(b^2-b+1)^2} \geqslant 7,$$

上式等价于 $(b-1)^6 \geqslant 0$, 等号成立当且仅当 $a_1 = a_2 = \cdots = a_8 = 1$ 时.

我们再证明当 $a_i \leqslant 3$, $a_1a_2\cdots a_8 \leqslant 1$ 时原不等式成立. 事实上, 此时存在 b_i, 使得 $a_i \leqslant b_i \leqslant 3$, 且 $b_1b_2\cdots b_8 = 1$. 则根据之前讨论, 我们有 $\sum\limits_{i=1}^{8} \dfrac{1-b_i}{(1+b_i)^2} \geqslant 0$. 令 $g(x) = \dfrac{1-x}{(1+x)^2}$, 注意到当 $x \in [0,3)$ 时, $g'(x) = \dfrac{x-3}{(1+x)^3} < 0$, 故

$$\sum_{i=1}^{8} \frac{1-a_i}{(1+a_i)^2} \geqslant \sum_{i=1}^{8} \frac{1-b_i}{(1+b_i)^2} \geqslant 0.$$

最后我们再考虑剩下的情形. 注意到当 $x \neq y$ 时,

$$\begin{aligned}
\frac{1-x}{(1+x)^2} = \frac{1-y}{(1+y)^2} \quad &\Longleftrightarrow \quad \frac{(1+x)^2}{1-x} = \frac{(1+y)^2}{1-y} \\
&\Longleftrightarrow \quad -3-x+\frac{4}{1-x} = -3-y+\frac{4}{1-y} \\
&\Longleftrightarrow \quad x-y = 4\left(\frac{1}{1-x}-\frac{1}{1-y}\right) \\
&\Longleftrightarrow \quad 4 = (1-x)(1-y) \quad \Longleftrightarrow \quad x = \frac{y+3}{y-1}.
\end{aligned}$$

故当 $a_i \leqslant 3$ 时, 令 $x_i = a_i$; 当 $a_i > 3$ 时, 令 $x_i = \dfrac{a_i+3}{a_i-1}$. 则 $0 \leqslant x_i \leqslant 3 < a_i$, 且 $g(x_i) = g(a_i)$. 因此

$$\sum_{i=1}^{8} \frac{1-a_i}{(1+a_i)^2} = \sum_{i=1}^{8} \frac{1-x_i}{(1+x_i)^2} \geqslant 0.$$

综上, 原不等式得证. □

注 当为 9 个变量, 且 $a_1a_2\cdots a_9 \leqslant 1$ 时, 不等式 $\sum\limits_{i=1}^{9} \dfrac{1-a_i}{(1+a_i)^2} \geqslant 0$ 不成立. 事实上, 令 $a_2 = \cdots = a_9 = 3$, 则不等式为 $\dfrac{1-a_1}{(1+a_1)^2} - 1 \geqslant 0$, 即知不成立.

用与本题同样的方法, 还可以证明如下不等式:

$a_1,\cdots,a_5>0$, $a_1a_2\cdots a_5\geqslant 1$, 则

$$\frac{1+a_1}{1+a_1^2}+\cdots+\frac{1+a_5}{1+a_5^2}\leqslant 5.$$

当为 6 个变量, 且 $a_1\cdots a_6\geqslant 1$ 时, 不等式 $\sum\limits_{i=1}^{n}\frac{1+a_i}{1+a_i^2}\geqslant 0$ 不成立. 事实上, 令 $a_2=a_3=\cdots=a_6=\frac{1}{2}$, 则不等式为 $\frac{1+a_1}{1+a_1^2}\leqslant 0$, 显然不成立.

与凹凸函数相关的还有不等式的优超理论. 我们先来介绍著名的 Karamata 不等式 [58]①. 为方便定理叙述, 我们只列出 f 是下凸函数的情形.

定理 6.9 函数 $f(x)$ 在区间 $I\subseteq\mathbb{R}$ 上下凸, $x_i\in I, y_i\in I(i=1,2,\cdots,n)$ 是两个单调递减的数列. 则当下列三个条件中任意一个满足时, 不等式 (6.11) 成立,

$$f(x_1)+f(x_2)+\cdots+f(x_n)\geqslant f(y_1)+f(y_2)+\cdots+f(y_n). \tag{6.11}$$

(1) (Karamata 不等式) 若 x_i,y_i 满足 $(x_1,x_2,\cdots,x_n)\succ(y_1,y_2,\cdots,y_n)$, 其中 $\succ$ 表示优超于, 即对于 $x_1\geqslant x_2\geqslant\cdots\geqslant x_n$, $y_1\geqslant y_2\geqslant\cdots\geqslant y_n$, 有 $\sum\limits_{i=1}^{k}x_i\geqslant\sum\limits_{i=1}^{k}y_i(k=1,2,\cdots,n)$, 且 $\sum\limits_{i=1}^{n}x_i=\sum\limits_{i=1}^{n}y_i$.

(2) 若 f 在 I 上单调递增, x_i, y_i 满足 $\sum\limits_{i=1}^{k}x_i\geqslant\sum\limits_{i=1}^{k}y_i(k=1,2,\cdots,n)$.

(3) 若 f 在 I 上单调递减, x_i, y_i 满足 $\sum\limits_{i=1}^{k}x_i\geqslant\sum\limits_{i=1}^{k}y_i(k=1,2,\cdots,n-1)$, $\sum\limits_{i=1}^{n}x_i\leqslant\sum\limits_{i=1}^{n}y_i$.

证明 若存在 i, 使得 $x_i=y_i$, 则我们可对 n 用归纳法证明不等式 (6.11) 成立. 故我们不妨设 $x_i\neq y_i$ $(i=1,2,\cdots,n)$. 设 $c_i=\frac{f(y_i)-f(x_i)}{y_i-x_i}$, $c_{n+1}=0$, $A_i=x_1+\cdots+x_i$, $B_i=y_1+\cdots+y_i$. 那么

$$\begin{aligned}\sum_{i=1}^{n}f(x_i)-\sum_{i=1}^{n}f(y_i)&=\sum_{i=1}^{n}c_i(x_i-y_i)\\&=\sum_{i=1}^{n}(c_i-c_{i+1})(x_1+x_2+\cdots+x_i)-\sum_{i=1}^{n}(c_i-c_{i+1})(y_1+y_2+\cdots+y_i)\\&=\sum_{i=1}^{n-1}(c_i-c_{i+1})(A_i-B_i)+c_n(A_n-B_n),\end{aligned}$$

由于 $f(x)$ 是下凸的, 因此由定理 6.2知

$$c_i=\frac{f(y_i)-f(x_i)}{y_i-x_i}\geqslant\frac{f(y_{i+1})-f(x_i)}{y_{i+1}-x_i}\geqslant\frac{f(y_{i+1})-f(x_{i+1})}{y_{i+1}-x_{i+1}}=c_{i+1},$$

故 c_i 单调递减, 于是 $c_i\geqslant c_{i+1}$. 由条件知 $A_i\geqslant B_i$ $(i=1,2,\cdots,n-1)$.

① Jovan Karamata (塞尔维亚语为Јован Карамата) (1902~1967), 塞尔维亚 20 世纪出色的数学家之一, 1946 年成立的塞尔维亚艺术与科学院的创立者之一. Karamata 不等式是其在数学上的主要贡献之一.

若 $A_n = B_n$, 则不等式 (6.11) 成立, (1) 得证.

若 $A_n \geqslant B_n$, f 单调递增, 则 $c_n \geqslant 0$, 不等式 (6.11) 成立, (2) 得证.

若 $A_n \leqslant B_n$, f 单调递减, 则 $y_n \geqslant x_n$, 故 $c_n \leqslant 0$, 不等式 (6.11) 成立, (3) 得证. □

注 Karamata 不等式有时也被称为 Littlewood 不等式, 它们只有细微区别. 定理 6.9(2)(3) 是作者尝试去掉 Karamata 不等式的优超条件中的等式时想到的. 取 $n=1$ 即知定理 6.9(2)(3) 中关于 f 单调的条件是不可移除的. 从证明过程中可以看出, 下述加权的 Karamata 不等式也成立:

定理 6.10(加权 Karamata 不等式) 函数 $f(x)$ 在区间 $I \subseteq \mathbb{R}$ 上下凸. 若 $p_i \geqslant 0, x_i, y_i \in \mathbb{R}(i=1,2,\cdots,n)$ 满足 $x_1 \geqslant x_2 \geqslant \cdots \geqslant x_n$, $y_1 \geqslant y_2 \geqslant \cdots \geqslant y_n$, 且 $\sum\limits_{i=1}^{k} p_i x_i \geqslant \sum\limits_{i=1}^{k} p_i y_i$ $(k=1,2,\cdots,n-1)$, $\sum\limits_{i=1}^{n} p_i x_i = \sum\limits_{i=1}^{n} p_i y_i$, 则

$$p_1 f(x_1) + p_2 f(x_2) + \cdots + p_n f(x_n) \geqslant p_1 f(y_1) + p_2 f(y_2) + \cdots + p_n f(y_n).$$

若 $f(x)$ 是连续的, 则我们可以用调整法较为容易地证明 Karamata 不等式. 我们固定 x_i 不变, 设 $Y = \{(y_1,\cdots,y_n) \mid (x_1,x_2,\cdots,x_n) \succ (y_1,y_2,\cdots,y_n)\}$. 则 Y 是有界闭集, 故存在 $\sum\limits_{i=1}^{n} f(y_i)$ 在 Y 上的最大值, 设为 M. 我们考虑集合 $T = \{(y_1,\cdots,y_n) \in Y \mid \sum\limits_{i=1}^{n} f(y_i) = M\}$, 则 T 为有界闭集. 故存在 $\sum\limits_{i=1}^{n} y_i^2$ 在 T 上的最大值, 我们不妨设当 $(y_1,y_2,\cdots,y_n) \in T$ 时, $\sum\limits_{i=1}^{n} y_i^2$ 取到最大值. 若对任意 $k<n$, 均有 $\sum\limits_{i=1}^{k} y_i < \sum\limits_{i=1}^{k} x_i$, 我们设 l 是最小的下标, 使得 $y_l = y_n$, 则对于足够小的 $\epsilon > 0$, 由下凸函数的性质有 $f(y_l+\epsilon) + f(y_n - \epsilon) \geqslant f(y_l) + f(y_n)$, 且 $(y_l+\epsilon)^2 + (y_n-\epsilon)^2 > y_l^2 + y_n^2$, 矛盾. 因此存在 j, 使得 $\sum\limits_{i=1}^{j} y_i = \sum\limits_{i=1}^{j} x_i$. 对于这种情况, 可仿照上述论断对 n 用数学归纳法证明. 用这一想法也可以证明 Muirhead 不等式①, 我们把证明留给读者.

定理 6.11(Muirhead 不等式) 非负实数 $\alpha_i, \beta_i \geqslant 0 (i=1,2,\cdots,n)$, 对任意正实数 $x_1,x_2,\cdots,x_n$,

$$\sum_{\text{sym}} x_1^{\alpha_1} x_2^{\alpha_2} \cdots x_n^{\alpha_n} \geqslant \sum_{\text{sym}} x_1^{\beta_1} x_2^{\beta_2} \cdots x_n^{\beta_n}$$

成立的充要条件是 $\boldsymbol{\alpha} \succ \boldsymbol{\beta}$, 其中 $\boldsymbol{\alpha} = (\alpha_1,\alpha_2,\cdots,\alpha_n)$, $\boldsymbol{\beta} = (\beta_1,\beta_2,\cdots,\beta_n)$.

在 Muirhead 不等式中, 令 $\boldsymbol{\alpha} = (1,0,\cdots,0)$, $\boldsymbol{\beta} = \left(\frac{1}{n},\frac{1}{n},\cdots,\frac{1}{n}\right)$, 即得 AM-GM 不等式. 关于 Muirhead 不等式的其他证明可参见文献 [47].

在定理 6.9的证明中用到了所谓的 Abel 变换, 即:

若 $a_1,a_2,\cdots,a_n,b_1,b_2,\cdots,b_n$ 为实数, 并且 $S_i = a_1 + a_2 + \cdots + a_i (i=1,2,\cdots,n)$, 则

$$\sum_{i=1}^{n} a_i b_i = \sum_{i=1}^{n-1} S_i (b_i - b_{i+1}) + S_n b_n.$$

---

① Robert Franklin Muirhead (1860~1941), 苏格兰数学家, 1884 年当选为爱丁堡数学学会会员, 1899 年与 1909 年两度当选为学会主席, 并在 1912 年当选为荣誉会员.

Abel 变换是一种重要的解题技巧. 例如我们可以用来证明排序不等式的一种加强形式.

例 6.30　数列 $\{b_i\}_{i=1}^n$ 是单调递减的, 即满足 $b_1 \geqslant b_2 \geqslant \cdots \geqslant b_n$. 数列 $\{a_i\}_{i=1}^n$ 满足

$$S_m = \frac{1}{m}\sum_{j=1}^m a_j \geqslant S_n = \frac{1}{n}\sum_{j=1}^n a_j \quad (\forall m \leqslant n).$$

那么下面的不等式成立:

$$\sum_{j=1}^n a_j b_j \geqslant \frac{1}{n}\sum_{j=1}^n a_j \sum_{j=1}^n b_j.$$

证明　我们设 $b_{n+1}=0$, 由条件得

$$\begin{aligned}\sum_{j=1}^n a_j b_j &= \sum_{j=1}^n (jS_j-(j-1)S_{j-1})b_j\\ &= \sum_{j=1}^n jS_j(b_j-b_{j+1})\\ &\geqslant \sum_{j=1}^n j(b_j-b_{j+1})S_n\\ &= \frac{1}{n}\sum_{j=1}^n a_j \sum_{j=1}^n b_j.\end{aligned}$$

命题得证. □

下面我们介绍定理 6.9在证明不等式中的应用.

例 6.31　$a,b,c \geqslant 0, a+b+c=1$. 求证:

$$\sqrt{b^2+c}+\sqrt{c^2+a}+\sqrt{a^2+b} \geqslant 2.$$

证明　注意到

$$\sum_{\text{cyc}}(b^2+c) = \sum_{\text{cyc}}(b+c)^2,$$

所以

$$\begin{aligned}&(b^2+c, c^2+a, a^2+b) \prec \left((b+c)^2, (c+a)^2, (a+b)^2\right)\\ \iff &\begin{cases}\min\{b^2+c, c^2+a, a^2+b\} \geqslant \min\{(b+c)^2, (c+a)^2, (a+b)^2\},\\ \max\{b^2+c, c^2+a, a^2+b\} \leqslant \max\{(b+c)^2, (c+a)^2, (a+b)^2\}.\end{cases}\end{aligned}$$

注意到有等式

$$\begin{cases}(c^2+a)-(b^2+c) = b(a-c)+(a^2-b^2),\\ (b^2+c)-(b+c)^2 = c(a-b),\\ (a^2+b)-(b+c)^2 = (a-c)(a+b+c),\end{cases}$$

因此若 $a=\max\{a,b,c\}$, 则

$$\begin{aligned}c^2+a\geqslant b^2+c\geqslant \min\left\{b^2+c,c^2+a,a^2+b\right\}&=\min\left\{a^2+b,b^2+c\right\}\\ \geqslant (b+c)^2&=\min\left\{(b+c)^2,(c+a)^2,(a+b)^2\right\};\end{aligned}$$

若 $a=\min\{a,b,c\}$, 则

$$\begin{aligned}c^2+a\leqslant b^2+c\leqslant \max\left\{b^2+c,c^2+a,a^2+b\right\}&=\max\left\{a^2+b,b^2+c\right\}\\ \leqslant (b+c)^2&=\max\left\{(b+c)^2,(c+a)^2,(a+b)^2\right\}.\end{aligned}$$

从而 $(b^2+c,c^2+a,a^2+b)\prec((b+c)^2,(c+a)^2,(a+b)^2)$. 又 $f(x)=-\sqrt{x}$ 是下凸函数, 所以由 Karamata 不等式, 有

$$\sqrt{b^2+c}+\sqrt{c^2+a}+\sqrt{a^2+b}\geqslant\sqrt{(b+c)^2}+\sqrt{(c+a)^2}+\sqrt{(a+b)^2}=2.$$

原不等式得证. □

注 用相同的方法我们可以证明:

a,b,c,d 是非负实数, 满足 $a+b+c+d=1$. 则

$$\sqrt{a+b+c^2}+\sqrt{b+c+d^2}+\sqrt{c+d+a^2}+\sqrt{d+a+b^2}\geqslant 3.$$

有时需要分情况讨论来验证 Karamata 不等式条件中的优超条件成立.

例 6.32 (2006 国家队培训) $a\geqslant b\geqslant c\geqslant d>0$. 求证:

$$\left(1+\frac{c}{a+b}\right)\left(1+\frac{d}{b+c}\right)\left(1+\frac{a}{c+d}\right)\left(1+\frac{b}{d+a}\right)\geqslant\left(\frac{3}{2}\right)^4.$$

证明 本题等价于

$$\sum -\ln\frac{a+b+c}{3}\leqslant\sum -\ln\frac{a+b}{2}.$$

注意到 $f(x)=-\ln x$ 是下凸函数, 故由 Karamata 不等式, 只需证明

$$\left(\frac{a+b}{2},\frac{b+c}{2},\frac{c+d}{2},\frac{d+a}{2}\right)\succ\left(\frac{a+b+c}{3},\frac{b+c+d}{3},\frac{c+d+a}{3},\frac{d+a+b}{3}\right).\tag{6.12}$$

显然有

$$\begin{aligned}&\sum_{\text{cyc}}\frac{a+b+c}{3}=\sum_{\text{cyc}}\frac{a+b}{2},\\ &\frac{a+b+c}{3}+\frac{d+a+b}{3}+\frac{c+d+a}{3}\leqslant\frac{a+b}{2}+\frac{d+a}{2}+\frac{b+c}{2}.\end{aligned}$$

由条件 $a\geqslant b\geqslant c\geqslant d$, 我们有

$$\frac{a+b+c}{3}\geqslant\frac{d+a+b}{3}\geqslant\frac{c+d+a}{3}\geqslant\frac{b+c+d}{3}.$$

若 $a+d \geqslant b+c$, 则

$$\frac{a+b}{2} \geqslant \frac{d+a}{2} \geqslant \frac{b+c}{2} \geqslant \frac{c+d}{2},$$
$$\frac{a+b+c}{3} \leqslant \frac{a+b}{2}, \quad \frac{a+b+c}{3}+\frac{d+a+b}{3} \leqslant \frac{a+b}{2}+\frac{d+a}{2}.$$

故式 (6.12) 成立.

若 $a+d \leqslant b+c$, 则

$$\frac{a+b}{2} \geqslant \frac{b+c}{2} \geqslant \frac{d+a}{2} \geqslant \frac{c+d}{2},$$
$$\frac{a+b+c}{3} \leqslant \frac{a+b}{2}, \quad \frac{a+b+c}{3}+\frac{d+a+b}{3} \leqslant \frac{a+b}{2}+\frac{b+c}{2}.$$

故式 (6.12) 成立. □

注 利用 Karamata 不等式并结合定理 6.12中给出的优超判别法, 我们可以证明本题的 n 元推广, 即:

$a_i(i=1,2,\cdots,n)$ 为正实数, 满足 $a_1 \geqslant a_2 \geqslant \cdots \geqslant a_n$. 则

$$\prod_{i=1}^{n} \frac{a_i+a_{i+1}+a_{i+2}}{3} \geqslant \prod_{i=1}^{n} \frac{a_i+a_{i+1}}{2},$$

其中 $a_{n+1}=a_1, a_{n+2}=a_2$. 我们把证明留给读者.

例 6.33 $f(x)$ 是一个定义在 $(0,+\infty)$ 上的下凸函数, n 是正整数, a_i 是正实数 $(i=1,2,\cdots,n+1)$. 求证:

$$\sum_{i=1}^{n} f\left(a_i+\frac{1}{a_{i+1}}\right) \geqslant \sum_{i=1}^{n} f\left(a_i+\frac{1}{a_i}\right),$$

其中 $a_{n+1}=a_1$.

证明 我们用归纳法证明. $n=2$ 时, 欲证不等式为

$$f\left(a_1+\frac{1}{a_2}\right)+f\left(a_2+\frac{1}{a_1}\right) \geqslant f\left(a_1+\frac{1}{a_1}\right)+f\left(a_2+\frac{1}{a_2}\right).$$

我们不妨设 $a_1 \geqslant a_2$, 则

$$\left(a_1+\frac{1}{a_2}, a_2+\frac{1}{a_1}\right) \succ \left(a_1+\frac{1}{a_1}, a_2+\frac{1}{a_2}\right).$$

故由 Karamata 不等式知, 此时不等式成立.

假设命题对 n 个 a_i 成立, 下面考虑 $n+1$ 个 a_i 的情形. 不妨设 $a_{n+1}=\min\{a_1,\cdots,a_{n+1}\}$. 由归纳假设, 我们只需证明

$$f\left(a_n+\frac{1}{a_{n+1}}\right)+f\left(a_{n+1}+\frac{1}{a_1}\right) \geqslant f\left(a_n+\frac{1}{a_1}\right)+f\left(a_{n+1}+\frac{1}{a_{n+1}}\right).$$

注意到

$$\left(a_n+\frac{1}{a_{n+1}}, a_{n+1}+\frac{1}{a_1}\right) \succ \left(a_n+\frac{1}{a_1}, a_{n+1}+\frac{1}{a_{n+1}}\right),$$

由 Karamata 不等式知, 上述不等式成立. 故由数学归纳法, 原不等式得证. □

例 6.34 (文献 [26, 81]) 正整数 $r_1,r_2,\cdots,r_n$ 满足 $r_1=2,r_n=r_1r_2\cdots r_{n-1}+1(n=2,3,\cdots)$, 正整数 $a_1,a_2,\cdots,a_n$ 满足 $\sum\limits_{i=1}^{n}\frac{1}{a_i}<1$. 求证:

$$\sum_{i=1}^{n}\frac{1}{a_i}\leqslant\sum_{i=1}^{n}\frac{1}{r_i}.$$

证明 我们先用归纳法证明:

$$1-\frac{1}{r_1}-\frac{1}{r_2}-\cdots-\frac{1}{r_n}=\frac{1}{r_1r_2\cdots r_n}. \tag{6.13}$$

$n=1$ 时, 等式成立. 当 $n\geqslant 2$ 时, 由归纳法知

$$1-\frac{1}{r_1}-\frac{1}{r_2}-\cdots-\frac{1}{r_n}=\frac{1}{r_1r_2\cdots r_{n-1}}-\frac{1}{r_n}=\frac{1}{r_1r_2\cdots r_n}.$$

故式(6.13)得证.

若 $r_1r_2\cdots r_n\geqslant a_1a_2\cdots a_n$, 则由式(6.13)知

$$1-\sum_{i=1}^{n}\frac{1}{a_i}\geqslant\frac{1}{a_1a_2\cdots a_n}\geqslant\frac{1}{r_1r_2\cdots r_n}=1-\sum_{i=1}^{n}\frac{1}{r_i}, \tag{6.14}$$

此时命题成立. 故我们只需考虑 $a_1a_2\cdots a_n>r_1r_2\cdots r_n$ 的情形.

我们用归纳法证明. 当 $n=1$ 时, 若 $\frac{1}{a_1}<1$, 则 $a_1\geqslant 2=r_1$, 所以 $\frac{1}{a_1}\leqslant\frac{1}{r_1}$.

当 $n\geqslant 2$ 时, 不妨设 $a_1\leqslant a_2\leqslant\cdots\leqslant a_n$. 我们约定 $\prod\limits_{i=1}^{0}a_i=\prod\limits_{i=1}^{0}r_i$. 设 j 是最大的下标, 使得 $\prod\limits_{i=1}^{j-1}a_i\leqslant\prod\limits_{i=1}^{j-1}r_i$, 则 $1\leqslant j\leqslant n$, 且对任意 $n\geqslant k\geqslant j$, $\prod\limits_{i=1}^{k}a_i>\prod\limits_{i=1}^{k}r_i$. 故对任意 $n\geqslant k\geqslant j$,

$$\prod_{i=j}^{k}a_i>\prod_{i=j}^{k}r_i \iff \sum_{i=j}^{k}\ln\frac{1}{r_i}>\sum_{i=j}^{k}\ln\frac{1}{a_i}.$$

考虑在 $[0,+\infty)$ 上下凸且单调的函数 $f(x)=\mathrm{e}^x$, 由定理 6.9(2) 知

$$\sum_{i=j}^{n}\mathrm{e}^{\ln\frac{1}{r_i}}\geqslant\sum_{i=j}^{n}\mathrm{e}^{\ln\frac{1}{a_i}} \iff \sum_{i=j}^{n}\frac{1}{r_i}\geqslant\sum_{i=j}^{n}\frac{1}{a_i}.$$

我们约定 $\sum\limits_{i=1}^{0}\frac{1}{r_i}=\sum\limits_{i=1}^{0}\frac{1}{a_i}=0$, 则只需证明

$$\sum_{i=1}^{j-1}\frac{1}{r_i}\geqslant\sum_{i=1}^{j-1}\frac{1}{a_i}.$$

上式由归纳法知成立, 命题得证. □

注 本例中的 $\{r_i\}_{i=1}^{\infty}$ 被称为 Sylvester 数列, 容易证明有递推式 $r_i=r_{i-1}^2-r_{i-1}+1$. 文献 [4] 证明了若整数列 $\{a_i\}_{i=1}^{\infty}$ 满足

$$a_i\geqslant a_{i-1}^2-a_{i-1}+1,$$

且 $\sum\limits_{i=1}^{+\infty}\frac{1}{a_i}$ 是有理数, 则当 $n\gg 1$ 时, $a_n=a_{n-1}^2-a_{n-1}+1$. 因此这一性质也可被用来定义 Sylvester 数列. 1980 年, Erdös 与 Graham 猜测, 上述结果中条件 $a_i\geqslant a_{i-1}^2-a_{i-1}+1$ 可减弱为 $\lim\limits_{i\to\infty}\frac{a_i}{a_{i-1}^2}=1$ [28].

能表示为 $\sum\limits_{i=1}^{n}\frac{1}{a_i}$ 形式的有理数被称为埃及分数. 由本例知, 对于固定的 n, 小于 1 的最大的埃及分数为 $\sum\limits_{i=1}^{n}\frac{1}{r_i}$. 本例的结论最早是由 Curtiss 于 1922 年证明的 [26], 我们给出的证明取自文献 [81]. 在例 10.21 中, 我们会给出另一种证明.

关于埃及分数, 有许多已知的有趣性质与公开问题. Erdös 与 Graham 曾猜测, 对每个正整数 r, 若将大于 1 的正整数 $\{2,3,\cdots\}$ 分成 r 个互不相交的子集, 则必存在一个子集的有限子集 S, 使得 $\sum\limits_{n\in S}\frac{1}{n}=1$ [28]. Ernie Croot 在就读博士期间证明了这一猜想, 相关论文发表于被誉为数学界四大期刊之一的 *Annals of Mathematics* 上 [25]. 著名的 Erdös-Straus 猜想断言, 对所有的正整数 $n\geqslant 2$, 均存在正整数 x,y,z, 使得 $\frac{4}{n}=\frac{1}{x}+\frac{1}{y}+\frac{1}{z}$. 已验证当 $n<10^{17}$ 时, Erdös-Straus 猜想成立.

2015 年北大中学生数学奖的一道试题的背景与例 6.34 有关: $a_i(i=1,2,\cdots,n)$ 是正整数, 满足 $\sum\limits_{i=1}^{n}\frac{1}{a_i}=1$, 则 $\max\{a_1,a_2,\cdots,a_n\}\leqslant n^{2^{n-1}}$.

$n=1$ 时, $a_1=1$. $n\geqslant 2$ 时, 设 $a_n=\max\{a_1,a_2,\cdots,a_n\}$, 则根据本例的结论与式(6.13), 我们有

$$\frac{1}{a_n}=1-\sum_{i=1}^{n-1}\frac{1}{a_i}\geqslant 1-\sum_{i=1}^{n-1}\frac{1}{r_i}=\frac{1}{r_1\cdots r_{n-1}},$$

即 $a_n\leqslant r_1\cdots r_{n-1}<r_n$. 而用归纳法, 不难证明 $r_i\leqslant 2^{2^{i-1}}$. 从而 $a_n\leqslant 2^{2^{n-1}}\leqslant n^{2^{n-1}}$. 我们也可以直接用归纳法证明这道试题. 不妨设 $a_1\leqslant a_2\leqslant\cdots\leqslant a_n$, 由条件显然有 $a_1\leqslant n$, 假设已经证明 $a_i\leqslant n^{2^{i-1}}$, 则

$$\frac{n}{a_{i+1}}\geqslant\frac{1}{a_{i+1}}+\cdots+\frac{1}{a_n}=1-\sum_{j=1}^{n}\frac{1}{a_j}\geqslant\frac{1}{a_1\cdots a_i}=\frac{1}{n^{2^i-1}},$$

即 $a_{i+1}\leqslant n^{2^i}$, 从而 $a_n\leqslant n^{2^{n-1}}$.

定理 6.9(2) 的如下简单推论在证明根式不等式时也比较有用:

例 6.35　正数 $a\geqslant b\geqslant c$, $x\geqslant y\geqslant z$. 若 $c\geqslant z$, $c+b\geqslant z+y$, $c+b+a\geqslant z+y+x$, 则

$$\sqrt{a}+\sqrt{b}+\sqrt{c}\geqslant\sqrt{x}+\sqrt{y}+\sqrt{z}.$$

证明　我们考察函数 $f(x)=-\sqrt{-x}$, 则 f 是单调递增的下凸函数, 令 $(x_1,x_2,x_3)=(-z,-y,-x)$, $(y_1,y_2,y_3)=(-c,-b,-a)$, 则 $x_1\geqslant y_1,x_1+x_2\geqslant y_1+y_2,x_1+x_2+x_3\geqslant y_1+y_2+y_3$. 因此由定理 6.9(2) 知

$$-(\sqrt{x}+\sqrt{y}+\sqrt{z})\geqslant-(\sqrt{a}+\sqrt{b}+\sqrt{c}),$$

移项后即知原命题成立. □

注 用同样的方法, 我们可以证明 $abc \geqslant xyz$. 在相同条件下, 我们还能证明 $ab+bc+ca \geqslant xy+yz+zx$. 事实上, 存在 $t \geqslant 0$, 使得 $a'=a-t$, $b'=b-t$, $c'=c-t$, 满足 $c'=z$, 或 $c'+b'=y+z$, 或 $a'+b'+c'=x+y+z$. 用 a',b',c' 代替 a,b,c, 我们不妨设条件中的三个不等式至少有一个等号成立. 若 $c=z$, 则 $a+b \geqslant x+y$, 此时

$$\begin{aligned}&(a-y)(b-y) \geqslant (x+y-a-b)y\\ \iff\quad & ab \geqslant (a+b-y)y+(x+y-a-b)y \quad\iff\quad ab \geqslant xy.\end{aligned}$$

因此

$$ab+bc+ca=ab+c(a+b) \geqslant xy+c(x+y)=xy+yz+xz.$$

若 $c+b=y+z$, 则易证 $bc \geqslant yz$, 故

$$ab+bc+ca=a(b+c)+bc \geqslant x(b+c)+yz=xy+yz+xz.$$

若 $a+b+c=x+y+z$, 则我们只需证明 $a^2+b^2+c^2 \leqslant x^2+y^2+z^2$, 而这由 Karamata 不等式知成立.

我们将证明当 $a+b+c \geqslant x+y+z$, $ab+bc+ca \geqslant xy+yz+zx$, $abc \geqslant xyz$ 时, 本例的结论成立 (推论 9.27).

例 6.36 $a,b,c \geqslant 0$, $a+b+c=3$, 则有

$$\sqrt{a^2+bc+2}+\sqrt{b^2+ac+2}+\sqrt{c^2+ab+2} \geqslant 6.$$

证明 不妨设 $a \geqslant b \geqslant c$, 考虑 $w_3=\dfrac{4}{9}(a+2)^2$, $w_2=\dfrac{4}{9}(b+2)^2$, $w_1=\dfrac{4}{9}(c+2)^2$, $w_3'=a^2+bc+2$, $w_2'=b^2+ac+2$, $w_1'=c^2+ab+2$. 显然 $w_3 \geqslant w_2 \geqslant w_1$. 我们有

$$9(c^2+ab+2) \geqslant 4c(a+b+c)+6c^2+18=6(c^2+2c+3) \geqslant 4(c+2)^2.$$

利用 $b+c \leqslant 2$, 我们有

$$\begin{aligned}&9(b^2+ac+2)+9(c^2+ab+2)\\ &=9b^2+9c^2+9a(b+c)+36\\ &\geqslant 4b^2+4c^2+10\left(\frac{b+c}{2}\right)^2+9(3-b-c)(b+c)+36\\ &\geqslant 4(b+2)^2+4(c+2)^2.\end{aligned}$$

因此 $w_1' \geqslant w_1$, $w_1'+w_2' \geqslant w_1+w_2$.

利用 AM-GM 不等式, 我们知

$$\begin{aligned}9(w_1'+w_2'+w_3')&=9\left(\sum a^2+\sum ab+6\right)\\ &\geqslant 4\sum a^2+\frac{3}{2}+\frac{9}{2}\sum a^2+9\sum ab+54\end{aligned}$$

$$=4\sum a^2+42+54$$
$$=4\sum(a+2)^2$$
$$=9(w_1+w_2+w_3).$$

若 $b+c\geqslant a$, 则 $w_3'\geqslant w_2'\geqslant w_1'$, 由例 6.35 知原不等式成立.

若 $b+c\leqslant a$, 则 $w_3'\geqslant w_1'\geqslant w_2'$. 此时

$$9w_2'=9(b^2+ac+2)\geqslant 9\left(c^2+\frac{3}{2}c+2\right)\geqslant 4(c+2)^2=9w_1,$$

同样由例 6.35 知原不等式成立. □

从上面几个例题知, 要使用 Karamata 类的不等式, 先要找出单调的数列 $\{a_i\}_{i=1}^n,\{b_i\}_{i=1}^n$, 再依次证明 $\sum\limits_{i=1}^k a_i\leqslant\sum\limits_{i=1}^k b_i(k=1,2,\cdots,n)$. 这些不等式列不是对称的, 同时要找出单调的数列也不是一件容易的事, 往往需要分类讨论, 导致要对多个变元使用 Karamata 不等式很麻烦. 不过关于数组之间的优超关系, 有一个等价命题, 命题本身保留了对称性, 也不涉及数列的大小关系.

定理 6.12 $a_i,b_i\in\mathbb{R}(i=1,2,\cdots,n)$, 设 $\boldsymbol{a}=(a_1,a_2,\cdots,a_n)$, $\boldsymbol{b}=(b_1,b_2,\cdots,b_n)$. 则 $\boldsymbol{a}\succ\boldsymbol{b}$ 当且仅当对任意实数 x, 有

$$|a_1-x|+|a_2-x|+\cdots+|a_n-x|\geqslant|b_1-x|+|b_2-x|+\cdots+|b_n-x|. \tag{6.15}$$

证明 若 $\boldsymbol{a}\succ\boldsymbol{b}$, 对下凸函数 $f(t)=|t-x|$ 使用 Karamata 不等式, 即知不等式 (6.15) 成立.

若式 (6.15) 成立, 任取小于 $\min\limits_{1\leqslant i\leqslant n}\{a_i,b_i\}$ 的实数 x, 代入式 (6.15) 知 $\sum\limits_{i=1}^n a_i\geqslant\sum\limits_{i=1}^n b_i$; 类似地, 任取大于 $\max\limits_{1\leqslant i\leqslant n}\{a_i,b_i\}$ 的实数 x, 代入不等式 (6.15) 知 $\sum\limits_{i=1}^n a_i\leqslant\sum\limits_{i=1}^n b_i$, 故 $\sum\limits_{i=1}^n a_i=\sum\limits_{i=1}^n b_i$.

对任意 $1\leqslant k\leqslant n-1$, 再取实数 x, 使得 $a_k\geqslant x\geqslant a_{k+1}$. 利用不等式 $|b_i-x|\geqslant\max\{b_i-x,x-b_i\}$, 我们有

$$\begin{aligned}|a_1-x|+|a_2-x|+\cdots+|a_n-x|&=\sum_{i=1}^k a_i-kx+(n-k)x-\sum_{i=k+1}^n a_i\\&\geqslant|b_1-x|+|b_2-x|+\cdots+|b_n-x|\\&\geqslant\sum_{i=1}^k b_i-kx+(n-k)x-\sum_{i=k+1}^n b_i.\end{aligned}$$

利用 $\sum\limits_{i=1}^n a_i=\sum\limits_{i=1}^n b_i$, 化简后即知 $\sum\limits_{i=1}^k a_i\geqslant\sum\limits_{i=1}^k b_i$. □

作者曾将 Karamata 不等式推广到二元函数的情形.

定理 6.13 如果 $f(x,y)$ 是定义在 $\mathbb{R}^2$ 上的函数, 有二阶连续导数且二阶导数皆非负, 即 $\dfrac{\partial^2 f(x,y)}{\partial x^2}\geqslant 0$, $\dfrac{\partial^2 f(x,y)}{\partial x\,\partial y}\geqslant 0$, $\dfrac{\partial^2 f(x,y)}{\partial y^2}\geqslant 0$. 设 $\{x_i\}_{i=1}^n,\{y_i\}_{i=1}^n,\{z_i\}_{i=1}^n,\{w_i\}_{i=1}^n\in$

$\mathbb{R}$ 是四个单调递减的实数列, 且满足 $(x_1,x_2,\cdots,x_n)\succ(y_1,y_2,\cdots,y_n)$, $(z_1,z_2,\cdots,z_n)\succ(w_1,w_2,\cdots,w_n)$. 则

$$f(x_1,z_1)+f(x_2,z_2)+\cdots+f(x_n,z_n)\geqslant f(y_1,w_1)+f(y_2,w_2)+\cdots+f(y_n,w_n).$$

证明 我们先证明

$$\sum_{i=1}^{n}f(x_i,z_i)\geqslant\sum_{i=1}^{n}f(y_i,z_i).\tag{6.16}$$

若存在 i, 使得 $x_i=y_i$, 则我们可对 n 用归纳法证明不等式 (6.16) 成立. 故我们不妨设 $x_i\neq y_i$ $(i=1,2,\cdots,n)$. 设 $\sum\limits_{j=1}^{i}(x_j-y_j)=c_i\geqslant 0$, 那么不等式 (6.16) 等价于

$$\begin{aligned}
&\sum_{i=1}^{n}(x_i-y_i)\frac{f(x_i,z_i)-f(y_i,z_i)}{x_i-y_i}\geqslant 0\\
\iff\quad&\sum_{i=1}^{n}(c_i-c_{i-1})\frac{f(x_i,z_i)-f(y_i,z_i)}{x_i-y_i}\geqslant 0\\
\iff\quad&\sum_{i=1}^{n}c_i\left(\frac{f(x_i,z_i)-f(y_i,z_i)}{x_i-y_i}-\frac{f(x_{i+1},z_{i+1})-f(y_{i+1},z_{i+1})}{x_{i+1}-y_{i+1}}\right)\geqslant 0.
\end{aligned}$$

由定理 6.2知

$$\frac{f(x_i,z_i)-f(y_i,z_i)}{x_i-y_i}\geqslant\frac{f(x_{i+1},z_i)-f(y_{i+1},z_i)}{x_{i+1}-y_{i+1}}.$$

我们只需证明当 $x_{i+1}\geqslant y_{i+1}$ 时,

$$\begin{aligned}
&f(x_{i+1},z_i)-f(y_{i+1},z_i)\geqslant f(x_{i+1},z_{i+1})-f(y_{i+1},z_{i+1})\\
\iff\quad&f(x_{i+1},z_i)+f(y_{i+1},z_{i+1})\geqslant f(x_{i+1},z_{i+1})+f(y_{i+1},z_i);
\end{aligned}$$

或当 $x_{i+1}\leqslant y_{i+1}$ 时上面的不等式反号, 即

$$f(x_{i+1},z_i)+f(y_{i+1},z_{i+1})\leqslant f(x_{i+1},z_{i+1})+f(y_{i+1},z_i)$$

即可. 注意到 $z_i\geqslant z_{i+1}$, 由定理 1.1知上述两式成立. 因此不等式 (6.16) 成立.

同理, 我们有

$$\sum_{i=1}^{n}f(y_i,z_i)\geqslant\sum_{i=1}^{n}f(y_i,w_i).$$

因此

$$\sum_{i=1}^{n}f(x_i,z_i)\geqslant\sum_{i=1}^{n}f(y_i,z_i)\geqslant\sum_{i=1}^{n}f(y_i,w_i),$$

定理得证. □

在推论 9.23 之后, 我们将证明 Karamata 不等式的一个类比, 我们的结论如下:

定理 6.14 $I\subseteq\mathbb{R}$ 是区间, 正整数 $n\geqslant 2$, $x_i,y_i\in I(i=1,2,\cdots,n)$, 满足

$$\sum_{i=1}^{n}x_i^j=\sum_{i=1}^{n}y_i^j\quad(j=1,\cdots,n-1),\quad\sum_{i=1}^{n}x_i^n\geqslant\sum_{i=1}^{n}y_i^n.$$

如果 $f(x)$ 在 I 上有 $f^{(n)}(x) \geqslant (\leqslant) 0$, 那么有

$$\sum_{i=1}^{n} f(x_i) \geqslant (\leqslant) \sum_{i=1}^{n} f(y_i),$$

这里 $f^{(n)}(x)$ 表示 $f(x)$ 的 n 阶导数.

注意到由 $x_1+x_2=y_1+y_2$ 和 $x_1^2+x_2^2 \geqslant y_1^2+y_2^2$ 知 $(x_1,x_2) \succ (y_1,y_2)$. 故在上述定理中取 $n=2$ 即为 Karamata 不等式 $n=2$ 的情形.

推论 6.15 f 在区间 $I \subseteq \mathbb{R}$ 上二阶可导且为下凸 (上凸) 函数. 若 $x_1,x_2,y_1,y_2 \in I$, 满足 $(x_1,x_2) \succ (y_1,y_2)$, 则

$$\sum_{i=1}^{2} f(x_i) \geqslant (\leqslant) \sum_{i=1}^{2} f(y_i).$$

定理 6.14有时也能作为 Karamata 不等式的一种有益补充. 如当 $n=3$ 时, $(x_1,x_2,x_3)=(5,2,2)$, $(y_1,y_2,y_3)=(4,4,1)$, $f(x)=x^3$ 满足定理 6.14的条件, 故

$$5^3+2^3+2^3 \geqslant 4^3+4^3+1^3,$$

又 $x_1+x_2<y_1+y_2$, 此时不能直接使用 Karamata 不等式得到结论. 下面的 Popoviciu 不等式也较为有用①.

定理 6.16(Popoviciu 不等式) 设 $f: I \to \mathbb{R}$ 是区间 $I \subset \mathbb{R}$ 上的下凸函数, $x,y,z \in I$. 则对任意正实数 p,q,r 有

$$\begin{aligned}
&pf(x)+qf(y)+rf(z)+(p+q+r)f\left(\frac{px+qy+rz}{p+q+r}\right) \\
&\geqslant (p+q)f\left(\frac{px+qy}{p+q}\right)+(q+r)f\left(\frac{qy+rz}{q+r}\right)+(r+p)f\left(\frac{rz+px}{r+p}\right).
\end{aligned}$$

证明 不妨设 $x \geqslant y \geqslant z$. 若 $x \geqslant y \geqslant \dfrac{px+qy+rz}{p+q+r} \geqslant z$, 则 $\dfrac{px+qy+rz}{p+q+r} \geqslant \max\left\{\dfrac{px+rz}{p+r}, \dfrac{qy+rz}{q+r}\right\}$, $z \leqslant \min\left\{\dfrac{px+rz}{p+r}, \dfrac{qy+rz}{q+r}\right\}$. 注意到

$$\begin{aligned}
&px+qy=(p+q)\cdot\frac{px+qy}{p+q}, \\
&(p+q+r)\cdot\frac{px+qy+rz}{p+q+r}+rz=(q+r)\cdot\frac{qy+rz}{q+r}+(r+p)\cdot\frac{rz+px}{r+p},
\end{aligned}$$

由加权 Karamata 不等式, 我们有

$$pf(x)+qf(y) \geqslant (p+q)f\left(\frac{px+qy}{p+q}\right),$$

① Tiberiu Popoviciu(1906~1975), 罗马尼亚数学家, 1937 年当选为罗马尼亚科学院的一员, 1948 年当选为通信院士 (corresponding member), 1963 年成为名誉院士 (titular member). Popoviciu 的更多介绍可见`http://www-groups.dcs.st-and.ac.uk/~history/Biographies/Popoviciu.html`.

$$(p+q+r)f\left(\frac{px+qy+rz}{p+q+r}\right)+rf(z)\geqslant(q+r)f\left(\frac{qy+rz}{q+r}\right)+(r+p)f\left(\frac{rz+px}{r+p}\right).$$

上述两式相加即为 Popoviciu 不等式.

若 $x\geqslant\frac{px+qy+rz}{p+q+r}\geqslant y\geqslant z$, 则 $\frac{px+qy+rz}{p+q+r}\leqslant\min\left\{\frac{px+rz}{p+r},\frac{px+qy}{p+q}\right\}$. 此时由加权 Karamata 不等式, 有

$$pf(x)+(p+q+r)f\left(\frac{px+qy+rz}{p+q+r}\right)\geqslant(p+q)f\left(\frac{px+qy}{p+q}\right)+(r+p)f\left(\frac{rz+px}{r+p}\right),$$

$$qf(y)+rf(z)\geqslant(q+r)f\left(\frac{qy+rz}{q+r}\right).$$

上述两式相加即为 Popoviciu 不等式. □

T. Popoviciu 证明了 Popoviciu 不等式中 $p=q=r=1$ 的情形, 事实上他证明了若 f 为连续函数, 则 f 为下凸函数当且仅当 Popoviciu 不等式成立时 [75]. 任意正实数 p,q,r, 且 f 在 I 上二阶可导的情形是由 J. C. Burkill 证明的 [13]. f 在 I 上下凸的情形由 V. A. Baston [5] 得到. Vasić 和 Stanković将 Popoviciu 不等式推广到了 n 个变量的情形 [89], 事实上他们证明了 f 为下凸函数时, 如下的不等式 $C_{n,k}$ 对正实数 p_i 成立:

$$\sum_{1\leqslant i_1<\cdots<i_k\leqslant n}(p_{i_1}+\cdots+p_{i_k})f\left(\frac{p_{i_1}x_{i_1}+\cdots+p_{i_k}x_{i_k}}{p_{i_1}+\cdots+p_{i_k}}\right)$$
$$\leqslant\binom{n-2}{k-2}\left(\frac{n-k}{k-1}\sum_{i=1}^{n}p_if(x_i)+\sum_{i=1}^{n}p_if\left(\frac{\sum\limits_{i=1}^{n}p_ix_i}{\sum\limits_{i=1}^{n}p_i}\right)\right).$$

$C_{3,2}$ 即为 Popoviciu 不等式. 他们还进一步证明了对于 $f:\mathbb{R}\to\mathbb{R}$, 若 $C_{3,2}$ 成立, 则 $C_{n,k}$ 也成立 $(2\leqslant k\leqslant n-1,n\geqslant3)$; 若 f 连续, $C_{n,k}$ 对某组 (n,k) 成立 $(2\leqslant k\leqslant n-1,n\geqslant3)$, 则对 $C_{3,2}$ 也成立. 下面我们证明 $C_{n,n-1}$, $p_i=1(i=1,2,\cdots,n)$ 的情形, 方法与三元的情形类似.

定理 6.17(Popoviciu 不等式) 正整数 $n\geqslant2$. 设 $f:I\to\mathbb{R}$ 是区间 $I\subset\mathbb{R}$ 上的下凸函数, $x_i\in I(i=1,2,\cdots,n)$. 则

$$\sum_{i=1}^{n}f(x_i)+n(n-2)f(x)\geqslant(n-1)\sum_{i=1}^{n}f(y_i),$$

其中 $x=\frac{1}{n}\sum\limits_{i=1}^{n}x_i$, $y_i=\frac{1}{n-1}\sum\limits_{j\neq i}x_j$.

证明 只需证 $n\geqslant3$ 的情形. 此时存在 $1\leqslant m\leqslant n-1$, 使得 $x_1\leqslant x_2\leqslant\cdots\leqslant x\leqslant x_{m+1}\leqslant\cdots\leqslant x_n$, 此时 $y_1\geqslant\cdots\geqslant y_m\geqslant x\geqslant y_{m+1}\cdots\geqslant y_n$. 注意到 $\sum\limits_{i=1}^{m}x_i+n(n-m-1)x=(n-1)\sum\limits_{i=m+1}^{n}y_i$, $x\geqslant y_{m+1}$, 且对 $1\leqslant k\leqslant m$, $\sum\limits_{i=1}^{k}x_i\leqslant ky_n$. 因此由 Karamata 不等式, 我们有

$$\sum_{i=1}^{m}f(x_i)+n(n-m-1)f(x)\geqslant(n-1)\sum_{i=m+1}^{n}f(y_i).$$

同理, 由 Karamata 不等式, 有

$$\sum_{i=m+1}^{n} f(x_i)+n(m-1)f(x) \geqslant (n-1)\sum_{i=1}^{m} f(y_i).$$

上述两式相加即得欲证不等式. □

用同样的方法可以证明 $C_{n,n-1}$ 的情形, 我们把证明留给读者作为练习. Darij Grinberg 曾给出不等式 $C_{n,k}$ 的另证 [27], 他同时还证明了一个有趣的轮换型不等式:

$$2\sum_{i=1}^{n} f(x_i)+n(n-2)f\left(\frac{\sum\limits_{i=1}^{n} x_i}{n}\right) \geqslant n\sum_{s=1}^{n} f\left(\frac{\sum\limits_{i=1}^{n} x_i+x_s-x_{s+1}}{n}\right),$$

其中 $x_{n+1}=x_1$, f 为下凸函数.

我们在这里给出上述不等式的一个简证:

证明 设 $x=\dfrac{1}{n}\sum\limits_{i=1}^{n} x_i$, $y_j=\dfrac{1}{n-1}\sum\limits_{k\neq j} x_k$ $(j=1,2,\cdots,n)$. 由 Jensen 不等式, 我们有

$$n\sum_{i=1}^{n} f\left(x+\frac{x_i-x_{i+1}}{n}\right)=n\sum_{i=1}^{n} f\left(\frac{x_i+(n-1)y_{i+1}}{n}\right) \leqslant \sum_{i=1}^{n} f(x_i)+\sum_{i=1}^{n}(n-1)f(y_{i+1}),$$

故只需证明

$$\begin{aligned}&2\sum_{i=1}^{n} f(x_i)+n(n-2)f(x) \geqslant \sum_{i=1}^{n} f(x_i)+(n-1)\sum_{i=1}^{n} f(y_i)\\ \Longleftrightarrow\quad &\sum_{i=1}^{n} f(x_i)+n(n-2)f(x) \geqslant (n-1)\sum_{i=1}^{n} f(y_i).\end{aligned}$$

上式即为 $C_{n,n-1}$ 时的 Popoviciu 不等式. □

一般来说, 在一个闭区间上的下凸函数可以被分段线性下凸函数一致逼近, Popoviciu 曾证明了分段线性下凸函数能写成如下形式:

$$f(x)=ax+b+\sum c_i|x-r_i|,$$

其中 c_i 是非负实数. 因此要证明 Popoviciu 不等式 $(p=q=r=1)$, 我们只需证明所谓的 Hlwaka 不等式即可:

$$|x|+|y|+|z|+|x+y+z| \geqslant |x+y|+|y+z|+|x+z|.$$

关于 Popoviciu 不等式的进一步讨论和应用, 读者可参见文献 [70]. 下面我们举一个 Popoviciu 不等式的简单应用例子.

设 f 在区间 $[a,b]$ 上有连续的二阶导数, $M=\sup\{f''(x),x\in[a,b]\}$, $m=\inf\{f''(x),x\in[a,b]\}$. 则对于 $x,y,z\in[a,b]$, 我们有

$$\frac{M}{36}\sum_{\text{cyc}}(x-y)^2 \geqslant \frac{1}{3}\sum f(x)+f\left(\frac{x+y+z}{3}\right)-\frac{2}{3}\sum_{\text{cyc}} f\left(\frac{x+y}{2}\right) \geqslant \frac{m}{36}\sum_{\text{cyc}}(x-y)^2.$$

事实上, 只需注意到 $f(x)-\frac{m}{2}x^2$ 与 $\frac{M}{2}-f(x)$ 是下凸函数, 再应用 Popoviciu 不等式即可. 事实上, 对于正实数 $C>0$, 若 $f-\frac{C}{2}x^2$ 是下凸函数, 则我们有

$$\frac{1}{3}\sum_{\text{cyc}}f(x)+f\left(\frac{x+y+z}{3}\right)-\frac{2}{3}\sum_{\text{cyc}}f\left(\frac{x+y}{2}\right)\geqslant\frac{C}{36}\sum_{\text{cyc}}(x-y)^2.$$

注意到 $\mathrm{e}^x\geqslant\frac{1}{2}x^2\ (x\geqslant 0)$, 对 $a,b,c\geqslant 1$, 我们有如下不等式:

$$\frac{a+b+c}{3}+\sqrt[3]{abc}-\frac{2}{3}(\sqrt{ab}+\sqrt{cb}+\sqrt{ac})\geqslant\frac{1}{36}\left(\log^2\frac{a}{b}+\log^2\frac{b}{c}+\log^2\frac{c}{a}\right).$$

作者还曾经得到如下类似于 Popoviciu 不等式的结论:

定理 6.18 $n\geqslant 2$, $k\leqslant n$ 为正整数. 若 f 在 $[0,+\infty)$ 上三阶可导, 且 $f(0)\geqslant 0$, $f'''(x)\geqslant 0$, 则对于非负实数 $x_i(i=1,2,\cdots,n)$, 有

$$\sum_{1\leqslant i_1<\cdots<i_k\leqslant n}f(x_{i_1}+\cdots+x_{i_k})\leqslant\binom{n-2}{k-2}\left(\frac{n-k}{k-1}\sum_{i=1}^{n}f(x_i)+f(\sum_{i=1}^{n}x_i)\right).$$

特别地, 当 $(n,k)=(3,2)$ 时, 对于非负实数 x,y,z, 我们有

$$f(x)+f(y)+f(z)+f(x+y+z)\geqslant f(x+y)+f(y+z)+f(z+x).$$

上述不等式可看作将 Popoviciu 不等式中函数 $f\left(\frac{px+qy}{p+q}\right)$ 前的系数 $p+q$ 乘到了函数里, 且将条件 f 下凸替换为 f' 下凸, $f(0)\geqslant 0$.

证明 不等式当 $k=n$ 时显然成立. 当 $k\leqslant n-1$ 时, 记

$$F(x_n)=\binom{n-2}{k-2}\left(\frac{n-k}{k-1}f(x_n)+f(\sum_{i=1}^{n}x_i)\right)-\sum_{1\leqslant i_1<\cdots<i_{k-1}\leqslant n-1}f(x_{i_1}+\cdots+x_{i_{k-1}}+x_n).$$

注意到 f' 为下凸函数, 我们有

$$\begin{aligned}F'(x_n)=&\binom{n-2}{k-2}\left(\frac{n-k}{k-1}f'(x_n)+f'(\sum_{i=1}^{n}x_i)\right)\\&-\sum_{1\leqslant i_1<\cdots<i_{k-1}\leqslant n-1}f'(x_{i_1}+\cdots+x_{i_{k-1}}+x_n)\geqslant 0.\end{aligned}$$

因此只需证明 $x_n=0$ 的情形. 同理, 只需证明 $x_1=x_2=\cdots=x_{n-1}=0$ 的情形. 又 $f(0)\geqslant 0$,

$$\binom{n-2}{k-2}\frac{(n-k)n}{k-1}=n\binom{n-2}{k-1}\geqslant\binom{n}{k},$$

故原不等式得证. □

6.3　对称求导法

在处理一些对称不等式时, 利用到对称这一良好的性质常常是处理问题的关键. 不等式的证明常常伴随着技巧与美, 对称不等式的美在于对称. 通过前几章的介绍, 我们对于对称不等式已掌握了较多的结论, 在利用求导处理问题时, 我们尝试人为地制造对称, 从而使问题豁然开朗. 我们称应用定理 6.19及其推广来证明不等式成立的方法为对称求导法.

定理 6.19　$f(x_1,x_2,\cdots,x_n)$ 是定义在 $\mathbb{R}_+^n$ 上的实函数, 各个分量的一阶偏导数均存在, 且

$$[f]:=\sum_{i=1}^{n}\frac{\partial f(x_1,\cdots,x_n)}{\partial x_i}\geqslant 0,$$

则

$$f(x_1,\cdots,x_n)\geqslant 0$$

成立, 当且仅当对任意 $1\leqslant i\leqslant n$,

$$f(x_1,\cdots,x_n)|_{x_i=0}\geqslant 0.$$

证明　对于给定的 $x_1,x_2,\cdots,x_n\in\mathbb{R}_+$, 不妨设 $x_1=\min\{x_1,x_2,\cdots,x_n\}$. 我们设 $F(t)=f(x_1-tx_1,x_2-tx_1,\cdots,x_n-tx_1)$, 则 $F(1)=f(0,x_2-x_1,\cdots,x_n-x_1)$, $F(0)=f(x_1,x_2,\cdots,x_n)$. 由条件有

$$F'(t)=-t\sum_{i=1}^{n}\frac{\partial f(x_1-tx_1,x_2-tx_1,\cdots,x_n-tx_1)}{\partial x_i}\leqslant 0,$$

因此 $F(0)\geqslant F(1)$. □

注　我们称 $[f]$ 为 f 关于 $x_1,\cdots,x_n$ 的对称和导数.

由上述证明可知, 定理中 $f(x_1,x_2,\cdots,x_n)$ 的定义域 $\mathbb{R}_+^n$ 可以改为 $I_1\times I_2\times\cdots\times I_n$, 其中 I_i 是左闭区间. 事实上, 我们还可以考虑任意的定义域 D, 若 $[f]\geqslant 0$, 则不等式 $f\geqslant 0$ 成立当且仅当变元在 D 的边界上时 $f\geqslant 0$.

从定理 6.19的证明中还可以看出, 若 $[f]\geqslant 0$, 则一定有 $f(0,x_2-x_1,\cdots,x_n-x_1)\leqslant f(x_1,x_2,\cdots,x_n)$, 其中 $x_1=\min\limits_{1\leqslant i\leqslant n}x_i$. 因此即使我们不能证明 $[f]\geqslant 0$, 也可以尝试证明 $f(0,x_2-x_1,\cdots,x_n-x_1)\leqslant f(x_1,x_2,\cdots,x_n)$, 从而将最小的变量调整为 0. 对称求导法本质上就是增量法.

定理 6.20　三元轮换对称三次齐次不等式

$$P(a,b,c):=m\sum a^3+n\sum a^2b+p\sum ab^2+3qabc\geqslant 0\quad(\forall a,b,c\geqslant 0)$$

成立, 当且仅当 $P(1,1,1)\geqslant 0$, 且

$$P(a,b,0)\geqslant 0\quad(\forall a,b\geqslant 0).$$

证明 必要性显然, 下证充分性.

由定理 6.19知, 我们只需证明 P 的对称和导数 $[P]\geqslant 0$ 即可, 即对任意 $a,b,c\geqslant 0$,

$$\begin{aligned}[P]:=&\frac{\partial P}{\partial a}+\frac{\partial P}{\partial b}+\frac{\partial P}{\partial c}\\=&(3m+n+p)\sum a^2+(2n+2p+3q)\sum ab\\=&3(m+n+p+q)\sum ab+(3m+n+p)(\sum a^2-\sum ab)\geqslant 0.\end{aligned}$$

由 $P(1,1,1)\geqslant 0$ 知 $m+n+p+q\geqslant 0$. 故我们只需证明 $3m+n+p\geqslant 0$. 由 $P(a,b,0)\geqslant 0$ 知

$$m(a^3+b^3)+na^2b+pab^2\geqslant 0.$$

在上式中令 $b=0$, 知 $m\geqslant 0$; 令 $a=b=1$, 知 $2m+n+p\geqslant 0$. 故 $3m+n+p\geqslant 0$, 命题得证. □

例 6.37 非负实数 a,b,c 满足 $a+b+c=3$. 求证: 对任意 $k\geqslant 0$, 有

$$a^kb+b^kc+c^ka\leqslant\max\left\{3,\frac{3^{k+1}k^k}{(k+1)^{k+1}}\right\}.$$

证明 我们将分 $1\geqslant k\geqslant 0$, $2>k>1$, $k\geqslant 2$ 这三种情况讨论.

(1) 当 $1\geqslant k\geqslant 0$ 时, 由 Bernoulli 不等式, 有

$$\begin{aligned}a^kb+b^kc+c^ka=&b\left(1+(a-1)\right)^k+c\left(1+(b-1)\right)^k+a\left(1+(c-1)\right)^k\\\leqslant&b\left(1+k(a-1)\right)+c\left(1+k(b-1)\right)+a\left(1+k(c-1)\right)\\=&k(ab+bc+ca)+3-3k\leqslant 3k+3-3k=3.\end{aligned}$$

当 $k>1$ 时, 我们首先证明如下引理:

引理 6.21 实数 $m>1$, 则对任意 $x\geqslant y\geqslant z\geqslant 0$, 有

$$x^my+y^mz+z^mx\geqslant xy^m+yz^m+zx^m.$$

证明 考虑如下函数:

$$\begin{aligned}f(x)&=x^my+y^mz+z^mx-xy^m-yz^m-zx^m\\&=(y-z)x^m-x(y^m-z^m)+y^mz-yz^m.\end{aligned}$$

由加权 AM-GM 不等式, 我们有

$$\begin{aligned}f'(x)&=m(y-z)x^{m-1}-y^m+z^m\\&\geqslant m(y-z)y^{m-1}-y^m+z^m\\&=(m-1)y^m-my^{m-1}z+z^m\geqslant 0.\end{aligned}$$

故 $f(x)$ 是关于 x 的增函数, 于是 $f(x)\geqslant f(y)=0$, 引理得证. □

由引理 6.21知, 我们只需证明 $a\geqslant b\geqslant c\geqslant 0$ 的情况.

(2) 当 $1<k<2$ 时, 令 $K=\max\left\{3,\dfrac{3^{k+1}k^k}{(k+1)^{k+1}}\right\}$,

$$g(a,b,c):=K\left(\frac{a+b+c}{3}\right)^{k+1}-a^kb-b^kc-c^ka.$$

由 AM-GM 不等式, 我们有

$$\begin{aligned}g(a,b,0)=&K\left(\frac{a+b}{3}\right)^{k+1}-a^kb\\ \geqslant&\frac{3^{k+1}k^k}{(k+1)^{k+1}}\left(\frac{a+b}{3}\right)^{k+1}-k^k\left(\frac{a}{k}\right)^kb\\ \geqslant&\frac{3^{k+1}k^k}{(k+1)^{k+1}}\left(\frac{a+b}{3}\right)^{k+1}-k^k\left(\frac{a+b}{k+1}\right)^{k+1}=0.\end{aligned}$$

由定理 6.19知, 我们只需证明 $[g]\geqslant 0$, 其中

$$\begin{aligned}[g]:=&\frac{\partial g}{\partial a}+\frac{\partial g}{\partial b}+\frac{\partial g}{\partial c}\\ =&K(k+1)\left(\frac{a+b+c}{3}\right)^k-k(a^{k-1}b+b^{k-1}c+c^{k-1}a)-(a^k+b^k+c^k)\\ \geqslant&3(k+1)-k(a^{k-1}b+b^{k-1}c+c^{k-1}a)-(a^k+b^k+c^k).\end{aligned}$$

故只需证明

$$2k(a^{k-1}b+b^{k-1}c+c^{k-1}a)+2(a^k+b^k+c^k)\leqslant 6(k+1). \tag{6.17}$$

令 $x=a^{k-1},y=b^{k-1},z=c^{k-1}$, $m=\dfrac{1}{k-1}>1$, 由引理 6.21知

$$\begin{aligned}&(a^{k-1})^{\frac{1}{k-1}}b^{k-1}+(b^{k-1})^{\frac{1}{k-1}}c^{k-1}+(c^{k-1})^{\frac{1}{k-1}}a^{k-1}\\ &\quad\geqslant a^{k-1}(b^{k-1})^{\frac{1}{k-1}}+b^{k-1}(c^{k-1})^{\frac{1}{k-1}}+c^{k-1}(a^{k-1})^{\frac{1}{k-1}},\end{aligned}$$

即有

$$a^{k-1}b+b^{k-1}c+c^{k-1}a\leqslant ab^{k-1}+bc^{k-1}+ca^{k-1}.$$

由上式知, 为证不等式 (6.17), 只需证明

$$\begin{aligned}&2(a^k+b^k+c^k)+k\sum a^{k-1}(3-a)\leqslant 6(k+1)\\ \iff\quad&(2-k)(a^k+b^k+c^k)+3k(a^{k-1}+b^{k-1}+c^{k-1})\leqslant 6(k+1).\end{aligned}$$

故只需证明, 对任意 $0\leqslant u\leqslant 3$, 有

$$h(u):=(2-k)u^k+3ku^{k-1}-k(2k-1)(u-1)-2(k+1)\leqslant 0.$$

我们有

$$\begin{aligned}h'(u)&=k(2-k)u^{k-1}+3k(k-1)u^{k-2}-k(2k-1),\\h''(u)&=k(k-1)(2-k)u^{k-2}+3k(k-1)(k-2)u^{k-3}\\&=k(k-1)(2-k)u^{k-3}(u-3)\leqslant 0.\end{aligned}$$

因此 $h'(u)$ 是关于 u 的递减函数. 注意到 $h'(1)=0$, 故 $u=1$ 是 $h'(u)=0$ 的唯一正根, 且当 $0\leqslant u\leqslant 1$ 时, $h'(u)\geqslant 0$, 当 $1\leqslant u\leqslant 3$ 时, $h'(u)\leqslant 0$. 从而对任意 $0\leqslant u\leqslant 3$, 我们有 $h(u)\leqslant h(1)=0$.

(3) 当 $k\geqslant 2$ 时, 由 Bernoulli 不等式, 我们有

$$\left(1+\frac{c}{a}\right)^k\geqslant 1+\frac{kc}{a}\geqslant 1+\frac{2c}{a}.$$

于是有

$$\begin{aligned}(a+c)^kb&=a^kb\left(1+\frac{c}{a}\right)^k\geqslant a^kb\left(1+\frac{2c}{a}\right)\\&=a^kb+a^{k-1}bc+a^{k-2}(abc)\geqslant a^kb+b^kc+c^ka.\end{aligned}$$

而由 AM-GM 不等式, 有

$$\begin{aligned}(a+c)^kb=&k^k\left(\frac{a+c}{k}\right)^kb\leqslant k^k\left(\frac{k\dfrac{a+c}{k}+b}{k+1}\right)^{k+1}\\=&\frac{3^{k+1}k^k}{(k+1)^{k+1}}\leqslant\max\left\{3,\frac{3^{k+1}k^k}{(k+1)^{k+1}}\right\}.\end{aligned}$$

故此时不等式得证.

综合以上三种情况, 欲证不等式得证. □

有时我们可以只对部分变量应用定理 6.19, 这样可以分组将变量调整为 0.

例 6.38 (韩京俊) $a,b,c>0$, 则

$$\frac{b}{a+c}+\frac{c}{a+b}+\frac{9a}{b+c}+\frac{16bc}{(b+c)^2}\geqslant 6.$$

证明 作代换 $a=x$, $b=y+z$, $c=z$. 通分后, 等价于证明

$$\begin{aligned}F(x,y,z):=&28x^2yz-5xy^2z+15xyz^2+y^4+9x^3y+3x^2y^2\\&-5xy^3+28x^2z^2+18x^3z+10xz^3\geqslant 0.\end{aligned}$$

我们有

$$\frac{\partial F}{\partial y}+\frac{\partial F}{\partial z}=34x^2y-20xy^2+20xyz+84x^2z+27x^3+45xz^2+4y^3$$

$$\geqslant 25x^2y-20xy^2+4y^3=y(25x^2-20xy+4y^2)\geqslant 0.$$

因此我们只需证明 $y=0$ 或 $z=0$ 的情形:

$$F(x,0,z)=28x^2z^2+18x^3z+10xz^3\geqslant 0,$$

$$F(x,y,0)=y^4+9x^3y+3x^2y^2-5xy^3=y(x+y)(y-3x)^2\geqslant 0.$$

综上, 原不等式得证. 等号成立当且仅当 $a=0,b=c$ 或 $3a=b,c=0$ 时. □

下面这个例题可看作对称求导法的综合应用.

例 6.39 (韩京俊, 2017 国家集训队)　正整数 $m\geqslant 2$, 对非负实数 $x_1,\cdots,x_m$, 我们有

$$(m-1)^{m-1}(\sum_{i=1}^{m}x_i^m-m\prod_{i=1}^{m}x_i)\geqslant(\sum_{i=1}^{m}x_i)^m-m^m\prod_{i=1}^{m}x_i.$$

证明 (根据集训队队员丁立煌思路整理)　设 $\sigma_{m,k}$ 为关于变量 $x_1,\cdots,x_m$ 的第 k 个初等对称多项式, 即

$$\sigma_{m,k}=\sum_{i_1<i_2<\cdots<i_k}x_{i_1}x_{i_2}\cdots x_{i_k}.$$

我们用归纳法证明更强的命题: 对 $m\geqslant k\geqslant 2$ 有

$$f_{m,k}=(m-1)^{m-1}\sum_{i=1}^{m}x_i^k+\frac{m^m-m(m-1)^{m-1}}{\begin{pmatrix}m\\k\end{pmatrix}}\sigma_{m,k}-m^{m-k}(\sum_{i=1}^{m}x_i)^k\geqslant 0.$$

当 $m=k=2$ 时, 上式为等式. 由均值不等式, 我们有 $f_{m,2}\geqslant 0$. 我们对 $m+k$ 归纳, 假设对命题对 $m+k-1$ 成立, 由归纳假设, 我们有

$$[f_{m,k}(x_1+t,\cdots,x_m+t)]=kf_{m,k-1}(x_1+t,\cdots,x_m+t)\geqslant 0.$$

故我们只需证明 $x_m=0$ 的情形, 即证明

$$g_{m,k}=(m-1)^{m-1}\sum_{i=1}^{m-1}x_i^k+\frac{m^m-m(m-1)^{m-1}}{\begin{pmatrix}m\\k\end{pmatrix}}\sigma_{m-1,k}-m^{m-k}(\sum_{i=1}^{m-1}x_i)^k\geqslant 0$$

即可. 由归纳假设, 我们有

$$\begin{aligned}f_{m-1,k}=&(m-2)^{m-2}\sum_{i=1}^{m-1}x_i^k+\frac{(m-1)^{m-1}-(m-1)(m-2)^{m-2}}{\begin{pmatrix}m-1\\k\end{pmatrix}}\sigma_{m-1,k}\\&-(m-1)^{m-k-1}(\sum_{i=1}^{m-1}x_i)^k\geqslant 0.\end{aligned}$$

因此只需证明

$$\frac{(m-1)^{m-1}}{m^{m-k}}\sum_{i=1}^{m-1}x_i^k+\frac{m^m-m(m-1)^{m-1}}{m^{m-k}\begin{pmatrix}m\\k\end{pmatrix}}\sigma_{m-1,k}$$

$$\geqslant\frac{(m-2)^{m-2}}{(m-1)^{m-k-1}}\sum_{i=1}^{m-1}x_i^k+\frac{(m-1)^{m-1}-(m-1)(m-2)^{m-2}}{(m-1)^{m-k-1}\begin{pmatrix}m-1\\k\end{pmatrix}}\sigma_{m-1,k}.$$

我们先证明

$$\frac{(m-1)^{m-1}}{m^{m-k}}\geqslant\frac{(m-2)^{m-2}}{(m-1)^{m-k-1}}\quad\Longleftrightarrow\quad(m-1)^{2m-2-k}\geqslant m^{m-k}(m-2)^{m-2}.$$

由 AM-GM 不等式, 我们有

$$m^{m-k}(m-2)^{m-2}\leqslant\left(\frac{m(m-k)+(m-2)^2}{2m-2-k}\right)^{2m-2-k}\leqslant(m-1)^{2m-2-k}.$$

注意到

$$\frac{\sum\limits_{i=1}^{m-1}x_i^k}{m-1}\geqslant\frac{\sigma_{m-1,k}}{\begin{pmatrix}m-1\\k\end{pmatrix}},$$

我们只需证明

$$\left(\frac{(m-1)^{m-1}}{m^{m-k}}-\frac{(m-2)^{m-2}}{(m-1)^{m-1-k}}\right)\cdot\frac{m-1}{\begin{pmatrix}m-1\\k\end{pmatrix}}+\frac{m^m-m(m-1)^{m-1}}{m^{m-k}\begin{pmatrix}m\\k\end{pmatrix}}$$

$$\geqslant\frac{(m-1)^{m-1}-(m-1)(m-2)^{m-2}}{(m-1)^{m-k-1}\begin{pmatrix}m-1\\k\end{pmatrix}}$$

$$\Longleftrightarrow\quad\frac{(m-1)^m}{m^{m-k}}+\frac{(m^{m-1}-(m-1)^{m-1})(m-k)}{m^{m-k}}\geqslant\frac{(m-1)^{m-1}}{(m-1)^{m-1-k}}$$

$$\Longleftrightarrow\quad(m-k)m^{m-1}+(k-1)(m-1)^{m-1}\geqslant(m-1)^k m^{m-k}.$$

由 AM-GM 不等式, 我们有

$$\begin{aligned}(m-k)m^{m-1}+(k-1)(m-1)^{m-1}&\geqslant(m-1)\cdot m^{m-k}(m-1)^{k-1}\\&=(m-1)^k m^{m-k}.\end{aligned}$$

因此 $f_{m,k}\geqslant 0$, 命题成立. 从而我们证明了原不等式. □

注 在本题中令 $m=3$, 即为三次 Schur 不等式, 因此本题可看作 Schur 不等式关于多个变元的推广.

例 6.40 x,y,z 为非钝角三角形的三边长, 则

$$F(x,y,z):=xyz-13(x-y)(y-z)(x-z)\geqslant 0.$$

证明 注意到

$$\frac{\partial F}{\partial x}+\frac{\partial F}{\partial y}+\frac{\partial F}{\partial z}=xy+yz+zx\geqslant 0,$$

因此只需证明 $x^2=y^2+z^2$ 的情形即可. 不妨设 $x=1$, 原不等式两边平方后等价于

$$\begin{aligned}&(1-y^2)(1-z^2)=y^2z^2\geqslant 13^2(1-y)^2(y-z)^2(1-z)^2\\ \iff\quad &(1+y)(1+z)\geqslant 13^2(1-y)(1-z)(y-z)^2.\end{aligned}$$

令 $t=y+z\in[1,\sqrt{2}]$, 则 $yz=\dfrac{t^2-1}{2}$, $1+y+z+yz=\dfrac{1}{2}(t+1)^2$, $1-y-z+yz=\dfrac{1}{2}(t-1)^2$, $(y-z)^2=2-t^2$, 故上式等价于

$$(1+t)^2\geqslant 13^2(1-t)^2(2-t^2).$$

设 $t=\dfrac{u+1}{u}$, 则 $u>2$. 注意到

$$2-\left(\frac{u+1}{u}\right)^2-\left(\frac{u-2}{u-1}\right)^2=-\frac{1}{u^2(u-1)^2}<0,$$

故只需证明

$$\begin{aligned}13^2\left(\frac{u-2}{u-1}\right)^2\left(\frac{1}{u}\right)^2\leqslant\left(\frac{2u+1}{u}\right)^2\quad&\iff\quad 13\cdot\frac{u-2}{u-1}\cdot\frac{1}{u}\leqslant\frac{2u+1}{u}\\ &\iff\quad 2u^2-14u+25\geqslant 0\\ &\iff\quad (2u-7)^2+1\geqslant 0.\end{aligned}$$

证毕. □

注 我们再提供一种证明:

证明 不妨设 $x\geqslant y\geqslant z$, 作代换 $x=z+a+b$, $y=z+a$, $a,b\geqslant 0$, 则

$$(z+a+b)^2\leqslant(z+a)^2+z^2\quad\Longrightarrow\quad z\geqslant\sqrt{2b^2+2ab}+b.$$

欲证不等式等价于

$$\begin{aligned}&(z+a+b)(z+a)z\geqslant 13ba(a+b)\\ \iff\quad&(\sqrt{2b^2+2ab}+a+2b)(\sqrt{2b^2+2ab}+b+a)(\sqrt{2b^2+2ab}+b)\geqslant 13ba(a+b)\\ \iff\quad&7b^2\sqrt{2b^2+2ab}+10b^3+7ab\sqrt{2b^2+2ab}+2ab^2-8a^2b+a^2\sqrt{2b^2+2ab}\geqslant 0.\end{aligned}$$

注意到上面不等式是齐次的, 因此我们不妨设 $b=1$, 于是只需证明

$$(7+7a+a^2)\sqrt{2+2a}\geqslant 8a^2-2a-10.$$

当 $a \leqslant 1$ 时, $8a^2-2a-10 \leqslant 0$, 故上式成立.

当 $a \geqslant 1$ 时, 两边平方后只需证明

$$-2+254a+478a^2+186a^3-34a^4+2a^5 \geqslant 0.$$

令 $a=x+1$, 上式等价于当 $x \geqslant 0$ 时, 有

$$442+821x+426x^2+35x^3-12x^4+x^5 \geqslant 0.$$

由 AM-GM 不等式, 有

$$426x^2-12x^4+x^5=x^2\left(\frac{1}{2}x^3+\frac{1}{2}x^2+426-12x^2\right) \geqslant 0.$$

□

下面再来看一道 2007 年中国国家集训队的测试题的原型, 即著名的 Jack Garfunkel 不等式.

例 6.41 (Jack Garfunkel) $a,b,c \geqslant 0$, 则

$$\frac{a}{\sqrt{a+b}}+\frac{b}{\sqrt{b+c}}+\frac{c}{\sqrt{c+a}} \leqslant \frac{5}{4}\sqrt{a+b+c}.$$

证明 作代换

$$x=\sqrt{\frac{a+b}{2}}, \quad y=\sqrt{\frac{a+c}{2}}, \quad z=\sqrt{\frac{b+c}{2}},$$

则 x,y,z 是一个非钝角三角形的三边. 欲证不等式等价于

$$\begin{aligned}
&\frac{y^2+z^2-x^2}{z}+\frac{z^2+x^2-y^2}{x}+\frac{x^2+y^2-z^2}{y} \leqslant k\sqrt{x^2+y^2+z^2} \quad \left(k=\frac{5\sqrt{2}}{4}\right)\\
\iff\quad & (x+y+z)+(x-y)(y-z)(z-x)\frac{x+y+z}{xyz} \leqslant k\sqrt{x^2+y^2+z^2}\\
\iff\quad & F(x,y,z):=xyz\left(k\sqrt{x^2+y^2+z^2}-x-y-z\right)\\
& \qquad -(x+y+z)(x-y)(y-z)(z-x) \geqslant 0.
\end{aligned}$$

不妨设 $x=\max\{x,y,z\}$, 若 $x^2=y^2+z^2$, 即 $c=0$, 原不等式等价于

$$\frac{a}{\sqrt{a+b}}+\frac{b}{\sqrt{b}} \leqslant \frac{5}{4}\sqrt{a+b} \quad \iff \quad \sqrt{b} \leqslant \frac{\sqrt{a+b}}{4}+\frac{b}{\sqrt{a+b}}.$$

上式由 AM-GM 不等式立得.

故我们只需证明 $F(x,y,z)$ 的对称和导数非负即可, 即证明

$$\begin{aligned}
&3(x-y)(x-z)(y-z)\\
&\leqslant (xy+yz+zx)\left(k\sqrt{x^2+y^2+z^2}-x-y-z\right)+xyz\left(\frac{k(x+y+z)}{\sqrt{x^2+y^2+z^2}}-3\right).
\end{aligned}$$

事实上, 由于 $x^2+y^2+z^2>\dfrac{(x+y+z)xyz}{xy+yz+zx}$, 故

$$G(s):=(xy+yz+zx)(ks-x-y-z)+xyz\left(\frac{k(x+y+z)}{s}-3\right)$$

关于 s 是单调递增的. 注意到 $\sqrt{x^2+y^2+z^2}\geqslant\dfrac{x+y+z}{\sqrt{3}}$, 于是只需证明

$$3(x-y)(x-z)(y-z)\leqslant\left(\frac{k}{\sqrt{3}}-1\right)(xy+yz+zx)(x+y+z)+(\sqrt{3}k-3)xyz.$$

由于 $(xy+yz+zx)(x+y+z)\geqslant 9xyz$, 故只需证明

$$3(x-y)(x-z)(y-z)\leqslant(4\sqrt{3}k-12)xyz.$$

而 $4\sqrt{3}k-12=5\sqrt{6}-12\geqslant\dfrac{3}{13}$, 故由例 6.40 知不等式成立. 从而原不等式得证, 等号成立当且仅当 $a:b=3,c=0$ 及其轮换时. □

注 Jack Garfunkel(1910~1990) 为 *Crux* 杂志提供了许多几何和不等式问题. 他于 1910 年出生于波兰, 9 岁移民到美国. 从纽约市立大学城市学院 (City College in New York) 毕业时, 恰逢美国的经济大萧条, 为帮助家人渡过难关, 他不得不放弃数学, 在糖果厂工作了 25 年. 45 岁时, 他回归数学, 成为了森林山高中 (Forest Hills High School) 的数学老师, 指导了 20 多个学生入围 "西屋奖" 的复赛 (finalist) 与初赛 (semi-finalist). 从高中退休后, 他成为了女王学院 (Queens College) 与女王社区学院 (Queensborough Community College) 的兼职教授, 直至去世.

本题还可以这样证明:

证明 不妨设 $a=\min\{a,b,c\}$. 若 $c\geqslant b\geqslant a$, 则

$$\frac{a}{a+b}+\frac{b}{b+c}+\frac{c}{c+a}\leqslant\frac{3}{2}-\frac{(c-b)(b-a)(a-c)}{(a+b)(b+c)(c+a)}\leqslant\frac{3}{2}.$$

由 Cauchy 不等式, 有

$$\left(\sum_{\text{cyc}}\frac{a}{\sqrt{a+b}}\right)^2\leqslant\sum_{\text{cyc}}a\sum_{\text{cyc}}\frac{a}{a+b}\leqslant\frac{3}{2}\sum a<\frac{25}{16}\sum a.$$

下面考虑 $b\geqslant c\geqslant a$ 的情形. 由 AM-GM 不等式, 我们有

$$\begin{aligned}
&\sum_{\text{cyc}}\frac{\sqrt{a}\sqrt{a(a+b+c)}}{\sqrt{a+b}}\\
&\leqslant\frac{1}{2}\left(a+\frac{a(a+b+c)}{a+b}+b+\frac{b(a+b+c)}{b+c}\right)+\frac{1}{4}\left(\frac{4c^2}{c+a}+a+b+c\right)\\
&=\frac{1}{2}\left(2a+\frac{ac}{a+b}+2b+\frac{ba}{b+c}\right)+\frac{c^2}{c+a}+\frac{a+b+c}{4}\\
&=\frac{5}{4}(a+b)+\frac{c}{4}+\frac{1}{2}\left(\frac{ac}{a+b}+\frac{ab}{b+c}\right)+\frac{c^2}{c+a}.
\end{aligned}$$

故只需证明

$$\begin{aligned}
&\frac{5}{4}(a+b)+\frac{c}{4}+\frac{1}{2}\left(\frac{ac}{a+b}+\frac{ab}{b+c}\right)+\frac{c^2}{c+a}\leqslant\frac{5}{4}(a+b+c)\\
&\iff \frac{1}{2}\left(\frac{ac}{a+b}+\frac{ab}{b+c}\right)+\frac{c^2}{a+c}\leqslant c \iff \frac{2ac}{a+c}\geqslant\frac{ac}{a+b}+\frac{ab}{b+c}\\
&\iff \frac{2c}{a+c}-1\geqslant\frac{c}{a+b}+\frac{b}{b+c}-1=\frac{c}{a+b}-\frac{c}{b+c}\\
&\iff \frac{c-a}{a+c}\geqslant\frac{c(c-a)}{(a+b)(b+c)} \iff (a+b)(b+c)\geqslant c(a+c)\\
&\iff b^2+ab+bc\geqslant c^2.
\end{aligned}$$

上式显然成立. □

本题是如下更为一般的命题的特例: $k\geqslant 1$, $C_k=\max\left\{\left(\frac{3}{2}\right)^{1/k},1+\frac{(k-1)^{k-1}}{k^k}\right\}$, 则对任意满足 $a+b+c=1$ 的正实数 a,b,c 有

$$\sum\frac{a}{(a+b)^{1/k}}\leqslant C_k.$$

我们再来看一下对称和导数在处理 n 元四次型问题时能得到什么样的结论.

定理 6.22 $F(x_1,x_2,\cdots,x_n)$ 是一个 n 元四次齐次轮换对称多项式, 且 $F(1,1,\cdots,1)=0$. 设 $F_0=F,F_1=[F_0]$, $F_2=[F_1]$, 则:

(1) 当 $x_1,x_2,\cdots,x_n$ 为实数时, $F\geqslant 0$ 成立的充要条件为对所有的 $x_1,x_2,\cdots,x_{n-1}\geqslant 0$, 下面的不等式成立:

$$F_0\big|_{x_n=0}\geqslant 0,\quad F_1^2\big|_{x_n=0}\leqslant 2(F_0F_2)\big|_{x_n=0}.$$

(2) 当 $x_1,x_2,\cdots,x_n$ 为非负实数时, $F\geqslant 0$ 成立的充要条件为对所有的 $x_1,x_2,\cdots,x_{n-1}\geqslant 0$, 下述两个条件至少有一个成立:

(i) $F_0\big|_{x_n=0}\geqslant 0,F_1\big|_{x_n=0}\geqslant 0,F_2\big|_{x_n=0}\geqslant 0$;

(ii) $F_0\big|_{x_n=0}\geqslant 0,F_1^2\big|_{x_n=0}\leqslant 2(F_0F_2)\big|_{x_n=0}$.

证明 我们有

$$F(x_1+t,x_2+t,\cdots,x_n+t)=F_0+F_1\cdot t+\frac{F_2\cdot t^2}{2}.$$

先证明 (1). 设 $H(x_1,x_2,\cdots,x_n)=2(F_0F_2)-F_1^2$, 则

$$\begin{aligned}
&[H]=2F_1F_2+2F_0F_3-2F_1F_2=0\\
&\implies H(x_1,x_2,\cdots,x_n)=H(x_1+t,x_2+t,\cdots,x_n+t).
\end{aligned}$$

令 $t=-\min\{x_1,x_2,\cdots,x_n\}$, 于是 $F_1^2\big|_{x_n=0}\leqslant 2(F_0F_2)\big|_{x_n=0}\iff F_1^2\leqslant 2(F_0F_2)$.

类似地有 $F_2\big|_{x_n=0}\geqslant 0\iff F_2\geqslant 0$. 故

$$(F_0\big|_{x_n=0}\geqslant 0,F_1^2\big|_{x_n=0}\leqslant 2(F_0F_2)\big|_{x_n=0})$$

$$
\begin{aligned}
&\iff (F_2|_{x_n=0} \geqslant 0, F_1^2|_{x_n=0} \leqslant 2(F_0F_2)|_{x_n=0}) \\
&\iff (F_2 \geqslant 0, F_1^2 \leqslant 2(F_0F_2)) \\
&\iff F_0 + F_1 \cdot t + \frac{F_2 \cdot t^2}{2} \geqslant 0 (\text{对一切实数 } t \text{ 成立}) \\
&\iff F(x_1+t, x_2+t, \cdots, x_n+t) \geqslant 0.
\end{aligned}
$$

上式即 $F \geqslant 0$. 于是 (1) 成立.

再证明 (2). 与 (1) 类似, 我们知道

$$
\begin{aligned}
&(F_0|_{x_n=0} \geqslant 0, F_1|_{x_n=0} \geqslant 0, F_2|_{x_n=0} \geqslant 0) \vee (F_0|_{x_n=0} \geqslant 0, F_1^2|_{x_n=0} \leqslant 2(F_0F_2)|_{x_n=0}) \\
&\iff (F_0|_{x_n=0} \geqslant 0, F_1|_{x_n=0} \geqslant 0, F_2 \geqslant 0) \vee (F_0|_{x_n=0} \geqslant 0, F_1^2|_{x_n=0} \leqslant 2(F_0F_2)|_{x_n=0}) \\
&\iff (F_0|_{x_n=0} \geqslant 0, F_1 \geqslant 0, F_2 \geqslant 0) \vee (F_0|_{x_n=0} \geqslant 0, F_1^2|_{x_n=0} \leqslant 2(F_0F_2)|_{x_n=0}) \\
&\iff (F_0 \geqslant 0, F_1 \geqslant 0, F_2 \geqslant 0) \vee (F_0 \geqslant 0, F_2 \geqslant 0, F_1^2 \leqslant 2(F_0F_2)) \\
&\iff F_0 + F_1 \cdot t + \frac{F_2 \cdot t^2}{2} \geqslant 0 (\text{对一切正实数 } t \text{ 成立}) \\
&\iff F(x_1+t, x_2+t, \cdots, x_n+t) \geqslant 0.
\end{aligned}
$$

上式即 $F \geqslant 0$. 于是 (2) 成立. 故我们完成了定理的证明. □

注 当不等式的等号成立条件为 $(x_1, x_2, \cdots, x_n) = (a_1, a_2, \cdots, a_n)$ 时, 我们可考虑对 $f(x_1 + a_1t, x_2 + a_2t, \cdots, x_n + a_nt)$ 用 Taylor 展开, 从而得到类似的结论.

用相同的方法我们也能得到如下三元三次不等式成立的充要条件: $f \in \mathbb{R}[x,y,z], \deg f = 3, f(1,1,1) = 0, \forall x,y,z \geqslant 0, f(x,y,z) \geqslant 0$. 事实上, 只要我们能求出一元 n 次不等式成立的充要条件, 我们就能得到相应多元不等式成立的充要条件, 起到降维的作用. 虽然这在理论上是可行的, 但随着不等式次数的增加, 过程将变得越加复杂.

注意到这个定理将 n 元四次轮换对称不等式降为 $n-1$ 元, 对一些三元的问题是十分有效的. 我们来看一些例子.

例 6.42 (Vasile 不等式) $a, b, c \in \mathbb{R}$. 求证:

$$(a^2 + b^2 + c^2)^2 \geqslant 3\left(a^3b + b^3c + c^3a\right).$$

证明 设 $F_0 = (a^2 + b^2 + c^2)^2 - 3(a^3b + b^3c + c^3a)$. 于是我们得到

$$
\begin{aligned}
F_1 &= 2(a^2+b^2+c^2)(2a+2b+2c) - 3\sum_{\text{cyc}}(3a^2b + a^3), \\
F_2 &= 2(2a+2b+2c)^2 + 2(a^2+b^2+c^2) \cdot 6 - 3\sum_{\text{cyc}}(6ab + 3a^2 + 3a^2) \\
&= 8(a+b+c)^2 + 12(a^2+b^2+c^2) - 18\sum ab - 18\sum a^2 \\
&= 2\sum a^2 - 2\sum ab.
\end{aligned}
$$

由加权 AM-GM 不等式, 我们有

$$F_0\big|_{c=0}=a^4+b^4+2a^2b^2-3a^3b=7\cdot\frac{a^4}{7}+4\cdot\frac{2a^2b^2}{4}+b^4-3a^3b$$
$$\geqslant\left(12\frac{1}{7^7\times 2^4}-3a^3b\right)a^3b\geqslant 0,$$

而通过配方, 我们有

$$\begin{aligned}2(F_0F_2)-F_1^2\big|_{c=0}&=4((a^2+b^2)^2-3a^3b)(a^2+b^2-ab)\\&\quad-(2(a^2+b^2)(2a+2b)-3a^3-3b^3-9a^2b)^2\\&=3(a^3-a^2b-2b^2a+b^3)^2\geqslant 0.\end{aligned}$$

于是 $F_0\big|_{c=0}\geqslant 0, F_1^2\big|_{c=0}\leqslant 2(F_0F_2)\big|_{c=0}$. 故命题得证！ □

注 如此困难的问题用对称和导数证明却显得这样水到渠成, 由此可见其威力. 当然在考场中可能不能直接使用这一定理. 对于一道给定的题目, 其实我们不需要掌握诸如 Taylor 公式等知识.

回顾本节两个定理的证明, 第一个定理是说明 $f(x_1+t,x_2+t,\cdots,x_n+t)\geqslant f(x_1,x_2,\cdots,x_n)$, 第二个定理则是尝试去证明 $f(x_1+t,x_2+t,\cdots,x_n+t)\geqslant 0$.

下面我们举例加以说明.

例 6.43 $a,b,c\in\mathbb{R}$, 则

$$a^4+b^4+c^4+a^3b+b^3c+c^3a\geqslant 2(ab^3+bc^3+ca^3).$$

证明 设 $f(a,b,c)=a^4+b^4+c^4+ab^3+bc^3+ca^3-2(a^3b+b^3c+c^3a)$, 则

$$\begin{aligned}f(a+t,b+t,c+t)=&6(\sum a^2-\sum ab)t^2+3(\sum a^3+\sum_{\text{cyc}}a^2b-2\sum_{\text{cyc}}ab^2)t+a^4+b^4+c^4\\&+ab^3+bc^3+ca^3-2(a^3b+b^3c+c^3a),\end{aligned}$$

于是只需证明

$$\begin{aligned}\Delta(a,b,c)=&9(\sum a^3+\sum_{\text{cyc}}a^2b-2\sum_{\text{cyc}}ab^2)^2-4\cdot 6(\sum a^2-\sum ab)\\&\cdot\left(a^4+b^4+c^4+ab^3+bc^3+ca^3-2(a^3b+b^3c+c^3a)\right)\leqslant 0.\end{aligned}$$

注意到对任意 $t\in\mathbb{R}$, 有 $\Delta(a,b,c)=\Delta(a+t,b+t,c+t)$, 所以只需证明

$$\begin{aligned}&\Delta(a-c,b-c,0)\leqslant 0\\\iff\ &(3(a-c)^2(b-c)-6(a-c)(b-c)^2+3(a-c)^3+3(b-c)^3)^2-4(-3(a-c)(b-c)\\&+3(a-c)^2+3(b-c)^2)\cdot((a-c)^4+(b-c)^4+(a-c)^3(b-c)-2(a-c)(b-c)^3)\leqslant 0\\\iff\ &-3((b-c)^3-3(a-c)^2(b-c)+(a-c)^3)^2\leqslant 0.\end{aligned}$$

命题得证. □

注　由上述证明可知

$$\Delta=-3(b^3-3b^2c+c^3+6cab-3c^2a-3a^2b+a^3)^2\leqslant 0.$$

所以如果有因式分解的把握的话, 可以省去 $\Delta(a,b,c)=\Delta(a+t,b+t,c+t)$ 这一步, 或者算得 $\Delta=-3((b-c)^3-3(a-c)^2(b-c)+(a-c)^3)^2\leqslant 0$ 后展开. 这样得到的证明也很短. 是否所有满足定理的三元四次齐次轮换对称不等式的 Δ 始终为一个多项式的平方呢？这是一个值得探究的问题. 一个已知的结果是二元齐次的非负多项式均能写为两个多项式的平方之和.

利用对称求导的思想还能解决不少难题.

例 6.44　$a,b,c,d\geqslant 0$. 求证:

$$(a+b+c+d)^6\geqslant 1728(a-b)(a-c)(a-d)(b-c)(b-d)(c-d).$$

证明 (韩京俊)　不妨设 $a\geqslant b\geqslant c\geqslant d$, 则

$$\begin{aligned}&(a+b+c+d)^6-1728(a-b)(a-c)(a-d)(b-c)(b-d)(c-d)\\&\quad\geqslant(a-d+b-d+c-d+d-d)^6-1728(a-b)(a-c)(a-d)(b-c)(b-d)(c-d),\end{aligned}$$

于是我们只需证明 $d=0$ 的情形, 即

$$(a+b+c)^6\geqslant 1728(a-b)(a-c)(b-c)abc.$$

当 $c=0$ 时, 上面的不等式显然成立.

当 $c>0$ 时, 我们考察函数

$$\begin{aligned}&f(t)=\frac{(a+t+b+t+c+t)^6}{(a+t)(b+t)(c+t)}\\&\Longrightarrow\quad f'(t)=\frac{18(a+b+c+3t)^5(a+t)(b+t)(c+t)-(a+b+c+3t)^6\sum(a+t)(b+t)}{(a+t)^2(b+t)^2(c+t)^2}.\end{aligned}$$

由此我们知道 $f(t)$ 的图像为 V 形或 W 形, 所以 $f(t)$ 达到极小值时 t 满足

$$\frac{18}{a+t+b+t+c+t}=\frac{1}{a+t}+\frac{1}{b+t}+\frac{1}{c+t}.$$

设 $a+t+b+t+c+t=p,\sum(a+t)(b+t)=q,(a+t)(b+t)(c+t)=r$, 不妨设 $p=1$.

于是我们只需证明当 $18r=pq=q$ 时, 有

$$\begin{aligned}&1\geqslant 1728r(a-b)(a-c)(b-c)\\&\quad\Longleftrightarrow\quad 1\geqslant 1728^2r^2(a-b)^2(a-c)^2(b-c)^2\\&\quad\Longleftrightarrow\quad 1\geqslant 1728^2r^2(p^2q^2-4q^3+2p(9q-2p^2)r-27r^2)\end{aligned}$$

$$\iff \quad 1 \geqslant 1728^2 r^2(621r^2 - 23328r^3 - 4r)$$
$$\iff \quad (72r-1)^2(13436928r^3 + 15552r^2 + 144r + 1) \geqslant 0.$$

命题得证！等号成立当且仅当 $72abc = (a+b+c)^3, (a+b+c)^2 = 4(ab+ac+bc), d = 0$ 及其轮换时. □

注 本题是 2009 年国家队培训时, 付云皓 (2002, 2003 年 IMO 满分金牌得主) 给韦东奕 (2008, 2009 年 IMO 满分金牌得主) 出的. 证明中利用对称求导的思想得到了取极值时 a,b,c 应满足的要求, 再由齐次性转化为一元函数的证明, 剩下的就是考查一些计算和因式分解的基本功.

本题也可通过 AM-GM 不等式证明. 根据相同的论断, 我们只需证明

$$(a+b+c)^6 \geqslant 1728(a-b)(a-c)(b-c)abc.$$

根据 AM-GM 不等式, 有

$$\begin{aligned}\frac{a}{A}\frac{b}{B}\frac{c}{C}\frac{a-b}{A-B}\frac{b-c}{B-C}\frac{a-c}{A-C} &\leqslant \frac{1}{6^6}\left(\sum\frac{a}{A}+\sum\frac{a-b}{A-B}\right)^6 \\ &= \frac{1}{6^6}\left(\sum\left(\frac{1}{A}+\frac{1}{A-B}+\frac{1}{A-C}\right)a\right)^6.\end{aligned}$$

我们希望有

$$\frac{1}{A}+\frac{1}{A-B}+\frac{1}{A-C} = \frac{1}{B}+\frac{1}{B-C}+\frac{1}{B-A} = \frac{1}{C}+\frac{1}{C-A}+\frac{1}{C-B} = \frac{1}{\lambda}.$$

为此我们构造辅助多项式

$$f(x) = x(x-A)(x-B)(x-C),$$

则我们有

$$\frac{f''(A)}{f'(A)} = \frac{2}{A}+\frac{2}{A-B}+\frac{2}{A-C} = \frac{2}{\lambda},$$

从而 A,B,C 为方程 $2f'(x)-\lambda f''(x)=0$ 的三个根, 因此

$$\begin{aligned}2f'(x)-\lambda f''(x) &= 8x^3 - \left(6\sum A + 12\lambda\right)x^2 + \left(4\sum AB + 6\lambda\sum A\right)x - \left(2ABC + 2\lambda\sum AB\right) \\ &= 8(x-A)(x-B)(x-C).\end{aligned}$$

比较系数后, 我们知

$$6\sum A + 12\lambda = 8\sum A, \quad 4\sum AB + 6\lambda\sum A = 8\sum AB, \quad 2ABC + 2\lambda\sum AB = 8ABC.$$

令 $\sum A = 6$, $A \geqslant B \geqslant C$, 则 $\lambda = 1$, $\sum AB = 9$, $ABC = 3$, $(A-B)(B-C)(C-A) = 9$. 故

$$1728(a-b)(a-c)(b-c)abc \leqslant \frac{1}{27}ABC(A-B)(B-C)(C-A)\left(\sum a\right)^6 = \left(\sum a\right)^6.$$

用与上述证明同样的方法, 我们可以证明本题的 n 元推广:

正整数 $n \geqslant 2$, x_i 为非负实数 $(i=1,2,\cdots,n)$, 则

$$\prod_{1 \leqslant i<j \leqslant n}(x_i-x_j)^2 \leqslant \frac{1}{((n-1)n)^{(n-1)n}} \prod_{k=1}^{n} k^n(k-1)^{k-1}(\sum_{i=1}^{n} x_i)^{(n-1)n}.$$

第 7 章　变量代换法

7.1　三角代换法

三角代换主要指将三角形的边长化为无约束条件的代数表达式, 把不等式转化为三角不等式, 再利用它们之间的常用关系证明等.

在三角形中, 若三边长为 a,b,c, 可考虑作代换

$$x=\frac{1}{2}(c+b-a),\quad y=\frac{1}{2}(a+c-b),\quad z=\frac{1}{2}(b+a-c).$$

例 7.1　a,b,c 为三角形的三边长. 求证:

$$8a^2b^2c^2\geqslant(a+b)(b+c)(c+a)(a+b-c)(b+c-a)(c+a-b).$$

证明　作代换 $x=b+c-a,y=c+a-b,z=a+b-c$, 原不等式等价于

$$\prod(x+y)^2\geqslant xyz(x+2z+y)(y+2x+z)(z+2y+x).$$

存在 $X,Y,Z>0$, 使得 $x=YZ,y=ZX,z=XY$, 上式可化为

$$\begin{aligned}&\prod(X+Z)^2\geqslant\prod(YZ+2ZX+XY)\\ \Longleftrightarrow\quad&\prod(XY+YZ+ZX+X^2)\geqslant\prod(XY+YZ+ZX+YZ).\end{aligned}$$

记 $T=XY+YZ+ZX$, 原不等式等价于

$$\left(\sum X^2-YZ\right)T^2+\left(\sum X^2Y^2-XYZ\sum Z\right)\geqslant 0,$$

而显然

$$\sum X^2\geqslant\sum YZ,\quad \sum X^2Y^2-XYZ\sum Z=\frac{1}{2}\sum Z^2(X-Y)^2\geqslant 0.$$

证毕. □

有时我们也可以作代换, 使变量构成一个三角形.

例 7.2 (赵斌)　$a,b,c \geqslant 0$. 求证:

$$f(a,b,c)=\frac{a}{b+c}+\frac{b}{a+c}+\frac{4c}{a+b}\geqslant 2.$$

证明　设 $x=b+c$, $y=a+c$, $z=a+b$. 则 $a=\frac{y+z-x}{2}$, $b=\frac{x+z-y}{2}$, $c=\frac{x+y-z}{2}$. 于是原不等式等价于

$$\begin{aligned}&\frac{y+z-x}{2x}+\frac{x+z-y}{2y}+\frac{4x+4y-4z}{2z}\geqslant 2\\ \iff\quad &\frac{y+z}{x}+\frac{z+x}{y}+\frac{4x+4y}{z}\geqslant 10.\end{aligned}$$

上式由

$$\frac{y}{x}+\frac{x}{y}\geqslant 2,\quad \frac{z}{x}+\frac{4x}{z}\geqslant 4,\quad \frac{4y}{z}+\frac{z}{y}\geqslant 4$$

知是显然的. □

注　用本题的方法可以证明:

$a_i(i=1,2,\cdots,n)$ 是非负实数, 则

$$\sum_{i=1}^{n-1}\frac{a_i}{S-a_i}+\frac{k^2a_n}{S-a_n}\geqslant 2k-\frac{(n-2)k^2}{n-1},$$

其中 $S=\sum\limits_{i=1}^{n}a_i$.

进一步可知, 当 $k\leqslant\frac{n-1}{n-2}$ 时等号能成立.

利用三角函数之间的关系也是常用的方法, 它要求我们对常用的三角恒等式非常熟悉.

例 7.3　$a,b,c>0$ 且 $a+b+c=abc$. 求证:

$$\sum\sqrt{(1+a^2)(1+b^2)}-\sqrt{(1+a^2)(1+b^2)(1+c^2)}\geqslant 4.$$

证明　由条件, 存在 $A,B,C>0$, 使得 $a=\cot\frac{A}{2}, b=\cot\frac{B}{2}, c=\cot\frac{C}{2}$ 且 $A+B+C=\pi$. 利用以下两个恒等式:

$$\begin{aligned}&1+\cot^2x=\csc^2x,\\ &\sin\frac{A}{2}+\sin\frac{B}{2}+\sin\frac{C}{2}=4\sin\frac{A+B}{4}\sin\frac{B+C}{4}\sin\frac{C+A}{4}+1,\end{aligned}$$

则不等式可以化简成

$$\begin{aligned}&\csc\frac{A}{2}\csc\frac{B}{2}+\csc\frac{B}{2}\csc\frac{C}{2}+\csc\frac{C}{2}\csc\frac{A}{2}\geqslant 4+\csc\frac{A}{2}\csc\frac{B}{2}\csc\frac{C}{2}\\ \iff\quad &\sin\frac{A}{2}+\sin\frac{B}{2}+\sin\frac{C}{2}\geqslant 4\sin\frac{A}{2}\sin\frac{B}{2}\sin\frac{C}{2}+1\\ \iff\quad &\sin\frac{A+B}{4}\sin\frac{B+C}{4}\sin\frac{C+A}{4}\geqslant\sin\frac{A}{2}\sin\frac{B}{2}\sin\frac{C}{2}.\end{aligned}$$

利用 AM-GM 不等式, 有

$$\begin{aligned}\sin\frac{A+B}{4}&=\sin\frac{A}{4}\cos\frac{B}{4}+\cos\frac{A}{4}\sin\frac{B}{4}\\&\geqslant\sqrt{4\sin\frac{A}{4}\cos\frac{A}{4}\sin\frac{B}{4}\cos\frac{B}{4}}=\sqrt{\sin\frac{A}{2}\sin\frac{B}{2}}.\end{aligned}$$

同理, 我们可以得到

$$\sin\frac{B+C}{4}\geqslant\sqrt{\sin\frac{B}{2}\sin\frac{C}{2}},\quad \sin\frac{C+A}{4}\geqslant\sqrt{\sin\frac{C}{2}\sin\frac{A}{2}}.$$

将以上三式相乘即可得到欲证的不等式. □

熟悉三角函数之间的关系也是有必要的.

例 7.4 (1996 CMO) n 为正整数, $x_0=0, x_i>0(i=1,2,\cdots,n)$, 且 $\sum\limits_{i=1}^{n}x_i=1$. 求证:

$$1\leqslant\sum_{i=1}^{n}\frac{x_i}{\sqrt{1+x_0+x_1+\cdots+x_{i-1}}\cdot\sqrt{x_i+\cdots+x_n}}<\frac{\pi}{2}.$$

证明 因为

$$\begin{aligned}&\sqrt{(1+x_0+\cdots+x_{i-1})(x_i+\cdots+x_n)}\\&\leqslant\frac{1}{2}((1+x_0+\cdots+x_{i-1})+(x_i+\cdots+x_n))=1,\end{aligned}$$

所以

$$s_i=\frac{x_i}{\sqrt{1+x_0+x_1+\cdots+x_{i-1}}\cdot\sqrt{x_i+\cdots+x_n}}\geqslant x_i\quad(1\leqslant i\leqslant n),$$

故 $s=\sum\limits_{i=1}^{n}s_i\geqslant\sum\limits_{i=1}^{n}x_i=1$, 左端得证.

因为 $0\leqslant x_0+x_1+\cdots+x_i\leqslant 1(i=0,1,\cdots,n)$, 令

$$\theta_i=\arcsin(x_0+x_1+\cdots+x_i)\in\left[0,\frac{\pi}{2}\right]\quad(i=0,1,2,\cdots,n),$$

则

$$0=\theta_0<\theta_1<\theta_2<\cdots<\theta_n=\frac{\pi}{2},$$

而且

$$\sin\theta_i=x_0+x_1+\cdots+x_i,$$

$$\sin\theta_{i-1}=x_0+x_1+\cdots+x_{i-1},$$

故

$$x_i=\sin\theta_i-\sin\theta_{i-1}=2\cos\frac{\theta_i+\theta_{i-1}}{2}\sin\frac{\theta_i-\theta_{i-1}}{2}\quad(i=1,2,\cdots,n).$$

因为 $\cos\dfrac{\theta_i+\theta_{i-1}}{2}<\cos\dfrac{2\theta_{i-1}}{2}=\cos\theta_{i-1}$, 且易知当 $\theta\in\left(0,\dfrac{\pi}{2}\right]$ 时

$$\tan\theta>\theta>\sin\theta,$$

所以 $x_i<2\cos\theta_{i-1}\cdot\dfrac{\theta_i-\theta_{i-1}}{2}=\cos\theta_{i-1}(\theta_i-\theta_{i-1})(1\leqslant i\leqslant n)$.

因此 $\dfrac{x_i}{\cos\theta_{i-1}}<\theta_i-\theta_{i-1}$, 故

$$\sum_{i=1}^{n}\frac{x_i}{\cos\theta_{i-1}}<\sum_{i=1}^{n}(\theta_i-\theta_{i-1})=\theta_n-\theta_0=\frac{\pi}{2},$$

$$\begin{aligned}\cos\theta_{i-1}&=\sqrt{1-\sin^2\theta_{i-1}}=\sqrt{1-(x_0+x_1+\cdots+x_{i-1})^2}\\&=\sqrt{1+x_0+\cdots+x_{i-1}}\cdot\sqrt{x_i+x_{i+1}+\cdots+x_n},\end{aligned}$$

因此 $s<\dfrac{\pi}{2}$. 原不等式得证. □

注　本题证明用到了三角函数, 有舍此无他的感觉.

三角形嵌入不等式最早出现在 1867 年 J. Wolstenholme 的一本书中 [90], 因而也被称为 Wolstenholme 不等式. 它被认为是三角形中最重要的不等式之一, 有人称之为“三角形母不等式”.

例 7.5　x,y,z 是任意实数, $A+B+C=(2k+1)\pi(k\in\mathbb{Z})$, 那么

$$x^2+y^2+z^2\geqslant 2yz\cos A+2zx\cos B+2xy\cos C,$$

当且仅当 $x=y\cos C+z\cos B, y\sin C=z\sin B$ 时等号成立.

证明　欲证不等式等价于

$$(x-z\cos B-y\cos C)^2+y^2+z^2-2yz\cos A-(z\cos B+y\cos C)^2\geqslant 0.$$

只需证明

$$\begin{aligned}&y^2+z^2-2yz\cos A-(z\cos B+y\cos C)^2\geqslant 0\\ \iff\quad& y^2\sin^2 C+z^2\sin^2 B+2yz(\cos(B+C)-\cos B\cos C)\geqslant 0\\ \iff\quad& (y\sin C-z\sin B)^2\geqslant 0.\end{aligned}$$

上式显然成立. □

注　嵌入不等式化成代数形式后, 可得如下不等式:

$a,b,c,x,y,z\geqslant 0$, a,b,c 中至多有一数为 0. 则有

$$\sum x^2\geqslant 2\sum\sqrt{\frac{ab}{(a+c)(b+c)}}xy.$$

例 7.6 (2007 国家集训队) $u,v,w>0$, 满足 $u+v+w+\sqrt{uvw}=4$. 求证:

$$\sqrt{\frac{uv}{w}}+\sqrt{\frac{vw}{u}}+\sqrt{\frac{wu}{v}}\geqslant u+v+w.$$

证明 设 $a^2=\frac{u}{4},b^2=\frac{v}{4},c^2=\frac{w}{4}$, 则题目转化为: $a,b,c>0$, $a^2+b^2+c^2+2abc=1$. 求证:

$$\frac{bc}{a}+\frac{ca}{b}+\frac{ab}{c}\geqslant 2(a^2+b^2+c^2).$$

存在锐角 $\triangle ABC$, 使得 $a=\cos A,b=\cos B,c=\cos C$, 则

$$\text{上式}\iff \frac{\cos B\cos C}{\cos A}+\frac{\cos C\cos A}{\cos B}+\frac{\cos A\cos B}{\cos C}\geqslant 2(\cos^2 A+\cos^2 B+\cos^2 C).$$

由嵌入不等式知

$$x^2+y^2+z^2\geqslant 2yz\cos A+2zx\cos B+2xy\cos C.$$

于是我们有

$$\sum_{\text{cyc}}\frac{\cos B\cos C}{\cos A}\geqslant 2\sum_{\text{cyc}}\sqrt{\frac{\cos C\cos A}{\cos B}}\cdot\sqrt{\frac{\cos A\cos B}{\cos C}}\cdot\cos A=2\sum_{\text{cyc}}\cos^2 A.$$

□

注 本题证法较多, 我们再给出一种:

证明 存在正实数 x,y,z, 使得 $u=\frac{4yz}{(x+y)(x+z)},v=\frac{4xz}{(x+y)(y+z)},w=\frac{4xy}{(x+z)(y+z)}$(想一想为什么). 原不等式等价于

$$\begin{aligned}
&\sqrt{\frac{uv}{w}}+\sqrt{\frac{vw}{u}}+\sqrt{\frac{wu}{v}}\geqslant u+v+w\\
\iff\ & uv+uw+vw\geqslant(u+v+w)\sqrt{uvw}\\
\iff\ & \sum_{\text{cyc}}\frac{16z^2xy}{(x+y)^2(x+z)(y+z)}\geqslant\sum_{\text{cyc}}\frac{4xy}{(x+z)(y+z)}\cdot\frac{8xyz}{(x+y)(x+z)(y+z)}\\
\iff\ & \sum_{\text{cyc}}(x^3-x^2y-x^2z+xyz)\geqslant 0.
\end{aligned}$$

上式为三次 Schur 不等式. □

经探索, 在相同条件下可以得到如下有趣的不等式链:

(韩京俊)$x,y,z>0,x^2+y^2+z^2+xyz=4$, 则

$$\begin{aligned}
3xyz&\leqslant\sum xy\leqslant xyz+2\leqslant 3\leqslant 6-\sum x\leqslant\sum x^2\\
&\leqslant\min\left\{6-\sum xy,\sum\frac{xy}{z}\right\}\leqslant\min\left\{\sum\frac{xy}{z},6-3xyz\right\}.
\end{aligned}$$

它的证明并不复杂, 我们留给读者作练习.

7.2　代数代换法

一些常用的代换如下:

$$xyz=1 \quad \Longrightarrow \quad (x,y,z)=\left(\frac{a}{b},\frac{b}{c},\frac{c}{a}\right);\left(\frac{b}{a},\frac{a}{c},\frac{c}{b}\right);\left(\frac{bc}{a^2},\frac{ca}{b^2},\frac{ab}{c^2}\right);$$
$$\left(\frac{a^2}{bc},\frac{b^2}{ac},\frac{c^2}{ab}\right)\left(x=\frac{a}{b},\frac{b}{a}\text{是不同的}\right).$$

$$xy+yz+zx=1$$
$$\Longrightarrow \quad \begin{cases} x=\sqrt{\dfrac{bc}{a}},y=\sqrt{\dfrac{ca}{b}},z=\sqrt{\dfrac{ab}{c}},a+b+c=1; \\ x=\dfrac{a}{\sqrt{ab+bc+ca}},y=\dfrac{b}{\sqrt{ab+bc+ca}},z=\dfrac{c}{\sqrt{ab+bc+ca}}. \end{cases}$$

$$x^2+y^2+z^2+2xyz=1$$
$$\Longrightarrow \quad \begin{cases} \dfrac{xy}{xy+z}+\dfrac{yz}{yz+x}+\dfrac{zx}{zx+y}=1; \\ x=1-\dfrac{2bc}{(a+b)(a+c)},y=1-\dfrac{2ac}{(a+b)(b+c)},z=1-\dfrac{2ab}{(c+b)(a+c)}. \end{cases}$$

$$xy+yz+zx=-1 \quad \Longrightarrow \quad x=\frac{a+b}{a-b},y=\frac{b+c}{b-c},z=\frac{c+a}{c-a}.$$

$$x=\frac{1}{a},y=\frac{1}{b},z=\frac{1}{c}\text{(倒代换)}.$$

我们再罗列一些特殊的条件代换:

$$\begin{aligned} &a+b+c+abc=0,a,b,c\in[-1,1] \\ &\quad\Longrightarrow \quad a=\frac{1-x}{1+x},b=\frac{1-y}{1+y},c=\frac{1-z}{1+z},xyz=1,x,y,z\geqslant 0. \\ &(A^3-3BA^2)+(A-B)\sum xy+(A^2-2AB)\sum x+xyz=0 \\ &\quad\Longrightarrow \quad \frac{1}{A+x}+\frac{1}{A+y}+\frac{1}{A+z}=\frac{1}{B} \\ &\quad\Longrightarrow \quad x=\frac{B}{a}-A,y=\frac{B}{b}-A,z=\frac{B}{c}-A,a+b+c=1. \end{aligned}$$

特别地, 令

$$\begin{aligned} &A=B=\frac{1}{2} \quad \Longrightarrow \quad 4abc=a+b+c+1, \\ &A=B=1 \quad \Longrightarrow \quad 2+x+y+z=xyz, \\ &A=2B=2 \quad \Longrightarrow \quad 4=xy+yz+zx+xyz. \end{aligned}$$

这一类型还有更一般的 $\left(令\ E=\dfrac{1}{B},C=D=0\ 即可\right)$：

$$D\sum_{\text{cyc}}yz^2+C\sum_{\text{cyc}}y^2z+(AC+AD)\sum y^2+(AC+AD+E-A)\sum yz$$
$$-xyz+(A^2C+DA^2+2EA^2)\sum x+3EA^2-A^3=0$$
$$\Longrightarrow\quad \frac{Cy+Dz+E}{A+x}+\frac{Cz+Dx+E}{A+y}+\frac{Cx+Dy+E}{A+z}=1.$$

注 在实际应用中, 以对 (x,y,z) 作代换为例, 我们需说明对任意满足约束条件的 (x,y,z) 均存在相应的 (a,b,c).

一般来说, 将多项式方程 $f(x_1,x_2,\cdots,x_n)=0$ 参数化是一个十分困难的问题, 在此我们就不展开了, 感兴趣的读者可参阅与代数几何相关的书籍和文献.

例 7.7 (韩京俊) $a,b,c,x,y,z>0$. 求证:

$$\frac{x+a}{acxy}+\frac{y+b}{bayz}+\frac{z+c}{cbzx}\geqslant\frac{3(a+x)(b+y)(c+z)}{(abc+xyz)^2}.$$

证明 不等式左边通分后等价于

$$\frac{(a+x)(b+y)(c+z)-abc-xyz}{abcxyz}\geqslant\frac{3(a+x)(b+y)(c+z)}{(abc+xyz)^2}.$$

设 $m=(a+x)(b+y)(c+z),p=abc,q=xyz$. 上式化为

$$\begin{aligned}\frac{m-p-q}{pq}\geqslant\frac{3m}{(p+q)^2}\quad&\Longleftrightarrow\quad m\left(\frac{1}{pq}-\frac{4}{(p+q)^2}\right)\geqslant\frac{p+q}{pq}-\frac{m}{(p+q)^2}\\&\Longleftrightarrow\quad m(p-q)^2\geqslant(p+q)^3-mpq\\&\Longleftrightarrow\quad m(p-q)^2\geqslant(p+q)(p-q)^2+pq(4p+4q-m)\\&\Longleftrightarrow\quad (m-p-q)(p-q)^2\geqslant pq(4p+4q-m).\end{aligned}$$

由 AM-GM 不等式有

$$m=(a+x)(b+y)(c+z)\geqslant 8\sqrt{xyzabc}=8\sqrt{pq},$$

于是只需证明

$$\begin{aligned}&(m-p-q)(p-q)^2\geqslant 4pq(\sqrt{p}-\sqrt{q})^2\\\Longleftrightarrow\quad&(\sqrt{p}+\sqrt{q})^2(m-p-q)\geqslant 4pq.\end{aligned}$$

再次使用 AM-GM 不等式, 知

$$m-p-q=(a+x)(b+y)(c+z)-abc-xyz\geqslant 6\sqrt{pq}\quad\Longrightarrow\quad m\geqslant p+q+6\sqrt{pq},$$

故只需证明

$$(\sqrt{p}+\sqrt{q})^2\cdot 6\sqrt{pq}\geqslant 4pq\quad\Longleftrightarrow\quad(\sqrt{p}+\sqrt{q})^2\geqslant\frac{2}{3}\sqrt{pq}.$$

上式利用 AM-GM 不等式知显然成立. 等号成立当且仅当 $a=b=c=x=y=z$ 时. □

注　使用类似的方法, 我们能得到在相同的条件下有

$$\frac{x+a}{acxy}+\frac{y+b}{bayz}+\frac{z+c}{cbzx}\geqslant\frac{(abc+xyz)(4\lambda-4)+(4-\lambda)(a+x)(b+y)(c+z)}{(abc+xyz)^2},$$

其中 $0\leqslant\lambda\leqslant 6$. 本题是 $\lambda=1$ 的情况.

例 7.8　$a,b,c>0$. 证明:

$$\frac{a}{b(a^2+2b^2)}+\frac{b}{c(b^2+2c^2)}+\frac{c}{a(c^2+2a^2)}\geqslant\frac{3}{ab+bc+ca}.$$

证明　证明原不等式颇具难度, 尝试作倒代换, 令 $x=\frac{1}{a},y=\frac{1}{b},z=\frac{1}{c}$, 则原不等式等价于

$$\frac{x^2}{y(2z^2+x^2)}+\frac{y^2}{z(2x^2+y^2)}+\frac{z^2}{x(2y^2+z^2)}\geqslant\frac{3}{x+y+z}.$$

由 Cauchy 不等式, 有

$$\sum\frac{y^2}{z(2x^2+y^2)}\geqslant\frac{(x^2+y^2+z^2)^2}{\sum y^2z(2x^2+y^2)},$$

则只需证明

$$\frac{(x^2+y^2+z^2)^2}{\sum y^2z(2x^2+y^2)}\geqslant\frac{3}{x+y+z},$$

即

$$\sum(x^5+2x^3y^2+x^2y^3+xy^4)\geqslant\sum(2x^4y+4x^2y^2z).$$

利用 AM-GM 不等式有

$$\sum(y^5+y^3z^2)\geqslant 2y^4z,\quad \sum(yz^4+x^2y^3)\geqslant\sum 2xy^2z^2,$$

故只需证明

$$\begin{aligned}&\sum x^2y^2(x+y)\geqslant 2xyz(xy+yz+zx)\\ \iff\quad&(x+y+z)(x^2y^2+y^2z^2+z^2x^2)\geqslant 3xyz(xy+yz+zx).\end{aligned}$$

再次由 Cauchy 不等式有

$$(x+y+z)(x^2y^2+y^2z^2+z^2x^2)\geqslant\frac{1}{3}(x+y+z)(xy+yz+zx)^2,$$

则只需证

$$(x+y+z)(xy+yz+zx)\geqslant 9xyz.$$

上式由 AM-GM 不等式知显然成立.

故原不等式成立. 当且仅当 $a=b=c$ 时取得等号. □

例 7.9 $a,b,c>0$. 求证:

$$\sqrt{5+\sqrt{2\sum a^2\sum\frac{1}{a^2}-2}}\geqslant\sqrt{\sum a\sum\frac{1}{a}}\geqslant 1+\sqrt{1+\sqrt{\sum a^2\sum\frac{1}{a^2}}}.$$

证明 (韩京俊) 先证明不等式右边.

由 Cauchy 不等式得

$$\begin{aligned}\sum a\sum\frac{1}{a}&=\sqrt{\sum a^2+2\sum ab}\cdot\sqrt{\sum\frac{1}{a^2}+2\sum\frac{1}{ab}}\\&\geqslant\sqrt{\sum a^2\sum\frac{1}{a^2}}+2\sqrt{\sum ab\sum\frac{1}{ab}}\\&=\sqrt{\sum a^2\sum\frac{1}{a^2}}+2\sqrt{\sum a\sum\frac{1}{a}},\end{aligned}$$

于是

$$\begin{aligned}&\left(\sqrt{\sum a\sum\frac{1}{a}}-1\right)^2\geqslant 1+\sqrt{\sum a^2\sum\frac{1}{a^2}}\\\Longrightarrow\quad&\sqrt{\sum a\sum\frac{1}{a}}\geqslant 1+\sqrt{1+\sqrt{\sum a^2\sum\frac{1}{a^2}}}.\end{aligned}$$

再证明不等式左边.

设

$$S=\sum a\sum\frac{1}{a},\quad T=\sum a^2\sum\frac{1}{a^2},\quad x=\frac{(a-b)^2}{ab},\quad y=\frac{(b-c)^2}{bc},\quad z=\frac{(c-a)^2}{ca}.$$

不妨设 $a\geqslant b\geqslant c\Longrightarrow z=\max\{x,y,z\}$. 则

$$\begin{aligned}&S-9=x+y+z,T-9=\sum\frac{(a-b)^2(a+b)^2}{a^2b^2}\\\Longrightarrow\quad&T-4S+27=T-9-4(S-9)=\sum\frac{(a-b)^4}{a^2b^2}=\sum x^2.\end{aligned}$$

欲证不等式为

$$\begin{aligned}&2T-2\geqslant S^2-10S+25\\\Longleftrightarrow\quad&2(T-4S+27)\geqslant S^2-18S+81=(S-9)^2\\\Longleftrightarrow\quad&2\sum x^2\geqslant\left(\sum x\right)^2\quad\Longleftrightarrow\quad\sum x^2\geqslant 2\sum xy\\\Longleftrightarrow\quad&\sqrt{z}\geqslant\sqrt{y}+\sqrt{x}\\\Longleftrightarrow\quad&\frac{a-c}{\sqrt{ac}}\geqslant\frac{b-c}{\sqrt{bc}}+\frac{a-b}{\sqrt{ab}}\\\Longleftrightarrow\quad&(\sqrt{b}-\sqrt{c})(a-b)\geqslant(b-c)(\sqrt{a}-\sqrt{b})\\\Longleftrightarrow\quad&(\sqrt{b}-\sqrt{c})(\sqrt{a}-\sqrt{b})(\sqrt{a}-\sqrt{c})\geqslant 0.\end{aligned}$$

上式显然成立.

综上, 原不等式得证. □

注　这里再给出不等式左边的另一种证明: 沿用上述证明中的记号, 设

$$u=\sum_{\text{cyc}}\frac{a}{b},\quad v=\sum_{\text{cyc}}\frac{b}{a},$$

则

$$\begin{aligned}&S=3+u+v,\\&T=3+\sum_{\text{cyc}}\frac{a^2}{b^2}+\sum_{\text{cyc}}\frac{b^2}{a^2}=3+(u^2-2v)+(v^2-2u).\end{aligned}$$

欲证不等式等价于

$$\begin{aligned}\sqrt{2T-2}\geqslant S-5\quad&\Longleftrightarrow\quad\sqrt{4+2u^2+2v^2-4u-4v}\geqslant u+v-2\\&\Longleftrightarrow\quad 4+2u^2+2v^2-4u-4v\geqslant u^2+v^2+4+2uv-4u-4v\\&\Longleftrightarrow\quad u^2+v^2\geqslant 2uv.\end{aligned}$$

最后一个不等式显然, 证毕.

例 7.10 (1997 白俄罗斯)　$a,b,c>0$. 求证:

$$\sum_{\text{cyc}}\frac{a}{b}\geqslant\sum\frac{a+b}{a+c}.$$

证明　设 $x=\frac{a}{b},y=\frac{b}{c},z=\frac{c}{a}$, 于是 $xyz=1,x,y,z>0$, 原不等式等价于

$$\begin{aligned}\sum_{\text{cyc}}\frac{x}{y+1}\geqslant\sum\frac{1}{y+1}\quad&\Longleftrightarrow\quad\sum_{\text{cyc}}\frac{1}{yz(y+1)}\geqslant\sum\frac{1}{y+1}\\&\Longleftrightarrow\quad\sum_{\text{cyc}}x(z+1)(x+1)\geqslant\sum(z+1)(x+1)\\&\Longleftrightarrow\quad\sum_{\text{cyc}}x^2z+\sum x^2\geqslant\sum x+3.\end{aligned}$$

注意到当 $xyz=1$ 时有

$$\begin{aligned}&\sum x^2\geqslant 3,\\&3\sum_{\text{cyc}}x^2z=\sum(2x^2z+y^2x)\geqslant\sum 3x^{\frac{5}{3}}y^{\frac{2}{3}}z^{\frac{2}{3}}=3\sum x.\end{aligned}$$

将上面两式相加即得. □

注　若本题加强至

$$\sum_{\text{cyc}}\frac{a}{b}\geqslant\sum\frac{2a}{b+c},$$

则不等式不成立.

刘雨晨给出了本题的一个巧妙的证明. 只需注意到如下引理: $x,y,z,u,v,w>0$ 且 $xyz=uvw, x\leqslant y\leqslant z, u\leqslant v\leqslant w, x\leqslant u, z\geqslant w$, 则 $x+y+z\geqslant u+v+w$. 引理可由定理 6.9 推得. 在引理中令 $\{x,y,z\}=\left\{\frac{a}{b},\frac{b}{c},\frac{c}{a}\right\}, \{u,v,w\}=\left\{\frac{a+b}{a+c},\frac{b+c}{b+a},\frac{c+a}{c+b}\right\}$ 即得原题.

利用这一引理我们能得到: 当 $a,b,c>0, x\geqslant 0$ 时有

$$\sum_{\text{cyc}}\frac{a}{b}\geqslant\sum_{\text{cyc}}\sqrt[x]{\frac{a^x+b^x}{a^x+c^x}};$$

当 $a,b,c>0, x<0$ 时有

$$\sum_{\text{cyc}}\frac{a}{b}\leqslant\sum_{\text{cyc}}\sqrt[x]{\frac{a^x+b^x}{a^x+c^x}}.$$

例 7.11 $a,b,c>0$. 求证:

$$\sqrt{\frac{a^3}{a^3+(b+c)^3}}+\sqrt{\frac{b^3}{b^3+(c+a)^3}}+\sqrt{\frac{c^3}{c^3+(a+b)^3}}\geqslant 1.$$

证明 作代换

$$x=\frac{b+c}{a},\quad y=\frac{c+a}{b},\quad z=\frac{a+b}{c},$$

我们有

$$\frac{1}{1+x}+\frac{1}{1+y}+\frac{1}{1+z}=1 \iff 2+x+y+z=xyz.$$

此时我们需要证明

$$\frac{1}{\sqrt{1+x^3}}+\frac{1}{\sqrt{1+y^3}}+\frac{1}{\sqrt{1+z^3}}\geqslant 1.$$

注意对所有的 $u\geqslant 0$, 我们有

$$\sqrt{1+u^3}=\sqrt{(1+u)(1-u+u^2)}\leqslant\frac{(1+u)+(1-u+u^2)}{2}=\frac{2+u^2}{2},$$

所以我们只需证明

$$\frac{2}{2+x^2}+\frac{2}{2+y^2}+\frac{2}{2+z^2}\geqslant 1,$$

上式等价于

$$16+4(x^2+y^2+z^2)\geqslant x^2y^2z^2.$$

利用 $xyz=2+x+y+z$, 上式等价于

$$\begin{aligned}&16+4(x^2+y^2+z^2)\geqslant(2+x+y+z)^2\\ \iff\quad&(x-2)^2+(y-2)^2+(z-2)^2+(x-y)^2+(y-z)^2+(z-x)^2\geqslant 0.\end{aligned}$$

故我们证明了原不等式. □

例 7.12　$x,y,z\in\mathbb{R}$. 求下式的最小值:

$$S:=\sum\frac{x^2}{(3x-2y-z)^2}.$$

解　设 $a=\dfrac{x}{3x-2y-z}$, $b=\dfrac{y}{3y-2z-x}$, $c=\dfrac{z}{3z-2x-y}$. 我们希望找到 λ,β, 使得

$$x+\lambda(3x-2y-z)=y+\beta(3y-2z-x),$$

若存在这样的 λ,β, 我们有

$$(a+\lambda)(b+\lambda)(c+\lambda)=(a+\beta)(b+\beta)(c+\beta).$$

通过比较系数, 必有

$$1+3\lambda=-\beta,\quad -2\lambda=3\beta+1,\quad -\lambda=-2\beta.$$

解方程组, 我们知 $\beta=-\dfrac{1}{7}$, $\lambda=-\dfrac{2}{7}$. 从而

$$\prod\left(a-\frac{2}{7}\right)=\prod\left(a-\frac{1}{7}\right)\iff 3\sum a=7\sum ab+1.$$

记 $p=a+b+c$, $q=ab+bc+ca$, 故我们有

$$\sum\frac{x^2}{(3x-2y-z)^2}=\sum a^2=p^2-2q=\frac{7p^2-6p+2}{7}=\left(p-\frac{3}{7}\right)^2+\frac{5}{49}\geqslant\frac{5}{49},$$

等号成立当且仅当 $p=\dfrac{3}{7}$, $q=\dfrac{2}{49}$ 时. 而当 $a=\dfrac{1}{7}$, $b=0$, $c=\dfrac{2}{7}$ 时, $p=\dfrac{3}{7}$, $q=\dfrac{2}{49}$, 此时可解得 $(x,y,z)\sim(-1,0,4)$. 故 S 的最小值为 $\dfrac{5}{49}$. □

注　用同样的方法可以求当 u,v 固定时,

$$T(x,y,z):=\sum\frac{x^2}{(ux+vy-(u+v)z)^2}$$

的最小值, 我们留给读者作练习.

求解本题也可以用配方法. 事实上, 我们有

$$\sum\frac{x^2}{(3x-2y-z)^2}-\frac{5}{49}=\frac{(4\sum x^3+20\sum x^2y+17\sum xy^2-123xyz)^2}{49\prod(3x-2y-z)^2}\geqslant 0.$$

例 7.13　$a,b,c>0, x=a+\dfrac{1}{b}-1, y=b+\dfrac{1}{c}-1, z=c+\dfrac{1}{a}-1$. 求证:

$$xy+yz+zx\geqslant 3.$$

证明 (韩京俊)　注意到

$$(x+1)(y+1)(z+1)=abc+\frac{1}{abc}+\sum b+\sum\frac{1}{c}$$

$$\geqslant 2+\sum b+\sum \frac{1}{c}=x+y+z+5.$$

$$\Longrightarrow \quad xyz+xy+yz+zx\geqslant 4.$$

易知 $x+y>\frac{1}{b}+b-2\geqslant 0$. 同理, $x+z>0,y+z>0$. 故 x,y,z 中至多有一个负数. 若 x,y,z 中有一个负数, 则 $xyz<0$, 此时 $xy+yz+zx>4$. 故我们只需考虑 $x,y,z\geqslant 0$ 的情形. 若 $xyz+xy+yz+zx>4$, 我们可以选取 $x'=\frac{x}{k},y'=\frac{y}{k},z'=\frac{z}{k}(k>1)$, 使得 $x'y'z'+x'y'+y'z'+z'x'=4$. 此时

$$xy+yz+zx>x'y'+y'z'+z'x'.$$

于是我们只需证明当 $xyz+xy+yz+zx=4$ 时, 有

$$xy+yz+zx\geqslant 3.$$

作代换 $x=\frac{1}{p}-2,y=\frac{1}{q}-2,z=\frac{1}{r}-2$, 此时 $p+q+r=1$. 于是只需证明

$$\sum\left(\frac{1}{p}-2\right)\left(\frac{1}{q}-2\right)\geqslant 3 \quad\Longleftrightarrow\quad 1+9pqr\geqslant 4\sum pq.$$

上式即为三次 Schur 不等式, 证毕. □

注 本例有一定难度, 据说曾作为 2008 年国家队培训题, 当年在 40 分钟内, 没有一名队员想出证明方法.

上述证明中化为 $x,y,z\geqslant 0$, 且 $xyz+xy+yz+zx\geqslant 4$ 后, 我们也可用反证法:

证明 若 $xy+yz+zx<3$, 则由 AM-GM 不等式知 $xyz<1$, 从而 $xy+yz+zx+xyz<4$, 矛盾. 故 $xy+yz+zx\geqslant 3$. □

下面我们给出本题的另一个证明:

证明 (韩京俊) 由于 $1-ab,1-bc,1-ca$ 中必有两数同号, 不妨设 $(1-ab)(1-ac)\geqslant 0$. 于是

$$\begin{aligned}\sum xy-3=&\sum_{\text{cyc}}\left(a+\frac{1}{b}-1\right)\left(b+\frac{1}{c}-1\right)-3\\=&\frac{1}{abc}\left((1-2c+c^2+bc)ba^2+(1-2c+c^2-2b+3bc-2bc(b+c)+b^2c^2)a\right.\\&\left.+b+c(1-b)^2\right)\\=&\frac{1}{abc}\left(ba^2(1-c)^2+c(1-b)^2+a(1-b)^2(1-c)^2+b(1-ac)(1-ab)\right)\geqslant 0.\end{aligned}$$

不等式得证. □

例 7.14 (2009 越南) 确定 k 的最小值, 使得下式对正实数 a,b,c 恒成立:

$$\left(k+\frac{a}{b+c}\right)\left(k+\frac{b}{c+a}\right)\left(k+\frac{c}{a+b}\right)\geqslant\left(k+\frac{1}{2}\right)^3.$$

解　令 $a=b=1,c=0$, 则可得到 $k\geqslant\dfrac{\sqrt{5}-1}{4}$.

设 $m=2k,x=\dfrac{2a}{b+c},y=\dfrac{2b}{c+a},z=\dfrac{2c}{a+b}$, 则 $xy+yz+zx+xyz=4$.

首先来证明, 在这个条件下, 我们有 $x+y+z\geqslant xy+yz+zx$.

显然若 $x+y+z>4$, 则上式成立. 若 $x+y+z\leqslant 4$, 由三次 Schur 不等式并结合条件, 可得到

$$xy+yz+zx\leqslant\frac{36+(x+y+z)^3}{4(x+y+z)+9},$$

只需证

$$\frac{36+(x+y+z)^3}{4(x+y+z)+9}\leqslant x+y+z\quad\Longleftrightarrow\quad x+y+z\geqslant 3.$$

而

$$4=xy+yz+zx+xyz\geqslant 4\sqrt[4]{(xyz)^3}\quad\Longrightarrow\quad xyz\leqslant 1,$$

因此

$$xy+yz+zx\geqslant 3\quad\Longrightarrow\quad x+y+z\geqslant\sqrt{3(xy+yz+zx)}\geqslant 3.$$

回到原不等式, 需要证明 $(m+x)(m+y)(m+z)\geqslant(m+1)^3$. 而

$$\begin{aligned}(m+x)(m+y)(m+z)&=m^3+m^2(x+y+z)+m(xy+yz+zx)+xyz\\&\geqslant m^3+(m^2+m-1)(xy+yz+zx)+4,\end{aligned}$$

则需要

$$\begin{aligned}&m^3+(m^2+m-1)(xy+yz+zx)+4\geqslant(m+1)^3\\ \Longrightarrow\quad&(m^2+m-1)(xy+yz+zx-3)\geqslant 0\quad\Longrightarrow\quad m\geqslant\frac{\sqrt{5}-1}{2}.\end{aligned}$$

故 k 的最小值为 $\dfrac{\sqrt{5}-1}{4}$.　□

例 7.15　$a,b,c,d,x,y,z>0$, 满足

$$ax+by+cz=xyz,\quad\frac{2}{d}=\frac{1}{a+d}+\frac{1}{b+d}+\frac{1}{c+d}.$$

求证:

$$x+y+z\geqslant\frac{2\sqrt{(a+d)(b+d)(c+d)}}{d}.$$

证明 (韩京俊)　由于条件比较复杂, 先尝试化简. 设 $\dfrac{d}{a+d}=2\alpha,\dfrac{d}{b+d}=2\beta,\dfrac{d}{c+d}=2\gamma$, 则 $\alpha+\beta+\gamma=1$. 于是

$$\frac{d}{a+d}=2\alpha\quad\Longleftrightarrow\quad(1-2\alpha)d=2\alpha a\quad\Longleftrightarrow\quad a=\frac{(1-2\alpha)d}{2\alpha}.$$

同理,

$$b=\frac{(1-2\beta)d}{2\beta},\quad c=\frac{(1-2\gamma)d}{2\gamma}.$$

两边平方, 原不等式等价于

$$(x+y+z)^2 \geqslant \frac{4(a+d)(b+d)(c+d)}{d^2}$$
$$\iff \quad (x+y+z)^2 \geqslant \frac{4}{d^2}\cdot\frac{d}{2\alpha}\cdot\frac{d}{2\beta}\cdot\frac{d}{2\gamma}$$
$$\iff \quad (x+y+z)^2 \geqslant \frac{d}{2\alpha\beta\gamma}.$$

设 $a=uyz, b=vzx, c=xyw$, 则 $u+v+w=1$. 于是

$$x=\sqrt{\frac{bcu}{avw}},\quad y=\sqrt{\frac{cav}{bwu}},\quad z=\sqrt{\frac{abw}{cuv}}$$
$$\iff \quad \left(\frac{u}{a}+\frac{v}{b}+\frac{w}{c}\right)^2\frac{abc}{uvw} \geqslant \frac{d}{2\alpha\beta\gamma}$$
$$\iff \quad \left(\frac{\alpha u}{1-2\alpha}+\frac{\beta v}{1-2\beta}+\frac{\gamma w}{1-2\gamma}\right)^2(1-2\alpha)(1-2\beta)(1-2\gamma) \geqslant uvw.$$

再设 $1-2\alpha=p, 1-2\beta=q, 1-2\gamma=r$, 则 $p,q,r>0, p+q+r=1$. 于是上式等价于

$$\frac{(q+r)u}{p}+\frac{(r+p)v}{q}+\frac{(p+q)w}{r} \geqslant \frac{2\sqrt{uvw}}{\sqrt{pqr}}.$$

下面我们证明, 在 $u+v+w=1, p+q+r=1, p,q,r,u,v,w>0$ 的条件下上面的不等式恒成立. 为此我们证明一个引理:

引理 a^2-1, b^2-1, c^2-1 不全同号, 则

$$a^2+b^2+c^2 \geqslant 2abc+1.$$

引理的证明 不妨设 a^2-1, b^2-1 不同号, 则

$$(a^2-1)(b^2-1)\leqslant 0 \quad \Longrightarrow \quad a^2+b^2 \geqslant a^2b^2+1$$
$$\Longrightarrow \quad a^2+b^2+c^2 \geqslant a^2b^2+1+c^2 \geqslant 2abc+1.$$

引理证毕.

用 $\sqrt{\frac{u}{p}}, \sqrt{\frac{v}{q}}, \sqrt{\frac{w}{r}}$ 分别代替 a,b,c, 整理即得欲证不等式. □

注 上面的证明一直在作变量代换化简题目. 引理的证明主要用到了抽屉原理的思想, 是马腾宇告诉作者的.

下面这种证明可看出本题的命题背景:

证明 令 $p_1=\frac{d}{2(a+d)}, q_1=\frac{d}{2(b+d)}, r_1=\frac{d}{2(c+d)}, p_2=\frac{1}{a+d}, q_2=\frac{1}{b+d}, r_2=\frac{1}{c+d}$. 则 $2p_1+ap_2=2q_1+bq_2=2r_1+cr_2=1$. 由 AM-GM 不等式, 我们有

$$(x+y+z)^2(ax+by+cz)=\left(p_1\cdot\frac{x}{p_1}+q_1\cdot\frac{y}{q_1}+r_1\cdot\frac{z}{r_1}\right)^2\left(ap_2\cdot\frac{x}{p_2}+bq_2\cdot\frac{y}{q_2}+cr_2\cdot\frac{z}{r_2}\right)$$
$$\geqslant \frac{x^{2p_1+ap_2}y^{2q_1+bq_2}z^{2r_1+cr_2}}{p_1^{2p_1}q_1^{2q_1}r_1^{2r_1}p_2^{ap_2}q_2^{bq_2}r_2^{cr_2}}$$

$$= \frac{4(a+d)(b+d)(c+d)xyz}{d^2}.$$

利用条件 $ax+by+cz=xyz$, 即知原不等式成立. □

上述证明中的系数 p_1,q_1,r_1,p_2,q_2,r_2 是通过待定系数解出来的. 本题可看作在条件 $ax+by+cz \leqslant xyz$ 下求 $x+y+z$ 的最小值. 用同样的方法, 我们还可以求得 $ax^2+by^2+cz^2 \leqslant xyz$ 时 $x+y+z$ 的最小值. 我们把这个问题留给读者作为练习.

第 8 章　打破对称与分类讨论

在处理一些具有对称形式的不等式时, 若无法利用好其良好的性质, 不妨打破对称, 人为地增加一些条件, 分类讨论, 取得出人意料的结果.

利用对称性设出其中的最大或最小量比较常见.

例 8.1　$a,b,c>0, ab+bc+ca=1$. 求证:

$$\frac{1}{a+b}+\frac{1}{c+b}+\frac{1}{a+c}\geqslant\frac{5}{2}.$$

证明　两边同乘 $(a+b)(b+c)(c+a)$, 且注意到 $(a+b)(a+c)=a^2+1$ 和 $(a+b)(b+c)(c+a)=a+b+c-abc$, 等价于证明

$$2(a^2+b^2+c^2)+6+5abc\geqslant5(a+b+c).$$

又

$$(a+b+c-2)^2\geqslant0\quad\Longrightarrow\quad2(a+b+c)^2\geqslant8(a+b+c)-8,$$

代入欲证不等式化简后, 只需证明

$$3(a+b+c)+5abc\geqslant6.$$

不妨设 $a=\max\{a,b,c\}$, 故 $bc=\min\{ab,bc,ca\}$, 则 $bc\leqslant\frac{1}{3}$. 由条件同样知 $a(b+c)=1-bc$.

上式两边同乘 $b+c$ 后, 等价于证明

$$\begin{aligned}&3-3bc+3(b+c)^2+5bc(1-bc)\geqslant6(b+c)\\\Longleftrightarrow\quad&3(b+c-1)^2+bc(2-5bc)\geqslant0.\end{aligned}$$

上式显然, 得证. □

例 8.2　$abc=1, a,b,c>0$. 求证:

$$(a+b)(b+c)(c+a)\geqslant4(a+b+c-1).$$

证明　因为 $abc=1$, 所以 a,b,c 中至少有一个不小于 1, 不妨设 $a\geqslant1$.

由于

$$
\begin{aligned}
(a+b)(b+c)(c+a) &= (b+c)(a^2+ab+bc+ca) \\
&\geqslant (b+c)(a^2+3\sqrt[3]{a^2b^2c^2}) \\
&= (b+c)(a^2+3),
\end{aligned}
$$

故知只需证明

$$
\begin{aligned}
&(b+c)(a^2+3)\geqslant 4(a+b+c-1) \\
\iff\quad &(b+c)(a^2-1)\geqslant 4(a-1) \\
\iff\quad &(a-1)((b+c)(a+1)-4)\geqslant 0.
\end{aligned}
$$

由 $a\geqslant 1$ 知只需证明

$$(b+c)(a+1)-4\geqslant 0.$$

而

$$(b+c)(a+1)=ab+ca+b+c=\left(\frac{1}{b}+b\right)+\left(\frac{1}{c}+c\right)\geqslant 4,$$

因此原不等式成立. □

注　本题也可以这样证明:

证明　原不等式等价于

$$\sum a\left(\sum ab-3\right)\geqslant \sum a-3.$$

而

$$\sum ab\geqslant \sqrt{3abc\sum a}=\sqrt{3\sum a},$$

于是只需证明

$$
\begin{aligned}
&\sum a\left(\sqrt{3\sum a}-3\right)\geqslant \left(\sqrt{\sum a}-\sqrt{3}\right)\left(\sqrt{\sum a}+\sqrt{3}\right) \\
\iff\quad &\left(\sqrt{3\left(\sum a\right)^2}-\sqrt{\sum a}+\sqrt{3}\right)\left(\sqrt{\sum a}-\sqrt{3}\right)\geqslant 0.
\end{aligned}
$$

而由 $abc=1$ 知

$$\sqrt{\sum a}\geqslant \sqrt{3},$$

于是命题得证. □

利用这一方法我们可得

$$(a+b)(b+c)(c+a)\geqslant \max\left\{6\sum a-3\sum ab-1,5\sum a-\sum ab-4,\frac{9}{2}\sum a-\frac{11}{2}\right\}.$$

例 8.3 (伊朗 96) $a,b,c>0$. 求证:

$$\sum ab\sum\frac{1}{(a+b)^2}\geqslant\frac{9}{4}.$$

证明 不妨设 $a\geqslant b\geqslant c$. 我们首先证明

$$\sum\frac{1}{(a+b)^2}\geqslant\frac{2}{(a+c)(b+c)}+\frac{1}{4ab}$$
$$\iff\quad\frac{(a-b)^2}{(a+c)^2(b+c)^2}\geqslant\frac{(a-b)^2}{4(a+b)^2ab}.$$

注意到 $4ab\geqslant(b+c)^2$, $(a+b)^2\geqslant(a+c)^2$, 上式成立. 故我们只需证明

$$\frac{2\sum ab}{(a+c)(b+c)}+\frac{\sum ab}{4ab}\geqslant\frac{9}{4}$$
$$\iff\quad 2-\frac{2c^2}{(a+c)(b+c)}+\frac{1}{4}+\frac{(a+b)c}{4ab}\geqslant\frac{9}{4}$$
$$\iff\quad\frac{(a+b)c}{4ab}\geqslant\frac{2c^2}{(a+c)(b+c)}$$
$$\iff\quad(a+b)(b+c)(c+a)\geqslant 8abc.$$

上式由 AM-GM 不等式知成立. □

注 若我们直接用 AM-GM 不等式打破对称性:

$$\frac{1}{(a+c)^2}+\frac{1}{(b+c)^2}\geqslant\frac{2}{(a+c)(b+c)},$$

则此时不等式不成立, 故想到尝试证明上述证明中第一步的不等式.

例 8.4 (Mildorf) $a,b,c\geqslant 0$, 则

$$\sum\frac{3a^2-2ab-b^2}{3a^2+2ab+3b^2}\geqslant 0.$$

证明 (牟晓生) 原不等式等价于

$$\sum\frac{(3a+b)(a-b)}{3a^2+2ab+3b^2}\geqslant 0$$
$$\iff\quad\sum\left(\frac{(3a+b)(a-b)}{3a^2+2ab+3b^2}-\frac{a-b}{a+b}\right)\geqslant\sum\frac{b-a}{a+b}$$
$$\iff\quad\sum\frac{2b(a-b)}{(3a^2+2ab+3b^2)(a+b)}\geqslant\left|\frac{(a-b)(b-c)(c-a)}{(a+b)(b+c)(c+a)}\right|.$$

设 a 是最小的, 则

$$3a^2+2ab+3b^2\leqslant 4b(a+b),\quad 3c^2+2ac+3a^2\leqslant 4c(a+c),$$

因此

$$\frac{2b(a-b)^2}{(3a^2+2ab+3b^2)(a+b)}+\frac{2a(a-c)^2}{(3c^2+2ac+3a^2)(a+c)}$$

$$\begin{aligned}&\geqslant \frac{1}{2}\frac{(a-b)^2}{(a+b)^2}+\frac{1}{2}\frac{(a-c)^2}{(a+c)^2}\\&\geqslant \left|\frac{(a-b)(c-a)}{(a+b)(a+c)}\right| \geqslant \left|\frac{(a-b)(b-c)(c-a)}{(a+b)(b+c)(a+c)}\right|.\end{aligned}$$

故命题得证. □

注 我们再给出两种证明:

证明 (Mildorf) 原不等式等价于

$$3-\sum\frac{3a^2-2ab-b^2}{3a^2+2ab+3b^2}=\sum\frac{4(a+b)b}{3a^2+2ab+3b^2}.$$

由 Cauchy 不等式得

$$\sum\frac{4(a+b)b}{3a^2+2ab+3b^2}\leqslant\sum\frac{2b}{\sqrt{2a^2+2b^2}}\leqslant\sqrt{4(a^2+b^2+c^2)\sum\frac{a^2}{(a^2+b^2)(a^2+c^2)}}\leqslant 3.$$

□

证明 (黄晨笛) 设 $x=\frac{b}{a},y=\frac{c}{b},z=\frac{a}{c}$, 则原不等式等价于

$$\sum\frac{4x(x+1)}{3+2x+3x^2}\leqslant 3.$$

又

$$3+2t+3t^2\geqslant\frac{8}{3}(1+t+t^2),$$

我们只需证明

$$\begin{aligned}\sum\frac{x(x+1)}{1+x+x^2}\leqslant 2 \quad&\Longleftrightarrow\quad \sum\frac{1}{x^2+x+1}\geqslant 1\\&\Longleftrightarrow\quad x^2+y^2+z^2\geqslant xy+yz+zx.\end{aligned}$$

上式由 AM-GM 不等式知显然成立. □

有时我们也会用到设出中间量.

例 8.5 非负实数 a,b,c 满足 $a+b+c=3$, 则

$$a^2b+b^2c+c^2a+abc\leqslant 4.$$

证明 我们不妨设 $b=\mathrm{mid}\{a,b,c\}$, 即 $(a-b)(b-c)\geqslant 0$. 则

$$a^2b+b^2c+c^2a+abc=b(a+c)^2-c(a-b)(b-c)\leqslant b(a+c)^2\leqslant 4.$$

□

注 用相同的方法还能证明非负实数 a,b,c 满足 $a^2+b^2+c^2=3$, 则

$$a^2c+b^2a+c^2b\leqslant abc+2.$$

我们不妨设 $b=\mathrm{mid}\{a,b,c\}$. 则

$$\begin{aligned}a^2c+b^2a+c^2b &\leqslant a^2c+b^2a+c^2b+a(a-b)(b-c)\\&=b(a^2+c^2)+abc\\&=b(3-b^2)+abc\\&\leqslant(b-1)^2(b+2)+2+abc.\end{aligned}$$

这两个结论虽然证明过程都十分短, 但用其他方法却并不容易. 它们常常可作为题目的引理, 是将轮换不等式过渡到对称不等式的常用手段之一.

本题也能通过导数的单调性证明, 不妨设 $c=\max\{a,b,c\}$. 原不等式等价于

$$f(a)=4(a+b+c)^3-27(a^2b+b^2c+c^2a+abc)\geqslant 0.$$

我们有

$$f'(a)=3(2a+5c-4b)(2a-c-b).$$

则 $f(a)$ 在 $\left[0,\dfrac{b+c}{2}\right]$ 上单调递减, 在 $\left[\dfrac{b+c}{2},+\infty\right)$ 上单调递增. 故只需证明 $f\left(\dfrac{b+c}{2}\right)\geqslant 0$, 即证明

$$\left(\frac{b+c}{2}\right)^2b+\frac{b+c}{2}c^2+b^2c+\frac{b+c}{2}bc\leqslant\frac{1}{2}(b+c)^2 \quad\Longleftrightarrow\quad \frac{1}{4}b(b-c)^2\geqslant 0.$$

本题还可以用调整法证明. 设 $b=\mathrm{mid}\{a,b,c\}$, $f(a,b,c)=a^2b+b^2c+c^2a$, 则

$$f(a+c,b,0)-f(a,b,c)=c(b-c)(a-b)\geqslant 0.$$

故只需证明 $f(a+c,b,0)\leqslant 4$, 这是容易的, 我们把证明留给读者.

对于 (全) 对称的不等式, 还可以设出变元之间的关系.

例 8.6 (1980 美国) 设 $0\leqslant a,b,c\leqslant 1$. 求证:

$$\frac{a}{b+c+1}+\frac{b}{c+a+1}+\frac{c}{a+b+1}+(1-a)(1-b)(1-c)\leqslant 1.$$

证明 由于不等式关于 a,b,c 对称, 不妨设 $0\leqslant a\leqslant b\leqslant c\leqslant 1$, 则

$$\begin{aligned}\sum\frac{a}{b+c+1}+(1-a)(1-b)(1-c) &\leqslant\frac{a+b+c}{a+b+1}+(1-a)(1-b)(1-c)\\&=1-\frac{1-c}{a+b+1}\left(1-(1+a+b)(1-a)(1-b)\right).\end{aligned}$$

故只需证明

$$\frac{1-c}{a+b+1}\left(1-(1+a+b)(1-a)(1-b)\right)\geqslant 0.$$

由 AM-GM 不等式立得

$$(1+a+b)(1-a)(1-b)\leqslant\left(\frac{1+a+b+1-a+1-b}{3}\right)^3=1.$$

于是原不等式成立, 等号成立当且仅当 $a=b=c=1$ 或 $b=c=0$ 或 $a=b=1$ 及其轮换时. □

注　用同样的方法可证明: 当 $0\leqslant x_i\leqslant 1(i=1,2,\cdots,n),u,v\geqslant 1$, $x_1+x_2+\cdots+x_n=s$ 时, 有

$$\sum_{i=1}^{n}\frac{x_i^u}{1+s-x_i}+\prod_{i=1}^{n}(1-x_i)^v\leqslant 1.$$

本题有其下界, 即在相同条件下有

$$\frac{a}{b+c+1}+\frac{b}{c+a+1}+\frac{c}{a+b+1}+(1-a)(1-b)(1-c)\geqslant\frac{7}{8}.$$

事实上, 可证明上述不等式对 $a,b,c\geqslant 0,abc\leqslant 1$ 也成立. 下界的问题要比上界困难许多, 我们给出如下简证:

证明　不妨设 $a\geqslant b\geqslant c$. 注意到本题当 $a=b=c=\dfrac{1}{2}$ 时等号成立, 利用差分的想法, 我们有

$$\begin{aligned}
&\sum_{\text{cyc}}\frac{a}{1+b+c}+(1-a)(1-b)(1-c)\\
=&\sum_{\text{cyc}}\frac{a}{1+b+c}+\left(\frac{1}{2}-a\right)\left(\frac{1}{2}-b\right)\left(\frac{1}{2}-c\right)-\frac{3}{4}\sum a+\frac{1}{2}\sum ab+\frac{7}{8}\\
=&\sum_{\text{cyc}}\frac{a}{1+b+c}\left(1-\frac{3}{4}(1+b+c)+\frac{1}{4}(1+b+c)(b+c)\right)+\left(\frac{1}{2}-a\right)\left(\frac{1}{2}-b\right)\left(\frac{1}{2}-c\right)+\frac{7}{8}\\
=&\sum_{\text{cyc}}\frac{a}{1+b+c}\left(\frac{1-b-c}{2}\right)^2+\left(\frac{1}{2}-a\right)\left(\frac{1}{2}-b\right)\left(\frac{1}{2}-c\right)+\frac{7}{8}.
\end{aligned}\qquad(*)$$

因此当 $a,b,c\leqslant\dfrac{1}{2}$ 或 $1\geqslant a\geqslant b\geqslant\dfrac{1}{2}\geqslant c$ 时, 不等式显然成立.

当 $1\geqslant a\geqslant\dfrac{1}{2}\geqslant b\geqslant c$ 时, 我们有

$$\begin{aligned}
\text{式}(*)&\geqslant\frac{a}{1+b+c}\left(\frac{1}{2}-b\right)\left(\frac{1}{2}-c\right)+\left(\frac{1}{2}-a\right)\left(\frac{1}{2}-b\right)\left(\frac{1}{2}-c\right)+\frac{7}{8}\\
&\geqslant\frac{a}{2}\left(\frac{1}{2}-b\right)\left(\frac{1}{2}-c\right)+\left(\frac{1}{2}-a\right)\left(\frac{1}{2}-b\right)\left(\frac{1}{2}-c\right)+\frac{7}{8}\\
&=\frac{1}{2}(1-a)\left(\frac{1}{2}-b\right)\left(\frac{1}{2}-c\right)+\frac{7}{8}\geqslant\frac{7}{8}.
\end{aligned}$$

当 $1\geqslant a\geqslant b\geqslant c\geqslant\dfrac{1}{2}$ 时,

$$\begin{aligned}
\text{式}(*)&\geqslant\sum\frac{a}{3}\left(b-\frac{1}{2}\right)\left(c-\frac{1}{2}\right)+\left(\frac{1}{2}-a\right)\left(\frac{1}{2}-b\right)\left(\frac{1}{2}-c\right)+\frac{7}{8}\\
&\geqslant\sum\frac{1}{3}\left(a-\frac{1}{2}\right)\left(b-\frac{1}{2}\right)\left(c-\frac{1}{2}\right)+\left(\frac{1}{2}-a\right)\left(\frac{1}{2}-b\right)\left(\frac{1}{2}-c\right)+\frac{7}{8}=\frac{7}{8}.
\end{aligned}$$

综上, 原不等式得证. □

下面这个问题的放缩有较强技巧性.

例 8.7 a,b,c 为非负实数, 且至多有一数为 0. 求证:

$$\sqrt{\frac{a^2+bc}{b^2+c^2}}+\sqrt{\frac{b^2+ac}{c^2+a^2}}+\sqrt{\frac{c^2+ab}{a^2+b^2}}\geqslant 2+\frac{1}{\sqrt{2}}.$$

证明 不妨设 $a\geqslant b\geqslant c$. 注意到等号成立当且仅当 $a=b$, $c=0$ 及其轮换时. 我们考虑化简欲证不等式中的根式, 只需证明

$$\sqrt{\frac{a^2+c^2}{b^2+c^2}}+\sqrt{\frac{b^2+c^2}{c^2+a^2}}+\sqrt{\frac{ab}{a^2+b^2}}\geqslant 2+\frac{1}{\sqrt{2}}.$$

不等式左边只有两项含有 c, 我们考虑消去 c. 容易验证

$$\sqrt{\frac{a^2+c^2}{b^2+c^2}}+\sqrt{\frac{b^2+c^2}{c^2+a^2}}\geqslant\sqrt{\frac{a}{b}}+\sqrt{\frac{b}{a}},$$

故只需证明

$$\sqrt{\frac{a}{b}}+\sqrt{\frac{b}{a}}+\sqrt{\frac{ab}{a^2+b^2}}\geqslant 2+\frac{1}{\sqrt{2}}.$$

令 $t=\sqrt{\frac{a}{b}}$, 上式即为

$$t+\frac{1}{t}-2\geqslant\frac{1}{\sqrt{2}}-\sqrt{\frac{t}{t^2+1}}.$$

我们有

$$\begin{aligned}\frac{1}{\sqrt{2}}-\sqrt{\frac{t}{t^2+1}}&=\frac{(t-1)^2}{2(t^2+1)\left(\frac{1}{\sqrt{2}}+\sqrt{\frac{t}{t^2+1}}\right)}\\&\leqslant\frac{(t-1)^2}{t^2+1}\leqslant\frac{(t-1)^2}{t}=t+\frac{1}{t}-2.\end{aligned}$$

证毕. □

若不等式是轮换型的, 我们也不能忽视重新给变元排序的方法.

例 8.8 a,b,c 是正实数, 满足 $a^2+b^2+c^2=3$. 求证:

$$a^3b^2+b^3c^2+c^3a^2\leqslant 3.$$

证明 不妨设 a,b,c 互不相同, 设 $\{x,y,z\}=\{a,b,c\}$, 其中 $x>y>z$. 则由 AM-GM 不等式和排序不等式有

$$\begin{aligned}a^3b^2+b^3c^2+c^3a^2&=a(a^2b^2)+b(b^2c^2)+c(c^2a^2)\\&\leqslant x(x^2y^2)+y(z^2x^2)+z(y^2z^2)\end{aligned}$$

$$
\begin{aligned}
&= y\left(x^2\left(xy+\frac{z^2}{2}\right)+z^2\left(yz+\frac{x^2}{2}\right)\right)\\
&\leqslant y\left(x^2\cdot\frac{x^2+y^2+z^2}{2}+z^2\cdot\frac{x^2+y^2+z^2}{2}\right)=\frac{3}{2}y(x^2+z^2)\\
&=\frac{3}{2}\sqrt{\frac{2y^2(x^2+z^2)(x^2+z^2)}{2}}\leqslant 3,
\end{aligned}
$$

等号成立当且仅当 $a=b=c=1$ 时. □

注　本题在之前已经出现过 (即当 $x+y+z=3, x,y,z\geqslant 0$ 时有 $xy\sqrt{x}+yz\sqrt{y}+zx\sqrt{z}\leqslant 3$). 当时的证明用到了 Vasile 不等式与三次 Schur 不等式. 这里的证明显然更为漂亮.

有时我们也需要根据取等条件, 打破对称性, 简化问题本身. 下面的这个例子源自文献 [43], 其有几何背景.

例 8.9 (韩京俊, 2017 学数学春季赛)　$a_1\geqslant a_2\geqslant\cdots\geqslant a_n\geqslant 0, b_1\geqslant b_2\geqslant\cdots\geqslant b_n\geqslant 0$ 且 $a_1+a_2+\cdots+a_n=b_1+b_2+\cdots+b_n=1$, 求 $(a_1-b_1)^2+(a_2-b_2)^2+\cdots+(a_n-b_n)^2$ 的最大值.

解　代入一些特殊值之后, 可猜测等号成立条件为 $a_1=1, a_2=\cdots=a_n=0$, $b_1=\cdots=b_n=\dfrac{1}{n}$ 或将 $a_i,b_i(i=1,2,\cdots,n)$ 对换. 因此可尝试将 $\sum\limits_{i=1}^n a_i^2$ 与 $\sum\limits_{i=1}^n b_i$ 分别向 1 靠拢. 不妨设 $a_1\geqslant b_1$, 则

$$
\begin{aligned}
\sum_{i=1}^n(a_i-b_i)^2&=\sum_{i=1}^n a_i^2+\sum_{i=1}^n b_i^2-2\sum_{i=1}^n a_ib_i\\
&\leqslant\sum_{i=1}^n a_i^2+\sum_{i=1}^n b_i^2-2b_1\sum_{i=1}^n a_i+2\sum_{i<j}a_ia_j\\
&\leqslant(\sum_{i=1}^n a_i)^2+\sum_{i=1}^n b_i^2-2b_1\sum_{i=1}^n a_i\\
&=1-2b_1+\sum_{i=1}^n b_i^2\\
&\leqslant 1+b_1-2b_1\leqslant\frac{n-1}{n}.
\end{aligned}
$$

故最大值为 $\dfrac{n-1}{n}$. □

下面的例子均是设出变元之间的关系之后仍难以直接解决的, 需要再分情况进行讨论.

例 8.10 (1991 波兰)　$x^2+y^2+z^2=2$. 求证:

$$x+y+z\leqslant xyz+2.$$

证明　不妨设 $x\leqslant y\leqslant z$, 则 $xy\leqslant 1,(x-1)(y-1)\geqslant 0$.

若 $z\geqslant 1$, 有

$$x+y+z\leqslant xyz+2\iff 2(x-1)(y-1)(z-1)+(x+y+z-2)^2\geqslant 0.$$

若 $z<1$, 有

$$x+y+z\leqslant xyz+2 \iff (x-1)(y-1)+(z-1)(xy-1)\geqslant 0.$$

综合两种情况知不等式得证. □

例 8.11 (2007 国家集训队测试) $a_1,a_2,\cdots,a_n>0,a_1+a_2+\cdots+a_n=1$. 求证:

$$(a_1a_2+a_2a_3+\cdots+a_na_1)\left(\frac{a_1}{a_2^2+a_2}+\frac{a_2}{a_3^2+a_3}+\cdots+\frac{a_n}{a_1^2+a_1}\right)\geqslant\frac{n}{n+1}.$$

证明 设 $a_{n+1}=a_1$, 若 $\sum\limits_{i=1}^{n}a_ia_{i+1}\geqslant\dfrac{1}{n}$, 则由 Cauchy 不等式与 AM-GM 不等式有

$$(n+1)\sum_{i=1}^{n}\frac{a_i}{a_{i+1}(a_{i+1}+1)}=\sum_{i=1}^{n}\frac{a_i}{a_{i+1}(a_{i+1}+1)}\sum_{i=1}^{n}(a_{i+1}+1)\geqslant\left(\sum_{i=1}^{n}\left(\frac{a_i}{a_{i+1}}\right)^{\frac{1}{2}}\right)^2\geqslant n^2.$$

从而

$$\sum_{i=1}^{n}a_ia_{i+1}\sum_{i=1}^{n}\frac{a_i}{a_{i+1}(a_{i+1}+1)}\geqslant\frac{1}{n}\sum_{i=1}^{n}\frac{a_i}{a_{i+1}(a_{i+1}+1)}\geqslant\frac{n}{n+1}.$$

若 $\sum\limits_{i=1}^{n}a_ia_{i+1}<\dfrac{1}{n}$, 则

$$\sum_{i=1}^{n}a_ia_{i+1}\sum_{i=1}^{n}\frac{a_i}{a_{i+1}(a_{i+1}+1)}\sum_{i=1}^{n}a_i(a_{i+1}+1)\geqslant(\sum_{i=1}^{n}a_i)^3=1.$$

又 $\sum\limits_{i=1}^{n}a_i(a_{i+1}+1)<\dfrac{n+1}{n}$, 故我们有

$$\sum_{i=1}^{n}a_ia_{i+1}\sum_{i=1}^{n}\frac{a_i}{a_{i+1}(a_{i+1}+1)}>\frac{n}{n+1}.$$

得证! □

注 本题有不需要讨论的证法:

证明 由 Cauchy 不等式有

$$\frac{a_1}{a_2}+\frac{a_2}{a_3}+\cdots+\frac{a_n}{a_1}\geqslant\frac{(a_1+a_2+\cdots+a_n)^2}{a_1a_2+a_2a_3+\cdots+a_na_1},$$

于是只需证明

$$\frac{a_1}{a_2^2+a_2}+\frac{a_2}{a_3^2+a_3}+\cdots+\frac{a_n}{a_1^2+a_1}\geqslant\frac{n}{n+1}\left(\frac{a_1}{a_2}+\frac{a_2}{a_3}+\cdots+\frac{a_n}{a_1}\right).$$

再次由 Cauchy 不等式得

$$\frac{a_1}{a_2^2+a_2}+\frac{a_2}{a_3^2+a_3}+\cdots+\frac{a_n}{a_1^2+a_1}\geqslant\frac{\left(\dfrac{a_1}{a_2}+\dfrac{a_2}{a_3}+\cdots+\dfrac{a_n}{a_1}\right)^2}{1+\dfrac{a_1}{a_2}+\dfrac{a_2}{a_3}+\cdots+\dfrac{a_n}{a_1}},$$

故只需证明

$$\frac{\left(\frac{a_1}{a_2}+\frac{a_2}{a_3}+\cdots+\frac{a_n}{a_1}\right)^2}{1+\frac{a_1}{a_2}+\frac{a_2}{a_3}+\cdots+\frac{a_n}{a_1}} \geqslant \frac{n}{n+1}\left(\frac{a_1}{a_2}+\frac{a_2}{a_3}+\cdots+\frac{a_n}{a_1}\right)$$
$$\Longleftrightarrow \quad \frac{a_1}{a_2}+\frac{a_2}{a_3}+\cdots+\frac{a_n}{a_1} \geqslant n.$$

上式由 AM-GM 不等式立得. 证毕, 等号成立当且仅当 $a_1=a_2=\cdots=a_n=\dfrac{1}{n}$ 时. □

例 8.12　a,b,c 是非负实数. 求证:

$$\frac{a^3}{2a^2-ab+2b^2}+\frac{b^3}{2b^2-bc+2c^2}+\frac{c^3}{2c^2-ca+2a^2} \geqslant \frac{a+b+c}{3}.$$

证明 (Peter Scholze)　利用切线法配方原理知原不等式等价于

$$\sum\left(\frac{a^3}{2a^2-ab+2b^2}-\frac{a}{3}-\frac{a-b}{3}\right) \geqslant 0$$
$$\Longleftrightarrow \quad \sum \frac{(a-b)^2(2b-a)}{2a^2-ab+2b^2} \geqslant 0.$$

不妨设 $a=\max\{a,b,c\}$. 若 $\left\{\dfrac{a}{b},\dfrac{b}{c},\dfrac{c}{a}\right\} \subset (0,2]$, 则不等式已经得证. 下面我们证明 $\left\{\dfrac{a}{b},\dfrac{b}{c},\dfrac{c}{a}\right\}$ 中至少有一数 $\geqslant 2$ 时也成立.

(1) 若 $a \geqslant b \geqslant c$, 此时 $\dfrac{c}{a}<2$, 我们分 $\dfrac{a}{b} \geqslant 2$ 与 $\dfrac{b}{c} \geqslant 2$ 两种情况讨论.

若 $a \geqslant 2b$, 则

$$\frac{a^3}{2a^2-ab+2b^2} \geqslant \frac{a}{2}, \quad \frac{b^3}{2b^2-bc+2c^2} \geqslant \frac{b}{3}.$$

利用 $a \geqslant 2b \geqslant 2c$, 有

$$\sum \frac{a^3}{2a^2-ab+2b^2} \geqslant \frac{a}{2}+\frac{b}{3} \geqslant \frac{a+b+c}{3}.$$

若 $b \geqslant 2c$, 则

$$\sum \frac{a^3}{2a^2-ab+2b^2} \geqslant \frac{a}{3}+\frac{b}{2} \geqslant \frac{a+b+c}{3}.$$

(2) 若 $a \geqslant c \geqslant b$, 由于 $\dfrac{c}{a}<1, \dfrac{b}{c}<1$, 故 $a \geqslant 2b$. 此时

$$\frac{a^3}{2a^2-ab+2b^2} \geqslant \frac{a}{2}.$$

而

$$\frac{b^3}{2b^2-bc+2c^2} \geqslant \frac{b}{3}-\frac{c}{9} \quad \Longleftrightarrow \quad 2t^3-7t^2+5t+3 \geqslant 0,$$

其中 $t=\dfrac{c}{b} \geqslant 1$. 当 $t=\dfrac{7+\sqrt{19}}{6}$ 时, 上式左边最小, 此时上式成立. 于是我们只需证明

$$\frac{a}{2}+\frac{b}{3}-\frac{c}{9}+\frac{c^3}{2c^2-ca+2a^2} \geqslant \frac{a+b+c}{3}$$

$$\iff \quad 6x^3-19x^2+14x+2\geqslant 0,$$

其中 $x=\dfrac{a}{c}\geqslant 1$. 当 $x=\dfrac{19+\sqrt{109}}{18}$ 时, 上式左边最小, 此时上式成立. □

注 利用本题可以证明: $a,b,c>0$, 有

$$\sum_{\text{cyc}}\sqrt{\frac{a^3}{a^2+ab+b^2}}\geqslant\frac{\sqrt{a}+\sqrt{b}+\sqrt{c}}{\sqrt{3}}.$$

事实上, 只需注意到 $(2a^2-ab+2b^2)^2\geqslant 3(a^4+a^2b^2+b^4)$ 即可.

给出本题证明的 Peter Scholze(彼得 · 舒尔茨) 是一位长发飘逸的青年数学家, 他被誉为天才数学家, 也有人认为他是第二个 Faltings. 他在高中时曾获三枚 IMO 金牌和一枚银牌. 他从 2007 年开始在波恩大学学习数学, 仅仅三个学期就获得了学士学位, 又用两个学期获得了硕士学位. 24 岁时, 他就被聘任为波恩大学的 W3 级教授 (最高薪资级别的教授), 他因此成为德国有史以来最年轻的全职教授. 由于其在算术代数几何领域的卓越贡献, 他已获菲尔兹奖 (2018 年) 与柯尔奖 (2015 年) 等荣誉.

第 9 章　初等多项式法

9.1　p,q,r 方法

我们在之前介绍了 Schur 不等式及其拓展, 意识到它在证明不等式中是一个有用的工具. 注意到三元对称多项式能唯一地表示为关于初等多项式 $a+b+c,ab+bc+ca,abc$ 的多项式, 所以我们可以将不等式 $f(a,b,c)\geqslant 0$ 转化为 $g(a+b+c,ab+bc+ca,abc)\geqslant 0$, 再利用常用不等式可得到的初等多项式之间的一些关系来证明. 为方便起见, 我们常常设 $p=a+b+c,q=ab+bc+ca,r=abc$. 先将关于 p,q,r 的一些常用不等式罗列如下:

(1) $p^3-4pq+9r\geqslant 0$.

(2) $p^4-5p^2q+4q^2+6pr\geqslant 0$.

(3) $pq-9r\geqslant 0$.

(4) $p^2q+3pr-4q^2\geqslant 0$.

(5) $2p^3+9r-7pq\geqslant 0$.

(6) $pq^2-2p^2r-3qr\geqslant 0$.

(7) $2q^3+9r^3-7pqr\geqslant 0$.

我们只证明其中几个, 其余的留给读者作为练习.

对于 (1), 由三次 Schur 不等式 $\sum a(a-b)(a-c)\geqslant 0$, 展开即可得到 $a^3+b^3+c^3+3abc\geqslant\sum ab(a+b)$. 而 $a^3+b^3+c^3=p^3-2pq-\sum ab(a+b)$, 且 $\sum ab(a+b)=(ab+bc+ca)\cdot(a+b+c)-3abc=pq-3r$. 代入整理即可得到 (1).

对于 (2), 同理, 由四次 Schur 不等式 $\sum a^2(a-b)(a-c)\geqslant 0$ 展开, 作适当的处理即可得证.

对于 (3), 由 AM-GM 不等式可立得.

对于 (4), 即

$$
\begin{aligned}
&(a+b+c)^2(ab+bc+ca)+3(a+b+c)abc-4(ab+bc+ca)^2\geqslant 0\\
\iff\quad &(a^2+b^2+c^2)(ab+bc+ca)-2(ab+bc+ca)^2+3(a+b+c)abc\geqslant 0.
\end{aligned}
$$

展开化简, 即证

$$\sum(a^3b+b^3a)\geqslant 2\sum a^2b^2.$$

这是显然成立的, 故 (4) 得证.

接着来证明 (5), 事实上由 (1) 有 $2p^3\geqslant 8pq-18r$, 代入 (5) 后只需证明 $pq-9r\geqslant 0$, 此即 (3), 故 (5) 亦成立.

下面让我们来看初等多项式法的应用.

例 9.1 已知非负实数 a,b,c 满足 $ab+bc+ca+6abc=9$. 确定 k 的最大值, 使得下式恒成立:

$$a+b+c+kabc\geqslant k+3.$$

解 取 $a=b=3,c=0$, 则有 $k\leqslant 3$. 下面来证明

$$a+b+c+3abc\geqslant 6.$$

令 $p=a+b+c,q=ab+bc+ca,r=abc$. 则由题意有

$$\begin{aligned}9=q+6r\geqslant 3r^{\frac{2}{3}}+6r \quad &\Longrightarrow \quad r\leqslant 1\\ &\Longrightarrow \quad q=9-6r\geqslant 3.\end{aligned}$$

而 $p^2\geqslant 3q$, 故 $p\geqslant 3$. 欲证明 $p+3r\geqslant 6$, 即证 $2p-q\geqslant 3$. 下面分情况讨论.

(1) 若 $p\geqslant 6$, 则原式显然成立.

(2) 若 $3\leqslant p\leqslant 6$, 我们用反证法. 若 $2p-3<q$, 注意到由三次 Schur 不等式有 $r\geqslant \dfrac{p(4q-p^2)}{9}$, 则

$$\begin{aligned}27=3q+18r&\geqslant 3q+2p(4q-p^2)\\ &\geqslant 3(2p-3)+2p(4(2p-3)-p^2)\\ &\Longleftrightarrow \quad (p+1)(p-3)(p-6)\geqslant 0.\end{aligned}$$

这与假设矛盾.

综上, 有 $k_{\max}=3$. □

例 9.2 正实数 $a,b,c>0$. 求证:

$$\sqrt{\sum a\sum\frac{1}{a}}\geqslant 1+\sqrt{1+\sqrt{\sum a^2\sum\frac{1}{a^2}}},$$

并确定等号成立条件.

证明 设 $p=a+b+c$, $q=ab+bc+ca$, $r=abc$. 则

$$\sum a\sum\frac{1}{a}=\frac{pq}{r},\quad \sum a^2\sum\frac{1}{a^2}=\frac{(p^2-2q)(q^2-2pr)}{r^2}.$$

欲证不等式等价于

$$
\begin{aligned}
&\sqrt{\frac{pq}{r}}-1\geqslant\sqrt{1+\sqrt{\frac{(p^2-2q)(q^2-2pr)}{r^2}}}\\
\iff\quad &\frac{pq}{r}-2\sqrt{\frac{pq}{r}}\geqslant\frac{\sqrt{(p^2-2q)(q^2-2pr)}}{r}\\
\iff\quad &pq-2\sqrt{pqr}\geqslant\sqrt{(p^2-2q)(q^2-2pr)}\\
\iff\quad &p^2q^2-4pq\sqrt{pqr}+4pqr\geqslant p^2q^2-2q^3-2p^3r+4pqr\\
\iff\quad &q^3+p^3r\geqslant 2pq\sqrt{pqr}\quad\iff\quad(\sqrt{q^3}-\sqrt{p^3r})^2\geqslant 0.
\end{aligned}
$$

等号成立当且仅当

$$
q^3=p^3r\quad\iff\quad(a^2-bc)(b^2-ac)(c^2-ab)=0,
$$

即当且仅当 $a^2=bc$ 或其轮换时. □

例 9.3　$a,b,c\geqslant 1,a+b+c=9$. 证明:

$$
\sqrt{ab+bc+ca}\leqslant\sqrt{a}+\sqrt{b}+\sqrt{c}.
$$

证明　作代换 $a=x+1,b=y+1,c=z+1$, 则条件变为 $x+y+z=6,x,y,z\geqslant 0$. 我们需要证明

$$
\sqrt{\sum(x+1)(y+1)}\leqslant\sum\sqrt{x+1}.
$$

两边平方后等价于

$$
\begin{aligned}
&\sum xy+2\sum x+3\leqslant\sum x+3+2\sum\sqrt{(x+1)(y+1)}\\
\iff\quad &\sum xy+6\leqslant 2\sum\sqrt{(x+1)(y+1)}\\
\iff\quad &\sum xy\leqslant 2\sum\frac{xy+x+y}{\sqrt{(x+1)(y+1)}+1}.
\end{aligned}
$$

由 AM-GM 不等式有

$$
\sqrt{(x+1)(y+1)}\leqslant\frac{x+y+2}{2},
$$

故只需证明

$$
\sum xy\leqslant 4\sum\frac{xy+x+y}{x+y+4}.
$$

利用 Cauchy 不等式有

$$
\sum\frac{xy+x+y}{x+y+4}\geqslant\frac{(\sum(xy+x+y))^2}{\sum(xy+x+y)(x+y+4)},
$$

故我们只需证明

$$
\frac{(\sum xy+12)^2}{\sum_{\text{sym}}x^2y+6\sum xy+2\sum x^2+48}\geqslant\frac{\sum xy}{4}
$$

$$\iff \quad 4(\sum xy)^2+24^2+96\sum xy \geqslant \sum xy(\sum_{\text{sym}} x^2y+6\sum xy+2\sum x^2+48).$$

设 $\sum xy=q, xyz=r$, 则 $\sum\limits_{\text{sym}} x^2y=6q-3r$. 上式等价于

$$4q^2+24^2+96q \geqslant 8q^2-3qr+120q.$$

由三次 Schur 不等式有

$$72+3r \geqslant 8q \quad \iff \quad 3rq \geqslant 8q^2-72q,$$

由此只需证明

$$4q^2+24^2 \geqslant 96q \quad \iff \quad (q-12)^2 \geqslant 0.$$

故原不等式得证! □

有时还可以先利用初等不等式来化简, 再进行配方证明.

例 9.4 (韩京俊) $a,b,c \geqslant 0$, 至多只有一个为 0. 求证:

$$\sum \frac{a}{2} \geqslant \sum \frac{bc}{\sqrt{(a+b)(a+c)}} \geqslant \frac{\sqrt{3\sum ab}}{2}.$$

证明 先证明右边的不等式. 由 Cauchy 不等式有

$$\sum \frac{bc}{\sqrt{(a+b)(a+c)}} \geqslant \frac{(\sum bc)^2}{\sum bc\sqrt{(a+b)(a+c)}},$$

于是只需证明

$$(\sum bc)^{\frac{3}{2}} \geqslant \frac{\sqrt{3}}{2}\sum bc\sqrt{(a+b)(a+c)}$$

$$\iff \quad (\sum bc)^{\frac{3}{2}} \geqslant \frac{\sqrt{3}}{2}\sum \sqrt{bc(ac+bc)(ab+bc)}.$$

再由 Cauchy 不等式有

$$\begin{aligned}\left(\frac{\sqrt{3}}{2}\sum \sqrt{bc(ac+bc)(ab+bc)}\right)^2 &\leqslant \frac{3}{4}\sum bc\sum (ac+bc)(ab+bc)\\ &\leqslant \sum bc(\sum bc)^2=(\sum bc)^3.\end{aligned}$$

故右边得证.

再证明左边的不等式. 仍由 Cauchy 不等式有

$$\left(\sum \frac{bc}{\sqrt{(a+b)(a+c)}}\right)^2 \leqslant \sum bc\sum \frac{bc}{(a+b)(a+c)}=\sum bc\frac{\sum bc(b+c)}{(a+b)(a+c)(b+c)}.$$

设 $\sum a=p, \sum ab=q, abc=r$. 则只需证明

$$q\frac{pq-3r}{pq-r} \leqslant \frac{p^2}{4} \quad \iff \quad 4pq^2-12qr \leqslant p^3q-p^2r$$

$$\begin{aligned}
&\iff (p^2-3q)r \leqslant q(p^3+9r-4pq)\\
&\iff \sum(a-b)^2\cdot abc \leqslant \sum ab\sum(a+b-c)(a-b)^2\\
&\iff \sum(a^2b+ab^2+b^2c+a^2c-bc^2-ac^2)(a-b)^2 \geqslant 0.
\end{aligned}$$

不妨设 $a\geqslant b\geqslant c$, 则

$$\begin{aligned}
&(a^2b+ab^2+b^2c+a^2c-bc^2-ac^2)(a-b)^2\geqslant 0,\\
&(b^2c+c^2b+b^2a+c^2a-a^2b-a^2c)(b-c)^2+(a^2c+ac^2+a^2b+c^2b-b^2a-b^2c)(a-c)^2\\
&\quad\geqslant (b^2c+c^2b+b^2a+c^2a-a^2b-a^2c+a^2c+ac^2+a^2b+c^2b-b^2a-b^2c)(b-c)^2\geqslant 0.
\end{aligned}$$

综上, 原不等式得证. □

当我们转化为证明 $g(a+b+c,ab+bc+ca,abc)\geqslant 0$ 时, 还可以将不等式看作 $a+b+c$,$ab+bc+ca$ 或 abc 的函数, 利用单调性或凹凸性及它们之间的关系来证明.

例 9.5　$a,b,c>0$, 没有两个同时为 0. 求证:

$$\frac{ab+ac-bc}{b^2+c^2}+\frac{bc+ba-ca}{c^2+a^2}+\frac{ca+cb-ab}{a^2+b^2}\geqslant\frac{3}{2}.$$

证明　设 $p=a+b+c,q=ab+bc+ca,r=abc$. 不妨设 $p=1$, 则原不等式等价于

$$12q^3-11q^2+2q+2r(2q+1)-9r^2\geqslant 0.$$

设 $f(r)=2r(2q+1)-9r^2+12q^3-11q^2+2q$, 则

$$f'(r)=4q+2-18r^2\geqslant 0.$$

(1) 若 $q\leqslant\dfrac{1}{4}$, 注意到 $r\geqslant 0$, 则

$$f(r)\geqslant f(0)=12q^3-11q^2+2q=q(4q-1)(3q-2)\geqslant 0.$$

(2) 若 $q\geqslant\dfrac{1}{4}$, 由三次 Schur 不等式有 $r\geqslant\dfrac{4q-1}{9}$, 则

$$f(r)\geqslant f\left(\frac{4q-1}{9}\right)=36q^3-33q^2+10q-1=(4q-1)(3q-1)^2\geqslant 0.$$

综上, 原不等式得证. □

例 9.6 (伊朗 96)　$a,b,c>0$. 证明:

$$\frac{1}{(a+b)^2}+\frac{1}{(b+c)^2}+\frac{1}{(c+a)^2}\geqslant\frac{9}{4(ab+bc+ca)}.$$

证明　设 $p=a+b+c$, $q=ab+bc+ca$, $r=abc$. 不妨设 $p=1$, 则

$$(a+b)(b+c)(c+a)=pq-r,$$

$$\begin{aligned}\sum(a+b)^2(b+c)^2&=\sum(b^2+q)^2\\&=\sum b^4+2q\sum b^2+3q^2\\&=(\sum a^2)^2-2\sum a^2b^2+2q(p^2-2q)+3q^2\\&=(p^2-2q)^2-2(q^2-2pr)+2q(p^2-2q)+3q^2\\&=p^4+q^2+4pr-2p^2q.\end{aligned}$$

原不等式通分后, 等价于证明

$$\begin{aligned}&4\sum(a+b)^2(b+c)^2\geqslant 9(a+b)^2(b+c)^2(a+c)^2\\\iff\quad&4(1+q^2+4r-2q)q\geqslant 9(q-r)^2\\\iff\quad&f(r)=9r^2-34qr-4q^3+17q^2-4q\leqslant 0.\end{aligned}$$

我们只需证明上式对 $\max\left\{0,\dfrac{4q-1}{9}\right\}\leqslant r\leqslant\dfrac{q^2}{3},\ 0\leqslant q\leqslant\dfrac{1}{3}$ 时成立. 此时

$$f'(r)=18r-34q\leqslant 6q^2-34q\leqslant 0.$$

当 $\dfrac{1}{3}\geqslant q\geqslant\dfrac{1}{4}$ 时, 只需证明 $f\left(\dfrac{4q-1}{9}\right)\leqslant 0$, 此时等价于

$$\frac{1}{9}(3q-1)^2(4q-1)\geqslant 0.$$

当 $0\leqslant q\leqslant\dfrac{1}{4}$ 时, 只需证明 $f(0)\leqslant 0$, 此时等价于

$$q(4q-1)(q-4)\geqslant 0.$$

综上, 原不等式得证, 等号成立当且仅当 $a=b=c$ 或 $a=b$ 及其轮换时. □

例 9.7 $a,b,c\geqslant 0$, 没有两个同时为 0. 求证:

$$\sum\sqrt{\frac{a^2+ab+b^2}{c^2+ab}}\geqslant\frac{3\sqrt{6}}{2}.$$

证明 由 Cauchy 不等式, 我们有

$$\left(\sum\sqrt{\frac{a^2+ab+b^2}{c^2+ab}}\right)^2\sum\frac{(a+b)^3(c^2+ab)}{a^2+ab+b^2}\geqslant 8(\sum a)^3.$$

于是只需要证明

$$\begin{aligned}&\frac{16}{27}(\sum a)^3\geqslant\sum\frac{(a+b)^3(c^2+ab)}{a^2+ab+b^2}\\\iff\quad&\frac{16}{27}\left(\sum a\right)^3\geqslant\sum\frac{(a+b)(a^2+2ab+b^2)(c^2+ab)}{a^2+ab+b^2}\end{aligned}$$

$$\iff \quad \frac{16}{27}\left(\sum a\right)^3 \geqslant 2\sum ab(a+b)+\sum \frac{ab(a+b)(c^2+ab)}{a^2+ab+b^2}.$$

由于 $a^2+ab+b^2 \geqslant \frac{3}{4}(a+b)^2$, 故只需证明

$$\begin{aligned}
&\frac{16}{27}\left(\sum a\right)^3 \geqslant 2\sum ab(a+b)+\frac{4}{3}\sum \frac{ab(c^2+ab)}{a+b}\\
&\quad \iff \quad \frac{16}{27}\left(\sum a\right)^3 \geqslant 2\sum ab(a+b)+\frac{1}{3}\sum \frac{4a^2b^2}{a+b}+\frac{4}{3}abc\sum \frac{c}{a+b}.
\end{aligned}$$

注意到有 $\frac{4a^2b^2}{a+b} \leqslant ab(a+b)$, 只需证明

$$\begin{aligned}
&\frac{16}{27}\left(\sum a\right)^3 \geqslant \frac{7}{3}\sum ab(a+b)+\frac{4}{3}abc\sum \frac{c}{a+b}\\
&\quad \iff \quad \frac{16}{9}\left(\sum a\right)^3 \geqslant 7\sum ab(a+b)+4abc\sum \frac{c}{a+b}.
\end{aligned}$$

不妨设 $a+b+c=1$, 令 $q=ab+bc+ca, r=abc$, 我们有 $\frac{q^2}{3} \geqslant r \geqslant \frac{(4q-1)(1-q)}{6}$. 欲证不等式变为

$$\begin{aligned}
&\frac{16}{9} \geqslant 7(q-3r)+4r\left(\frac{1+q}{q-r}-3\right)\\
&\quad \iff \quad f(r)=297r^2+(52-324q)r-16q+63q^2 \leqslant 0.
\end{aligned}$$

由于 $f(r)$ 是下凸函数, 因此

$$f(r) \leqslant \max\left\{f\left(\frac{q^2}{3}\right), f\left(\frac{(4q-1)(1-q)}{6}\right)\right\}.$$

我们有

$$\begin{aligned}
f\left(\frac{q^2}{3}\right)&=\frac{1}{3}q(3q-1)(33q^2-97q+48) \leqslant 0,\\
f\left(\frac{(4q-1)(1-q)}{6}\right)&=\frac{1}{12}(3q-1)(528q^3-280q^2+29q+5) \leqslant 0,
\end{aligned}$$

其中

$$\begin{aligned}
528q^3-280q^2+29q+5&=q^3\left(\frac{5}{q^3}+\frac{29}{q^2}-\frac{280}{q}+528\right)\\
&=q^3\left(\left(\frac{1}{q}-3\right)\left(\frac{5}{q^2}+\frac{44}{q}-148\right)+84\right) \geqslant 0.
\end{aligned}$$

故我们证明了原不等式. □

下面我们介绍一些轮换对称的问题. 此时我们可以尝试应用一些常用的轮换对称不等式, 使欲证不等式变为对称的.

例 9.8 非负实数 a,b,c 中没有两个同时为 0. 证明:

$$\frac{a^4}{a^3+b^3}+\frac{b^4}{b^3+c^3}+\frac{c^4}{c^3+a^3}\geqslant\frac{a+b+c}{2}.$$

证明 由 Cauchy 不等式, 有

$$\sum\frac{a^4}{a^3+b^3}\sum a^2(a^3+b^3)\geqslant(\sum a^3)^2,$$

则我们需要证明

$$2(\sum a^3)^2\geqslant\sum a\sum a^2(a^3+b^3).$$

利用 Vasile 不等式 $\sum ab^3\leqslant\frac{1}{3}(\sum a^2)^2$, 有

$$\begin{aligned}\sum a^2(a^3+b^3)&=\sum a^5+\frac{\sum ab}{\sum a}(\sum ab^3+\sum a^2b^2)-abc\sum a^2\\&\leqslant\sum a^5+\frac{\sum ab}{\sum a}\left(\frac{1}{3}(\sum a^2)^2+\sum a^2b^2\right)-abc\sum a^2,\end{aligned}$$

故只需证明

$$6(\sum a^3)^2\geqslant3\sum a\sum a^5+\sum ab((\sum a^2)^2+3\sum a^2b^2)-3\sum a\sum a^2\cdot abc.\qquad(*)$$

由于不等式关于 a,b,c 对称, 不妨设 $a+b+c=1$, 令 $q=ab+bc+ca,r=abc$, 代入并展开化简后, 只需证明

$$54r^2+3(8-28q)r+3-22q+43q^2-7q^3-9qr\geqslant0.$$

考虑函数 $f(r)=54r^2+3(8-28q)r$, 于是

$$f'(r)=108r+3(8-28q).$$

又由三次 Schur 不等式知 $r\geqslant\frac{4q-1}{9}$, 且利用 $q\leqslant\frac{1}{3}$, 可得

$$f'(r)\geqslant108\cdot\frac{4q-1}{9}+3(8-28q)=12-36q\geqslant0,$$

即 $f(r)$ 在 $r\geqslant\frac{4q-1}{9}$ 上是递增的, 因此我们有

$$\begin{aligned}f(r)+3-22q+43q^2-7q^3-9qr&\geqslant f\left(\frac{4q-1}{9}\right)+3-22q+43q^2-7q^3-9qr\\&=1-\frac{22}{3}q+\frac{49}{3}q^2-7q^3-9qr.\end{aligned}$$

而我们又有 $(a-b)^2(b-c)^2(c-a)^2\geqslant0$, 展开后即有

$$r\leqslant\frac{1}{27}(9q-2+2(1-3q)\sqrt{1-3q}).$$

利用上式, 我们只需证明

$$1-\frac{22}{3}q+\frac{49}{3}q^2-7q^3-\frac{1}{3}q(9q-2+2(1-3q)\sqrt{1-3q})\geqslant 0$$
$$\iff \frac{1}{3}(1-3q)(7q^2-11q+3-2q\sqrt{1-3q})\geqslant 0.$$

而由 AM-GM 不等式, 有

$$7q^2-11q+3-2q\sqrt{1-3q}\geqslant 7q^2-11q+3-(q^2+1-3q)=2(1-q)(1-3q)\geqslant 0.$$

故原不等式成立, 当且仅当 $a=b=c$ 时取得等号. □

注　证明中的式 (*) 也可用差分代换法证明. 由对称性, 不妨设 $a\geqslant b\geqslant c$, 令 $a=x+y+z,b=y+z,c=z$, 代入展开后等价于

$$42x^2y^2z^2+47x^3y^2z+55xy^4z+32x^4yz+68x^2y^3z+3x^2yz^3+21xy^2z^3+3xyz^4$$
$$+62xy^3z+11x^3yz^2+3x^6+5y^6+15xy^5+26x^2y^4+14x^5y+10x^5z+25x^4y^2+27x^3y^3$$
$$+3y^2z^4+22y^5z+31y^4z^2+14y^3z^3+(3z^2+7x^2-2xz)x^2z^2\geqslant 0.$$

上式由 AM-GM 不等式立得.

下面我们再给出两个证明:

证明　原不等式两边同时乘以 $a^3+b^3+c^3$, 得

$$\sum a^4+\sum\frac{c^3a^4}{a^3+b^3}\geqslant\frac{1}{2}\sum a\sum a^3.$$

由 Cauchy 不等式和 AM-GM 不等式, 我们有

$$\sum\frac{c^3a^4}{a^3+b^3}\geqslant\frac{(\sum c^2a^2)^2}{\sum c(a^3+b^3)}\geqslant\sum c^2a^2-\frac{1}{4}\sum(a^3+b^3)c.$$

故我们只需证明

$$\sum a^4+\sum c^2a^2-\frac{1}{4}\sum c(a^3+b^3)\geqslant\frac{1}{2}\sum a\sum a^3$$
$$\iff 2\sum a^4+4\sum a^2b^2\geqslant 3\sum(a^2+b^2)ab$$
$$\iff \sum(a^4+b^4+4a^2b^2-3ab(a^2+b^2))\geqslant 0$$
$$\iff \sum(a^2-ab+b^2)(a-b)^2\geqslant 0.$$

上式显然成立, 故原不等式得证. □

用同样的方法, 我们可证明: $k=2+\sqrt{3}$, $a,b,c>0$, 有

$$\sum\frac{a^{k+1}}{a^k+b^k}\geqslant\frac{a^k+b^k+c^k}{2}.$$

证明　原不等式等价于

$$\sum a\geqslant 2\sum a-\sum\frac{2a^4}{a^3+b^3}\iff\sum a\geqslant\sum\frac{2ab^3}{a^3+b^3}.$$

由 AM-GM 不等式, 我们有

$$\left(\frac{a^3+b^3}{2}\right)^4=\left(\frac{a^6+b^6+2a^3b^3}{4}\right)^2\geqslant\frac{4}{16}(a^6+b^6)\cdot 2a^3b^3$$

$$\Longleftrightarrow\quad \frac{a^3+b^3}{2}\geqslant(ab)^{\frac{3}{4}}\sqrt[4]{\frac{a^6+b^6}{2}},$$

故我们只需证明

$$\sum a^{\frac{1}{4}}b^{\frac{3}{4}}\sqrt[4]{\frac{2b^6}{a^6+b^6}}\leqslant a+b+c.$$

这只需注意到由 Cauchy 不等式, 我们有

$$\begin{aligned}\left(\sum a^{\frac{1}{4}}b^{\frac{3}{4}}\sqrt[4]{\frac{2b^6}{a^6+b^6}}\right)^4&\leqslant\sum 2b^6(a^6+c^6)\sum\frac{1}{(a^6+b^6)(a^6+c^6)}\left(\sum\sqrt{ab^3}\right)^2\\&=\frac{8\sum a^6\sum a^6b^6}{\sum a^6\sum a^6b^6-a^6b^6c^6}\left(\sum\sqrt{ab^3}\right)^2\\&\leqslant 9\left(\sum\sqrt{ab^3}\right)^2\leqslant(a+b+c)^4.\end{aligned}$$

最后一步我们用了 Vasile 不等式 $(a+b+c)^2\geqslant 3\sum a\sqrt{ab}$. □

关于本题, 一个自然的问题是: 对于怎样的正整数 k, 不等式

$$\frac{a^{k+1}}{a^k+b^k}+\frac{b^{k+1}}{b^k+c^k}+\frac{c^{k+1}}{c^k+a^k}\geqslant\frac{a+b+c}{2}$$

对非负实数 a,b,c 恒成立? 事实上, 我们可以证明当 $k\leqslant 6$ 时不等式成立, 而当 $k=7$ 时, 取 $a=\frac{4}{3},b=\frac{2}{3},c=1$, 不等式反向.

我们还可以将轮换对称式用初等对称多项式表示, 通过导数来证明问题.

例 9.9 设 a,b,c 是正实数. 求证:

$$\frac{a}{b}+\frac{b}{c}+\frac{c}{a}+\frac{7(ab+bc+ca)}{a^2+b^2+c^2}\geqslant\frac{17}{2}.$$

证明 我们只需要考虑 $a\leqslant c\leqslant b$ 的情形. 这是因为

$$\frac{a}{b}+\frac{b}{c}+\frac{c}{a}+\frac{(b-a)(c-a)(b-c)}{abc}=\frac{a}{c}+\frac{c}{b}+\frac{b}{a}.$$

设 $p=a+b+c,q=ab+bc+ca,r=abc$. 则

$$\frac{a}{b}+\frac{b}{c}+\frac{c}{a}=\frac{pq-3r-\sqrt{-4p^3r-4q^3+p^2q^2-27r^2+18pqr}}{2r}.$$

我们不妨设 $q=1$, 则 $p\geqslant\sqrt{3},r\leqslant 1$. 于是

$$\frac{a}{b}+\frac{b}{c}+\frac{c}{a}+\frac{7(ab+bc+ca)}{a^2+b^2+c^2}-\frac{17}{2}$$

$$= \frac{p-3r-\sqrt{-4p^3r-4+p^2-27r^2+18pr}}{2r} + \frac{7}{p^2-2} - \frac{17}{2} = f(r),$$

我们有

$$f'(r) = \frac{p^2-p\sqrt{p^2-27r^2-r(4p^3-18p)-4}-4-r(2p^3-9p)}{2r^2\sqrt{p^2-27r^2-r(4p^3-18p)-4}} = 0$$

$$\iff \quad r = \frac{-2p^2 \pm \sqrt{(p^2-3)^3}+9}{p(p^4-9p^2+27)}.$$

所以

$$\begin{aligned} f(r) &\geqslant f\left(\frac{-2p^2+\sqrt{(p^2-3)^3}+9}{p(p^4-9p^2+27)}\right) \\ &= \left.\frac{2x^5+6x^4-9x^3-5x^2+3x+3}{2(x^2+1)(x+1)}\right|_{x=\sqrt{p^2-3}\geqslant 0} \\ &= \frac{(x-1)^2(2x^3+10x^2+9x+3)}{2(x^2+1)(x+1)} \geqslant 0. \end{aligned}$$

等号成立时有 $x=1$, 即 $p=2, r=\frac{1}{7}$. 此时 a,b,c 满足

$$\begin{cases} a+b+c=2, \\ ab+bc+ca=1, \\ abc=\frac{1}{7}, \end{cases}$$

即 a,b,c 是方程 $x^3-2x^2+x-\frac{1}{7}=0$ 的 3 个根:

$$x_1 = \frac{\sqrt{7}}{14}\left(\sqrt{7}-\tan\frac{\pi}{7}\right), \quad x_2 = \frac{\sqrt{7}}{14}\left(\sqrt{7}-\tan\frac{2\pi}{7}\right), \quad x_3 = \frac{\sqrt{7}}{14}\left(\sqrt{7}-\tan\frac{4\pi}{7}\right).$$

证毕. □

9.2　对称不等式的简化证明

先从求根公式谈起. 初中时大家学习了二次方程的求根公式, 到了高中或者大学, 老师会告诉大家三次方程、四次方程的求根公式, 而五次或更高次方程由 Abel 定理知一般是没有求根公式的.

对于一个一元 n 次多项式

$$f(x) = \sum_{i=0}^{n} a_i x^{n-i}, \tag{9.1}$$

所谓的求根公式是指仅通过加法、减法、乘法、除法与开根号等初等运算, 用系数把方程 $f(x)=0$ 的根表示出来. 由代数基本定理, 我们知道 n 次方程一般都有 n 个复根.

对于一个 n 次方程, 何时有 m 个实根 (记重数), 或者有多少个不同的复根、不同的实根, 也就是所谓的方程根的计数问题同样是一个令人感兴趣的课题. 关于单变元实系数多项式在一个给定区间内实根的计数问题的研究可追溯至法国数学家 Budan [11], Fourier [32] 和 Sturm [83] 等人的工作①. Sturm 序列是一种计算多项式在给定区间内不同实根的个数的较为有效的方法. 1853 年, Sylvester 在 Sturm 等人的方法的基础上研究了如下更为一般的计数问题 [84], 即对于实系数多项式 $f(x),u(x)$, 计算

$$|\{\alpha\in\mathbb{R}|f(\alpha)=0,u(\alpha)>0\}|-|\{\alpha\in\mathbb{R}|f(\alpha)=0,u(\alpha)<0\}|,$$

其中 $|\{\cdot\}|$ 表示集合元素的个数. 此后 Hermite 发展了一套更为一般的理论, 将方程的实根个数与相应 Hankel 矩阵的符号差联系起来 [48].

1989 年起, González-Vega 等 [35,36] 提出了基于 Sturm-Habicht 序列的组合算法, 给出了方程根的计数问题的解答. 杨路等人于 1996 年建立了多项式的完全判别系统 [94,96], 也解决了这个问题. 这两个研究团队得到的结论是等价的, 不过杨路等人给出的方法更简洁. 事实上, 他们的结论也可由 Sylvester-Hermite 定理与更早的矩阵论中关于 Hankel 型的结论 [34] 导出. 这些结果的详细介绍以及更多有关单变元多项式实根分布的结论可参阅文献 [8, 96].

为什么要谈方程呢? 因为它与我们要介绍的主题密切相关. 试想, 如果一个 n 次方程 (方便起见, 我们只考虑首一多项式, 即 $a_0=1$) 的根全为实数, 也就是有 n 个实根 (可以有重根), 那么此时系数之间一定满足一些关系, Sylvester-Hermite 定理、González-Vega 等的组合算法或多项式的完全判别系统就告诉了我们这个问题的充要条件, 即方程有 n 个实根当且仅当系数满足某种关系式时, 这里的关系式是关于方程系数的多项式不等式组②. 而韦达定理告诉我们方程的根与系数之间的关系, 于是我们能知道当 x_l 都为实数时, a_j(a_j 是 $x_l(l=1,\cdots,n)$ 的初等对称多项式) 的取值范围.

我们不加证明地列出下面的定理:

定理 9.1 多项式

$$f(x)=\sum_{i=0}^{n}a_ix^{n-i},$$

$a_0=1$ 时,

$$a_j=(-1)^j\sum x_1x_2\cdots x_j\quad(j=1,2,3,\cdots,n),$$

其中 x_i 为方程 $f(x)=0$ 的根. 则 x_i 为实数的充要条件是 $a_i\in\mathbb{R}$ 且存在 $n\geqslant j\geqslant 1$, 使得

① Budan 和 Fourier 得到的结论是等价的, Sturm 仿照 Fourier 的方法给出了他的定理.

② 理论上多项式完全判别系统可以用来证明所有不带条件的多项式不等式, 不过也仅限于理论上, 实际上其仅对一个变元的情形有效, 比如求当 $x\in\mathbb{R}$ 时, $\sum\limits_{i=0}^{n}a_ix^{n-i}\geqslant 0$ 的充要条件等.

$D_k > 0(k=1,2,\cdots,j)$, $D_k = 0(k=j+1,j+2,\cdots,n)$. 其中

$$\begin{cases} D_1(a_1,\cdots,a_n)=n, \\ D_2(a_1,\cdots,a_n)=\sum\limits_{i<j}(x_i-x_j)^2, \\ D_3(a_1,\cdots,a_n)=\sum\limits_{i<j<k}(x_i-x_j)^2(x_j-x_k)^2(x_k-x_i)^2, \\ \cdots, \\ D_n(a_1,\cdots,a_n)=\prod\limits_{i<j}(x_i-x_j)^2. \end{cases} \tag{9.2}$$

注　特别地, 取 $n=3$, 我们得到 x,y,z 为实数, 当且仅当 $x+y+z,xy+yz+zx,xyz\in\mathbb{R}$ 且 $(x+y+z)^2\geqslant 3(xy+yz+zx),(x-y)^2(y-z)^2(z-x)^2\geqslant 0$ 时.

事实上, 此时可以证明如下更强的结论:

定理 9.2　复数 x,y,z 为实数, 当且仅当 $x+y+z,xy+yz+zx,xyz\in\mathbb{R}$ 且 $(x-y)^2(y-z)^2(z-x)^2\geqslant 0$ 时. 特别地, 当 $x+y+z$, $xy+yz+zx$ 固定, xyz 取最值时, x,y,z 中必有两数相等.

证明　结论中有一边是易证的. 当 x,y,z 是实数时, 显然有 $x+y+z,xy+yz+zx,xyz\in\mathbb{R}$ 且 $(x-y)^2(y-z)^2(z-x)^2\geqslant 0$.

当 $x+y+z,xy+yz+zx,xyz\in\mathbb{R}$ 且 $(x-y)^2(y-z)^2(z-x)^2\geqslant 0$ 时, 我们要说明 $x,y,z\in\mathbb{R}$.

考虑多项式

$$f(X)=X^3-(x+y+z)X^2+(xy+yz+zx)X-xyz,$$

显然 x,y,z 是方程 $f(X)=0$ 的三个根. 注意到 $f(X)$ 的复根 (非实根) 是成对出现的, 且是共轭的①, 若结论不成立, 则 x,y,z 中有两个是复数 (非实数), 不妨设 $x\in\mathbb{R}$, $z=\overline{y}\in\mathbb{C}\backslash\mathbb{R}$. 于是

$$(x-y)^2(y-z)^2(z-x)^2=(x-y)^2\overline{(y-x)^2}(y-\overline{y})^2<0,$$

与条件矛盾, 故方程 $f(X)=0$ 的三个根都是实数, 因此命题得证. □

上述定理有如下简单却有用的推论:

推论 9.3　对于实数 x,y,z, 令 $p=x+y+z$, $q=xy+yz+zx$, $r=xyz$. 对任意整数 b, 当 p, qr^{-b} 固定时, r 的最值一定在 x,y,z 中有两数相等时取到. 特别地, 当 $x+y+z,xy+yz+zx$ 固定时, xyz 的最值一定在 x,y,z 中有两数相等时取到.

证明　注意到

① 对 $f(X)=0$ 取共轭即可.

$$(x-y)^2(y-z)^2(z-x)^2=-4p^3r+p^2q^2+18pqr-4q^3-27r^2,$$

令 $q=r^bt$, 则由定理 9.2知, r 满足

$$27r^2+4p^3r+4r^{3b}t^3-p^2r^{2b}t^2-18pr^{1+b}t\leqslant 0.$$

而 $\max\{2,3b\}>\max\{2b,1+b\}$, 满足上述不等式的 r 的取值范围为若干闭区间的并, 且区间的端点对应于上述不等式的等号成立, 即 x,y,z 中有两数相等. □

注 由本推论的证明方法, 我们可以得到一类诸如关于 x,y,z 的两个对称多项式固定, 某些关于 x,y,z 的对称多项式取最值时 x,y,z 中有两数相等的结论.

现在我们可以求出当 $x,y,z\in\mathbb{R}$, $x+y+z$ 与 $xy+yz+zx$ 固定时, xyz 的值域了.

定理 9.4(文献 [41]) 设 $x,y,z\in\mathbb{C}$, $x+y+z=1$, $xy+yz+zx,xyz\in\mathbb{R}$. 则 $x,y,z\in\mathbb{R}$ 的充要条件是 $xyz\in[r_1,r_2]$, 其中

$$\begin{aligned}&r_1=\frac{1}{27}(1-3t^2-2t^3),\quad r_2=\frac{1}{27}(1-3t^2+2t^3),\\&t=\sqrt{1-3(xy+yz+zx)}\geqslant 0.\end{aligned}$$

证明 考虑多项式

$$f(X)=X^3-(x+y+z)X^2+(xy+yz+zx)X-xyz,$$

显然 x,y,z 是方程 $f(X)=0$ 的三个根. 由定理 9.1的注知, 方程 $f(X)=0$ 有三个实根当且仅当

$$D_3(f)\geqslant 0,\quad D_2(f)\geqslant 0$$

时, 其中

$$\begin{aligned}&D_2(f)=(x+y+z)^2-3(xy+yz+zx)=1-3(xy+yz+zx),\\&D_3(f)=(x-y)^2(y-z)^2(z-x)^2=\frac{1}{27}(4D_2(f)^3-(3D_2(f)-1+27xyz)^2).\end{aligned}$$

令 $t=\sqrt{D_2(f)}$, $r=xyz$, 我们有

$$\begin{aligned}x,y,z\in\mathbb{R}\quad&\Longleftrightarrow\quad(x-y)^2(y-z)^2(z-x)^2\geqslant 0,(x+y+z)^2\geqslant 3xy+3yz+3zx,\\&\Longleftrightarrow\quad 4t^6-(3t^2-1+27r)^2\geqslant 0,t\geqslant 0\\&\Longleftrightarrow\quad\frac{1}{27}(1-3t^2-2t^3)\leqslant r\leqslant\frac{1}{27}(1-3t^2+2t^3),t\geqslant 0.\end{aligned}$$

定理得证. □

类似地, 也可以得到 x,y,z 为非负实数, $x+y+z$ 与 $xy+yz+zx$ 固定时, xyz 的值域, 我们把证明留给读者思考. 由定理 9.4知, 对于实数 x,y,z, 当 $x+y+z,xy+yz+zx$ 固定, xyz 取最值时, x,y,z 中必有两数相等. 定理 9.8可看作对这一结论的推广.

对于一个三元对称不等式 $\forall x,y,z\in\mathbb{R},f(x,y,z)\geqslant 0$, 我们设 $p=x+y+z,q=xy+yz+zx,r=xyz$, 则由对称多项式基本定理, $f(x,y,z)$ 能写成关于 p,q,r 的多项式, 即 $f(x,y,z)=g(p,q,r)$. 而我们已经知道 x,y,z 为实数, 当且仅当 $p,q,r\in\mathbb{R}$ 且 $g_2(p,q,r)=(x-y)^2(y-z)^2(z-x)^2\geqslant 0$ 时. 也就是说证明

$$\forall x,y,z\in\mathbb{R},\quad f(x,y,z)\geqslant 0$$

等价于证明 $\forall p,q,r\in\mathbb{R}$ 且 $g_2\geqslant 0$, $g(p,q,r)\geqslant 0$.

有时为了便于证明 (如定理 9.4), 我们也会加上可由 $g_2\geqslant 0$ 推出的不等式 $g_1(p,q,r)=(x+y+z)^2-3(xy+yz+zx)\geqslant 0$ 作为已知条件. 基于这一等价的事实, 我们可以认为 $g_2(p,q,r)=(x-y)^2(y-z)^2(z-x)^2\geqslant 0$ 是三元对称不等式的母不等式, 或最强不等式.

若变元为非负实数, 通过类似的讨论, 我们有

$$f(x,y,z)\geqslant 0\quad(\forall x,y,z\geqslant 0)$$

等价于

$$g(p,q,r)\geqslant 0\quad(\forall p,q,r,g_2\geqslant 0),$$

这样做的好处是可以降低不等式的次数, 如对于一个三元齐六次的不等式 $\forall x,y,z\geqslant 0,f(x,y,z)\geqslant 0$, g 关于 r 的次数小于或等于 2, 也就是小于或等于原先次数的 $\dfrac{1}{3}$. 对不少问题, 这种方法是有效的. 特别是当次数小于或等于 5 时, 效果是很明显的. 因为此时 g 关于 r 的次数不超过 1, 也就是关于 r 是线性的, 线性函数的最值一定在端点处取到, 也就是使得 $g_2=0$ 或 $r=0$ 的点, 从而函数取到最值时, 必然有两数相等或有数为 0. 这也就是证明三元 n 次不等式 $f(x,y,z)\geqslant 0(n\leqslant 5)$ 等价于证明二元不等式 $f(x,x,y)\geqslant 0$, $f(x,y,0)\geqslant 0$ 的原因 (若变元取实数, 则后一个不等式也可排除). 当 g 关于 r 的次数超过 1 时, 若 g 关于 r 是单调的, 则我们刚才的论断仍然成立; 若 g 关于 r 不是单调的, 但 g 关于 r 是下凸的 (上凸的), 即 $g''(r)\geqslant 0(g''(r)\leqslant 0)$, 则我们知道 g 取最大值 (最小值) 一定是在端点处, 即仍有两数相等或有数为 0. 如例 4.6、例 5.62 等都可用这种方法很容易地证明.

类似于上面的讨论, 我们可以将结论推广到 n 个变元的情形, 即欲证明对称不等式 $f(x_1,x_2,\cdots,x_n)\geqslant 0(\forall x_i\in\mathbb{R},i=1,2,\cdots,n)$, 只需证明 $g(a_1,a_2,\cdots,a_n)\geqslant 0$ 在对任意 $1\leqslant j\leqslant n$, $D_k(a_1,\cdots,a_n)>0(k=1,2,\cdots,j)$, $D_k(a_1,\cdots,a_n)=0(k=j+1,j+2,\cdots,n)$, 且 $a_i\in\mathbb{R}(i=1,2,\cdots,n)$ 时成立即可, 其中 $f(x_1,\cdots,x_n)=g(a_1,\cdots,a_n)$. 事实上, 我们可以得到更强的结论: 由函数的连续性, 对称不等式 $f(x_1,x_2,\cdots,x_n)\geqslant 0(\forall x_i\in\mathbb{R},i=1,2,\cdots,n)$ 成立当且仅当 $x_i(i=1,2,\cdots,n)$ 互不相同时, $f(x_1,x_2,\cdots,x_n)\geqslant 0(\forall x_i\in\mathbb{R},i=1,2,\cdots,n)$ 成立, 而这又等价于 $D_k>0(k=1,2,\cdots,n)$ 且 $a_i\in\mathbb{R}(i=1,2,\cdots,n)$ 时, $g(a_1,a_2,\cdots,a_n)\geqslant 0$ 成立.

一个简单推论是: 欲证明 n 元 m 次 $(m\leqslant 2n-1)$ 对称不等式 $f(x_1,x_2,\cdots,x_n)\geqslant 0(x_i\in\mathbb{R},i=1,2,\cdots,n)$, 只需证明 $n-1$ 元 m 次不等式 $f(x_1,x_2,\cdots,x_{n-1},x_{n-1})\geqslant 0(x_i\in\mathbb{R},i=$

$1,2,\cdots,n)$, 即我们可以只考虑 $x_{n-1}=x_n$ 的情形. 当 $n=3$ 时, 即为我们之前讨论的三元时的结果. 我们马上能看到这一结论还能变得更强, 对于 m 次对称不等式, 我们只需考虑有 $\left[\dfrac{m}{2}\right]$ 个不同变元的情况即可.

为了较严格地叙述这个结论, 我们先来引入一些记号:

定义 9.5 对任意的 $\boldsymbol{x}_n=(x_1,x_2,\cdots,x_n)\in\mathbb{R}^n$, 记

$$v(\boldsymbol{x}_n)=|\{x_j|j=1,2,\cdots,n\}|,\quad v(\boldsymbol{x}_n)^*=|\{x_j|x_j\neq 0,j=1,2,\cdots,n\}|.$$

这里 $|A|$ 表示集合 A 中元素个数. $v(\boldsymbol{x}_n)$ 的一个直观的解释是 $\boldsymbol{x}_n$ 的坐标中互不相同的数的个数. $v(\boldsymbol{x}_n)^*$ 可类似理解.

下面这个定理最早由 V. Timofte 得到 [88], 作者曾在丘成桐中学数学奖竞赛的论文中独立地发现并用不同的方法证明了这一结论 [39,40].

定理 9.6 一个 n 元 m 次齐次对称不等式 $F(\boldsymbol{x}_n)\geqslant 0$ 在 $\mathbb{R}^n_+$ 上成立, 当且仅当 $F(\boldsymbol{x}_n)\geqslant 0$ 在 $\left\{\boldsymbol{x}_n|\boldsymbol{x}_n\in\mathbb{R}^n_+,v(\boldsymbol{x}_n)^*\leqslant\max\left\{\left\lfloor\dfrac{m}{2}\right\rfloor,1\right\}\right\}$ 上成立时, 其中 $\lfloor d\rfloor$ 表示不超过 d 的最大整数.

定理 9.6的意义在于将多变元多项式的问题化为一系列更少变元数的问题, 起到了降低维数的作用.

我们可用定理 9.1来证明定理 9.6. 为保证本书的自封闭性, 我们将绕过定理 9.1, 利用函数图像的几何性质给出上述定理的一个既简明又较为初等的证明.

为此我们先引入一些记号, 并考察初等对称多项式的一些性质.

定义 9.7 设 $\boldsymbol{x}_n\in\mathbb{R}^n$, 定义 $\boldsymbol{x}_n$ 的初等对称多项式为

$$\sigma_j(\boldsymbol{x}_n)=\sum_{\substack{i_1,i_2,\cdots,i_j\in\widehat{[1,n]}\\ i_1<i_2<\cdots<i_j}}x_{i_1}x_{i_2}\cdots x_{i_j}\quad(j=1,2,\cdots,n),$$

其中 $\widehat{[1,n]}$ 表示在闭区间 $[1,n]$ 中整数的集合, 即集合 $\{1,2,\cdots,n\}$.

在阅读下面的定理与推论时, 若不理解, 读者可以尝试验证 $n=3$ 这一较为简单的情形.

定理 9.8 设 $\boldsymbol{x}_n\in\mathbb{R}^n$, 固定前 $n-1$ 个关于 $\boldsymbol{x}_n$ 的初等对称多项式, 即 $\sigma_j(\boldsymbol{x}_n)$ $(j=1,2,\cdots,n-1)$. 那么 $\sigma_n(\boldsymbol{x}_n)$ 仅当 $v(\boldsymbol{x}_n)\leqslant n-1$ 时取极值, 并且 $\sigma_n(\boldsymbol{x}_n)$ 满足介值性, 即能取到最大值与最小值间的任意值.

证明 我们固定 $\sigma_j(\boldsymbol{x}_n)(j=1,2,\cdots,n-1)$, 并考虑多项式

$$f(x,a_n)=x^n+\sum_{j=1}^{n-1}(-1)^{n-j}\sigma_{n-j}(\boldsymbol{x}_n)x^j+(-1)^n a_n.$$

对于给定的 $\sigma_n(\boldsymbol{x}_n)$, 若 $f(x,\sigma_n(\boldsymbol{x}_n))$ 有 n 个实根, 且不含重根, 即

$$\left\{\frac{\partial f(x,\sigma_n(\boldsymbol{x}_n))}{\partial x}=0, f(x,\sigma_n(\boldsymbol{x}_n))=0\right\}$$

无公共实根, 则存在 a'_n, $a''_n\in\mathbb{R}$, 使得 $a'_n<\sigma_n(\boldsymbol{x}_n)<a''_n$, 且 $f(x,a'_n)$, $f(x,a''_n)$ 的根都是实根, 并含有至少一个实重根 (这可由函数 $f(x,a_n)$ 的图像性质得到, 只需连续地改变 a_n 的值即可). 设 $f(x,a'_n)$, $f(x,a''_n)$ 的 n 个实根分别为 $\boldsymbol{x}'_n=(x'_1,\cdots,x'_n)$, $\boldsymbol{x}''_n=(x''_1,\cdots,x''_n)$. 注意到

$$\sigma_j(\boldsymbol{x}_n)=\sigma_j(\boldsymbol{x}'_n)=\sigma_j(\boldsymbol{x}''_n)\quad(j=1,2,\cdots,n-1),$$

且有

$$a'_n=\sigma_n(\boldsymbol{x}'_n)<\sigma_n(\boldsymbol{x}_n)<\sigma_n(\boldsymbol{x}''_n)=a''_n,$$

介值性由证明过程知是显然满足的. □

利用类似的讨论, 我们也有:

定理 9.9 设 $\boldsymbol{x}_n\in\mathbb{R}^n_+$, 固定前 $n-1$ 个 $\boldsymbol{x}_n$ 的初等对称多项式 $\sigma_j(\boldsymbol{x}_n)$ $(j=1,2,\cdots,n-1)$, 则 $\sigma_n(\boldsymbol{x}_n)$ 取极值时有 $v(\boldsymbol{x}_n)^*\leqslant n-1$, 并且 $\sigma_n(\boldsymbol{x}_n)$ 满足介值性.

作为上述定理的推论, 我们有:

推论 9.10 若 $\boldsymbol{x}_n\in\mathbb{R}^n_+$, $v(\boldsymbol{x}_n)^*=n$, 则存在 $\boldsymbol{x}'_n\in\mathbb{R}^n_+$, $v(\boldsymbol{x}'_n)=n-1$, 使得 $\sigma_j(\boldsymbol{x}_n)=\sigma_j(\boldsymbol{x}'_n)$ $(j=1,2,\cdots,n-1)$, $\sigma_n(\boldsymbol{x}_n)<\sigma_n(\boldsymbol{x}'_n)$.

证明 只需注意到, 在推论中的条件下, $\sigma_n(\boldsymbol{x}'_n)$ 取最大值时不可能存在 $1\leqslant i\leqslant n$, 使得 $x'_i=0$. □

回到定理 9.6的证明, 注意到 $n=3$ 的情形由上面的推论结合之前的讨论知是显然正确的, 对于一般情形, 严格的证明需要用到数学分析中的一些知识.

证明 (定理 9.6 的证明) 必要性是显然的. 下面证明充分性.

当 $m\geqslant 2n$ 或 $m=1$ 时, 定理显然成立. 于是只需考虑 $2\leqslant m\leqslant 2n-1$ 的情况.

设 $\left[\dfrac{m}{2}\right]=t$. 对于非负实数 $c_1,\cdots,c_t$, 记

$$A_{c_t}=\{\boldsymbol{x}_n\in\mathbb{R}^n_+\mid\sigma_i(\boldsymbol{x}_n)=c_i,i=1,2,\cdots,t\}.$$

若集合 A_{c_t} 非空, 则由连续函数在有界闭集上存在最小值知 F 能在 A_{c_t} 上取到最小值.

设 $S=\{\boldsymbol{x}_n\in A_{c_t}\mid F(\boldsymbol{x}_n)=\min F(A_{c_t})\}$, 显然 S 是一个有界闭集.

设 $G(\boldsymbol{x}_n)=\sigma_{t+1}(\boldsymbol{x}_n)$, $T=\{\boldsymbol{x}_n\in S\mid G(\boldsymbol{x}_n)=\max G(S)\}$. 注意到 G 是连续的, T 是非空的. 我们断言, 对任意 $\boldsymbol{x}_n\in T$, 均有 $v(\boldsymbol{x}_n)^*\leqslant t$, 从而完成定理的证明.

若否, 我们不妨设存在 $\boldsymbol{x}_n\in T$, 使得 $0<x_1<x_2<\cdots<x_{t+1}$.

记 $\boldsymbol{x}_{t+1}=(x_1,x_2,\cdots,x_{t+1})$, 则 $v(\boldsymbol{x}_{t+1})^*=t+1$. 我们固定 x_{t+2}, $\cdots$, x_n 和 $\sigma_i(\boldsymbol{x}_{t+1})(i=1,2,\cdots,t)$ 不变. 此时 F 是关于 $\sigma_{t+1}(\boldsymbol{x}_{t+1})$ 的一元函数, 并且 $\deg(F,\sigma_{t+1}(\boldsymbol{x}_{t+1}))\leqslant 1$.

若 $\deg(F,\sigma_{t+1}(\boldsymbol{x}_{t+1}))=1$, 则 F 取最小值时 $\sigma_{t+1}(\boldsymbol{x}_{t+1})$ 必取极值. 由定理 9.9, 此时应有 $v(\boldsymbol{x}_{t+1})^*\leqslant t$, 矛盾.

若 $\deg(F,\sigma_{t+1}(\boldsymbol{x}_{t+1}))=0$, 则由推论 9.10知, 存在 $\boldsymbol{x}'_{t+1}\in\mathbb{R}_+^{t+1}$, 使得

$$F(\sigma_{t+1}(\boldsymbol{x}_{t+1}))=F(\sigma_{t+1}(\boldsymbol{x}'_{t+1})),\quad 0<\sigma_{t+1}(\boldsymbol{x}_{t+1})<\sigma_{t+1}(\boldsymbol{x}'_{t+1}),$$

这与 $\boldsymbol{x}_n\in T$ 矛盾. □

由定理 9.6, 我们可以尝试得到三、四、五次对称不等式正性的显式判定, 具体结果可参见文献 [96, 99].

仿照定理 9.6的证明, 我们有:

定理 9.11 一个对称 n 元 m 次不等式 $\forall\boldsymbol{x}_n\in\mathbb{R}^n, F(\boldsymbol{x}_n)\geqslant 0$ 成立当且仅当 $F(\boldsymbol{x}_n)\geqslant 0$ 在集合 $\left\{\boldsymbol{x}_n|\boldsymbol{x}_n\in\mathbb{R}^n, v(\boldsymbol{x}_n)\leqslant\max\left\{\left\lfloor\frac{m}{2}\right\rfloor,2\right\}\right\}$ 上成立时.

我们猜想定理 9.6是最佳的, 也就是说对任意的正整数 m, 定理结论中的 $\max\left\{\left\lfloor\frac{m}{2}\right\rfloor,1\right\}$ 是不可改进的, 下面是一些例子.

对于二元齐四次对称型

$$F(x,y)=(x^2+y^2-2xy)(x^2+y^2-4xy),$$

注意到 $F(1,2)<0$, 即 $F\geqslant 0$ 在 $\mathbb{R}_+^2$ 上不成立. 然而, 当 $v(\boldsymbol{x}_2)^*\leqslant 1$ 时, 不等式 $F(1,1)\geqslant 0$, $F(1,0)\geqslant 0$ 成立. 从而对这个例子, 定理的结论是不可改进的.

对于三元齐六次对称型

$$F(x,y,z)=\left(\sigma_3+\frac{2}{27}\sigma_1^3-\frac{1}{3}\sigma_1\sigma_2\right)^2-\left(\sigma_1^2-\frac{36}{11}\sigma_2\right)^2\left(\frac{41}{10}\sigma_2-\sigma_1^2\right)+\frac{9}{110}\sigma_2^3,$$

注意到 $f(12,1,16)<0$, 即 $F\geqslant 0$ 在 $\mathbb{R}_+^3$ 上不成立. 然而, 当 $v(\boldsymbol{x}_3)^*\leqslant 2$ 时, 不等式 $f(1,1,x)\geqslant 0, f(x,1,0)\geqslant 0(x\in\mathbb{R}_+)$ 成立. 从而对这个例子, 定理的结论也是不可改进的.

定理 9.9与定理 9.6在处理三元对称或轮换对称不等式时有广泛应用. 实际上, 这两个定理本身也很好地诠释了为何许多三元对称不等式的取等条件为两数相等或有数为 0. 其精髓是先证明关于 p,q,r 的函数在 p,q 固定时关于 r 是单调的, 或说明函数取最值时 r 一定在端点处, 再证明 a,b,c 中有两数相等或有数为 0 时原命题成立. 限于篇幅, 我们仅举几例说明.

例 9.10 (Tigran Sloyan) 对 $a,b,c\geqslant 0$, 且没有两数同时为 0. 证明:

$$\frac{a^2}{(2a+b)(2a+c)}+\frac{b^2}{(2b+c)(2b+a)}+\frac{c^2}{(2c+a)(2c+b)}\leqslant\frac{1}{3}.$$

证明 原不等式等价于

$$\frac{\sum a^2(2b+c)(2b+a)(2c+a)(2c+b)}{\prod(2a+b)(2a+c)}\leqslant\frac{1}{3}.$$

令 $p=a+b+c, q=ab+bc+ca, r=abc$, 我们注意到有如下恒等式:

$$\prod(2a+b)(2a+c)=8p^2q^2+4p^3r+4q^3-18pqr+27r^2,$$
$$\sum a^2(2b+c)(2b+a)(2c+a)(2c+b)=2p^2q^2+p^3r+4q^3-9pqr+27r^2,$$

代入化简后只需证明

$$-\frac{2}{3}p^2q^2-\frac{1}{3}p^3r+\frac{8}{3}q^3-3pqr+18r^2\leqslant 0.$$

令 $f(r)=-\frac{2}{3}p^2q^2-\frac{1}{3}p^3r+\frac{8}{3}q^3-3pqr+18r^2$, 则

$$\begin{aligned}f'(r)&=-\frac{1}{3}(p^3+9pq-108r)\leqslant-\frac{1}{3}(p^3+9\cdot 9r-108r)\\&=-\frac{1}{3}(p^3-27r)\leqslant 0.\end{aligned}$$

于是由定理 9.9知, 只需考虑两数相等或者至少有一数为 0 的情况.

(i) 不妨设 $a=c$, 则不等式变为

$$\frac{2a}{3(2a+b)}+\frac{b^2}{(a+2b)^2}\leqslant\frac{1}{3},$$

展开后等价于 $b^3+a^2b-2ab^2\geqslant 0$, 由 AM-GM 不等式知这显然成立.

(ii) 不妨设 $a=0$, 则原不等式变为

$$\frac{b}{2b+c}+\frac{c}{2c+b}\leqslant\frac{2}{3},$$

展开后等价于 $b^2+c^2\geqslant 2bc$, 显然成立.

综上, 原不等式成立, 当且仅当 $a=b=c$ 或者 $a=b, c=0$ 及其轮换时取等号. □

例 9.11 (伊朗 96)　设 a,b,c 是正数. 求证:

$$(ab+bc+ca)\left(\frac{1}{(a+b)^2}+\frac{1}{(b+c)^2}+\frac{1}{(c+a)^2}\right)\geqslant\frac{9}{4}.$$

证明　不等式通分移项后等价于

$$4\sum ab\sum(a+b)^2(b+c)^2-9(a+b)^2(b+c)^2(c+a)^2\geqslant 0. \tag{9.3}$$

设

$$f\left(\sum a,\sum ab,abc\right)=4\sum ab\sum(a+b)^2(b+c)^2-9(a+b)^2(b+c)^2(c+a)^2.$$

而 $\sum(a+b)^2(b+c)^2$ 的次数小于或等于 4, 故不可能含有包含 $(abc)^2$ 的项. 固定 $\sum a,\sum ab$ 不变, 则 f 是关于 abc 的首项系数为负的二次函数, 其最小值必在端点处取到, 由定理 9.9知, 此时 a,b,c 中必有数为 0, 或两数相等. 若 $c=0$, 则不等式(9.3)等价于

$$4ab((a+b)^2b^2+a^2b^2+(a+b)^2a^2)-9(a+b)^2b^2a^2\geqslant 0,$$

上式因式分解后等价于

$$ab(a-b)^2(4a^2+7ab+4b^2)\geqslant 0.$$

若 $a=c$, 则代入原不等式, 我们只需证明

$$(a^2+2ab)\left(\frac{1}{4a^2}+\frac{2}{(a+b)^2}\right)\geqslant\frac{9}{4}\quad\Longleftrightarrow\quad\frac{b(a-b)^2}{2a(a+b)^2}\geqslant 0.$$

原不等式得证. □

上述证明既不需要展开也不需要配方, 通过观察得到 f 是关于 abc 的上凸函数后, 即知只需证明原不等式的变元有数为 0 或两数相等的情形.

对于一些轮换对称的不等式, 若我们能将其化为对称的, 则也可以应用定理 9.8. $\mathbb{R}^3\to\mathbb{R}$ 上的三元四次齐次轮换对称不等式可以写成

$$F(a,b,c)=A\sigma_1^4+B\sigma_1^2\sigma_2+C\sigma_2^2+D\sigma_1\sigma_3+E\sigma_1\sum_{\text{cyc}}a^2b\geqslant 0.$$

作代换 $a=x+ky,b=y+kz,c=z+kx$. 当 $k\neq -1$ 时该线性变换是可逆的, 此时 $F(x,y,z)$ 为完全对称的充要条件为

$$(-E-Ek^3+3Ek^2+2Ek-Dk-Ek^4+Dk^2)\sum_{\text{cyc}}xy^3=0$$
$$\Longleftrightarrow\quad(k+1)(Ek^3-Dk^2-3Ek+Dk+E)=0.$$

注意到三次方程必有实根, 故此时必存在 $k\in\mathbb{R}$, 满足

$$Ek^3-Dk^2-3Ek+Dk+E=0.$$

而此时 $F(a,b,c)=F(x,y,z)$ 为完全对称的, 故由定理 9.8 知, 此时 $F(x,y,z)\geqslant 0$ 成立的充要条件为有两数相同, 不妨设 $y=z$, 即 $a=x+ky=x+\dfrac{bk}{k+1},b=(k+1)y,c=y+kx=\dfrac{b}{k+1}+kx$. 由齐次性, 不妨设 $b=1$, 再令 $x=m+\dfrac{1}{k+1}-1$. 则 $a=m,b=1,c=km+1-k$. 于是我们得到 $F(a,b,c)\geqslant 0$ 成立的充要条件为

$$F(m,1,km+1-k)\geqslant 0\quad(m\in\mathbb{R}).$$

其中 k 为方程 $Ek^3-Dk^2-3Ek+Dk+E=0$ 的实根. 这样的益处是我们只需处理关于 m 的单变元不等式即可. 由于 k 为一个三次方程的根, 我们想由此得到一般三元四次轮换对称不等式的简洁的显式判定仍是困难的. 有时即使处理参数给定的问题也不容易. 注意到若原不等式成立, 则显然对于任意的实数 $m,k\in\mathbb{R}$, $F(m,1,km+1-k)\geqslant 0$ 成立, 而当 $F(1,1,1)=0$ 时, $m=1$ 必为 $F(m,1,km+1-k)=0$ 的重根, 设 $F(m,1,km+1-k)=(m-1)^2G(m,k)$, 则 $G(m,k)$ 关于 m 的次数为 2. 而证明 $m,k\in\mathbb{R}$, $G(m,k)\geqslant 0$ 往往比较容易.

例 9.12 (Vasile)　$a,b,c\in\mathbb{R}$, 则

$$F(a,b,c)=(a^2+b^2+c^2)^2-3(a^3b+b^3c+c^3a)\geqslant 0.$$

证明　显然 $F(1,1,1)=0$, 通过计算知 $F(m,1,km+1-k)=(m-1)^2G(m,k)$, 其中

$$G(m,k)=(k^4-3k^3+2k^2+1)m^2+(-2k^4+7k^3-9k^2+4k-1)m+k^4-4k^3+8k^2-5k+1.$$

容易证明对任意实数 k, 均有 $k^4-3k^3+2k^2+1\geqslant 0$. $G(m,k)$ 关于 m 的判别式为 $-3(k^3-k^2-2k+1)^2\leqslant 0$. 因此对于任意实数 m,k, $G(m,k)\geqslant 0$, 原不等式得证. □

实际上, 对于三元四次轮换对称不等式, 我们也能得到显示判定准则, 这需要一些技巧来降低维数, 以下这部分内容来自文献 [41].

为方便起见, 我们考虑如下形式的三元四次轮换对称不等式成立的充要条件:

$$F(x,y,z)=\sum_{\text{cyc}}x^4+k\sum_{\text{cyc}}x^2y^2+l\sum_{\text{cyc}}x^2yz+m\sum_{\text{cyc}}x^3y+n\sum_{\text{cyc}}xy^3\geqslant 0\quad(\forall x,y,z\in\mathbb{R}).$$

我们的目标是先将轮换对称的问题化为对称的问题, 再将三元齐次的问题化为单变元的问题.

引理 9.12　$\forall x,y,z\in\mathbb{R},F(x,y,z)\geqslant 0$ 成立, 当且仅当

$$\begin{aligned}&2\sum_{\text{cyc}}x^4+2k\sum_{\text{cyc}}x^2y^2+2l\sum_{\text{cyc}}x^2yz+(n+m)\sum_{\text{cyc}}x^3y+(m+n)\sum_{\text{cyc}}xy^3\\&\geqslant|(m-n)(x+y+z)(x-y)(y-z)(z-x)|\end{aligned}$$

对所有 $x,y,z\in\mathbb{R}$ 成立.

下面这个定理是转换的关键, 证明中需用到定理 9.4.

定理 9.13　三元四次轮换对称不等式

$$F(x,y,z)\geqslant 0\quad(\forall x,y,z\in\mathbb{R})$$

成立当且仅当下面的不等式成立时:

$$\begin{aligned}g(t):=&3(2+k-m-n)t^4+3(4+m+n-l)t^2+k+1+m+n+l\\&-\sqrt{27(m-n)^2+(4k+m+n-8-2l)^2}\,t^3\geqslant 0\quad(\forall t\in\mathbb{R}).\end{aligned}$$

证明　显然我们只需证明 $F(x,y,z)\geqslant 0(\forall x,y,z\in\mathbb{R})$ 等价于 $g(t)\geqslant 0(\forall t\geqslant 0)$.

由引理 9.12知, $F\geqslant 0$ 等价于对任意 $x,y,z\in\mathbb{R}$, 有

$$2\sum_{\text{cyc}}x^4+2k\sum_{\text{cyc}}x^2y^2+2l\sum_{\text{cyc}}x^2yz+(n+m)\sum_{\text{cyc}}x^3y+(m+n)\sum_{\text{cyc}}xy^3$$

$$\geqslant |(m-n)(x+y+z)(x-y)(y-z)(z-x)|.$$

设 $p=x+y+z, q=xy+yz+zx, r=xyz$, 则

$$\sum_{\text{cyc}} x^4 = p^4-4p^2q+2q^2+4pr, \quad \sum_{\text{cyc}} x^2y^2 = q^2-2pr,$$

$$\sum_{\text{cyc}} x^2yz = pr, \quad \sum_{\text{cyc}} (x^3y+xy^3) = q(p^2-2q)-pr,$$

$$|(x-y)(y-z)(z-x)| = \sqrt{\frac{4(p^2-3q)^3-(2p^3-9pq+27r)^2}{27}}.$$

上面的不等式等价于

$$\begin{aligned} G(x,y,z)=&2p^4+np^2q-8p^2q+mp^2q+2kq^2-2nq^2-2mq^2+4q^2+2lpr+8pr \\ &-npr-mpr-4kpr-|m-n||p|\sqrt{\frac{4(p^2-3q)^3-(2p^3-9pq+27r)^2}{27}} \geqslant 0. \end{aligned}$$

我们先证明充分性.

若 $p=0$, 则 $G(x,y,z)\geqslant 0$ 即为

$$2(2+k-m-n)q^2 \geqslant 0.$$

由于 $\forall t\geqslant 0, g(t)\geqslant 0$, 且 $2+k-m-n$ 是 $g(t)$ 的首项系数, 故 $2+k-m-n\geqslant 0$.

若 $p\neq 0$, 由 $F(x,y,z)$ 的齐次性且次数为偶数, 我们不妨设 $p=1$. 注意到

$$(x+y+z)^2 \geqslant 3(xy+yz+zx),$$

因此 $q\leqslant \dfrac{1}{3}$. 作代换 $t=\sqrt{1-3q}\geqslant 0$, 不等式 $G(x,y,z)\geqslant 0$ 等价于

$$\begin{aligned} &2(2+k-m-n)t^4+(16-4k+m+n)t^2-2+2k+m+n \\ &+9(8-4k+2l-m-n)r \\ &\quad \geqslant \sqrt{3}|m-n|\sqrt{4t^6-(3t^2-1+27r)^2}, \end{aligned} \tag{9.4}$$

其中 $t\geqslant 0$, $r\in[r_1,r_2]$ (r_1, r_2 的定义见定理 9.12). 由于 $\dfrac{2}{3}g(t)\geqslant 0$ 等价于

$$\begin{aligned} &2(2+k-m-n)t^4+(16-4k+m+n)t^2-2+2k+m+n \\ &+9(8-4k+2l-m-n)r \\ &\quad \geqslant \frac{2\sqrt{27(m-n)^2+(8-4k+2l-m-n)^2}t^3}{3}+\frac{(8-4k+2l-m-n)(3t^2-1+27r)}{3}, \end{aligned}$$

为证明 $G(x,y,z)\geqslant 0$, 只需证明

$$\sqrt{3}|m-n|\sqrt{4t^6-(3t^2-1+27r)^2}$$

$$\leqslant \frac{2\sqrt{27(m-n)^2+(8-4k+2l-m-n)^2}t^3}{3}+\frac{(8-4k+2l-m-n)(3t^2-1+27r)}{3}. \tag{9.5}$$

两边平方, 合并同类项后, 不等式 (9.5) 等价于 $H^2(r)\geqslant 0$, 其中

$$H(r)=\frac{2(8-4k+2l-m-n)}{3}t^3+(3t^2-1+27r)\sqrt{3(m-n)^2+\frac{(8-4k+2l-m-n)^2}{9}}.$$

不等式 (9.5) 显然成立, 充分性得证.

下证必要性. 这等价于证明若不等式 (9.4) 成立, 则 $g(t)\geqslant 0(\forall t\geqslant 0)$. 对任意 $t\geqslant 0$, 若存在 $x,y,z\in\mathbb{R}$, 使得 $H(r)=0$, $x+y+z=1$, $1-3(xy+yz+zx)=t^2$, 则不等式 (9.5) 的等号能成立. 取这样的 $x,y,z\in\mathbb{R}$, 则不等式 (9.4) 变为

$$\begin{aligned}&2(2+k-m-n)t^4+(16-4k+m+n)t^2-2+2k+m+n\\&+9(8-4k+2l-m-n)r\\&\quad\geqslant \frac{2\sqrt{27(m-n)^2+(8-4k+2l-m-n)^2}t^3}{3}+\frac{(8-4k+2l-m-n)(3t^2-1+27r)}{3},\end{aligned}$$

这等价于 $g(t)\geqslant 0(\forall t\geqslant 0)$. 于是我们只需证明存在这样的 $x,y,z\in\mathbb{R}$. 注意到

$$\begin{aligned}H(r_1)H(r_2)=&\left(\frac{2(8-4k+2l-m-n)}{3}t^3-2t^3\sqrt{3(m-n)^2+\frac{(8-4k+2l-m-n)^2}{9}}\right)\\&\cdot\left(\frac{2(8-4k+2l-m-n)}{3}t^3+2t^3\sqrt{3(m-n)^2+\frac{(8-4k+2l-m-n)^2}{9}}\right)\\=&-12t^6(m-n)^2\leqslant 0,\end{aligned}$$

其中

$$r_1=\frac{1}{27}(1-3t^2-2t^3),\quad r_2=\frac{1}{27}(1-3t^2+2t^3).$$

所以对任意给定的 $t=\sqrt{1-3(xy+yz+zx)}\geqslant 0$, 存在 $r_0\in[r_1,r_2]$, 使得 $H(r_0)=0$. 由定理 9.4, 这样的 $x,y,z\in\mathbb{R}$ 存在, 必要性得证. □

由定理 9.13, 我们将一般的三元四次轮换对称不等式转化为一个单变元四次多项式的非负性问题. 利用一元四次多项式非负的充要条件, 我们能得到三元四次轮换对称不等式成立的显式判定法则. 由于剩下的证明已没有本质难度, 而涉及的式子较为复杂, 我们仅列出最后的显式判定法则, 具体过程读者可参见文献 [41].

引理 9.14　设 $a_0>0$, $a_4>0$, $a_1\neq 0$, $a_1,a_2\in\mathbb{R}$, 多项式

$$f(x)=a_0x^4+a_1x^3+a_2x^2+a_4.$$

对任意的 $x\in\mathbb{R}$, $f(x)\geqslant 0$ 成立当且仅当下面的一种情形成立时:

(1) $D_4(f)>0$, 且 $D_2(f)<0$ 或 $D_3(f)<0$;

(2) $D_4(f)=0$, 且 $D_3(f)<0$.

其中

$$D_1(f)=a_0^2,\quad D_2(f)=-8a_0^3a_2+3a_1^2a_0^2,$$
$$D_3(f)=-4a_0^3a_2^3+16a_0^4a_2a_4+a_0^2a_1^2a_2^2-6a_0^3a_1^2a_4,$$
$$D_4(f)=-27a_0^2a_1^4a_4^2+16a_0^3a_2^4a_4-128a_0^4a_2^2a_4^2-4a_0^2a_1^2a_2^3a_4+144a_0^3a_2a_1^2a_4^2+256a_0^5a_4^3.$$

定理 9.15 给定一个实系数三元四次轮换对称型

$$F(x,y,z)=\sum_{\text{cyc}}x^4+k\sum_{\text{cyc}}x^2y^2+l\sum_{\text{cyc}}x^2yz+m\sum_{\text{cyc}}x^3y+n\sum_{\text{cyc}}xy^3,$$

则

$$F(x,y,z)\geqslant 0\quad(\forall x,y,z\in\mathbb{R})$$

等价于

$$\begin{aligned}&(g_4=0\wedge f_2=0\wedge((g_1=0\wedge m\geqslant 1\wedge m\leqslant 4)\vee(g_1>0\wedge g_2\geqslant 0)\\&\vee(g_1>0\wedge g_3\geqslant 0\wedge g_5\geqslant 0)))\\&\vee(g_4^2+f_2^2>0\wedge f_1>0\wedge f_3=0\wedge f_4\geqslant 0)\\&\vee(g_4^2+f_2^2>0\wedge f_1>0\wedge f_3>0\wedge((f_5>0\wedge(f_6<0\vee f_7<0))\vee(f_5=0\wedge f_7<0))),\end{aligned}$$

其中符号 $\wedge$ 表示且, $\vee$ 表示或,

$$\begin{aligned}f_1:=&2+k-m-n,\quad f_2:=4k+m+n-8-2l,\\f_3:=&1+k+m+n+l,\quad f_4:=3(1+k)-m^2-n^2-mn,\\f_5:=&-4k^3m^2-4k^3n^2-4k^2lm^2+4k^2lmn-4k^2ln^2\\&-kl^2m^2+4kl^2mn-kl^2n^2+8klm^3+6klm^2n+6klmn^2\\&+8kln^3-2km^4+10km^3n-3km^2n^2+10kmn^3-2kn^4\\&+l^3mn-9l^2m^2n-9l^2mn^2+lm^4+13lm^3n-3lm^2n^2\\&+13lmn^3+ln^4-7m^5-8m^4n-16m^3n^2-16m^2n^3-8mn^4\\&-7n^5+16k^4+16k^3l-32k^2lm-32k^2ln+12k^2m^2\\&-48k^2mn+12k^2n^2-4kl^3+4kl^2m+4kl^2n-12klm^2\\&-60klmn-12kln^2+40km^3+48km^2n+48kmn^2+40kn^3\\&-l^4+10l^3m+10l^3n-21l^2m^2+12l^2mn-21l^2n^2\\&+10lm^3+48lm^2n+48lmn^2+10ln^3-17m^4-14m^3n\\&-21m^2n^2-14mn^3-17n^4-16k^3+32k^2l-48k^2m\end{aligned}$$

$$
\begin{aligned}
&-48k^2n+80kl^2-48klm-48kln+96km^2+48kmn+96kn^2\\
&-24l^3-24l^2m-24l^2n+24lm^2-24lmn+24ln^2-16m^3\\
&-48m^2n-48mn^2-16n^3-96k^2-64kl+64km+64kn+96l^2\\
&-32lm-32ln-16m^2-32mn-16n^2+64k-128l+64m+64n+128,\\
f_6:=&4k^2+2kl-4km-4kn+l^2-7lm-7ln+13m^2-mn+13n^2\\
&-40k+20l+8m+8n-32,\\
f_7:=&-768+352k^2-332l^2+180n^2+180m^2+56k^3-8k^4\\
&+14l^3+132n^3+132m^3+42n^4+42m^4-480k-60lmn-192n\\
&+32klmn-192m+912l+l^4-354kmn+158kln+158klm+26k^2mn\\
&-11kln^2+22k^2lm+22k^2ln-45kmn^2-90lm^2n-45km^2n\\
&-11klm^2+23l^2mn-90lmn^2+kl^2m+kl^2n+36mn-480km+592kl\\
&-480kn-60lm-60ln+8k^3m+8k^3n-20k^2l+32k^2n+32k^2m\\
&-12k^3l+234mn^2+234m^2n-192ln^2-258kn^2-192lm^2-258km^2\\
&+116l^2m+116l^2n+87m^3n+87mn^3-15kn^3+90m^2n^2-30ln^3\\
&-15km^3-30lm^3+25l^2m^2+25l^2n^2-14k^2m^2-14k^2n^2\\
&-146kl^2-10l^3m-10l^3n-2k^2l^2+3kl^3,
\end{aligned}
$$

$$g_1:=k-2m+2,\quad g_2:=4k-m^2-8,\quad g_3:=8+m-2k,\quad g_4:=m-n,\quad g_5:=k+m-1.$$

9.3 判定定理

本节主要介绍作者在丘成桐中学数学奖竞赛中的获奖论文《完全对称不等式的取等判定》[38]、《对称不等式的取等判定 (2)》[39] 及其应用与拓展. 这是作者在探索不等式在有两数相等或有数为 0 时等号成立的规律时得到的结果. 我们将文中出现的结论统称为对称不等式的判定定理或简称为判定定理. 上一节的许多定理都可由本节的结论推出. 在本节中, 我们假定读者掌握了线性代数与数学分析的相关知识.

引理 9.16　n,m 为正整数, 记 $s_{(n,j)}=\sum\limits_{i=1}^{n}x_i^j$, 那么关于变量 $x_1,\cdots,x_n$ 的 n 元 m 次对称多项式可以唯一地表示为 $s_{(n,1)},s_{(n,2)},\cdots,s_{(n,d)}$ 的多项式, 其中 $d=\min\{n,m\}$.

证明　记 $\sigma_{(n,k)}=\sigma_k(\boldsymbol{x}_n)$, 只需注意到

$$k!\sigma_{(n,k)}=\begin{vmatrix} s_{(n,1)} & 1 & 0 & \cdots & 0 \\ s_{(n,2)} & s_{(n,1)} & 2 & \cdots & 0 \\ \vdots & \vdots & \vdots & \ddots & \vdots \\ s_{(n,k)} & s_{(n,k-1)} & s_{(n,k-2)} & \cdots & s_{(n,1)} \end{vmatrix} \quad (k=1,2,\cdots,n),$$

而 n 元 m 次多项式可以唯一地表示为 $\sigma_{(n,1)},\sigma_{(n,2)},\cdots,\sigma_{(n,d)}$ 的多项式, 其中 $d=\min\{n,m\}$. □

定义 9.17 实数序列 $A=[a_1,a_2,\cdots,a_n],a_i\neq 0(i=1,2,\cdots,n)$. $\operatorname{sgn}(x)$ 是符号函数. 记符号序列 $[\operatorname{sgn}(a_1a_2),\operatorname{sgn}(a_2a_3),\cdots,\operatorname{sgn}(a_{n-1}a_n)]$ 中 -1 的个数为 C_A,C_A 称为序列 A 的变号数.

下面的结论是著名的 Descartes 符号法则的一个推广, 它们的证明是完全类似的.

引理 9.18(文献 [98]) 设 $a_1,a_2,\cdots,a_n,\alpha_1,\alpha_2,\cdots,\alpha_n$ 为实数,$\alpha_1<\alpha_2<\cdots<\alpha_n,a_i\neq 0(i=1,2,\cdots,n)$. Z_f 表示广义多项式 $f(x)=\sum\limits_{i=1}^{n}a_ix^{\alpha_i}$ 的正根个数,C_A 表示 $[a_1,a_2,\cdots,a_n]$ 的变号数, 则 $Z_f\leqslant C_f$.

引理 9.19 $\alpha_1,\alpha_2,\cdots,\alpha_n\in\mathbb{R}$, 且满足 $\alpha_1<\alpha_2<\cdots<\alpha_n$, $0<x_1<x_2<\cdots<x_n$, 则有

$$D=\begin{vmatrix} x_1^{\alpha_1} & x_2^{\alpha_1} & \cdots & x_n^{\alpha_1} \\ x_1^{\alpha_2} & x_2^{\alpha_2} & \cdots & x_n^{\alpha_2} \\ \vdots & \vdots & \ddots & \vdots \\ x_1^{\alpha_n} & x_2^{\alpha_n} & \cdots & x_n^{\alpha_n} \end{vmatrix}>0.$$

证明 先证明 D 恒不等于 0. 用反证法, 否则向量组 $(x_i^{\alpha_1},x_i^{\alpha_2},\cdots,x_i^{\alpha_n})(i=1,2,\cdots,n)$ 线性相关, 即存在不全为 0 的 $a_1,a_2,\cdots,a_n$, 使得 $a_1x^{\alpha_1}+a_2x^{\alpha_2}+\cdots+a_nx^{\alpha_n}=0$ 有 n 个正数解 $x=x_1,x_2,\cdots,x_n$. 于是 $Z_f\geqslant n$. 另一方面, 显然序列 $[a_1,a_2,\cdots,a_n]$ 的变号数 $C_f\leqslant n-1$. 而由引理 9.18 知 $Z_f\leqslant C_f\leqslant n-1$, 矛盾. 故 $D\neq 0$.

我们用数学归纳法证明 $D>0$.

当 $n=1$ 时,$D=x_1^{\alpha_1}>0$.

现假设在 $n=k$ 时命题成立, 即 $D>0$. 则当 $n=k+1$ 时, 将 D 视为 x_{k+1} 的函数, 在 $(x_k,+\infty)$ 上 $D\neq 0$, 故有恒定的符号. 而当 $x_{k+1}\to+\infty$ 时 D 的符号就是 k 阶顺序主子式的符号, 从而 $D>0$.

故对一切正整数 n, 命题均成立. 因此 $D>0$, 引理得证. □

引理 9.20 定义函数

$$F_\alpha(x_1,\cdots,x_{n+1})=\begin{cases} \sum\limits_{i=1}^{n+1}x_i^\alpha & (\alpha\neq 0), \\ x_1x_2\cdots x_{n+1} & (\alpha=0). \end{cases}$$

对正实数 $P_i(i=1,2,\cdots,n)$, 考察以 x_i 为变量的半代数系统

$$\begin{cases} F_{\alpha_1}(x_1,x_2,\cdots,x_{n+1})-P_1=0, \\ F_{\alpha_2}(x_1,x_2,\cdots,x_{n+1})-P_2=0, \\ \cdots, \\ F_{\alpha_n}(x_1,x_2,\cdots,x_{n+1})-P_n=0, \\ 0\leqslant x_1\leqslant x_2\leqslant\cdots\leqslant x_{n+1}, \end{cases} \tag{9.6}$$

其中 $\alpha_1,\alpha_2,\cdots,\alpha_n\in\mathbb{R},\alpha_1<\alpha_2<\cdots<\alpha_n$, 且 $\alpha_n>0$. 若半代数系统 (9.6) 有一组解 $(y_1^0,y_2^0,\cdots,y_{n+1}^0)$, 其中 $0\leqslant y_1^0\leqslant y_2^0\leqslant\cdots\leqslant y_{n+1}^0$, 且等号至多在一处成立, 则存在 $a,b,a\leqslant y_1^0\leqslant b$, 使得当 $x_1\in(a,b)$ 时, 半代数系统 (9.6) 有解且 $x_1<x_2<\cdots<x_{n+1}$.

若 $a\neq 0$, 则当 $x_1=a$ 时, 半代数系统 (9.6) 有解, 且存在 i, 使得 $x_{2i}=x_{2i+1}(2\leqslant 2i\leqslant n)$; 当 $x_1=b$ 时, 半代数系统 (9.6) 有解, 且存在 i, 使得 $x_{2i}=x_{2i-1}(2\leqslant 2i\leqslant n+1)$.

证明　由于 $\alpha_n>0$, 满足半代数系统 (9.6) 的解 $(x_1,\cdots,x_{n+1})$ 为 $\mathbb{R}^{n+1}$ 中的紧集.

只证明 $y_2^0<y_3^0<\cdots<y_{n+1}^0$ 的情形, 其他情况类似.

显然当半代数系统 (9.6) 有 $x_1\to 0$ 的解时, 必有 $\alpha_i>0$.

若 $y_1^0=0$, 则取 $a=0$, 此时 $\alpha_i>0(i=1,2,\cdots,n)$.

若 $y_1^0>0$, 我们称满足半代数系统 (9.6) 且 $0<x_2<x_3<\cdots<x_{n+1}$ 的正数解为“满足要求的解”. 显然 $(y_1^0,y_2^0,\cdots,y_{n+1}^0)$ 为“满足要求的解”.

对于“满足要求的解”, 以 $(y_1^0,y_2^0,\cdots,y_{n+1}^0)$ 为例, 我们先证明存在 $\rho>0$, 使得 $x_1\in(y_1^0-\rho,y_1^0]$ 时均存在“满足要求的解”.

考察函数 $F_{\alpha_i}(i=1,2,\cdots,n)$ 关于变量 $x_2,x_3,\cdots,x_{n+1}$ 在点 $(y_1^0,y_2^0,\cdots,y_{n+1}^0)$ 处的 Jacobi 行列式. 若 $\alpha_i\neq 0(i=1,2,\cdots,n)$, 则

$$\frac{\partial(F_{\alpha_1},F_{\alpha_2},\cdots,F_{\alpha_n})}{\partial(x_2,x_3,\cdots,x_{n+1})}=\prod_{i=1}^{n}\alpha_i\begin{vmatrix} x_2^{\alpha_1-1} & x_3^{\alpha_1-1} & \cdots & x_{n+1}^{\alpha_1-1} \\ x_2^{\alpha_2-1} & x_3^{\alpha_2-1} & \cdots & x_{n+1}^{\alpha_2-1} \\ \vdots & \vdots & \ddots & \vdots \\ x_2^{\alpha_n-1} & x_3^{\alpha_n-1} & \cdots & x_{n+1}^{\alpha_n-1} \end{vmatrix}.$$

若存在 j, 使得 $\alpha_j=0$, 则

$$\frac{\partial(F_{\alpha_1},F_{\alpha_2},\cdots,F_{\alpha_n})}{\partial(x_2,x_3,\cdots,x_{n+1})}=\prod_{\substack{i=1\\ i\neq j}}^{n}\alpha_i\cdot\prod_{i=1}^{n+1}x_i\begin{vmatrix} x_2^{\alpha_1-1} & x_3^{\alpha_1-1} & \cdots & x_{n+1}^{\alpha_1-1} \\ x_2^{\alpha_2-1} & x_3^{\alpha_2-1} & \cdots & x_{n+1}^{\alpha_2-1} \\ \vdots & \vdots & \ddots & \vdots \\ x_2^{\alpha_n-1} & x_3^{\alpha_n-1} & \cdots & x_{n+1}^{\alpha_n-1} \end{vmatrix}.$$

以上两种情况都可由引理 9.19 知行列式大于 0.

由于是否存在 $\alpha_j=0$ 并不影响证明的结果, 下面的证明中我们只考虑 $\alpha_j\neq 0$ 的情况.

因为当 $|x_i-y_i^0|\leqslant\dfrac{y_1^0}{2}(i=1,2,\cdots,n+1)$ 时, 函数 $F_{\alpha_i}(i=1,2,\cdots,n)$ 连续, 且具有连续的偏导数, 所以由隐函数存在定理知[18], 存在 ρ, 满足 $\dfrac{y_1^0}{2}\geqslant\rho>0$, 使得当 $x_1\in(y_1^0-\rho,y_1^0]$ 时, 可以从方程组唯一确定连续可导向量值隐函数:

$$\begin{pmatrix}x_2\\x_3\\\vdots\\x_{n+1}\end{pmatrix}=\begin{pmatrix}x_2(x_1)\\x_3(x_1)\\\vdots\\x_{n+1}(x_1)\end{pmatrix},$$

且此时 $x_1,x_2,\cdots,x_{n+1}$ 为“满足要求的解”.

由此我们知道以 y_1^0 为右端点, x_1 所在“满足要求的解”的连通分支必为左开右闭区间 (否则解在左端点处是可拓的). 我们设这个区间为 $(a,y_1^0]$. 故当 $x_1=a$ 时不存在“满足要求的解”.

当 $x_1\in(a,y_1^0)$ 时,$x_2,x_3,\cdots,x_{n+1}$ 为关于 x_1 的隐函数, 且满足

$$\begin{pmatrix}\alpha_1x_2^{\alpha_1-1}&\alpha_1x_3^{\alpha_1-1}&\cdots&\alpha_1x_{n+1}^{\alpha_1-1}\\\alpha_2x_2^{\alpha_2-1}&\alpha_2x_3^{\alpha_2-1}&\cdots&\alpha_2x_{n+1}^{\alpha_2-1}\\\vdots&\vdots&\ddots&\vdots\\\alpha_nx_2^{\alpha_n-1}&\alpha_nx_3^{\alpha_n-1}&\cdots&\alpha_nx_{n+1}^{\alpha_n-1}\end{pmatrix}\begin{pmatrix}x_2'(x_1)\\x_3'(x_1)\\\vdots\\x_{n+1}'(x_1)\end{pmatrix}=\begin{pmatrix}-\alpha_1x_1^{\alpha_1-1}\\-\alpha_2x_1^{\alpha_2-1}\\\vdots\\-\alpha_nx_1^{\alpha_n-1}\end{pmatrix}.$$

由 Cramer 法则知

$$x_i'(x_1)=\frac{D_i}{D_1}\quad(i=2,3,\cdots,n+1),$$

其中

$$D_1=\prod_{i=1}^n\alpha_i\begin{vmatrix}x_2^{\alpha_1-1}&x_3^{\alpha_1-1}&\cdots&x_{n+1}^{\alpha_1-1}\\x_2^{\alpha_2-1}&x_3^{\alpha_2-1}&\cdots&x_{n+1}^{\alpha_2-1}\\\vdots&\vdots&\ddots&\vdots\\x_2^{\alpha_n-1}&x_3^{\alpha_n-1}&\cdots&x_{n+1}^{\alpha_n-1}\end{vmatrix},$$

$$D_i=\prod_{j=1}^n\alpha_j\begin{vmatrix}x_2^{\alpha_1-1}&\cdots&x_{i-1}^{\alpha_1-1}&-x_1^{\alpha_1-1}&x_{i+1}^{\alpha_1-1}&\cdots&x_{n+1}^{\alpha_1-1}\\x_2^{\alpha_2-1}&\cdots&x_{i-1}^{\alpha_2-1}&-x_1^{\alpha_2-1}&x_{i+1}^{\alpha_2-1}&\cdots&x_{n+1}^{\alpha_2-1}\\\vdots&\ddots&\vdots&\vdots&\vdots&\ddots&\vdots\\x_2^{\alpha_n-1}&\cdots&x_{i-1}^{\alpha_n-1}&-x_1^{\alpha_n-1}&x_{i+1}^{\alpha_n-1}&\cdots&x_{n+1}^{\alpha_n-1}\end{vmatrix}$$

$$=(-1)^{i-1}\prod_{j=1}^n\alpha_j\begin{vmatrix}x_1^{\alpha_1-1}&x_2^{\alpha_1-1}&\cdots&x_{i-1}^{\alpha_1-1}&x_{i+1}^{\alpha_1-1}&\cdots&x_{n+1}^{\alpha_1-1}\\x_1^{\alpha_2-1}&x_2^{\alpha_2-1}&\cdots&x_{i-1}^{\alpha_2-1}&x_{i+1}^{\alpha_2-1}&\cdots&x_{n+1}^{\alpha_2-1}\\\vdots&\vdots&\ddots&\vdots&\vdots&\ddots&\vdots\\x_1^{\alpha_n-1}&x_2^{\alpha_n-1}&\cdots&x_{i-1}^{\alpha_n-1}&x_{i+1}^{\alpha_n-1}&\cdots&x_{n+1}^{\alpha_n-1}\end{vmatrix}.$$

则由引理 9.19 知 $\operatorname{sgn}(D_i)=(-1)^{i-1}(i=1,2,\cdots,n+1)$.

于是当 $x_1\in(a,y_1^0)$ 时,$x_{2k+1}(x_1)$ 严格单调递增,$x_{2k}(x_1)$ 严格单调递减, 且 x_i 是有界的. 设 $\lim\limits_{x_1\to a}x_i(x_1)=y_i$, 于是对 $1\leqslant j\leqslant n$ 有

$$P_j=\lim_{x_1\to a+}(x_1^{\alpha_j}+x_2(x_1)^{\alpha_j}+\cdots+x_{n+1}(x_1)^{\alpha_j})=a^{\alpha_j}+y_2^{\alpha_j}+\cdots+y_{n+1}^{\alpha_j},$$

即 $(a,y_2,\cdots,y_{n+1})$ 也为半代数系统 (9.6) 的解.

若 y_i 中有数相等, 根据 x_i 的单调性知必为 $y_{2i}=y_{2i+1}(2\leqslant 2i\leqslant n)$. 此时 a 满足题意.

若 y_i 中无两数相等, 则必有 $a=0$. 否则, 当 $x_1=a$ 时, 存在相应 "满足要求的解", 矛盾. 引理中关于 b 的论断可完全类似地证明. □

下面这个引理非常重要, 可看作中值定理的推广, 其特殊情形 $h_i(x)=x^{i-1}$ 在一些数学分析课本或习题集上有介绍, 一般情形的证明较为复杂, 我们这里就省略了.

引理 9.21(文献 [73])　设函数 $h_1(x),h_2(x),\cdots,h_{n-1}(x)$ 满足

$$\begin{vmatrix} h_1(x) & h_1'(x) & \cdots & h_1^{(i-1)}(x)\\ h_2(x) & h_2'(x) & \cdots & h_2^{(i-1)}(x)\\ \vdots & \vdots & \ddots & \vdots\\ h_i(x) & h_i'(x) & \cdots & h_i^{(i-1)}(x)\end{vmatrix}>0\quad(i=1,2,\cdots,n-1).$$

又设 $f(x)$ 为任意函数,$W(x)$ 为函数组 $(h_1(x),\cdots,h_{n-1}(x),f(x))$ 的 Wronskian 行列式, 即

$$\begin{vmatrix} h_1(x) & h_1'(x) & \cdots & h_1^{(n-1)}(x)\\ h_2(x) & h_2'(x) & \cdots & h_2^{(n-1)}(x)\\ \vdots & \vdots & \ddots & \vdots\\ h_{n-1}(x) & h_{n-1}'(x) & \cdots & h_{n-1}^{(n-1)}(x)\\ f(x) & f'(x) & \cdots & f^{(n-1)}(x)\end{vmatrix}=W(x).$$

若 $x_1<x_2<\cdots<x_n$, 则存在 ξ, 使得 $x_1<\xi<x_n$, 且

$$\operatorname{sgn}\begin{vmatrix} h_1(x_1) & h_1(x_2) & \cdots & h_1(x_n)\\ h_2(x_1) & h_2(x_2) & \cdots & h_2(x_n)\\ \vdots & \vdots & \ddots & \vdots\\ h_{n-1}(x_1) & h_{n-1}(x_2) & \cdots & h_{n-1}(x_n)\\ f(x_1) & f(x_2) & \cdots & f(x_n)\end{vmatrix}=\operatorname{sgn}(W(\xi)).$$

定理 9.22(判定定理)　n 是正整数. $f(x)$ 在 $(0,+\infty)$ 上 $n+1$ 阶可导, 在 $[0,+\infty)$ 上连续. $\alpha_i\in\mathbb{R}(i=1,2,\cdots,n)$ 为任意给定的实数, 满足 $\alpha_1<\alpha_2<\cdots<\alpha_n$, 且 $\alpha_n>0$. 对于非负实数 $0\leqslant x_1\leqslant x_2\leqslant\cdots\leqslant x_{n+1}$, 固定 F_{α_i} 的值不变 $(i=1,2,\cdots,n)$(F_{α_i} 的定义见引理 9.20). 设

$$F(x_1,x_2,\cdots,x_{n+1})=f(x_1)+f(x_2)+\cdots+f(x_{n+1}),$$

$W(x)$ 为函数组 $(x^{\alpha_1-1},x^{\alpha_2-1},\cdots,x^{\alpha_n-1},f'(x))$ 的 Wronskian 行列式.

(1) 若 $(-1)^nW(x)\geqslant 0$, 则 F 能在 $v(\boldsymbol{x}_n)\leqslant n-1$ 或 $x_{2i-1}=x_{2i}$ 时取到最大值, 在 $v(\boldsymbol{x}_n)\leqslant n-1$ 或 $x_{2i}=x_{2i+1}$ 或 $x_1=0$ 时取到最小值. ($v(\boldsymbol{x}_n)$ 的定义可参见定义 9.5.)

(2) 若 $(-1)^nW(x)\leqslant 0$, 则 F 能在 $v(\boldsymbol{x}_n)\leqslant n-1$ 或 $x_{2i-1}=x_{2i}$ 时取到最小值, 在 $v(\boldsymbol{x}_n)\leqslant n-1$ 或 $x_{2i}=x_{2i+1}$ 或 $x_1=0$ 时取到最大值.

证明 我们只证明 (1) 的 $x_2<x_3<\cdots<x_{n+1}$ 的情形, 其他情况完全类似.

由引理 9.20 知, 存在 a,b, 使得 $a\leqslant x_1\leqslant b$, 且当 $x_1\in[a,b]$ 时,F 可看作关于 x_1 的函数 $F(x_1)$, 当 $x_1\in(a,b)$ 时,$x_1<x_2<\cdots<x_{n+1}$ 且 $F(x_1)$ 一阶可导. 由引理 9.20 的证明知此时有

$$F'(x_1)=\sum_{i=1}^{n+1}\frac{\partial x_i(x_1)}{\partial x_1}\cdot f'(x_i)=\frac{\sum\limits_{i=1}^{n+1}f'(x_i)D_i}{D_1}=\frac{1}{D_1}\begin{vmatrix}f'(x_1) & f'(x_2) & \cdots & f'(x_{n+1})\\ x_1^{\alpha_1-1} & x_2^{\alpha_1-1} & \cdots & x_{n+1}^{\alpha_1-1}\\ \vdots & \vdots & \ddots & \vdots\\ x_1^{\alpha_n-1} & x_2^{\alpha_n-1} & \cdots & x_{n+1}^{\alpha_n-1}\end{vmatrix}$$

$$=\frac{(-1)^n}{D_1}\begin{vmatrix}x_1^{\alpha_1-1} & x_2^{\alpha_1-1} & \cdots & x_{n+1}^{\alpha_1-1}\\ \vdots & \vdots & \ddots & \vdots\\ x_1^{\alpha_n-1} & x_2^{\alpha_n-1} & \cdots & x_{n+1}^{\alpha_n-1}\\ f'(x_1) & f'(x_2) & \cdots & f'(x_{n+1})\end{vmatrix}.$$

记 $(x^k)^{(m)}$ 表示 x^k 的 m 阶导数, 利用引理 9.19 有

$$\begin{vmatrix}(x^{\alpha_1-1})^{(0)} & (x^{\alpha_1-1})^{(1)} & \cdots & (x^{\alpha_1-1})^{(i)}\\ (x^{\alpha_2-1})^{(0)} & (x^{\alpha_2-1})^{(1)} & \cdots & (x^{\alpha_2-1})^{(i)}\\ \vdots & \vdots & \ddots & \vdots\\ (x^{\alpha_i-1})^{(0)} & (x^{\alpha_i-1})^{(1)} & \cdots & (x^{\alpha_i-1})^{(i)}\end{vmatrix}$$

$$=x^{\sum\limits_{j=1}^{i}\alpha_j-\frac{i(i+1)}{2}}\begin{vmatrix}1 & \alpha_1-1 & \cdots & \prod\limits_{j=1}^{i-1}(\alpha_1-j)\\ 1 & \alpha_2-1 & \cdots & \prod\limits_{j=1}^{i-1}(\alpha_2-j)\\ \vdots & \vdots & \ddots & \vdots\\ 1 & \alpha_i-1 & \cdots & \prod\limits_{j=1}^{i-1}(\alpha_i-j)\end{vmatrix}$$

$$=x^{\sum\limits_{j=1}^{i}\alpha_j-\frac{i(i+1)}{2}}\begin{vmatrix}1 & \alpha_1-1 & \cdots & (\alpha_1-1)^{i-1}\\ 1 & \alpha_2-1 & \cdots & (\alpha_2-1)^{i-1}\\ \vdots & \vdots & \ddots & \vdots\\ 1 & \alpha_i-1 & \cdots & (\alpha_i-1)^{i-1}\end{vmatrix}>0\quad(i=1,2,\cdots,n).$$

又 $D_1>0$, 所以由引理 9.21 知存在 $\xi,x_1<\xi<x_n$, 使得

$$(-1)^n\mathrm{sgn}\begin{vmatrix} x_1^{\alpha_1-1} & x_2^{\alpha_1-1} & \cdots & x_{n+1}^{\alpha_1-1} \\ x_1^{\alpha_2-1} & x_2^{\alpha_2-1} & \cdots & x_{n+1}^{\alpha_2-1} \\ \vdots & \vdots & \ddots & \vdots \\ x_1^{\alpha_n-1} & x_2^{\alpha_n-1} & \cdots & x_{n+1}^{\alpha_n-1} \\ f'(x_1) & f'(x_2) & \cdots & f'(x_{n+1}) \end{vmatrix}=(-1)^n\mathrm{sgn}(W(\xi)).$$

由题意知 $(-1)^nW(x)\geqslant 0$, 即 $F'(x_1)\geqslant 0$. 所以 $F(x_1)$ 在 (a,b) 上单调递增. 又 F 在 $[a,b]$ 上连续, 由引理 9.20知函数 F 能在 $x_{2i-1}=x_{2i}$ 时取到最大值, 在 $x_{2i}=x_{2i+1}$ 或 $x_1=0$ 时取到最小值. □

注　从上述证明中不难看出, 若将 $(-1)^nW(x)\geqslant 0$ 改为 $(-1)^nW(x)>0$, 则定理结论能改为 F 的最大值在 $v(\boldsymbol{x}_n)\leqslant n-1$ 或 $x_{2i-1}=x_{2i}$ 时取到, 最小值在 $v(\boldsymbol{x}_n)\leqslant n-1$ 或 $x_{2i}=x_{2i+1}$ 或 $x_1=0$ 时取到.

从证明中可以看到, 若 x_1 的取值范围为一个闭区间, 则定理结论中 $v(\boldsymbol{x}_n)\leqslant n-1$ 这一情形均可去掉. 一般地, 我们猜测这一情形总是可去掉的.

在定理 9.22中令 $n=1,\alpha_1=1$, 即得两个变量的 Jensen 不等式. 令 $n=2$, 我们有:

推论 9.23　$0<x\leqslant y\leqslant z$, $\alpha_1<\alpha_2$. 固定 $x^{\alpha_1}+y^{\alpha_1}+z^{\alpha_1},x^{\alpha_2}+y^{\alpha_2}+z^{\alpha_2}$ 不变. 若 $f(x)$ 在 $(0,+\infty)$ 上 3 阶可导, 在 $[0,+\infty)$ 上连续. 设 $F(x,y,z)=f(x)+f(y)+f(z)$,

$$W(x)=\begin{vmatrix} x^{\alpha_1-1} & (\alpha_1-1)x^{\alpha_1-2} & (\alpha_1-1)(\alpha_1-2)x^{\alpha_1-3} \\ x^{\alpha_2-1} & (\alpha_2-1)x^{\alpha_2-2} & (\alpha_2-1)(\alpha_2-2)x^{\alpha_2-3} \\ f'(x) & f''(x) & f'''(x) \end{vmatrix}.$$

(1) 若 $W(x)\geqslant 0$, 则 F 的最大值能在 $x=y\leqslant z$ 时取到, 最小值能在 $x\leqslant y=z$ 或 $x=0$ 时取到.

(2) 若 $W(x)\leqslant 0$, 则 F 的最小值能在 $x=y\leqslant z$ 时取到, 最大值能在 $x\leqslant y=z$ 或 $x=0$ 时取到.

在定理 9.22 中, 令 $f(x)=x^{n+1}$, $\alpha_i=i(i=1,2,\cdots,n)$, 再结合引理 9.16即能得到定理 9.8结论的前半部分. 下面我们用定理 9.22 与定理 9.8来证明定理 6.14:

证明　若 $f^{(n)}(x)\geqslant 0$, 我们固定 $x_1,x_2,\cdots,x_n$ 与

$$F_j=\sum_{i=1}^n y_i^j=\sum_{i=1}^n x_i^j\quad(j=1,\cdots,n-1)$$

的值不变. 由定理 9.8的证明知, 当 $y_1\leqslant y_2\leqslant\cdots\leqslant y_n$ 时, y_1 的取值范围是一个闭集 $[a,b]$. 若 $a=b$, 则定理显然成立. 下面考虑 $a\neq b$ 的情形, 当 $y_1\in(a,b)$ 时, y_i 互不相同. 注意到 $\alpha_i=i$ 时, $W(x)=f^{(n)}(x)$, 由定理 9.22 的证明知, 当 $y_1\in(a,b)$ 时, $\sum\limits_{i=1}^n f(y_i)$ 与 $\sum\limits_{i=1}^n y_i^n$

均是关于 y_1 的单调函数, 且同为单调递增或单调递减. 因此当 $\sum\limits_{i=1}^{n} x_i^n \geqslant \sum\limits_{i=1}^{n} y_i^n$ 时, 必有 $\sum\limits_{i=1}^{n} f(x_i) \geqslant \sum\limits_{i=1}^{n} f(y_i)$, 定理 6.14得证. □

利用定理 9.8与定理 9.6的证明中的技巧, 可以证明如下对称函数的判定定理, 我们把具体过程留给读者练习.

定理 9.24(判定定理) 固定 $s_{(m,i)}(i=1,2,\cdots,n;m\geqslant n+1)$ 不变, $f(x)$ 在 $(0,+\infty)$ 上有 $n+1$ 阶导数, 在 $[0,+\infty)$ 上连续. 设

$$F(x_1,x_2,\cdots,x_m)=f(x_1)+f(x_2)+\cdots+f(x_m).$$

任取 $n+1$ 个 x_i, 按大小排列后不妨设为 $y_1\leqslant y_2\leqslant\cdots\leqslant y_{n+1}$. 若 $(-1)^n f^{(n+1)}(x)\geqslant(\leqslant)0$, 则 F 的最大值 (最小值) 能在对于任意 $n+1$ 个 x_i, 必存在 $y_{2i-1}=y_{2i}$ 时取到; F 的最小值 (最大值) 能在对于任意 $n+1$ 个 x_i, 必存在 $y_{2i}=y_{2i+1}$ 或 $y_1=0$ 时取到.

注 Jensen 不等式可看作固定 $s_{(m,1)}$ 不变, 利用 $f''(x)$ 的正负性, 将 m 个变量调整至 $v(\boldsymbol{x}_m)^*\leqslant 1$. 而现在我们能固定 $s_{(m,i)}(i=1,2,\cdots,n;m\geqslant n+1)$ 不变, 利用 $f^{(n+1)}(x)$ 的正负性将变量调整至 $v(\boldsymbol{x}_m)^*\leqslant n$. 这可以看作 Jensen 不等式的推广 ($n=1$ 时即为 Jensen 不等式,$v(\boldsymbol{x}_m)^*$ 的含义参见定义 9.5).

在上述定理中我们取 $n=2$, 有:

推论 9.25 固定 $\sum\limits_{i=1}^{m} x_i,\sum\limits_{i=1}^{m} x_i^2$ 不变,$f(x)$ 在 $(0,+\infty)$ 上有 3 阶导数, 在 $[0,+\infty)$ 上连续. 设

$$F(x_1,x_2,\cdots,x_{n+1})=f(x_1)+f(x_2)+\cdots+f(x_{n+1}).$$

若 $f^{(3)}(x)\geqslant 0$, 则 F 能在 $x_1=x_2=\cdots=x_n\leqslant x_{n+1}$ 时取到最大值; 在 $0=x_1=x_2=\cdots=x_s<x_{s+1}\leqslant x_{s+2}=\cdots=x_{n+1}$ 时取到最小值.

判定定理是证明对称不等式的强有力的工具, 可以较为容易地证明许多本书中的困难问题, 如例 2.14、例 4.6、例 5.61、例 5.62、例 5.82、定理 9.8、例 10.17、例 10.19 等. 下面我们举一个例子说明如何运用判定定理证明不等式.

例 9.13 n 是正整数, $x_1,x_2,\cdots,x_n$ 为非负实数, $\sum\limits_{i=1}^{n} x_i=n$, 求 $\sum\limits_{i=1}^{n}\prod\limits_{j\neq i} x_j^t$ 的最大值.

解 当 $t\leqslant 1$ 时, 由 AM-GM 不等式有

$$\frac{\sum\limits_{i=1}^{n}\prod\limits_{j\neq i} x_j^t}{n}\leqslant\left(\frac{\sum\limits_{i=1}^{n}\prod\limits_{j\neq i} x_j}{n}\right)^t\leqslant 1 \implies \sum_{i=1}^{n}\prod_{j\neq i} x_j^t\leqslant n.$$

当 $t>1$ 时, 若 x_i 中有数为 0, 则由 AM-GM 不等式, 有

$$\frac{\sum\limits_{i=1}^{n}\prod\limits_{j\neq i} x_j^t}{n}\leqslant\left(\frac{n}{n-1}\right)^{(n-1)t}.$$

若 x_i 均为正实数, 注意到 $\sum\limits_{i=1}^{n}\prod\limits_{j\neq i}x_j^t=\prod\limits_{i=1}^{n}x_i^t\sum\limits_{i=1}^{n}\frac{1}{x_i^t}$, 我们控制 $\sum\limits_{i=1}^{n}x_i,\prod\limits_{i=1}^{n}x_i$ 的值不变, 则由定理 9.22知, $\sum\limits_{i=1}^{n}\frac{1}{x_i^t}$ 的最大值必在 $0<x_1\leqslant x_2=x_3=\cdots=x_n=a$ 时取到. 于是我们只需求

$$f(a)=a^{(n-1)t}+(n-1)a^{(n-2)t}(n-(n-1)a)^t$$

的最大值, 其中 $1\leqslant a\leqslant\frac{n}{n-1}$. 我们有

$$\begin{aligned}f'(a)&=(n-1)t\left(a^{(n-1)t-1}+(n-2)a^{(n-2)t-1}\left(\frac{a}{k}\right)^t-(n-1)a^{(n-2)t}\left(\frac{a}{k}\right)^{t-1}\right)\\&=(n-1)ta^{(n-2)t-1}k^t\left(k^t+(n-2)-(n-1)k\right),\end{aligned}$$

其中 $k=\frac{a}{n-(n-1)a}$, $k\geqslant1$. 令 $g(k)=k^t+(n-2)-(n-1)k$. 则 $g''(k)=t(t-1)k^{t-1}>0$, 故 $g(k)$ 为下凸函数. 又 $g(1)=0$, $\lim\limits_{k\to+\infty}g(k)=+\infty$, 故存在 $k_0>1$, 当 $k\in[1,k_0]$ 时, $g(k)\leqslant0$; 当 $k\in[k_0,+\infty)$ 时, $g(k)\geqslant0$. 而 k 关于 a 单调递增, $f'(1)=0$, 故 $f(a)$ 关于 a 在 $\left[1,\frac{n}{n-1}\right]$ 上先单调递减再单调递增. 于是

$$f(a)\leqslant\max\left\{f(1),f\left(\frac{n}{n-1}\right)\right\}.$$

而当 $1\leqslant t\leqslant\frac{\lg n}{\lg n-\lg(n-1)}$ 时, $f(1)\geqslant f\left(\frac{n}{n-1}\right)$; 当 $t\geqslant\frac{\lg n}{\lg n-\lg(n-1)}$ 时, $f(1)\leqslant f\left(\frac{n}{n-1}\right)$. 综上,

$$\max\{\sum_{i=1}^{n}\prod_{j\neq i}x_j^t\}=\begin{cases}n & \left(当0<t\leqslant\dfrac{\lg n}{\lg n-\lg(n-1)}时\right),\\\left(\dfrac{n}{n-1}\right)^{(n-1)t} & \left(当t\geqslant\dfrac{\lg n}{\lg n-\lg(n-1)}时\right).\end{cases}$$

□

我们再列出一些可以应用判定定理的例子供读者练习:

1. $a,b,c\geqslant0$,没有两个同时为0. 证明:$\sum\sqrt{\frac{a^2+ab+b^2}{c^2+ab}}\geqslant\frac{3\sqrt6}{2}$.
2. $a,b,c\geqslant0,ab+bc+ca=1$. 证明:$\sum\sqrt[3]{\frac{1}{a+b}}\geqslant2+\sqrt[3]{\frac12}$.
3. $a_1,a_2,\cdots,a_n>0,\sum\limits_{i=1}^{n}a_i=n,n\in\{1,2,\cdots,9\}$. 证明:$\sum\limits_{i=1}^{n}\frac{1}{a_i^2}\geqslant\sum\limits_{i=1}^{n}a_i^2$.
4. $x_1,x_2,\cdots,x_n$为正实数,且$\sum\limits_{i=1}^{n}x_i^2\leqslant n$. 证明:$2+(n-2)\prod\limits_{i=1}^{n}x_i\geqslant\prod\limits_{i=1}^{n}x_i\sum\limits_{i=1}^{n}\frac{1}{x_i}$.
5. $a_1,a_2,\cdots,a_n>0,\prod\limits_{i=1}^{n}a_i=1,p>-n$. 证明:

$$\sum_{i=1}^{n}\frac{1}{(1+ka_i)^2}+\frac{r}{p+\sum\limits_{i=1}^{n}a_i}\geqslant\min\left\{1,\frac{n}{(1+k)^2}+\frac{r}{p+n}\right\}.$$

6. $x_1, x_2, \cdots, x_n$为正实数, $\sum\limits_{i=1}^{n} x_i = n$, 求 $\sum\limits_{i=1}^{n} \prod\limits_{j \neq i} x_j^t$ 的最大值.

上述这些例子应用判定定理时, 均控制两个对称函数不变. 下面给出一个控制三个变量的例子. 这种情况下, 剩余的证明往往比较复杂.

例 9.14 正整数 $n \geqslant 4$, $x_i (i = 1, 2, \cdots, n)$ 为正实数, 当 $S_1 S_{-1} = S$ 时, 求 $T = S_2 S_{-2}$ 的最大值.

解 令 $W(x)$ 为函数组 $\left(\dfrac{1}{x^2}, 1, x, -\dfrac{1}{x^3}\right)$ 的 Wronskian 行列式, 则 $(-1)^3 W(x) \leqslant 0$. 由定理 9.22知, 当 S_1, S_2, S_{-1} 固定不变, S_{-2} 取最大值时, 任意四个变量 $x_1 \leqslant x_2 \leqslant x_3 \leqslant x_4$ 中必有 $x_2 = x_3$ 或 $x_i (i = 1, 2, 3, 4)$ 至多取两个不同的值. 故我们只需考虑 $a = x_1 \leqslant x_2 = \cdots = x_{n-1} \leqslant x_n = b$ 或 $x_i (i = 1, 2, \cdots, n)$ 至多取两个不同的值的情形即可.

根据定理 9.22注后的猜测, 后一种情形应当可以排除, 我们先考虑这种情形. 不妨设 n 个变量中有 s 个取值为 a, t 个取值为 b, $s, t \geqslant 1$. 此时,

$$(sa + tb)\left(\frac{s}{a} + \frac{t}{b}\right) = s^2 + t^2 + 2st + st\left(\frac{a}{b} + \frac{b}{a} - 2\right) = n^2 + st\left(\frac{a}{b} + \frac{b}{a} - 2\right),$$

即我们需要在 $M = st\left(\dfrac{a}{b} + \dfrac{b}{a} - 2\right)$ 固定时, 求

$$T = (sa^2 + tb^2)\left(\frac{s}{a^2} + \frac{t}{b^2}\right) = n^2 + st\left(\frac{a^2}{b^2} + \frac{b^2}{a^2} - 2\right)$$

的最大值. 令 $x = \dfrac{a}{b} + \dfrac{b}{a}$, 则

$$T = n^2 + st(x^2 - 4) = n^2 + M(x - 2 + 4) = n^2 + \frac{M^2}{st} + 4M \leqslant n^2 + \frac{M^2}{n-1} + 4M,$$

等号成立当且仅当 $(s, t) = (1, n-1)$ 或 $(s, t) = (n-1, 1)$ 时. 此时也属于第一种情形, 即 $a = x_1 \leqslant x_2 = \cdots = x_{n-1} \leqslant x_n = b$, 我们下面考虑这种情况. 由 $S_1 S_{-1}$ 与 $S_2 S_{-2}$ 的齐次性, 我们不妨设 $x_2 = \cdots = x_{n-1} = 1$. 设 $m = n - 2$, $u = a + b, v = \dfrac{1}{a} + \dfrac{1}{b}$, 则即求

$$S = (m + u)(m + v) = m^2 + (u + v)m + uv$$

固定时,

$$\begin{aligned} T &= \left(m + u^2 - \frac{2u}{v}\right)\left(m + v^2 - \frac{2v}{u}\right) \\ &= m^2 + \left(\frac{(u+v)^2}{uv} - 2\right)(uv - 2)m + (uv - 2)^2 \end{aligned}$$

的最大值. 进一步, 我们设 $s = u + v$, $t = uv$, $x = sm + t$. 当 $s^2 \geqslant 4t \geqslant 16$ 时, 关于 u, v 的方程有非负实数解, 进一步, 存在非负实数解 a, b. 由假设 $a \leqslant 1 \leqslant b$, 故

$$t - s = (a + b)\left(\frac{1}{a} + \frac{1}{b}\right) - a - b - \frac{1}{a} - \frac{1}{b} = \frac{(b-1)(1-a)(a+b)}{ab} \geqslant 0.$$

因此只需求 x 固定, $t^2 \geqslant s^2 \geqslant 4t$, $sm+t=x$ 时,

$$F(s,t) := \left(\frac{s^2}{t}-2\right)(t-2)m+(t-2)^2$$

的最大值. 将 $F(s,t)$ 看作 s 的函数, 则

$$\frac{\partial F(s,x-sm)}{\partial s} = \frac{2m((m+1)s-x)(m^2s^2+(m-2x+1)ms+x^2-mx-2x)}{(ms-x)^2}.$$

而 $(m+1)s-x \leqslant sm+t-x=0$, 故当 $s \leqslant t$ 时, 函数 $F(s,x-sm)$ 关于 s 是一个上凸函数. 因此 $F(s,x-sm)$ 的最大值必在端点处或 $m^2s^2+(m-2x+1)ms+x^2-mx-2x=0$ 的最大根处取到. 而最大根为

$$s = \frac{-1-m+2x+\sqrt{1+2m+m^2+4x}}{2m} > \frac{x}{m},$$

即方程的最大根在定义域外, 故只需考虑端点处, 即 $s^2=4t$, $t=s$ 两种情形即可. 当 $s^2=4t$ 时,

$$\begin{aligned} S &= m^2+sm+t=(m+\sqrt{t})^2 \quad \Longrightarrow \quad \sqrt{t}=\sqrt{S}-m, \\ T &= m^2+F(s,t)=m^2+2(t-2)m+(t-2)^2 \\ &= (t-2+m)^2=((\sqrt{S}-m)^2+m-2)^2. \end{aligned}$$

当 $s=t$ 时,

$$\begin{aligned} S &= m^2+tm+t \quad \Longrightarrow \quad t=\frac{S-m^2}{m+1}, \\ T &= m^2+F(s,t)=m^2+(m+1)(t-2)^2=m^2+\frac{(S-m^2-2m-2)^2}{m+1}. \end{aligned}$$

而

$$m^2+\frac{(S-m^2-2m-2)^2}{m+1} \geqslant ((\sqrt{S}-m)^2+m-2)^2 \quad \Longleftrightarrow \quad \sqrt{S} \leqslant \sqrt{2(m+1)}+m,$$

故当 $n \leqslant \sqrt{S} \leqslant \sqrt{2(n-1)}+n-2$ 时, $T_{\max}=(n-2)^2+\dfrac{(S-n^2+2n-2)^2}{n-1}$, 等号成立时有 $x_1=\cdots=x_{n-1}$ 及其轮换; 当 $\sqrt{S} \geqslant \sqrt{2(n-1)}+n-2$ 时, $T_{\max}=((\sqrt{S}-n+2)^2+n-4)^2$, 等号当 $x_1x_n=x_2^2=\cdots=x_{n-1}^2$ 时可取到. 特别地, 当 $n=3$ 时, 我们得到例 7.9 中右边的不等式. □

注　本题的解答是作者与韦东奕讨论得到的, 韦东奕提供了一些关键想法. 他还利用 Lagrange 乘数法得到了上述结果. 例 5.82 中曾给出了 T 的一个统一上界: $\sqrt{T} \leqslant \sqrt{S}(\sqrt{S}-n+1)$. 当 $n \geqslant 3$, $S \geqslant n^2$ 时, 容易验证

$$(\sqrt{S}(\sqrt{S}-n+1))^2 \geqslant \max\left\{(n-2)^2+\frac{(S-n^2+2n-2)^2}{n-1}, ((\sqrt{S}-n+2)^2+n-4)^2\right\}.$$

若将关于 $x_i(i=1,2,\cdots,n)$ 对称的函数 $F(\boldsymbol{x}_n)$ 看作关于 $\sigma_r(\boldsymbol{x}_n)$ 的函数, 用类似的方法可以证明如下结论:

定理 9.26 n 是正整数, x_i, $y_i(i=1,2,\cdots,n)$ 是实数. 对于 n 元对称函数 $F(\boldsymbol{x}_n)$, 若 $\sigma_r(\boldsymbol{x}_n)\leqslant\sigma_r(\boldsymbol{y}_n)$ $(r=1,2,\cdots,n)$, 且

$$\sum_{i=1}^{n}\frac{(-1)^{r-1}x_i^{n-r}}{\prod\limits_{j\neq i}(x_i-x_j)}\frac{\partial F}{\partial x_i}\geqslant 0\quad(r=1,2,\cdots,n),$$

则 $F(\boldsymbol{x}_n)\geqslant F(\boldsymbol{y}_n)$. 特别地, 对非负实数 $x_i,y_i(i=1,2,\cdots,n)$, 我们有 $\sum\limits_{i=1}^{n}x_i^p\leqslant\sum\limits_{i=1}^{n}y_i^p$, 其中 $0<p<1$.

事实上, 只需注意到有如下等式, 再利用引理 9.21即可:

$$\frac{\partial x_i}{\partial\sigma_r(\boldsymbol{x}_n)}=\frac{(-1)^{r-1}x_i^{n-r}}{\prod\limits_{j\neq i}(x_i-x_j)}\quad(1\leqslant i\leqslant n).$$

在定理 9.26中令 $n=3$, $p=\dfrac{1}{2}$, 我们有:

推论 9.27 x_1,x_2,x_3,y_1,y_2,y_3 是非负实数, 满足 $x_1+x_2+x_3\geqslant y_1+y_2+y_3$, $x_1x_2+x_1x_3+x_2x_3\geqslant y_1y_2+y_1y_3+y_2y_3$, $x_1x_2x_3\geqslant y_1y_2y_3$, 则 $\sqrt{x_1}+\sqrt{x_2}+\sqrt{x_3}\geqslant\sqrt{y_1}+\sqrt{y_2}+\sqrt{y_3}$.

这一推论可以用来证明一些根式不等式问题, 如例 6.36 等. 下面我们给出上述推论的简证.

证明 证法 1 用反证法, 即证明不存在非负实数 x,y,z,a,b,c, 满足 $\sum x^2\geqslant\sum a^2$, $\sum x^2y^2\geqslant\sum a^2b^2$, $xyz\geqslant abc$, $\sum x<\sum a$. 适当地增加 z 的取值, 此时命题等价于 $\sum x^2>\sum a^2$, $\sum x^2y^2\geqslant\sum a^2b^2$, $xyz\geqslant abc$, $\sum x=\sum a$ 无解.

这只需注意到

$$\sum x^2=(\sum x)^2-2\sum xy>\sum a^2=(\sum a)^2-2\sum ab\quad\Longrightarrow\quad\sum ab>\sum xy,$$
$$\sum x^2y^2=(\sum xy)^2-2\sum x\cdot xyz<(\sum ab)^2-2\sum a\cdot abc=\sum a^2b^2$$

即可. □

证法 2 用反证法, 若存在 x_i 不为 0, 且 $\sqrt{x_1}+\sqrt{x_2}+\sqrt{x_3}<d(\sqrt{y_1}+\sqrt{y_2}+\sqrt{y_3})$, $d<1$, 则两边平方后有

$$x_1+x_2+x_3+2(\sqrt{x_1x_2}+\sqrt{x_1x_3}+\sqrt{x_3x_2})<d^2(y_1+y_2+y_3+2(\sqrt{y_1y_2}+\sqrt{y_1y_3}+\sqrt{y_3y_2}).$$

由条件

$$x_1+x_2+x_3\geqslant y_1+y_2+y_3\geqslant d^2(y_1+y_2+y_3),$$

故

$$\sqrt{x_1x_2}+\sqrt{x_1x_3}+\sqrt{x_3x_2}<d^2(\sqrt{y_1y_2}+\sqrt{y_1y_3}+\sqrt{y_3y_2}).$$

两边平方后, 等价于

$$\sum x_1x_2+2\sum x_1\sqrt{x_2x_3}<d^4\sum y_1y_2+2\sum y_1\sqrt{y_2y_3}.$$

注意到 $\sum x_1x_2 \geqslant d^4 \sum y_1y_2$, 因此

$$\sum x_1\sqrt{x_2x_3} < \sum y_1\sqrt{y_2y_3}.$$

故 $y_1y_2y_3 > 0$, 又 $\sqrt{x_1x_2x_3} \geqslant d^4\sqrt{y_1y_2y_3}$, 从而

$$\sqrt{x_1}+\sqrt{x_2}+\sqrt{x_3} < d^4(\sqrt{y_1}+\sqrt{y_2}+\sqrt{y_3}).$$

由此知, 对任意正整数 k, 我们有

$$\sqrt{x_1}+\sqrt{x_2}+\sqrt{x_3} < d^{4^k}(\sqrt{y_1}+\sqrt{y_2}+\sqrt{y_3}),$$

令 $k \to +\infty$, 即知矛盾. □

第 10 章　其他方法

在本章我们列举一些其他的证明不等式的方法.

将多元多项式型不等式转化为关于某一变元的判别式的正负性问题, 可以达到降维的目的. 我们称其为判别式法. 判别式法对于低次的不等式问题尤为有效.

例 10.1　若 $a,b,c\in\left[\frac{1}{3},3\right]$, 证明:

$$\frac{a}{a+b}+\frac{b}{b+c}+\frac{c}{c+a}\geqslant\frac{7}{5}.$$

证明　原不等式等价于

$$abc+3\sum a^2b\geqslant 2\sum a^2c.$$

(i) 如果 $a\geqslant b\geqslant c$, 则有

$$(a-b)(b-c)(c-a)\leqslant 0 \quad\iff\quad \sum a^2b\geqslant\sum a^2c,$$

此时原不等式显然成立.

(ii) 如果 $a\geqslant c\geqslant b$, 将原不等式写成

$$(3a-2b)c^2+(3b^2+ab-2a^2)c+3a^2b-2ab^2\geqslant 0.$$

上式为关于 c 的二次函数, 而

$$\begin{aligned}\Delta&=(3b^2+ab-2a^2)^2-4(3a-2b)(3a^2b-2ab^2)\\&=9b^4+37a^2b^2+4a^4-10ab(b^2+4a^2)\\&=(b^2+4a^2)(9b-a)(b-a)\leqslant 0,\end{aligned}$$

于是原不等式成立. □

下面我们来介绍一个与实二次型判别式有关的经典结论.

例 10.2　设 $f(x,y)=ax^2+2bxy+cy^2(a,b,c\in\mathbb{R})$. $D=ac-b^2$, 若 $D>0$, 则存在整数 $(u,v)\neq(0,0)$, 使得

$$|f(u,v)|\leqslant\sqrt{\frac{4D}{3}}.$$

证明 由于 $f(x,y)=0$ 是椭圆, 故对任意大的整数 A, $|f(u,v)|<A$ 的整数解仅有有限多个. 因此 $|f(u,v)|_{\min}$ 存在, 记 m 为此最小值, 设 $f(u,v)=m$, 则显然有 $(u,v)=1$. 于是存在 $r,s\in\mathbb{Z}$, 使 $ur-vs=1$. 令 $x=ux_1-sy_1, y=vx_1-ry_1$, 由于 $ur-vs=1$, 因此 $x_1=rx-sy, y_1=vx-uy$, $(x,y)\in\mathbb{Z}^2$ 与 $(x_1,y_1)\in\mathbb{Z}^2$ 一一对应.

设 $f(x,y)=g(x_1,y_1)$, 则 $g(x_1,y_1)=mx_1^2+2px_1y_1+qy_1^2$, 此时 $D_1=mq-p^2=ac-b^2=D$, 且 f,g 的值域相同. 于是

$$m\leqslant|g(x_1,1)|=m\left|\left(x_1+\frac{p}{m}\right)^2+\frac{mq-p^2}{m^2}\right|.$$

因此必存在整数 x, 使得 $\left|x+\dfrac{p}{m}\right|\leqslant\dfrac{1}{2}$. 从而

$$m\leqslant\frac{m}{4}+\frac{D}{m}\quad\Longrightarrow\quad|f(u,v)|=m\leqslant\sqrt{\frac{4D}{3}}.$$

□

注 利用这一结论, 我们可以证明 2006 年 CMO 的一道试题:

设 m,n,k 是正整数, $mn=k^2+k+3$. 证明: $x^2+11y^2=4m, x^2+11y^2=4n$ 至少有一个奇数解.

由于这题不属于本书的讨论范围, 其证明我们就不介绍了. 值得一提的是, 这道题当年在考场上只有邓煜一人解出.

对实二次型的进一步讨论可以得到高斯三平方和定理等结论.

例 10.3 (2009 保加利亚 TST) n 是正整数, a_i,b_i 是实数, c_i 是正实数 $(i=1,2,\cdots,n)$. 求证:

$$\sum_{1\leqslant i,j\leqslant n}\frac{a_ia_j}{c_i+c_j}\sum_{1\leqslant i,j\leqslant n}\frac{b_ib_j}{c_i+c_j}\geqslant\left(\sum_{1\leqslant i,j\leqslant n}\frac{a_ib_j}{c_i+c_j}\right)^2.$$

证明 为此我们需要证明如下引理:

引理 对于实数 x_i, 正实数 $c_i(i=1,2,\cdots,n)$, 我们有

$$\sum_{1\leqslant i,j\leqslant n}\frac{x_ix_j}{c_i+c_j}\geqslant 0.$$

这是非负二次型的一个著名结论. 可通过证明其对应的矩阵是半正定矩阵来证明这一引理. 我们下面提供一种巧证. 注意到引理的难点在于 c_i+c_j 在分母上, 可构造函数使其导数是多项式. 为此我们构造辅助函数, 令

$$f(t)=\sum_{1\leqslant i,j\leqslant n}\frac{x_ix_j}{c_i+c_j}t^{c_i+c_j}.$$

显然 $f(0)=0$. 而 $f(1)\geqslant 0$ 为欲证不等式, 因此只需证明 $f'(t)\geqslant 0$ 即可. 我们有

$$f'(t)=\sum_{1\leqslant i,j\leqslant n}x_ix_jt^{c_i+c_j-1}=\frac{1}{t}(\sum_{i=1}^{n}x_it^{c_i})^2\geqslant 0.$$

因此引理得证.

在引理中令 $x_i=a_ix+b_i(i=1,2,\cdots,n)$, 则

$$Ax^2+2Cx+B\geqslant 0\quad(\forall x\in\mathbb{R}),$$

其中

$$A=\sum_{1\leqslant i,j\leqslant n}\frac{a_ia_j}{c_i+c_j},\quad B=\sum_{1\leqslant i,j\leqslant n}\frac{b_ib_j}{c_i+c_j},\quad C=\sum_{1\leqslant i,j\leqslant n}\frac{a_ib_j}{c_i+c_j}.$$

若 $A=0$, 则 $C=0$, 此时 $AB=C^2$. 若 $A\neq 0$, 注意到二次函数非负等价于首项系数非负, 判别式小于或等于 0, 我们有

$$AB\geqslant C^2.$$

命题得证. □

注 用类似的方法还可以证明: a_i 为实数 $(i=1,2,\cdots,n)$, 则

$$\left(\sum_{i=1}^{n}a_i\right)^2\leqslant\sum_{1\leqslant i,j\leqslant n}\frac{ij}{i+j-1}a_ia_j.$$

上例证明的另一个关键之处是构造了辅助函数 f, 辅助函数也是证明许多问题的钥匙.

例 10.4 $n\geqslant 2,a_k,b_k>0(k=1,2,\cdots,n),S=\sum\limits_{k=1}^{n}a_k,T=b_1b_2\cdots b_n$. 求证:

$$\frac{1}{n-1}\sum_{i=1}^{n}\left(1-\frac{a_i}{S}\right)b_i\geqslant\left(\frac{T}{S}\sum_{j=1}^{n}\frac{a_j}{b_j}\right)^{\frac{1}{n-1}}.$$

证明 由函数的连续性, 只需证明 b_i 互不相同的情形即可, 不妨设 $0<b_1<\cdots<b_n$. 我们构造多项式

$$f(x)=\sum_{i=1}^{n}a_i\prod_{j\neq i}(x-b_j),$$

则 f 为关于 x 的次数为 $n-1$ 的多项式,

$$f(b_i)=a_i\prod_{j\neq i}(b_i-b_j),$$

故 $f(b_i)$ 与 $f(b_{i+1})$ 异号, 因此 f 恰有 $n-1$ 个根 x_i, $x_i\in(b_i,b_{i+1})(i=1,2,\cdots,n-1)$. 则

$$\sum_{i=1}^{n-1}x_i=\frac{1}{S}\sum_{i=1}^{n}a_i\sum_{j\neq i}b_j=\sum_{i=1}^{n}b_i\sum_{j\neq i}\frac{a_j}{S}=\sum_{i=1}^{n}\left(1-\frac{a_i}{S}\right)b_i,$$

$$\prod_{j=1}^{n-1}x_i=\frac{T}{S}\sum_{i=1}^{n}\frac{a_i}{b_i}.$$

由 AM-GM 不等式有 $\sum\limits_{i=1}^{n-1}x_i\geqslant(n-1)\sqrt[n-1]{x_1\cdots x_{n-1}}$, 即知原不等式成立. □

注 这里我们再给出一个证明:

证明 原不等式等价于

$$\left(\sum_{i=1}^{n} a_i \sum_{j\neq i} b_j\right)^{n-1} \geqslant (n-1)^{n-1}\left(\sum_{i=1}^{n} a_i\right)^{n-2}\left(\sum_{i=1}^{n} a_i \prod_{j\neq i} b_j\right).$$

$n=2$ 时, 不等式为等式.

$n\geqslant 3$ 时, 我们不妨设 $b_1=\max\{b_1,b_2,\cdots,b_n\}$, $b_n=\min\{b_1,b_2,\cdots,b_n\}$. 由 AM-GM 不等式我们有

$$(n-1)\sqrt[n-1]{\left(\sum_{i=1}^{n} a_i\right)^{n-2}\left(\sum_{i=1}^{n} a_i \prod_{j\neq i} b_j\right)} \leqslant \left(\sum_{1<i<n} b_i\right)\left(\sum_{i=1}^{n} a_i\right)+\frac{\sum\limits_{i=1}^{n} a_i \prod\limits_{j\neq i} b_j}{\prod\limits_{1<i<n} b_i}.$$

只需证明

$$\begin{aligned}
&\sum_{i=1}^{n} a_i \sum_{j\neq i} b_j \geqslant \left(\sum_{1<i<n} b_i\right)\left(\sum_{i=1}^{n} a_i\right)+\frac{\sum\limits_{i=1}^{n} a_i \prod\limits_{j\neq i} b_j}{\prod\limits_{1<i<n} b_i}\\
\iff\quad & \sum_{1<i<n} a_i\left(b_1+b_n-b_i-\frac{b_1b_n}{b_i}\right)\geqslant 0\\
\iff\quad & \sum_{1<i<n} \frac{a_i(b_1-b_i)(b_i-b_n)}{b_i}\geqslant 0,
\end{aligned}$$

上式显然. □

利用抽屉原理也可证明不少问题.

例 10.5 (2004 西部数学奥林匹克) 设 $a,b,c>0$. 求证:

$$\sqrt{\frac{a}{a+b}}+\sqrt{\frac{b}{b+c}}+\sqrt{\frac{c}{c+a}}\leqslant \frac{3\sqrt{2}}{2}.$$

证明 由抽屉原理知 $\sqrt{\frac{a}{a+b}}-\frac{\sqrt{2}}{2},\sqrt{\frac{b}{b+c}}-\frac{\sqrt{2}}{2},\sqrt{\frac{c}{c+a}}-\frac{\sqrt{2}}{2}$ 中至少有两个数同号, 不妨设

$$\left(\sqrt{\frac{a}{a+b}}-\frac{\sqrt{2}}{2}\right)\left(\sqrt{\frac{b}{b+c}}-\frac{\sqrt{2}}{2}\right)\geqslant 0.$$

则

$$\frac{\sqrt{2}}{2}\left(\sqrt{\frac{a}{a+b}}+\sqrt{\frac{b}{b+c}}\right)\leqslant \sqrt{\frac{ab}{(a+b)(b+c)}}+\frac{1}{2}.$$

从而由 Cauchy 不等式知

$$\begin{aligned}&\frac{\sqrt{2}}{2}\left(\sqrt{\frac{a}{a+b}}+\sqrt{\frac{b}{b+c}}+\sqrt{\frac{c}{c+a}}\right)\\ \leqslant&\sqrt{\frac{ab}{(a+b)(b+c)}}+\frac{1}{2}+\sqrt{\frac{bc}{(1+1)(bc+ab)}}\\ \leqslant&\frac{\sqrt{ab}}{\sqrt{ab}+\sqrt{bc}}+\frac{1}{2}+\frac{\sqrt{bc}}{\sqrt{ab}+\sqrt{bc}}=\frac{3}{2}.\end{aligned}$$

□

例 10.6 (Vasile) $a,b,c>0$, $x=a+\dfrac{1}{b}-1$, $y=b+\dfrac{1}{c}-1, z=c+\dfrac{1}{a}-1$. 求证:

$$xy+yz+zx\geqslant 3.$$

证明 由抽屉原理知 x,y,z 中必存在两数, 不妨设为 x,y, 满足 $(x-1)(y-1)\geqslant 0$. 于是

$$\begin{aligned}xy+yz+zx=&(x-1)(y-1)+x+y+yz+zx-1\geqslant x+y+yz+zx-1\\ =&(x+y)(z+1)-1=\left(b+\frac{1}{b}-2+a+\frac{1}{c}\right)\left(\frac{1}{a}+c\right)-1\\ \geqslant&\left(a+\frac{1}{c}\right)\left(\frac{1}{a}+c\right)-1\geqslant 3.\end{aligned}$$

证毕. □

当变元 x 的范围为 $[a,b]$ 时, 可以由 $(x-a)(x-b)\leqslant 0$, 推出结论.

例 10.7 设 $0<m_1\leqslant a_i\leqslant M_1, 0<m_2\leqslant b_i\leqslant M_2 (i=1,2,\cdots,n)$, 则

$$\sqrt{\frac{m_2M_2}{m_1M_1}}\sum_{i=1}^{n}a_i^2+\sqrt{\frac{m_1M_1}{m_2M_2}}\sum_{i=1}^{n}b_i^2\leqslant\left(\sqrt{\frac{M_1M_2}{m_1m_2}}+\sqrt{\frac{m_1m_2}{M_1M_2}}\right)\sum_{i=1}^{n}a_ib_i.$$

证明 因为 $m_1\leqslant a_i\leqslant M_1, m_2\leqslant b_i\leqslant M_2$, 所以

$$\frac{m_1}{M_2}\leqslant\frac{a_i}{b_i}\leqslant\frac{M_1}{m_2}\quad(i=1,2,\cdots,n).$$

于是有

$$\begin{aligned}&\sum_{i=1}^{n}(m_2M_2a_i^2-(m_1m_2+M_1M_2)a_ib_i+m_1M_1b_i^2)\\ &=\sum_{i=1}^{n}m_2M_2b_i^2\left(\frac{a_i}{b_i}-\frac{M_1}{m_2}\right)\left(\frac{a_i}{b_i}-\frac{m_1}{M_2}\right)\leqslant 0\\ &\Longrightarrow\quad m_2M_2\sum_{i=1}^{n}a_i^2+m_1M_1\sum_{i=1}^{n}b_i^2\leqslant(m_1m_2+M_1M_2)\sum_{i=1}^{n}a_ib_i,\end{aligned}$$

上式两边同除以 $\sqrt{m_1m_2M_1M_2}$, 即得欲证不等式. 等号成立当且仅当有 k 个 $a_i=m_1$, 其余 $n-k$ 个 $a_j=M_1$, 相应的 $b_i=M_2, b_j=m_2$ 时. □

注　本题可看作著名的反向不等式 Pólya-Szegö不等式的加强. 只需注意到

$$2\sqrt{\sum_{i=1}^{n}a_i^2\sum_{i=1}^{n}b_i^2}\leqslant\sqrt{\frac{m_2M_2}{m_1M_1}}\sum_{i=1}^{n}a_i^2+\sqrt{\frac{m_1M_1}{m_2M_2}}\sum_{i=1}^{n}b_i^2,$$

进而我们有

$$2\sqrt{\sum_{i=1}^{n}a_i^2\sum_{i=1}^{n}b_i^2}\leqslant\left(\sqrt{\frac{M_1M_2}{m_1m_2}}+\sqrt{\frac{m_1m_2}{M_1M_2}}\right)\sum_{i=1}^{n}a_ib_i.$$

上式即为 Pólya-Szegö不等式. 下面这个反向不等式是由 Popoviciu 得到的 [74]:

$p,q\geqslant 1$, 满足 $\dfrac{1}{p}+\dfrac{1}{q}=1.a_i,b_i\geqslant 0(i=1,2,\cdots,n)$, 且

$$a_1^p-a_2^p-\cdots-a_n^p>0,\quad b_1^p-b_2^p-\cdots-b_n^p>0,$$

则有

$$(a_1^p-a_2^p-\cdots-a_n^p)^{\frac{1}{p}}(b_1^q-b_2^q-\cdots-b_n^q)^{\frac{1}{q}}\leqslant a_1b_1-a_2b_2-\cdots-a_nb_n,$$

等号成立当且仅当 $a_1:b_1=a_2:b_2=\cdots=a_n:b_n$ 时.

证明　作代换

$$x_1^p=a_1^p-\sum_{i=2}^{n}a_i^p,\quad x_i^p=a_i^p\quad(i=2,\cdots,n),$$

$$y_1^p=b_1^p-\sum_{i=2}^{n}b_i^p,\quad y_i^p=b_i^p\quad(i=2,\cdots,n).$$

移项后即为 Cauchy 不等式. □

特别地, 令 $p=q=2$, 即得经典的 Aczél 不等式 [1].

关于反向不等式的结论还有很多, 例如仿照 Popoviciu 不等式可以得到 Minkowiki 型的反向不等式. 有些反向不等式还涉及复数与积分形式, 我们就不再一一列举了.

有时用概率来证明命题能起到出奇制胜的作用.

例 10.8 (1991 IMO 预选)　n,m 是正整数, $x,y\in[0,1],x+y=1$. 求证:

$$(1-x^n)^m+(1-y^m)^n\geqslant 1.$$

证明　考察一个 $m\times n$ 的方格, 每一格染黑白两色之一, 设染黑概率为 x, 染白概率为 y,$(1-x^n)^m$ 对应每一行都不是全黑, $(1-y^m)^n$ 对应每一列都不是全白, 又不可能出现一行全黑且有一列全白的情况, 于是命题得证. □

注　本题想法独特, 证法巧妙. 用相同的方法可以证明:

(2006 地中海) 设 m,n 是正整数,$x_{i,j}\in[0,1](i=1,2,\cdots,m,j=1,2,\cdots,n)$. 求证:

$$\prod_{j=1}^{n}(1-\prod x_{i,j})+\prod_{i=1}^{m}(1-\prod_{j=1}^{n}(1-x_{i,j}))\geqslant 1.$$

上述不等式也可用数学归纳法证明, 读者可尝试作为练习.

构造恒等式解题往往也很巧妙.

例 10.9 (Hlawka 不等式) a,b,c 为三个复数. 求证:

$$|a+b|+|b+c|+|c+a|\leqslant|a|+|b|+|c|+|a+b+c|.$$

证明 注意到如下恒等式成立:

$$\begin{aligned}&(|a|+|b|+|c|-|b+c|-|c+a|-|a+b|+|a+b+c|)\cdot(|a|+|b|+|c|+|a+b+c|)\\&=(|b|+|c|-|b+c|)\cdot(|a|-|b+c|+|a+b+c|)\\&\quad+(|c|+|a|-|c+a|)\cdot(|b|-|c+a|+|a+b+c|)\\&\quad+(|a|+|b|-|a+b|)\cdot(|c|-|a+b|+|a+b+c|).\end{aligned}$$

于是由三角不等式知原不等式得证. □

注 本题是定理 6.16的特例, 在 Popoviciu 不等式中取 $f(x)=|x|$, $p=q=r=1$ 即可. 本题证明中的恒等式被称为 Hlawka 恒等式, 最早出现在 1942 年 Hornich 的一篇文章中 [55].

我们还可以这样证明本例: 两边平方后, 等价于证明

$$(\sum|a|+|\sum a|)^2\geqslant(\sum|b+c|)^2,$$

注意到我们有恒等式

$$\sum|a|^2+|\sum a|^2=\sum|a+b|^2,$$

故等价于证明

$$\sum|bc|+\sum|a(a+b+c)|\geqslant\sum|(a+b)(a+c)|.$$

上式由下述局部不等式立得:

$$|bc|+|a(a+b+c)|\geqslant|bc+a^2+ab+ac|=|(a+b)(a+c)|.$$

1963 年, Freudenthal 提出了更为一般的问题:

m 为正整数, 设 $a_1,a_2,\cdots,a_n\in\mathbb{R}^m$. 对于哪些正整数 n, 不等式

$$\sum_{k=1}^{n}|a_k|-\sum_{1\leqslant i<j\leqslant n}|a_i+a_j|+\sum_{1\leqslant i<j<k\leqslant n}|a_i+a_j+a_k|+\cdots+(-1)^n|\sum_{k=1}^{n}a_k|\geqslant 0$$

成立?

1997 年, 文献 [57] 证明了上式仅对 $n=1,n=2$(Minkowski 不等式), $n=3$(即本题) 成立.

先恒等变形, 再大胆放缩, 需要扎实的代数功底与解题直觉. 我们再来看一道复数不等式的例题.

例 10.10　z_i, z_j 是复数, 则

$$|1+z_i|+|1+z_j|+|1+z_iz_j| \geqslant |z_i|+|z_j|.$$

证明　事实上,

$$\begin{aligned}(|1+z_i|+|1+z_j|+|1+z_iz_j|)^2 &= (|1+z_i|+|1+\overline{z_j}|+|1+z_iz_j|)^2\\ &\geqslant (|z_i-\overline{z_j}|+|1+z_iz_j|)^2\\ &\geqslant |z_i-\overline{z_j}|^2+|1+z_iz_j|^2\\ &= |z_i|^2+|z_j|^2-2\Re z_iz_j+1+(|z_iz_j|)^2+2\Re z_iz_j\\ &\geqslant |z_i|^2+|z_j|^2+2|z_iz_j|\\ &= (|z_i|+|z_j|)^2,\end{aligned}$$

得证. □

注　由本例可知

$$\sum_{1\leqslant i<j\leqslant n}(|1+z_i|+|1+z_j|+|1+z_iz_j|) \geqslant \sum_{1\leqslant i<j\leqslant n}(|z_i|+|z_j|).$$

由此可得文献 [87] 中的如下主要结果, 原文中的证明较为繁琐:

$$(n-1)\sum_{i=1}^{n}|1+z_i|+\sum_{1\leqslant i<j\leqslant n}|1+z_iz_j| \geqslant (n-1)\sum_{i=1}^{n}|z_i|.$$

不少不等式都能用向量法证明, 如著名的 Cauchy 不等式等, 这里我们也给出一些例题.

例 10.11 (2014 北大金秋营)　$a_i, b_i, c_i \in \mathbb{R}(i=1,2,3,4)$, 且满足

$$\sum_{i=1}^{4}a_i^2=1,\quad \sum_{i=1}^{4}b_i^2=1,\quad \sum_{i=1}^{4}c_i^2=1,$$
$$\sum_{i=1}^{4}a_ib_i=0,\quad \sum_{i=1}^{4}c_ib_i=0,\quad \sum_{i=1}^{4}a_ic_i=0.$$

求证:

$$a_1^2+b_1^2+c_1^2 \leqslant 1.$$

证明　这道题是曾经的 IMO 金牌得主安金鹏教授提供的. 对于掌握过一些大学知识的高中生来讲不难, 这里我们试图从这道试题出发, 介绍更为一般的数学知识. 我们首先来看一种基于线性代数的证明.

证法 1 考虑矩阵 $\boldsymbol{A}=(a_{i,j})_{1\leqslant i,j\leqslant 4}$, 其中 $a_{1j}=a_j$, $a_{2j}=b_j$, $a_{3j}=c_j$ $(1\leqslant j\leqslant 4)$, $a_{41}=1$, $a_{4j}=0$, 则

$$0\leqslant(\det\boldsymbol{A})^2=\det(\boldsymbol{A}\boldsymbol{A}^{\mathrm{T}})=1-(a_1^2+b_1^2+c_1^2).$$

将矩阵求行列式后, 这一证明完全可以抹掉线性代数的痕迹, 得到“天书”般的证明:

$$0\leqslant(a_2b_3c_4-a_2c_3b_4+b_2c_3a_4-b_2a_3c_4+c_2a_3b_4-c_2b_3a_4)^2=1-(a_1^2+b_1^2+c_1^2).$$

当然对于不熟悉线性代数的读者而言, 上述证明也仅限于“欣赏”. □

下面介绍基于向量法的证明, 其有几何背景.

证法 2 将欲证命题改写一下, 设 $\boldsymbol{a}=(a_1,a_2,a_3,a_4)$, $\boldsymbol{b}=(b_1,b_2,b_3,b_4)$, $\boldsymbol{c}=(c_1,c_2,c_3,c_4)$, $\boldsymbol{d}=(1,0,0,0)$. 那么原命题等价于当 $|\boldsymbol{a}|=1,|\boldsymbol{b}|=1,|\boldsymbol{c}|=1,|\boldsymbol{d}|=1,\boldsymbol{a}\cdot\boldsymbol{b}=0,\boldsymbol{c}\cdot\boldsymbol{b}=0,\boldsymbol{a}\cdot\boldsymbol{c}=0$ 时, 证明

$$(\boldsymbol{a}\cdot\boldsymbol{d})^2+(\boldsymbol{b}\cdot\boldsymbol{d})^2+(\boldsymbol{c}\cdot\boldsymbol{d})^2\leqslant\boldsymbol{d}\cdot\boldsymbol{d}.$$

从几何的角度看, 譬如对于内积 $\boldsymbol{a}\cdot\boldsymbol{d}=|a||d|\cos\alpha$, 其中 α 是向量 $\boldsymbol{a}$ 与 $\boldsymbol{d}$ 之间的夹角, 因为 $\boldsymbol{d}$ 是单位向量, 因此 $\boldsymbol{a}\cdot\boldsymbol{d}$ 为向量 $\boldsymbol{a}$ 在单位向量 $\boldsymbol{d}$ 的方向上投影的长度, 这一长度有刚才提到的几何意义, 不会因为坐标轴做旋转变换而改变. 类似地, $\boldsymbol{b}\cdot\boldsymbol{d}$, $\boldsymbol{c}\cdot\boldsymbol{d}$, $\boldsymbol{d}\cdot\boldsymbol{d}$ 也有这样的性质. 所以我们可以适当地旋转坐标轴, 使得 $\boldsymbol{a}$, $\boldsymbol{b}$, $\boldsymbol{c}$ 在新的坐标系下有坐标 $(1,0,0,0)$, $(0,1,0,0)$, $(0,0,1,0)$, 设此时 $\boldsymbol{d}$ 的坐标为 (x,y,z,w), 则 $x^2+y^2+z^2+w^2=1$. 原命题等价于 $x^2+y^2+z^2\leqslant 1$, 这是显然的. □

上述证明默认了一些事实, 还需要一些几何上的观察. 下面再来介绍一种分析上的证明, 其实质也可看作将之前的证明严格化.

证法 3 为方便起见, 我们用 a,b,c,d 代替 $\boldsymbol{a},\boldsymbol{b},\boldsymbol{c},\boldsymbol{d}$, 并将 $\boldsymbol{a}\cdot\boldsymbol{d}$ 等简记为 (a,d) 等. 我们有

$$\begin{aligned}0\leqslant&|d-(d,a)a-(d,b)b-(d,c)c|^2\\=&(d,d)+(d,a)^2(a,a)+(d,b)^2(b,b)+(d,c)^2(c,c)-2(d,a)^2-2(d,b)^2-2(d,c)^2\\=&(d,d)-(d,a)^2-(d,b)^2-(d,c)^2,\end{aligned}$$

移项后即知命题成立. □

将上面的证明转化成代数的语言, 我们可得

$$\begin{aligned}0\leqslant&(1-a_1^2-b_1^2-c_1^2)^2+(a_1a_2+b_1b_2+c_1c_2)^2+(a_1a_3+b_1b_3+c_1c_3)^2+(a_1a_4+b_1b_4+c_1c_4)^2\\=&1-a_1^2-b_1^2-c_1^2.\end{aligned}$$

由我们给出的证明知, 如果 a,b,c,d 是三维向量, 那么命题中的不等式实际成为了等式.

用同上面完全一样的方法, 我们可以证明如下例题:

例 10.12 (1) (2008 国家队培训题) n 元实数组 $a=(a_1,a_2,\cdots,a_n)$, $b=(b_1,b_2,\cdots,b_n)$, $c=(c_1,c_2,\cdots,c_n)$ 满足

$$\begin{cases} a_1^2+a_2^2+\cdots+a_n^2=1, \\ b_1^2+b_2^2+\cdots+b_n^2=1, \\ c_1^2+c_2^2+\cdots+c_n^2=1, \\ b_1c_1+b_2c_2+\cdots+b_nc_n=0. \end{cases}$$

求证:

$$(b_1a_1+b_2a_2+\cdots+b_na_n)^2+(a_1c_1+a_2c_2+\cdots+a_nc_n)^2\leqslant 1.$$

(2) (2007 罗马尼亚) $a=(a_1,a_2,\cdots,a_n)$, $b=(b_1,b_2,\cdots,b_n)\in\mathbb{R}^n$, 满足

$$\sum_{i=1}^n a_i^2=\sum_{i=1}^n b_i^2=1,\quad \sum_{i=1}^n a_ib_i=0.$$

求证:

$$(\sum_{i=1}^n a_i)^2+(\sum_{i=1}^n b_i)^2\leqslant n.$$

证明 (1) 由

$$0\leqslant|a-(a,b)b-(a,c)c|^2,$$

展开即得

$$(a,b)^2+(a,c)^2\leqslant 1.$$

(2) 设 $c=(1,1,\cdots,1)$, 类似地由

$$0\leqslant|c-(a,c)a-(b,c)b|^2,$$

展开即知命题成立. □

注 我们也可将上述证明中的向量语言转化为纯代数语言. 例如对于 (2), 设 $A=\sum\limits_{i=1}^n a_i$, $B=\sum\limits_{i=1}^n b_i$, 则

$$\begin{aligned} 0&\leqslant\sum_{i=1}^n(1-Aa_i-Bb_i)^2 \\ &=\sum_{i=1}^n(1+A^2a_i^2+B^2b_i^2-2Aa_i-2Bb_i+2ABa_ib_i) \\ &=n+A^2\sum_{i=1}^n a_i^2+B^2\sum_{i=1}^n b_i^2-2A\sum_{i=1}^n a_i-2B\sum_{i=1}^n b_i+2AB\sum_{i=1}^n a_ib_i \\ &=n+A^2+B^2-2A^2-2B^2+0=n-(A^2+B^2). \end{aligned}$$

用这一方法可以编出许多类似的不等式, 随着维数的增加, 用其他方法就变得越发难以直接证明.

当无法直接证明不等式时, 可以尝试证明中间不等式, 起到连接欲证不等式两边桥梁的作用.

例 10.13 (Crux) $a,b,c,d \geqslant 0$. 求证:

$$(a+b)^3(b+c)^3(c+d)^3(d+a)^3 \geqslant 16a^2b^2c^2d^2(a+b+c+d)^4.$$

证明 不妨设 $a+b+c+d=1$, 注意到 $(a+b)(b+c)(c+d)(d+a)$ 为轮换对称的而非全对称的, 我们尝试将其向对称多项式靠拢:

$$\begin{aligned}(a+b)(b+c)(c+d)(d+a) &= a^2c^2+b^2d^2+2abcd+\sum abc(a+b+c)\\ &= (ac-bd)^2+\sum abc(a+b+c+d)\\ &\geqslant abc+bcd+cda+dab.\end{aligned}$$

又由 Newton 不等式, 我们有

$$\left(\frac{\sum abc}{4}\right)^2 \geqslant \frac{\sum ab}{6}abcd \geqslant \sqrt{\frac{\sum a}{4}\frac{\sum abc}{4}}abcd.$$

于是

$$(abc+bcd+cda+dab)^3 \geqslant 16a^2b^2c^2d^2(a+b+c+d).$$

故命题得证. □

将已知的不等式作为条件, 导出想得到的不等式, 这就是借题破题方法.

例 10.14 $a,b,c,d \geqslant 0$, 没有两个同时为 0, 且 $a+b+c+d=1$. 求证:

$$\frac{a}{\sqrt{a+b}}+\frac{b}{\sqrt{b+c}}+\frac{c}{\sqrt{c+d}}+\frac{d}{\sqrt{d+a}} \leqslant \frac{3}{2}.$$

证明 不妨设 $a+c \geqslant b+d$, 于是 $x=a+c \geqslant \frac{1}{2}$.

由 Jack Garfunkel 不等式知

$$\begin{aligned}&\frac{a}{\sqrt{a+b}}+\frac{b}{\sqrt{b+c}}+\frac{c}{\sqrt{c+a}} \leqslant \frac{5}{4}\sqrt{a+b+c}=\frac{5}{4}\sqrt{1-d}\\ \Longrightarrow\quad &\frac{a}{\sqrt{a+b}}+\frac{b}{\sqrt{b+c}} \leqslant \frac{5}{4}\sqrt{1-d}-\frac{c}{\sqrt{c+a}}.\end{aligned}$$

类似地有

$$\frac{c}{\sqrt{c+d}}+\frac{d}{\sqrt{d+a}} \leqslant \frac{5}{4}\sqrt{1-b}-\frac{a}{\sqrt{a+c}}.$$

所以

$$\sum_{\text{cyc}}\frac{a}{\sqrt{a+b}} \leqslant \frac{5}{4}(\sqrt{1-b}+\sqrt{1-d})-\sqrt{a+c}$$

$$\leqslant \frac{5}{4}\sqrt{2(2-b-d)}-\sqrt{a+c}$$
$$=\frac{5}{4}\sqrt{2(x+1)}-\sqrt{x}$$
$$=\frac{(\sqrt{x}-1)(17\sqrt{x}-7)}{2\sqrt{2}(5\sqrt{x+1}+\sqrt{2}(2\sqrt{x}+3))}+\frac{3}{2}\leqslant \frac{3}{2}.$$

从而我们完成了证明, 且等号不可能成立. □

本题是借题破题的典型, 利用 Jack Garfunkel 不等式, 我们还能证明它的推广.

例 10.15 (韩京俊)　$a,b,c,d\geqslant 0$, 没有 3 个同时为 0. 求证

$$\frac{a}{\sqrt{a+b+c}}+\frac{b}{\sqrt{b+c+d}}+\frac{c}{\sqrt{c+d+a}}+\frac{d}{\sqrt{d+a+b}}\leqslant \frac{5}{4}\sqrt{a+b+c+d}.$$

证明　不妨设 $d=\min\{a,b,c,d\}$, $x=a+d$, 则

$$\frac{a}{\sqrt{a+b+c}}+\frac{d}{\sqrt{d+a+b}}\leqslant \frac{a}{\sqrt{a+b+d}}+\frac{d}{\sqrt{d+a+b}}=\frac{x}{\sqrt{x+b}}.$$

又显然有

$$\frac{b}{\sqrt{b+c+d}}\leqslant \frac{b}{\sqrt{b+c}},$$

于是只需证明

$$\frac{x}{\sqrt{x+b}}+\frac{b}{\sqrt{b+c}}+\frac{c}{\sqrt{c+d+a}}\leqslant \frac{5}{4}\sqrt{a+b+c+d},$$

上式即为 Jack Garfunkel 不等式 (变元为 x,b,c). □

注　使用类似的方法, 我们能证明更一般的情形:

$$\sum_{\text{cyc}}\frac{x_1}{\sqrt{x_1+x_2+\cdots+x_{n-1}}}\leqslant \frac{5}{4}\sqrt{x_1+x_2+\cdots+x_n},$$

其中 $x_1,x_2,\cdots,x_n\geqslant 0$, 且没有 $n-1$ 个 x_i 同时为 0.

例 10.16 (2018 国家集训队)　n,k 是正整数, $n\geqslant 4k$, $a_i\geqslant 0(i=1,2,\cdots,n)$, 求满足

$$\sum_{i=1}^{n}\frac{a_i}{\sqrt{a_i^2+a_{i+1}^2+\cdots+a_{i+k}^2}}\leqslant \lambda$$

的 λ 的最小值, 其中 $a_{n+j}=a_j(j=1,2,\cdots,k)$.

解　由例 6.23 知, 当 $k=1$ 时, λ 的最小值为 $n-1$. 对于一般情形, 我们猜测答案为 $n-k$. 一方面, 令 $a_i=\beta^i(i=1,2,\cdots,n)$, $\beta\to 0$, 可知 $\lambda\geqslant n-k$. 另一方面, 不妨设 $a_{4k+1}=\max\{a_1,a_2,\cdots,a_n\}$. 利用四元的情形 (例 3.4, 例 5.30, 例 6.22), 我们有

$$\sum_{i=1}^{n}\frac{a_i}{\sqrt{a_i^2+a_{i+1}^2+\cdots+a_{i+k}^2}}$$

$$
\begin{aligned}
&=\sum_{i=1}^{4k}\frac{a_i}{\sqrt{a_i^2+a_{i+1}^2+\cdots+a_{i+k}^2}}+\sum_{i=4k+1}^{n}\frac{a_i}{\sqrt{a_i^2+a_{i+1}^2+\cdots+a_{i+k}^2}}\\
&\leqslant\sum_{i=1}^{3k}\frac{a_i}{\sqrt{a_i^2+a_{i+k}^2}}+\sum_{i=3k+1}^{4k}\frac{a_i}{\sqrt{a_i^2+a_{4k+1}^2}}+n-4k\\
&\leqslant\sum_{i=1}^{k}\left(\frac{a_i}{\sqrt{a_i^2+a_{i+k}^2}}+\frac{a_{i+k}}{\sqrt{a_{i+k}^2+a_{i+2k}^2}}+\frac{a_{i+2k}}{\sqrt{a_{i+2k}^2+a_{i+3k}^2}}+\frac{a_{i+3k}}{\sqrt{a_{i+3k}^2+a_i^2}}\right)+n-4k\\
&\leqslant 3k+n-4k=n-k.
\end{aligned}
$$

综上, λ 的最小值为 $n-k$. □

注 一个自然的问题是: 能否求出 $n<4k$ 时 λ 的最小值? $k=n-1$ 的情形是显然的, 因此有意义的情形为 $n<4k<4n-4$. $(n,k)=(3,1)$ 的情形即为例 6.15, $(n,k)=(4,2)$ 的情形即为例 5.44. 当 $(n,k)=(5,2),(5,3)$ 时, 我们猜测有如下的五元不等式成立:

$a,b,c,d,e\geqslant 0$, 则

$$
\sum_{\text{cyc}}\sqrt{\frac{a}{a+b+c}}\leqslant 3,
$$

$$
\sum_{\text{cyc}}\sqrt{\frac{a}{a+b+c+d}}\leqslant \frac{5}{2}.
$$

通过假设欲证不等式不成立, 从而多获得一个条件, 进而导出矛盾, 这就是常用的反证法.

例 10.17 设 $a_1,a_2,\cdots,a_n$ 为正实数, 满足

$$
a_1+a_2+\cdots+a_n=\frac{1}{a_1}+\frac{1}{a_2}+\cdots+\frac{1}{a_n}.
$$

求证:

$$
\frac{1}{n-1+a_1}+\frac{1}{n-1+a_2}+\cdots+\frac{1}{n-1+a_n}\leqslant 1.
$$

证明 令 $b_i=\dfrac{1}{n-1+a_i}(i=1,2,\cdots,n)$, 则 $b_i<\dfrac{1}{n-1}$, 且

$$
a_i=\frac{1-(n-1)b_i}{b_i}\quad(i=1,2,\cdots,n).
$$

故条件转化为

$$
\sum_{i=1}^{n}\frac{1-(n-1)b_i}{b_i}=\sum_{i=1}^{n}\frac{b_i}{1-(n-1)b_i}.
$$

下面用反证法, 假设

$$
b_1+b_2+\cdots+b_n>1.
$$

由 Cauchy 不等式, 有

$$
\sum_{j\neq i}(1-(n-1)b_j)\cdot\sum_{j\neq i}\frac{1}{1-(n-1)b_j}\geqslant (n-1)^2.
$$

由假设, 有

$$\sum_{j\neq i}(1-(n-1)b_i)<(n-1)b_i.$$

所以

$$\sum_{j\neq i}\frac{1}{1-(n-1)b_j}>\frac{n-1}{b_i}.$$

故

$$\sum_{j\neq i}\frac{1-(n-1)b_i}{1-(n-1)b_j}>(n-1)\cdot\frac{1-(n-1)b_i}{b_i}.$$

上式对 $i=1,2,\cdots,n$ 求和, 我们有

$$\sum_{i=1}^{n}\sum_{j\neq i}\frac{1-(n-1)b_i}{1-(n-1)b_j}>(n-1)\sum\frac{1-(n-1)b_i}{b_i},$$

即

$$\sum_{j=1}^{n}\sum_{j\neq i}\frac{1-(n-1)b_i}{1-(n-1)b_j}>(n-1)\sum\frac{1-(n-1)b_i}{b_i}.$$

而由假设有

$$\sum_{i\neq j}(1-(n-1)b_i)<b_j(n-1).$$

故我们有

$$(n-1)\sum_{j=1}^{n}\frac{b_j}{1-(n-1)b_j}>(n-1)\sum_{i=1}^{n}\frac{1-(n-1)b_i}{b_i},$$

这与条件矛盾, 故原命题得证. □

注　如果作代换 $a_i=\dfrac{c_i}{1-c_i}(i=1,2,\cdots,n)$, 则可以使证明看起来更清晰. 用类似的方法, 在相同的条件下, 我们有

$$\frac{1}{n-1+a_1^2}+\frac{1}{n-1+a_2^2}+\cdots+\frac{1}{n-1+a_n^2}\leqslant 1.$$

若将题目条件改为 $a_1\cdots a_n=1$, 则原题结论仍然成立. 事实上, 我们可由第 3 章局部不等式中介绍的方法构造如下局部不等式:

$$\frac{1}{n-1+a_i}\geqslant\frac{a_i^r}{\sum\limits_{i=1}^{n}a_i^r},$$

其中 $r=1-\dfrac{1}{n}$. 将 n 个式子相加即得.

例 10.18 (2011 国家集训队)　给定正整数 n, 求最大的常数 λ, 使得对所有满足

$$\frac{1}{2n}\sum_{i=1}^{2n}(x_i+2)^n\geqslant\prod_{i=1}^{n}x_i$$

的正实数 x_i, 都有

$$\frac{1}{2n}\sum_{i=1}^{2n}(x_i+1)^n\geqslant\lambda\prod_{i=1}^{2n}x_i.$$

解 当 $x_1=x_2=\cdots=x_{2n}=2$ 时, $\lambda\leqslant\frac{3^n}{4^n}$. 下面证明 $\lambda=\frac{3^n}{4^n}$ 时不等式成立. 若否, 则存在 $x_1,\cdots,x_{2n}$ 使得

$$\frac{1}{2n}\sum_{i=1}^{2n}(x_i+1)^n<\frac{3^n}{4^n}\prod_{i=1}^{2n}x_i.$$

由 AM-GM 不等式有

$$3^n\prod_{i=1}^{2n}\sqrt{\frac{x_i}{2}}\leqslant\frac{1}{2n}\sum_{i=1}^{2n}(x_i+1)^n,$$

故

$$\prod_{i=1}^{2n}x_i\geqslant 4^n.$$

对任意 $0\leqslant k\leqslant n$, 由 AM-GM 不等式有

$$\frac{1}{2n}\sum_{i=1}^{2n}(x_i+2)^k\geqslant\prod_{i=1}^{2n}3^{\frac{k}{2n}}\left(\frac{x_i}{2}\right)^{\frac{k}{3n}}\geqslant 3^k.$$

由 Chebyshev 不等式, 有

$$\frac{1}{2n}\sum_{i=1}^{2n}(x_i+2)^n\geqslant\left(\frac{1}{2n}\sum_{i=1}^{2n}(x_i+1)^{n-k}\right)\left(\frac{1}{2n}\sum_{i=1}^{2n}(x_i+2)^k\right)\geqslant\frac{3^{n-k}}{2n}\sum_{i=1}^{2n}(x_i+1)^k,$$

即

$$\sum_{i=1}^{2n}(x_i+1)^k\leqslant 3^{k-n}\sum_{i=1}^{2n}(x_i+2)^n.$$

于是

$$\begin{aligned}\sum_{i=1}^{2n}(x_i+2)^n&=\sum_{i=1}^{2n}(x_i+1+1)^n=\sum_{i=1}^{2n}\sum_{k=0}^{n}(x_i+1)^k\binom{n}{k}(x_i+1)^k\\&=\sum_{k=0}^{n}\binom{n}{k}\sum_{i=1}^{2n}(x_i+1)^k\leqslant\sum_{k=0}^{n}\binom{n}{k}3^{k-n}\sum_{i=1}^{2n}(x_i+1)^n\\&=\frac{4^n}{3^n}\sum_{i=1}^{2n}(x_i+1)^n.\end{aligned}$$

再结合条件知

$$\frac{1}{2n}\sum_{i=1}^{2n}(x_i+1)^n\geqslant\frac{3^n}{4^n}\cdot\frac{1}{2n}\sum_{i=1}^{2n}(x_i+2)^n\geqslant\frac{3^n}{4^n}\prod_{i=1}^{2n}x_i,$$

矛盾. □

数学归纳法以一个较小的数为基础, 步步为营, 最后证得命题对较大的数同样成立.

例 10.19 设 $a_1,a_2,\cdots,a_n$ 是非负实数, 满足 $a_1+a_2+\cdots+a_n=4$. 求证:

$$a_1^3a_2+a_2^3a_3+\cdots+a_n^3a_1\leqslant 27.$$

证明 我们用数学归纳法证明.

当 $n=3$ 时, 由于不等式关于 a_1,a_2,a_3 轮换对称, 不妨设 a_1 为最大者, 若 $a_2<a_3$, 则

$$\begin{aligned}&a_1^3a_2+a_2^3a_3+a_3^3a_1-(a_1a_2^3+a_2a_3^3+a_3a_1^3)\\&=(a_1-a_2)(a_2-a_3)(a_1-a_3)(a_1+a_2+a_3)<0.\end{aligned}$$

因此只需就 $a_2\geqslant a_3$ 的情况加以说明. 下设 $a_1\geqslant a_2\geqslant a_3$, 则有

$$\begin{aligned}a_1^3a_2+a_2^3a_3+a_3^3a_1&\leqslant a_1^3a_2+2a_1^2a_2a_3\\&\leqslant a_1^3a_2+3a_1^2a_2a_3=a_1^2a_2(a_1+3a_3)\\&=\frac{1}{3}a_1\cdot a_1\cdot 3a_2\cdot(a_1+3a_2)\\&\leqslant\frac{1}{3}\left(\frac{a_1+a_1+3a_2+a_1+3a_3}{4}\right)^4=27,\end{aligned}$$

等号当 $a_1=3,a_2=1,a_3=0$ 时取到.

设当 $n=k(k\geqslant 3)$ 时, 原不等式成立. 当 $n=k+1$ 时, 仍设 a_1 为最大者, 则

$$\begin{aligned}&a_1^3a_2+a_2^3a_3+\cdots+a_k^3a_{k+1}+a_{k+1}^3a_1\\&\leqslant a_1^3a_2+a_1^3a_3+(a_2+a_3)^3a_4+\cdots+a_{k+1}^3a_1\\&=a_1^3(a_2+a_3)+(a_2+a_3)^3a_4+\cdots+a_{k+1}^3a_1,\end{aligned}$$

从而 k 个变量 $a_1,a_2+a_3,a_4,\cdots,a_{k+1}$ 满足条件

$$a_1+(a_2+a_3)+\cdots+a_{k+1}=4.$$

由归纳假设有

$$a_1^3(a_2+a_3)+(a_2+a_3)^3a_4+\cdots+a_{k+1}^3a_1\leqslant 27,$$

故当 $n=k+1$ 时, 原不等式也成立, 得证. □

数学归纳法往往能比较容易地应用于 $\sum\limits_{i=1}^{n}f(x_i)\leqslant g(x_1,\cdots,x_n)$ 类的问题.

例 10.20 (2015 女子数学奥林匹克) 正整数 $n\geqslant 2$, $x_i\in(0,1)(i=1,2,\cdots,n)$, 则

$$\sum_{i=1}^{n}\frac{\sqrt{1-x_i}}{x_i}<\frac{\sqrt{n-1}}{x_1x_2\cdots x_n}.$$

证明 由于本题为严格的不等式, 我们猜不出不等式等号成立的条件, 放缩时想要验证是否过度放缩较为困难, 因此我们考虑用数学归纳法证明. $n=2$ 时通分后等价于

$$\sqrt{1-x_1}x_2+\sqrt{1-x_2}x_1\leqslant 1,$$

且等号成立时必须有变量为 0. 不妨设 $x_1\geqslant x_2$, 由 Cauchy 不等式有

$$(\sqrt{1-x_1}x_2+\sqrt{1-x_2}x_1)^2\leqslant(1-x_1+x_1)(x_2^2+x_1-x_1x_2)\leqslant 1,$$

等号成立时有 $x_2=0$, 得证.

假设命题对 n 成立. 对于 $n+1$ 的情形, 由归纳法有

$$\sum_{i=1}^{n+1}\frac{\sqrt{1-x_i}}{x_i}<\frac{\sqrt{n-1}}{x_1\cdots x_n}+\frac{\sqrt{1-x_{n+1}}}{x_{n+1}}.$$

设 $x_1x_2\cdots x_n=x$, 只需证明

$$\frac{\sqrt{n-1}}{x}+\frac{\sqrt{1-x_{n+1}}}{x_{n+1}}\leqslant\frac{\sqrt{n}}{xx_{n+1}}.$$

通分后等价于

$$\sqrt{n-1}x_{n+1}+\sqrt{1-x_{n+1}}x\leqslant\sqrt{n}.$$

由 Cauchy 不等式有

$$(\sqrt{n-1}x_{n+1}+\sqrt{1-x_{n+1}}x)^2\leqslant(x_{n+1}+1-x_{n+1})((n-1)x_{n+1}+x^2)\leqslant n.$$

从而命题得证. □

例 10.21 正整数 $r_1,r_2,\cdots,r_n$ 满足 $r_1=2,r_n=r_1r_2\cdots r_{n-1}+1(n=2,3,\cdots)$, 正整数 $a_1,a_2,\cdots,a_n$ 满足 $\sum\limits_{i=1}^{n}\frac{1}{a_i}<1$. 求证:

$$\sum_{i=1}^{n}\frac{1}{a_i}\leqslant\sum_{i=1}^{n}\frac{1}{r_i}.$$

证明 我们用归纳法证明. 当 $n=1$ 时, 若 $\frac{1}{a_1}<1$, 则 $a_1\geqslant2=r_1$, 所以 $\frac{1}{a_1}\leqslant\frac{1}{r_1}$.

当 $n\geqslant2$ 时, 若有一组满足条件的正整数 $a_1,a_2,\cdots,a_n$, 使得

$$\frac{1}{a_1}+\frac{1}{a_2}+\cdots+\frac{1}{a_n}>\frac{1}{r_1}+\frac{1}{r_2}+\cdots+\frac{1}{r_n},\tag{10.1}$$

不妨设 $a_1\leqslant a_2\leqslant\cdots\leqslant a_n$, 则由归纳假设, 有

$$\begin{aligned}&\frac{1}{a_1}\leqslant\frac{1}{r_1},\\&\frac{1}{a_1}+\frac{1}{a_2}\leqslant\frac{1}{r_1}+\frac{1}{r_2},\\&\cdots,\\&\frac{1}{a_1}+\frac{1}{a_2}+\cdots+\frac{1}{a_{n-1}}\leqslant\frac{1}{r_1}+\frac{1}{r_2}+\cdots+\frac{1}{r_{n-1}}.\end{aligned}$$

将以上各式分别乘以非正数 $a_1-a_2,a_2-a_3,\cdots,a_{n-1}-a_n$, 将式(10.1)乘以 a_n, 然后相加得

$$n>\frac{a_1}{r_1}+\frac{a_2}{r_2}+\cdots+\frac{a_n}{r_n}.$$

于是由 AM-GM 不等式, 有

$$1>\frac{1}{n}\left(\frac{a_1}{r_1}+\frac{a_2}{r_2}+\cdots+\frac{a_n}{r_n}\right)\geqslant\sqrt[n]{\frac{a_1a_2\cdots a_n}{r_1r_2\cdots r_n}}.$$

$$\Longrightarrow \quad r_1r_2\cdots r_n > a_1a_2\cdots a_n.$$

此时由式(6.14)知, 命题成立. 从而原命题得证. □

例 10.22 (Surányi) $a_i \geqslant 0(i=1,2,\cdots,n)$. 求证:

$$(n-1)(a_1^n+\cdots+a_n^n)+na_1\cdots a_n \geqslant (a_1+\cdots+a_n)(a_1^{n-1}+\cdots+a_n^{n-1}).$$

特别地, 当 $n=3$ 时, 即为三次 Schur 不等式.

证明 由于不等式是对称的, 我们不妨设 $a_1 \geqslant a_2 \geqslant \cdots \geqslant a_k \geqslant a_{k+1}$, 且 $a_1+a_2+\cdots+a_k=1$. 我们利用数学归纳法来证明这个不等式. 当 $n=1$ 时, 原不等式显然成立. 假设当 $n=k$ 时成立, 即有

$$(k-1)\sum_{i=1}^{k}a_i^k+ka_1a_2\cdots a_k \geqslant \sum_{i=1}^{k}a_i^{k-1},$$

也即

$$ka_{k+1}\prod_{i=1}^{k}a_i \geqslant a_{k+1}\sum_{i=1}^{k}a_i^{k-1}-(k-1)a_{k+1}\sum_{i=1}^{k}a_i^k,$$

则需证明当 $n=k+1$ 时,

$$k\sum_{i=1}^{k}a_i^{k+1}+ka_{k+1}^{k+1}+ka_{k+1}\prod_{i=1}^{k}a_i+a_{k+1}\prod_{i=1}^{k}a_i-(1+a_{k+1})(\sum_{i=1}^{k}a_i^k+a_{k+1}^k) \geqslant 0$$

成立. 利用归纳假设知, 我们只需要证明

$$(k\sum_{i=1}^{k}a_i^{k+1}-\sum_{i=1}^{k}a_i^k)-a_{k+1}(k\sum_{i=1}^{k}a_i^k-\sum_{i=1}^{k}a_i^{k-1})+a_{k+1}(\prod_{i=1}^{k}a_i+(k-1)a_{k+1}^k-a_{k+1}^{k-1}) \geqslant 0.$$

将上式拆成两部分, 首先来证明

$$a_{k+1}(\prod_{i=1}^{k}a_i+(k-1)a_{k+1}^k-a_{k+1}^{k-1}) \geqslant 0.$$

这是成立的, 因为

$$\begin{aligned}
\prod_{i=1}^{k}a_i+(k-1)a_{k+1}^k-a_{k+1}^{k-1} &= \prod_{i=1}^{k}(a_i-a_{k+1}+a_{k+1})+(k-1)a_{k+1}^k-a_{k+1}^{k-1} \\
&\geqslant a_{k+1}^k+a_{k+1}^{k-1}\sum_{i=1}^{k}(a_i-a_{k+1})+(k-1)a_{k+1}^k-a_{k+1}^{k-1} \\
&= a_{k+1}^{k-1}(a_{k+1}+\sum_{i=1}^{k}(a_i-a_{k+1})+(k-1)a_{k+1}-1) \\
&= a_{k+1}^{k-1}(a_{k+1}+1-ka_{k+1}+(k-1)a_{k+1}-1)=0.
\end{aligned}$$

现在只需证明

$$(k\sum_{i=1}^{k}a_i^{k+1}-\sum_{i=1}^{k}a_i^k)-a_{k+1}(k\sum_{i=1}^{k}a_i^k-\sum_{i=1}^{k}a_i^{k-1}) \geqslant 0.$$

由 Chebyshev 不等式, 有

$$k\sum_{i=1}^{k}a_i^k-\sum_{i=1}^{k}a_i^{k-1}\geqslant 0,$$

并且由假设有 $a_{k+1}\leqslant \dfrac{1}{k}$. 因此只需要证明

$$\begin{aligned}&k\sum_{i=1}^{k}a_i^{k+1}-\sum_{i=1}^{k}a_i^k\geqslant \frac{1}{k}(k\sum_{i=1}^{k}a_i^k-\sum_{i=1}^{k}a_i^{k-1})\\ \iff\quad &k\sum_{i=1}^{k}a_i^{k+1}+\frac{1}{k}\sum_{i=1}^{k}a_i^{k-1}\geqslant 2\sum_{i=1}^{k}a_i^k.\end{aligned}$$

而由 AM-GM 不等式知上式显然成立. 这样我们就完成了对 Surányi 不等式的证明. □

注 本题是匈牙利 Miklṕs Schweitzer 数学竞赛的一道试题, 也可由对称导数法证明. 我们可将结论推广为:

非负实数 $a_i\geqslant 0\ (i=1,\cdots,n)$. 若对任意非负实数 x, $f''(x)\geqslant 0, f'''(x)\geqslant 0$, 则

$$(n-1)\sum_{i=1}^{n}f(a_i)+nf\left(\frac{1}{n}\sum_{i=1}^{n}a_i\right)\geqslant \sum_{1\leqslant i,j\leqslant n}f\left(\frac{(n-1)a_i+a_j}{n}\right).$$

证明 不妨设 $a_1\geqslant a_2\geqslant\cdots\geqslant a_n$. 记

$$F(a_1,\cdots,a_n)=(n-1)\sum_{i=1}^{n}f(a_i)+nf\left(\frac{1}{n}\sum_{i=1}^{n}a_i\right)-\sum_{1\leqslant i,j\leqslant n}f\left(\frac{(n-1)a_i+a_j}{n}\right).$$

我们证明

$$F(a_1,\cdots,a_n)\geqslant F(a_2,a_2,a_3,\cdots,a_n)\geqslant\cdots\geqslant F(a_{n-1},\cdots,a_{n-1},a_n)\geqslant F(a_n,\cdots,a_n)=0.$$

记 $G_k(a_k)=F(a_k,\cdots,a_k,a_{k+1},\cdots,a_n)$, 则只需证明对 $a\geqslant a_{k+1}$, $G_k'(a)\geqslant 0$ 成立即可.

我们有

$$\begin{aligned}G_k(a)=&(n-1)kf(a)+\sum_{j=k+1}^{n}f(a_j)+nf\left(\frac{ka+\sum\limits_{j=k+1}^{n}a_j}{n}\right)-\sum_{k+1\leqslant i,j\leqslant n}f\left(\frac{(n-1)a_i+a_j}{n}\right)\\&-k^2f(a)-\sum_{j=k+1}^{n}kf\left(\frac{(n-1)a+a_j}{n}\right)-\sum_{j=k+1}^{n}kf\left(\frac{(n-1)a_j+a}{n}\right),\\ G_k'(a)=&(n-1)kf'(a)+kf'\left(\frac{ka+\sum\limits_{j=k+1}^{n}a_j}{n}\right)-k^2f'(a)\\&-\frac{(n-1)k}{n}\sum_{j=k+1}^{n}f'\left(\frac{(n-1)a+a_j}{n}\right)-\frac{k}{n}\sum_{j=k+1}^{n}f'\left(\frac{(n-1)a_j+a}{n}\right).\end{aligned}$$

因此 $G_k'(a)\geqslant 0$ 等价于

$$(n-1-k)f'(a)+f'\left(\frac{ka+\sum\limits_{j=k+1}^{n}a_j}{n}\right)$$
$$\geqslant \frac{n-1}{n}\sum_{j=k+1}^{n}f'\left(\frac{(n-1)a+a_j}{n}\right)+\frac{1}{n}\sum_{j=k+1}^{n}f'\left(\frac{(n-1)a_j+a}{n}\right).$$

注意到 f' 是单调的, 且当 $j\geqslant k+1$ 时, $\frac{(n-1)a+a_j}{n}\geqslant\frac{(n-1)a_j+a}{n}$, 故只需证明

$$(n-1-k)f'(a)+f'\left(\frac{ka+\sum\limits_{j=k+1}^{n}a_j}{n}\right)\geqslant\sum_{j=k+1}^{n}f'\left(\frac{(n-1)a+a_j}{n}\right).\qquad(*)$$

令

$$(x_1,\cdots,x_{n-k})=\left(a,\cdots,a,\frac{ka+a_{k+1}+\cdots+a_n}{n}\right),$$
$$(y_1,\cdots,y_{n-k})=\left(\frac{(n-1)a+a_{k+1}}{n},\frac{(n-1)a+a_{k+2}}{n},\cdots,\frac{(n-1)a+a_n}{n}\right),$$

则 $(x_1,\cdots,x_{n-k})\succ(y_1,\cdots,y_{n-k})$. 而 f' 为下凸函数, 由 Karamata 不等式, 我们知式 $(*)$ 成立.

综上, 原不等式得证. □

关于三次 Schur 不等式的推广还有很多, 如对所有的正实数 $x_i(i=1,2,\cdots,n)$, 满足 $\sum\limits_{i=1}^{n}x_i=1$, 有如下不等式成立:

$$x_1^n+\cdots+x_n^n+n(n-1)x_1\cdots x_n\geqslant x_1\cdots x_n(x_1+\cdots+x_n)\left(\frac{1}{x_1}+\cdots+\frac{1}{x_n}\right),$$
$$(n-1)(x_1^2+\cdots+x_n^2)+n^{n-1}x_1\cdots x_n\geqslant 1.$$

例 10.23 (Schur 乘积定理)　n 是正整数, a_{ij}, b_{ij} 是实数, 满足 $a_{ij}=a_{ji}$, $b_{ij}=b_{ji}$ $(1\leqslant i,j\leqslant n)$. 若对任意实数 x_i $(1\leqslant i\leqslant n)$, 均有

$$\sum_{1\leqslant i,j\leqslant n}a_{ij}x_ix_j\geqslant 0,\qquad \sum_{1\leqslant i,j\leqslant n}b_{ij}x_ix_j\geqslant 0,$$

求证: 对任意实数 x_i $(1\leqslant i\leqslant n)$, 有

$$\sum_{1\leqslant i,j\leqslant n}a_{ij}b_{ij}x_ix_j\geqslant 0.$$

证明　由条件知, 对任意实数 x_i,y_i $(1\leqslant i\leqslant n)$, 均有

$$\sum_{1\leqslant i,j\leqslant n}(a_{ij}x_ix_j)y_iy_j=\sum_{1\leqslant i,j\leqslant n}a_{ij}(x_iy_i)(x_jy_j)\geqslant 0.$$

故若用 $a_{ij}x_ix_j$ 替代 a_{ij}, 我们只需证明对任意满足题目条件的 a_{ij}, b_{ij}, 均有

$$\sum_{1\leqslant i,j\leqslant n} a_{ij}b_{ij} \geqslant 0. \tag{10.2}$$

我们对 n 用归纳法证明不等式(10.2). 当 $n=1$ 时, 不等式(10.2)显然成立. 当 $n\geqslant 2$ 时, 由条件, 令 $x_i=\dfrac{b_{in}}{\sqrt{b_{nn}}}$ $(1\leqslant i\leqslant n)$, 我们有

$$\sum_{1\leqslant i,j\leqslant n} a_{ij}\left(\frac{b_{in}}{\sqrt{b_{nn}}}\cdot\frac{b_{jn}}{\sqrt{b_{nn}}}\right)\geqslant 0.$$

再由条件, 令 $x_n=-\sum\limits_{i=1}^{n-1}\dfrac{b_{in}}{b_{nn}}x_i$, 对任意实数 x_i $(1\leqslant i\leqslant n-1)$, 我们有

$$\sum_{1\leqslant i,j\leqslant n-1} b_{ij}x_ix_j+2\sum_{i=1}^{n-1}b_{in}x_ix_n+b_{nn}x_n^2=\sum_{1\leqslant i,j\leqslant n-1}\left(b_{ij}-\frac{b_{in}b_{jn}}{b_{nn}}\right)x_ix_j\geqslant 0.$$

因此由归纳法知

$$\sum_{1\leqslant i,j\leqslant n} a_{ij}\left(b_{ij}-\frac{b_{in}b_{jn}}{b_{nn}}\right)=\sum_{1\leqslant i,j\leqslant n-1} a_{ij}\left(b_{ij}-\frac{b_{in}b_{jn}}{b_{nn}}\right)\geqslant 0.$$

从而

$$\sum_{1\leqslant i,j\leqslant n} a_{ij}b_{ij}=\sum_{1\leqslant i,j\leqslant n} a_{ij}\left(\frac{b_{in}}{\sqrt{b_{nn}}}\cdot\frac{b_{jn}}{\sqrt{b_{nn}}}\right)+\sum_{1\leqslant i,j\leqslant n} a_{ij}\left(b_{ij}-\frac{b_{in}b_{jn}}{b_{nn}}\right)\geqslant 0,$$

归纳成立, 命题得证. □

注 本题若用线性代数的语言表述, 即为定理 5.1. 若利用对任意半正定矩阵 $\boldsymbol{B}$, 存在矩阵 $\boldsymbol{C}$, 使得 $\boldsymbol{B}=\boldsymbol{C}^{\mathrm{T}}\boldsymbol{C}$ 这一事实, 则我们可不使用数学归纳法, 直接证明定理 5.1.

证明 设 $\boldsymbol{C}=(c_{ij})_{1\leqslant i,j\leqslant n}$, 则 $b_{ij}=\sum\limits_{k=1}^{n}c_{ki}c_{kj}$. 由条件知, 对任意实数 x_i, 我们有

$$\begin{aligned}\sum_{1\leqslant i,j\leqslant n} a_{ij}b_{ij}x_ix_j&=\sum_{1\leqslant i,j\leqslant n}\left(\sum_{k=1}^{n}a_{ij}(c_{ki}c_{kj})x_ix_j\right)\\&=\sum_{k=1}^{n}\left(\sum_{1\leqslant i,j\leqslant n}a_{ij}(c_{ki}x_i)(c_{kj}x_j)\right)\geqslant 0.\end{aligned}$$

□

通过分析找到题目条件与结论的联系, 可使证明变得自然.

例 10.24 (2004 国家队培训) $a,b,c,x,y,z\in\mathbb{R}$, 满足 $(a+b+c)(x+y+z)=3$, $(a^2+b^2+c^2)(x^2+y^2+z^2)=4$. 求证:

$$ax+by+cz\geqslant 0.$$

证明 注意到若 a,b,c 互换, 条件保持不变.

于是若有 $ax+by+cz\geqslant 0$, 则必有 $ay+bz+cx\geqslant 0, az+bx+cy\geqslant 0$.

由条件有 $\sum\limits_{\text{cyc}} ax + \sum\limits_{\text{cyc}} ay + \sum\limits_{\text{cyc}} az = 3$.

若 $\sum\limits_{\text{cyc}} ax, \sum\limits_{\text{cyc}} ay, \sum\limits_{\text{cyc}} az$ 中有一数小于 0, 则有

$$(\sum_{\text{cyc}} ax)^2 + (\sum_{\text{cyc}} ay)^2 + (\sum_{\text{cyc}} az)^2 > \left(\frac{3}{2}\right)^2 \cdot 2 = \frac{9}{2}.$$

若能证明

$$(\sum_{\text{cyc}} ax)^2 + (\sum_{\text{cyc}} ay)^2 + (\sum_{\text{cyc}} az)^2 \leqslant \frac{9}{2},$$

则原不等式得证.

下面我们就证明这一结论. 由条件知

$$(\sum_{\text{cyc}} ax)^2 + (\sum_{\text{cyc}} ay)^2 + (\sum_{\text{cyc}} az)^2 - 2\sum_{\text{cyc}} abxy - 2\sum_{\text{cyc}} abyz - 2\sum_{\text{cyc}} abxz = \sum a^2 \sum x^2 = 4$$

$$\begin{aligned}
&\Longleftarrow \quad \frac{9}{2} \geqslant 4 + 2\sum ab \sum xy \\
&\Longleftrightarrow \quad \frac{1}{4} \geqslant \frac{\sum xy}{2}\left(\left(\frac{3}{\sum x}\right)^2 - \frac{4}{\sum x^2}\right) \\
&\Longleftrightarrow \quad \frac{1}{2} \geqslant \frac{9\sum xy}{(\sum x)^2} - \frac{4\sum xy}{(\sum x)^2 - 2\sum xy} \\
&\Longleftrightarrow \quad ((\sum x)^2 - 6\sum xy)^2 \geqslant 0.
\end{aligned}$$

故原不等式得证. □

注 上面主要通过分析, 想到证明

$$(\sum_{\text{cyc}} ax)^2 + (\sum_{\text{cyc}} ay)^2 + (\sum_{\text{cyc}} az)^2 \leqslant \frac{9}{2}$$

后, 剩下的工作就水到渠成了.

本题还可以用向量法证明. 我们这里再介绍一种运用 Cauchy 不等式的漂亮证明:

$$\begin{aligned}
6 &= \sqrt{\sum a^2 \sum 9x^2} = \sqrt{\sum a^2 \sum (2y + 2z - x)^2} \\
&\geqslant \sum a(2y + 2z - x) = 2\sum a \sum x - 3(ax + by + cz) \\
&= 6 - 3\sum ax.
\end{aligned}$$

用相同的方法, 我们能将结论推广至 n 元, 即:

n 是正整数, $a_i, b_i \in \mathbb{R}(i = 1, 2, \cdots, n)$, 有

$$\sqrt{\sum_{i=1}^{n} a_i^2 \sum_{i=1}^{n} b_i^2} + \sum_{i=1}^{n} a_i b_i \geqslant \frac{2}{n} \sum_{i=1}^{n} a_i \sum_{i=1}^{n} b_i.$$

事实上, 上式等价于证明

$$\sum_{i=1}^{n} a_i \left(\frac{2}{n} \sum_{i=1}^{n} b_i - b_i\right) \leqslant \sqrt{\sum_{i=1}^{n} a_i^2 \sum_{i=1}^{n} b_i^2}.$$

由 Cauchy 不等式知

$$\left(\sum_{i=1}^{n} a_i\left(\frac{2}{n}\sum_{i=1}^{n} b_i - b_i\right)\right)^2 \leqslant \sum_{i=1}^{n} a_i^2 \sum_{i=1}^{n}\left(\frac{2}{n}\sum_{i=1}^{n} b_i - b_i\right)^2$$
$$= \sum_{i=1}^{n} a_i^2 \sum_{i=1}^{n} b_i^2.$$

例 10.25 (Crux 3059) $a,b,c,d \geqslant 0, a^2+b^2+c^2+d^2 \leqslant 1$. 求证:

$$\sum_{\text{sym}} ab \leqslant 4abcd + \frac{5}{4}.$$

分析 如何处理 $abcd$ 是本题的难点.

若直接作齐次化, 原不等式等价于

$$4\sum_{\text{sym}} a^3b + 4\sum_{\text{sym}} a^2bd \leqslant 5\sum a^4 + 10\sum a^2b^2 + 16abcd.$$

由于是四元不等式, 因此无论用初等多项式法抑或是配方法都很困难. 而原不等式的形式很漂亮, 故应该有较为简洁的证明. 我们考虑用一些局部不等式来证明. 关于处理 $abcd$, 我们有两种大致的想法:

(1) 将 $\sum\limits_{\text{sym}} ab$ 向 $abcd$ 靠拢.

(2) 将 $abcd$ 向 $\sum\limits_{\text{sym}} ab$ 靠拢.

下面我们给出基于这两种思路的两个不同证明.

证明 证法 1 将 $\sum\limits_{\text{sym}} ab$ 向 $abcd$ 靠拢.

显然一个 ab 是无法与 $abcd$ 产生"化学反应"的, 我们想用左边的几个式子通过局部不等式"变"出 $abcd$.

在之前的几章中我们说过, 对于四元不等式, 两项一组, 使用局部不等式是常规的手段. 但是

$$ab+cd = \sqrt{(ab+cd)^2} = \sqrt{(a^2+c^2)(b^2+d^2)-(ad-bc)^2}$$
$$= \sqrt{(a^2+c^2)(b^2+d^2)-a^2d^2-b^2c^2+2abcd},$$

虽然"变出"了 $abcd$, 却很难用不等式放缩 $a^2d^2+b^2c^2$, 也很难有理化. 故我们考虑 4 项一组.

若是

$$(a+c)(b+d) = \sqrt{(a+c)^2(b+d)^2},$$

也很难调整. 而由 Cauchy 不等式知

$$ab+cd+ac+bd = \sqrt{((ab+cd)+(ac+bd))^2}$$

$$\begin{aligned}
&\leqslant \sqrt{2((ab+cd)^2+(ac+bd)^2)} \\
&= \sqrt{2(a^2b^2+c^2d^2+a^2c^2+b^2d^2+4abcd)} \\
&= \sqrt{2(a^2+d^2)(b^2+c^2)+8abcd} \\
&\leqslant \sqrt{\frac{1}{2}+8abcd}.
\end{aligned}$$

同理, 有其余两式. 将这三式相加, 只需证明

$$\frac{3}{2}\sqrt{\frac{1}{2}+8abcd} \leqslant 4abcd+\frac{5}{4}.$$

上式两边平方后利用

$$abcd \leqslant \frac{1}{16}$$

即证.

证法 2 将 $abcd$ 向 $\sum\limits_{\text{sym}} ab$ 靠拢.

不妨设 $a \geqslant b \geqslant c \geqslant d$, 则 $ab+cd \geqslant ac+bd \geqslant ad+bc$.

若有 $4abcd+\dfrac{1}{4} \geqslant ad+bc$, 则由 $ac+bd+ab+cd \leqslant a^2+b^2+c^2+d^2=1$ 即可完成证明.

故只需考虑 $4abcd+\dfrac{1}{4} \leqslant ad+bc$ 的情况. 注意到

$$4abcd+\frac{1}{4} \leqslant ad+bc \quad \Longleftrightarrow \quad 0 \leqslant \left(2ad-\frac{1}{2}\right)\left(\frac{1}{2}-2bc\right),$$

此时若分情况讨论 ad,bc 的大小, 虽能夹出 d 或 c 的范围, 但并不能代入直接放缩, 而我们想得到的 $abcd$ 却出现在了相反的位置. 这迫使我们挖掘 $0 \leqslant \left(2ad-\dfrac{1}{2}\right)\left(\dfrac{1}{2}-2bc\right)$ 这个式子, 最好能由此求出 $abcd$ 的下界. 此时 $2ad-\dfrac{1}{2}$ 与 $\dfrac{1}{2}-2bc$ 同号, 因此由 AM-GM 不等式有

$$\begin{aligned}
&\left(2ad-\frac{1}{2}\right)\left(\frac{1}{2}-2bc\right) \leqslant \left(\frac{2ad-2bc}{2}\right)^2=(ad-bc)^2 \\
&\Longrightarrow \quad (ad-bc)^2+4abcd+\frac{1}{4} \geqslant ad+bc.
\end{aligned}$$

又因

$$\begin{aligned}
&a^2+b^2+c^2+d^2 \leqslant 1, \\
&2(a^2+b^2+c^2+d^2-ab-ac-bd-cd)=(a-b)^2+(a-c)^2+(b-d)^2+(c-d)^2,
\end{aligned}$$

故只需证明

$$(a-b)^2+(a-c)^2+(b-d)^2+(c-d)^2 \geqslant 2(ad-bc)^2.$$

注意到

$$2(ad-bc)^2=(ad-bd+bd-bc)^2+(ad-ac+ac-bc)^2$$

$$\begin{aligned}&\leqslant (ad-bd)^2+(bd-bc)^2+(ad-ac)^2+(ac-bc)^2\\&=(a^2+b^2)(c-d)^2+(c^2+d^2)(a-b)^2\\&\leqslant (a-b)^2+(a-c)^2+(b-d)^2+(c-d)^2,\end{aligned}$$

故原不等式得证. □

注 证法 1 的证明过程中并不知道应该如何得到也不知道得到的会是一个怎样的局部不等式, 或许对于另一道题就不适用了, 但过程是优美的.

证法 2 却很有代表性, 先多给出一些条件, 再抓住这些多给出的条件证明. 相当于先将题目化成几个较弱的命题, 再逐个击破, 证明的思路是清晰自然的.

本题还有一个十分巧妙的多项式方法:

证明 设 $S=\sum\limits_{\text{sym}}ab, A(x)=(x-a)(x-b)(x-c)(x-d)=x^4-\sum a\cdot x^3+Sx^2-\sum abc\cdot x+abcd$.

一方面, 由 $|P+Q\mathrm{i}|\geqslant|P|$, 知

$$\begin{aligned}|A(t\mathrm{i})|^2&=\left|(t\mathrm{i})^4-\sum a\cdot(t\mathrm{i})^3+S(t\mathrm{i})^2-\sum abc\cdot t\mathrm{i}+abcd\right|^2\\&\geqslant\left|t^4-St^2+abcd\right|^2.\end{aligned}$$

另一方面,

$$\begin{aligned}&|A(t\mathrm{i})|^2=A(t\mathrm{i})\cdot\overline{A(t\mathrm{i})}=\prod(a+t\mathrm{i})(a-t\mathrm{i})=\prod(a^2+t^2)\\&\implies\quad\left|t^4-St^2+abcd\right|^2\leqslant\prod(a^2+t^2).\end{aligned}$$

令 $t=\dfrac{1}{2}$, 则

$$\begin{aligned}&\left|\frac{1}{16}-\frac{1}{4}S+abcd\right|^2\leqslant\prod\left(a^2+\frac{1}{4}\right)\leqslant\left(\frac{1}{4}\sum\left(a^2+\frac{1}{4}\right)\right)^4=\left(\frac{1}{4}(\sum a^2+1)\right)^4\leqslant\frac{1}{16}\\&\implies\quad\left|\frac{1}{16}-\frac{1}{4}S+abcd\right|\leqslant\frac{1}{4}\quad\implies\quad S\leqslant 4abcd+\frac{5}{4}.\end{aligned}$$

又 $S=\sum\limits_{\text{sym}}ab$, 命题得证. □

用类似的方法可以处理下面两个不等式:

$a,b,c,d\in\mathbb{R},(a^2+1)(b^2+1)(c^2+1)(d^2+1)=16$, 则

$$-3\leqslant\sum_{\text{sym}}ab-abcd\leqslant 5.$$

$a,b,c,d\geqslant 0,\sum a^2=12-8\sqrt{2}$. 求证:

$$(\sqrt{2}+1)^3\sum a-(\sqrt{2}+1)\sum abc\leqslant 36.$$

使用高等方法也是证明不等式的一个途径. Lagrange 乘数法是解决一类求解多元函数极值问题 (或不等式问题) 的通法. 方便起见, 我们只叙述在两个多项式等式约束下的结论. Lagrange 乘数法的完整叙述可参见相关数学分析的教材, 例如文献 [18].

定理 10.1(Lagrange 乘数法, 条件极值的必要条件)　正整数 $n \geqslant 3, f(x_1,x_2,\cdots,x_n), g_1(x_1,x_2,\cdots,x_n), g_2(x_1,x_2,\cdots,x_n)$ 有连续的偏导数, 在约束条件 $g_i(x_1,x_2,\cdots,x_n)=0(i=1,2)$ 下, 目标函数 $f(x_1,x_2,\cdots,x_n)$ 即 Lagrange 函数

$$F(x_1,x_2,\cdots,x_n,\lambda_1,\lambda_2)=f(x_1,x_2,\cdots,x_n)-\sum_{i=1}^{2}\lambda_i g_i(x_1,x_2,\cdots,x_n)$$

的条件极值点 $(x_1^0,x_2^0,\cdots,x_n^0)$ 必满足如下两个条件之一:

(1) 存在 $\lambda_i^0(i=1,2)$, 使得 $(x_1,x_2,\cdots,x_n,\lambda_1,\lambda_2)=(x_1^0,x_2^0,\cdots,x_n^0,\lambda_1^0,\lambda_2^0)$ 为方程组

$$\begin{cases} \dfrac{\partial F}{\partial x_k}=\dfrac{\partial f}{\partial x_k}-\sum\limits_{i=1}^{2}\lambda_i\dfrac{\partial g_i}{\partial x_k}=0 \quad (k=1,2,\cdots,n), \\ g_1=0, g_2=0 \end{cases}$$

的解.

(2) 存在 λ^0, 使得 $(x_1,x_2,\cdots,x_n,\lambda)=(x_1^0,x_2^0,\cdots,x_n^0,\lambda^0)$ 为方程组

$$\begin{cases} \left(\dfrac{\partial g_1}{\partial x_1},\cdots,\dfrac{\partial g_1}{\partial x_n}\right)=\lambda\left(\dfrac{\partial g_2}{\partial x_1},\cdots,\dfrac{\partial g_2}{\partial x_n}\right), \\ g_1=0, g_2=0 \end{cases}$$

的解.

若只有一个约束条件 $g_1=0$, 我们可将其看作取 $g_2\equiv 0$ 时的特例.

实际应用中我们往往需要求函数 f 在约束条件 $g_1=0,g_2=0,x_i\geqslant 0(i=1,\cdots,n)$ 下的最值, 此时我们还需要考虑变量在边界 $x_i=0$ 时的情形.

例 10.26　非负实数 $a_1,a_2,\cdots,a_n(n\geqslant 5)$ 满足 $a_1^2+a_2^2+\cdots+a_n^2=1$. 证明:

$$a_1^2a_2+a_2^2a_3+\cdots+a_n^2a_1<\sqrt{\frac{5+2\sqrt{7}}{33+6\sqrt{7}}}.$$

证明　由于 a_i 的取值集合为紧集, 故 LHS 必能取到最大值.

若 LHS 取到最大值时存在 a_i 为 0, 不妨设 $a_n=0$, 此时

$$a_1^2a_2+a_2^2a_3+\cdots+a_n^2a_1\leqslant a_1^2a_2+a_2^2a_3+\cdots+a_{n-1}^2a_1,$$

故当 $n\geqslant 6$ 时, 可用归纳法证明. 当 $n=5$ 时,

$$\begin{aligned} a_1^2a_2+a_2^2a_3+\cdots+a_5^2a_1&=a_1^2a_2+a_2^2a_3+a_3^2a_4 \\ &\leqslant(\sqrt{a_1^2+a_4^2})^2a_2+a_2^2a_3+a_3^2\sqrt{a_1^2+a_4^2} \end{aligned}$$

$$\leqslant \frac{1}{\sqrt{3}}.$$

最后一步的证明可参见例 8.5 的注.

下面我们考虑 LHS 取到最大值时 $a_1,a_2,\cdots,a_n\neq 0$ 的情形. 令 $a_0=a_n,a_{n+1}=a_1$. 设 $S=LHS$. 作 Lagrange 函数

$$F=a_1^2a_2+a_2^2a_3+\cdots+a_n^2a_1+\lambda(1-a_1^2-a_2^2-\cdots-a_n^2),$$

由条件极值的必要条件 (定理 10.1) 得到

$$\begin{cases} \dfrac{\partial F}{\partial a_k}=a_{k-1}^2+2a_ka_{k+1}-\lambda\cdot 2a_k \quad (k=1,2,\cdots,n),\\ a_1^2+a_2^2+\cdots+a_n^2=1. \end{cases}$$

于是

$$3S=\sum_{k=1}^n(a_{k-1}^2a_k+2a_k^2a_{k+1})=\sum_{k=1}^n 2\lambda a_k^2=2\lambda,$$

因此 $a_{k-1}^2+2a_ka_{k+1}=3Sa_k(k=1,2,\cdots,n)$, 从而

$$\begin{aligned} 9S^2&=\sum_{k=1}^n(3Sa_k)^2=\sum_{k=1}^n(a_{k-1}^2+2a_ka_{k+1})^2\\ &=\sum_{k=1}^n a_k^4+4\sum_{k=1}^n a_k^2a_{k+1}^2+4\sum_{k=1}^n a_k^2a_{k+1}a_{k+2}, \end{aligned} \tag{1}$$

并且

$$3S^2=\sum_{k=1}^n 3Sa_{k-1}^2a_k=\sum_{k=1}^n a_{k-1}^2(a_{k-1}^2+2a_ka_{k+1})=\sum_{k=1}^n a_k^4+2\sum_{k=1}^n a_k^2a_{k+1}a_{k+2}. \tag{2}$$

设 p 为正数, 则结合 (1),(2) 两式并且应用 AM-GM 不等式有

$$\begin{aligned} (9+3p)S^2=&(1+p)\sum_{k=1}^n a_k^4+4\sum_{k=1}^n a_k^2a_{k+2}^2+(4+2p)\sum_{k=1}^n a_k^2a_{k+1}a_{k+2}\\ \leqslant&(1+p)\sum_{k=1}^n a_k^4+4\sum_{k=1}^n a_k^2a_{k+1}^2+\sum_{k=1}^n\left(2(1+p)a_k^2a_{k+2}^2+\frac{(2+p)^2}{2(1+p)}a_k^2a_{k+1}^2\right)\\ =&(1+p)\sum_{k=1}^n(a_k^4+2a_k^2a_{k+1}^2+2a_k^2a_{k+2}^2)+\left(4+\frac{(2+p)^2}{2(1+p)}-2(1+p)\right)\sum_{k=1}^n a_k^2a_{k+1}^2\\ \leqslant&(1+p)\left(\sum_{k=1}^n a_k^2\right)^2+\frac{8+4p-3p^2}{2(1+p)}\sum_{k=1}^n a_k^2a_{k+1}^2\\ =&(1+p)+\frac{8+4p-3p^2}{2(1+p)}\sum_{k=1}^n a_k^2a_{k+1}^2. \end{aligned}$$

令 $8+4p-3p^2=0$, 则有 $p=\dfrac{2+2\sqrt{7}}{3}$. 此时

$$S\leqslant\sqrt{\frac{1+p}{9+3p}}=\sqrt{\frac{5+2\sqrt{7}}{33+6\sqrt{7}}}\approx 0.458879.$$

综上, 原不等式得证. □

注　本题是 2007 年 IMO 预选题的加强. 我们很自然地会问: 当 $a_i \geqslant 0(i=1,2,\cdots,n)$ 时, 满足不等式

$$a_1^2a_2+a_2^2a_3+\cdots+a_n^2a_1 \leqslant c_n(a_1^2+a_2^2+\cdots+a_n^2)^{\frac{3}{2}}$$

的最佳的 c_n 是什么呢?

事实上, 对于 $1 \leqslant n \leqslant 4$, 可以证明 $c_n=\dfrac{1}{\sqrt{n}}$, 且当 $a_1=a_2=\cdots=a_n$ 时取得等号. $n=1,2,3$ 的情况用 Lagrange 乘数法较为简单. $n=4$ 时, 可以求得当 LHS 最大时, 有

$$\frac{a_1^2+2a_2a_3}{a_2}=\frac{a_2^2+2a_3a_4}{a_3}=\frac{a_3^2+2a_4a_1}{a_4}=\frac{a_4^2+2a_1a_2}{a_1}.$$

求解这一方程并不容易, 可以用结式与较为繁琐的计算证明, 此时有 $a_1=a_2=a_3=a_4$, 即 $c_4=\dfrac{1}{2}$. 当 $n \geqslant 5$ 时, 情况就更为复杂了. 借助于计算机, 我们可以得到 $c_n \approx 0.4514$.

例 10.27 (Fan 不等式)　$b_i \in \mathbb{R}(i=1,2,\cdots,n)$, 且 $\sum\limits_{i=1}^{n} b_i=0$, 则

$$\sum_{i=1}^{n} b_ib_{i+1} \leqslant \cos\frac{2\pi}{n}\sum_{i=1}^{n} b_i^2,$$

其中 $b_{n+1}=b_1$.

证明　由齐次性, 我们不妨设 $\sum\limits_{i=1}^{n} b_i^2=1$(注意这里已经有关于 b_i 的约束条件, 想一下对于怎样的约束条件, 我们能 "不妨设"). 我们来求 $\sum\limits_{i=1}^{n} b_ib_{i+1}$ 的最大值. 作 Lagrange 函数

$$F=\sum_{i=1}^{n} b_ib_{i+1}+\lambda\sum_{i=1}^{n} b_i+\mu(1-\sum_{i=1}^{n} b_i^2).$$

我们再设 $b_{n+1}=b_1,b_0=b_n$, 由条件极值的必要条件 (定理 10.1) 有

$$b_{i-1}+b_{i+1}+\lambda-2\mu b_i=0 \quad (i=1,\cdots,n).$$

将这 n 个式子相加, 得 $\lambda=0$. 从而

$$b_2-kb_1=m(b_1-kb_n)=m^n(b_2-kb_1),$$

其中 $mk=1,m+k=2\mu$. 若 $b_2-kb_1=0$, 则 $b_{i+1}-kb_i=0(i=1,\cdots,n)$. 从而

$$b_1=k^nb_1 \quad \Longrightarrow \quad k^n=1 \quad \Longrightarrow \quad k=\cos\frac{2j\pi}{n}+\mathrm{i}\sin\frac{2j\pi}{n}.$$

若 $b_2-kb_1 \neq 0$, 则

$$m^n=1 \quad \Longrightarrow \quad m=\cos\frac{2i\pi}{n}+\mathrm{i}\sin\frac{2i\pi}{n}.$$

而

$$m+\frac{1}{m}=k+\frac{1}{k}=2\mu \quad \Longrightarrow \quad \mu=\cos\frac{2t\pi}{n}.$$

由于此时 b_i 的取值集合为紧集, 故 $\sum\limits_{i=1}^{n} b_ib_{i+1}$ 必能取到最大值, 取到最大值时有

$$b_{i-1}+b_{i+1}+\lambda-2\mu b_i=0 \implies b_i(b_{i-1}+b_{i+1}+\lambda-2\mu b_i)=0 \implies \sum_{i=1}^{n} b_ib_{i+1}=\mu.$$

注意 $t\neq 0$, 否则 $m=k=1, b_i=0$, 矛盾. 故

$$\mu=\cos\frac{2t\pi}{n}\leqslant\cos\frac{2\pi}{n}.$$

当 $b_i=A\cos\dfrac{2i\pi}{n}+B\sin\dfrac{2i\pi}{n}$ 时 (其中 A,B 是任意实数), $\mu=\cos\dfrac{2\pi}{n}$. 从而命题得证. □

注 在 5.1 节 AM-GM 不等式中, 我们介绍了 Shapiro 不等式, 知道其只对部分正整数 n 成立. 若限制 x_i 的取值范围, Vasile 等人借助于 Fan 不等式, 证明 Shapiro 不等式对所有正整数均成立:

设 $a_n=\dfrac{1}{\sqrt{2\cos\dfrac{2\pi}{n}-1}}$, $x_i\in\left[\dfrac{1}{a_n},a_n\right]$ $(i=1,2,\cdots,n)$, 则

$$\sum_{i=1}^{n}\frac{x_i}{x_{i+1}+x_{i+2}}\geqslant\frac{n}{2},$$

其中 $x_{n+1}=x_1, x_{n+2}=x_2$.

证明 欲证不等式等价于

$$\sum_{i=1}^{n}\frac{x_i-\dfrac{1}{2a_n^2}(x_{i+1}+x_{i+2})}{x_{i+1}+x_{i+2}}\geqslant\frac{n(a_n^2-1)}{2a_n^2}.$$

由 Cauchy 不等式知, 只需证明

$$\frac{\left(\sum\limits_{i=1}^{n}x_i-\dfrac{1}{2a_n^2}\sum\limits_{i=1}^{n}(x_{i+1}+x_{i+2})\right)^2}{\sum\limits_{i=1}^{n}\left(x_i-\dfrac{1}{2a_n^2}(x_{i+1}+x_{i+2})\right)(x_{i+1}+x_{i+2})}\geqslant\frac{n(a_n^2-1)}{2a_n^2}.$$

注意到

$$\sum_{i=1}^{n}x_i(x_{i+1}+x_{i+2})=\sum_{i=1}^{n}(x_i+x_{i+1})(x_{i+1}+x_{i+2})-\frac{1}{2}\sum_{i=1}^{n}(x_{i+1}+x_{i+2})^2,$$

我们设 $x_i+x_{i+1}=b_i(i=1,2,\cdots,n)$, 则只需证

$$\frac{\left(1-\dfrac{1}{a_n}\right)^2\left(\dfrac{\sum\limits_{i=1}^{n}b_i}{2}\right)^2}{\sum\limits_{i=1}^{n}b_ib_{i+1}-\dfrac{1}{2}\sum\limits_{i=1}^{n}b_i-\dfrac{1}{2a_n^2}\sum\limits_{i=1}^{n}b_i^2}\geqslant\frac{n(a_n^2-1)}{2a_n^2}.$$

上式去分母整理后, 等价于

$$\left(n+\frac{n}{a_n^2}\right)\sum_{i=1}^n b_i^2+\left(1-\frac{1}{a_n^2}\right)(\sum_{i=1}^n b_i)^2 \geqslant 2n\sum_{i=1}^n b_ib_{i+1}.$$

我们证明上式对 $b_i \in \mathbb{R}(i=1,2,\cdots,n)$ 成立. 由齐次性, 不妨设 $\sum\limits_{i=1}^n b_i=0$. 则上式等价于

$$\sum_{i=1}^n b_ib_{i+1} \leqslant \frac{a_n^2+1}{2a_n^2}\sum_{i=1}^n b_i^2=\cos\frac{2\pi}{n}\sum_{i=1}^n b_i^2.$$

上式为 Fan 不等式. □

这样的 a_n 或许是用 Cauchy 不等式能得到的最佳结果. 是否存在不依赖于 n 的 a, 使当 $x_i \in \left[\frac{1}{a},a\right]$ 时, Shapiro 不等式成立, 却仍要打上一个大大的问号.

对于在线性约束 $\sum\limits_{i=1}^n x_i=C$ 下, 求 $\sum f(x_1,\cdots,x_n)$ 的最值的问题, 若 f 的性质比较好, 我们可以说明只需考虑 $x_i\in\{a,b\}$ 的情形即可. 粗略地说, 只需 f 是关于 x_i 的对称函数, 且 $g(x_i)=\frac{\partial f}{\partial x_i}$ 是下凸函数即可.

例 10.28 (韩京俊, 2017 国家集训队测试题) 正整数 $m\geqslant 2$, 对 $x_1,\cdots,x_m\geqslant 0$, 我们有

$$(m-1)^{m-1}(\sum_{i=1}^m x_i^m-m\prod_{i=1}^m x_i)\geqslant(\sum_{i=1}^m x_i)^m-m^m\prod_{i=1}^m x_i.$$

证明 $m=2$ 时为等式, 下面考虑 $m\geqslant 3$ 的情形. 记

$$f(x_1,\cdots,x_m)=(m-1)^{m-1}\sum_{i=1}^m x_i^m+(m^{m-1}-(m-1)^{m-1})m\prod_{i=1}^m x_i-(\sum_{i=1}^m x_i)^m,$$

固定 $\sum\limits_{i=1}^m x_i=S$ 不变, 则连续函数 f 在有界闭集 $\sum\limits_{i=1}^m x_i=S$ 上能取到最小值, 不妨设 $(x_1,\cdots,x_m)=(a_1,\cdots,a_m)$ 时 f 取到最小值. 若 a_i 中有数为 0, 不妨设 $a_m=0$, 则由 AM-GM 不等式知

$$(m-1)^{m-1}\sum_{i=1}^{m-1}a_i^m\geqslant(\sum_{i=1}^{m-1}a_i)^m,$$

即 $f(a_1,\cdots,a_m)\geqslant 0$, 原不等式得证. 若 a_i 均不为 0, 则我们有 (这一步也可由线性约束的 Lagrange 乘数法直接得到)

$$\left.\frac{\partial f(S-x_2-\cdots-x_m,x_2,\cdots,x_m)}{\partial x_i}\right|_{(x_1,\cdots,x_m)=(a_1,\cdots,a_m)}=0$$
$$\Longrightarrow\quad \frac{\partial f}{\partial x_1}(a_1,\cdots,a_m)=\frac{\partial f}{\partial x_i}(a_1,\cdots,a_m).$$

记 $\beta_m=m^{m-1}-(m-1)^{m-1}$, $\prod\limits_{i=1}^m x_i=T$,

$$g(x_1):=\frac{\partial f}{\partial x_1}=m(m-1)^{m-1}x_1^{m-1}+m\beta_m\frac{T}{x_1}-mS^{m-1},$$

$g(z)$ 是一个下凸函数, 故对任意实数 c, $g(z)=c$ 至多有两组解, 即 $\{a_i\}$ 中至多有两个元素, 若 a_i 全相等, 则不等式为等式. 否则不妨设其中有 a 个取值为 x, b 个取值为 y, 其中 $x\neq y$, $a+b=m$, $m-1\geqslant a\geqslant 1$. 则由 $g(x)=g(y)$, 有

$$m(m-1)^{m-1}(x^{m-1}-y^{m-1})=m\beta_m T\frac{x-y}{xy}.$$

将上述关系代入原不等式, 此时我们只需证明对于非负实数 $x\neq y$, 当 $a+b=m$, 且 $m-1\geqslant a\geqslant 1$ 时, 有

$$(m-1)^{m-1}(ax^m+by^m)+m(m-1)^{m-1}\frac{(x^{m-1}-y^{m-1})xy}{x-y}-(ax+by)^m\geqslant 0.$$

不等式左边是关于 a 的上凸函数, 因此我们只需考虑 $a=1$ 或 $a=m-1$ 的情形. 由 x,y 地位的对称性, 我们不妨设 $a=1$. 由不等式的齐次性, 我们还可以设 $y=1$, 于是只需证明

$$(m-1)^{m-1}(x^m+(m-1))+m(m-1)^{m-1}x(1+x+\cdots+x^{m-2})\geqslant(x+(m-1))^m$$

或

$$(m-1)^{m-1}x^m+(m-1)^m+m(m-1)^{m-1}\sum_{i=1}^{m-1}x^i\geqslant\sum_{i=0}^{m}(m-1)^{m-i}\binom{m}{i}x^i.$$

比较两边 x^i 的次数: 若 $i=0$, 则 $(m-1)^m=(m-1)^m$; 若 $i=m$, 则 $(m-1)^{m-1}\geqslant 1$; 若 $m-1\geqslant i\geqslant 1$, 则

$$m(m-1)^{m-1}=(m-1)^{m-i}m(m-1)^{i-1}\geqslant(m-1)^{m-i}\binom{m}{i}.$$

因此不等式左边每一项的系数均大于或等于不等式右边, 当且仅当 $x=0$ 时等号成立. 此时对应了情形 $x_1=0$, $x_2=x_3=\cdots=x_m$ 及其轮换, 原不等式等号能成立.

综上, 我们证明了原不等式, $m=2$ 时为等式, $m\geqslant 3$ 时等号成立当且仅当 $x_1=x_2=\cdots=x_m$ 或 $x_1=0$, $x_2=x_3=\cdots=x_m$ 及其轮换时. □

注 我们这里再介绍几种证明方法:

证明 同之前证明, 我们有

$$\begin{aligned}&m(m-1)^{m-1}(x^{m-1}-y^{m-1})=m\beta_m T\frac{x-y}{xy}\\ \iff\quad&(m-1)^{m-1}(x^{m-2}+\cdots+y^{m-2})=\beta_m x^{a-1}y^{b-1},\end{aligned}$$

若 $\min\{a,b\}\geqslant 2$, 则

$$x^{m-2}+\cdots+y^{m-2}\geqslant 2x^{a-1}y^{b-1},$$

又 $3(m-1)^{m-1}>m^{m-1}$, 故

$$(m-1)^{m-1}(x^{m-2}+\cdots+y^{m-2})\geqslant 2(m-1)^{m-1}x^{a-1}y^{b-1}>\beta_m x^{a-1}y^{b-1},$$

矛盾, 因此 $\min\{a,b\}=1$, 即我们只需证明 $x_1=\cdots=x_{m-1}=1, x_m=x$ 时不等式成立即可. 此时原不等式等价于

$$f(x)=(m-1)^{m-1}(m-1+x^m)+(m^{m-1}-(m-1)^{m-1})mx-(m-1+x)^m\geqslant 0.$$

注意到

$$\begin{aligned}f'(x)&=m(m-1)^{m-1}x^{m-1}-m(m-1+x)^{m-1}+(m^{m-1}-(m-1)^{m-1})m,\\f''(x)&=m(m-1)^m x^{m-2}-m(m-1)(m-1+x)^{m-2}\\&=m(m-1)x^{m-2}\left((m-1)^{m-1}-\left(\frac{m-1}{x}+1\right)^{m-2}\right).\end{aligned}$$

显然 $(m-1)^{m-1}-\left(\frac{m-1}{x}+1\right)^{m-2}$ 在 $(0,+\infty)$ 上单调. 由 AM-GM 不等式, 我们有

$$1\cdot m^{m-2}\leqslant\left(\frac{1+m(m-2)}{m-1}\right)^{m-1}=(m-1)^{m-1},$$

且等号无法取到, 因此 $f''(1)>0$. 而显然 $f''(0)<0$, 因此 $f''(x)$ 在 $(0,1)$ 上恰好有一个实根 α, 在 $(1,+\infty)$ 上恒正. 故 $f'(x)$ 在 $(0,\alpha)$ 上单调递减, 在 $(\alpha,+\infty)$ 上单调递增. 而 $f'(1)=0$, 因此 $f'(\alpha)<0$, $f'(x)$ 在 $(0,\alpha)$ 上至多有一个根. 若 $f'(x)$ 在 $(0,\alpha)$ 上没有实根, 即 $f'(0)\leqslant 0$, 则 $f(x)$ 在 $[0,1]$ 上单调递减且不恒为 0, 这与 $f(0)=f(1)=0$ 矛盾. 若 $f'(x)$ 在 $(0,\alpha)$ 上有一个实根 β, 则 $f(x)$ 在 $(0,\beta)$ 上单调递增, 在 $(\beta,1)$ 上单调递减, 在 $[1,+\infty)$ 上单调递增. 故 $f(x)$ 在 $[0,+\infty)$ 上的最小值必在 0,1 处取到, 而 $f(0)=f(1)=0$, 原不等式得证. □

下面这个证明来自 2017 年国家队队员周行健:

证明　同之前证明, 只需证明变量中有 a 个取值为 x, b 个取值为 y 的情形即可, 其中 $a+b=m$, $m-1\geqslant a\geqslant 1$. 根据原问题的齐次性, 我们不妨设 $x\geqslant 1$, $x^a y^b=1$, 设 $x=z^b$, $y=z^{-a}$, 则只需证明当 $z\geqslant 1$ 时有

$$h(z)=(m-1)^{m-1}(az^{bm}+bz^{-am})+m\beta_m-(az^b+bz^{-a})^m\geqslant 0.$$

我们有

$$h'(z)=m(m-1)^{m-1}\frac{ab}{z}(z^{bm}-z^{-am})-m\frac{ab}{z}(z^b-z^{-a})(az^b+bz^{-a})^{m-1}.$$

设 $z^b=A$, $z^{-a}=B$, 当 $A\geqslant B$ 时, 我们有

$$(aA+bB)^{m-1}\leqslant((m-1)A+B)^{m-1}\leqslant(m-1)^{m-1}(A^{m-1}+\cdots+B^{m-1}).$$

因此当 $z\geqslant 1$ 时, $h'(z)\geqslant 0$. 而 $h(1)=0$, 故命题得证. □

本题在例 6.39 中已有过介绍. 在当年考场上, 只有周行健一人完整地给出了证明. 本题的难点在于将问题化归为两个变元之后仍不容易证明. 这是因为我们无法知道变元分别

取 a,b 两值时的个数. 这里介绍的三个证明都是尝试继续将问题化归为 $n-1$ 个变量相等的情形, 这是证明本题的关键. 当然如果使用对称多项式的取等判定定理 (定理 9.24), 我们可直接化归为这一情形.

用相同的思想, 我们还能证明如下 AM-GM 不等式的加强 [15]:

例 10.29 $x_i(i=1,2,\cdots,n)$ 是非负实数, 满足 $0<a\leqslant x_i\leqslant b$. $p_k\geqslant 0(k=1,2,\cdots,n)$, 且 $\sum\limits_{k=1}^{n}p_k=1$. 设 $\mu=\sum\limits_{k=1}^{n}p_kx_k$, $G=\prod\limits_{k=1}^{n}x_k^{p_k}$, 则

$$\sum_{k=1}^{n}\frac{p_k(x_k-\mu)^2}{2b}\leqslant \mu-G\leqslant \sum_{k=1}^{n}\frac{p_k(x_k-\mu)^2}{2a}.$$

证明 我们考察函数

$$f(p_1,\cdots,p_n)=\mu-G-\sum_{k=1}^{n}\frac{p_k(x_k-\mu)^2}{2b}.$$

设 f 在 $(p_1^0,\cdots,p_n^0)$ 点处取到最小值. 若存在 $p_i^0=0$, 则由 $n-1$ 时命题成立可推知此时命题也成立. 若 $(p_1^0,\cdots,p_n^0)$ 是内点, 即 $p_i^0\neq 0$, 则由与例 10.28 同样的论断, 存在 $\lambda\in\mathbb{R}$, 使得

$$\frac{\partial f}{\partial p_i}(p_1^0,\cdots,p_n^0)=\lambda\quad(i=1,2,\cdots,n).$$

我们有

$$\begin{aligned}\frac{\partial f}{\partial p_1}&=x_1-G\ln x_1-\frac{(x_1-\mu)^2}{2b}+\sum_{k=1}^{n}\frac{2p_k(x_k-\mu)x_1}{2b}\\&=x_1-G\ln x_1-\frac{(x_1-\mu)^2}{2b}+\frac{(\sum\limits_{k=1}^{n}p_kx_k-\sum\limits_{k=1}^{n}p_k\mu)x_1}{b}\\&=x_1-G\ln x_1-\frac{(x_1-\mu)^2}{2b}.\end{aligned}$$

故 $x_j(j=1,2,\cdots,n)$ 是方程 $g(x)=0$ 的解, 其中

$$g(x)=x-G\ln x-\frac{(x-\mu)^2}{2b}-\lambda.$$

注意到

$$g'(x)=1-\frac{G}{x}-\frac{x-\mu}{b}=\frac{bx-bG-x(x-\mu)}{bx}.$$

当 $x\to 0^+$ 时, $g'(x)<0$. 而

$$g'(b)=\frac{b^2-bG-b^2+b\mu}{b^2}=\frac{b(\mu-G)}{b^2}\geqslant 0.$$

因此 $g'(x)$ 在 $(0,b)$ 上至多有一个根. 所以 $g(x)=0$ 在 $(0,b]$ 上至多有两个不同的解. 故我们只需证明 x_j 至多取两个不同值的情形即可, 即只需证明 $n=2$ 的情形即可:

$$px+qy-x^py^q-\frac{pq(x-y)^2}{2b}\geqslant 0,$$

其中 $p+q=1,\ 0\leqslant x,y\leqslant b$. 不妨设 $x\leqslant y=1\leqslant b$, 故只需证明

$$h(x)=px+1-p-x^p-\frac{p(1-p)(x-1)^2}{2b}\geqslant 0.$$

而

$$\frac{\partial h}{\partial x}=p-px^{p-1}-\frac{p(1-p)(x-1)}{b}=p\left(1-x^{p-1}-\frac{(1-p)(x-1)}{b}\right),$$
$$h''(x)=\frac{(1-p)p}{b}(bx^{p-2}-1)\geqslant\frac{(1-p)p}{b}(bx^{-1}-1)\geqslant 0.$$

注意到 $h'(1)=0$, 故 $h'(x)$ 在 $(0,y]$ 上单调递增, 且小于或等于 0. 因此 $h(x)$ 在 $(0,y]$ 上单调递减. 而 $h(y)=0$, 因此 $h(x)\geqslant 0$.

综上, 我们证明了 $f(p_1,\cdots,p_n)\geqslant 0$, 特别地, 令 $p_i=\dfrac{1}{n}$, $x_i=a_i(i=1,2,\cdots,n)$, 即得不等式左边. 不等式右边同理可证. □

注　本题不等式两边的系数 $\dfrac{1}{2n^2}$ 是最佳的. 在本题中, 特别地, 令 $p_i=\dfrac{1}{n}$, $x_i=a_i(i=1,2,\cdots,n)$, 我们有如下不等式:

正实数 $0<a_1\leqslant\cdots\leqslant a_n$, 则

$$\frac{1}{2n^2}\frac{\sum\limits_{1\leqslant i<j\leqslant n}(a_i-a_j)^2}{a_n}\leqslant\frac{a_1+\cdots+a_n}{n}-\sqrt[n]{a_1\cdots a_n}\leqslant\frac{1}{2n^2}\frac{\sum\limits_{1\leqslant i<j\leqslant n}(a_i-a_j)^2}{a_1}.$$

下面这个不等式是 T. J. Mildorf 在研究幂平均不等式上界时得到的.

例 10.30 (Mildorf)　a,b 是正实数, k 为实数, $k\geqslant 2$. 证明:

$$\frac{(1+k)(a-b)^2+8ab}{4(a+b)}\geqslant\left(\frac{a^k+b^k}{2}\right)^{\frac{1}{k}}.$$

证明　定义 $f_p(a,b)=\left(\dfrac{a^p+b^p}{2}\right)^{\frac{1}{p}}$. 我们证明当 $p\geqslant 1$ 时, 有 $\dfrac{\partial^2 f_p(a,b)}{\partial p^2}\geqslant 0$. 注意到 $f_p(a,b)=\dfrac{1}{r}\cdot f_p(ar,br)$, 故我们不妨设 $b=1$. 先证明当 $p=1$ 时,

$$\begin{aligned}F(a)&:=\frac{\partial^2 f_p(a,1)}{\partial p^2}\bigg|_{p=1}\\&=\ln\frac{a+1}{2}+\frac{1}{2}\left(\ln\frac{a+1}{2}\right)^2+a\ln\frac{a+1}{2a}+\frac{a}{2}\left(\ln\frac{a+1}{2}\right)^2\geqslant 0.\end{aligned}$$

我们考察

$$F_1(a):=F'(a)=\frac{2\ln\dfrac{a+1}{2}+\ln\dfrac{a+1}{2a}\left(2a+(a+1)\ln\dfrac{a+1}{2a}\right)}{2(a+1)},$$
$$F_2(a):=a(a+1)^2F_1'(a)=a\ln\frac{2}{a+1}+\ln\frac{2a}{a+1},$$
$$F_3(a):=F_2'(a)=-1+\frac{1}{a}+\ln\frac{2}{a+1}.$$

显然 $F(1)=0$. 假设存在 $0\leqslant b_0\neq 1$, 使得 $F(b_0)=0$, 故存在 $0<b_1\neq 1$, 使得 $F_1(b_1)=0$, 而 $F_1(1)=0$, 故存在 $0<b_2\neq 1$, 使得 $F_2(b_2)=0$. 类似地, 存在 $0<b_3\neq 1$, 使得 $F_3(b_3)=0$. 注意到 $F_3(a)$ 关于 a 严格单调递减, 故 $F_3(a)$ 至多有一个正零点. 而 $F_3(1)=0$, 由此得到矛盾. 故 $F(a)=0$ 只有一个正零点 $a=1$. 而

$$\lim_{a\to 0^+}F(a)=\ln\frac{1}{2}+\frac{1}{2}\left(\ln\frac{1}{2}\right)^2<0,$$
$$F(2\mathrm{e}-1)=(2\mathrm{e}-1)\ln\frac{\mathrm{e}}{2\mathrm{e}-1}\left(1+\frac{1}{2}\ln\frac{\mathrm{e}}{2\mathrm{e}-1}\right)<0,$$

故当 $a>0$ 时, $F(a)\leqslant 0$.

下面我们考虑 $p>1$ 的情形. 注意到 $f_{\theta p}(a,b)=f_\theta(a^p,b^p)^{\frac{1}{p}}$. 取 $q=\theta p$, 我们有

$$\begin{aligned}p^2\frac{\partial^2 f_q(a,b)}{\partial q^2}\Big|_{q=p}&=\frac{\partial^2 f_\theta(a^p,b^p)^{\frac{1}{p}}}{\partial\theta^2}\Big|_{\theta=1}\\&=\frac{1}{p}\left(\frac{1}{p}-1\right)f_\theta(a^p,b^p)^{\frac{1}{p}-2}\left(\frac{\partial f_\theta(a^p,b^p)}{\partial\theta}\right)^2\Big|_{\theta=1}\\&\quad+\frac{1}{p}f_\theta(a^p,b^p)^{\frac{1}{p}-1}\frac{\partial^2 f_\theta(a^p,b^p)}{\partial\theta^2}\Big|_{\theta=1}\leqslant 0.\end{aligned}$$

因此对 $p\geqslant 2$, 有

$$f_2(a,b)-f_1(a,b)\geqslant\frac{\partial f_p(a,b)}{\partial p}.$$

下面我们证明

$$\begin{aligned}&\frac{(a-b)^2}{4(a+b)}\geqslant f_2(a,b)-f_1(a,b)\geqslant\frac{\partial f_p(a,b)}{\partial p}\\\Longleftrightarrow\quad&\frac{3a^2+2ab+3b^2}{4(a+b)}\geqslant\sqrt{\frac{a^2+b^2}{2}}\quad\Longleftrightarrow\quad(a-b)^4\geqslant 0.\end{aligned}$$

故当 $k\geqslant 2$ 时, 我们有

$$\frac{(1+k)(a-b)^2+8ab}{4(a+b)}=f_1+\frac{(k-1)(a-b)^2}{4(a+b)}\geqslant f_2+\frac{(k-2)(a-b)^2}{4(a+b)}\geqslant f_k.$$

原不等式得证. □

注 用类似的方法可证明当 $1\leqslant k\leqslant\dfrac{3}{2}$ 或 $k\leqslant -1$ 时, 原不等式反号. 当 $k=0$ 时, 若将不等式右边定义为 $\sqrt{ab}$, 此时不等式也成立. 能否将本题的结论推广到 n 个变量是一个有趣而又困难的问题.

在本章的最后, 我们来看一个困难的问题.

例 10.31 (Zbaganu, 2000 USAMO) $a_i>0$, $b_i>0(i=1,2,\cdots,n)$. 证明:

$$\sum_{1\leqslant i,j\leqslant n}\min\{a_ia_j,b_ib_j\}\leqslant\sum_{1\leqslant i,j\leqslant n}\min\{a_ib_j,a_jb_i\}.$$

证明　我们需要如下引理: a_i 非负, $x_i \in \mathbb{R}(i=1,2,\cdots,n)$, 则

$$\sum_{1\leqslant i,j\leqslant n} x_i x_j \cdot \min\{a_i,a_j\} \geqslant 0.$$

不妨设 $a_1 \leqslant a_2 \leqslant \cdots \leqslant a_n$, 则不等式等价于

$$\sum_{i=1}^{n} a_i x_i^2 + 2\sum_{i=1}^{n-1} a_i x_i \sum_{j=i+1}^{n} x_j \geqslant 0.$$

令 $b_i = \sum\limits_{j=i}^{n} x_j (i=1,2,\cdots,n)$, 则 $x_i = b_i - b_{i+1}(i=1,2,\cdots,n-1)$, 上式等价于

$$a_1 b_1^2 + (a_2-a_1)b_2^2 + \cdots + (a_n - a_{n-1})b_n^2 \geqslant 0.$$

上式显然成立.

回到原题, 令 $x_i = \dfrac{a_i}{b_i}(i=1,2,\cdots,n)$, 则原不等式等价于

$$\sum_{1\leqslant i,j\leqslant n} a_i a_j (\min\{x_i,x_j\} - \min\{1,x_i x_j\}) \geqslant 0.$$

不难验证, 我们有

$$\min\{x,y\} - \min\{1,xy\} = f(x)f(y)\cdot \min\left\{\frac{|x-1|}{\min\{x,1\}}, \frac{|y-1|}{\min\{y,1\}}\right\},$$

其中 $f(x) = \operatorname{sgn}(x-1)\cdot\min\{x,1\}$, 当 $x>0$ 时, $\operatorname{sgn}(x)=1$; 当 $x=0$ 时, $\operatorname{sgn}(x)=0$; 当 $x<0$ 时, $\operatorname{sgn}(x)=-1$. 由上述恒等式, 欲证不等式变为

$$\sum_{1\leqslant i,j\leqslant n} a_i f(x_i)\cdot a_j f(x_j)\cdot \min\left\{\frac{|x_i-1|}{\min\{x_i,1\}}, \frac{|x_j-1|}{\min\{x_j,1\}}\right\} \geqslant 0.$$

上式由引理立得. □

注　在原题中令 $b_i = 1(i=1,2,\cdots,n)$, 并注意到等式 $\min\{x,y\} = \dfrac{x+y-|x-y|}{2}$, 则不等式等价于

$$2n\sum_{i=1}^{n} x_i - \sum_{1\leqslant i,j\leqslant n} |x_i - x_j| \geqslant n^2 + (\sum_{i=1}^{n} x_i)^2 - \sum_{1\leqslant i,j\leqslant n} |1 - x_i x_j|.$$

若我们令 $\sum\limits_{i=1}^{n} x_i = n$, 则我们有

$$\sum_{1\leqslant i,j\leqslant n} |1 - x_i x_j| \geqslant \sum_{1\leqslant i,j\leqslant n} |x_i - x_j|.$$

这个形式同样不容易证明.

事实上, 本题的引理可借助于积分看得更清楚. 注意到

$$\min\{x,y\} = \int_0^{+\infty} \lambda_{[0,x]}(t)\lambda_{[0,y]}(t)\mathrm{d}t,$$

其中 λ_A 是集合 A 的特征函数, 即若 $t\in A$, 则 $\lambda_A(t)=1$; 若 $t\notin A$, 则 $\lambda_A(t)=0$. 当 $t\in[0,\min\{x,y\}]$ 时,$\lambda_{[0,x]}\lambda_{[0,y]}=1$, 否则 $\lambda_{[0,x]}\lambda_{[0,y]}=0$. 故

$$\begin{aligned}\sum_{1\leqslant i,j\leqslant n}x_ix_j\cdot\min\{a_i,a_j\}&=\sum_{1\leqslant i,j\leqslant n}\int_0^{+\infty}x_i\lambda_{[0,a_i]}(t)\cdot x_j\lambda_{[0,a_j]}(t)\mathrm{d}t\\&=\int_0^{+\infty}\sum_{i=1}^n(x_i\lambda_{[0,a_i]}(t))^2\mathrm{d}t\geqslant 0.\end{aligned}$$

上述证明可以用来证明更强的形式:

$$\sum_{1\leqslant i,j\leqslant n}x_ix_j\cdot\min\{a_i,a_j\}\geqslant\frac{(\sum\limits_{i=1}^n a_ix_i)^2}{a},$$

其中 $a=\max\limits_{1\leqslant i\leqslant n}\{a_i\}$. 事实上只需注意到由 Cauchy 不等式, 有

$$\begin{aligned}\int_0^{+\infty}\sum_{i=1}^n(x_i\lambda_{[0,a_i]}(t))^2\mathrm{d}t&=\int_0^{a}\sum_{i=1}^n(x_i\lambda_{[0,a_i]}(t))^2\mathrm{d}t\\&\geqslant\frac{(\int_0^a\sum\limits_{i=1}^n x_i\lambda_{[0,a_i]}(t))^2}{a}\\&=\frac{(\sum\limits_{i=1}^n a_ix_i)^2}{a}.\end{aligned}$$

利用相同的积分不等式的方法, 我们还能证明如下不等式:

$a_i\geqslant 0,b_i\geqslant 0(i=1,2,\cdots,n)$, 则

$$\sum_{1\leqslant i,j\leqslant n}\min\{a_i,a_j\}\sum_{1\leqslant i,j\leqslant n}\min\{b_i,b_j\}\geqslant(\sum_{1\leqslant i,j\leqslant n}\min\{a_i,b_j\})^2.$$

事实上, 上式由积分形式的 Cauchy 不等式立得:

$$\int_0^{+\infty}f^2(x)\mathrm{d}x\int_0^{+\infty}g^2(x)\mathrm{d}x\geqslant(\int_0^{+\infty}f(x)g(x)\mathrm{d}x)^2.$$

一般地, 给定一个不等式, 我们用同样的方法都能将其加工成另一个关于 min 的不等式, 比如利用三次 Schur 不等式:

$$x^3+y^3+z^3+3xyz\geqslant xy(x+y)+yz(y+z)+zx(x+z),$$

令 $x=A\lambda_{[0,a]}$, $y=B\lambda_{[0,b]}$, $z=C\lambda_{[0,c]}$, 积分后, 我们有

$$\sum aA^3+3ABC\min\{a,b,c\}\geqslant\sum AB(A+B)\min\{a,b\}.$$

第 11 章　谈谈命题

看了那么多证明不等式的方法, 读者们是不是也跃跃欲试, 想编制一些属于自己的题目呢? 本章介绍比较常用的不等式的命制方法.

对于一些已得到的多变元的不等式, 可考虑令其中的一些变量为另一些变量的函数, 从而得到新的不等式.

例 11.1　$a,b,c,x,y,z \geqslant 0$. 求证:

$$\frac{a(y+z)}{b+c}+\frac{b(z+x)}{c+a}+\frac{c(x+y)}{a+b} \geqslant \sqrt{3xy+3yz+3zx}.$$

我们先来介绍一下它的证明.

证明　两次利用 Cauchy 不等式, 我们有

$$\begin{aligned}\sum \frac{ax}{b+c}+\sqrt{3\sum xy} &\leqslant \sqrt{\sum x^2 \sum\left(\frac{a}{b+c}\right)^2}+\sqrt{\sum xy \cdot \frac{3}{4}}+\sqrt{\sum xy \cdot \frac{3}{4}} \\ &\leqslant \sqrt{\sum x^2+\sum xy+\sum xy}\sqrt{\frac{3}{2}+\sum\left(\frac{a}{b+c}\right)^2} \\ &\leqslant \sum x \sum \frac{a}{b+c},\end{aligned}$$

移项化简后有

$$\frac{a(y+z)}{b+c}+\frac{b(z+x)}{c+a}+\frac{c(x+y)}{a+b} \geqslant \sqrt{3xy+3yz+3zx}.$$

不等式得证. □

这个不等式由 T. Andrescu 和 G. Dospinescu 建立, 有多种证明方法, 无疑用 Cauchy 不等式是最为方便的. 若在此不等式中令 $x=f(a,b,c), y=f(c,a,b), z=f(b,c,a)$, 则可以得到不少不等式. 让我们来看一些例子.

若令 $a=x^3, b=y^3, c=z^3$, 则由以上不等式即有

$$\frac{x(y^3+z^3)}{y+z}+\frac{y(z^3+x^3)}{z+x}+\frac{z(x^3+y^3)}{x+y} \geqslant \sqrt{3(x^3y^3+y^3z^3+z^3x^3)}.$$

不难发现

$$xy(x+y-z)+yz(y+z-x)+zx(z+x-y)=\frac{x(y^3+z^3)}{y+z}+\frac{y(z^3+x^3)}{z+x}+\frac{z(x^3+y^3)}{x+y},$$

于是我们得到如下命题:

对正数 x,y,z, 有

$$xy(x+y-z)+yz(y+z-x)+zx(z+x-y)\geqslant\sqrt{3(x^3y^3+y^3z^3+z^3x^3)}.$$

令 $x=a(b^2+c^2),y=b(c^2+a^2),z=c(a^2+b^2)$, 则

$$\frac{x(b+c)}{y+z}=\frac{a(b^2+c^2)(b+c)}{b(c^2+a^2)+c(a^2+b^2)}=\frac{a(b^2+c^2)}{a^2+bc},$$

利用例 11.1, 有

$$\frac{a(b^2+c^2)}{a^2+bc}+\frac{b(c^2+a^2)}{b^2+ca}+\frac{c(a^2+b^2)}{c^2+ab}\geqslant\sqrt{3(ab+bc+ca)},$$

于是我们有:

若正数 a,b,c 满足 $ab+bc+ca=3$, 则有

$$\frac{a(b^2+c^2)}{a^2+bc}+\frac{b(c^2+a^2)}{b^2+ca}+\frac{c(a^2+b^2)}{c^2+ab}\geqslant 3.$$

有时为了掩人耳目, 可以在代换的基础之上再作一步放缩. 如注意到有

$$1+\frac{b^2+c^2}{a(b+c)}=\frac{bc}{ab+ca}\left(\frac{c+a}{b}+\frac{a+b}{c}\right),$$

由例 11.1, 有

$$3+\sum_{\text{cyc}}\frac{b^2+c^2}{a(b+c)}\geqslant\sqrt{3\left(\frac{(a+b)(a+c)}{bc}+\frac{(b+c)(b+a)}{ca}+\frac{(c+a)(c+b)}{ab}\right)}.$$

同时, 我们又有

$$\sum_{\text{cyc}}\frac{(a+b)(a+c)}{bc}=\sum_{\text{cyc}}\left(1+\frac{a(a+b+c)}{bc}\right)=3+\frac{(a+b+c)(a^2+b^2+c^2)}{abc}.$$

因此, 利用 AM-GM 不等式有

$$\begin{aligned}3+\sum_{\text{cyc}}\frac{b^2+c^2}{a(b+c)}&\geqslant\sqrt{9+\frac{3(a+b+c)(a^2+b^2+c^2)}{abc}}\\&\geqslant\frac{3}{2}\left(1+\sqrt{\frac{(a+b+c)(a^2+b^2+c^2)}{abc}}\right),\end{aligned}$$

整理后我们得到:

a,b,c 为正数, 有

$$\frac{b^2+c^2}{a(b+c)}+\frac{c^2+a^2}{b(c+a)}+\frac{a^2+b^2}{c(a+b)}\geqslant\frac{3}{2}\left(\sqrt{\frac{(a+b+c)(a^2+b^2+c^2)}{abc}}-1\right).$$

由 1 个不等式, 我们立刻得到 3 个看似毫无关联的命题. 值得一提的是, 若不知道它们的命题背景, 证明并不容易.

我们可证明比本例更强的不等式:

$x,y,z,a,b,c>0$, 则

$$\frac{a}{b+c}(y+z)+\frac{b}{c+a}(z+x)+\frac{c}{a+b}(x+y)\geqslant\sum\sqrt{(x+y)(x+z)}-\sum x.$$

证明　由 Cauchy 不等式, 我们有

$$\begin{aligned}&\frac{a}{b+c}(y+z)+\frac{b}{c+a}(z+x)+\frac{c}{a+b}(x+y)\\&=(a+b+c)\left(\frac{y+z}{b+c}+\frac{z+x}{c+a}+\frac{x+y}{a+b}\right)-2\sum x\\&\geqslant\frac{1}{2}(\sum\sqrt{y+z})^2-2\sum x\\&=\sum\sqrt{(x+y)(x+z)}-\sum x.\end{aligned}$$

□

本题可推广至 n 元 :

对任意正实数 $a_1,a_2,\cdots,a_n,x_1,x_2,\cdots,x_n$, 且 $\sum\limits_{1\leqslant i<j\leqslant n}x_ix_j=\frac{n(n-1)}{2}$, 有

$$\frac{a_1}{a_2+\cdots+a_n}(x_2+\cdots+x_n)+\cdots+\frac{a_n}{a_1+\cdots+a_{n-1}}(x_1+\cdots+x_{n-1})\geqslant n.$$

证明　证明分为两步, 其中第一步与 $n=3$ 时的证明相同.

不妨设 $\sum\limits_{i=1}^{n}a_i=1$, 则由例 5.22 后注的不等式, 我们有

$$\sum_{i=1}^{n}\frac{a_i}{1-a_i}\sum_{j\neq i}x_j\geqslant 2\sqrt{\sum_{1\leqslant i<j\leqslant n}\frac{a_ia_j}{(1-a_i)(1-a_j)}\sum_{1\leqslant i<j\leqslant n}x_ix_j}.$$

而由条件 $\sum\limits_{1\leqslant i<j\leqslant n}x_ix_j=\frac{n(n-1)}{2}$, 故我们只需证明

$$\sum_{1\leqslant i<j\leqslant n}\frac{a_ia_j}{(1-a_i)(1-a_j)}\geqslant\frac{n}{2(n-1)}.$$

由 Cauchy 不等式, 有

$$\sum_{1\leqslant i<j\leqslant n}a_ia_j(1-a_i)(1-a_j)\sum_{1\leqslant i<j\leqslant n}\frac{a_ia_j}{(1-a_i)(1-a_j)}\geqslant(\sum_{1\leqslant i<j\leqslant n}a_ia_j)^2,$$

故只需证明

$$4(\sum_{1\leqslant i<j\leqslant n}a_ia_j)^2\geqslant\frac{2n}{n-1}\sum_{1\leqslant i<j\leqslant n}a_ia_j(1-a_i)(1-a_j).$$

由 AM-GM 不等式, 我们有

$$(\sum_{1\leqslant i<j\leqslant n}2a_ia_j)^2=(1-\sum_{i=1}^{n}a_i^2)^2=(\sum_{i=1}^{n}a_i(1-a_i))^2\geqslant\frac{2n}{n-1}\sum_{1\leqslant i<j\leqslant n}a_ia_j(1-a_i)(1-a_j),$$

欲证不等式得证. □

将现有的不等式通过放缩减弱后可得到新的不等式, 当然放缩后尽量保持原有不等式的某些特征, 题目难度不能过易.

例 11.2 $a,b,c\geqslant 0$, 至多只有一个为 0. 求证:

$$\sum\frac{\sqrt{ab+4bc+4ac}}{a+b}\geqslant\frac{9}{2}.$$

上面的不等式在前面的章节中已经介绍过[①], 不易证明, 是 "伊朗 96 不等式" 的加强. 等号成立条件为 $a=b=c$, $a=b,c=0$ 及其轮换.

为了保持不等式的这一特征, 我们利用 AM-GM 不等式, 有

$$bc\geqslant\frac{2b^2c^2}{b^2+c^2}.$$

于是我们得到如下命题:

$a,b,c\geqslant 0$, 至多只有一个为 0. 求证:

$$\sum\sqrt{\frac{8a^2+bc}{b^2+c^2}}\geqslant\frac{9}{\sqrt{2}}.$$

等号成立当且仅当 $a=b=c$, $a=b,c=0$ 及其轮换时.

从等号成立的条件来看, 新的命题的证明难度并不小.

由已知不等式经过一系列等价运算, 能得到新的不等式.

例 11.3 设 a,b,c 是非负实数, 至多只有一个为 0. 求证:

$$a^3+b^3+c^3+3abc\geqslant\frac{(a^2b+b^2c+c^2a)^2}{ab^2+bc^2+ca^2}+\frac{(ab^2+bc^2+ca)^2}{a^2b+b^2c+c^2a}.$$

同样, 我们先来看一下它的证明.

证明 如果 a,b,c 中有一数为 0, 原不等式显然成立.

如果 $abc>0$, 设 $x=\frac{a}{b},y=\frac{b}{c},z=\frac{c}{a}$. 我们需要证明

$$\begin{aligned}&\frac{x}{z}+\frac{y}{x}+\frac{z}{y}+3\geqslant\frac{(xy+yz+zx)^2}{xyz(x+y+z)}+\frac{(x+y+z)^2}{xy+yz+zx}\\ \iff\quad&\frac{x}{z}+\frac{y}{x}+\frac{z}{y}\geqslant\frac{x^2y^2+y^2z^2+z^2x^2}{xyz(x+y+z)}+\frac{x^2+y^2+z^2}{xy+yz+zx}+1.\end{aligned}$$

两边同乘 $x+y+z$, 化简后等价于

$$\frac{x^2}{z}+\frac{z^2}{y}+\frac{y^2}{x}\geqslant\frac{(x^2+y^2+z^2)(x+y+z)}{xy+yz+zx},$$

两边同乘 $xy+yz+zx$, 化简后等价于

$$\frac{x^3y}{z}+\frac{y^3z}{x}+\frac{z^3x}{y}\geqslant x^2y+y^2z+z^2x.$$

---

① 在本章中, 若不加特别说明, 没有给出证明的题目在之前的章节中都已有过介绍.

上式由例 5.16 立得. 当然也可由 AM-GM 不等式证明, 我们有

$$\sum_{\text{cyc}}\left(\frac{x^3y}{z}+xyz\right)\geqslant 2\sum_{\text{cyc}}x^2y,$$
$$x^2y+y^2z+z^2x\geqslant 3xyz,$$

将上面两式相加即可, 我们完成了证明. □

或许读者要问: 形式那么复杂的不等式是如何想到的呢? 其实它源于尝试证明如下我们已经介绍过的不等式:

$x,y,z>0$. 求证:

$$\left(x+\frac{1}{y}-1\right)\left(y+\frac{1}{z}-1\right)+\left(y+\frac{1}{z}-1\right)\left(z+\frac{1}{x}-1\right)+\left(z+\frac{1}{x}-1\right)\left(x+\frac{1}{y}-1\right)\geqslant 3.$$

这两道看似完全不相干的不等式怎么会是等价的呢? 下面我们来解释原由.

欲证不等式等价于

$$\sum\frac{y}{x}+\left(\frac{1}{xyz}-2\right)\sum x+\left(1-\frac{2}{xyz}\right)\sum xy+3\geqslant 0.$$

设 $xyz=k^3$, 所以存在 $a,b,c>0$, 满足 $x=\frac{ka}{b},y=\frac{kb}{c},z=\frac{kc}{a}$. 不等式转化为

$$\sum\frac{a^2}{bc}+\left(\frac{1}{k^2}-2k\right)\sum\frac{a}{b}+\left(k^2-\frac{2}{k}\right)\sum\frac{b}{a}+3\geqslant 0$$
$$\iff\quad f(k)=\sum a^3+\left(k^2-\frac{2}{k}\right)\sum a^2b+\left(\frac{1}{k^2}-2k\right)\sum ab^2+3abc\geqslant 0.$$

我们有

$$f'(k)=\frac{2(k^3+1)}{k^3}\left(k\sum a^2b-\sum ab^2\right),$$
$$f'(k)=0\quad\iff\quad k=\frac{\sum ab^2}{\sum a^2b}.$$

设 $k_0=\frac{\sum ab^2}{\sum a^2b}$. 则对任意 $k\in(0,k_0]$, 有 $f'(k)\leqslant 0$; 对任意 $k\in[k_0,+\infty)$, 有 $f'(k)\geqslant 0$. 也就是说 $f(k)$ 在 $(0,k_0]$ 上单调递减, 在 $[k_0,+\infty)$ 上单调递增. 故 $f(k)$ 取到极小值时必有 $k=k_0$. 所以

$$f(k)\geqslant 0\quad\iff\quad f(k_0)\geqslant 0\quad\iff\quad f\left(\frac{\sum ab^2}{\sum a^2b}\right)\geqslant 0$$
$$\iff\quad a^3+b^3+c^3+3abc\geqslant\frac{(a^2b+b^2c+c^2a)^2}{ab^2+bc^2+ca^2}+\frac{(ab^2+bc^2+ca^2)^2}{a^2b+b^2c+c^2a}.$$

在解题中我们需要转换的技巧, 在命题中也是一样的.

由命题和已有的证明方法推广可得到更为一般的命题. 下面的几例可看作对系数的推广.

例 11.4 $a,b,c \geqslant 0, a+b+c=3$. 求证:

$$\sqrt{3-ab}+\sqrt{3-bc}+\sqrt{3-ca} \geqslant 3\sqrt{2}.$$

上述不等式是已知的, 证明可参见例 3.8、例 4.19. 那么将每个根式内 ab,bc,ca 的系数 1 改为 λ 时又是什么状况呢? 韦东奕曾得到如下结论:

x,y,z 为非负实数, 且满足 $x+y+z=1$. 设

$$f(x,y,z)=\sqrt{\lambda-xy}+\sqrt{\lambda-yz}+\sqrt{\lambda-zx},$$

则有

$$f_{\min}=\min\left\{\sqrt{9\lambda-1}, 2\sqrt{\lambda}+\sqrt{\lambda-\frac{1}{4}}\right\}.$$

事实上固定 z, 我们有

$$\begin{aligned} f(x,y,z) &= \sqrt{\lambda-xz+\lambda-yz+2\sqrt{(\lambda-xz)(\lambda-yz)}}+\sqrt{\lambda-xy} \\ &= \sqrt{2\lambda-z(1-z)+2t}+\sqrt{\lambda-\frac{t^2+\lambda z(1-z)-\lambda^2}{z^2}}=g(t), \end{aligned}$$

其中 $t=\sqrt{\lambda^2-\lambda z(1-z)+xyz^2}$. 容易知道

$$g_1(t)=\sqrt{2\lambda-z(1-z)+2t}, \quad g_2(t)=\sqrt{\lambda-\frac{t^2+\lambda z(1-z)-\lambda^2}{z^2}}$$

是上凸的. 所以 $g(t)$ 是上凸的, 故 $g(t)$ 取极小值时 xy 达到它的极值, 即此时有 $xy=0$ 或 $x=y$. 剩下我们只需考虑有数为 0 或两数相等时的情形, 而这是容易的.

例 11.5 在 $\triangle ABC$ 中, D 在 AB 内, E 在 BC 内, F 在 AC 内. 设 $\triangle BDE$, $\triangle CEF$, $\triangle ADF$, $\triangle DEF$ 的面积分别为 S_1, S_2, S_3, S. 求证:

$$\frac{1}{S_1^2}+\frac{1}{S_2^2}+\frac{1}{S_3^2} \geqslant \frac{3}{S^2}.$$

本题出现在《走向 IMO 2003》中, 是国家集训队的几何培训题. 在作者看到的所有书中都是设 $x=\dfrac{BE}{EC}, y=\dfrac{FC}{AF}, z=\dfrac{AD}{DB}$, 之后证明代数不等式

$$\frac{1}{x^2(1+y)^2}+\frac{1}{x^2(1+y)^2}+\frac{1}{x^2(1+y)^2} \geqslant \frac{3}{(1+xyz)^2}.$$

为了寻求另解, 我们取 $x,y,z,a,b,c>0$, 使得 $\dfrac{BE}{EC}=\dfrac{x}{a}, \dfrac{FC}{AF}=\dfrac{y}{b}, \dfrac{AD}{DB}=\dfrac{z}{c}$. 于是只需证明

$$\frac{1}{x^2c^2(y+b)^2}+\frac{1}{y^2a^2(z+c)^2}+\frac{1}{z^2b^2(x+a)^2} \geqslant \frac{3}{(abc+xyz)^2}.$$

利用 AM-GM 不等式有

$$\frac{1}{x^2c^2(y+b)^2}+\frac{1}{y^2a^2(z+c)^2} \geqslant 2\frac{1}{xyac(y+b)(z+c)}.$$

同理, 有类似两式. 将它们相加, 并两边同时乘以 $(a+x)(b+y)(c+z)$, 只需证明

$$\frac{x+a}{acxy}+\frac{y+b}{bayz}+\frac{z+c}{cbzx}\geqslant\frac{3(a+x)(b+y)(c+z)}{(abc+xyz)^2}.$$

获得其证明之后, 我们发现其方法对于下面更为一般的问题也是有效的:

$$\frac{x+a}{acxy}+\frac{y+b}{bayz}+\frac{z+c}{cbzx}\geqslant\frac{(abc+xyz)(4\lambda-4)+(4-\lambda)(a+x)(b+y)(c+z)}{(abc+xyz)^2},$$

其中 $a,b,c,x,y,z>0, 0\leqslant\lambda\leqslant 6$.

注意到这一不等式有 6 个自变量和 1 个参变量. 根据上例的方法, 我们可以获得许多不等式.

$\lambda=1$ 时, 我们有

令 $x=b^2,y=c^2,z=a^2 \implies \displaystyle\sum_{\text{cyc}}\frac{a(b^2+a)}{c}\geqslant\frac{3(a+b^2)(b+c^2)(c+a^2)}{(abc+1)^2}$,

令 $x=y=z=1 \implies (\sum ab+\sum a)(abc+1)^2\geqslant 3(a+1)(b+1)(c+1)abc$,

令 $x=bc,y=ac,z=ab \implies \displaystyle\sum_{\text{cyc}}\frac{ab}{c}+\sum b^2\geqslant 3+\frac{3(\sum a^2b^2+\sum a^3bc-1-abc)}{(abc+1)^2}$.

取 $\lambda=4$, 有

$$\sum_{\text{cyc}}\frac{a+x}{acxy}\geqslant\frac{12}{abc+xyz}.$$

取 $\lambda=0,x=bc,y=ac,z=ab$, 有

$$\sum_{\text{cyc}}\frac{ab}{c}+\sum b^2\geqslant\frac{4(\sum a^2b^2+\sum a^3bc)}{(abc+1)^2}.$$

取 $\lambda=0,x=y=z=1$, 有

$$(abc+1)^2(a+1)(b+1)(c+1)+2abc(a+1)(b+1)(c+1)\geqslant(abc+1)^3+20abc(abc+1).$$

由一道试题演变出了这么多不等式, 而这些不等式都是用已知的方法得不到的, 这提示我们在处理不等式问题时需要多探索.

例 11.6 (孙世宝)　设 $x,y,z\geqslant 0$, 没有两个同时为 0. 证明:

$$1\leqslant\sum\frac{x^2}{\sqrt{(x^2+y^2+xy)(x^2+z^2+zx)}}\leqslant\frac{2\sqrt{3}}{3}.$$

这道题我们讲过, 在这里再给出一种证明.

证明　先证明不等式的左边. 设 $PA=x,PB=y,PC=z$, 且使得点 P 满足 $\angle APB=\angle BPC=\angle CPA=\dfrac{2\pi}{3}$. 视 $\triangle ABC$ 所在的平面为复平面, 设 P,A,B,C 分别对应着复数 z,z_1,z_2,z_3.

注意到

$$f(z)=\frac{(z-z_1)^2}{(z_2-z_1)(z_3-z_1)}+\frac{(z-z_2)^2}{(z_3-z_2)(z_1-z_2)}+\frac{(z-z_3)^2}{(z_1-z_3)(z_2-z_3)},$$

易验证 $f(z_1)=f(z_2)=f(z_3)=1$, 因此

$$\begin{aligned}\sum\frac{x^2}{\sqrt{(x^2+y^2+xy)(x^2+z^2+zx)}}&=\sum\frac{PA^2}{AB\cdot AC}\\&=\left\|\frac{(z-z_1)^2}{(z_2-z_1)(z_3-z_1)}\right\|+\left\|\frac{(z-z_2)^2}{(z_3-z_2)(z_1-z_2)}\right\|\\&\quad+\left\|\frac{(z-z_3)^2}{(z_1-z_3)(z_2-z_3)}\right\|\\&\geqslant\|f(z)\|=1.\end{aligned}$$

于是不等式左边得证. 当且仅当 P 为 $\triangle ABC$ 的内心, 即 $x=y=z$ 时取得等号.

对于不等式的右边, 由不等式的对称性, 不妨设 $x\geqslant y\geqslant z$, 则

$$\begin{aligned}&\frac{2\sqrt{3}}{3}-\frac{x^2}{\sqrt{(x^2+y^2+xy)(x^2+z^2+zx)}}-\frac{y^2}{\sqrt{(y^2+z^2+yz)(y^2+x^2+xy)}}\\&\geqslant\frac{2\sqrt{3}}{3}-\frac{x^2}{\sqrt{x^2+y^2+xy}\cdot\frac{\sqrt{3}}{2}(x+y)}-\frac{y^2}{\sqrt{y^2+z^2+yz}\cdot\frac{\sqrt{3}}{2}(x+y)}\\&=\frac{2\sqrt{3}}{3(x+y)}\left(x-\frac{x^2}{\sqrt{x^2+z^2+xz}}+y-\frac{y^2}{\sqrt{y^2+z^2+yz}}\right)\\&=\frac{2\sqrt{3}}{3(x+y)}\left(\frac{x(xz+z^2)}{\sqrt{x^2+z^2+xz}(\sqrt{x^2+z^2+xz}+x)}+\frac{y(yz+z^2)}{\sqrt{y^2+z^2+yz}(\sqrt{y^2+z^2+yz}+y)}\right)\\&\geqslant\frac{2\sqrt{3}}{3(x+y)}\left(\frac{x(xz+z^2)}{2(x^2+z^2+xz)}+\frac{y(yz+z^2)}{2(y^2+z^2+yz)}\right)\\&\geqslant\frac{2\sqrt{3}}{3(x+y)}\sqrt{\frac{x(xz+z^2)}{x^2+z^2+xz}\cdot\frac{y(yz+z^2)}{y^2+z^2+yz}}\\&\geqslant\frac{2\sqrt{3}}{3(x+y)}\cdot\frac{(xz+z^2)y}{\sqrt{(x^2+z^2+xz)(y^2+z^2+yz)}}\\&\geqslant\frac{(x+z)yz}{(x+y)\sqrt{(x^2+z^2+xz)(y^2+z^2+yz)}}\\&\geqslant\frac{z^2}{\sqrt{(x^2+z^2+xz)(y^2+z^2+yz)}}.\end{aligned}$$

综上, 不等式得证. □

本题有其几何背景, 事实上有更一般的命题:

$x,y,z\geqslant 0,A\geqslant B\geqslant C\geqslant 0,A+B+C=\pi$, 则

$$\sin B\sin C\leqslant\sum\frac{x^2\sin B\sin C}{\sqrt{(x^2+y^2+2xy\cos C)(x^2+z^2+2xz\cos B)}}\leqslant\sin A.$$

显然, 当 $A=B=C=\dfrac{\pi}{3}$ 时即得到左边的不等式, 当 $x=0, y\sin C=z\sin B$ 时即得到右边的不等式.

编制一些有几何背景的题也是不错的方法.

利用证明不等式右边的方法, 我们还能知道, 在相同条件下, 当 $k\geqslant\dfrac{1+\sqrt{33}}{8}$ 时, 有

$$\sum\frac{x^2}{\sqrt{(x^2+y^2+kxy)(x^2+z^2+kzx)}}\leqslant\frac{2}{\sqrt{2+k}}.$$

一个有趣的问题是: 使上面这个不等式成立的最小的 k 是多少? 对称形式的不等式的取等条件以两数相等或有数为 0 居多, 令 $x=y=1, z=0$, 得 $k\geqslant\dfrac{1}{4}$, 即:

(韩京俊)$x,y,z\geqslant 0$, 没有两个同时为 $0, k\geqslant\dfrac{1}{4}$. 则有

$$\sum\frac{x^2}{\sqrt{(x^2+y^2+kxy)(x^2+z^2+kzx)}}\leqslant\frac{2}{\sqrt{2+k}}.$$

剩下的工作就是去验证与证明了, 利用有理化技巧构造局部不等式

$$\frac{1}{\sqrt{4x^2+xy+4y^2}}\leqslant\frac{x+y}{2(x^2+xy+y^2)},$$

之后再利用初等多项式法即可.

这样的例子还有很多, 如 *Crux* 杂志的一个问题:

$a,b,c\in\mathbb{R}^+$, $a^2+b^2+c^2=1$, 则

$$\sum\frac{1}{1-ab}\leqslant\frac{9}{2}.$$

将 $1-ab$ 中的系数 1 换成 k, 可推广得到:

$a^2+b^2+c^2=1, a,b,c\in\mathbb{R}^+, k\leqslant 6(3\sqrt{2}-4)$, 则

$$\sum\frac{1}{1-kab}\leqslant\frac{9}{3-k}.$$

有时系数换成参数后, 不等式也恒成立.

作者曾将 “伊朗 96 不等式” 推广为如下形式:

例 11.7 (韩京俊) $a,b,c,u,v\geqslant 0$, 则

$$\frac{1}{(a+ub)(a+vb)}+\frac{1}{(b+uc)(b+vc)}+\frac{1}{(c+ua)(c+va)}\geqslant\frac{9}{(1+u)(1+v)(ab+bc+ca)}.$$

特别地, 令 $u=v=1$, 即得 “伊朗 96 不等式”.

本例中的不等式的证明较为复杂, 在这里我们给出证明的一个概要. 原不等式等价于

$$F_6(a,b,c)=\sum_{\text{cyc}}(1+u)(1+v)(ab+bc+ca)(a+ub)(a+vb)(b+uc)(b+vc)$$

$$-9\prod_{\text{cyc}}(a+ub)(a+vb)\geqslant 0.$$

F_6 是关于 a,b,c 轮换对称的齐六次不等式. 由对称求导法 (定理 6.19), 我们只需证明

$$F_5:=\frac{\partial F_6}{\partial a}+\frac{\partial F_6}{\partial b}+\frac{\partial F_6}{\partial c}\geqslant 0,$$

$F_6(a,1,0)\geqslant 0$. 类似地, 为证明 $F_i\geqslant 0$, 由对称求导法, 我们只需证明 $F_i(a,1,0)\geqslant 0$, 且

$$F_{i-1}:=\frac{\partial F_i}{\partial a}+\frac{\partial F_i}{\partial b}+\frac{\partial F_i}{\partial c}\geqslant 0\quad (i=4,5).$$

注意到 F_3 是关于 a,b,c 轮换对称的齐三次不等式, 由定理 6.20知, 只需证明 $F_3(1,1,1)\geqslant 0$, 且对任意 $a\geqslant 0$, $F_3(a,1,0)\geqslant 0$ 即可. 不难证明 $F_i(a,1,0)\geqslant 0$ $(i=3,4,5,6)$. 因此原不等式得证.

我们猜测如下更为一般的不等式对 $a,b,c,x,y,z,u,v>0$ 成立:

$$\sum\frac{1}{(a+ub)(x+vy)}\geqslant\frac{18}{(1+u)(1+v)\sum(b+c)x}.$$

对已知不等式, 也可在维数方面尝试推广.

例 11.8 当 $a,b,c>0$ 时, 我们有

$$\frac{a}{b}+\frac{b}{c}+\frac{c}{a}\geqslant\frac{a+1}{b+1}+\frac{b+1}{c+1}+\frac{c+1}{a+1}.$$

可用前面章节介绍过的如下引理证明:

$x,y,z,u,v,w>0$ 且 $xyz=uvw,x\leqslant y\leqslant z,u\leqslant v\leqslant w,x\leqslant u,z\geqslant w$, 则 $x+y+z\geqslant u+v+w$.

将 $\frac{a}{b},\frac{b}{c},\frac{c}{a},\frac{a+1}{b+1},\frac{b+1}{c+1},\frac{c+1}{a+1}$ 视作 x,y,z,u,v,w 即可.

类似地, 我们也能证明

$$\frac{a}{b}+\frac{b}{c}+\frac{c}{a}\geqslant\sqrt{\frac{a^2+1}{b^2+1}}+\sqrt{\frac{b^2+1}{c^2+1}}+\sqrt{\frac{c^2+1}{a^2+1}}.$$

进一步, 我们能将本题推广到 n 元的情形, 即例 5.70. 我们这里再给出一种证明.

(韩京俊) $n\geqslant 2$ 是正整数, 实数 $a_1,a_2,\cdots,a_n>0$, $k>0$. 则

$$\frac{a_1}{a_2}+\frac{a_2}{a_3}+\cdots+\frac{a_n}{a_1}\geqslant\frac{a_1+k}{a_2+k}+\frac{a_2+k}{a_3+k}+\cdots+\frac{a_n+k}{a_1+k}.$$

证明 两边同时减去 n 后, 等价于证明

$$\sum_{i=1}^{n}\frac{a_i-a_{i+1}}{a_{i+1}}\geqslant\sum\frac{a_i-a_{i+1}}{a_{i+1}+k}.$$

设 $f(k)=\sum\limits_{i=1}^{n}\frac{a_i-a_{i+1}}{a_{i+1}+k}$, 则

$$-f'(k)=\sum_{i=1}^{n}\frac{a_i-a_{i+1}}{(a_{i+1}+k)^2}=\sum_{i=1}^{n}\frac{a_i+k}{(a_{i+1}+k)^2}-\sum_{i=1}^{n}\frac{1}{a_i+k}.$$

而由 Cauchy 不等式有

$$\sum_{i=1}^{n}\frac{1}{a_i+k}\sum_{i=1}^{n}\frac{a_i+k}{(a_{i+1}+k)^2}\geqslant\left(\sum_{i=1}^{n}\frac{1}{a_{i+1}+k}\right)^2$$
$$\Longrightarrow\quad\sum_{i=1}^{n}\frac{a_i+k}{(a_{i+1}+k)^2}\geqslant\sum_{i=1}^{n}\frac{1}{a_i+k}\quad\Longrightarrow\quad f'(k)\leqslant 0.$$

于是我们只需证明

$$f(0)\leqslant\sum_{i=1}^{n}\frac{a_i-a_{i+1}}{a_{i+1}}$$

即可. 上式为等式, 故命题得证. □

用类似的方法也能证明以下不等式: 正整数 $n\geqslant 2$, $a_1,\cdots,a_n>0$, $a_{n+1}=a_1$, 则

$$\sum_{i=1}^{n}\frac{a_{i+1}}{a_i}\geqslant\sum_{i=1}^{n}\sqrt{\frac{a_{i+1}^2+1}{a_i^2+1}}.$$

事实上, 令

$$f(x)=\sum_{i=1}^{n}\sqrt{\frac{a_{i+1}^2+x}{a_i^2+x}},$$

用类似的方式可以证明 $f'(x)\leqslant 0$.

对于这类问题, 还有更为一般的推广:

n 是正整数, $x_1,\cdots,x_n,y_1,\cdots,y_n\geqslant 0$, $\prod\limits_{i=1}^{n}y_i=1$. 若对 $1\leqslant i\leqslant n$, 有 $(y_i-1)(x_i-1)\geqslant 0$, 则

$$\sum_{i=1}^{n}x_iy_i\geqslant\sum_{i=1}^{n}x_i.$$

证明　利用条件, 我们有

$$\sum_{i=1}^{n}x_iy_i-\sum_{i=1}^{n}x_i\geqslant\sum_{i=1}^{n}y_i-n\geqslant 0.$$

□

若我们令 $x_i=\dfrac{a_i+k}{a_{i+1}+k}$, $x_iy_i=\dfrac{a_i}{a_{i+1}}$, 则得

$$\frac{a_1}{a_2}+\frac{a_2}{a_3}+\cdots+\frac{a_n}{a_1}\geqslant\frac{a_1+k}{a_2+k}+\frac{a_2+k}{a_3+k}+\cdots+\frac{a_n+k}{a_1+k}.$$

若令 $x_i=\sqrt{\dfrac{a_{i+1}^2+1}{a_i^2+1}}$, $x_iy_i=\dfrac{a_{i+1}}{a_i}$, 则得

$$\sum_{i=1}^{n}\frac{a_{i+1}}{a_i}\geqslant\sum_{i=1}^{n}\sqrt{\frac{a_{i+1}^2+1}{a_i^2+1}}.$$

例 11.9 Vasile 不等式为: $x_1,x_2,x_3\in\mathbb{R}$, 有

$$(x_1^2+x_2^2+x_3^2)^2\geqslant 3(x_1^3x_2+x_2^3x_3+x_3^3x_1).$$

可以将这一命题推广到 n 个变量:

(韩京俊) 正整数 $n\geqslant 3$, $x_i\in\mathbb{R}(i=1,2,\cdots,n)$, 则有

$$(\sum_{i=1}^{n}x_i^2)^2\geqslant 3\sum_{i=1}^{n}x_i^3x_{i+1},$$

其中 $x_{n+1}=x_1$.

证明 只需证明 x_i 都是非负实数的情形. 我们用归纳法证明. 当 $n=3$ 时, 由 Vasile 不等式知命题成立. 假设当 $n=k$ 时命题成立. 当 $n=k+1$ 时, 不妨设 $x_1=\min\limits_{1\leqslant i\leqslant n}\{x_i\}$. 于是由归纳假设, 有

$$\begin{aligned}(\sum_{i=1}^{k+1}x_i^2)^2&=x_1^4+2x_1^2\sum_{i=2}^{k+1}x_i^2+(\sum_{i=2}^{k+1}x_i^2)^2\\&\geqslant x_1^4+2x_1^2x_2^2+3(x_2^3x_3+\cdots+x_{k+1}^3x_2)\\&\geqslant x_1^4+2x_1^2x_2^2+3(x_2^3x_3+\cdots+x_k^3x_{k+1}+x_{k+1}^3x_1)\\&\geqslant 3\sum_{i=1}^{n}x_i^3x_{i+1}.\end{aligned}$$

由归纳法, 原不等式得证. □

例 11.10 在例 10.24 的注中, 我们证明了如下不等式:

$a_i,b_i\in\mathbb{R}(i=1,2,\cdots,n)$. 有

$$\sqrt{\sum_{i=1}^{n}a_i^2\sum_{i=1}^{n}b_i^2}+\sum_{i=1}^{n}a_ib_i\geqslant\frac{2}{n}\sum_{i=1}^{n}a_i\sum_{i=1}^{n}b_i.\qquad(*)$$

这一结论可看作两组变元的反向排序不等式. 我们希望将其推广为 m 组变元, 比较合理的类比为如下形式:

试找到 λ_m, 使得对于非负实数 $x_{ij}\geqslant 0$ $(1\leqslant i\leqslant m,1\leqslant j\leqslant n)$, 均有

$$\lambda_m\sqrt[m]{\prod_{i=1}^{m}\sum_{j=1}^{n}x_{ij}^m}+(2-\lambda_m)\sum_{j=1}^{n}\prod_{i=1}^{m}x_{ij}\geqslant\frac{2}{n^{m-1}}\prod_{i=1}^{m}\sum_{j=1}^{n}x_{ij}.$$

进一步, 我们希望 λ_m 尽可能地小.

为此我们希望能找到一种能统一处理两组变元与三组变元的方法, 再将其推广到 m 组变元. 经尝试, 例 10.24 的注中的方法用于处理三组变元不可行. 在式 $(*)$ 中, 比较难处理的是根式, 注意到不等式关于两组变量 a_i, b_i 分别是齐次的, 由不等式的齐次性, 我们不妨设 $\sum\limits_{i=1}^{n}a_i^2=\sum\limits_{i=1}^{n}b_i^2=1$, 此时根号自动 "消失" 了. 我们有

$$2+2\sum_{i=1}^{n}a_ib_i=\sum_{i=1}^{n}a_i^2+\sum_{i=1}^{n}b_i^2+2\sum_{i=1}^{n}a_ib_i$$

$$=\sum_{i=1}^{n}(a_i+b_i)^2\geqslant\frac{1}{n}(\sum_{i=1}^{n}(a_i+b_i))^2\geqslant\frac{4}{n}\sum_{i=1}^{n}a_i\sum_{i=1}^{n}b_i.$$

化简后即知式 (*) 成立.

进一步, 我们发现这一方法同样适用于处理三组变量.

不妨设 $\sum\limits_{i=1}^{n}a_i^3=\sum\limits_{i=1}^{n}b_i^3=\sum\limits_{i=1}^{n}c_i^3=1$. 注意到对非负实数 x,y,z, 由三次 Schur 不等式, 我们有

$$\begin{aligned}&\sum_{\text{cyc}}(x^2y+xy^2)\leqslant\sum x^3+3xyz\\ \iff\quad&(x+y+z)^3\leqslant 4(x^3+y^3+z^3)+15xyz.\end{aligned}$$

因此

$$\begin{aligned}12+15\sum_{i=1}^{n}a_ib_ic_i&=4\sum_{i=1}^{n}(a_i^3+b_i^3+c_i^3)+15\sum_{i=1}^{n}a_ib_ic_i\\&\geqslant\sum_{i=1}^{n}(a_i+b_i+c_i)^3\\&\geqslant\frac{1}{n^2}(\sum_{i=1}^{n}a_i+\sum_{i=1}^{n}b_i+\sum_{i=1}^{n}c_i)^3\\&\geqslant\frac{27}{n^2}\sum_{i=1}^{n}a_i\sum_{i=1}^{n}b_i\sum_{i=1}^{n}c_i.\end{aligned}$$

回顾两组变元与三组变元的证明, 我们发现, 证明的关键在于等式 $a_i^2+b_i^2+2a_ib_i=(a_i+b_i)^2$ 与不等式 $4(a_i^3+b_i^3+c_i^3)+15a_ib_ic_i\geqslant(a_i+b_i+c_i)^3$, 其余过程均可照搬. 一般地, 我们希望能找到尽可能小的 $\lambda(m)$, 使得

$$\lambda(m)(\sum_{i=1}^{m}x_i^m-m\prod_{i=1}^{m}x_i)\geqslant(\sum_{i=1}^{m}x_i)^m-m^m\prod_{i=1}^{m}x_i.\qquad(**)$$

一方面, 取 $x_m=0$, 由 AM-GM 不等式, 我们可知 $\lambda(m)\geqslant(m-1)^{m-1}$, 且当 $x_1=\cdots=x_{m-1}$ 时等号成立. 当 $m=2,3$ 时, $\lambda(2)=2$, $\lambda(3)=4$, 不等式均成立. 我们有理由相信, $\lambda(m)=(m-1)^{m-1}$ 为最佳系数. 另一方面, 控制 $\sum\limits_{i=1}^{m}x_i,\prod\limits_{i=1}^{m}x_i$ 不变, 由对称不等式的判定定理 (定理 9.24), 我们知 $\sum\limits_{i=1}^{m}x_i^m$ 取到最小值时必有 $x_m\leqslant x_1=\cdots=x_{m-1}$ 或 $x_m=0$, 因此我们只需证明这一情形即可, 这是较为容易的. 式 (**) 的其他证明可参见例 6.39 与例 10.28 .

现在我们可以证明如下不等式成立了:

$$\frac{2(m-1)^{m-1}}{m^{m-1}}\sqrt[m]{\prod_{i=1}^{m}\sum_{j=1}^{n}x_{ij}^m}+\left(2-\frac{2(m-1)^{m-1}}{m^{m-1}}\right)\sum_{j=1}^{n}\prod_{i=1}^{m}x_{ij}\geqslant\frac{2}{n^{m-1}}\prod_{i=1}^{m}\sum_{j=1}^{n}x_{ij}.\qquad(***)$$

由齐次性, 不妨设 $\sum\limits_{j=1}^{n}x_{ij}^m=1\ (i=1,\cdots,m)$. 由式 (**) 及上述讨论知

$$m(m-1)^{m-1}+(m^{m-1}-(m-1)^{m-1})m\sum_{j=1}^{n}\prod_{i=1}^{m}x_{ij}$$

$$=\sum_{j=1}^{n}((m-1)^{m-1}\sum_{i=1}^{m}x_{ij}^{m}+(m^{m-1}-(m-1)^{m-1})m\prod_{i=1}^{m}x_{ij})$$

$$\geqslant\sum_{j=1}^{n}(\sum_{i=1}^{m}x_{ij})^{m}\geqslant\frac{1}{n^{m-1}}(\sum_{j=1}^{n}\sum_{i=1}^{m}x_{ij})^{m}\geqslant\frac{m^{m}}{n^{m-1}}\prod_{i=1}^{m}\sum_{j=1}^{n}x_{ij}.$$

两边同乘 $\frac{2}{m^m}$ 后即得式 $(***)$.

证明式 $(***)$ 的难度颇大, 作者曾将其中需要的式 $(**)$ 用作 2017 年国家集训队的测试题.

不等式弱化之后再加强, 需要我们大胆地猜测, 小心地论证.

例 11.11 我们知道 $a,b,c\geqslant 0,a+b+c=2$ 时有

$$\sqrt{a^2+bc}+\sqrt{b^2+ca}+\sqrt{c^2+ab}\leqslant 3,$$

上式两边同时减去 $a+b+c$ 后等价于

$$\frac{bc}{a+\sqrt{a^2+bc}}+\frac{ca}{b+\sqrt{b^2+ca}}+\frac{ab}{c+\sqrt{c^2+ab}}\leqslant\frac{a+b+c}{2}.$$

我们有

$$(a+\sqrt{a^2+bc})^2=2a^2+bc+2a\sqrt{a^2+bc}\leqslant 2a^2+bc+a+a^3+abc,$$

$$(a+\sqrt{a^2+bc})^2=2a^2+bc+2a\sqrt{a^2+bc}\leqslant 2a^2+bc+2a^2+bc,$$

$$(a+\sqrt{a^2+bc})^2=2a^2+bc+2a\sqrt{a^2+bc}\leqslant 2a^2+bc+2a\left(a+\frac{b+c}{2}\right),$$

于是得到 3 个不同的不等式:

$$\sum\frac{bc}{\sqrt{a^3+abc+a+2a^2+bc}}\leqslant\frac{1}{2}\sum a,$$

$$\sum\frac{bc}{\sqrt{4a^2+2bc}}\leqslant\frac{1}{2}\sum a,$$

$$\sum\frac{bc}{\sqrt{4a^2+ab+bc+ca}}\leqslant\frac{1}{2}\sum a.$$

后两个不等式形式优美, 我们再试图加强它们. 对于第 2 个不等式, 我们猜想

$$\sum\frac{bc}{\sqrt{4a^2+bc}}\leqslant\frac{1}{2}\sum a.$$

然而, 很遗憾, 上面的不等式是不成立的.

对于第 3 个不等式, 我们猜想

$$\frac{1}{2}\sum a\geqslant\sum\frac{bc}{\sqrt{(a+b)(a+c)}}.$$

如果上式是正确的, 很自然地, 我们想为不等式的右边寻找一个下界, 猜想有

$$\sum \frac{bc}{\sqrt{(a+b)(a+c)}} \geqslant \frac{\sqrt{3\sum ab}}{2}.$$

上面的这两个不等式成立, 见例 9.4, 例 9.4 与本题开头的不等式已完全看不出联系了.

前面所讲的多数是从形式上改编不等式, 得到新的命题, 有时可以从条件入手.

例 11.12　$a,b,c \geqslant 0$, 至多只有一个为 0, 则

$$\frac{a}{\sqrt{a+b}}+\frac{b}{\sqrt{b+c}}+\frac{c}{\sqrt{c+a}} \leqslant \frac{5}{4}\sqrt{a+b+c}.$$

这是著名的 Jack Garfunkel 不等式, 注意到本题的取等条件为 $a:b=3, c=0$ 及其轮换. 那么当 a,b,c 满足什么关系时, 能将取等条件改为 $a=b=c$ 呢? 经探索, 我们得到如下命题:

(韩京俊)a,b,c 为三角形三边长, 则

$$\frac{a}{\sqrt{a+b}}+\frac{b}{\sqrt{b+c}}+\frac{c}{\sqrt{c+a}} \leqslant \sqrt{\frac{3a+3b+3c}{2}}.$$

用对称求导法可以获得证明, 由于较繁, 我们这里就省去了.

配方思想我们已经介绍过, 有一些难题用配方法却是手到擒来. 我们也可以用配方法来编制一些题目. 先举个简单的例子说明.

例 11.13　我们来考虑式子

$$\sum ((x-2y)(y-2z))^2 \geqslant 0.$$

将其完全展开即有

$$\begin{aligned}
&4(x^4+y^4+z^4)+21(x^2y^2+y^2z^2+z^2x^2) \geqslant 16\sum xy^3+4\sum x^3y+4xyz(x+y+z)\\
&\iff \quad 4(x^2+y^2+z^2)^2+13(x^2y^2+y^2z^2+z^2x^2) \geqslant 16\sum x^3y+4\sum xy^3+4xyz(x+y+z).
\end{aligned}$$

此时式子显得臃肿, 我们再做一些处理, 注意到

$$\sum (x^3y+zy^3)=(xy+yz+zx)(x^2+y^2+z^2)-xyz(x+y+z),$$

刚好出现了项 $xyz(x+y+z)$! 于是将上式代入, 可得

$$4(x^2+y^2+z^2)^2+13(x^2y^2+y^2z^2+z^2x^2) \geqslant 4(xy+yz+zx)(x^2+y^2+z^2)+12\sum x^3y.$$

为了将系数化得好看一些, 我们令 $x^2+y^2+z^2=3$, 整理可得到

$$\frac{13}{12}(x^2y^2+y^2z^2+z^2x^2)+3 \geqslant \sum xy(x^2+1).$$

但是, 上式的次数仍然显得太高, 于是可令 $a=x^2, b=y^2, c=z^2$, 由此我们得到了如下命题:

(蔡剑兴)$a,b,c>0$, 且满足 $a+b+c=3$. 证明:

$$\frac{13}{12}(ab+bc+ca)+3\geqslant\sqrt{ab}(a+1)+\sqrt{bc}(b+1)+\sqrt{ca}(c+1).$$

在本书第 4 章配方法中有一些题正是通过这一方法得到的.

由配方法结合已知试题也是命题的一个不错的方法.

例 11.14 随便写一个平方和大于或等于 0 的式子:

$$\begin{aligned}&(a^2+b^2-ca-cb)^2\geqslant 0\\ \iff\quad&((a+b)^2-2ab-c(a+b))^2\geqslant 0\\ \iff\quad&((a+b+c)(a+b)-2(ab+bc+ca))^2\geqslant 0\\ \iff\quad&(a+b)^2(a+b+c)^2\geqslant 4(a^2+ab+b^2)(ab+bc+ca)\\ \iff\quad&\frac{(a+b+c)^2}{a^2+ab+b^2}\geqslant\frac{4(ab+bc+ca)}{(a+b)^2}.\end{aligned}$$

此时不等式右边即为“伊朗 96 不等式”的一个单项, 将类似两式相加, 并利用“伊朗 96 不等式”得到如下结论:

$a,b,c\geqslant 0$, 至多有一个为 0, 则

$$\frac{1}{a^2+ab+b^2}+\frac{1}{b^2+bc+c^2}+\frac{1}{c^2+ca+a^2}\geqslant\frac{9}{(a+b+c)^2}.$$

下面这个例子是作者尝试用抽屉原理的思想得到的.

例 11.15 使用抽屉原理, 一般需要至少三个变量. 比如当我们知道 x^2-1,y^2-1,z^2-1 不同号时, 不妨设 x^2-1,y^2-1 是不同号的, 即 $(x^2-1)(y^2-1)\leqslant 0$, 这样的想法我们在例 7.15 后的注中介绍过. 我们想编拟 n 元的不等式, 比较自然的是考虑三组 n 个变量 x_i, y_i, $z_i(i=1,2,\cdots,n)$, 假若 $\sum\limits_{i=1}^n x_i^2-n$, $\sum\limits_{i=1}^n y_i^2-n$, $\sum\limits_{i=1}^n z_i^2-n$ 不同号, 则根据抽屉原理, 我们不妨设

$$(\sum_{i=1}^n x_i^2-n)(\sum_{i=1}^n y_i^2-n)\leqslant 0\quad\iff\quad\sum_{i=1}^n x_i^2\sum_{i=1}^n y_i^2+n^2\leqslant n(\sum_{i=1}^n x_i^2+\sum_{i=1}^n y_i^2).$$

此时不等式左边为 $n(\sum\limits_{i=1}^n x_i^2+\sum\limits_{i=1}^n y_i^2)$, 为保证对称性, 我们在不等式两端同时加上 $\sum\limits_{i=1}^n z_i^2$. 若令 $\sum\limits_{i=1}^n(x_i^2+y_i^2+z_i^2)=3n$, 则可保证不同号的假设, 且隐藏不等式的左边项. 此时我们有

$$\sum_{i=1}^n x_i^2\sum_{i=1}^n y_i^2+n^2+n\sum_{i=1}^n z_i^2\leqslant 3n^2\quad\Longrightarrow\quad\sum_{i,j}x_iy_jz_{k_{i,j}}\leqslant n^2,$$

其中 $k_{i,j}$ 是唯一使得 $i+j+k_{i,j}\equiv 0(\mathrm{mod}\ n)$ 的正整数. 综上, 我们得到如下不等式:

(韩京俊, 2016 “学数学” 吧征解题) $x_i, y_i, z_i \in \mathbb{R}(i=1,2,\cdots,n)$, $\sum\limits_{i=1}^{n}(x_i^2+y_i^2+z_i^2)=3n$. 求证:

$$\sum_{n|i+j+k} x_iy_jz_k \leqslant n^2.$$

若将上述证明作为标准答案, 则有种“上帝视角”的感觉. 实际上本题难度不大, 也可以这样证明:

证明 (孟培坤 (入选 2016 年国家集训队)) 固定 i, j 取遍 $1,2,\cdots,n$ 时, 满足 $n|i+j+k$ 的 k 取遍 $1,2,\cdots,n$.

$$\begin{aligned}
\sum_{n|i+j+k} x_iy_jz_k &= \sum_{i=1}^{n}(x_i\sum_{n|i+j+k} y_jz_k) \\
&\leqslant \sum_{i=1}^{n}\left(|x_i|\sum_{n|i+j+k}\frac{y_j^2+z_k^2}{2}\right) \\
&= \frac{1}{2}\sum_{i=1}^{n}(|x_i|(\sum_{j=1}^{n}y_j^2+\sum_{k=1}^{n}z_k^2)) \\
&= \frac{1}{2}(\sum_{i=1}^{n}|x_i|)(3n-\sum_{i=1}^{n}x_i^2) \\
&\leqslant \frac{1}{2}\sqrt{n\sum_{i=1}^{n}x_i^2}\cdot(3n-\sum_{i=1}^{n}x_i^2) \\
&= \sqrt{\frac{n}{8}}\sqrt{(2\sum_{i=1}^{n}x_i^2)(3n-\sum_{i=1}^{n}x_i^2)^2} \\
&\leqslant \sqrt{\frac{n}{8}}\sqrt{\frac{1}{27}(2\sum_{i=1}^{n}x_i^2+3n-\sum_{i=1}^{n}x_i^2+3n-\sum_{i=1}^{n}x_i^2)^3} = n^2,
\end{aligned}$$

当 $|x_i|=|y_i|=|z_i|=1$, 且 $x_iy_iz_i>0$ 时取等号. □

做习题时, 难免会因粗心犯一些错误, 有时苦思冥想却难获一证的命题与原题并不等价. 不过千万别因此沮丧, 或许这正是上天赐予你的“礼物”.

例 11.16 已知 a,b,c 为正数. 求证:

$$\frac{a^4}{a^3+b^3}+\frac{b^4}{b^3+c^3}+\frac{c^4}{c^3+a^3} \geqslant \frac{a+b+c}{2}.$$

这是一道已有的习题, 证明可参见例 9.8. 作者在尝试寻求上述不等式的另证时遭遇挫折, 后发现因转化过程中计算出错, 实际证明了如下结论:

(韩京俊) 已知 a,b,c 为正数. 求证:

$$\frac{3a^4+a^2b^2}{a^3+b^3}+\frac{3b^4+b^2c^2}{b^3+c^3}+\frac{3c^4+c^2a^2}{c^3+a^3} \geqslant 2(a+b+c).$$

其证明难度颇大, 若用差分配方法, 等价于证明

$$\frac{(2c^2-b^2)(b-c)^2}{b^3+c^3}+\frac{(2a^2-c^2)(c-a)^2}{c^3+a^3}+\frac{(2b^2-a^2)(a-b)^2}{a^3+b^3}\geqslant 0.$$

$a\geqslant b\geqslant c$ 的情形很容易证明. 但 $c\geqslant b\geqslant a$ 的情况却非常复杂. 作者曾将此题贴于国内外各个数学论坛, 在两个月多月的时间内只有 Mathlinks 上一个网名为 vanhoadh 的越南人给出了如下增量法证明:

设 $b=a+x,c=a+y$, 则

$$\begin{aligned}
&(a^3+b^3)(a^3+c^3)(b^3+c^3)\left(\sum_{\text{cyc}}\frac{3a^4+(ab)^2}{a^3+b^3}-2(a+b+c)\right)\Bigg|_{b=a+x;c=a+y}\\
&=8a^8(x^2+y^2-xy)+2a^7(10x^3+10y^3+19x^2y-17xy^2)\\
&\quad+14a^6(2x^4+2y^4+7x^3y+2x^2y^2-5xy^3)\\
&\quad+2a^5(11x^5+11y^5+55x^4y+63x^3y^2-27x^2y^3-26xy^4)\\
&\quad+a^4(10x^6+10y^6+61x^5y+157x^4y^2+21x^3y^3-68x^2y^4-11xy^5)\\
&\quad+x^3y^3(x^4+y^4+x^3y+x^2y^2-2xy^3)\\
&\quad+a^3(x^6+2y^6+9x^5y+37x^4y^2+21x^3y^3-31x^2y^4+3xy^5)(2x+y)\\
&\quad+ax^2y^2(3x^5+3y^5+9x^4y+11x^3y^2-7x^2y^3-3xy^4)\\
&\quad+a^2xy(3x^6+3y^6+22x^5y+44x^4y^2+10x^3y^3-28x^2y^4+4xy^5).
\end{aligned}$$

令 $t=\dfrac{x}{y}$, 利用 AM-GM 不等式可以知道每个括号内的式子都非负.

联想法也很常用, 但对不等式的功底有一定要求.

例 11.17 设 x,y,z 是正实数. 求证:

$$\frac{xy}{z}+\frac{yz}{x}+\frac{zx}{y}>2\sqrt[3]{x^3+y^3+z^3}.$$

这是一道 2008 年国家集训队的测试题, 其证明十分简单.

事实上, 令 $a=\sqrt{\dfrac{yz}{x}},b=\sqrt{\dfrac{zx}{y}},c=\sqrt{\dfrac{xy}{z}}$. 原不等式等价于

$$\begin{aligned}
&a^2+b^2+c^2>\sqrt[3]{a^3b^3+b^3c^3+c^3a^3}\\
\iff\quad&(a^2+b^2+c^2)^3>8\sum_{\text{cyc}}a^3b^3\\
\iff\quad&\sum_{\text{cyc}}a^6+3\sum_{\text{sym}}a^4b^2+6a^2b^2c^2>8\sum_{\text{cyc}}a^3b^3.
\end{aligned}$$

由三次 Schur 不等式有

$$\sum_{\text{cyc}}a^6+3a^2b^2c^2\geqslant\sum_{\text{sym}}a^4b^2.$$

由 AM-GM 不等式有

$$4\sum_{\text{sym}}a^4b^2\geqslant 8\sum_{\text{cyc}}a^3b^3=4\sum_{\text{sym}}a^3b^3.$$

将上述两式相加并利用 $a^2b^2c^2>0$, 我们就证明了原不等式.

在那年的考场上, 作者认为此题过易, 就想改造它. 于是得到了如下不等式:

$x,y,z>0$, 有

$$\sum\frac{xy}{z}\geqslant\sqrt{4\sum x^2-\sum xy}.$$

当然此题的证明也并不难, 两边平方后等价于

$$\sum\frac{x^2y^2}{z^2}+\sum xy\geqslant 2\sum x^2.$$

设 $a^2=\dfrac{yz}{x},b^2=\dfrac{zx}{y},c^2=\dfrac{xy}{z}$. 则上式等价于

$$\sum a^4+\sum a^2bc\geqslant 2\sum a^2b^2.$$

上式由四次 Schur 不等式立得.

寻找一些常用不等式的中间量也是不等式的命制方法之一.

例 11.18 我们探索 $\sqrt{2}(a^2+b^2+c^2),\sqrt{2}(ab+bc+ca)$ 的中间量, 得到了如下不等式: (韩京俊) 对非负实数 a,b,c, 证明:

$$\sqrt{2}(a^2+b^2+c^2)\geqslant a\sqrt{a^2+bc}+b\sqrt{b^2+ca}+c\sqrt{c^2+ab}\geqslant\sqrt{2}(ab+bc+ca).$$

关于不等式左边, 由 Cauchy 不等式有

$$\sqrt{2}\sum a^2\geqslant\sqrt{\sum a^2}\sqrt{\sum a^2+\sum ab}\geqslant\sum a\sqrt{a^2+bc}.$$

而不等式的右边已经在之前的章节中给出了多种证明, 这里我们再介绍一种证明.

证明 两边平方, 只需证

$$\sum a^4+2\sum ab\sqrt{(a^2+bc)(b^2+ca)}\geqslant 2\sum a^2b^2+3\sum a^2bc.$$

由 Cauchy 不等式有

$$\sum ab\sqrt{(a^2+bc)(b^2+ca)}\geqslant\sum ab(ab+c\sqrt{ab}).$$

故只需证明

$$\begin{aligned}&\sum a^4+2\sum ab(ab+c\sqrt{ab})\geqslant 2\sum a^2b^2+3\sum a^2bc\\ \iff\quad&\sum(a^4+2abc\sqrt{bc}-3a^2bc)\geqslant 0.\end{aligned}$$

由 AM-GM 不等式有

$$a^4+2abc\sqrt{bc}\geqslant 3\sqrt[3]{a^6b^3c^3}=3a^2bc.$$

命题得证. □

利用两边平方这一方法, Vo Quoc Ba Can 得到了更强的结论:

$a,b,c\geqslant 0$, 有

$$\sum a\sqrt{a^2+bc}\geqslant(2-\sqrt{2})\left(\sum a^2+\sqrt{2}\sum ab\right).$$

将一些具有高等数学背景的数学问题转化为初等问题也是不等式的命制方法之一.

例 11.19 (韦东奕) $a,b,c\in\mathbb{R}_+$. 求证:

$$(1-a)^2+(1-b)^2+(1-c)^2\geqslant\frac{c^2(1-a^2)(1-b^2)}{(ab+c)^2}+\frac{b^2(1-a^2)(1-c^2)}{(ac+b)^2}+\frac{a^2(1-b^2)(1-c^2)}{(bc+a)^2}.$$

本题为韦东奕高二时所编, 聂子佩 (2010 年 IMO 满分金牌得主) 曾给出解答, 其证明较为复杂. 我们可用差分代换证明此题, 齐次化并作代换后, 等价于

$$\sum_{a,b,c}(2d-a)^2\geqslant\sum_{a,b,c}\frac{c^2(4d^2-a^2)(4d^2-b^2)}{(ab+2cd)^2}.$$

可依次设 $d\geqslant a\geqslant b\geqslant c$, $a\geqslant d\geqslant b\geqslant c$, $a\geqslant b\geqslant d\geqslant c$, $a\geqslant b\geqslant c\geqslant d$, 并对变量作差分代换, 例如对于第一种情况, 存在 $x,y,z,w\geqslant 0$, 使得 $d=x+y+z+w$, $a=y+z+w$, $b=z+w$, $c=w$, 代入欲证不等式, 展开化简后, 可发现每个单项前的系数都非负 (由于表达式过于复杂, 具体结果略). 由此我们证明了原不等式. 陈计曾给出如下的配方法证明:

$$\begin{aligned}
&64\left(\sum(1-a)^2\prod(bc+a)^2-\sum a^2(1-b^2)(1-c^2)(ac+b)^2(ab+c)^2\right)\\
&=\sum a(b-c)^2((1-2a)^2+abc(28a^3+4a^2(b+c)+8a(8b^2+bc+8c^2)+45bc(b+c)))\\
&\quad+4b^2c^2(19a^2+13bc(b+c))+16b^3c^3(a(b+c)+b^2+bc+c^2)+abc(8a+13bc+19bc(b+c))\\
&\quad+12bc(b^2+c^2)+4bc(a(7b^2+26bc+7c^2)+(b+c)(12b^2+25bc+12c^2))+bc(32a^2(b^2+c^2))\\
&\quad+16(b^2+3bc+c^2)(a(b+c)+2b^2+bc+2c^2).
\end{aligned}$$

事实上, 本题运用差分代换方法的正确性也可由上述恒等式直接验证得到.

我们下面介绍命题背景. 本题的代数背景为

$$2\sum\frac{\mathrm{cn}x}{\mathrm{dn}x}\leqslant\sum\left(\mathrm{sn}^2x+\frac{\mathrm{cn}^2x}{\mathrm{dn}^2x}\right),\tag{$*$}$$

其中 $x+y+z=\pi$, $\mathrm{sn}x,\mathrm{cn}x$ 分别为椭圆正弦与椭圆余弦, $\mathrm{sn}x,\mathrm{cn}x,\mathrm{dn}x$ 统称为 Jacobi 椭圆函数. 椭圆正弦与椭圆余弦是圆内的正弦与余弦的推广. $\cos\varphi,\sin\varphi$ 定义在单位圆周上, 角度 φ 为从 x 轴开始测算的单位圆周上的弧长. 类似地, Jacobi 椭圆函数定义在 "单位" 椭圆上. 我们设

$$x^2+\frac{y^2}{b^2}=1,\quad k^2=1-\frac{1}{b^2},\quad x=r\cos\varphi,\quad y=r\sin\varphi\quad(b>1,0<k<1).$$

则

$$r(\varphi,k^2)=\frac{1}{\sqrt{1-k^2\sin^2\varphi}}.$$

我们定义

$$u(\varphi,k)=\int_0^{\varphi}r(\theta,k^2)\mathrm{d}\theta=\int_0^{w}\frac{\mathrm{d}t}{\sqrt{(1-k^2t^2)(1-t^2)}},$$

其中 $\sin\varphi=w$, 等式最后一步我们用了积分换元 $t=\sin\theta$.

定义椭圆函数 $\mathrm{sn}u,\mathrm{cn}u$ 为

$$\mathrm{sn}\ u=\sin\varphi,\quad \mathrm{cn}\ u=\cos\varphi,\quad \mathrm{dn}\ u=\sqrt{1-k^2\,\mathrm{sn}^2\,u}.$$

注意 $k=0$ 时, $\mathrm{sn}\,u,\mathrm{cn}\,u$ 即为我们熟知的 $\sin u,\cos u$, 而此时 $\mathrm{dn}\,u\equiv 1$.

当 $x+y+z=\pi$ 时, 我们有如下关系式:①

$$(1-k^2a^2)(1-k^2b^2)(1-k^2c^2)=(1+k^2abc)^2(1-k^2),$$

其中 $a=\dfrac{\mathrm{cn}x}{\mathrm{dn}x}$, $b=\dfrac{\mathrm{cn}y}{\mathrm{dn}y}$, $c=\dfrac{\mathrm{cn}z}{\mathrm{dn}z}$, 即

$$a^2+b^2+c^2-1+2abc=(a^2b^2+b^2c^2+c^2a^2-a^2b^2c^2+2abc)k^2. \tag{**}$$

$k=0$ 时, 我们有 $a^2+b^2+c^2-1+2abc=0$, 即三角形中熟知的等式

$$\cos^2x+\cos^2y+\cos^2z+2\cos x\cos y\cos z=1.$$

利用关系式

$$(1-k^2\mathrm{sn}^2x)\left(1-k^2\frac{\mathrm{cn}^2x}{\mathrm{dn}^2x}\right)=1-k^2,$$

我们可将式 (*) 中的 sn^2x 化为关于 $\dfrac{\mathrm{cn}^2x}{\mathrm{dn}^2x}$ 的函数, 再利用式 (**) 消去 k, 化简后即可得到原不等式, 具体过程略.

本题有较为深刻的数学背景, 却出自一位高二学生之手, 不得不令人惊叹. 这里对韦东奕作一番简要介绍, 他被誉为中国最近 20 年内涌现出的极具数学天赋的学生之一, 在中学与本科数学竞赛生涯中有着辉煌的纪录, 许多解题方法都是他自己独创的, 令许多教授都由衷地佩服. 从北京大学本科毕业后, 他博士阶段师从田刚院士, 仅用三年半就取得了博士学位. 韦东奕目前任教于北京大学, 从事偏微分方程相关领域的研究, 是一颗冉冉升起的数学新星.

最后我们有必要指出, 借助于计算机不等式证明程序, 也有利于我们编制一些命题. 我们可以借助于不等式证明软件, 来验证我们猜想的一些不等式是否成立, 这能有效避免因

① 设 $s^2=(1-k^2t^2)(1-t^2)$, 则 $\int\dfrac{\mathrm{d}t}{\sqrt{(1-k^2t^2)(1-t^2)}}=\int\dfrac{\mathrm{d}t}{s}$, 这时 (t,s) 在一条椭圆曲线上, 其上有加法结构, 利用一阶微分形式 $\dfrac{\mathrm{d}t}{s}$ 在加法群作用下的不变性, 我们可得到 $\mathrm{sn}(x+y)$ 的加法公式 (类似于 $\sin(x+y)$), 再利用 $x+y+z=\pi$ 可证明关系式的正确性.

我们的猜测错误而为证明不正确的命题枉费大量宝贵的时间, 起到事半功倍的作用. 我们编写的不等式证明软件 psdgcd 就是这方面的“利器”. 例如例 5.40 后注中的不等式就是作者借助计算机软件发现的. 当直接用计算机软件也难以验证时, 可以考虑人机结合的方法, 先将题目化简, 再借助计算机验证问题, 作者曾利用这一想法推广了例 5.25.

例 11.20 例 5.26 为 : $a,b,c,x,y,z\in[-1,1]$, 且 $1+2abc\geqslant a^2+b^2+c^2$, $1+2xyz\geqslant x^2+y^2+z^2$, 则

$$1+2axbycz\geqslant(ax)^2+(by)^2+(cz)^2.$$

本例有 6 个变量, 证明较为困难. 条件中的第一个不等式等价于

$$\begin{aligned}&(ab-c)^2\leqslant(1-a^2)(1-b^2)\\ \iff\quad & ab-\sqrt{(1-a^2)(1-b^2)}\leqslant c\leqslant ab+\sqrt{(1-a^2)(1-b^2)}.\end{aligned}$$

类似地, 另一个不等式等价于

$$xy-\sqrt{(1-x^2)(1-y^2)}\leqslant z\leqslant xy+\sqrt{(1-x^2)(1-y^2)},$$

结论等价于

$$abxy-\sqrt{(1-a^2x^2)(1-b^2y^2)}\leqslant cz\leqslant abxy+\sqrt{(1-a^2x^2)(1-b^2y^2)}.$$

对于 cz 的上界, 我们只需证明

$$(ab+\sqrt{(1-a^2)(1-b^2)})(xy+\sqrt{(1-x^2)(1-y^2)})\leqslant abxy+\sqrt{(1-a^2x^2)(1-b^2y^2)}.\tag{11.1}$$

cz 的下界可以由上述不等式关系推得. 因此我们只需证明不等式(11.1), 这是关于 a,b,x,y 等 4 个变量的不等式, 即通过上述讨论, 我们消去了两个变量. 此时由 psdgcd 验证 (也可由 Bottema 等软件) 知, 当 $-1\leqslant a,b,x,y\leqslant 1$ 时, 不等式(11.1)成立. 综上, 我们证明了例 5.26.

某些软件还有求最佳参数的功能, 这使我们能得到更强的命题. 例如, 我们曾借助于 psdgcd 解决了 Vasile 不等式的四元推广形式的最佳系数问题.

例 11.21 对于 $x_i\in\mathbb{R}(i=1,2,3,4)$, 使得不等式

$$(\sum_{i=1}^{4}x_i^2)^2-k\sum_{i=1}^{4}x_i^3x_{i+1}\geqslant 0$$

成立的最大的实数 k 是方程

$$800000k^8-29520000k^6+311367675k^4-422100992k^2-5183373312=0$$

在 $\left(3,\dfrac{7}{2}\right)$ 内的唯一根.

在本章的最后, 我们对不等式机器证明作一番简要介绍.

目前证明代数不等式的通用有效程序 (即理论上能证明任何多项式不等式) 都是基于 Collins 于 1975 年提出的柱形代数分解 (Cylindrical Algebraic Decomposition) 算法的 [22], 这一算法经过许多学者的改进 [10,23,54,64,65,82], 效率已大为提高, 不过其复杂度仍然是关于变元个数的双指数型函数. 仅就证明多项式不等式而言, 实际上已有许多理论复杂度为单指数的算法 [6], 不过这些算法都只具有理论价值, 无法处理非平凡的问题.

基于柱形代数分解算法编写的可用来证明不等式的程序有 Brown 等人开发的 QEPCAD B, Maple 中的 Partial Cylindrica Algebraic Decomposition, Mathematica 中的 Find Instance 等. 杨路等人开发的建立在 Maple 平台上的程序 Bottema 也是基于这一算法的 [92,93,97], Bottema 主要是针对几何不等式或根式不等式的证明编写的. 读者可至`http://pan.baidu.com/s/1mgml0fe` 下载, 这里提供了一份简易的使用说明: `http://pan.baidu.com/s/1mg9maGo`.

作为作者在夏壁灿教授指导下的本科生科研项目, 作者和合作者对柱形代数分解算法及其在证明不等式时的应用作了有益的改进 [42,44–46]. 仅就证明 $\mathbb{R}^n$ 上的多项式不等式而言, 我们在 Maple 平台上开发的程序 psdgcd 要优于上述软件. 例如用 psdgcd 证明 “韦东奕不等式”(例 11.19), 仅耗时不到 2 秒. 对于一些结构特殊的问题, 程序的效率特别高, 如我们之前介绍过的 copositive 问题, psdgcd 甚至可以证明超过 30 个变量的不等式. 尽管如此, 对于一般的问题, psdgcd 的应用范围仍局限于 3 或 4 个变元. 读者可至 `https://pan.baidu.com/s/1LJ5YYYy5fuGO-S_woyL_Ww?pwd=xbgh` 下载相关程序.

基于不完备的算法编写的不等式机器证明软件有: 姚勇等人开发的 TSDS(Maple 平台上) [95,98,101]①, Parrilo 等人开发的 SOSTOOLs(Matlab 平台上) [71,77]②. 限于篇幅, 我们就不再一一介绍了.

关于不等式机器证明这一论题, 我们打算另著探讨, 读者也可参见文献 [91, 96].

---

① 可至`http://pan.baidu.com/s/1dDxUYx7` 下载.

② 可至`http://www.mit.edu/~parrilo/sostools/` 下载.

参考文献

[1] Aczél J. Some general methods in the theory of functional equations in one variable. New applications of functional equations (Russian)[J]. Uspekhi Mat. Nauk (N.S.), 1956, 11, 69(3): 3-68.

[2] D'Andrea C, Hong H, Krick T, et al. An elementary proof of Sylvester's double sums for subresultants[J]. Journal of Symbolic Computation, 2007, 42(3): 290-297.

[3] Artin E. Über die Zerlegung definiter Funktionen in Quadrate[J]. Abh. Math. Sem. Hamburg Univ., 1927, 5: 100-115.

[4] Badea C. A theorem on irrationality of infinite series and applications[J]. Acta Arithmetica, 1993, 63(4): 313-323.

[5] Baston V J. On some Hlawka-type inequalities of Burkill[J]. J. London Math. Soc., 1976, 12(2): 402-404.

[6] Basu S, Pollack R, Roy M-F. Algorithms in real algebraic geometry[M]. Berlin: Springer-Verlag, 2003.

[7] Beckenbach E F, Bellman R E. Inequalities[M]. Berlin-Göttingen-Heidelberg: Springer-Verlag, 1961.

[8] Benedetti R, Risler J J. Real algebraic and semi-algebraic sets[M]. Paris: Hermann, Editeurs des Sciences et des Arts, 1990.

[9] Blekherman G. There are significantly more nonnegative polynomials than sums of squares[J]. Israel Journal of Mathematics, 2006, 153(1): 355-380.

[10] Brown C W. Improved projection for cylindrical algebraic decomposition[J]. J. Symb. Comput., 2001, 32: 447-465.

[11] Budan F D. Nouvelle méthode pour la résolution des équations numériques[M]. Paris: Courcier, 1807.

[12] Buniakowsky V. Sur quelques inégalités concernant les intégrales aux différences finies[J]. Mem. Acad. Sci. St. Petersbourg, 1859, 7(1): No.9, 1-18.

[13] Burkill J C. The concavity of discrepancies in inequalities of the means and of Hölder[J]. J. London Math. Soc., 1974, 7(2): 617-626.

[14] Carleman T. Sur les fonctions quasi-analytiques[M]. Helsinki: Conférences faites au cinquième congres des mathématiciens Scandinaves, 1923: 181-196.

[15] Cartwright D I, Field M J. A refinement of the arithmetic mean-geometric mean inequality[J]. Proceedings of the American Mathematical Society, 1978, 71(1): 36-38.

[16] Cassels J W S, Ellison W J, Pfister A. On sums of squares and on elliptic curves over function fields[J]. Journal of Number Theory, 1971, 3(2): 125-149.

[17] Cauchy A L. Cours d'Analyse de l'École Royale Polytechnique, I re Partie, Analyse Algébrique[M]. Paris, 1821.

[18] 陈纪修, 於崇华, 金路. 数学分析 [M]. 2 版. 北京: 高等教育出版社,2004.

[19] Choi M D, Lam T Y. Extremal positive semidefinite forms[J]. Mathematische Annalen, 1977, 231(1): 1-18.

[20] Choi M, Lam T, Reznick B. Even symmetric sextics[J]. Mathematische Zeitschrift, 1987, 195: 559-580.

[21] Choi M, Lam T, Reznick B. Positive sextics and Schur's inequalities[J]. Journal of Algebra, 1991, 141(1): 36-77.

[22] Collins G E. Quantifier elimination for real closed fields by cylindrical algebraic decomposition[M]//Lecture Notes in Computer Science 33. Berlin-Heidelberg: Springer-Verlag, 1975: 134-165.

[23] Collins G E. Quantifier elimination by cylindrical algebraic decomposition—twenty years of progress[M]//Caviness B, Johnson J. Quantifier Elimination and Cylindrical Algebraic Decomposition. Vienna: Springer, 1998: 8-23.

[24] Coronel A, Huancas F. The proof of three power-exponential inequalities[J]. Journal of Inequalities and Applications, 2014, 2014: 509.

[25] Croot E S, Ⅲ. On a coloring conjecture about unit fractions[J]. Annals of Mathematics, 2003, 157(2): 545-556.

[26] Curtiss D R. On Kellogg's diophantine problem[J]. American Mathematical Monthly, 1922, 29(10): 380-387.

[27] Grinberg D. Generalizations of Popoviciu's inequality[J/OL]. arXiv:0803.2958v1.

[28] Erdös P, Graham R L. Old and new problems and results in combinatorial number theory[M]. Monographies de L'Enseignement Mathématique, Univ. de Genève, 1980.

[29] Faddeév D, Sominski I. Receuil d'exercices d'algébre supérieure[M]. Moscou: Ed. Mir, 1980.

[30] 冯克勤. 平方和 [M]. 哈尔滨: 哈尔滨工业大学出版社, 2011.

[31] Fitzgerald C H, Horn R A. On fractional Hadamard powers of positive definite matrices[J]. J. Math. Anal. Appl., 1977, 61(3): 633-642.

[32] Fourier J B J. Sur l'usage du théorème de Descartes dans la recherche des limites des racines[M]. Bulletin des Sciences, par la Société Philomatique de Paris, 1820: 156-165.

[33] Fuchs L. A new proof of an inequality of Hardy-Littlewood-Polya[J]. Mat. Tidsskr. B., 1947: 53-54.

[34] Gantmacher F R. Matrix Theory[M]. New York: Chelsea Publishing Company, 1959.

[35] González-Vega L, Lombardi H, Recio T, et al. Sturm-Habicht sequence[C]//Proceedings of the ACM-SIGSAM 1989 International Symposium on Symbolic and Algebraic Computation. ACM, 1989: 136-146.

[36] González-Vega L, Recio T, Lombardi H, et al. Sturm-Habicht Sequences, Determinants and Real Roots of Univariate Polynomials[M]//Caviness B, Johnson J. Quantifier Elimination and Cylindrical Algebraic Decomposition. Vienna: Springer, 1998: 300-316.

[37] Habicht W. Über die Zerlegung strikte definiter Formen in Quadrate[J]. Commentarii Mathematici Helvetici, 1939, 12(1): 317-322.

[38] 韩京俊. 完全对称不等式的取等判定 [EB/OL]. http://archive.ymsc.tsinghua.edu.cn/pacm_download/21/55-E26-Equivalency_condition_of_symmetric_inequalities_v2.pdf.

[39] 韩京俊. 对称不等式的取等判定（Ⅱ）[EB/OL]. http://www.yau-awards.org/assessment/papers/E18.pdf.

[40] 韩京俊. 初等不等式的证明方法 [M]. 哈尔滨: 哈尔滨工业大学出版社, 2011.

[41] Han J J. A Simple Quantifier-free Formula of Positive Semidefinite Cyclic Ternary Quartic Forms[C]//Feng R Y, Lee W S, Sato Y. Computer Mathematics–9th Asian Symposium (ASCM2009), Fukuoka, December 2009, 10th Asian Symposium (ASCM2012), Beijing, October 2012, Contributed Papers and Invited Talks. Springer, 2014: 261-274.

[42] Han J J. Some Notes on Positive Semi-definite Polynomials[D]. Peking Univeristy, 2013.

[43] 韩京俊. 基于差分代换的正半定型判定完备方法 [J]. 北京大学学报: 自然科学版,2013(4): 545-551.

[44] Han J, Dai L, Hong H, et al. Open weak CAD and its applications[J]. Journal of Symbolic Computation, 2017, 80: 785-816.

[45] Han J, Dai L, Xia B. Constructing Fewer Open Cells by GCD Computation in CAD Projection[C]//Proceedings of ISSAC '2014. ACM Press: 240-247.

[46] Han J J, Jin Z, Xia B C. Proving inequalities and solving global optimization problems via Simplified CAD Projection[J]. Journal of Symbolic Computation, 2016(72): 206-230.

[47] Hardy G, Littlewood J E, Pólya G. Inequalities[M]. 2nd ed. Cambridge Mathematical Library, 1952.

[48] Hermite C. Sur le nombre des racines d'une équation algérique comprise entre des limites données[J]. J. Reine Angew. Math., 1856, 52: 39-51.

[49] Hilbert D. Über die Darstellung definiter Formen als Summe von Formenquadraten[J]. Mathematische Annalen, 1888, 32(3): 342-350.

[50] Hilbert D. Über ternäre definite Formen[J]. Acta Mathematica, 1893, 17(1): 169-197.

[51] Hilbert D. Mathematical problems[J]. Bulletin of the American Mathematical Society, 1902, 8(10): 437-439. 早期 (德语原文) 出版于 Göttinger Nachrichten, 1900: 253-297; Archiv der Mathematik und Physik, 3rd ser., vol. 1(1902): 44-63, 213-237.

[52] Hölder O. Über einen Mittelwertsatz, Nachrichten von der Königl[J]. Gesellschaft der Wissenschaften und der Georg-Augusts-Universität zu Göttingen, Band (in German), 1889(2): 38-47.

[53] Holland F. A strengthening of the Carleman-Hardy-Pólya inequality[J]. Proc. Amer. Math. Soc., 2007, 135: 2915-2920.

[54] Hong H. An improvement of the projection operator in cylindrical algebraic decomposition[C]//Watanabe S, Nagata M. Proceedings of ISSAC '90. ACM Press, 1990: 261-264.

[55] Hornich H. Eine Ungleichung für Vektorlängen[J]. Math. Z., 1942, 48: 268-274.

[56] Hurwitz A. Über den Vergleich des arithmetischen und des geometrischen Mittels[J]. J. reine angew. mat., 1891, 108: 266-268; Collected Works. Ⅱ [M]. Basel, 1933: 505-507.

[57] Jiang T, Cheng X. On a problem of H. Freudenthal[J]. Vietnam J. Math., 1997(3): 271-273.

[58] Karamata J. Sur une inégalité relative aux fonctions convexes[J]. Publ. Math. Univ. Belgrade (in French), 1932, 1: 145-148.

[59] Kedlaya K. Proof of a mixed arithmetic-mean, geometric-mean inequality[J]. American Mathematical Monthly, 1994, 101: 355-357.

[60] Kedlaya K. A weighted mixed-mean inequality[J]. American Mathematical Monthly, 1999, 106: 355-358.

[61] Leng G, Si L, Zhu Q. Mixed-mean inequalities for subsets[J]. Proceedings of the American Mathematical Society, 2004, 132(9): 2655-2660.

[62] Maclaurin C. A second letter to Martin Folkes, Esq.; concerning the roots of equations, with the demonstration of other rules in algebra[J]. Phil. Transactions, 1729, 36: 59-96.

[63] Matejícka L. Proof of one open inequality[J]. J. Nonlinear Sci. Appl., 2014, 7: 51-62.

[64] McCallum S. An improved projection operation for cylindrical algebraic decomposition of three-dimensional space[J]. J. Symb. Comput., 1988: 141-161.

[65] McCallum S. An improved projection operator for cylindrical algebraic decomposition[M]//Caviness B, Johnson J. Quantifier Elimination and Cylindrical Algebraic Decomposition. New York: Springer-Verlag, 1998: 242-268.

[66] Minkowski H. Geometrie der Zahlen[M]. Chelsea, 1953.

[67] Miyagi N. Proof of an open inequality with double power-exponential functions[J]. Journal of Inequalities and Applications, 2013: 468.

[68] Motzkin T S. The arithmetic-geometric inequality[J]. Inequalities (Proc. Sympos. Wright-Patterson Air Force Base, Ohio, 1965), 1967: 205-224.

[69] Murty K G, Kabadi S N. Some np-complete problems in quadratic and nonlinear programming[J]. Mathematical Programming, 1987, 39(2): 117-129.

[70] Niculescu C P, Persson L-E. Convex Functions and Their Applications[M]. New York: Springer-Verlag, 2006.

[71] Parrilo P A. Structured semidefinite programs and semialgebraic geometry methods in robustness and optimization[D]. California Institute of Technology, 2000.

[72] Pfister A. Zur Darstellung definiter Funktionen als Summe von Quadraten[J]. Invent. Math., 1967, 4: 229-237.

[73] Pólya G, Szegő G. 分析中的问题与定理 (第 2 卷)[M]. 世界图书出版公司, 2004.

[74] Popoviciu T. Sur quelques inégalités[J]. Gaz. Mat. Fiz. Ser. A, 1959, 11(64): 451-461.

[75] Popoviciu T. Sur certaines inégalités qui caractérisent les fonctions convexes[J]. Analele Stiintifice Univ. Al. I. Cuza Iasi, Sectia I-a Mat., 1965, 11: 155-164.

[76] Pourchet Y. Sur la représentation en somme de carrés des polynômes à une indéterminée sur un corps de nombres algébriques[J]. Acta Arith., 1971(19): 89-104.

[77] Prajna S, Papachristodoulou A, Parrilo P A. SOSTOOLS: sum of squares optimization toolbox for matlab user's guide[J]. Control and Dynamical Systems, California Institute of Technology, Pasadena, CA, 2004: 91125.

[78] Reznick B. A quantitative version of Hurwitz' theorem on the arithmetic-geometric inequality[J]. Journal für die reine und angewandte Mathematik, 1987(377): 108-112.

[79] Rogers L J. An extension of a certain theorem in inequalities[J]. Messenger of Mathematics, 1888, New Series XVII (10): 145-150.

[80] Schur J. Bemerkungen zur Theorie der beschränkten Bilinearformen mit unendlich vielen Veränderlichen[J]. Journal für die reine und angewandte Mathematik (Crelle's Journal), 1911(140): 1-28.

[81] Soundararajan K. Approximating 1 from below using n Egyptian fractions[J/OL]. arXiv:math.CA/0502247.

[82] Strzeboński A. Solving systems of strict polynomial inequalities[J]. Journal of Symbolic Computation, 2000, 29(3): 471-480.

[83] Sturm J C F. Mémoire sur la résolution des équations numériques[J]. Bulletin des Sciences de Férussac, 1829, 11: 419-425.

[84] Sylvester J. On a theory of syzgetic relations of two rational integral functions comprising an appplication to the theory of Sturm's functions and that of the greatest algebraical common measure[J]. Phil. Trans. of the Royal Soc. of London, 1853, CXLIII: 407-548. 另见 The Collected Mathematical Papers of James Joseph Sylvester, vol. Ⅰ (1837-1853)[M]. Cambridge Univ. Press, 1904: 429-586.

[85] Sylvester J. On Newton's rule for the discovery of imaginary roots of equations[J]. Proc. of the Royal Society of London, 1865, XIV: 268-270. 另见 The Collected Mathematical Papers of James Joeseph Sylvester, vol. Ⅱ (1854-1873) [M]. Cambridge Univ. Press, 1908: 493-494.

[86] Sylvester J. On an elementary proof and generalization of Sir Isaac Newton's hitherto undemonstrated rule for discovery of imaginary roots[J]. Proc. of the London Math. Soc., 1865–1866, 1: 1-16. 另见 The Collected Mathematical Papers of James Joseph Sylvester, vol. Ⅱ (1854–1873) [M]. Cambridge Univ. Press, 1908: 498-513.

[87] Tigăeru C. An inequality in the complex domain[J]. J. Math. Inequal., 2012, 6(2): 167-173.

[88] Timofte V. On the positivity of symmetric polynomial functions, Part Ⅰ, General results[J]. Journal of Mathematical Analysis and Application, 2003, 284: 174-190.

[89] Vasić P M, Stanković L R. Some inequalities for convex functions[J]. Math Balkanica, 1976(6): 281-288.

[90] Wolstenholme J. A Book of Mathematical Problems[M]. London: Cambridge University Press, 1867.

[91] Xia B, Yang L. Automated inequality proving and discovering[M]. Hackensack: World Scientific Publishing Co Pte. Ltd., 2010.

[92] 杨路. 不等式机器证明的降维算法与通用程序 [J]. 高技术通讯, 1998, 8(7): 20-25.

[93] Yang L. Recent advances in automated theorem proving on inequalities[J]. J. Comput. Sci. & Technol., 1999, 14(5): 434-446.

[94] Yang L. Recent advances on determining the number of real roots of parametric polynomials[J]. Journal of Symbolic Computation, 1999, 28(1): 225-242.

[95] 杨路. 差分代换与不等式机器证明 [J]. 广州大学学报 (自然科学版), 2006, 5(2): 1-7.

[96] Yang L, Hou X, Zeng Z. A complete discrimination system for polynomials[J]. Sci. China, 1996, E39(6): 628-646.

[97] 杨路, 夏壁灿. 不等式的机器证明与自动发现 [M]. 北京: 科学出版社, 2008.

[98] 姚勇. 基于列随机矩阵的逐次差分代换方法与半正定型的机械化判定 [J]. 中国科学: 数学, 2010, 53(3): 251-264.

[99] 姚勇, 徐嘉. 广义多项式的 Descartes 法则及其在降维方法中的应用 [J]. 数学学报, 2009, 52(4): 625-630.

[100] 姚勇, 冯勇. 关于 5 次对称形式正性的机器判定 [J]. 系统科学与数学, 2008, 28(3): 313-324.

[101] 姚勇, 杨路. 差分代换矩阵与多项式的非负性判定 [J]. 系统科学与数学, 2009, 29(9): 1169-1177.

[102] Young W H. On classes of summable functions and their Fourier series[J]. Proceedings of the Royal Society A, 1912, 87(594): 225-229.

中国科学技术大学出版社中小学数学用书

全国高中数学联赛模拟试题精选/本书编委会
全国高中数学联赛模拟试题精选(第二辑)/本书编委会
全国高中数学联赛预赛试题分类精编/王文涛 等
高中数学竞赛教程(第2版)/严镇军 单墫 苏淳 等
第51—76届莫斯科数学奥林匹克/苏淳 申强
全俄中学生数学奥林匹克(2007—2019)/苏淳
圣彼得堡数学奥林匹克(2000—2009)/苏淳
平面几何题的解题规律/周沛耕 刘建业
高中数学进阶与数学奥林匹克.上册/马传渔 张志朝 陈荣华
高中数学进阶与数学奥林匹克.下册/马传渔 杨运新
强基计划校考数学模拟试题精选/方景贤 杨虎
数学思维培训基础教程/俞海东
从初等数学到高等数学(第1卷、第2卷)/彭翕成
高考题的高数探源与初等解法/李鸿昌
轻松突破高考数学基础知识/邓军民 尹阳鹏 伍艳芳
轻松突破高考数学重难点/邓军民 胡守标
高三数学总复习核心72讲/李想
高中数学母题与衍生.函数/彭林 孙芳慧 邹嘉莹
高中数学母题与衍生.概率与统计/彭林 庞硕 李扬眉 刘莎丽
高中数学母题与衍生.导数/彭林 郝进宏 柏任俊
高中数学母题与衍生.解析几何/彭林 石拥军 张敏
高中数学一题多解.导数/彭林 孙芳慧
高中数学一题多解.解析几何/彭林 尹嵘 孙世林
高中数学一点一题型(新高考版)/李鸿昌 杨春波 程汉波
高中数学一点一题型/李鸿昌 杨春波 程汉波
高中数学一点一题型.一轮强化训练/李鸿昌
高中数学一点一题型.二轮强化训练/李鸿昌 刘开明 陈晓
数学高考经典(6册)/张荣华 蓝云波
解析几何经典题探秘/罗文军 梁金昌 朱章根
函数777题问答/马传渔 陈荣华
怎样学好高中数学/周沛耕

初等数学解题技巧拾零/朱尧辰
怎样用复数法解中学数学题/高仕安
直线形/毛鸿翔 等
圆/鲁有专
几何极值问题/朱尧辰
面积关系帮你解题(第3版)/张景中 彭翕成
巧用抽屉原理/冯跃峰
函数与函数思想/朱华伟 程汉波
统计学漫话(第2版)/陈希孺 苏淳